U0425855

向为创建中国卫星导航事业

并使之立于世界最前列而做出卓越贡献的北斗功臣们

致以深深的敬意！

“十三五”国家重点出版物
出版规划项目

卫星导航工程技术丛书

主　编　杨元喜
副主编　蔚保国

北斗导航卫星

Introduction of BeiDou Navigation Satellites

谢军　常进　丛飞　著

国防工业出版社
·北京·

内 容 简 介

本书以北斗导航卫星为对象，立足卫星导航系统与技术，全面介绍北斗导航卫星系统的研制工作，系统阐述导航卫星的设计思想和设计结果，内容涵盖北斗卫星导航系统的发展历程及取得的成果、导航卫星环境与任务分析、导航卫星总体设计、北斗卫星平台、导航有效载荷和星间链路等相关内容，并对导航卫星的下一步发展及关键技术进行了展望。

本书可作为从事卫星导航技术、北斗导航卫星、卫星导航系统应用，以及航天飞行器设计、航天系统工程等领域研究的科技人员的技术手册，也可作为高等院校相关专业研究生、高年级本科生的教科书或参考书。

图书在版编目(CIP)数据

北斗导航卫星/谢军，常进，丛飞著. —北京：国防工业出版社，2022.4
(卫星导航工程技术丛书)
ISBN 978-7-118-12270-1

Ⅰ.①北… Ⅱ.①谢… ②常… ③丛… Ⅲ.①卫星导航-全球定位系统 Ⅳ.①P228.4

中国版本图书馆 CIP 数据核字(2022)第 038574 号

审图号 GS(2020)3949 号

※

国防工业出版社出版发行
(北京市海淀区紫竹院南路 23 号　邮政编码 100048)
天津嘉恒印务有限公司印刷
新华书店经售

*

开本 710×1000　1/16　**插页** 18　**印张** 30½　**字数** 588 千字
2022 年 4 月第 1 版第 1 次印刷　**印数** 1—2000 册　**定价** 188.00 元

(本书如有印装错误，我社负责调换)

国防书店：(010)88540777　　书店传真：(010)88540776
发行业务：(010)88540717　　发行传真：(010)88540762

孙家栋院士为本套丛书致辞

探索中国北斗自主创新之路
凝练卫星导航工程技术之果

当今世界，卫星导航系统覆盖全球，应用服务广泛渗透，科技影响如日中天。

我国卫星导航事业从北斗一号工程开始到北斗三号工程，已经走过了二十六个春秋。在长达四分之一世纪的艰辛发展历程中，北斗卫星导航系统从无到有，从小到大，从弱到强，从区域到全球，从单一星座到高中轨混合星座，从 RDSS 到 RNSS，从定位授时到位置报告，从差分增强到精密单点定位，从星地站间组网到星间链路组网，不断演进和升级，形成了包括卫星导航及其增强系统的研究规划、研制生产、测试运行及产业化应用的综合体系，培养造就了一支高水平、高素质的专业人才队伍，为我国卫星导航事业的蓬勃发展奠定了坚实基础。

如今北斗已开启全球时代，打造"天上好用，地上用好"的自主卫星导航系统任务已初步实现，我国卫星导航事业也已跻身于国际先进水平，领域专家们认为有必要对以往的工作进行回顾和总结，将积累的工程技术、管理成果进行系统的梳理、凝练和提高，以利再战，同时也有必要充分利用前期积累的成果指导工程研制、系统应用和人才培养，因此决定撰写一套卫星导航工程技术丛书，为国家导航事业，也为参与者留下宝贵的知识财富和经验积淀。

在各位北斗专家及国防工业出版社的共同努力下，历经八年时间，这套导航丛书终于得以顺利出版。这是一件十分可喜可贺的大事！丛书展示了从北斗二号到北斗三号的历史性跨越，体系完整，理论与工程实践相结合，突出北斗卫星导航自主创新精神，注意与国际先进技术融合与接轨，展现了“中国的北斗，世界的北斗，一流的北斗”之大气！每一本书都是作者亲身工作成果的凝练和升华，相信能够为相关领域的发展和人才培养做出贡献。

“只要你管这件事，就要认认真真负责到底。”这是中国航天界的习惯，也是本套丛书作者的特点。我与丛书作者多有相识与共事，深知他们在北斗卫星导航科研和工程实践中取得了巨大成就，并积累了丰富经验。现在他们又在百忙之中牺牲休息时间来著书立说，继续弘扬“自主创新、开放融合、万众一心、追求卓越”的北斗精神，力争在学术出版界再现北斗的光辉形象，为北斗事业的后续发展鼎力相助，为导航技术的代代相传添砖加瓦。为他们喝彩！更由衷地感谢他们的巨大付出！由这些科研骨干潜心写成的著作，内蓄十足的含金量！我相信这套丛书一定具有鲜明的中国北斗特色，一定经得起时间的考验。

我一辈子都在航天战线工作，虽然已年逾九旬，但仍愿为北斗卫星导航事业的发展而思考和实践。人才培养是我国科技发展第一要事，令人欣慰的是，这套丛书非常及时地全面总结了中国北斗卫星导航的工程经验、理论方法、技术成果，可谓承前启后，必将有助于我国卫星导航系统的推广应用以及人才培养。我推荐从事这方面工作的科研人员以及在校师生都能读好这套丛书，它一定能给你启发和帮助，有助于你的进步与成长，从而为我国全球北斗卫星导航事业又好又快发展做出更多更大的贡献。

2020 年 8 月

祝贺卫星导航工程技术丛书

圆满出版

杨长风

于 2019 年第十届中国卫星导航年会期间题词。

期待卫星导航工程技术丛书

助力中国北斗系统发展

周成虎

于 2019 年第十届中国卫星导航年会期间题词。

卫星导航工程技术丛书
编审委员会

卫星导航工程技术丛书
编写委员会

丛书序

宇宙浩瀚、海洋无际、大漠无垠、丛林层密、山峦叠嶂，这就是我们生活的空间，这就是我们探索的远方。我在何处？我之去向？这是我们每天都必须面对的问题。从原始人巡游狩猎、航行海洋，到近代人周游世界、遨游太空，无一不需要定位和导航。

正如《北斗赋》所描述，乘舟而惑，不知东西，见斗则寤矣。又戒之，瀚海识途，昼则观日，夜则观星矣。我们的祖先不仅为后人指明了“昼观日，夜观星”的天文导航法，而且还发明了“司南”或“指南针”定向法。我们为祖先的聪颖智慧而自豪，但是又不得不面临新的定位、导航与授时（PNT）需求。信息化社会、智能化建设、智慧城市、数字地球、物联网、大数据等，无一不需要统一时间、空间信息的支持。为顺应新的需求，“卫星导航”应运而生。

卫星导航始于美国子午仪系统，成形于美国的全球定位系统（GPS）和俄罗斯的全球卫星导航系统（GLONASS），发展于中国的北斗卫星导航系统（BDS）（简称“北斗系统”）和欧盟的伽利略卫星导航系统（简称“Galileo 系统”），补充于印度及日本的区域卫星导航系统。卫星导航系统是时间、空间信息服务的基础设施，是国防建设和国家经济建设的基础设施，也是政治大国、经济强国、科技强国的基本象征。

中国的北斗系统不仅是我国 PNT 体系的重要基础设施，也是国家经济、科技与社会发展的重要标志，是改革开放的重要成果之一。北斗系统不仅“标新”“立异”，而且“特色”鲜明。标新于设计（混合星座、信号调制、云平台运控、星间链路、全球报文通信等），立异于功能（一体化星基增强、嵌入式精密单点定位、嵌入式全球搜救等服务），特色于应用（报文通信、精密位置服务等）。标新立异和特色服务是北斗系统的立身之本，也是北斗系统推广应用的基础。

2020 年 6 月 23 日，北斗系统最后一颗卫星发射升空，标志着中国北斗全球卫星导航系统卫星组网完成；2020 年 7 月 31 日，北斗系统正式向全球用户开通服务，标志着中国北斗全球卫星导航系统进入运行维护阶段。为了全面反映中国北斗系统建设成果,同时也为了推进北斗系统的广泛应用,我们紧跟北斗工程的成功进展,组织北斗系统建设的部分技术骨干,撰写了卫星导航工程技术丛书,系统地描述北斗系统的最新发展、创新设计和特色应用成果。丛书共26个分册,分别介绍如下:

卫星导航定位遵循几何交会原理,但又涉及无线电信号传输的大气物理特性以及卫星动力学效应。《卫星导航定位原理》全面阐述卫星导航定位的基本概念和基本原理,侧重卫星导航概念描述和理论论述,包括北斗系统的卫星无线电测定业务(RDSS)原理、卫星无线电导航业务(RNSS)原理、北斗三频信号最优组合、精密定轨与时间同步、精密定位模型和自主导航理论与算法等。其中北斗三频信号最优组合、自适应卫星轨道测定、自主定轨理论与方法、自适应导航定位等均是作者团队近年来的研究成果。此外,该书第一次较详细地描述了"综合PNT"、"微PNT"和"弹性PNT"基本框架,这些都可望成为未来PNT的主要发展方向。

北斗系统由空间段、地面运行控制系统和用户段三部分构成,其中空间段的组网卫星是系统建设最关键的核心组成部分。《北斗导航卫星》描述我国北斗导航卫星研制历程及其取得的成果,论述导航卫星环境和任务要求、导航卫星总体设计、导航卫星平台、卫星有效载荷和星间链路等内容,并对未来卫星导航系统和关键技术的发展进行展望,特色的载荷、特色的功能设计、特色的组网,成就了特色的北斗导航卫星星座。

卫星导航信号的连续可用是卫星导航系统的根本要求。《北斗导航卫星可靠性工程》描述北斗导航卫星在工程研制中的系列可靠性研究成果和经验。围绕高可靠性、高可用性,论述导航卫星及星座的可靠性定性定量要求、可靠性设计、可靠性建模与分析等,侧重描述可靠性指标论证和分解、星座及卫星可用性设计、中断及可用性分析、可靠性试验、可靠性专项实施等内容。围绕导航卫星批量研制,分析可靠性工作的特殊性,介绍工艺可靠性、过程故障模式及其影响、贮存可靠性、备份星论证等批产可靠性保证技术内容。

卫星导航系统的运行与服务需要精密的时间同步和高精度的卫星轨道支持。《卫星导航时间同步与精密定轨》侧重描述北斗导航卫星高精度时间同步与精密定轨相关理论与方法,包括:相对论框架下时间比对基本原理、星地/站间各种时间比对技术及误差分析、高精度钟差预报方法、常规状态下导航卫星轨道精密测定与预报等;围绕北斗系统独有的技术体制和运行服务特点,详细论述星地无线电双向时间比对、地球静止轨道/倾斜地球同步轨道/中圆地球轨道(GEO/IGSO/MEO)混合星座精密定轨及轨道快速恢复、基于星间链路的时间同步与精密定轨、多源数据系统性偏差综合解算等前沿技术与方法；同时，从系统信息生成者角度，给出用户使用北斗卫星导航电文的具体建议。

北斗卫星发射与早期轨道段测控、长期运行段卫星及星座高效测控是北斗卫星发射组网、补网，系统连续、稳定、可靠运行与服务的核心要素之一。《导航星座测控管理系统》详细描述北斗系统的卫星/星座测控管理总体设计、系列关键技术及其解决途径，如测控系统总体设计、地面测控网总体设计、基于轨道参数偏置的 MEO 和 IGSO 卫星摄动补偿方法、MEO 卫星轨道构型重构控制评价指标体系及优化方案、分布式数据中心设计方法、数据一体化存储与多级共享自动迁移设计等。

波束测量是卫星测控的重要创新技术。《卫星导航数字多波束测量系统》阐述数字波束形成与扩频测量传输深度融合机理，梳理数字多波束多星测量技术体制的最新成果，包括全分散式数字多波束测量装备体系架构、单站系统对多星的高效测量管理技术、数字波束时延概念、数字多波束时延综合处理方法、收发链路波束时延误差控制、数字波束时延在线精确标校管理等，描述复杂星座时空测量的地面基准确定、恒相位中心多波束动态优化算法、多波束相位中心恒定解决方案、数字波束合成条件下高精度星地链路测量、数字多波束测量系统性能测试方法等。

工程测试是北斗系统建设与应用的重要环节。《卫星导航系统工程测试技术》结合我国北斗三号工程建设中的重大测试、联试及试验，成体系地介绍卫星导航系统工程的测试评估技术，既包括卫星导航工程的卫星、地面运行控制、应用三大组成部分的测试技术及系统间大型测试与试验，也包括工程测试中的组织管理、基础理论和时延测量等关键技术。其中星地对接试验、卫星在轨测试技术、地面运行控制系统测试等内容都是我国北斗三号工程建设的实践成果。

卫星之间的星间链路体系是北斗三号卫星导航系统的重要标志之一，为北斗系统的全球服务奠定了坚实基础，也为构建未来天基信息网络提供了技术支撑。《卫星导航系统星间链路测量与通信原理》介绍卫星导航系统星间链路测量通信概念、理论与方法，论述星间链路在星历预报、卫星之间数据传输、动态无线组网、卫星导航系统性能提升等方面的重要作用，反映了我国全球卫星导航系统星间链路测量通信技术的最新成果。

自主导航技术是保证北斗地面系统应对突发灾难事件、可靠维持系统常规服务性能的重要手段。《北斗导航卫星自主导航原理与方法》详细介绍了自主导航的基本理论、星座自主定轨与时间同步技术、卫星自主完好性监测技术等自主导航关键技术及解决方法。内容既有理论分析,也有仿真和实测数据验证。其中在自主时空基准维持、自主定轨与时间同步算法设计等方面的研究成果,反映了北斗自主导航理论和工程应用方面的新进展。

卫星导航“完好性”是安全导航定位的核心指标之一。《卫星导航系统完好性原理与方法》全面阐述系统基本完好性监测、接收机自主完好性监测、星基增强系统完好性监测、地基增强系统完好性监测、卫星自主完好性监测等原理和方法,重点介绍相应的系统方案设计、监测处理方法、算法原理、完好性性能保证等内容,详细描述我国北斗系统完好性设计与实现技术,如基于地面运行控制系统的基本完好性的监测体系、顾及卫星自主完好性的监测体系、系统基本完好性和用户端有机结合的监测体系、完好性性能测试评估方法等。

时间是卫星导航的基础,也是卫星导航服务的重要内容。《时间基准与授时服务》从时间的概念形成开始:阐述从古代到现代人类关于时间的基本认识,时间频率的理论形成、技术发展、工程应用及未来前景等;介绍早期的牛顿绝对时空观、现代的爱因斯坦相对时空观及以霍金为代表的宇宙学时空观等;总结梳理各类时空观的内涵、特点、关系,重点分析相对论框架下的常用理论时标,并给出相互转换关系;重点阐述针对我国北斗系统的时间频率体系研究、体制设计、工程应用等关键问题,特别对时间频率与卫星导航系统地面、卫星、用户等各部分之间的密切关系进行了较深入的理论分析。

卫星导航系统本质上是一种高精度的时间频率测量系统,通过对时间信号的测量实现精密测距,进而实现高精度的定位、导航和授时服务。《卫星导航精密时间传递系统及应用》以卫星导航系统中的时间为切入点,全面系统地阐述卫星导航系统中的高精度时间传递技术,包括卫星导航授时技术、星地时间传递技术、卫星双向时间传递技术、光纤时间频率传递技术、卫星共视时间传递技术,以及时间传递技术在多个领域中的应用案例。

空间导航信号是连接导航卫星、地面运行控制系统和用户之间的纽带,其质量的好坏直接关系到全球卫星导航系统(GNSS)的定位、测速和授时性能。《GNSS 空间信号质量监测评估》从卫星导航系统地面运行控制和测试角度出发,介绍导航信号生成、空间传播、接收处理等环节的数学模型,并从时域、频域、测量域、调制域和相关域监测评估等方面,系统描述工程实现算法,分析实测数据,重点阐述低失真接收、交替采样、信号重构与监测评估等关键技术,最后对空间信号质量监测评估系统体系结构、工作原理、工作模式等进行论述,同时对空间信号质量监测评估应用实践进行总结。

北斗系统地面运行控制系统建设与维护是一项极其复杂的工程。地面运行控制系统的仿真测试与模拟训练是北斗系统建设的重要支撑。《卫星导航地面运行控制系统仿真测试与模拟训练技术》详细阐述地面运行控制系统主要业务的仿真测试理论与方法,系统分析全球主要卫星导航系统地面控制段的功能组成及特点,描述地面控制段一整套仿真测试理论和方法,包括卫星导航数学建模与仿真方法、仿真模型的有效性验证方法、虚-实结合的仿真测试方法、面向协议测试的通用接口仿真方法、复杂仿真系统的开放式体系架构设计方法等。最后分析了地面运行控制系统操作人员岗前培训对训练环境和训练设备的需求,提出利用仿真系统支持地面操作人员岗前培训的技术和具体实施方法。

卫星导航信号严重受制于地球空间电离层延迟的影响,利用该影响可实现电离层变化的精细监测,进而提升卫星导航电离层延迟修正效果。《卫星导航电离层建模与应用》结合北斗系统建设和应用需求,重点论述了北斗系统广播电离层延迟及区域增强电离层延迟改正模型、码偏差处理方法及电离层模型精化与电离层变化监测等内容,主要包括北斗全球广播电离层时延改正模型、北斗全球卫星导航差分码偏差处理方法、面向我国低纬地区的北斗区域增强电离层延迟修正模型、卫星导航全球广播电离层模型改进、卫星导航全球与区域电离层延迟精确建模、卫星导航电离层层析反演及扰动探测方法、卫星导航定位电离层时延修正的典型方法等,体系化地阐述和总结了北斗系统电离层建模的理论、方法与应用成果及特色。

卫星导航终端是卫星导航系统服务的端点,也是体现系统服务性能的重要载体,所以卫星导航终端本身必须具备良好的性能。《卫星导航终端测试系统原理与应用》详细介绍并分析卫星导航终端测试系统的分类和实现原理,包括卫星导航终端的室内测试、室外测试、抗干扰测试等系统的构成和实现方法以及我国第一个大型室外导航终端测试环境的设计技术,并详述各种测试系统的工程实践技术,形成卫星导航终端测试系统理论研究和工程应用的较完整体系。

卫星导航系统 PNT 服务的精度、完好性、连续性、可用性是系统的关键指标,而卫星导航系统必然存在卫星轨道误差、钟差以及信号大气传播误差,需要增强系统来提高服务精度和完好性等关键指标。卫星导航增强系统是有效削弱大多数系统误差的重要手段。《卫星导航增强系统原理与应用》根据国际民航组织有关全球卫星导航系统服务的标准和操作规范,详细阐述了卫星导航系统的星基增强系统、地基增强系统、空基增强系统以及差分系统和低轨移动卫星导航增强系统的原理与应用。

与卫星导航增强系统原理相似，实时动态（RTK）定位也采用差分定位原理削弱各类系统误差的影响。《GNSS 网络 RTK 技术原理与工程应用》侧重介绍网络 RTK 技术原理和工作模式。结合北斗系统发展应用，详细分析网络 RTK 定位模型和各类误差特性以及处理方法、基于基准站的大气延迟和整周模糊度估计与北斗三频模糊度快速固定算法等，论述空间相关误差区域建模原理、基准站双差模糊度转换为非差模糊度相关技术途径以及基准站双差和非差一体化定位方法，综合介绍网络 RTK 技术在测绘、精准农业、变形监测等方面的应用。

GNSS 精密单点定位（PPP）技术是在卫星导航增强原理和 RTK 原理的基础上发展起来的精密定位技术，PPP 方法一经提出即得到同行的极大关注。《GNSS 精密单点定位理论方法及其应用》是国内第一本全面系统论述 GNSS 精密单点定位理论、模型、技术方法和应用的学术专著。该书从非差观测方程出发，推导并建立 BDS/GNSS 单频、双频、三频及多频 PPP 的函数模型和随机模型，详细讨论非差观测数据预处理及各类误差处理策略、缩短 PPP 收敛时间的系列创新模型和技术，介绍 PPP 质量控制与质量评估方法、PPP 整周模糊度解算理论和方法，包括基于原始观测模型的北斗三频载波相位小数偏差的分离、估计和外推问题，以及利用连续运行参考站网增强 PPP 的概念和方法，阐述实时精密单点定位的关键技术和典型应用。

GNSS 信号到达地表产生多路径延迟，是 GNSS 导航定位的主要误差源之一，反过来可以估计地表介质特征，即 GNSS 反射测量。《GNSS 反射测量原理与应用》详细、全面地介绍全球卫星导航系统反射测量原理、方法及应用，包括 GNSS 反射信号特征、多路径反射测量、干涉模式技术、多普勒时延图、空基 GNSS 反射测量理论、海洋遥感、水文遥感、植被遥感和冰川遥感等，其中利用 BDS/GNSS 反射测量估计海平面变化、海面风场、有效波高、积雪变化、土壤湿度、冻土变化和植被生长量等内容都是作者的最新研究成果。

伪卫星定位系统是卫星导航系统的重要补充和增强手段。《GNSS 伪卫星定位系统原理与应用》首先系统总结国际上伪卫星定位系统发展的历程，进而系统描述北斗伪卫星导航系统的应用需求和相关理论方法，涵盖信号传输与多路径效应、测量误差模型等多个方面，系统描述 GNSS 伪卫星定位系统（中国伽利略测试场测试型伪卫星）、自组网伪卫星系统（Locata 伪卫星和转发式伪卫星）、GNSS 伪卫星增强系统（闭环同步伪卫星和非同步伪卫星）等体系结构、组网与高精度时间同步技术、测量与定位方法等，系统总结 GNSS 伪卫星在各个领域的成功应用案例，包括测绘、工业控制、军事导航和 GNSS 测试试验等，充分体现出 GNSS 伪卫星的“高精度、高完好性、高连续性和高可用性”的应用特性和应用趋势。

GNSS 存在易受干扰和欺骗的缺点，但若与惯性导航系统（INS）组合，则能发挥两者的优势，提高导航系统的综合性能。《高精度 GNSS/INS 组合定位及测姿技术》系统描述北斗卫星导航/惯性导航相结合的组合定位基础理论、关键技术以及工程实践，重点阐述不同方式组合定位的基本原理、误差建模、关键技术以及工程实践等，并将组合定位与高精度定位相互融合，依托移动测绘车组合定位系统进行典型设计，然后详细介绍组合定位系统的多种应用。

未来 PNT 应用需求逐渐呈现出多样化的特征，单一导航源在可用性、连续性和稳健性方面通常不能全面满足需求，多源信息融合能够实现不同导航源的优势互补，提升 PNT 服务的连续性和可靠性。《多源融合导航技术及其演进》系统分析现有主要导航手段的特点、多源融合导航终端的总体构架、多源导航信息时空基准统一方法、导航源质量评估与故障检测方法、多源融合导航场景感知技术、多源融合数据处理方法等，依托车辆的室内外无缝定位应用进行典型设计，探讨多源融合导航技术未来发展趋势，以及多源融合导航在 PNT 体系中的作用和地位等。

卫星导航系统是典型的军民两用系统，一定程度上改变了人类的生产、生活和斗争方式。《卫星导航系统典型应用》从定位服务、位置报告、导航服务、授时服务和军事应用 5 个维度系统阐述卫星导航系统的应用范例。“天上好用，地上用好”，北斗卫星导航系统只有服务于国计民生，才能产生价值。

海洋定位、导航、授时、报文通信以及搜救是北斗系统对海事应用的重要特色贡献。《北斗卫星导航系统海事应用》梳理分析国际海事组织、国际电信联盟、国际海事无线电技术委员会等相关国际组织发布的 GNSS 在海事领域应用的相关技术标准，详细阐述全球海上遇险与安全系统、船舶自动识别系统、船舶动态监控系统、船舶远程识别与跟踪系统以及海事增强系统等的工作原理及在海事导航领域的具体应用。

将卫星导航技术应用于民用航空，并满足飞行安全性对导航完好性的严格要求，其核心是卫星导航增强技术。未来的全球卫星导航系统将呈现多个星座共同运行的局面，每个星座均向民航用户提供至少 2 个频率的导航信号。双频多星座卫星导航增强技术已经成为国际民航下一代航空运输系统的核心技术。《民用航空卫星导航增强新技术与应用》系统阐述多星座卫星导航系统的运行概念、先进接收机自主完好性监测技术、双频多星座星基增强技术、双频多星座地基增强技术和实时精密定位技术等的原理和方法，介绍双频多星座卫星导航系统在民航领域应用的关键技术、算法实现和应用实施等。

本丛书全面反映了我国北斗系统建设工程的主要成就，包括导航定位原理，工程实现技术，卫星平台和各类载荷技术，信号传输与处理理论及技术，用户定位、导航、授时处理技术等。各分册：虽有侧重，但又相互衔接；虽自成体系，又避免大量重复。整套丛书力求理论严密、方法实用，工程建设内容力求系统，应用领域力求全面，适合从事卫星导航工程建设、科研与教学人员学习参考，同时也为从事北斗系统应用研究和开发的广大科技人员提供技术借鉴，从而为建成更加完善的北斗综合 PNT 体系做出贡献。

最后，让我们从中国科技发展史的角度，来评价编撰和出版本丛书的深远意义，那就是：将中国卫星导航事业发展的重要的里程碑式的阶段永远地铭刻在历史的丰碑上！

杨元喜

2020 年 8 月

前　言

卫星导航是一种利用空间卫星作为标准导航台站的星基无线电导航技术。作为高精度的空间位置和时间基准,卫星导航系统可直接为地球表面和近地空间的广大用户提供全天时、全天候、高精度的定位、导航和授时服务,是当今国民经济、社会发展和国防建设不可或缺的重要空间信息基础设施。

世界各主要大国高度重视卫星导航系统的建设和应用推广。目前世界上主要的卫星导航系统有美国全球定位系统(GPS)、俄罗斯全球卫星导航系统(GLONASS)、中国北斗卫星导航系统(BDS)和欧盟 Galileo 系统等。

北斗卫星导航系统是中国自主建设、独立运行,并与世界其他卫星导航系统兼容的全球卫星导航系统。北斗卫星导航系统建设根据“先有源、后无源,先区域、后全球”的发展思路,确定了“三步走”发展战略。北斗一号系统 1994 年启动工程建设,2000 年 10 月至 12 月,连续发射了 2 颗北斗一号卫星,建成了北斗卫星导航试验系统并投入使用,使中国成为世界上第三个拥有自主卫星导航系统的国家。北斗二号系统 2004 年启动工程建设,2007 年 4 月 14 日成功发射第一颗北斗二号卫星,2010 至 2012 年,连续发射了 14 颗北斗二号卫星,组成了包括 5 颗地球静止轨道(GEO)卫星、5 颗倾斜地球同步轨道(IGSO)卫星和 4 颗中圆地球轨道(MEO)卫星的区域卫星导航系统。2012 年 12 月 27 日,北斗二号系统正式宣布开始为亚太地区的用户提供定位、导航、授时服务。工程建成后,举世瞩目、意义深远、应用广泛,全面展示了“中国的北斗、世界的北斗、一流的北斗”造福全人类的发展宗旨。

北斗三号全球卫星导航系统于 2009 年启动,2015 年发射了新一代北斗导航卫星试验星,完成了系统新体制、新技术、关键技术和国产化产品等试验验证工作。2017 年 11 月 5 日,北斗三号首批组网 MEO 以“一箭双星”方式在西昌卫星发射中心发射升空,2 颗卫星成功入轨,标志着我国北斗卫星导航系统建设工程开始由北斗二号系统向北斗三号系统升级,北斗三号卫星组网建设迈出了坚实的第一步,北斗系统工程进入了新时代。2018 年 11 月 19 日,北斗三号第 18 颗、19 颗卫星成功发射,标志着北斗三号基本系统空间段卫星完成了建设任务。2018 年 12 月 27 日,我国正式宣布北斗系统可提供全球基本导航服务。2020 年 6 月 23 日,北斗三号最后一颗导航卫星发射成功,标志着我国北斗三号全球卫星导航系统建设圆满收官。随即北斗三号全球卫星导航系统正式开通。

北斗卫星导航系统由空间段、地面运行控制系统和用户段组成。空间段即导航卫星星座,由不同轨道、轨位的数颗至数十颗导航卫星,按照合理几何构型分布所组成。导航卫星在轨连续播发无线电导航信号供地面用户使用,是整个工程系统中的关键核心部分。

北斗导航卫星是基于高精度时空基准,利用无线电伪距测量原理实现信号测量与播发的系统。与通信卫星、遥感卫星等其他种类的卫星相比,具有以下特点:①配置高准确度、高稳定度和高可靠的星载原子钟组,完成星地时间同步,建立并维持空间时空基准。②测量参数精度和稳定性更高。由于卫星轨道位置、无线电时频信号、天线相位中心、空间产品温度范围等控制要求高,所以需要保证其测量参数的准确性和稳定性。③信号连续性和可用性更高。为保证导航业务连续稳定、服务不中断,需对测量和播发的信号与信息有连续不中断的要求。④在具有大功率、多频点、多信号的发射功率放大器和微波网络的情况下,解决了卫星舱内信号电磁兼容性难题,提供给用户多种应用模式并达到良好的使用效果。⑤星上产品的通用性和兼容互换性更好,有力支持了北斗卫星密集发射和工程系统组网建设。上述特点决定了导航卫星系统的任务分析、方案选择、总体设计、产品研制和研制流程都有其独特的构思。

本书立足于卫星导航系统与技术,以北斗导航卫星系统为对象,全面介绍北斗导航卫星的研制工作,系统阐述北斗导航卫星系统的设计思想和设计结果,介绍卫星系统总体及分系统等设计情况。其内容涵盖卫星导航的基本知识,北斗卫星导航系统的发展历程,导航卫星的任务分析、总体设计要求,北斗卫星各分系统设计等。

全书共 8 章。第 1 章主要介绍卫星导航的原理、卫星导航系统的组成和国外主要的卫星导航系统;第 2 章总结描述我国北斗卫星导航系统的建设历程、主要的发展阶段和取得的成果,并对北斗卫星导航系统在国民经济各领域的典型应用进行介绍;第 3 章围绕导航卫星各阶段环境与任务要求,研究讨论导航卫星的各项任务分析工作;第 4 章介绍导航卫星总体设计,包括北斗导航卫星组成和功能、构型布局设计、轨道设计、飞行程序设计、信息流设计、能源总体设计、可靠性与安全性设计要求等;第 5 章和第 6 章,围绕北斗导航卫星平台和有效载荷,介绍相关各分系统的工作原理及组成、工作模式、系统设计,并给出一些典型产品的情况;第 7 章对北斗星间链路系统进行简单的介绍,包括星间链路任务与功能、链路网络结构、星间测量与通信体制等;第 8 章对下一步导航卫星系统的发展和未来导航卫星关键技术进行展望。

导航卫星的技术和知识涉及面广,随着北斗卫星导航系统的建设和应用稳步地推进,关心北斗导航卫星的人员越来越多。本书作者以北斗导航卫星为对象,结合研制团队多年从事北斗导航卫星的科研实践以及工程经验完成本书,期望能对从事卫星导航技术研究、北斗导航卫星研究、卫星导航系统应用,以及航天飞行器设计、航天系统工程等领域的研究生、高年级本科生或工程师提供有益的帮助,满足其学习和了解北斗卫星导航系统和北斗导航卫星专业知识的需求。同时,我们也期望本书可以更好地宣传北斗卫星导航系统,推进北斗卫星导航系统的深度研究,普及北斗导航卫星的知识。

本书由谢军、常进、丛飞负责完成。在本书的撰写过程中,得到了中国空间技术研究院总体部武向军、张旭、王海红、张建军、宋铮、康成斌、张弓、郭嘉、杜卓林、曾毅、王方斌、宋剑涛、李美红、周耀华、王璐、申洋赫、皇甫松涛等同志,西安分院王岗、刘冬、吴春邦、郑伟、边朗等同志,北京控制与推进技术研究所高益军、郭建新等同志,北京无线电计量测试研究所高连山等同志,中国科学院微小卫星创新研究院刘迎春等同志的大力支持,他们提供了相关部分的宝贵材料。在本书形成和征求意见的过程中,得到了戚发轫院士、范本尧院士、李祖洪研究员、郑晋军研究员、张立新研究员等专家的指导,同时还得到了国防工业出版社王晓光等编辑的帮助和指导,在此一并表示衷心的感谢。

由于本书涉及的内容和知识较多,限于作者水平,书中难免会有疏漏和不足之处,恳请广大读者批评指正。

作　者
2021 年 1 月

目 录

第1章 绪 论

1957年10月4日，苏联在拜科努尔发射基地成功发射了人类历史上第一颗人造地球卫星“伴侣一号”(Sputnik-1)，开创了人类航天新纪元，广阔无垠的宇宙空间开始成为人类活动的新疆域。人类活动的范围，经历了从陆地到空中、从空中到宇宙空间的逐渐扩展的过程。

Sputnik-1卫星发射入轨后，美国约翰·霍普金斯(Johns Hopkins)大学应用物理实验室的科学家在监测该卫星运动时，发现了地面站接收的卫星无线电信号多普勒频移曲线与卫星轨道之间的对应关系，产生了把无线电导航信号源从地面搬到卫星上去的灵感[1]。1958年12月，美国正式开始研制海军卫星导航系统(Transit，即子午仪系统)。子午仪系统由6颗卫星组成，卫星轨道高度约1070km，每颗卫星通过发射150MHz和400MHz频率的导航信号，向用户播发导航电文。1964年1月该系统正式投入使用，为美国海军和民用用户提供导航定位服务近33年，1996年正式退役。

在美国子午仪系统研发的同时，苏联于1965年也开始研制“蝉”(Cicada)卫星导航系统，其工作体制和原理与美国子午仪系统类似，均采用基于测量卫星信号多普勒频移的原理。1967年11月发射第一颗“蝉”卫星，1979年系统建成并开始使用。美国子午仪系统和苏联“蝉”系统的应用，不断显示出卫星导航系统巨大的优越性。

从1958年美国开始研制子午仪系统算起，经过近60年，多个全球卫星导航系统(GNSS)、区域卫星导航系统及增强系统的建设与发展，使卫星导航系统已成为国民经济、国防建设和人们生活依赖的重要空间基础设施，其应用将取决于人类的想象力。

1.1 卫星导航的基本原理

1.1.1 卫星定位与导航的概念

卫星导航系统是指利用空间分布的多颗卫星组成的星座，在统一时间和空间坐标系中通过地面站对卫星精确测量，将卫星作为标准位置与时间的导航台站，播发无线电导航信号的系统。

卫星导航系统由空间段(卫星星座)、地面运行控制段(包括主控站、监测站、上行注入站等)和用户段(用户机等各类终端)等组成。卫星导航系统提供的定位、导航、授时功能，实现了地面、海面、航空、低轨航天器用户的时间基准和空间基准的建立与维持，起到了统一时空基准下获取用户或物体时间信息和位置信息服务的重要作用。

日常生活中，我们离开或返回熟悉的环境，外出旅游或与朋友见面，拓展生活与工作范围，常常遇到的问题有：现在几点了？你现在在哪里？我们离得远吗？我怎么才能快速地到达你那里？什么时间我们见面？我要去的目的地在哪个方向？这些都是导航定位的问题。

卫星导航系统具有覆盖范围广、实时性高、高精度、全天时、全天候工作等特点，广泛应用于交通运输、航空航海、地理数据采集、测绘、国防建设、通信电力、金融和大众消费休闲娱乐等领域。可以说，卫星导航系统的应用就像日常生活中的水和电，人们越来越多地依赖卫星导航系统提供的服务功能。

定位，是指精准确定用户或物体在某一标准坐标系下的位置和方向。定位技术是利用测量信息，确定用户或物体位置的过程或手段。

导航，是指在精准知道用户或物体在当前位置和目标位置的基础上，确定用户或物体从当前位置到达目标位置的行动路线、方向和速度。导航技术是引导（规划、记录和控制）各种运载体（飞机、船舶、车辆等）和人员，从一个位置点到另一个位置点的过程或手段。

一般来说，定位与导航是密切相关的，其区别在于：定位是对固定位置点而言的，允许较长时间的观测，观测数据可事后处理，提供标准坐标系下的绝对坐标。导航是对运动点而言的，是对位置点变化进行引导的过程，允许的观测时间很短，观测数据要实时处理，提供相对参考位置的相对坐标。可以说，能够提供导航服务的系统必须能够定位，而可以提供定位服务的系统未必能够导航，这取决于所采用的观测技术、观测设备能否在运动体上获得足够精度的观测量。

卫星导航定位技术，是指采用导航卫星作为空间位置和时间的基准台站，通过卫星发射的无线电导航信号，为地球表面、海洋及近地空间用户与物体提供全天时、全天候、高精度的空间位置和时间参数，确定用户与物体在相应时空参考系中的三维位置、速度和时间的技术[2]。

服务于用户及物体位置确定的卫星无线电业务有两种方式，一种是众所周知的卫星无线电导航业务，即 RNSS。地面系统通过对空间运行的导航卫星进行精确观测，建立卫星位置和时间信息基准。卫星通过播发导航信号，由用户接收 4 颗或 4 颗以上卫星导航信号，解调出导航卫星广播的卫星星历和钟差信息，计算出用户接收机在卫星导航系统时空基准中的三维位置、三维速度信息和时间信息，自主完成定位和航速及航行参数计算，实现定位与导航服务。

另一种是卫星无线电测定业务，即 RDSS。用户位置的确定无法由用户独立完成，必须由外部系统进行距离测量和位置计算，再通过同一系统通知用户[3]。这种方式不便于提供用户运动速度，所以难以提供人们所需的多种导航参数，如速度、偏

航差、到达目的地的预测时间等，而是以提供用户位置信息为主。

1.1.2　卫星定位与导航原理

通过在统一的时间系统与空间基准坐标系中，将卫星作为位置已知空间节点，采用无线电波播发导航信号；当用户接收到卫星导航信号时，获取卫星与用户之间的距离或多普勒频移，通过采用 3 球交会的定位体制进行解算处理，实现用户的定位、测速、导航、授时服务，这是卫星定位与导航的基本过程。

卫星导航系统的导航定位原理是几何 3 球交会法，即分别以 3 颗导航卫星为球心，以用户接收机和导航卫星之间的距离为半径，3 个这样的球交会于一点，交会点就是用户接收机所处位置。其测量体制一般为无线电导航信号多普勒频移测量、伪码测距和载波相位测量体制。

我们知道，假设一个无线电导航台站位于 S_1 位置发射一个无线电信号，t 秒之后用户接收机收到该信号，则两者之间的距离为 R_1，即用户位于以 S_1 为原点、以 R_1 为半径的圆上，如图 1.1 所示[2]。

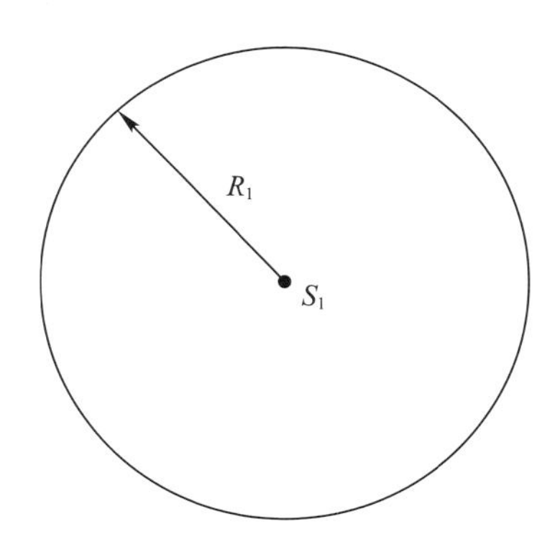

图 1.1　用户位于以 S_1 为原点、以 R_1 为半径的圆上

$$R_1 = c \cdot t \tag{1.1}$$

式中：c 为无线电信号在空间传输的速度 2.99792458×10^8 m/s（一般情况下取 $c \approx 3 \times 10^8$ m/s）。

假设有两个无线电导航台站分别位于 S_1 和 S_2 处，并发射无线电信号，t(s) 和 $(t+\delta)$(s) 之后用户接收机收到该信号，则用户与两个无线电导航台站之间的距离分别为 R_1 和 R_2，即用户必然位于 A 点处或 B 点处，如图 1.2 所示。

如图 1.3 所示，假设有 3 个无线电导航台站分别位于 S_1、S_2 和 S_3 处，并且发射无线电信号，用户接收机的时钟与 3 个无线电导航台站 S_1、S_2、S_3 的时钟同步。当用户接收到 S_1 的信号时，根据光速与时间的乘积，可以得到用户与导航台站 S_1 的距离 R_1；同理，当用户分别接收到 S_2、S_3 的信号时，可以计算出用户与导航台站 S_2、S_3 的距离分别为 R_2、R_3。

因此,可以确定用户相对于3个导航台站的对应位置为图1.3所示的3个圆的公共交点处A。

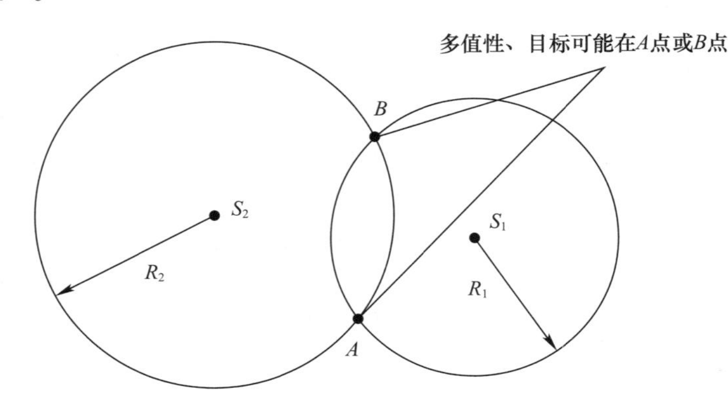

图1.2　用户位于A点处或B点处

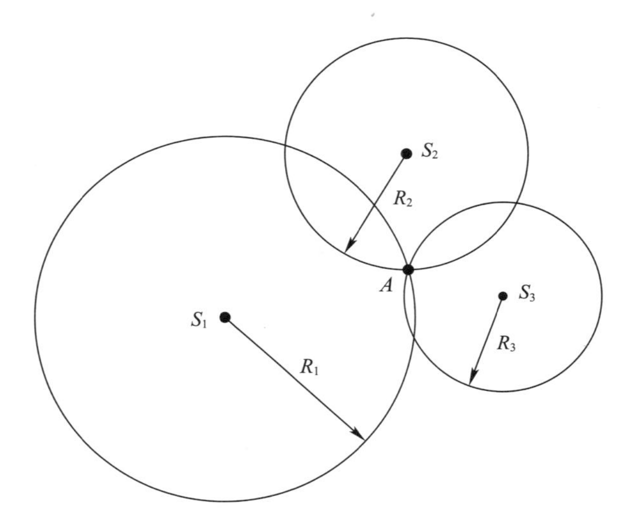

图1.3　3个圆的公共交点A为用户位置

卫星导航系统利用几何三球交会法原理,即在一个用户观测测量站上,只需3个独立的距离观测量即可确定用户在基准坐标系中的位置参数(x,y,z)。

但是,由于卫星钟与用户接收机钟常常难以保持严格同步,实际上观测测量站至卫星之间的距离要受到卫星钟和用户接收机钟同步差的共同影响,故距离观测量又称为伪距。当然,卫星钟钟差可以通过卫星导航电文中所提供的相应钟差参数信息加以修正。然而,用户接收机的钟差,一般都难以预先准确测定。在实际应用和数据处理中,可将其作为一个未知参数与观测站坐标一并解出。

因此,在一个用户位置上,为了实时求解4个未知参数(3个点位坐标量及1个钟差参数),至少应有4个同步伪距观测量,即必须同时观测4颗以上卫星并进行解

算处理。

卫星导航定位原理示意图如图 1.4 所示。设导航卫星在基准坐标系的位置和钟差为$(x_i, y_i, z_i, \delta t_{S,i})$，$i=1,2,3,4$，是已知量；设用户接收机的位置和钟差为$(x, y, z, \delta t_u)$，是未知量；用户接收机与 4 颗导航卫星的距离记为 d_i，$i=1,2,3,4$。

根据几何交会原理，可得如下方程：

$$\begin{cases} \sqrt{(x_1-x)^2+(y_1-y)^2+(z_1-z)^2}=d_1 \\ \sqrt{(x_2-x)^2+(y_2-y)^2+(z_2-z)^2}=d_2 \\ \sqrt{(x_3-x)^2+(y_3-y)^2+(z_3-z)^2}=d_3 \\ \sqrt{(x_4-x)^2+(y_4-y)^2+(z_4-z)^2}=d_4 \end{cases} \tag{1.2}$$

式中：d_i，$i=1,2,3,4$，是几何距离，未包含导航卫星和用户接收机的钟差。

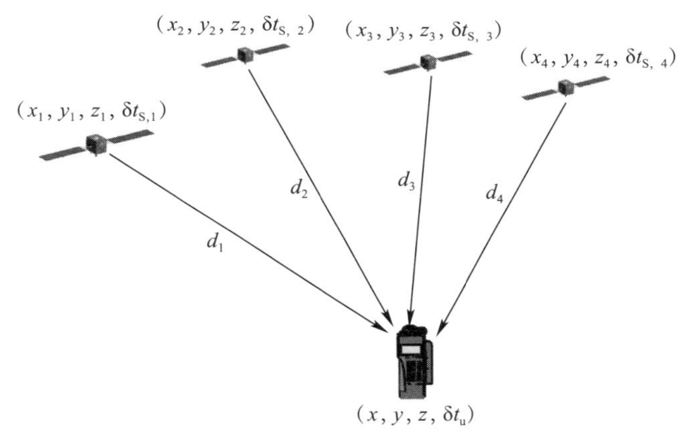

图 1.4　卫星导航定位原理示意图

GNSS 用户接收机对卫星导航信号进行采样，并根据用户接收机本地时间记录采样时刻（记为 t_{re}，下标 re 表示接收）。然后，对采样信号进行处理，得到卫星导航信号标记的发射时刻（记为 t_{tr}，下标 tr 表示发射，该时刻是根据导航卫星本地时间标记的）。

定义伪距 ρ 为信号接收时刻 t_{re} 与信号发射时刻 t_{tr} 之间的差异乘以光速 c，即

$$\rho = c(t_{re} - t_{tr}) \tag{1.3}$$

因为用户接收机时钟、导航卫星时钟与系统时间均存在偏差，所以式(1.3)中 ρ 被称为“伪”距。在卫星导航系统时间框架下，接收时刻、发射时刻与钟差的关系如下：

$$\begin{cases} t_{re}^{GNSS} = t_{re} - \delta t_u \\ t_{tr,i}^{GNSS} = t_{tr,i} - \delta t_{S,i} \end{cases} \tag{1.4}$$

式中：$t_{\mathrm{re}}^{\mathrm{GNSS}}$为在系统时间框架下的接收时刻；$t_{\mathrm{tr},i}^{\mathrm{GNSS}}$为在系统时间框架下的卫星发射时刻；$\delta t_{\mathrm{u}}$为用户接收机钟差；$\delta t_{\mathrm{S},i}$为卫星钟差；下标$i$为导航卫星编号。

将式(1.4)代入式(1.3)，得到

$$\rho_i = c(t_{\mathrm{re}}^{\mathrm{GNSS}} - t_{\mathrm{tr},i}^{\mathrm{GNSS}}) + c(\delta t_{\mathrm{u}} - \delta t_{\mathrm{S},i}) = d_i + c(\delta t_{\mathrm{u}} - \delta t_{\mathrm{S},i}) \tag{1.5}$$

将式(1.5)代入式(1.2)，得到

$$\begin{cases} \sqrt{(x_1-x)^2+(y_1-y)^2+(z_1-z)^2} = \rho_1 - c(\delta t_{\mathrm{u}} - \delta t_{\mathrm{S},1}) \\ \sqrt{(x_2-x)^2+(y_2-y)^2+(z_2-z)^2} = \rho_2 - c(\delta t_{\mathrm{u}} - \delta t_{\mathrm{S},2}) \\ \sqrt{(x_3-x)^2+(y_3-y)^2+(z_3-z)^2} = \rho_3 - c(\delta t_{\mathrm{u}} - \delta t_{\mathrm{S},3}) \\ \sqrt{(x_4-x)^2+(y_4-y)^2+(z_4-z)^2} = \rho_4 - c(\delta t_{\mathrm{u}} - \delta t_{\mathrm{S},4}) \end{cases} \tag{1.6}$$

式中：$(x_i, y_i, z_i, \delta t_{\mathrm{S},i})$，$i=1,2,3,4$，是4颗导航卫星的位置和钟差，为已知量；$\rho_i$，$i=1,2,3,4$，是用户接收机实施信号处理得到的伪距测量值；$(x, y, z, \delta t_{\mathrm{u}})$是用户接收机的位置和钟差，为未知量。

求解式(1.6)4个方程组中的未知量，就可以实现定位授时。式(1.6)称为卫星导航系统伪距定位授时的基本方程。

卫星导航系统中采用的测距技术，是利用无线电信号在介质中传播速度已知的特性，通过测量记录该信号发射时刻与信号接收时刻之间所消耗的时间，即可获得距离测量值。采用的测向技术，是利用不同位置处的多个接收天线，通过测量无线电信号到达不同位置处天线的时延差，结合天线间的基线信息，实现对无线电信号到达方向的测量。采用的测速技术，一般是通过对无线电信号多普勒频移测量而间接得到的，利用导航卫星和导航用户接收机之间距离的变化信息，反映该信号频率上的差异特性，通过距离信息数据的差分或载波相位的差分计算得到[4]。

卫星导航系统通过测量坐标基准与卫星之间的位置和时间信息，实现对卫星的星历参数确定。无论是地面运行控制段对空间导航卫星运行轨道的确定、卫星钟差的获取、星上全球卫星导航系统（GNSS）时间系统的建立与同步，还是用户段中用户获取定位、导航和授时服务，均需要通过高精度的测量手段，为空间段卫星的定轨，用户段的定位、导航、授时服务的实现提供基本的输入信息。

卫星和用户之间的伪距测量值，由于星地距离、电离层延迟、对流层延迟、卫星钟差以及用户接收机钟差等因素影响，会造成与实际星地距离不同。

通过卫星导航系统实现定位服务，是指用户接收卫星无线电导航信号，自主完成多颗卫星的距离测量，计算出各颗卫星与用户接收机之间的伪距和载波相位，并通过导航电文的星历信息（包括时间信息）和钟差，计算出卫星发射时刻的空间位置，根据这些信息，计算出用户接收机位置。

通过卫星导航系统实现导航服务，包含一系列的定位过程，并结合与目标位置的

距离测量,引导各种运载体(飞机、船舶、车辆等)和人员从当前位置到目标位置。卫星导航系统实现导航服务是通过利用多普勒频移测量和接收机伪距测量,解算出用户的运动速度和位置。

同时,卫星导航系统还广泛地应用在时间保持及授时方面。授时,是指通过传递播发标准时间信号方式,使系统内设备与用户得到统一准确时间的技术和过程。

通过卫星导航系统完成授时服务,是根据卫星电文中的周计数、周内秒、伪距时延、卫星钟差和定位解算中的用户钟差结果,传递 GNSS 标准时间的过程,GNSS 时间可以转换为协调世界时(UTC)。

卫星导航系统中最原始和基本的观测量主要是星地距离、星地多普勒频移[3]。根据卫星导航系统测量信息数据的获取方式,可以将卫星导航测量数据分为原始观测量和导出观测量。

原始观测量是指直接通过测量卫星播发导航信号的相位或频率得到的测量数据,包括导航信号码相位、载波相位以及多普勒频移。导航信号的码相位可以通过码跟踪环测量获得,载波相位可以通过载波跟踪环得到,多普勒频移可以通过载波环的数字控制振荡器(NCO)频率控制字与标称接收中频的频率控制字的差值,直接测量得到。

导出观测量是指不能直接通过测量卫星播发导航信号的相位或频率得到的测量数据,包括卫星和用户之间的距离与相对径向速度。导出观测量的获取,可以通过物理原理构建的数学模型计算得到。根据卫星无线电导航信号码相位的测量数据,结合卫星导航电文中当前码相位所在的比特数,可以导出卫星和用户之间的伪距测量值。根据导航信号多普勒频移与相对速度之间的关系,可以导出卫星和用户之间的相对径向速度。此外,根据导航信号载波相位进行差分,也可以导出卫星和用户之间的相对径向速度。

高精度的测量技术、高连续性的信息处理技术、高稳定的通道传输技术、高功率的发射技术、高可靠的可用性技术是卫星导航技术的显著技术特点[4]。

1.1.3 时间系统

在地球上研究各种用户或物体的位置及运动问题时,既需要一个反映用户或物体运动过程的均匀时间尺度,又需要一个反映用户或物体位置的时刻计量系统。

研究和应用卫星导航系统与技术,通常涉及如下几种时间系统的概念:国际原子时(TAI)、协调世界时(UTC)和卫星导航时间系统(如美国全球定位系统(GPS)的 GPS 时(GPST)、北斗卫星导航系统(BDS)的北斗时(BDT))。另外,还需要注意,频率是某周期事件在单位时间内发生的次数,频率是与时间密切相关的导出量[5]。

时间系统是卫星导航系统的重要基础,可以说没有高精度的时间系统,就无法建立高精度的卫星导航系统。时间是七大基本物理单位之一,时间实际上可分为"时刻”和“时段”两个不同的概念。时刻是指发生某一现象的瞬间,是在时间坐标系统中的一个绝对时间值;时段是指某一现象的持续时间,是现象结束时刻相对于现象开始时刻的相对时间值。

时间和空间位置坐标基准的建立、维持是构建卫星导航系统、实现卫星导航服务的基础前提。通过定义统一的时间系统和空间坐标系,精确地描述导航卫星、地面测控台站、用户(即导航接收机)时间和位置坐标的状态参数。

时间系统基准通常选择可溯源至协调世界时的卫星导航时间系统,空间坐标基准通常选择与地球固连的地心地固(ECEF)坐标系。

由于卫星导航系统的完整性和自主可控,目前世界上各大卫星导航系统均基于各自系统内部的原子钟组,建立了相对独立的时间系统,各大卫星导航系统的时间系统通过协调世界时建立联系。

采用原子时作为计时基准以前,地球自转长期作为时间系统的统一基准。由于地球自转的不均匀性和科学仪器技术及测量精度的不断提高,使得研究工作更加深入、更加精细,其问题也变得复杂化了:既要有一个均匀时间基准,又要与地球自转相协调(联系到对天体的测量)。

因此,除需要均匀的原子时计时基准外,还需要一个与地球自转相连的时间系统,以及如何解决两种时间之间的协调机制,这就是协调世界时。协调世界时是基于国际原子时建立的。

1) 国际原子时

原子时是将原子由高能级向低能级跃迁时辐射出的频率作为频率标准,以原子频标为参考的时间测量系统,称为原子时(AT)。

原子时秒的新秒长定义(1967 年 10 月第十三届国际计量大会(CGPM)决议通过)为:在零磁场下,位于海平面上的元素铯 133(^{133}Cs)原子基态两个超精细能级间跃迁辐射振荡 9192631770 周所持续的时间为 1s,秒长用国际单位制(SI)来表示。

原子时的起点定义在 1958 年 1 月 1 日 00:00:00,即规定在这一瞬间原子时的时刻与世界时的时刻重合。原子时是恒定的、均匀的、客观稳定的时间基准,不需要进行长期的天文学观测,它的秒长容易测定,且其准确度和稳定性都十分高。

国际原子时是由分布在全世界 50 多个国家的超过 400 台原子钟合作形成。国际计量局(BIPM)用这些分布在世界各地的 400 多台自由运转的原子钟的数据,采用 ALGOS 计算方法得到自由原子时(EAL)。国际原子时是自由原子时经过参照基准频标频率修正后,最后计算确定的原子时。

各个时间实验室每月将该实验室钟的比对数据 UTC(k)- Clock(k,i)发送给 BIPM,式中 k 为各个标准实验室代码,i 为守时钟代号。实际上,自由原子时是所有钟的加权平均值,BIPM 时间部汇总所有这些原子钟的数据,并通过特定的算法得到

高稳定度、高准确度的国际原子时。

在2000年到2003年间,BIPM两次改进了ALGOS算法的取权方法,使国际原子时的稳定度有了明显的提高。

2）协调世界时

原子时可以提供非常稳定的时间基准,对于那些要求时间间隔非常均匀的领域来说是很重要的。然而,原子时的时刻却没有实际的物理意义。对于大地测量、天文、导航等与地球自转有关的技术与学术领域来说,需要的是世界时。世界时的时刻反映地球自转的位置,与人们的日常生活息息相关,所以世界时并不因原子时的建立而失去它特有的作用。

由于地球自转的不均匀性,世界时比原子时一年大约慢1s。随着时间的推移,两者的差别将越来越大。

为了兼顾原子时和世界时这两种时间系统,国际天文学会和国际无线电咨询委员会决定采用一种新的时间系统,即以原子时秒长为基础、在时刻上尽量接近世界时的一种时间测量基准。这种时间系统是在原子时和世界时之间人为进行协调的结果,因此称为协调世界时。

协调世界时采用原子时秒长,而时刻则要求和世界时之差保持在±0.9s之内。当超过0.9s时,采用跳秒(leap second,也称闰秒)的办法加以调整,增加1s称为正跳秒,去掉1s称为负跳秒。跳秒一般规定在对应年份的6月30日或12月31日最后一秒调整,具体日期由国际时间局(BIH)在两个月前通知各国授时台,第一次跳秒发生在1972年6月30日。

3）卫星导航的时间系统

授时服务作为卫星导航系统的主要功能之一,为保障系统授时服务的自主可控和系统的完整性,各大卫星导航系统均基于各自系统内部的原子钟组,建立了独立的GNSS时(GNSST)。

国际电信联盟(ITU)授时系统播发标准中明确要求,每个卫星授时系统的时间与协调世界时(UTC)必须同步在100ns以内。因此,卫星导航系统的系统时间必须溯源到UTC,且两者之差小于100ns。

卫星导航用户可以在卫星播发的导航电文中获取各个卫星导航系统的系统时间与UTC的偏差,从而间接地实现了各大卫星导航系统的时间系统之间的联系,也为各大卫星导航系统的兼容与互操作奠定了基础。

(1) 美国GPS时间系统。

美国GPS时间系统采用了一个独立的时间系统作为导航定位计算的依据,简称为GPST。GPST属于原子时系统,其秒长与原子时秒长相同,采用国际单位制秒为基本单位,连续累计,不闰秒,与UTC之间的差距会逐渐增大,并将一直是秒的整数倍。GPST起始历元为1980年1月6日UTC 00:00:00。GPST通过美国海军天文台(USNO)的UTC与国际协调世界时建立联系。

（2）俄罗斯全球卫星导航系统（GLONASS）时间系统。

俄罗斯GLONASS时简称为GLONASST。GLONASST采用国际单位制秒为基本单位，连续累计，有闰秒。GLONASST通过苏联（SU）的UTC（SU）与国际协调世界时建立联系。

（3）欧洲Galileo时间系统。

欧洲Galileo系统时简称GST。GST采用国际单位制秒为基本单位，连续累计，不闰秒，起始历元为1999年8月22日UTC 00:00:00。GST通过欧洲若干个时间实验室保持的UTC(*k*)与国际协调世界时建立联系。

（4）北斗卫星导航系统（简称"北斗系统"）时间系统。

北斗系统的时间系统简称北斗时（BDT）。BDT采用国际单位制秒为基本单位，连续累计，不闰秒，起始历元为2006年1月1日UTC 00:00:00。BDT通过UTC中国科学院国家授时中心（NTSC）与国际UTC建立联系，BDT与国际UTC的偏差保持在50ns以内（模1s）。BDT与UTC之间的闰秒信息在导航电文中播报。

4）GNSS时间溯源

随着全球卫星导航系统GNSS的日益增多和逐步完善，卫星导航应用已经进入了多模导航的新时代。

为了实现各个导航系统之间的兼容与互操作，使它们不相互"阻塞"，并能组合为用户提供更佳的导航定位授时服务，需要考虑各系统的时差测量、坐标系转换、卫星识别方式等一系列复杂的问题，其中时间参考问题成为多模导航须首要解决的问题之一。

UTC作为世界公认的时间标准，各个卫星导航系统通过向UTC溯源，完成系统的授时功能，在进行星历提取、伪距处理、钟差解算等环节时，可以采用统一的时间标准，为卫星轨道测量、精密测地等应用带来方便。

由于国家标准时间UTC(*k*)与UTC的偏差很小，且UTC具有滞后性，一般GNSS时间溯源至UTC(*k*)，通过建立与国家标准时间UTC(*k*)的溯源关系，进而溯源至UTC。

系统时间的溯源是通过导航电文中的溯源模型表现出来的，用户通过接收卫星导航系统的溯源数据，将GNSST修正到UTC(*k*)，得到本地时间与UTC(*k*)的时差。如果需要更高精度的时间，则可以借助BIPM公报发布的数据，将UTC(*k*)改正到UTC，从而实现完整的溯源。

如图1.5所示，不同的卫星导航系统都有各自的系统时间及溯源方式，GPST溯源至美国海军天文台保持的UTC（USNO），GLONASST溯源至俄罗斯时间空间计量研究所保持的UTC（SU），GST的时间基准采用欧洲若干个时间实验室的UTC综合计算而得到，中国北斗系统（BDS）的BDT通过UTC（NTSC）与国际计量局（BIPM）保持的UTC建立联系。

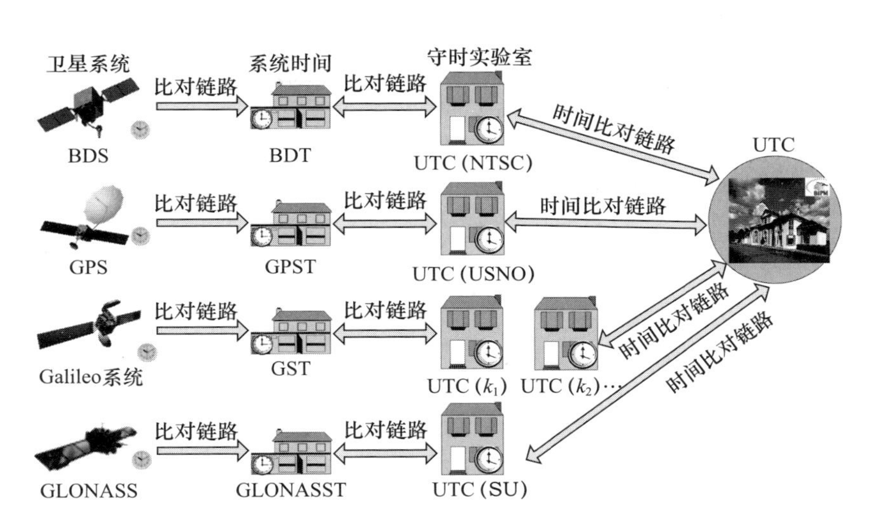

图 1.5 GNSS 导航系统的溯源方式(见彩图)

1.1.4 空间参考坐标系

物质的运动无处不在,如银河系中恒星的运动、太阳系中行星和卫星的自转及其轨道运动、地球的自转和极移、航天器在地球附近或太阳系中的运动以及地球的板块运动等。这些自然界天体或地球上的点,在空间的位置和运动必须相对某个参照物来描述,这样的参照物就是参考系。

参考系是指研究物体运动时所选定的参照物体,或彼此不做相对运动的物体系。参考系是多方面因素组成的系统,可以用数学模型和动力学给予定义。

太阳系天体的历表是解算描述天体在太阳系动力学模型中的运动方程得到的,它定义了某些不变的点和方向,构造了动力学天球参考系。在宇宙中非常遥远的天体,比如类星体或星系没有自行,或者小于 2×10^{-5} 角秒/年,由这些遥远天体的运动性质或者其几何结构定义的参考系称为运动学天球参考系。

地面上的台站坐标用理论模型描述的参考系称为地球参考系,它是相对于地球静止的参考系。地球参考系由地球椭球长半径、地球引力常数、地球动力因子、地球自转速率等地球椭球参数来确定。

牛顿力学框架下定义的参考系是相对三维空间的,而广义相对论中定义的参考系一般都是针对四维时空的。根据牛顿力学定律在参考系中是否成立,可把参考系分为惯性参考系(匀速直线运动)和非惯性参考系(非匀速直线运动)。

坐标系是与参考系对应的,是用于描述物体位置、运动和姿态的一种数学工具。一般来讲,坐标系的定义包括 3 个要素:坐标原点的位置、坐标轴的指向、坐标尺度。坐标系之间的转换关系包括原点间的平移、坐标轴方向的旋转以及坐标尺度的调整。坐标系是理论定义的,因而没有误差可言。

卫星导航空间坐标系统是卫星导航系统的重要基础，精确统一的空间基准是准确描述导航卫星、地面系统和用户接收机位置的基础，也是应用卫星导航、构建卫星导航数学模型的基础前提。

在卫星导航领域，经常涉及惯性坐标系和地球坐标系两大类的空间坐标系统。

1）惯性坐标系

惯性坐标系是指在空间固定的一类坐标系统，用于描述物体在空间静止或做匀速直线运动。由于牛顿的万有引力定律是在惯性坐标系中建立起来的，因此，用惯性坐标系来描述在地球引力作用下卫星运行状态相当方便、适宜。坐标中心建立在地球质心点 O 的地心直角惯性坐标系示意图见图 1.6。地心直角惯性坐标系以指向北极的地球自转轴为 Z 轴，X 轴指向春分点，其 X,Y 和 Z 三轴一起构成右手直角坐标系。

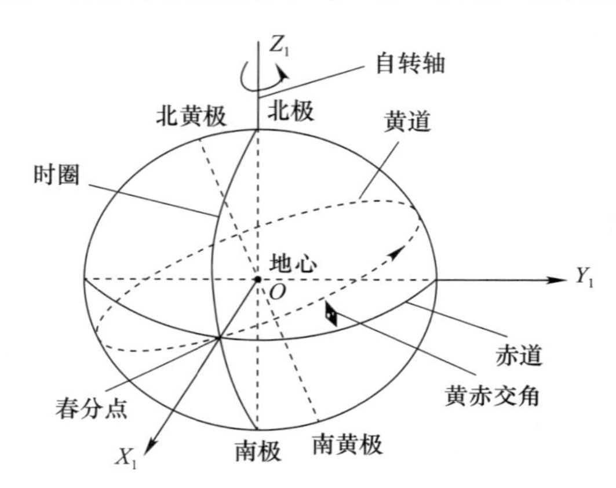

图 1.6 地心直角惯性坐标系

2）地球坐标系

虽然在惯性坐标系中描述卫星运行轨道相当方便，但是因为惯性坐标系与地球的自转无关，所以地球上任一固定点在惯性坐标系中的坐标会随着地球的自转而时刻改变，使得它在描述地面上物体的位置坐标时显得极为不便。

地球坐标系是一个跟随地球自转一起旋转的空间参考系。在这个参考系中，与地球固体表面连接的地面观测站的位置坐标几乎不随时间改变，仅仅由于构造或潮汐变形等地球物理效应而有很小的变化。

与惯性坐标系不同，地球坐标系固定在地球上，同时随着地球一起在空间做公转和自转运动，所以人们又将地球坐标系称为地固坐标系。图 1.7 所示的地心直角坐标系和地心大地坐标系均是以地心 O 为坐标原点的地球坐标系，所以二者均称为地心地固（ECEF）坐标系。通常地心直角坐标系称为地心地固直角坐标系，简称为地心地固坐标系，而地心大地坐标系则简称为大地坐标系。

ECEF 坐标系以地心 O 为坐标原点，其 Z 轴指向协议地球北极，X 轴指向参考子午面（通常是英国伦敦的格林尼治子午面）与地球赤道的一个交点，而 X,Y 和 Z 3 轴

一起构成右手直角坐标系统。

若点 $P(x,y,z)$ 位于 ECEF 坐标系中，一般根据 z 的正负来判定点 P 位于北半球还是南半球，再根据 x 和 y 的坐标值估算出所处的时区。

大地坐标系是一个使用最广泛的地球坐标系，它通过大地纬度、大地经度和大地高度，更加直观地表明用户所在点在地球中的位置，故又称为经纬高坐标系。

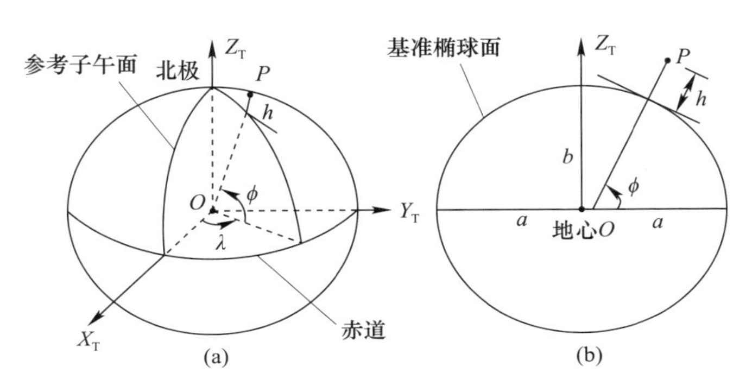

图 1.7 地心地固直角坐标系(a)和大地坐标系(b)

为了计算卫星导航用户的位置，使用与地球固连的地固坐标系更方便。在这一坐标系中，更容易计算出用户接收机所在位置的纬度、经度和高度参数；另一方面，导航卫星可方便地利用其广播星历，描述卫星自身在地心地固坐标系中的位置、速度等状态信息，编排在导航电文数据中，播发给卫星导航的用户。

在某个具体的卫星导航系统中，无论是导航卫星，还是导航用户接收机，两者都必须使用一套统一的坐标系统。GPS 使用 1984 世界大地坐标系（WGS-84），GLONASS 使用 PZ-90 坐标系，Galileo 系统使用国际地球参考框架（ITRF96），中国 BDS 使用 2000 中国大地坐标系（CGCS2000）和北斗坐标系（BDCS），其中 CGCS2000 坐标系应用在北斗二号系统中。

2019 年起，北斗系统正式公布了 BDCS 模板。在具体应用时，如果综合使用两种及以上卫星导航系统进行组合导航，则存在坐标系之间转换的问题。

下面以 GPS 和 BDS 为例，简单介绍 WGS-84、CGCS2000 和 BDCS。

（1）WGS-84。

1984 世界大地坐标系是美国国防部下属的国防制图局制定的，并经过多次修改和完善的 1984 年版的协议地心直角地球坐标系的一种近似实现，简称为 WGS-84。

WGS-84 基本大地参数值如表 1.1 所列。

表 1.1 WGS-84 的基本大地参数

基本大地参数	数值
基准椭球体的半长轴 a/m	6378137.0
基准椭球体的扁率 f	1/298.257223563

（续）

基本大地参数	数值
地球自转角速度 e/(rad/s)	$7.2921151467 \times 10^{-5}$
地心引力常数/(m^3/s^2)	3.986005×10^{14}
真空中的光速 c/(m/s)	2.99792458×10^{8}

由于美国 GPS 卫星星历参数和历书参数计算得到的卫星位置和速度都直接表达在 WGS-84 的直角坐标系中，因此，WGS-84 对于 GPS 来说至关重要。

（2）CGCS2000。

2000 中国大地坐标系是全球 ECEF 坐标系在我国的体现，也是中国 BDS 所采用的坐标系，基本常数如表 1.2 所列。

表 1.2　CGCS2000 的基本大地参数

基本大地参数	数值
基准椭球体的半长轴 a/m	6378137.0
基准椭球体的扁率 f	1/298.257222101
地球自转角速度 e/(rad/s)	7.2921150×10^{-5}
地心引力常数/(m^3/s^2)	$3.986004418 \times 10^{14}$
真空中的光速 c/(m/s)	2.99792458×10^{8}

CGCS2000 定义的 4 个基本参数中，基准椭球体半长轴 a、地心引力常数、地球自转角速度 e 采用 WGS-84 椭球相应参数，基准椭球体扁率或地球引力场二阶带谐系数不同。椭球常数的差异，使得同一空间点在 CGCS2000 和 WGS-84 下的大地坐标（或高斯平面坐标）有差异，其中大地纬度的差异范围为 0～0.105mm，大地高的差异范围为 0～0.105mm，但不存在大地纬度差异。

在当前的测量精度水平，即坐标测量精度 1mm，由于两个坐标系参考椭球的扁率存在差异，引起同一点在 CGCS2000 和 WGS-84 内的坐标差异是可以忽略的。

（3）BDCS。

北斗三号卫星导航系统采用北斗坐标系（BDCS），该坐标系由中国卫星导航系统管理办公室发布，是一个地心、地固的地球参考系统。

BDCS 的定义符合国际地球自转服务（IERS）规范，其实现与最新的国际地球参考框架（ITRF）对齐，采用 100 多个全球分布的地面站作为参考框架点计算得到。

北斗坐标系的原点、尺度、定向与 IERS 规范规定一致，参考椭球采用 CGCS2000 椭球，其基本常数如表 1.3 所列。

表 1.3　BDCS 的基本大地参数

基本大地参数	数值
基准椭球体的半长轴 a/m	6378137.0
基准椭球体的扁率 f	1/298.257222101

（续）

基本大地参数	数值
地球自转角速度 e/(rad/s)	7.2921150×10^{-5}
地心引力常数/(m^3/s^2)	3.986004418×10^{14}
真空中的光速 c/(m/s)	2.99792458×10^{8}

CGCS2000 是测绘的基准，该基准需要维持长时间不变，以保持测绘成果的统一。BDCS 是不断修正的，其参考框架的更新周期与 ITRF 的更新周期相同，属于北斗系统独立的大地基准。使用 BDCS，对提高北斗系统的国际兼容性和系统互操作性有着重要意义。

1.2 卫星导航系统

典型的卫星导航系统一般由 3 部分组成：空间段（卫星星座）、地面运行控制段（地面控制、注入、监视测量设备及系统）和用户段（各类用户接收设备）。

空间段包括在轨卫星，它们向用户设备提供无线电测距信号和数据电文。地面运行控制段负责对空间的卫星进行跟踪、测量和维护，监视卫星的健康状况和信号的完好性，并维持卫星的轨道布局。此外，地面运行控制段还负责定期更新卫星的时钟校正量和星历，以及其他对确定用户位置、速度和时间至关重要的参数。用户段完成导航定位、授时和其他有关的功能，实现并体现卫星导航系统的服务能力及效果。

卫星导航系统基本组成如图 1.8 所示。

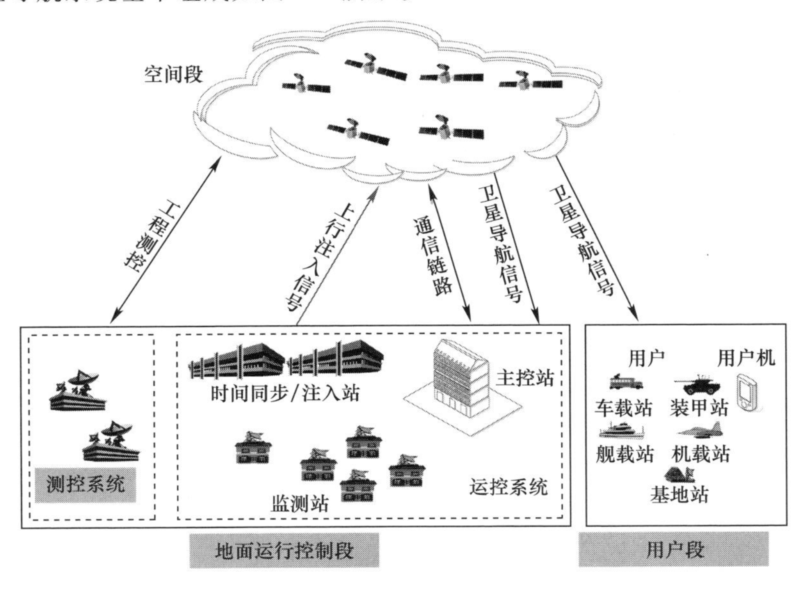

图 1.8 卫星导航系统基本组成（见彩图）

1.2.1 空间段

卫星导航系统的空间段即在轨运行的导航卫星星座。卫星星座是指多颗卫星部署在空间特定轨道上，形成稳定、适当的空间几何结构，同时卫星之间保持固定的时间空间关系，完成特定航天任务的卫星系统。

导航卫星星座是完成卫星导航系统的核心组成部分，是系统中时空基准建立、维持与传递的关键环节，是用户导航定位的空间与时间基准，直接决定着系统功能和服务性能指标的实现。

导航卫星星座的性能主要受两方面的设计因素影响。一是整个星座的构型设计，导航星座构型设计涉及诸多参数的优化组合，不同参数组合构成的星座，在系统播发信号覆盖性能、信号传递衰减和卫星投资成本等方面存在较大的差异。导航星座构型设计的目标就是寻找一组星座参数组合，使其构成的星座在指定覆盖区域内，既能获得最优的系统信号星座性能，又节省工程系统建设成本和星座长期维持费用。二是与导航卫星的设计相关，与导航卫星的在轨工作状态、卫星接收与测量精度、卫星钟性能指标、导航电文编排、卫星播发的导航信号质量特性等密切相关。

导航卫星一般包括卫星平台和有效载荷两部分，一颗典型的导航卫星需要具备以下主要功能。

(1) 具备适应运载火箭发射环境、空间环境和卫星内部温度环境变化的能力。

(2) 保证卫星的工作状态安全稳定，接收、执行地面测控系统上行的遥控指令，并将卫星状态等遥测参数下传给地面。

(3) 按照卫星导航系统要求，接收地面系统注入的导航电文参数，存储、处理生成导航电文，产生相应的多个导航信号，向指定覆盖区域范围内进行播发，保证导航信号的可用性、连续性和完好性。

(4) 接收地面上行发射的无线电信号或激光信号，完成精密时间比对测量，实现与地面系统的时间同步，并将测量结果传回地面。

(5) 具备星座自主管理与运行的能力。

(6) 具备按照星座部署策略，在一定范围内进行工作轨道位置或者轨道内相位调整的能力；在卫星工作寿命末期，具备离轨能力。

导航卫星主要的有效载荷是用于完成定位、测速和授时各项功能的导航载荷，其他有效载荷还包括空间环境与信号探测定位、核爆炸探测、短报文通信等与位置时间信息服务相关的业务载荷。同时，新一代的导航卫星还配置星间链路测量与通信设备。

导航卫星平台各系统主要包括卫星能源与配电分系统、结构与机构分系统、热控分系统、姿轨控分系统、推进分系统、测控分系统和星上数据与信息管理等分系统，完成卫星与地面系统的遥测遥控、卫星姿态保持、维持卫星载荷指向地球、太阳帆板指向太阳等功能。

北斗导航卫星与我国通信卫星、遥感卫星等其他种类的卫星相比，具有以下特点。

（1）卫星上配置高准确度、高稳定度和高可靠的星载原子钟组，形成空间时间基准源，完成与地面系统的星地时间同步，建立并维持空间时空基准。

（2）具备高精度和高稳定性测量要求。对于卫星轨道位置、无线电时频信号、天线相位中心、空间产品温度范围等的控制与保持要求高，需要保证其测量参数的准确性和稳定性。

（3）具备高可靠的信号连续性和可用性要求。对于测量和播发的信号与信息有连续不中断的要求，以保证导航业务连续稳定，服务不中断。

（4）为了保证地面用户终端的小型化、低功耗和使用便捷，要求卫星具有大功率多频点多信号的发射功率放大器和微波网络，卫星舱内信号电磁兼容性要求高，以保证用户多种应用模式和良好的使用效果。

（5）工程系统组网建设和密集发射的要求，对导航卫星上的产品设计和生产提出了设备通用性、设备兼容互换等要求。

1.2.2　地面运行控制段

卫星导航系统中地面运行控制段建立整个系统工作的统一时间和位置基准坐标系，负责整个卫星导航系统的运行处理、测量与管理控制任务，负责对空间的卫星进行跟踪、测量和维护，监视卫星的健康状况和导航信号的完好性，并维持卫星在空间轨道上的布局。地面运行控制段可由地面测控系统和地面运控系统组成。

地面测控系统包括地面天线与伺服分系统、发射信号分系统、高频接收分系统、多功能数字基带分系统、数据传输分系统、监控分系统、记录分系统、时频分系统和测量标校分系统等。

地面测控系统主要完成对导航卫星在发射和卫星进入工作轨道早期段的控制与状态监视、卫星轨道测量与确定、卫星轨道控制、上注遥控操作指令等测控任务，完成导航卫星长期在轨工作期间的星座状态管理。

地面运控系统一般包括地面主控站、监测站、时间同步与注入站、时频系统等部分。

地面运控系统利用地面的高精度原子钟产生地面的时间基准，溯源至协调世界时（UTC），通过完成站间时间比对观测与处理，实现地面站的时间同步；通过卫星与地面站时间比对，完成星地时间同步。分布在不同地区的监测站，通过对其可视范围内的导航卫星进行监测，采集各类观测数据，并将数据发送至主控站；主控站完成全部星座卫星的精密轨道确定及其他导航参数的确定、广域差分信息和完好性信息处理，通过注入站向卫星注入广播参数，卫星按照规定的协议播发导航信号和参数。

地面运控系统基本工作信息流程如图 1.9 所示。

地面运控系统主要任务如下。

（1）建立并维持卫星导航系统时间基准和空间坐标基准。

(2) 实现对在轨卫星的轨道精密测量,实施对卫星星座和星上有效载荷的管理与维护。

(3) 根据计算与预报结果,提供卫星钟差、广播星历、电离层延迟改正参数、广域差分及系统完好性监测等服务。

(4) 实现卫星导航系统精密测距及广播信息的安全管理,完成系统时间同步。

(5) 进行全系统任务规划与调度、全系统运行管理与控制等。

(6) 具备实现地面主控站、注入站和监测站之间的时间同步和数据传输能力。

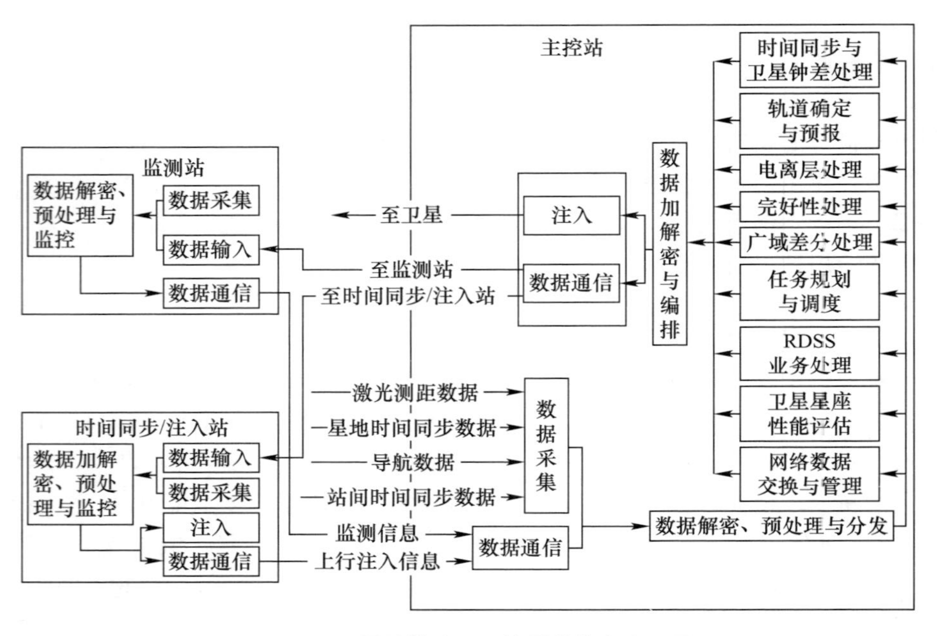

图 1.9　卫星导航地面运控系统信息流程图

地面主控站是卫星导航系统的地面业务运行控制中心。主控站的主要任务是:建立、维持和传递系统时间基准;收集系统导航信号监测、时间同步观测比对等原始数据,进行系统时间同步及卫星钟差预报、卫星精密定轨及广播星历预报、电离层改正、广域差分改正、系统完好性监测等信息处理;完成任务规划与调度,完成系统运行管理与控制等。

同时,主控站还需与所有空间段卫星进行星地时间比对观测,与系统中时间同步/注入站、监测站等进行站间时间比对观测,向卫星注入导航电文参数、广播信息等。

监测站的主要任务是:利用高性能监测接收机对卫星导航信号进行全面连续监测,为系统精密轨道测定、电离层校正、广域差分改正及完好性确定提供实时观测数据。北斗系统监测站分为一类监测站和二类监测站:一类监测站主要用于卫星轨道测定及电离层延迟校正;二类监测站主要用于系统广域差分改正及完好性监测。

时间同步/注入站的主要任务是配合主控站完成星地时间比对观测，向卫星上行注入导航电文参数，并与主控站进行站间时间同步比对观测。

地面运控系统的基本工作过程如下。

（1）地面站间进行双向时间比对测量，将内部时间测量和外部时间比对数据发送至主控站，主控站对观测数据进行分析处理，确定各站钟差，使所有地面站（主控站、时间同步/注入站和一类监测站）的工作主钟之间保持时间同步。

（2）时间同步/注入站和主控站与卫星进行双向时间比对测量，卫星测量数据经导航电文下传，主控站对星地时间同步数据进行处理，确定卫星钟差参数并进行预报。

（3）地面系统精确测定各地面站空间坐标，确定观测站运动学模型（包括地球板块运动、固体潮等），建立系统空间坐标基准。

（4）监测站对可见卫星进行伪距跟踪观测，并将观测数据送往主控站，主控站利用一类监测站观测数据，对卫星轨道进行精密确定和预报。

（5）主控站对所有监测站的观测数据进行综合处理，确定系统广域差分、电离层格网和完好性参数，并根据卫星轨道、卫星钟差等信息形成导航参数，编制导航电文。

（6）时间同步/注入站接收主控站的导航电文信息并上行注入给卫星，卫星在星载原子钟控制下播发经过导航电文和伪码调制的导航无线电信号。

（7）主控站对卫星和地面系统的运行状态进行实时监视和控制，确保系统正常运行。

1.2.3 用户段

卫星导航系统的用户段即用户接收终端设备，也即通常所称的卫星导航信号接收机，用于接收卫星导航信号，处理解算导航电文，进而确定用户位置、速度和时间。卫星导航用户终端接收机也可设计用于其他用途，如计算用户平台的姿态（即航向、俯仰和横滚角）或作为定时源等。

用户终端设备按产品形态可以分为基础类产品、终端产品两大类。基础类产品是卫星导航应用产业的核心基础，包括接收机天线模块、时频模块、射频（RF）模块、基带信号处理模块、应用模块、电源模块等，其中某些模块随着微电子技术和生产工艺水平的进步，已进入批量化芯片生产的状态。

终端产品包括各类卫星导航定位接收机和面向不同用户群体的信息接收设备，如车载设备、船载设备和手持设备等。

1.3 国外卫星导航系统

目前，国际上已提供服务或正在建设的卫星导航系统有美国的GPS、俄罗斯的GLONASS、中国的BDS、欧洲的Galileo系统、日本的准天顶卫星系统（QZSS）、印度区域卫星导航系统(IRNSS)等。这些卫星导航系统均能够提供全球或者区域范围的卫星导航服务信号。

卫星导航系统根据卫星导航定位授时的原理、无线电信号空间传输衰减、空间技术发展和研制建设成本等因素,大部分采用中圆地球轨道 Walker 星座,保证导航信号的全球覆盖,在各轨道平面上均匀或不均匀地分布卫星。

区域卫星导航系统一般采取高轨的地球静止轨道(GEO)或倾斜地球同步轨道(IGSO)卫星星座,保证服务区域的信号覆盖。

1.3.1 美国 GPS

1)系统概况

美国 GPS 是美国政府为了满足军事需求,于 1973 年批准其海、陆、空三军联合开发基于时间测距原理的全球卫星导航系统,也是最早(1994 年)向全球范围用户提供全天候、连续实时和高精度的定位、导航和授时服务的卫星导航系统,在军事和民用领域取得了卓越的成绩并得到广泛的应用,是目前最具有代表性的卫星导航系统。

GPS 空间段标准星座由 24 颗中圆地球轨道(MEO)卫星组成,卫星分布在与地球赤道夹角 55°、轨道高度 20200km 的 6 个轨道面上,每个轨道面上非均匀地分布着 4 颗卫星,轨道周期 11h58min,轨道面沿赤道以 60°间隔均匀分布,轨道近似为圆形,偏心率为 0.00 ~0.02。

美国 GPS 星座示意图如图 1.10 所示。

图 1.10 美国 GPS 星座示意图(见彩图)

目前,GPS 采用 27 轨位扩展星座,2010 年以来在轨卫星数量保持在 30 颗以上。至 2021 年 1 月,在轨提供健康服务的工作卫星 31 颗,包括 GPS ⅡR 卫星 8 颗,GPS ⅡRM 卫

星7颗,GPS ⅡF卫星12颗,GPSⅢ卫星4颗[6]。

GPS的服务分为两类,即标准定位服务(SPS)和精密定位服务(PPS)。标准定位服务是向全球用户提供的免费和开放的服务,用户通过接收和处理GPS卫星播发的民用导航信号,即可享有提供的导航定位授时等服务。精密定位服务是用于美国军事和政府机构,授权用户配置专门的模块设备,通过接收和处理GPS卫星播发的军用信号接入该服务。GPS卫星播发的精密定位信号采用反欺骗(AS)和选择可用性(SA)等技术措施进行信号加密,以应对有意和无意干扰,避免敌方使用定位服务或恶化精度。美国政府于2000年5月宣布停止使用其SA技术。

目前,美国GPS在L1频段(中心频率为1575.42MHz)、L2频段(中心频率为1227.60MHz)和L5频段(中心频率为1176.45MHz)向用户播发8种卫星导航信号,分别为L1 C/A、L1C、L1 P(Y)、L1M、L2C、L2 P(Y)、L2M、L5信号。

GPS导航卫星播发的导航信号频谱示意图如图1.11所示。

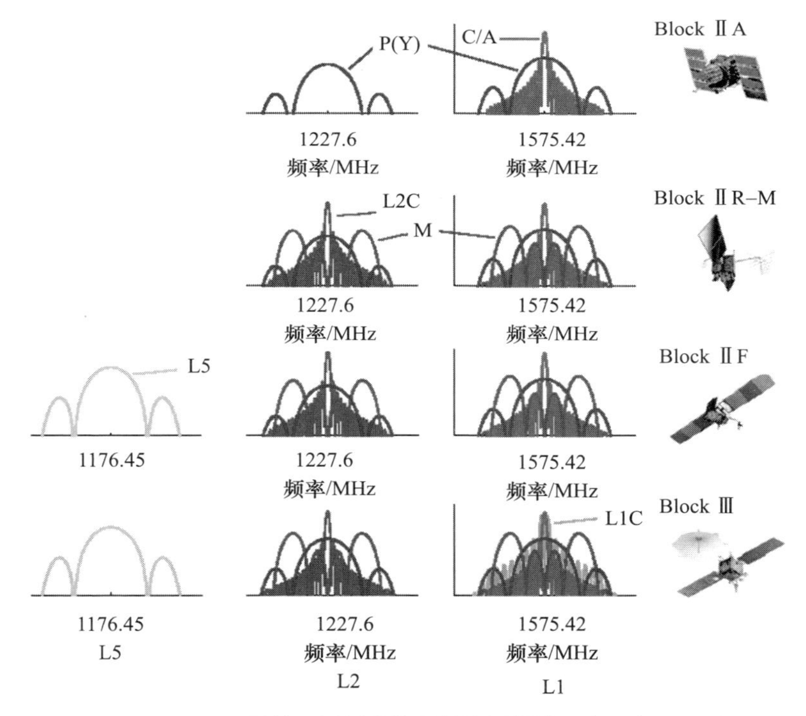

图1.11 GPS导航卫星播发的导航信号频谱示意图(见彩图)

2) GPS导航卫星情况

美国GPS导航卫星于1973年启动,开展科学研究和技术开发工作。1978年发射了第一颗试验卫星。GPS卫星按照研发和部署相结合的发展思路,研发一代,部署一代,并按发展需求,开展卫星导航关键技术的预先研究。

GPS卫星按照研制时间和类型不同,研制了不同批次(Block)的卫星,继承和发展了 GPS 的服务功能,提高其卫星性能指标。

(1) GPS Block Ⅰ卫星。

GPS Block Ⅰ卫星属于 GPS 初期研发阶段的试验星,该批次共研制了 11 颗卫星,第一颗 Block Ⅰ试验卫星于 1978 年发射,其余卫星在 1978 年至 1985 年期间发射,卫星分布在 3 个轨道面上。

Block Ⅰ卫星整星质量 760kg,卫星有效载荷功率 400W,设计寿命 4.5 年(其中部分卫星的在轨实际工作时间长达 10 年)。卫星采用 S 频段测控体制,星上配置 2 台铷(原子)钟和 2 台铯(原子)钟,在 L1 频段播发 L1C/A、L1P 信号,在 L2 频段播发 L2P 信号。

GPS Block Ⅰ卫星示意图如图 1.12 所示。

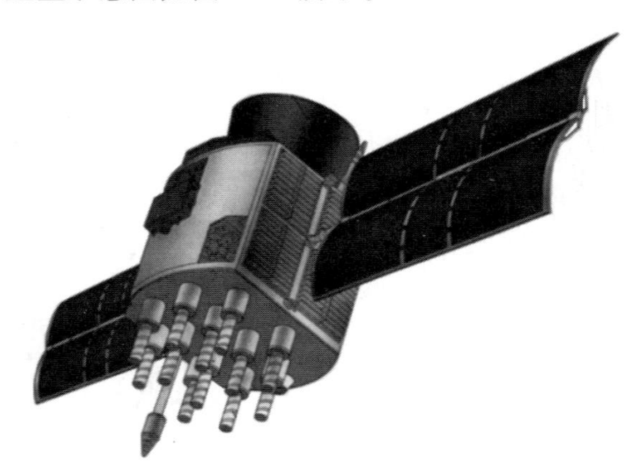

图 1.12 GPS Block Ⅰ卫星示意图

(2) GPS Ⅱ和 GPS ⅡA 卫星。

GPS Ⅱ卫星是美国 GPS 提供服务功能的首批卫星,包括 GPS Ⅱ卫星及其改进版 GPS ⅡA 卫星。GPS Ⅱ卫星研制了 9 颗,在 1989 年至 1990 年期间发射;GPS ⅡA 卫星研制了 19 颗,在 1990 年至 1997 年期间发射。卫星分布在 6 个轨道面上。

GPS Ⅱ卫星整星质量 1160kg,卫星功率 1100W,有效载荷功率 710W,设计寿命 7.5 年;GPS ⅡA 卫星整星质量 1816kg,卫星功率 1100W,有效载荷功率 710W,设计寿命 7.5 年。

GPS Ⅱ和 GPS ⅡA 卫星上均配置 2 个铷钟和 2 个铯钟,相对于 GPS Block Ⅰ卫星,GPS Ⅱ和 GPS ⅡA 卫星提高了星载原子钟的稳定性指标(铷钟的天稳定度由 1×10^{-12}/天提高到 1×10^{-13}/天,铯钟的天稳定度由 1.5×10^{-13}/天提高到 1×10^{-13}/天);卫星增加设计有选择可用性(SA)技术,可通过对卫星时钟、导航电文信息等进行加扰处理,有意识地降低民用 GPS 用户的定位精度。

同时,GPS ⅡA 卫星开始配置星间链路,采用特高频(UHF)(250~290MHz)频段,同时增加了星载导航电文数据存储容量,其目的是实现 GPS 中卫星可独立在轨

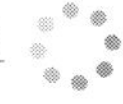

运行180天的技术验证。

GPS ⅡA卫星示意图如图1.13所示。

图1.13 GPS ⅡA卫星示意图(见彩图)

(3) GPS ⅡR和GPS ⅡRM卫星。

GPS ⅡR卫星主承包商为洛克希德·马丁公司。卫星采用其公司成熟的三轴稳定商用卫星平台AS-4000。1997年7月至2004年11月成功发射GPS ⅡR卫星13颗,2005年9月至2009年8月成功发射GPS ⅡRM卫星8颗。

GPS ⅡR卫星整星质量2030kg,卫星本体尺寸1.52m×1.93m×1.91m,卫星功率1600W,有效载荷功率1136W,设计寿命7.5年;GPS ⅡRM卫星整星质量2060kg,卫星功率1960W,设计寿命10年。

相对于GPS ⅡA卫星,GPS ⅡR和GPS ⅡRM卫星配置的原子钟改为3台铷钟,星载铷钟的稳定性指标得到进一步提高(铷钟的天稳定度由1×10^{-13}/天提高到6.4×10^{-14}/天),提高了星上时间保持系统的能力。

在GPS卫星播发导航信号方面,GPS初期播发的卫星导航信号为L1 C/A信号、L1 P(Y)信号和L2 P(Y)信号。民用信号L1 C/A不采取加密措施,是GPS为标准定位服务(SPS)定义的信号,采用短周期的伪随机码。军用信号L1 P(Y)和L2 P(Y)信号是GPS为精密定位服务(PPS)定义的双频率信号,采用速率更快、周期极长的伪随机码。

自GPS ⅡRM卫星起,GPS在L1和L2频段增加了播发M码军用导航信号,在L2频段增加了播发L2C民用导航信号。同时,GPS ⅡRM卫星具备导航信号功率增强能力(+7dB)。

L2C信号是GPS第二个民用信号,允许民用用户使用双频修正测量值,从而获得更好的定位精度。L2C 信号在 L1 C/A 信号的基础上，通过无数据信号（即导频信号）的引入、数据信号与导频信号的时分复用、前向纠错（FEC）编码的采用，对导航信号进行了改进和尝试。

M 码军用导航信号是美国 GPS 现代化计划的重要内容，与 P（Y）码军用导航信号相比，M 码军用导航信号更易被跟踪与锁定，具有更强抗干扰能力。L1M 和 L2M 信号是用于最终取代 L1 P（Y）和 L2 P（Y）信号的高安全性军用信号；同时，GPS 卫星采用的二进制偏移载波（BOC）调制方式，使得卫星播发的军用导航信号频谱与民用信号的频谱分离，允许进入高功率 M 码模式，从而提高信号抗干扰能力，对于提升 GPS 军事服务能力具有重要作用，是未来 GPS 赖以实现点波束增强的关键能力。导航信号的精巧设计也改善了用户接收机捕获、跟踪、测距和数据解调性能。

GPS ⅡRM 卫星示意图如图 1.14 所示。

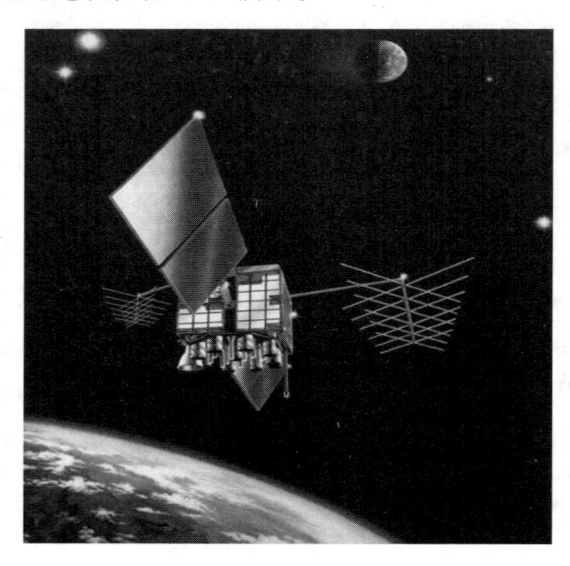

图 1.14　GPS ⅡRM 卫星示意图（见彩图）

（4）GPS ⅡF 卫星。

GPS ⅡF 卫星主承包商为波音公司，卫星采用三轴稳定平台，模块化设计。2010 年 5 月 28 日，首颗 GPS ⅡF 卫星成功发射。GPS ⅡF 卫星共研制了 12 颗卫星，在 2010 年至 2016 年期间发射。

GPS ⅡF 卫星整星质量 2170kg，卫星本体尺寸 2.44m × 1.97m × 1.97m，卫星功率 2440W，设计寿命 12 至 15 年。卫星上配置采用数字化星钟技术的 2 个铷钟和 1 个铯钟，以提高原子钟的稳定性。卫星具备 UHF 星间链路、核爆探测等设备，导航信号功率增强能力为 +7dB。

与 GPS ⅡRM 卫星相比，GPS ⅡF 卫星最大的技术特点是在 L5 频段上增加了 L5C 民用信号。L5 信号是第三个民用信号，其数据与导频信号的功率比为 1:1，位于

航空无线电导航业务(ARNS)频段内,对民用航空用户具有较强的吸引力,可专门用于生命安全服务,将为商业航线运行和搜救任务提供支持,也使民用用户未来具有接收和处理三频卫星导航信号的条件。同时, GPS ⅡF 卫星还增加了星上信号功率调整能力和在轨重构能力,不再配置安装可降低服务精度的 SA 技术的硬件载荷产品。

GPS ⅡF 卫星示意图如图 1.15 所示。

图 1.15 GPS ⅡF 卫星示意图(见彩图)

(5) GPS Ⅲ卫星。

GPS Ⅲ卫星是美国新一代导航卫星。2008 年 5 月,美国空军授予洛克希德·马丁公司一份设计和制造首批2颗 GPS Ⅲ卫星的合同。2012 年 1 月,美国空军授予洛克希德·马丁公司生产第3、4 颗 GPS Ⅲ卫星的合同,目前投产的卫星型号均为GPS ⅢA 卫星。GPS Ⅲ卫星整星质量 3883kg,卫星本体尺寸 2.46m × 1.78m × 3.49m,卫星功率 4480W,设计寿命 15 年。

美国 GPS Ⅲ卫星的发展计划采取螺旋式上升、分步提升的发展策略,分为 A、B、C 三个型号,每个型号安排一项功能或能力的重要增量任务。对于 GPS ⅢA 卫星,增加 L1C 互操作信号与搜索救援功能;对于 GPS ⅢB 卫星,增加并实现 100Mbit/s 高速星间星地链路;对于 GPS ⅢC 卫星,实现导航信号的点波束功率增强,最终达到美国 GPS 的发展目标。

GPS Ⅲ发展目标是服务精度达到水平为 0.5m、垂直为 1.2m 的定位精度,授时精度为 1.3ns,具有灵活的导航信号功率分配能力,20dB(M 码军用信号)的区域增强能力,100Mbit/s 的星间与星地间链路能力,满足美国 GPS 现代化计划的整体要求。

GPS Ⅲ卫星的发展计划示意图如图 1.16 所示。

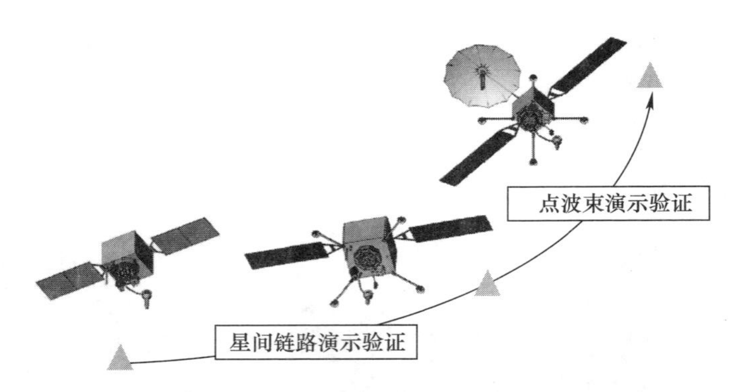

图 1.16　GPS Ⅲ卫星的发展计划示意图(见彩图)

美国国防部计划建造 32 颗 GPS Ⅲ卫星,包括 8 颗 GPS ⅢA 卫星、16 颗 GPS ⅢB 卫星和 8 颗 GPS ⅢC 卫星,其中 GPS ⅢC 卫星有可能增至 16 颗,预计到 2030 年完成全部 GPS Ⅲ卫星发射,届时整个 GPS 星座完全由 GPS Ⅲ卫星组成。

GPS ⅢA 卫星发射质量为 3883kg,进入工作轨道后卫星质量约为 2271.4kg,卫星本体尺寸为 2.46m × 1.78m × 3.49m,卫星设计寿命 15 年。采用超三结砷化镓太阳电池,太阳翼帆板面积 28.34m^2,寿命末期提供功率大于 4480W。同时,GPS ⅢA 卫星为 GPS ⅢB 与 GPS ⅢC 卫星预留了约 250kg 有效载荷容量与星上供电能力,为 GPS Ⅲ卫星后续型号的技术和功能发展预留了空间,奠定了基础。

GPS ⅢA 卫星示意图如图 1.17 所示。

图 1.17　GPS ⅢA 卫星示意图(见彩图)

2017 年底至 2018 年初,美国政府调整了 GPS Ⅲ卫星的发展计划,将原计划的 3 个型号(GPS ⅢA、GPS ⅢB 和 GPS ⅢC)调整为两个型号,即 GPS Ⅲ和 GPS ⅢF(Follow-On,GPS Ⅲ后继型号)。

GPS Ⅲ卫星的技术特点是提高导航信号抗干扰性能、提供搜索救援服务以及提升系统兼容互操作性。相对于现在服役的 GPS Ⅱ系列卫星,采用了星载脉冲光抽运

铯钟,其频率准确度、稳定度比采用磁选态铯钟提高一个数量级(其铯钟天稳定度可达到 1×10^{-15}/天),预期 GPS Ⅲ卫星可大幅提升 GPS 在军用和民用方面的导航服务性能。

GPS Ⅲ卫星将配置搜救载荷、100Mbit/s 的高速率星间链路,以快速响应指令并缩短导航电文更新周期;星间链路采用 Ka 频段或 V 频段,信号播发方式更改为点对点传输,在增强自主导航能力的同时,实现利用美国本土测控站点即可完成全部 GPS 星座内卫星的运行控制操作管理。

GPS Ⅲ卫星在导航信号方面,将增强军用 M 码信号对地覆盖功率,具备点波束信号增强(区域功率增强 20dB),在 L1 频段增加与欧洲 Galileo 系统完全兼容并具有互操作性的 L1C 民用信号。同时,导航有效载荷产品设备全面采用数字化设计,具备在轨支持编程和导航业务功能的重构。

按照 GPS 的既定设计,卫星导航服务实时的系统完好性必须通过单独的系统实现(例如广域增强系统(WAAS)),需要建设一个更加健壮的监测和星地通信系统,使系统服务完好性能力能以最优方式集成在新的系统设计中。

GPS Ⅲ卫星研制计划和提议中,已明确包括嵌入的卫星实时完好性监测和告警能力,首次向用户提供安全性保证,承诺可满足非精密进近的完好性要求,力争达到国际民航组织Ⅰ类精密进近的完好性需求。国际民航组织Ⅰ类精密进近的完好性要求是指:在高度不低于 60m、能见度不小于 800m 或跑道视程不小于 550m 的条件下,告警时间小于 15s 的卫星完好性概率。

2018 年 12 月 23 日,美国第一颗 GPS Ⅲ卫星使用 SpaceX 公司的猎鹰 9 号运载火箭成功发射。相比前期的 GPS Ⅱ卫星其精度提升 3 倍,抗干扰能力提升 8 倍,并具备点波束、信息上行等扩展服务能力。GPS Ⅲ卫星采用模块化和数字化设计技术,具备按照任务要求迅速关闭特定地理位置的导航信号播发能力。

1.3.2 俄罗斯 GLONASS

1)系统概况

俄罗斯的全球卫星导航系统(GLONASS)是与美国 GPS 同时代发展起来的全球卫星导航系统,可为军用和民用用户提供位置、速度、时间信息服务。1995 年俄罗斯建成 24 颗卫星的完整星座,并宣布提供全运行服务能力。

GLONASS 导航卫星星座由 24 颗 MEO 卫星组成,其分布在与地球赤道夹角 64.8°、轨道高度 19100km 的 3 个轨道面上,轨道周期为 11h15min。每个轨道面上均匀地分布着 8 颗卫星,同平面内的卫星之间相隔 45°相位,临近轨道面上卫星之间相隔 15°相位,每两个轨道平面相位相差 120°。每颗卫星通过覆球波束天线向地球中心播发导航信号[7-8]。

俄罗斯 GLONASS 星座示意图如图 1.18 所示。

GLONASS 轨道倾角设计为 64.8°,是由于俄罗斯国家所处的北半球地理纬度较

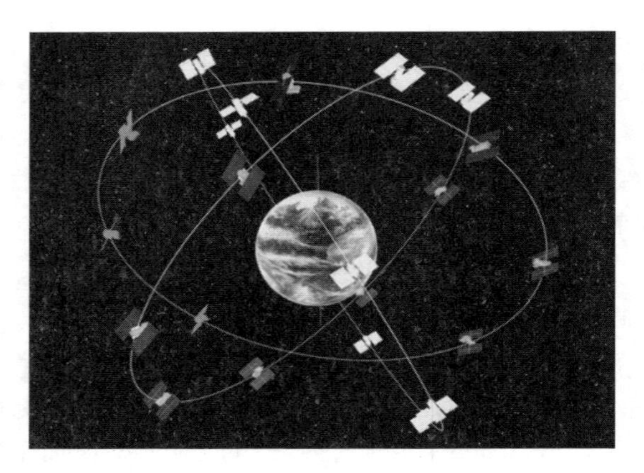

图 1.18 俄罗斯 GLONASS 星座示意图(见彩图)

高,选择较大的轨道倾角可优化其在本土区域范围内卫星导航信号的覆盖性能。

GLONASS 全面运行不久,俄罗斯国家经济大幅滑坡。由于 GLONASS 中的在轨卫星寿命较短,且政府无力提供卫星补网研制和发射所需的庞大维护费用,自 20 世纪 90 年代末开始的 10 余年期间,GLONASS 的星座始终不完整,最差情况下只有 7 颗在轨卫星,导航定位服务能力受到重大影响。

2001 年 8 月,俄罗斯政府批准了 GLONASS 十年重建计划的法令,开始实施 GLONASS 现代化,GLONASS 的发展出现转机。

GLONASS 现代化在空间段的重要特征是用改进的 GLONASS-M 卫星代替最初的 GLONASS 卫星,新型卫星具有导航精度更高、寿命更长的优点。

GLONASS 与 GPS 设计上的最大不同之处是 GLONASS 导航卫星播发的导航信号采用了频分多址(FDMA)方式,而不是码分多址(CDMA)方式。

早期的 GLONASS 星座系统中,第 n 颗卫星的导航信号频率按照以下公式计算:

$$\begin{cases} f_{n1} = f_1 + (n-1)\Delta f_1 \\ f_{n2} = f_2 + (n-1)\Delta f_2 \end{cases} \tag{1.7}$$

式中:$f_1 = 1602.5625\text{MHz}$;$\Delta f_1 = 0.5625\text{MHz}$;$f_2 = 1246.4375\text{MHz}$;$\Delta f_2 = 0.4375\text{MHz}$。

按照国际电联的规定,GLONASS 中卫星播发的导航信号所使用的信号载波频率,对航空、卫星移动通信、射电天文观测等业务会造成威胁或干扰,要求俄罗斯 GLONASS 修改使用的信号载波频率。

2005 年,GLONASS 卫星采用的导航信号频率范围规定:L1 信号为 1598.0625 ~ 1609.3125MHz;L2 信号为 1242.9375 ~ 1251.6875MHz。

导航卫星播发的信号采用 FDMA 的优点是系统抗窄带干扰能力较强,不存在不同信号间扩频码多址干扰问题,可有效减少多路径及频率选择性信道所造成用户接收端误码率上升的影响。但其缺点也十分明显,信号频谱利用率低,用户接收机在接收处理多频段信号时,接收机资源消耗大,用户接收机的体积较大且成本较高,限制

了民用产业的发展。

在全球各大 GNSS(包括美国 GPS、欧洲 Galileo 系统、中国北斗系统)普遍采用 CDMA 体制的背景和趋势下,GLONASS 的 FDMA 信号也难与其他 GNSS 的信号实现互操作,严重制约 GLONASS 向民用市场的扩张,俄罗斯政府已决定在 GLONASS-K 卫星引入 CDMA 信号。

截至 2021 年 1 月,俄罗斯 GLONASS 星座有 27 颗卫星在轨,其中工作星 23 颗,分别是 GLONASS-M 卫星 22 颗、GLONASS-K1 卫星 1 颗。

2) GLONASS 导航卫星情况

GLONASS 卫星系统是在苏联早期低轨卫星导航系统"蝉"的基础之上开发的,属于跟美国 GPS 同期开展研发、部署的全球卫星导航系统。

GLONASS 卫星发展到目前,经历了原型验证阶段、GLONASS 型卫星、GLONASS-M 型卫星、GLONASS-K1 型卫星,以及处于研发阶段的 GLONASS-K2 和 GLONASS-KM 型卫星。

(1) GLONASS 卫星。

GLONASS 原型验证阶段卫星于 1982 年至 1985 年发射,通过 4 颗卫星组成的试验系统,用于系统技术体制和功能的测试验证。

GLONASS 卫星于 1985 年至 2005 年发射,是 GLONASS 的第一代卫星。GLONASS第一批卫星共研制了 9 颗,整星质量 1250kg,卫星太阳翼电池功率 1600W,设计寿命 1 年。后续卫星整星质量 1415kg,卫星功率 1000W,卫星设计寿命提升为 3 年,共研制了 78 颗卫星。

GLONASS 卫星采用质子火箭"一箭三星"发射,卫星上配置铯钟作为频率基准,相比于原型验证阶段卫星,该类型卫星的时空基准性能较原理验证卫星有所改进,其频率稳定度有了明显提升,铯钟天稳定度达到 5×10^{-13}/天,卫星增加了推进装置,具备自身在轨调整其在星座中位置的能力。

(2) GLONASS-M 卫星。

2001 年首颗 GLONASS-M 卫星发射。GLONASS-M 卫星是 GLONASS 卫星的改进型号,采用与 GLONASS 卫星相同的结构布局,星上仪器产品、天线网络装置、太阳翼帆板驱动装置、推进单元和热控系统驱动装置等均安装在承力筒内部,星上配置 2 台铷原子钟(质量约 8kg)、1 台铯原子钟(质量约 52kg)。GLONASS-M 卫星采用经改进的天线网络、星载原子钟等,使卫星寿命由 GLONASS 的 3 年增加到 7 年。

GLONASS-M 卫星整星质量 1415kg,卫星拢缩状态直径 2.71m,高 3.05m,太阳翼展开后长 7.84m,星载原子钟频率稳定性 $1\times10^{-13}\sim5\times10^{-14}$/天,卫星太阳翼电池功率 2200W,卫星功耗 1279W,设计寿命 7 年。

作为 GLONASS 现代化计划的第一步,与 GLONASS 卫星相比,GLONASS-M 卫星的改进主要体现在如下几个方面。

对于播发的导航信号,信号频段向低端偏移,并将 L2 频段信号的输出功率增加至原来的2倍；为改善民用导航信号服务的性能，GLONASS-M卫星在L2频段增加了1个FDMA民用信号，使其在L1、L2（L1频段：1602.0～1615.5MHz；L2频段：1246.0～1256.5MHz）以频分多址的方式各播发1个军用信号和1个民用信号，系统播发的导航信号由2个变为4个（民用信号2个、军用信号2个）；利用导航电文中保留的字节播发新的内容（包括GLONASS与GPS时间的偏差、导航电文标识、UTC修正参数等）；增加播发信号通道滤波器，以消除1610.6～1613.8MHz和1660.0～1670.0MHz频段的干扰。

采用了新型铯原子钟，增加了导航信号的稳定性，系统导航定位精度提高一倍；星上为增加有效载荷预留了50kg和350W功率余量，同时还预留了部分数据接口；卫星寿命增加到7年。

同时，从2014年开始，为促进后续GLONASS-K卫星的研发，俄罗斯利用后7颗GLONASS-M卫星在第3个频段（L3频段1202.025MHz）播发了码分多址导航信号；卫星在发射天线附近增加激光反射器，使其可以通过激光手段测量获取更精确的卫星定轨结果，增加了星间链路，试验验证提供星座自主运行的能力。

GLONASS-M卫星示意图如图1.19所示。

图1.19 GLONASS-M卫星示意图（见彩图）

随着GLONASS-M卫星的陆续发射入轨，卫星连续稳定播发导航信号以提供服务，GLONASS于2011年底重新开始全功能运作服务。

GLONASS-M卫星共研制了45颗，是目前俄罗斯GLONASS在轨运行的主力卫星。

（3）GLONASS-K卫星。

GLONASS-K卫星称为第三代GLONASS卫星。GLONASS-K卫星采用俄罗斯应用力学科研生产联合体为地球静止轨道通信卫星开发的“快车-1000”（EXPRESS-1000）平台，使GLONASS-K卫星在结构上与之前的GLONASS卫星发生了根本性的变化。“快车-1000”平台为三轴稳定的地球静止轨道通信卫星平台，采用框架式结构设计，平台质量600kg。

GLONASS-K卫星有2个型号，分别为GLONASS-K1和GLONASS-K2。

GLONASS-K1 是试验与验证型号，卫星质量 995kg，有效载荷质量 260kg，太阳翼电池功率 2750W，卫星功耗 1400W，有效载荷功率 750W，卫星收拢状态时尺寸 2.53m × 3.05m × 1.43m，姿态控制精度 0.1°，位置保持精度 0.05°，设计寿命 10 年。

GLONASS-K2 卫星质量 1600kg，有效载荷质量 500kg，卫星功率 4370W，有效载荷功率约 2000W，卫星收拢状态时尺寸 2.53m × 6.01m × 1.43m，姿态控制精度 0.1°，位置保持精度 0.05°，设计寿命 10 ~ 12 年。

俄罗斯于 2011 年 2 月发射了首颗 GLONASS-K1 卫星，标志着 GLONASS 现代化的第二个阶段正式开始。GLONASS 首颗在轨 GLONASS-K1 卫星在保留 FDMA 信号的前提下，在 L3 频段上增加播发该系统首个 CDMA 民用导航信号 L3OC（中心频率为 1202.025MHz，频率范围是 1190.15 ~ 1212.23MHz），用于 CDMA 体制的在轨测试。

GLONASS L3OC 信号体制与 GPS L5 信号基本相同，都采用了正交相移键控（QPSK）调制方式 QRSK（10），其中同相支路为数据信号，正交支路为导频信号，电文速率均为 50bit/s，均采用（2，1，7）卷积编码，扩频码长均为 10230 位，区别在于 L3OC 信号采用的截断 Kasami 序列，L5 信号采用了截断 Gold 序列，另外二者中心频率（L5 信号为 1176.45MHz）也存在差异。GLONASS-K1 卫星播发的导航信号包括 4 个民用信号、3 个军用信号。

俄罗斯从 GLONASS-K2 卫星开始，在系统前向兼容 FDMA 信号的基础上，全面提供 CDMA 信号服务，进一步在 L1 频段（1600.995MHz）和 L2 频段（1248.06MHz）分别播发民用导航信号 L1OC、L2OC 和军用导航信号 L1 SC、L2 SC 的 CDMA 信号，使 GLONASS 能够提供民用三频和军用双频的 CDMA 服务，实现军民用户的双频操作。

为了与欧洲 Galileo 系统实现更佳的互操作，将 L3OC 信号的中心频率修改为 1207.14MHz（Galileo E5b 信号的中心频率），频率范围修改为 1195.465 ~ 1217.375MHz。L1 频段信号采用 QPSK 调制，其中同相支路为军用的 BOC（5，2.5）信号，正交支路为时分复用信号，包括民用的二进制相移键控（1）（BPSK（1））数据信号和 BOC（1，1）导频信号。L2 频段的 L2SC 信号采用 BOC（5，2.5）调制方式。GLONASS-K2 卫星播发的导航信号包括 5 个民用信号、4 个军用信号。

2014 年，俄罗斯受到西方国家制裁的影响，特别是 GLONASS-K 卫星星载产品所需抗辐射加固元器件的禁运影响。为此，俄罗斯政府调整了 GLONASS-K 卫星的发展计划，将原计划的 GLONASS-K1、GLONASSS-K2 两个型号增加了一个过渡型号，即增强型 GLONASS-K 卫星，在不改变 GLONASS-K 卫星发展目标的前提下，形成了 GLONASS-K 卫星新的研发计划。

GLONASS-K 卫星的发展路线图如图 1.20 所示。

GLONASS-K 卫星配置星间链路，采用质子火箭“一箭六星”或联盟二号“一箭双星”发射。俄罗斯首先利用 GLONASS-K1 卫星，进行了无线电信号星间链路的在轨试验验证；然后，利用 GLONASS-K2 卫星开始进行无线电信号 + 激光信号组成的完整星间链路试验验证。

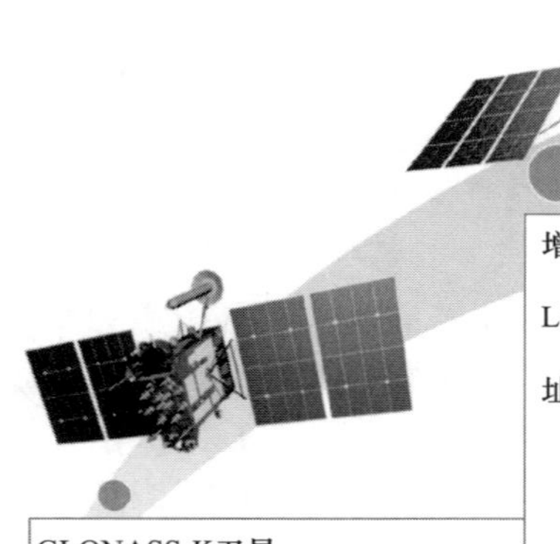

图 1.20　GLONASS-K 卫星发展路线图(见彩图)

GLONASS-K 卫星示意图如图 1.21 所示。

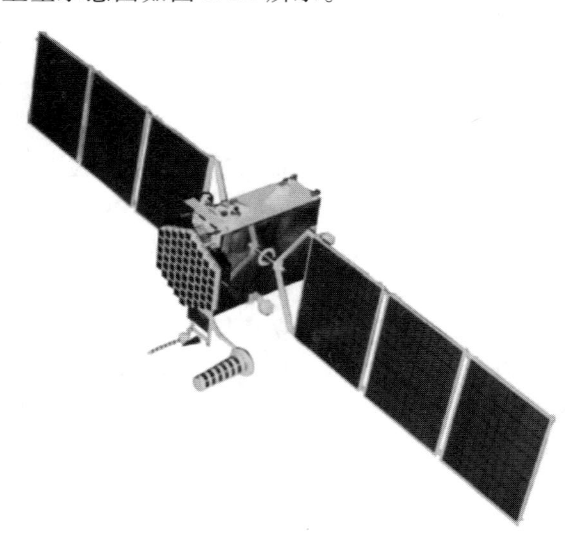

图 1.21　GLONASS-K 卫星示意图(见彩图)

(4) GLONASS-KM 卫星。

当前,俄罗斯正在研究更先进的 GLONASS-KM 卫星。2030 年,计划建成以

GLONASS-KM 为主体的全球卫星导航系统星座，将采用激光抽运铷束原子钟、微波及激光星间链路，搭载核爆探测、电子侦察、搜救等载荷。

未来的 GLONASS-KM 卫星在播发 GLONASS-K2 卫星导航信号类型的基础上，还可能新增 4 路 CDMA 信号，包括与 GPS 和 Galileo 系统互操作的 L1OCM 信号、与 GPS 互操作的 L5OCM 信号、L2 频段的民用 L2OC 信号、L3 频段的军用 L3SC 信号。GLONASS-KM 卫星使军民用户均具备三频操作能力，民用用户还可以使用两个额外的互操作信号，使系统定位精度具有更大的提升空间。GLONASS 播发的导航信号将增至 12 个[9]。

目前，GLONASS 发展重点是增加新的码分多址信号、配置星间链路，采用新一代高精度星载原子钟和提高卫星设计寿命。GLONASS 的现代化举措，可持续改善俄罗斯 GLONASS 的服务性能。

1.3.3 欧洲 Galileo 系统

1）系统概况

欧洲 Galileo 系统是由欧盟多国政府和欧洲空间局（ESA）一起创建开发的卫星导航系统。1998 年，欧盟决定建立一个独立于美国 GPS 的、专门为全球民用用户设计的卫星导航系统——Galileo 系统，该系统计划采用新的技术，重新开展系统信号设计和服务定义。

Galileo 系统的卫星星座计划由 30 颗 MEO 卫星组成，卫星分布在 3 个轨道面上，轨道倾角为 56°，轨道高度为 23222km，每个轨道上分布 10 颗卫星（包括备用卫星），卫星采用“一箭多星”的发射方式，每次发射可以把多颗卫星同时送入轨道[10]。

Galileo 系统星座示意图如图 1.22 所示。

Galileo 系统属于全球卫星导航系统（GNSS），其导航信号覆盖范围遍及全球，在系统设计寿命期间要求满足定位与授时精度、完好性、连续性要求，要求在地球表面任一位置的服务可用性达到 99.5%。

Galileo 系统的建设分为两个阶段，第一阶段为系统开发与验证阶段，第二阶段为全面部署与长期运行阶段。系统开发与验证阶段将完成整个系统的设计、空间段卫星的开发和在轨验证（IOV）、地面控制段的开发和验证、测试用户设备的开发，其中空间段卫星的开发与验证工作包括发射和试验 2 颗在轨验证卫星和前 4 颗在轨运行卫星。全面部署与长期运行阶段的目标是完成 Galileo 系统全面部署，提供系统在服务区范围内的全面运行服务能力，并开始长期向用户提供完整的服务，维持和补充卫星星座和地面段。Galileo 系统于 2002 年 3 月正式启动。

与 GPS 和 GLONASS 不同，欧洲 Galileo 系统是由政府和私人企业合作资助的民用系统。为满足不同用户的需求，并且为了保证市场收入，以维持系统运行和追求商业回报的目标，Galileo 系统定义了完备的服务体系，包括开放服务（OS）、商业服务（CS）、生命安全（SOL）服务、公共管制服务（PRS）、搜索与救援（SAR）支持服务。

图 1.22　Galileo 系统星座示意图(见彩图)

开放服务(OS)提供免费的定位、测速和授时服务,不收取任何费用,适合于大众消费市场的应用需求。OS 播发与 GPS 互操作的导航信号,以实现多星座组合导航与定位。

商业服务(CS)在 OS 的基础上,补充播发商业增值数据,满足某些商业用户的需求,支持高精度的定位和授时、提供天气预报信息、提供交通信息等。Galileo 系统提供的 CS 为收费服务,导航信号的测距码和导航电文是加密的,Galileo 系统运营商可以定义每一种商业服务的性能等级,并保证服务质量。

生命安全(SOL)服务是为航空、航海等涉及人员生命安全的用户专门设计的服务,通过不加密、需要认证的高速率数据流信号,向用户提供完好性信息。SOL 确保在地表任何时间和任何地点,卫星与用户间几何分布最差的用户均可保证获得充分的安全服务性能,Galileo 系统具备实现高等级的完好性保障,实现航空飞机的精密进近操作。

公共管制服务(PRS)是为了保护国家或政府级别需求较高的欧洲政府用户,而提供的卫星导航系统公共安全服务,又称为授权服务,主要服务于包括警察执勤、国家应对危机、国家安全保障等范围。PRS 通过卫星导航信号加密技术,减缓恶意干扰和确保播发信号信息的安全,因此其用户的使用权限要求受到限制,访问信号的前提是获得政府批准的安全密钥。

搜索与救援(SAR)支持服务是满足国际海事组织(IMO)和国际民航组织(ICAO)对求救信号的标准,纳入国际低轨搜索和救援卫星系统(冠名COSPAS-SARSAT)的服务。Galileo 卫星配置 SAR 转发器载荷,Galileo SAR 服务可以提高COSPAS-SARSAT在探测与定位时延、定位精度、空间段可用性、用户仰角、求救电文信息等方面的性

能,并且支持救援协作中心对遇难发射信标的返向链路通信服务。

2016 年 12 月 15 日,欧洲正式宣布 Galileo 系统提供初始服务,初始服务建立在系统已发射的 18 颗卫星和地面系统,可提供开放服务、授权服务和搜索与救援 3 种服务业务。

截至 2018 年 8 月,欧洲 Galileo 系统已经研制了试验卫星伽利略在轨验证单元(GIOVE-A 和 GIOVE-B)、在轨验证卫星、正式组网卫星,目前在轨卫星达到 26 颗(其中 22 颗卫星已提供定位、导航与授时(PNT)服务,23 颗卫星提供搜索和救援(SAR)服务)。

2) Galileo 系统导航卫星情况

按照欧洲 Galileo 系统建设的安排,Galileo 卫星设计与研制经历了试验卫星、在轨验证卫星和正式组网卫星阶段,系统建设过程中不断解决政府间经营管理问题和系统技术、产品质量问题。

(1) Galileo 系统试验卫星。

Galileo 系统试验卫星包括 GIOVE-A 和 GIOVE-B 卫星(图 1.23 和图 1.24),属于 Galileo 卫星发展的第一阶段。

图 1.23　GIOVE-A 卫星示意图(见彩图)

GIOVE-A 和 GIOVE-B 卫星的研制目的在于验证 Galileo 系统卫星发射导航信号的性能,以及对 MEO 轨道环境的监测能力,卫星播发的导航信号中并不包含导航电文。同时,2 颗试验卫星还承担着维持国际电信联盟划分给 Galileo 系统的卫星无线电频率资源,验证系统在轨测试中的关键技术等任务。

GIOVE-A 卫星整星质量 600kg,卫星功率 700W,2005 年 12 月 28 日采用联盟号运载火箭“一箭一星”成功发射,卫星上配置 2 个铷(原子)钟,设计寿命 2 年。

GIOVE-B 卫星整星质量 523kg,卫星功率 1100W,2008 年 4 月 26 日采用联盟号运载火箭“一箭一星”成功发射,卫星上配置 2 个铷钟和 1 台被动氢(原子)钟,设计

图 1.24 GIOVE-B 卫星示意图(见彩图)

寿命 2 年。相对于 GIOVE-A 卫星上的原子钟,GIOVE-B 卫星原子钟每天的稳定度指标从 10ns 提高到 1ns。

(2) Galileo 系统在轨验证卫星。

Galileo 系统在轨验证(IOV)卫星包括 4 颗卫星(PFM(飞行设计原型机)、FM(飞行设计模型)2、FM3 和 FM4 卫星),是 Galileo 系统卫星发展的第二阶段。Galileo 系统 IOV 的主要目的是在试验卫星工作基础上,进一步验证系统内的空间段、地面控制段和用户段的整体工作情况,验证系统提供的定位、测速和授时服务性能的具体实现结果。

Galileo-IOV 卫星采用经法国航天局和阿尔卡特-阿莱尼亚(Alcate-Alenia)航天公司研制改进的"海神"(PROTEUS)卫星平台,卫星整星质量 700kg,卫星功率 1600W,设计寿命 12 年,卫星本体尺寸 3.02m × 1.58m × 1.59m,采用俄罗斯联盟号运载火箭进行"一箭双星"发射。IOV 卫星有效载荷配置 2 台铷原子钟、2 台被动氢原子钟,以及导航信号发生器、固态功率放大器和导航信号播发天线等,播发 2 个开放服务信号、3 个商业服务信号、3 个授权服务信号和 2 个生命安全服务信号。此外,卫星上还配置可以接收 406.0 ~ 406.1MHz 频段内的地面求救信号的载荷,通过 L6 频段下发给救援中心,提供搜索与救援服务,卫星上安装激光反射器,以实现更高的定轨精度。

Galileo-IOV 卫星示意图如图 1.25 所示。

Galileo-IOV 卫星首次发射于 2011 年 10 月进行,第 2 次发射于 2012 年 10 月进行。4 颗 Galileo-IOV 卫星按照要求,将与正式组网卫星共同组成空间星座系统,提供全运行能力的服务。

(3) Galileo 系统正式组网卫星。

Galileo 系统正式组网卫星又称为完全运行能力(FOC)卫星。Galileo-FOC 卫星

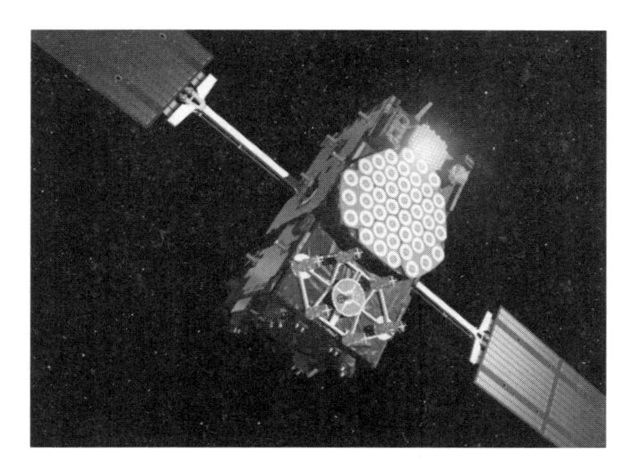

图 1.25 Galileo-IOV 卫星示意图(见彩图)

采用模块化设计,整个卫星分为7个模块,包括平台核心模块、中心模块、推进模块、太阳电池模块、有效载荷核心模块、时钟系统模块、天线模块。卫星整星质量732kg,整星功率1600W,设计寿命12年,卫星本体尺寸2.91m×1.70m×1.40m,采用阿丽亚娜运载火箭“一箭四星”发射或联盟号运载火箭“一箭双星”发射。

Galileo-FOC卫星有效载荷包括时间子系统、任务上行子系统、导航信号生成子系统、射频放大子系统、搜索救援子系统和激光反射器阵列等,卫星上配置2台铷原子钟、2台被动氢原子钟。

2015年3月27日、9月11日、12月17日和2017年5月24日,Galileo系统连续4次采用联盟号运载火箭以一箭双星方式发射,将8颗正式组网卫星发射入轨。

2016年11月18日,采用阿丽亚娜5号运载火箭以一箭四星方式,将4颗Galileo卫星(第15、16、17、18颗Galileo卫星)发射入轨,这是Galileo系统首次使用阿丽亚娜5号运载火箭“一箭四星”发射,此前Galileo卫星的发射均由俄罗斯联盟号火箭“一箭一星”或“一箭双星”发射入轨。

2017年1月,欧洲Galileo系统18颗在轨卫星中发现9个星载原子钟存在问题,其中有3个铷原子钟均发生在Galileo-FOC卫星上,6个氢原子钟中有5个发生在IOV卫星上,1个发生在FOC卫星上。星载原子钟的问题影响了Galileo系统提供业务服务的可靠性。

2017年12月13日,欧洲采用阿丽亚娜5号运载火箭“一箭四星”再次成功发射了第19、20、21和22颗Galileo-FOC卫星(图1.26),卫星通过6个月左右的在轨测试后入网提供服务。

2018年7月25日,欧洲Galileo系统采用阿丽亚娜5号运载火箭“一箭四星”再次成功发射了第23、24、25和26颗Galileo-FOC卫星。至此,欧洲Galileo系统导航卫星总数增加至26颗。

按照计划,Galileo-FOC卫星将在3个轨道面上布满整个星座,为全球范围提供

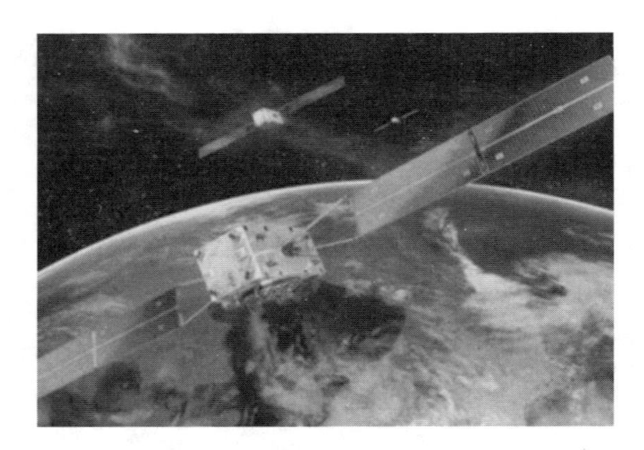

图 1.26 Galileo-FOC 卫星示意图(见彩图)

卫星导航定位和授时服务。与此同时,欧洲已经启动了新一代 Galileo 系统的卫星关键技术研发工作,重点是研发新一代星载原子钟和星间链路等技术。

1.3.4 日本 QZSS

1) 系统概况

日本是中高纬度海岛型国家,受到大陆板块运动作用,多为山地构造地形,且主要城市人口稠密、高楼林立,GPS 信号容易受到遮挡。为了降低对美国 GPS 的依赖,保护本国国民经济和生活安全,日本民间和政府希望发展本国的卫星导航系统,称为准天顶卫星系统(QZSS)。

1972 年,日本通信研究实验室首先提出了 QZSS 概念。2000 年 6 月,日本开发委员会决定执行空间基础设施计划,QZSS 是其中 3 个重点系统之一。2007 年 8 月,日本议会通过并实施“促进地理空间信息应用基本法案”,在法律意义上推进 QZSS 在国内经济和生命安全领域的应用。2010 年 9 月 11 日,日本发射了 QZSS 的首发星,并被命名为“引路号(Michibiki)卫星”[11]。

QZSS 的发展是逐渐演进的。按最新发展规划,准天顶系统的发展分为两个阶段:第 1 阶段,完成由 4 颗卫星组成的准天顶系统的部署,具备初始运行能力,该阶段于 2018 年已经完成;第 2 阶段,至 2022 年完成由 7 颗卫星组成的准天顶系统部署,并投入运行,使准天顶系统具备全面运行能力。

QZSS 由空间星座、地面运行控制段和用户设备组成。

QZSS 地面运行控制段包括主控站、时间管理站、跟踪控制站、监测站构成,其中监测站分布于可接收准天顶卫星(QZS)信号的整个区域,主控站、跟踪控制站和时间管理站位于日本。此外,QZSS 还包括用于实现广域增强服务的 1 个 L1-SAIF 主站、超过 1200 个 GPS 地球观测网站。

监测站负责观测 QZS 发射的导航信号;主控站收集监测站的监测结果,估计和预测 QZS 的时间和轨道,结合收集到的其他类型数据生成导航电文;跟踪控制站负责向

QZS 上行注入导航电文,对 QZS 实施跟踪、遥测、遥控管理,对 QZS 实施轨道位置保持操作;时间管理站负责星地双向时间和频率的比对和传递。

分布于日本各地的 GPS 地球观测网站负责监测和计算 GPS 卫星轨道和时间参数、电离层传输延迟数据、对流层传输延迟数据,将这些数据送至 L1-SAIF 主站(位于日本东京)。L1-SAIF 主站生成广域差分与完好性信息流并发送至主控站,最终注入 QZS。

QZSS 还拥有激光测距站,负责实现 QZS 与地面之间的激光测距。

QZSS 其他各站与主控站均保证信息交互畅通,系统信息流如图 1.27 所示。

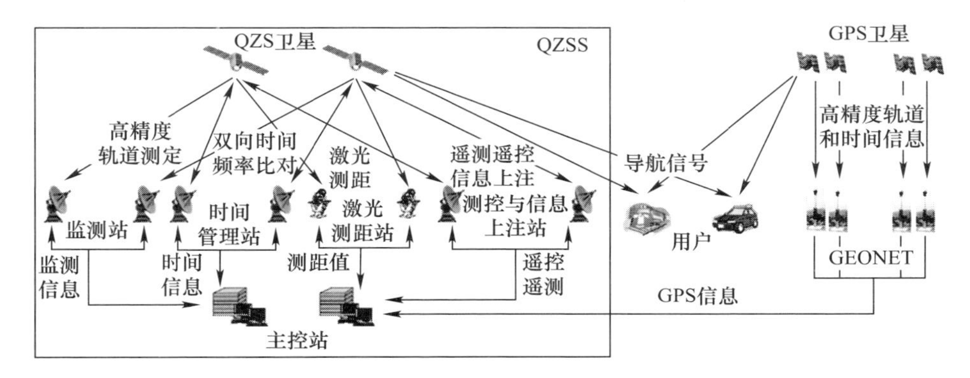

图 1.27 QZSS 信息流图

目前,空间星座由 1 颗部署在 GEO、3 颗部署在 IGSO 的卫星组成,其中第 1、2、4 三颗卫星部署在半长轴 42164km,偏心率 0.075,倾角 41°的 IGSO,第 3 颗卫星部署在 GEO,定点位置为东经 127°。

QZSS 的在轨卫星星下点轨迹如图 1.28 所示。

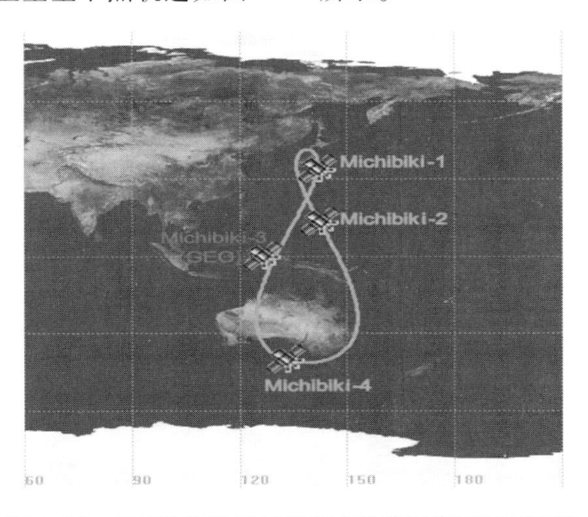

图 1.28 QZSS 在轨卫星星下点轨迹示意图(见彩图)

QZSS 的服务区是日本及亚太地区,可以保证日本及周边地区内的用户在任何时间以高仰角接收到至少 1 颗在天顶附近区域的 QZS 信号,从而缓解高大建筑物对 GPS 卫星的遮挡问题,增加了城市和多山地区的导航服务可用性,提高了用户的定位精度。

QZSS 可向其服务范围覆盖区内发射与当前和现代化 GPS 完全兼容的 L 频段导航信号,包括播发 GPS 增强和自主导航两类导航信号。

2）QZSS 导航卫星情况

QZS 有效载荷共向用户播发 6 路导航信号,即 L1C、L1-C/A、L1-SAIF、L2C、L5 和 LEX。其中,L1C、L1-C/A、L2C 和 L5 信号与 GPS 相应信号在播发频点、扩频码速率、编码方式、信息格式定义上完全相同,带来的好处是使用户接收机设计改动最小化[12]。

L1-SAIF 是带有差分与完好性功能、实现分米级定位精度的广域增强信号,采用独立增强天线播发。L1-SAIF 信号中含有差分修正信息,为 QZSS 用户提供亚米级定位精度,并且含有地面监测的卫星完好性信息,为日本及周边地区的 QZSS 用户提供完好性保证。

LEX 信号潜在的应用是厘米级测绘,通过 L 频段螺旋阵天线播发。LEX 信号包括 GPS 与 QZSS 信号健康性信息、卫星星历、时钟和电离层改正信息以及与用户测距精度(URA)有关的指示信息。

日本 QZSS 可在服务范围内提供更加精确的定位精度,对 GPS 的增强主要体现在可用性增强和差分完好性增强两个方面。

可用性增强是指通过增加日本及周边地区可见星的数量,使用户接收机能够更加合理地选择卫星来进行定位,提高了系统的定位精度和可靠性;差分完好性增强是指 QZSS 卫星播发的下行信号中包含对测距值的修正信息,提供比 GPS 民用信号更高的定位精度。

另外,QZSS 通过合理的卫星轨道设计,服务区内用户接收的卫星信号至少有一颗卫星仰角大于 70°,可有效地改善城市、峡谷、山区等遮挡严重地区的可见卫星数目。

3）QZSS 导航卫星情况

QZSS 导航卫星分为 IGSO 卫星和 GEO 卫星两种,两种卫星均采用经过改进的 DS2000 平台,该平台为三轴稳定平台,平台电源系统可提供 5.3kW 的功率,其中分配给有效载荷系统功率约为 2kW,卫星设计寿命大于 10 年。

QZS-1 卫星由平台和有效载荷两部分组成。平台包括遥测跟踪和指令、电源、太阳电池翼、姿态轨道控制、双组元液体推进系统、结构、热控和仪表共 8 个分系统;有效载荷包括定位有效载荷和空间环境探测二次有效载荷。

按照实现功能分类,QZS-1 卫星定位有效载荷主要分为两部分:L 频段导航信号和广域增强信号的生成与播发载荷,校正与保持卫星与 QZSS 时间的时间同步载荷。

其中,信号生成与播发载荷是 QZS 向用户提供导航定位信息的重要系统,主要由星载原子钟、信号频率合成系统、星上控制与计算系统、L 频段调制器、L 频段放大器和 L 发射天线、L1-SAIF 发射天线组成。时间同步载荷是维持星地时间同步的核心系统,主要由时间比对单元、时间传递系统和 Ku 天线组成。通过 Ku 频段双向对地链路,时间同步载荷可完成与地面站时间系统的同步、比对和保持。

QZS-1 卫星示意图如图 1.29 所示。

图 1.29　QZS-1 卫星示意图(见彩图)

QZSS 导航卫星对 DS2000 平台的改进包括以下几方面:采用技术先进、小型化且满足抗辐射等空间环境要求的高可靠性器件;采用砷化镓太阳电池等,以达到减轻平台质量、增加燃料携带量、提高有效载荷比的设计要求;IGSO 卫星增加了偏航姿态控制功能。

IGSO QZSS 导航卫星发射质量 4000kg,干质量 1600kg,设计寿命 15 年。轨道半长轴(42164 ± 10)km,偏心率 ≤ 0.099,轨道倾角 43° ± 4°,升交点赤经 195°E ~ 210°E,近地点角距 270° ± 2°,周期 23h56min。

与 IGSO 型号相比,GEO QZSS 导航卫星增加了用于播发 S 频段短信服务的抛物面天线和相关载荷,使 GEO 卫星发射质量增加至 4700kg,干质量增加至 1800kg,设计寿命 15 年。首颗 GEO 卫星定位于东经 127°。

QZSS 的 GEO 卫星示意图如图 1.30 所示。

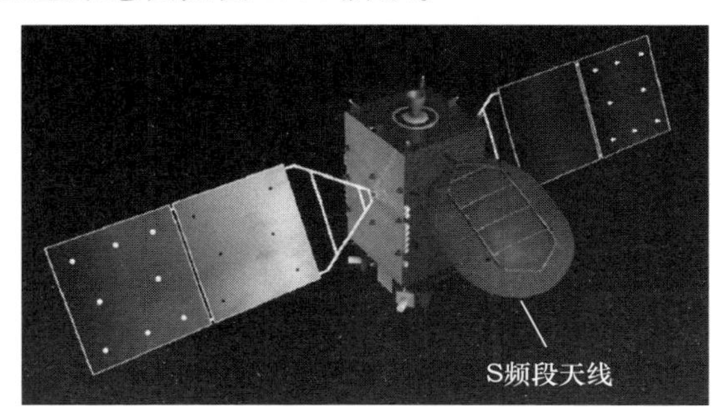

图 1.30　QZSS 的 GEO 卫星示意图(见彩图)

准天顶卫星时间系统采用3台原子钟,但是由于日本国内研制单位在星载原子钟小型化方面存在差距,且缺乏空间验证,准天顶卫星的铷原子钟采购自美国 Excelitas 公司,该公司也为 GPS 卫星提供铷原子钟。

1.3.5 IRNSS

1)系统概况

为了获得独立的卫星导航能力,2006 年 5 月 9 日,印度政府批准实施“印度区域卫星导航系统”发展计划。

印度区域卫星导航系统(IRNSS)的发展将分为两个阶段:第 1 阶段建设由 7 颗卫星组成的区域卫星导航系统,服务范围覆盖印度及其周边约 1500km 的范围。第 2 阶段在“区域卫星导航系统”初步建成后的基础上,再发射大约 10 颗卫星,最终形成由 16 颗卫星组成的印度全球卫星导航系统。

2013 年 7 月 1 日,首颗 IRNSS(IRNSS-1A)卫星在斯里赫里戈达岛航天中心由印度国产的 PSLV-XL 型运载火箭成功发射,标志着 IRNSS 进入系统部署阶段。2016 年 4 月 28 日,第 7 颗 IRNSS 卫星发射成功。

IRNSS 由空间段、地面控制段和用户段组成,其系统构成示意图如图 1.31 所示。

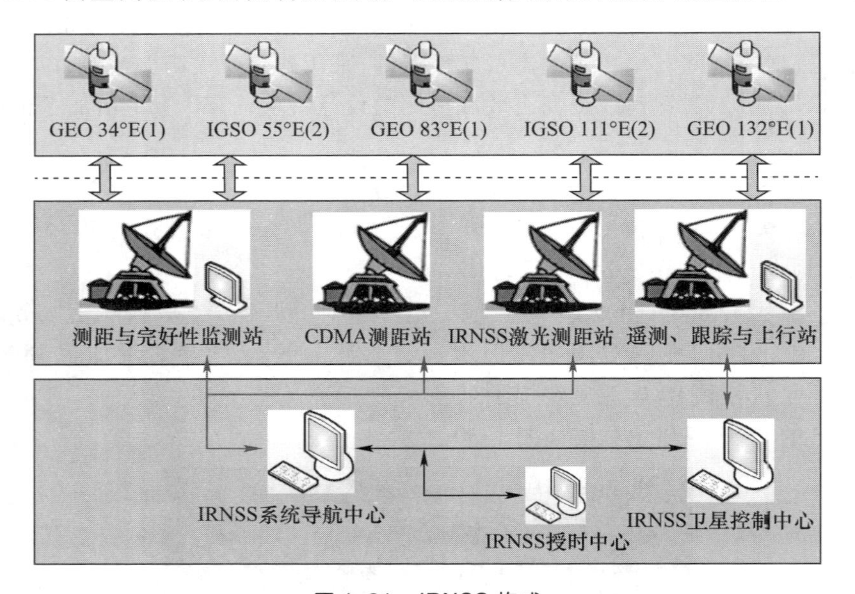

图 1.31 IRNSS 构成

IRNSS 空间段设计为与北斗系统相似的混合星座结构,由 7 颗位于不同轨道的卫星组成,包括 3 颗 GEO 卫星和 4 颗 IGSO 卫星。

3 颗 GEO 卫星分别定点于东经 34°、83°和 132°。4 颗 IGSO 卫星处于两个轨道面上,星下点轨迹形成两个“8”字形,交点地理经度分别为东经 55°和 111°。同一轨

道面上两颗 IGSO 卫星相位相差 56°,使星下点轨迹也相差 56°。星座设计的覆盖范围为东经 40° ~140°和南北纬 40°之间,可以为用户发播单频和双频信号,标准服务定位精度优于 20m。[13]

IRNSS 可以提供标准定位服务(SPS)和授权服务(RS)。空间段采用 C 频段、S 频段和 L 频段 3 个载波频段。其中,C 频段主要用于测控,S 频段和 L 频段主要为用户提供导航定位服务。

从导航信号播发频段分析,IRNSS 与其他卫星导航系统最大的区别是采用 S 频段和 L5 频段播发导航信号,而其他卫星导航系统一般采用 L1 或 L2 频段播发导航信号。选择 S 和 L5 频段,不仅避开了导航信号"拥挤"的 L1 和 L2 频段,还可以较好地解决 IRNSS 与其他导航卫星系统的兼容与互操作问题,可较好地避免因信号兼容问题与其他卫星导航系统产生过多的"纠纷"。

2) IRNSS 导航卫星情况

IRNSS 卫星采用 I-1K 三轴稳定平台,卫星发射质量 1425kg,与 GPS 及 GLONASS 第一代工作卫星相当,干质量 614kg(其中有效载荷质量 110kg)。卫星发射状态的尺寸为 1.58m ×1.5m ×1.5m,太阳电池功率 1660W,配备一组容量 90A·h 的锂离子电池,有效载荷功率 900W。卫星的姿态确定与控制采用零动量系统,星上动力系统包括 1 台 440N 的液体远地点发动机和 12 个 22N 推力器,卫星设计寿命为 10 年。

IRNSS 卫星示意图如图 1.32 所示。

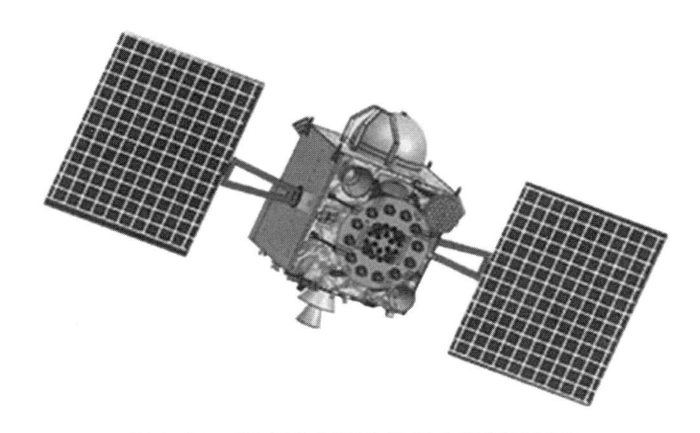

图 1.32 IRNSS 卫星在轨示意图(见彩图)

IRNSS 卫星有效载荷包括导航信号生成单元(NSGU)、瑞士制造的星载铷原子钟、时钟管理和控制单元、频率生成单元、信号调制单元、行波管放大器(TWTA)、功率合成单元以及导航相控阵天线。

为了提高有效载荷的可靠性,载荷设备采用主份和备份冗余配置设计,其中星载铷钟有三台,一台工作、一台热备、一台冷备。

参考文献

[1] KAPLAN E D, HEGARTY C J. GPS 原理及应用[M]. 寇艳红,译. 北京:电子工业出版社,2007.

[2] 刘基余. GPS 卫星导航定位原理与方法[M]. 北京:科学出版社,2003.

[3] 谭述森. 卫星导航定位工程[M]. 北京:国防工业出版社,2010.

[4] 谢军,等. 卫星导航技术[M]. 北京:北京理工大学出版社,2018.

[5] 王义遒. 原子钟与时间频率系统(文集)[M]. 北京:国防工业出版社,2012.

[6] TURNER D A. U. S. GPS civil service and international activities update[C]//第 9 届中国卫星导航学术年会,哈尔滨,2018.

[7] 佩洛夫 A И,哈里索夫 B H. 格洛纳斯卫星导航系统原理[M]. 刘忆宁,等译. 北京:国防工业出版社,2015.

[8] 谢钢. 全球导航卫星系统原理:GPS、格洛纳斯和伽利略系统[M]. 北京:电子工业出版社,2013.

[9] KIPYATKOV K. GLONASS programs update[C]//第 9 届中国卫星导航学术年会,哈尔滨,2018.

[10] SMET P D. Galileo and EGNOS programs status update[C]//第 9 届中国卫星导航学术年会,哈尔滨,2018.

[11] 夏岩,王庆华,等. 日本 QZSS 卫星导航系统[J]. 卫星应用,2015(4):40-43.

[12] 张琳. QZSS 导航系统在亚太地区的初步性能评估[J]. 中国惯性技术学报,2017,25(5):618-623.

[13] 王冬霞,辛洁,等. 印度区域卫星导航系统 IRNSS 特点分析(上)[J]. 宇航学报,2016,37(11):1279-1289.

第2章　北斗卫星导航系统

卫星导航系统可直接为地球表面和近地空间的广大用户提供全天时、全天候、高精度的定位、导航和授时服务。与惯性导航、天文导航等导航技术相比，卫星导航系统具有导航信号覆盖面广泛、受外界条件（如昼夜、季节、气象等）限制较小、定位与授时精度高、定位速度快等优点。

作为极其重要的空间基础设施，世界各主要航天国家在发展航天技术的同时，都高度重视卫星导航系统的建设。除了中国、美国、俄罗斯、欧洲的全球卫星导航系统以外，日本和印度建立了区域卫星导航系统。近期，韩国国家航天委员会审议并通过了韩国《第三次航天开发振兴基本计划》，首次明确要在2034年建设韩国自主的区域卫星导航系统——韩国卫星导航系统。

卫星导航系统的规模和水平，代表着一个国家工业基础、空间技术的实力，也反映了国家航天发展的能力。美国将GPS建设成就与航天飞机研制成功、阿波罗登月计划完成并列为美国三大航天里程碑。

中国的航天事业起步于20世纪50年代中期。1958年5月17日，毛泽东主席在中国共产党第八届代表大会第二次会议上发出了“我们也要搞人造地球卫星”的号召。1970年4月24日，中国第一颗人造地球卫星“东方红一号”卫星发射成功，从此，我国的卫星事业拉开了序幕。

中国的卫星导航定位系统最早可以追溯到20世纪60年代末。当时，国内启动了一系列的研究与设计工作，项目命名为“灯塔”计划。“灯塔一号”卫星导航系统是一个无源、被动、独立的导航定位系统，系统采用双频多普勒测速体制，空间段设计为3颗卫星组成，系统建成后的主要任务是为我国的海上船只提供导航定位服务。“灯塔一号”项目在完成卫星系统初样工作的时候，由于我国当时国内形势和航天项目部署等原因，该项目的研究工作停止。

1994年，在我国返回式遥感卫星、科学试验卫星、通信卫星等快速发展进步的形势下，我国正式启动了北斗一号卫星定位系统的工程建设任务，2000年北斗卫星导航试验系统建成并投入使用；2004年，启动北斗二号卫星导航系统工程建设，2012年底，正式对外提供服务。2020年，我国北斗三号全球卫星导航系统完成了系统建设，为全球用户提供高精度、有特色的导航定位和授时等服务。

本章将回顾北斗系统的建设与发展历程，介绍北斗一号系统、北斗二号系统和北斗三号系统的工程建设以及应用情况，总结分析北斗系统设计及工程建设的特点，对北斗一号卫星、北斗二号卫星、北斗三号卫星给出较为系统的功能与状态阐述。

2.1 北斗系统的发展历程

北斗系统是中国坚持“自主、开放、兼容、渐进”的原则，着眼于国家安全和经济社会发展需要，自主建设、独立运行的卫星导航系统，是为全球用户提供全天时、全天候、高精度的定位、导航和授时服务的国家重要空间基础设施[1]。

北斗卫星导航计划的最早设想来源于我国“两弹一星”元勋陈芳允院士为代表的专家团队，他们于1983年根据我国航天事业发展和无线电技术应用情况，特别是航天测控技术的基础，提出了通过利用地球静止轨道（GEO）卫星，测定地面或空中目标位置的想法，以解决国家对于卫星定位系统及军队装备的需求，并安排和开展了一系列的仿真分析与试验验证工作。以陈芳允院士为代表的专家团队提出的方案设想，与美国GPS、俄罗斯GLONASS当时采用的卫星无线电导航业务（RNSS）的原理完全不同。

20世纪后期，基于我国经济建设、科技发展和国防建设等方面的需求，特别是航天工业基础和空间技术水平，我国开始探索适合国情的卫星导航系统发展道路，逐步形成了2020年前“先有源，再无源；先区域，再全球”的北斗系统发展建设“三步走”战略。

第一步，建设北斗一号系统（北斗卫星导航试验系统）。

1994年前，国家有关部门组织各方面完成了用户需求、工程目标、实现方案等综合论证和可行性报告，在完成大系统技术体制试验验证，完成空间段GEO卫星作为导航定位卫星关键技术攻关等工作的基础上，1994年1月，国家正式启动了北斗一号系统工程建设。

2000年10月、12月，我国成功发射2颗地球静止轨道卫星，建成系统并投入使用，采用有源定位体制，为中国地区内用户提供定位、授时、广域差分和短报文通信服务。2003年，发射第3颗北斗一号卫星，进一步增强系统性能，扩大了北斗二号系统的应用领域。2007年，发射第4颗北斗一号卫星。

北斗一号系统以较小投入、较短时间，打破国外技术垄断，独立自主地开展卫星导航定位技术试验与应用，建立了国际上首个基于GEO双星定位原理的区域有源卫星定位系统，使我国成为世界上第三个具备空间卫星系统提供定位、导航与授时（PNT）服务的国家，是我国卫星导航定位系统的第一个里程碑。

北斗一号系统还具备短报文与位置报告服务功能，独具特色，系统连续稳定地运行服务，实现了我国北斗系统建设的第一步。

第二步，建设北斗二号系统（北斗区域卫星导航系统）。

1997年，我国在建设北斗一号系统的同时，先期开始了北斗二号卫星导航系统

的论证工作。围绕有源定位、无源导航的系统组成、建设步骤、技术途径等进行了探讨和分析。

2000 年，从首先建立区域系统、逐步过渡到全球系统考虑，根据区域服务的精度要求，提出了系统建设目标、发展阶段、系统体制、星座方案、关键技术及解决途径。2004 年 8 月，国家正式批准工程建设项目立项，启动北斗二号系统工程建设。

2007 年 4 月，我国成功发射第一颗北斗二号中圆地球轨道（MEO）卫星。作为我国首颗基于 RNSS 技术体制的导航卫星试验星，验证了系统新体制、新技术，检查和演练了工程研制试验与系统运行管理流程。同时，推进了我国导航卫星信号在国际上的频率协调与在轨试验验证工作的进展。

2010 年至 2012 年，北斗二号系统完成 14 颗卫星（5 颗地球静止轨道卫星、5 颗倾斜地球同步轨道卫星和 4 颗中圆地球轨道卫星）的研制生产，卫星发射连续成功，快速实现了系统组网和运行服务。北斗二号系统在保留北斗一号系统技术体制提供的有源定位、授时、广域差分和短报文通信的服务功能基础上，增加无源导航、定位、授时等功能，实现了北斗一号系统服务的平稳过渡和升级。

2012 年 12 月 27 日，我国政府宣布北斗二号系统正式开始为我国及周边地区的用户提供无源定位、导航、授时等各项导航业务服务，实现了我国北斗系统建设的第二步。

北斗二号系统的稳定运行和连续服务，具备多频信号导航定位授时、位置报告和短报文通信等功能，应用范围越来越广，应用效果越来越好，研发生产的系统与产品已广泛应用于交通运输、海洋渔业、水文监测、气象预报、测绘地理信息、通信时统、电力调度、救灾减灾、应急搜救等领域，渗透到人类社会生产和人们生活的方方面面，为全球经济和社会发展注入了新的活力。

2016 年 3 月、6 月，2018 年 7 月，2019 年 5 月，工程系统又成功发射了 4 颗北斗二号备份星（2 颗 IGSO 卫星和 2 颗 GEO 卫星），全面完成北斗二号系统空间段 20 颗卫星的研制与发射任务，星座系统在轨卫星的冗余备份，有效地保证了北斗二号系统可靠提供连续稳定的服务。

第三步，建设北斗三号系统（北斗全球卫星导航系统）。

2009 年，我国启动北斗系统从区域服务范围发展为全球服务范围的系统技术体制、服务功能、导航信号、星座构型、国产化产品等关键技术论证和攻关工作。

北斗三号卫星导航系统继承北斗二号卫星有源服务和无源服务两种技术体制，建立星间链路，突破以星座组网、高精度时空基准建立与维持、星座自主运行为主要特征的关键技术，通过播发的导航信号体制改进，提高星载原子钟性能和测量精度，采用星载软件可重构等技术，按照“开放性、兼容性、独立性、渐进性”的原则，建成具有自主知识产权、技术先进、稳定可靠的中国卫星导航系统，实现全球服务、性能提高、业务稳定和与其他 GNSS 兼容互操作的目标。同时，开展卫星导航技术相关增量载荷等试验验证工作，为我国下一代卫星导航系统的发展奠定基础[1]。

在完成北斗三号总体技术方案、对各大系统要求等工作的基础上，在工程大总体、卫星系统、运载火箭系统、地面系统等方面还开展了一系列关键技术与产品攻关、仿真分析与地面试验验证工作。

2015 年至 2016 年，北斗三号卫星导航系统完成了 5 颗新平台、新体制、新技术、新产品的试验卫星研制和发射任务，开展了在轨测试、系统集成联调、测试评估考核的工作，验证了运载火箭上面级、“一箭双星”发射、星间链路与自主运行、新型星载原子钟、导航信号播发、国产化产品等关键技术。

2017 年 11 月 5 日，中国空间技术研究院研制的北斗三号首批组网 MEO 卫星，由长征三号乙运载火箭和远征一号上面级以“一箭双星”方式在西昌卫星发射中心发射升空。卫星成功入轨，标志着我国北斗系统建设工程开始由北斗二号系统向北斗三号系统升级，北斗三号卫星组网建设迈出了坚实的第一步。

2019 年 12 月，北斗三号系统按照工程建设计划，完成了 24 颗 MEO 组网卫星、3 颗 IGSO 卫星和 1 颗 GEO 卫星的成功发射工作，系统建设稳步推进。2018 年年底，北斗三号系统实现基本系统（包含 18 颗 MEO 卫星、1 颗 GEO 卫星和配套的地面系统设备、典型的用户终端产品等）工程建设，面向“一带一路”沿线及周边国家提供北斗三号卫星导航、定位与授时等基本服务。

2020 年，北斗三号系统完成全部组网星座卫星的发射，完成系统集成联调测试，形成了全球范围内多功能业务的服务能力。

未来，北斗系统将持续提升服务性能，扩展服务功能，增强连续稳定运行能力，构建以北斗系统为核心的“更加泛在、更加融合、更加智能”的综合时空体系。

北斗系统的发展历程充分体现了“自主创新、开放融合、万众一心、追求卓越”的新时代北斗精神，实现了在区域范围内快速建设形成系统导航定位授时服务能力，按计划扩展为全球系统的发展路径，丰富了国际卫星导航体系和技术。

北斗系统发展历程示意图如图 2.1 所示。

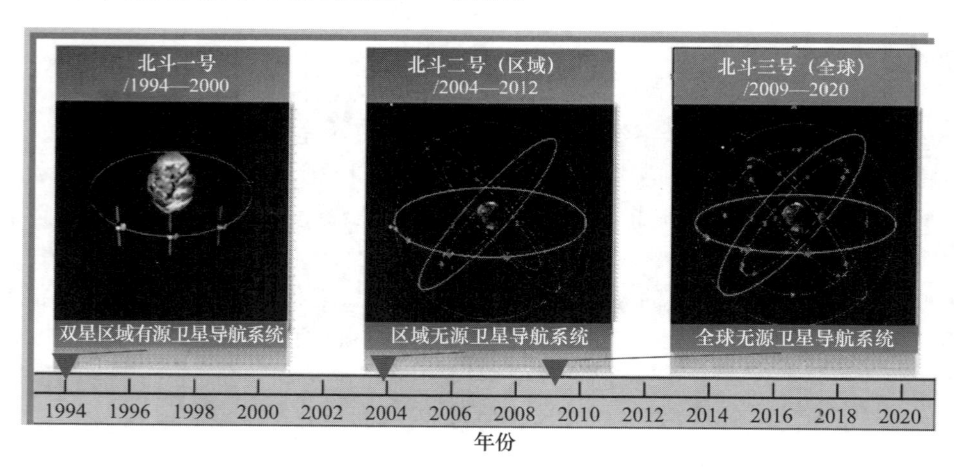

图 2.1　北斗系统发展历程示意图（见彩图）

2.2 北斗一号系统

北斗一号系统为双星定位系统，是我国卫星导航事业建设发展的第一个里程碑，系统服务的稳定运行保障了应用的不断推广，为后续建设的北斗二号系统、北斗三号系统积累了经验，奠定了基础。

2012 年 12 月，北斗二号系统开始提供服务，平稳接替和升级了北斗一号系统的业务服务，标志着北斗一号系统圆满地完成了任务和使命。

总结北斗一号系统的工程研发、卫星系统研制和相关技术与管理经验，对于我们做好北斗系统当前的技术研究、产品开发、系统建设、应用推广等具有重要的意义。

2.2.1 北斗一号系统的发展历程

北斗一号系统是我国在“灯塔一号”项目暂停之后，再次启动的卫星导航项目，其采用的技术体制和原理不同于“灯塔一号”系统。在技术流程方面，与我国其他的航天器系统工程具有基本相同的研发流程，均经过了方案论证、初样研制试验、正样生产试验、发射场工作及发射等阶段。

2.2.1.1 方案论证阶段

1983 年，基于我国当时的航天技术水平和国家工业基础，以我国“两弹一星”元勋陈芳允院士为代表的专家团队，根据几何三球交会法原理，大胆提出了以两颗地球静止轨道(GEO)卫星为球心，以 GEO 卫星到用户位置点距离形成的 2 个球体与地球表面相交得到的两个交点之一，测定地面或空中目标位置，解算得到用户需要获取的完整地理坐标，实现卫星无线电测定业务(RDSS)服务的设想。

双星定位系统的设想通过一系列的研究分析、试验验证的工作，形成了初步的系统方案——RDSS 方案。

整个系统包括 2 颗 GEO 卫星、地面系统中心站、标校站等。

系统 RDSS 的工作过程如图 2.2 所示。

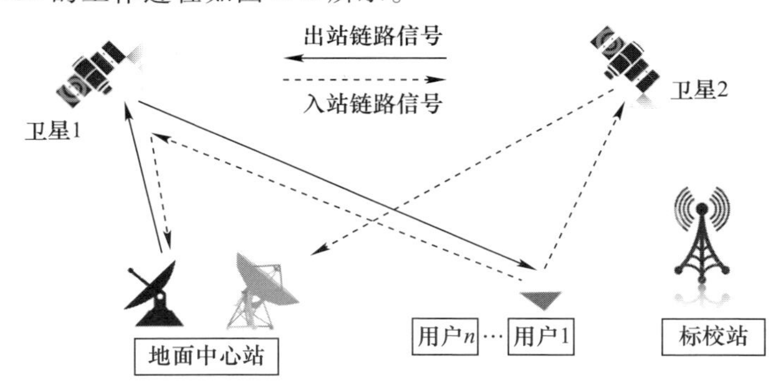

图 2.2 RDSS 的工作过程示意图

（1）地面中心站系统完成对在轨的两颗卫星轨道的确定、电离层校正信息等工作，并以规定的信号频率发射至卫星，实现地面站与卫星之间的距离测定。

（2）两颗卫星转发地面中心站的信号，分别向各自天线波束覆盖区域内的所有用户进行广播。

（3）当用户需要定位服务时，通过用户机提出申请，并发送入站链路信号至对应的卫星，通过卫星转发至地面中心站。

（4）地面中心站接收到用户的申请信号后，解调出用户发送的信息，并测量出用户至两颗卫星的距离，进行用户位置解算。

（5）地面中心站将解算出的用户信息通过出站链路信号发送给卫星，由卫星转发至用户，用户根据地面站信号，并结合自身所在位置的高程数据，完成位置的确定。[2]

在此过程中，标校站利用标校机为附近的用户提供更高精度的定位结果，协助中心站获取精确的卫星位置观测量。

1986 年，按照以较小经费、较短时间建立服务我国及周边地区的“双星快速定位系统”的要求，中国空间技术研究院以“利用 GEO 卫星，获得一种独立自主、快速有效的定位手段”为目标，以用户基本要求为依据，按照航天器系统工程的流程与方法，组建研制队伍，开展了空间段卫星的任务分析、可行性论证和总体方案的研究工作，并组织进行一系列关键技术的攻关工作。

1989 年 8 月至 9 月，中国空间技术研究院与国内相关单位利用我国 2 颗东方红二号甲通信卫星，全面开展了双星定位系统的演示验证试验，成功地验证了系统原理、技术体制的正确性，证明其提出的技术途径可行，为后续工程建设奠定了良好的技术基础。

1993 年初，中国空间技术研究院初步确定了卫星系统技术状态和总体技术指标。鉴于国内当时的卫星技术水平，通过比较论证，提出了双星定位卫星选取当时较为成熟的双自旋稳定的卫星方案。初步卫星方案是在东方红二号（东方红二号双自旋稳定平台卫星如图 2.3 所示）及东方红二号卫星甲基础之上，将天线消旋扩展为国际上流行的平台消旋，这样可以极大地提高卫星有效载荷水平。卫星由有效载荷（包括转发分系统、天线分系统）、电源分系统、测控分系统、控制分系统、推进分系统、结构分系统、热控分系统和远地点发动机等组成，起飞质量 1450kg，工作寿命 6 年。

1994 年 1 月，国家正式批准了“双星定位系统”的工程立项，北斗一号卫星工程建设正式启动。基于北斗一号系统采用的技术体制和原理，北斗一号系统定义为北斗卫星导航试验系统。

与其他航天器工程相同，北斗一号系统由卫星系统、运载火箭系统、发射场系统、测控系统、地面系统等组成。北斗一号系统空间段的建设任务包括 2 颗北斗一号卫星和 1 颗备份星。

图 2.3 东方红二号双自旋稳定平台卫星(见彩图)

北斗一号卫星系统立项后,中国空间技术研究院对系统体制、接口技术指标等进行了深入论证。

1994 年 11 月底,为了适应用户对导航定位有效载荷指标、卫星功率等主要技术指标提出的新要求,提高北斗一号卫星系统的性能和服务效益,更好地满足地面上更多用户使用的要求,卫星总体对卫星方案进行了相应的调整,提出了更改卫星平台方案的建议,即采用东方红三号三轴稳定卫星平台取代东方红二号甲双自旋稳定卫星平台的方案,有效地解决了研制过程中关键技术瓶颈问题。

采用三轴稳定的东方红三号卫星平台后,北斗一号卫星的供电能力、配置安装产品等能力大大提高,卫星平台可以为有效载荷转发器提供更多的功率,有效载荷质量增加 60kg,功率增加 530W,卫星接收和播发信号的技术指标进一步得到改善,以利于更多用户更好地使用。特别是采用三轴稳定的东方红三号卫星平台后,北斗一号卫星克服了双自旋东方红二号甲卫星平台的局限性,卫星的工作寿命也由双自旋卫星的 6 年提高到 8 年,显著增强了北斗一号卫星的使用性能和效益。

同时,北斗一号卫星采用东方红三号卫星平台(图 2.4),也进一步提升了该卫星平台的质量和成熟度。

2.2.1.2 卫星初样研制阶段

1996 年 2 月,按照北斗一号卫星系统研制技术流程和计划流程,北斗一号卫星完成了方案阶段的研制工作,并通过了评审,转入初样研制阶段。

根据方案阶段任务分析和关键技术攻关结果,中国空间技术研究院确定了北斗一号卫星初样研制阶段开展 1 颗电性星、1 颗结构星、载荷舱热平衡试验和部分鉴定产品的研制工作。

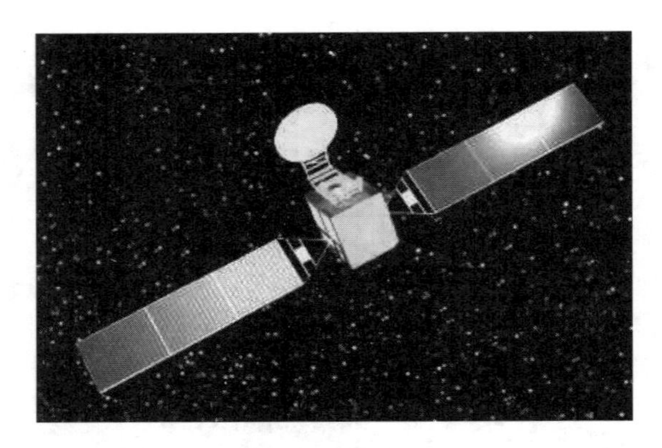

图 2.4　东方红三号卫星平台（见彩图）

1）电性星工作

在卫星研制过程中，电性星是指按照工程系统对于卫星功能和性能技术指标的要求，卫星总体设计研制的 1 颗卫星模型产品，其系统组成、产品技术状态、功能接口、遥测遥控、电性能参数等与未来在轨飞行产品相同。

电性星上一般采用电性件产品，其与正样飞行产品的差别主要体现在产品的元器件选择、生产过程控制、备份冗余产品配置等方面。

通过北斗一号卫星初样电性星的研制，卫星总体完成了北斗一号卫星各分系统接口匹配性、功能覆盖性与正确性、电性能参数符合性等测试确认，同时，完成了所配套的地面测试系统设备和软件状态的确认，形成全面、正确、可操作的测试方案、测试用例和测试细则。

1997 年 9 月，中国空间技术研究院完成了北斗一号电性星整星测试和电性星全部研制工作。

2）结构星工作

结构星是为了检查验证正样卫星在研制生产过程中所经历的各种总装与测试状态、运输状态、运载火箭发射中存在的振动、噪声与冲击是否会对卫星结构、卫星产品产生不良影响，评价是否会对飞行任务造成影响的一颗结构特性模拟星。结构星主要用于进行卫星静、动力学试验，以检验卫星结构强度及结构设计的合理性。

结构星上一般采用飞行产品的结构模拟件。结构模拟件的产品质量、产品外形、产品壳体材料、安装孔距及精度、安装接触面积、底板平面度等指标要求，均按照飞行产品真实状态进行设计和生产，与正样飞行产品保持一致。结构模拟件不需要模拟正样飞行产品的电性能接口和参数，但需保留与正样飞行产品相同的高、低频电缆插座插头，试验过程中需要对电缆位置和电缆固定状态进行检查。对于有精度检测要求的产品设备，也应按飞行真实状态安装检测镜。

根据卫星研制与在轨工作过程中所经历的各种状态，结构星的试验项目包括整星振动试验（正弦振动、随机振动）和噪声试验、星上机构部件的展开冲击试验等。

随机振动试验和噪声试验可根据卫星结构特性选择其一进行试验。

北斗一号初样结构星采用东方红三号初样平台结构星改装，载荷舱由北斗一号转发器分系统的结构产品、S/L 频段反射面天线结构件、C 频段天线结构件等组成，卫星上推进分系统贮箱内加注等效的推进剂。通过结构星的研制及后续的一系列试验测试验证工作，有效地考核了北斗一号卫星结构的刚度和强度，验证卫星构型结构设计的合理性。同时，获取了卫星结构的动态特性和结构关键部位的动力响应值，获取卫星结构上不同位置安装产品的响应数据，为整星结构的动力模型修正和单机产品的正样设计力学试验条件提供依据。

1998 年 8 月，中国空间技术研究院完成了北斗一号初样结构星鉴定级的力学振动试验、噪声试验。初样结构星通过力学环境试验后，进行了 S/L 频段反射面天线展开试验、星体精度测量、推进系统管路检漏等工作，结果均满足要求。

1998 年 10 月，北斗一号初样结构星研制总结工作通过了评审。

3）热控星工作

热控星是一种用于参加卫星热平衡试验，以检验卫星系统及产品热设计方案合理性的一颗卫星模型产品。

热控星上一般采用热控模拟件产品。热控模拟件产品和结构模拟件类似，不需要模拟星上产品的真实电性能，但其产品设备的外形、安装孔距及精度、安装接触面积、安装底板平面度、产品表面状态等指标，要求按照飞行产品真实状态进行设计和生产，特别是其表面状态和热耗要与正样飞行产品保持一致。

由于热控模拟件产品不要求具备相应的电性能特性，因此产品中都不包括真实的元器件和电路。为了模拟产品的热特性，一般采用聚酰亚胺薄膜型电加热片（简称加热片）来模拟其产品的热耗，并可通过控制加热片上电流的大小，实现模拟产品不同工作状态下的热耗。

通过热控星的研制以及后续整星热平衡、热真空试验验证，可以验证卫星在轨飞行过程和运行工作轨道上卫星系统及产品热设计的正确性，以考核在最恶劣的工况下，卫星系统是否仍能使星载产品设备维持在允许的工作温度范围内，并留有一定的余量。

北斗一号卫星继承了东方红三号卫星前期研制试验的产品，采用相同的平台分系统，只是有效载荷部分根据用户需求和工程系统任务要求不同，重新进行了产品及分系统设计。

卫星总体经过充分的方案论证后决定，北斗一号卫星初样阶段仅需投产北斗一号卫星的载荷热控模拟舱，用载荷舱的热试验可以取代整星热试验，通过开展并完成载荷舱热平衡试验，检查验证首次使用 120W 行波管放大器和采用正交热管网络等结果。利用载荷舱的热试验取代整星热试验，可以简化卫星研制程序，缩短研制周期，节省研制经费。

1998 年 4 月，中国空间技术研究院完成了北斗一号卫星载荷舱的热试验。

4）鉴定产品工作

在初样电性星、结构星和热控星上，星载单机产品的电性件、结构件和热控件虽然能够验证产品某一部分性能，但是由于它们与正样飞行产品均存在着或多或少的差异，因此尚不能完全证明产品满足飞行任务要求。

为了全面严格地验证设计产品能否在各种工况下满足任务要求，北斗一号卫星产品需要投产部分新状态产品、系统关键产品的鉴定件，并开展相应的鉴定试验。

按照要求，鉴定件产品的状态应与正样飞行产品设计状态、原材料、元器件和生产过程等完全一致，产品需要通过规定的各项鉴定项目的试验验证，鉴定试验的试验条件和鉴定余量应满足相关标准的要求。

5）信号频率协调与改频工作

按照国际电信联盟的要求，位于地球静止轨道上的卫星，在设计研制阶段必须开展与相邻轨道位置卫星的信号频率、轨道位置、轨道控制策略等方面的协调工作，确保相互之间兼容，互不干扰，互不影响。

1997 年初，北斗一号卫星在进行轨道位置和信号频率协调过程中发现：位于 80°E、140°E 的两颗北斗一号卫星，设计采用的 C 频段信号与俄罗斯的快车 6 号卫星存在同频同轨干扰的问题。

为此，北斗一号卫星系统与快车 6 号卫星进行了协调，按照与俄罗斯相关单位协调的结果，重新进行了卫星转发器信号频率流程的设计工作，修改了北斗一号卫星转发器的信号频率、天线极化方式等，完成了卫星改频的总体方案、轨道位置协调和卫星适应性修改等内容，并进行了充分的验证工作，最终解决了这一问题，保证了工程建设。

2.2.1.3 卫星正样研制阶段

1997 年 12 月，中国空间技术研究院在西安组织召开了北斗一号卫星系统第一次正样研制工作协调会，研究确定卫星总体技术状态，协调解决卫星正样设计中总体布局和总装设计以及卫星结构产品出图等工作中遇到的问题，进行有效载荷产品与卫星平台的机电热接口协调，明确正样飞行产品研制和质量控制的重要节点与时间进度，全面开始北斗一号卫星正样总体和总装设计工作。此次会议标志着北斗一号卫星系统按照技术流程，全面转入了正样研制阶段。

1）卫星总体设计与总装工作

北斗一号卫星正样阶段工作主要包括卫星总体与单机产品设计、配套的全部正样飞行产品研制、卫星结构产品生产与部装、卫星总装、整星各状态下综合测试、整星大型环境试验、卫星出厂状态测试与确认等工作。

同时，按照工程要求和安排，为了验证北斗卫星与工程中其他系统之间接口的正确性、协调性和一致性，卫星系统还需完成与相关系统（包括运载火箭系统、地面运控系统、应用系统、测控系统等）的对接试验等工作，通过上述试验，有效确认工程各系统间的接口关系匹配性与正确性。

正样研制过程中，北斗一号卫星产品和结构等研制生产单位按照正样飞行产品的研制流程，完成产品的研制和试验考核，通过卫星总体组织的验收后，交付整星，北斗一号卫星进入总装阶段。

卫星总装是指卫星根据在轨实际飞行工作要求，按照整星出厂状态，将各个产品设备和分系统组合装配在卫星结构上，形成完整卫星的过程。

卫星总装工作依据卫星总装工艺文件、总装技术流程、卫星装配图或模型、总装技术状态与配套表、检测及测试工艺等技术文件要求，进行星上产品设备机械安装、电气装联、管路焊接和检测调整等。卫星总装工作完成后，将转入整星综合测试阶段。

2）卫星综合测试工作

卫星综合测试的目的是检查卫星系统功能和电性能指标是否符合总体设计要求，各个分系统之间的接口是否匹配，遥测参数的传递和数值是否可靠、准确，遥控指令传递和验证是否正确，卫星的发射和飞行程序是否正确、协调，地面测试设备、测试软件及测试文件是否正确等。

北斗一号卫星综合测试是在使用地面模拟电源供配电的情况下，通过卫星地面综合测试设备（包括专用测试设备、通用测试仪器、测试软件和地面支持设备等），对北斗一号卫星的各项功能和电性能指标参数，按照任务书和卫星设计文件进行全面测试，对卫星各个分系统之间接口和电磁兼容性进行全面检测的过程。

北斗一号卫星整星研制期间的综合测试主要包括工厂电测（含平台有线测试、有效载荷测试、整星有线测试、整星无线状态测试及系统电磁兼容性（EMC）测试等）、模拟环境试验过程中（含热试验、力学试验阶段测试等）的测试、卫星出厂状态电测等各阶段，以及大系统间对接测试（包括与运载火箭接口支架对接、与运控系统对接、与测控系统对接等）。

3）环境试验

为了保证卫星在轨工作的安全可靠，特别是保证长寿命导航定位卫星在轨工作的可靠性，卫星需要按照工程规定的各种空间环境、力学环境和热真空环境条件进行各种环境模拟试验。整星正样研制阶段的环境模拟试验项目包括整星验收级力学环境试验（振动、噪声、冲击）、热环境试验（热平衡试验、热真空试验）、电磁兼容性试验等。

试验过程中需要监视卫星系统与产品的工作情况，对试验前后卫星产品功能、性能的测试数据进行比对分析，剔除产品设计、生产工艺和元器件原材料等方面的质量缺陷，从而降低产品在轨出现问题或故障风险。

4）北斗一号01星、02星研制工作

为了保证两颗北斗一号卫星在轨快速组网工作，中国空间技术研究院大胆创新，采取北斗一号01星、02星两颗正样卫星同时投产的策略，通过优化调整研制技术流程，制定严密的计划，并行开展工作，有力地保证了两颗卫星的研制质量和进度要求。

2000年8月，北斗一号01星完成了全部出厂前的研制工作，卫星经过各项测试和试验考核验证，结果表明：北斗一号01星的功能和性能指标满足工程任务要求，具备出厂条件。

2000年10月，北斗一号02星也完成了全部出厂前的研制工作，具备出厂条件。两颗卫星通过出厂评审后，分别运抵西昌卫星发射中心，进入卫星发射场工作阶段。

5）北斗一号03星研制工作

按照工程系统设计要求，中国空间技术研究院在组织研制北斗一号01星、02星的同时，同步开展了北斗一号系统备份卫星（03星）的研制工作。北斗一号03星作为北斗双星定位系统的在轨备份星，其要求与北斗一号01、02星的基本功能、性能指标要求相同。

考虑到北斗一号工程系统在轨卫星备份时可能出现的不同情况，特别要求北斗一号03星的有效载荷天线波束覆盖区能够适应卫星工作轨道位置变化。为此，卫星系统在北斗一号03星有效载荷的转发器分系统与天线分系统设计中，通过增加转发信号波束切换开关，实现北斗一号03星处在不同的工作轨道时天线波束指向不同，具备备份80°E和140°E星的能力，保证北斗一号03星在轨应用的灵活性。

同时，按照北斗系统建设"三步走"的基本思想，结合与用户对于后续北斗系统的综合论证，在北斗一号03星上设计配置了B1、B2频段的两路透明转发器设备，增加了导频接收机、激光反射器、下行播发信号天线等产品，开展卫星无线电导航业务（RNSS）的相关系统体制和技术试验验证工作。

在卫星产品设备国产化方面，北斗一号03星也开展了大量的工作。经过充分的论证和前期技术攻关，星上控制分系统的地球敏感器、动量轮、太阳帆板驱动机构等全部或部分采用了国产化产品，03星技术状态相应地进行了变化。

2003年3月，北斗一号03星完成了全部正样研制工作，卫星经过各项测试和试验考核验证，具备出厂条件，运抵西昌卫星发射中心，进入卫星发射场工作阶段。

2.2.1.4 卫星发射场工作及发射

发射场阶段工作是卫星在完成产品、分系统及整星研制和测试试验出厂后，转入卫星发射场的阶段，也是卫星上天前的最后状态检查、状态确认的关键工作阶段。

北斗一号卫星在发射场按照技术流程的要求，需要完成卫星发射前的功能、电性能指标等测试工作，进行卫星有效载荷天线的检查确认、天线安装、太阳帆板展开试验及状态确认、太阳帆板光照试验、太阳帆板收拢及状态确认、火工品检查及安装、卫星总装操作等，完成卫星推进剂加注等工作，确保卫星产品状态良好，发射前状态设置正确，卫星具备发射状态。

卫星在发射场阶段的技术工作分为技术区和发射区的工作。发射场技术区的任务与目的是检查卫星通过公路、铁路或飞机长途运输后，产品及系统的性能是否满足设计指标，进行总装工作后的电性能检测；发射区的工作重点是对发射前卫星与运载火箭系统、地面发射系统等最终状态进行检查确认。发射场工作状态的起始是出厂前卫星的状态，最终结果是发射前卫星各项状态良好、满足发射要求。

发射场工作涉及卫星出厂后发射前的总装、测试和加注工作，既相对独立又与出厂前工作密切相关，卫星加注工作是在卫星出厂前无法真实进行的工作项目，且加注过程安全性要求极高，必须做到“滴肼不漏，万无一失”。

2000 年 10 月前，北斗一号 01 星在西昌卫星发射中心完成了技术区和发射区的各项工作，通过各级评审确认，结果符合卫星发射的放行准则要求，按照计划，10 月 31 日成功发射。

2000 年 12 月前，北斗一号 02 星完成了与北斗一号 01 星相同的工作流程项目，按照计划 12 月 21 日成功发射。

北斗一号 01 星发射后，经过主动段飞行和卫星的各种飞行程序控制，进入地球赤道上 80°E 的静止轨道位置；北斗一号 02 星发射后，经过主动段飞行和卫星的各种飞行程序控制，进入地球赤道上 140°E 的静止轨道位置，两颗卫星通过在轨测试和星地联调联试等工作，卫星工作稳定，进入系统服务状态。

2003 年 5 月 25 日，北斗一号 03 星在西昌卫星发射中心发射；2007 年 2 月 3 日，北斗一号 04 星在西昌卫星发射中心发射。北斗一号系统的连续稳定的运行服务，实现了我国卫星导航系统建设的第一步。

2.2.1.5　北斗一号系统发展历程小结

综上所述，北斗一号系统发展历程可以分为 4 个阶段，每个阶段北斗一号卫星的主要发展历程如图 2.5 所示。

方案论证阶段

· 1983年，陈芳允院士首次提出双星定位的设想。
· 1986年，中国空间技术研究院组建队伍，开展GEO卫星任务分析、总体方案和关键技术攻关。
· 1989年，利用2颗东方红二号甲通信卫星成功验证双星定位的系统原理。
· 1993年，中国空间技术研究院确定卫星初步方案，卫星平台为双自旋稳定的东方红二号平台。
· 1994年1月，北斗一号工程立项。
· 1994年11月，卫星平台由东方红二号更改为东方红三号三轴稳定卫星平台

⇨

卫星初样研制阶段

· 1996年2月，北斗一号卫星转入初样研制阶段。
· 初样研制工作包括：电性星、结构星、热控星和鉴定产品等研制工作。
· 1997年，北斗一号卫星完成了信号频率、天线极化等修改工作，解决了与俄罗斯卫星协调等问题，保证工程技术建设

⇨

卫星正样研制阶段

· 1997年12月，北斗一号卫星转入正样研制阶段。
· 2000年，北斗一号01星和02星同时投产。
· 2000年8月，北斗一号01星完成全部出厂前所有的研制工作。
· 2000年10月，北斗一号02星完成全部出厂前所有的研制工作。
· 北斗一号03星同步开展研制工作，并搭载开展新技术体制与试验验证等工作。
· 2003年3月，北斗一号03星完成全部出厂前所有的研制工作

⇨

卫星发射场工作及发射

· 卫星完成发射场技术区和发射区总装、电测以及加注工作。
· 2000年10月31日，北斗一号01星发射，定点东经80°E。
· 2000年12月21日，北斗一号02星发射，定点东经140°E。
· 2003年5月25日，北斗一号03星发射。
· 2007年2月3日，北斗一号04星发射

图 2.5　北斗一号系统发展历程

2.2.2 北斗一号系统概况

1）系统组成

北斗一号双星定位系统采用无线电测定业务的原理，利用多颗静止轨道的卫星实现卫星定位功能，其卫星星座设计为由 2 颗地球静止轨道工作卫星和 1 颗备份卫星组成，2 颗工作卫星（01 星、02 星）和 1 颗备份卫星（03 星）分别定点于 80°E、140°E和 110.5°E。

按照系统设计，北斗一号空间段的 2 颗卫星在地球上赤经的交角为 60°时，对中国及周边地区范围的覆盖服务性最好。此状态下，2 颗卫星具有较小的地理几何误差系数、最大的覆盖范围（能够覆盖约 42% 地球面的范围）。北斗一号 03 星作为 01 星、02 星的在轨备份卫星，提供了入站与出站信号波束的多重覆盖，为北斗一号系统的多模式应用提供了可能。

北斗一号系统地面运行控制系统由地面中心站、分布在中国国土范围内的测轨站、测高站和标校站，以及用户机终端设备等组成。各部分之间由出站链路（地面中心站—卫星—用户机）和入站链路（用户机—卫星—地面中心站）相连接，如图 2.6 所示。

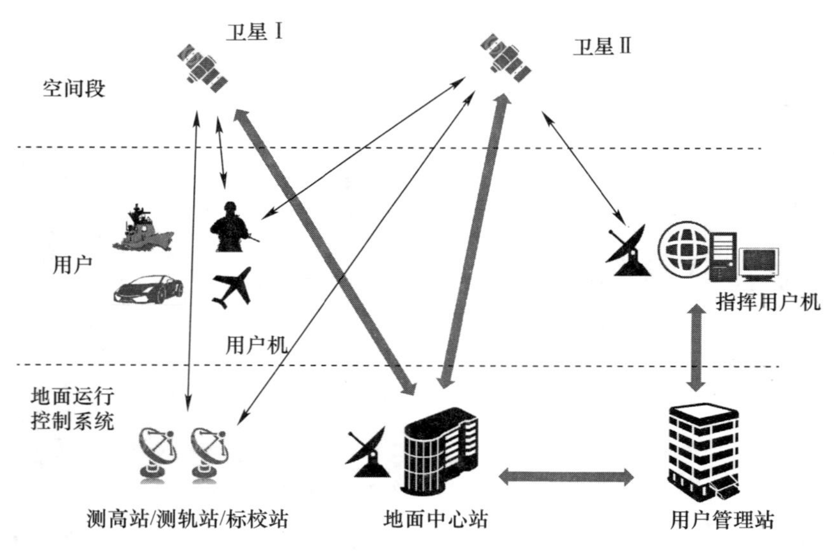

图 2.6 北斗一号卫星定位导航系统

北斗一号地面运行控制是系统的组成部分：地面中心站负责控制与测量北斗一号卫星的运行轨道、姿态等参数，确保卫星实现定位、通信以及授时等服务；地面测轨站、测高站、标校站（也称为基准站）均设计为无人的自动数据测量、收集中心，在地面中心站的控制下工作。

地面测轨站作为北斗一号系统定位的基准点，设置于坐标准确已知的地点。为

了尽量拉开测轨站之间的距离，从而实现系统具有较好的地理几何误差系数，北斗一号系统的测轨站分别设置位于中国的东北、西北和南部，各个测轨站分别测量出卫星与本测轨站之间的信号传播时间，并将这个信号传播时间测量结果通过北斗一号卫星转发至地面中心站。地面中心站把传播时间转换成传播距离后，以多边定位的方法来解算出北斗一号卫星的具体空间位置，作为空间位置基准参数。

地面测高站均匀合理地分布于我国境内，通过气压高度计测量出本测高站所在地的海拔高度。通常，一个测高站在平原地区所测得的高度值可以近似地代表其周围100～200km地区的海拔高度数据(h)。各个测高站通过北斗一号卫星将所测量的数据转发至地面中心站，用于提供用户定位计算。某一地区的实际地形距离地球椭球表面的高程值H为气压高度计测量的海拔高度数据+该地区的大地水准面高度数据。

地面标校站与测轨站一样，必须设置于坐标准确已知的地点上。北斗一号系统的地面标校站均匀合理地分布于我国境内。标校站相当于一个已知位置的用户机，通过地面中心站对其进行定位，然后将地面中心站解算出的坐标与标校站所在地的实际坐标修正计算，就可以得到标校站周围100km至200km用户定位的修正值。

2）出站链路

北斗一号系统出站链路是指系统内地面段系统通过卫星系统，向用户发送出站信号的链路。

北斗一号系统出站链路中，地面站采用C频段信号上行发射到空间段卫星，通过卫星的C/S出站转发器转发，播发下行S频段信号到地面系统和地面用户，实现定位。

北斗一号系统出站链路具有以下特点。

(1)具有多用户连续并行的出站能力。

在北斗一号系统设计上，卫星无线电测定业务(RDSS)服务的用户数量主要由卫星出站转发器信道容量和系统所采用信号的工作体制决定，系统设计结果保证多用户连续并行的出站能力。通过北斗一号卫星采用大功率的功率放大器和大口径高增益的反射面天线，提高卫星发射信号的有效发射功率，可实现地面用户终端产品体积小、重量轻。

为了实现较高动态条件下的用户机使用，系统采用控制其发射和转发信号的频率稳定度技术，以利于对卫星播发信号的接收和解调。

(2)采用多用户连续跟踪的信号体制。

北斗一号系统设计的出站信号要求具备两个功能：一是为用户提供时间信号同步响应基准；二是传送用户所需的定位信息和电文信息。

为了确保用户对地面站系统出站信号的连续跟踪，提高其信号的测距精度与成功率，同时具备完成多个不同用户信息传输的能力，北斗一号系统出站信号设计采用QPSK调制方式，I支路提供定位公用信息和部分专用信息传输，而Q支路主要完成专用信息的传输。

（3）地面系统实现完好性监视。

卫星导航定位系统完好性是指整个系统在运行服务过程中，所提供的服务性能参数在不能达到设计要求指标时，系统主动及时地向用户提供告警的能力。系统服务告警能力一般根据服务性能参数降低程度，通过监视告警时间、告警虚警概率和漏警概率等参数进行表征。

北斗一号系统利用地面站对卫星出站信号的监测，实现系统完好性告警的功能。用户对系统完好性的基本要求是完好性越高越好，当系统服务出现不完好时，系统应及时准确报告，确保用户降低使用风险。

（4）具备一定的抗干扰及抗欺骗能力。

北斗一号系统是我国第一个应用于基准信号测量的系统。为了保证系统的定位服务精度要求，在定位信号体制设计上开展了大量的研究工作。

针对系统设计的转发信号，若采用较短的码长度信号则抗干扰能力弱，而采用较长的码长度信号则影响系统出站容量，同时较长的码长度信号还存在增加用户对出站信号的首次捕获时间长的问题。为此，北斗一号系统通过采用编码及纠错技术，设计合适的码长度信号，既保证信号扩频增益能够增强其抗干扰能力，又不影响用户接收信号的首次捕获时间和用户容量。

为了防止用户遭受欺骗，北斗一号系统还具备信息加密的功能。

3）入站链路

北斗一号系统入站链路是指地面系统中心站接收由用户端发射，经卫星转发的用于测量与控制的入站信号链路。

北斗一号系统入站链路具有以下特点。

（1）具备低信噪比、多用户、随机突发信号的接收处理能力。

为了降低北斗一号系统用户机终端产品的体积、质量和功耗，用户端的应答发射信号应尽可能具有功耗低、时间短、突发等特性。

按照北斗一号系统设计结果，每个用户通过北斗一号卫星转发处理的入站信号载噪比 C/N_0 可低至45～47dBHz，信号的持续长度为30～100ms。北斗一号系统要求地面中心站通过精心地对入站信号进行编码设计，使整个信道具有良好的传输特性，完成对用户入站信号的捕获、跟踪、解调及距离测量。

（2）具备高精度距离测量能力。

按照北斗一号 RDSS 的定位精度和双向授时精度的要求，北斗一号地面中心站的时延测量精度应控制在5～10ns，确保整个系统的高精度距离测量能力。

（3）具备上行信号抗攻击能力。

北斗一号卫星系统入站链路工作在高品质因数（G/T）值状态，卫星接收机灵敏度高，通道增益大，其链路放大系数在170dB左右，对于系统中其他工作在L、S频段的大功率信号产生的干扰信号影响较敏感，轻者会使系统难以正常工

作，重者可造成转发器损坏。对于恶意的攻击信号，更加要求具有抗干扰抗攻击的能力。

为此，北斗一号系统要求卫星系统的接收通道具备抗干扰与抗毁能力。

(4) 具备瞬时大数据量入站能力。

为满足多用户、多场景使用要求，北斗一号系统设计具有瞬时大数据量的传输和接收处理能力，保证入站链路可工作在多信号体制。

针对入站链路工作在多信号体制，存在多个不同功率电平、不同信号编码的入站信号，采取相应的技术途径，保证系统和用户终端工作正常。

4）系统信号体制

1994 年，根据北斗一号系统的研究论证结果，并基于当时我国航天工业基础和技术水平状况，北斗一号系统设计为两路传输信号。一路为出站信号，由地面中心站的主控中心（MCC）产生，发射到空间段卫星，卫星转发器接收后转发至用户；另一路是入站信号，由用户终端设备产生，发射到空间段卫星，卫星转发器接收后转发至地面中心站的 MCC。

北斗一号卫星上配置定位转发器和通信转发器，定位转发器由 2 路入站转发器（L/C 入站转发器）和 2 路出站转发器（C/S 出站转发器）组成。C、L、S 都表示频段。

用户终端设备发射上行 L 频段信号，通过卫星 L/C 入站转发器转发，下行 C 频段信号到地面中心站；中心站经过处理后，将定位信息通过 C 频段发向北斗一号卫星，通过 C/S 出站转发器转发，下行 S 频段信号播发到用户终端，实现定位。

通信转发器（2 路 C/C 转发器）在北斗一号卫星发射入轨工作的主动段过程中用于卫星与地面测控站之间的测控通信，传递地面遥控指令，发送星上卫星遥测参数，卫星入轨定点后，主要用于地面站之间的通信。

北斗一号系统出站链路信号具有为用户提供时间信号同步响应基准、传送用户定位信息和电文信息等功能。出站信号的体制设计要求既能提供连续稳定的跟踪信号，又确保足够的通信容量，选择采用 QPSK 调制信号体制。

考虑到与一般卫星无线电导航系统（RNSS）的兼容性要求，北斗一号系统出站链路信号的 I、Q 支路信息速率为 5.115Mbit/s，I 支路可选码长为 1023bit 的 Gold 序列，Q 支路可选较长序列的 PN 码。

北斗一号系统的入站信号要求具备低信噪比、多用户、随机突发信号的接收处理能力，同时具备高精度距离测量能力、抗攻击能力和瞬时大数据量入站能力。系统设计的入站信号为伪码直接序列扩频、BPSK 调制、突发帧信息结构的相互体制。

2 路 C/S 出站转发器的上行信号用于地面中心站向卫星发送信号，出站转发器的下行信号用于卫星播发至用户终端的信号。

2 路 L/C 入站转发器的上行信号用于卫星向用户终端发送信号。入站转发器的下行信号用于卫星转发至地面中心站的信号。

北斗一号每颗卫星的转发天线设计有两个 S 波束，两颗工作卫星在不同的轨道位置共形成4个S波束信号,覆盖全部服务区。备份卫星工作在110.5°E轨道位置上,发射的S波束信号可通过配置的微波切换开关,实现替代80°E卫星或140°E卫星S波束信号的能力。每颗卫星(含备份星)设计有两个L波束,分别覆盖对应服务区。

5)系统服务功能

北斗一号系统在服务区范围内可提供定位(导航)、位置报告与短报文通信、授时服务等业务,北斗一号系统服务区范围如图2.7所示。

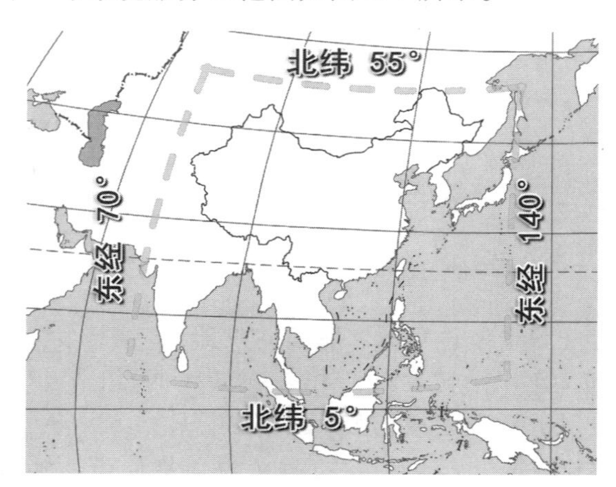

图2.7　北斗一号系统服务区范围(见彩图)

(1)定位(导航)功能。

在中国及周边服务范围区域,快速确定用户所在点的地理位置,向用户及主管部门提供导航信息。在系统地面标校站覆盖的区域范围内,定位服务精度可达到20m;在无地面标校站覆盖的区域范围内,定位精度优于100m。

(2)位置报告与短报文通信功能。

系统内用户与用户、用户与地面中心站之间,均可实现最多120个汉字的双向短报文通信,并可通过地面信关站与互联网、移动通信系统互通。

(3)授时功能。

地面中心站通过在轨卫星,播发北斗一号系统授时信息,为定时用户提供时延修正值。定时服务精度可达100ns(单向授时)和20ns(双向授时)。

北斗一号系统在卫星导航定位体系架构方面,实现和验证了RDSS有源定位体制、单向/双向定时体制、定位通信授时一体化信号体制、基于突发信号的用户随遇接入体制、时分/码分和身份识别(ID)的服务信号体制等PNT技术体制;以最小投入,原创性提出双星定位的卫星实现方法,开展了我国卫星定位导航系统的试验验证工作,建立了国际上首个基于双星定位原理的区域有源卫星定位系统,快速实现了我国独立自主的卫星导航定位服务,系统建设、运行和维护的费用较少。

同时,北斗一号系统采用双向短报文通信服务体制,具备位置报告和短报文服务等特色功能,可有效满足用户通信信息量较小、即时性较高的各类型应用的需求,适合集团用户在一定区域范围内监控管理和对于通信不发达地区的数据采集传输等场景使用。

北斗一号系统建成提供服务后,在汶川地震、区域演习等国家突发事件或重大活动中发挥了至关重要的作用。北斗一号系统对于既需要定位,同时又需要把定位及相关信息传递出去的用户是非常实用的。

2.2.3 北斗一号卫星

北斗一号卫星通过方案论证、初样阶段和正样阶段工作,确定采用三轴稳定的地球静止轨道卫星平台。卫星系统由平台部分和有效载荷部分组成。其中:卫星平台部分包括结构分系统、热控分系统、供配电分系统、控制分系统、推进分系统、测控分系统等6个分系统;有效载荷部分包括转发器和天线2个分系统;卫星设计的起飞质量为2320kg,寿命末期卫星功率为2050W,设计工作寿命为8年。

为满足北斗一号卫星有效载荷分系统大功率放大器等产品的要求,卫星平台相对早期东方红三号卫星技术状态进行了必要的适应性修改。卫星的构型和总体布局采用分舱模块化设计,卫星本体尺寸为2.00m×1.72m×2.20m的立方体箱形结构,分为载荷舱、推进舱、服务舱三个舱段及天线模块、太阳电池阵模块。

卫星在南北两面各装一个太阳电池阵,每个太阳电池阵由3块太阳电池板组成。有效载荷的L/S频段天线和C频段天线安装在卫星东墙面。卫星发射起飞时,太阳电池阵和L/S频段天线均为收拢状态,它们将在卫星转移轨道按照飞行程序进行展开。太阳电池阵展开后,卫星在轨最大尺寸(南北跨度)为18.10m。

北斗一号卫星在轨展开状态示意图如图2.8所示。

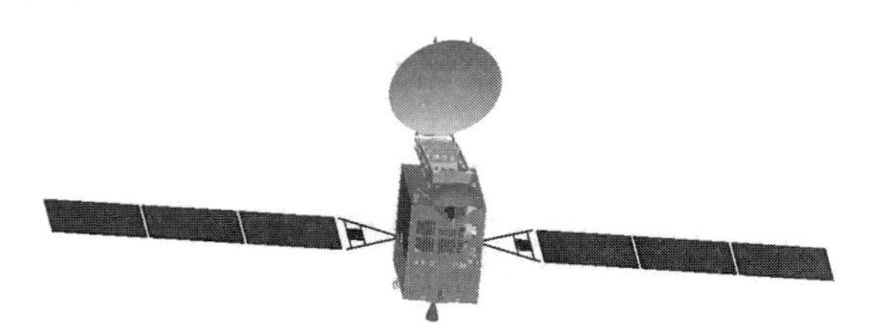

图2.8 北斗一号卫星在轨展开状态示意图(见彩图)

北斗一号卫星结构分系统的主结构采用中心承力筒加蜂窝面板的传力结构设计方案。中心承力筒(包括碳纤维波纹筒和短锥形铝筒)同24块蜂窝结构面板构成卫星本体,提供星上设备产品的安装空间,承受动静载荷,并在卫星发射时提供与运载火箭的机械接口。

电源分系统主要包括2个太阳电池阵、2组电池组和电源控制装置、直流变换器、配电器、火工品管理器等产品;卫星在轨工作过程中,处在光照期时,卫星太阳电池阵对日定向,产生电能,为卫星系统中各产品供电,并保证2组蓄电池组所需的充电功率;卫星处在星蚀期(即卫星处在不光照的状态下)时,卫星电源分系统由2组蓄电池组提供星上全部产品设备连续工作的功率。

星上控制分系统和推进分系统在地面测控系统控制配合下,共同完成卫星与运载火箭星箭分离后直至卫星定点长期工作中各阶段的姿态测量和控制、卫星变轨机动、卫星轨道控制与修正、卫星定点捕获及位置保持等任务。星上控制分系统和推进分系统主要组成有敏感器(太阳敏感器、地球敏感器、速率陀螺)、动量轮、太阳帆板驱动机构、控制器、10N推力器、490N远地点发动机、推进剂贮箱、气瓶、管路、阀门、推进线路盒等。

星上测控分系统是星地上下行信号通信联络的基本通道,包括遥测、遥控、跟踪3个子系统,完成卫星下行遥测参数的采集与发送、上行遥控指令接收和分配、跟踪信标的发送及测距信号的转发等任务。东方红三号卫星平台卫星的测控分系统产品主要有遥测匹配器、遥测视频调制器、遥控副载频解调器、静噪控制器、遥控译码器、功率分配器、两台跟踪应答机、测控放大器、高低电平开关、测控天线等。

北斗一号系统采用微波统一载波方案,星上两幅全向喇叭天线分别用于遥控接收和遥测发送,定向天线为与有效载荷共用的C频段抛物面天线。

星上热控分系统为星上设备产品提供正常工作的温度环境,其主要技术措施为包覆多层隔热材料、热管均衡技术、采用散热结构和光学太阳反射镜片(OSR)、产品设备表面处理、热控涂层、电加热等。

北斗一号卫星有效载荷包括定位功能部分和通信功能部分,均由转发器分系统和天线分系统组成。转发器分系统由C/S出站转发器、L/C入站转发器、C/C通信转发器、频率综合器、数据处理器和配电器等6部分组成。

入站转发器包括:入站上变频接收机、信道限幅控制放大单元、固态功率放大器、输出多工器和微波开关等产品;出站转发器包括输入分路器、出站接收机、信道自动电平控制(ALC)放大单元、行波管功率放大器和微波开关等产品;通信转发器包括输入分路器、接收机、步进衰减器、固态功率放大器和输出多工器等产品,其中输入分路器与入站转发器共用,输出多工器与出站转发器共用。

天线分系统包括S/L频段收发共用偏置反射面天线、C频段偏置抛物面天线和天线控制设备。S/L频段收发共用偏置反射面天线的尺寸为2.44m×2.6m,具有在S、L两个频段上形成多个赋形波束信号的功能。北斗一号卫星采用三轴稳定方式,确保S/L频段两副天线和C频段天线始终对准地球的覆盖区域。

按照北斗一号卫星系统设计要求,卫星上S/L频段收发共用天线形成的S频段两个右旋圆极化波束信号需要覆盖任务服务区的大部分地区,与另一颗卫星的两个S波束信号互补覆盖全部服务区,并具有一定重叠覆盖范围;同样,卫星上的L频段两个左旋圆极化波束信号覆盖全部服务区,它们与另一颗卫星的两个L波束重复覆盖全部服务区,共同接收来自地面定位用户的上行信号。

C频段偏置抛物面天线的尺寸为1.05m×0.65m，上下行信号均为以国土覆盖为主的圆极化波束设计，主要功能是发射来自L/C转发器转发的C频段下行与定位相关的入站信号至地面中心站，同时接收来自地面中心站的定位相关信号，并将其馈入C/S出站转发器；同时，具有在卫星定点后向地面测控系统发射卫星遥测信号和收发两路通信转发器信号的功能。

在北斗一号03星上，转发器分系统在星上接收部分增加了信号功率监测功能；为了开展下一步卫星导航试验，取消了2路通信转发器，搭载了B1/B2转发器、导频接收机等产品。天线分系统中增加了2个独立的B1、B2反射面天线和S注入接收天线，S/L天线中配置了S频段大功率波束切换开关，可在天线馈源单元之间进行选通切换，实现对80°E卫星或140°E卫星的在轨替换要求。

北斗一号卫星系统的研制，推进了我国三轴稳定的东方红三号卫星平台技术的发展和产品成熟度，结构分系统发展并验证了复合材料碳纤维承力筒结构、蜂窝板轻型结构等技术；供配电分系统发展并验证了展开式太阳翼、国产自主的硅太阳电池片、电源自主控制等技术；热控分系统发展并验证了新型热管控制技术，解决了星上大功率热辐射产品的温度控制难题；三轴稳定的控制技术和在轨管理策略得到了发展；有效载荷解决了整星多频多信号电磁兼容问题，国内首次开展了空间微波信号大功率微放电与无源互调问题的机理研究，并采取有效措施避免了此问题；天线分系统突破了大型固面天线研制的关键技术，S/L反射面天线是当时国内最大的在轨星载反射面天线。

2003年，北斗一号导航定位卫星获得国家科学技术进步一等奖。

2.3　北斗二号系统

2.3.1　北斗二号系统的发展历程

北斗二号系统的论证与研制工作起步于1997年。在研究并建设北斗一号系统的同时，国家组织相关研究院等单位，对我国卫星导航系统的发展原则、系统组成、建设步骤和技术途径等进行了探讨和分析，特别是对北斗一号试验系统建成之后的我国卫星导航系统建设发展战略开始了深入研究。

北斗二号系统通过方案论证、初样研制试验、试验星研制验证、正样生产试验、发射场工作及发射等阶段，2012年12月完成系统工程的建设任务，系统开始提供连续稳定的服务，为我国实现自主建设、独立运行的卫星导航系统，建立可为全球用户提供全天候、全天时、高精度的定位、导航和授时服务的国家重要空间基础设施奠定了坚实的基础。

2.3.1.1　方案论证阶段

1997年，国家组织相关研究院、用户等单位，开始了中国第二代卫星导航定位系统的论证工作。

中国第二代卫星导航定位系统的论证工作包括继承北斗一号系统卫星无线电测定业务(RDSS)服务和短报文通信服务,新增建设基于卫星无线电导航业务(RNSS)服务的区域系统和全球系统的总体方案、关键技术、技术途径、建设步骤等内容。

1999年,按照我国航天发展计划的总体安排,中国空间技术研究院和用户单位、相关的研究所与院校正式成立了联合论证组,对我国第二代卫星导航定位系统的用户需求、主要技术指标、星座构成、系统工作体制、卫星方案比较等进行全面的研究论证和分析,给出了初步的技术和经济可行性报告。

论证过程中,针对我国卫星导航定位系统"一代与二代的关系(即有源定位与无源导航之间的关系)""区域系统与全球系统的关系"等问题进行了充分研讨。

2000年,根据我国卫星导航系统的总体要求、北斗一号系统的建设进展和国际上卫星导航技术的发展,论证组提出我国第二代卫星导航定位系统的卫星星座可采用12h MEO,轨道倾角55°,3个轨道面的方案。根据我国卫星导航系统区域服务的精度要求和我国的实际情况,提出首先建立区域系统,逐步过渡到全球系统的原则建议。在具体建设过程中,可选择4颗GEO卫星+12颗MEO卫星的方案,北斗后续MEO导航卫星可采用与北斗一号卫星相同的东方红三号卫星平台。

2002年2月,工程总体成立中国第二代卫星导航定位系统顶层设计专家组。2002年2月—6月,专家组在前期论证工作的基础上,形成我国第二代卫星导航定位系统顶层设计专题研究报告,明确了我国建立独立自主的全球性卫星导航系统的长远目标。

2002年8月,航天科技集团公司为有效组织、协调、推进我国第二代卫星导航定位系统星箭综合论证工作,组织中国运载火箭技术研究院、中国空间技术研究院等单位,成立星箭联合论证组,根据工程总体顶层设计要求、用户需求和系统初步技术指标要求,进行深入的联合论证研究,提出了初期目标和长远目标。

初期目标中,系统空间段组成有3个方案建议:方案一为4颗GEO卫星+12颗MEO卫星的星座方案;方案二为4颗GEO卫星+4颗MEO卫星+2颗IGSO卫星的星座方案,同时备份1颗GEO卫星+1颗IGSO卫星;方案三为5颗GEO卫星+3颗IGSO卫星的星座方案,同时备份1颗IGSO卫星。

在卫星系统的研究论证过程中,中国空间技术研究院提出以东方红三号卫星改进平台为基础,作为第二代卫星导航定位系统的GEO卫星方案,同时提出了4种MEO的卫星方案。

星箭综合论证组首次引入运筹学的层次分析法,将与决策有关的卫星系统、运载火箭系统、发射场等各种技术、经济和管理多要素分解成目标、准则、方案等层次,进行定性和定量比较分析,形成了《第二代卫星导航定位系统技术经济可行性论证报告》《第二代卫星导航定位系统卫星与运载火箭技术经济可行性论证报告》。

2003年,中国空间技术研究院组织召开了北斗导航卫星研制工作启动会,在院

总体部、院504所、院502所等单位组建了专门的导航卫星研制队伍，按照空间段为5颗GEO卫星+3颗IGSO卫星+4颗MEO卫星的组成方案开展工作，进一步加强空间段卫星星座设计与风险分析、卫星总体方案设计、卫星系统接口协调等工作，对系统星座中3种类型卫星方案进行了初步的设计。

2003年12月，中国空间技术研究院正式成立二代导航卫星项目办，任命了卫星系统项目经理（行政管理责任人）、技术总负责人、技术首席专家和卫星总体及分系统主任设计师等。

2004年1月，卫星系统按照工程总体要求和与工程各大系统协调工作结果，完成了GEO卫星初步总体方案、MEO卫星初步总体方案、IGSO卫星初步总体方案设计，并通过了院级组织的专家评审，确定了卫星系统的功能基线。

GEO卫星方案采用东方红三号卫星改进型平台，其载荷舱高度增加400mm，GEO卫星具备北斗一号卫星的全部功能，同时增加配置上行注入与精密测距载荷、RNSS载荷、激光反射器等，可提供有源定位、短报文通信和无源导航定位授时等服务。GEO卫星由长征三号丙运载火箭在西昌卫星发射中心发射。

IGSO卫星采用东方红三号卫星平台并进行适应性修改的方案，配置有数据管理分系统、上行注入与精密测距载荷、RNSS载荷、激光反射器等，可提供无源导航定位授时等服务，IGSO卫星由长征三号甲运载火箭在西昌卫星发射中心发射。

MEO卫星方案与IGSO卫星方案基本相同，采用东方红三号卫星平台并进行适应性修改，由长征三号乙运载火箭在西昌卫星发射中心“一箭双星”发射。

同时，卫星系统按照航天器研制流程，开始任务分析工作、分系统及关键产品初步技术要求下达、设计规范制定等设计工作，完成了第二代卫星导航系统卫星对运载火箭系统、发射场系统、测控系统、地面运行管理系统等基本技术要求。

2004年7月，卫星系统在进一步工作的基础上，完成了大总体技术指标论证和分析、二代导航卫星系统任务分析，对二代导航卫星星座系统方案、GEO卫星初步总体方案、MEO卫星初步总体方案、IGSO卫星初步总体方案进行修改完善设计后，形成工程立项方案。

2004年8月，国家正式批准第二代卫星导航定位系统工程建设项目立项，将第二代卫星导航定位系统命名为“北斗二号”卫星导航系统。工程研制任务包括区域系统中的5颗GEO卫星+3颗IGSO卫星+4颗MEO卫星的研制，以及运载火箭系统、地面系统、用户系统的研制，我国正式开始了北斗二号卫星导航系统工程建设。

2.3.1.2　卫星初样研制阶段

2004年，中国空间技术研究院根据用户需求、工程总体要求和与各大系统协调结果，在做好项目立项工作的同时，完成了北斗二号卫星系统方案设计阶段的各项工作，提前启动开展了初样研制阶段的各项工作。

2004年4月，卫星系统完成供配电分系统、结构分系统、测控分系统、数据管理分系统、控制分系统、推进分系统、导航分系统、天线分系统、热控分系统等初样设计评审工作。

2005 年 1 月,北斗二号卫星系统通过了转初样阶段评审,标志着北斗二号卫星系统的方案工作结束,全面进入初样研制阶段。

北斗二号卫星系统初样研制工作包括 GEO 结构星、GEO/MEO 热控星、GEO/MEO 电性星、飞行试验星和初样鉴定产品的研制试验等,确定卫星产品将采用飞机空运方案,实现从北京至西昌的运输。

1) GEO 结构星工作

2005 年 7 月,北斗二号 GEO 结构星完成生产工作,进行了鉴定级的力学振动试验、噪声试验。试验过程中,针对推进气瓶安装方式、整星推进剂空箱状态与满箱状态响应数据比对、部分产品(490N 发动机支架、推进剂上部贮箱、太阳翼帆板、S/L 天线)响应较大现象等进行研究分析,对相关设计工作进行了改进确认。

2005 年 12 月,完成了北斗二号 GEO 结构星的全部评审。

2) 热控星工作

2005 年 10 月,北斗二号 GEO/MEO 热控星完成热控模拟产品的验收工作,11 月完成各种工况下的整星热平衡和热真空试验,全面检查验证 GEO 卫星、MEO 卫星整星的热设计,特别是针对星载铷原子钟小舱、蓄电池组、120W 大功率行波管放大器、微波三工器等产品的温度范围,验证了在轨过程中整星热模型、热分析的正确性。

2005 年 12 月,GEO/MEO 热控星通过了整星热平衡和热真空试验总结评审。

3) MEO 电性星工作

2005 年 7 月,北斗二号 MEO 电性星开始测试。期间,MEO 电性星还首次进行了与北斗二号运控系统、应用系统、测控系统的对接试验;2006 年 5 月完成了全部测试项目,解决了产品电测过程中存在的问题,全面检查确认了 MEO 卫星设计的功能、性能、与其他系统的接口关系。

2006 年 6 月,北斗二号 MEO 电性星研制总结通过了评审。

4) GEO 电性星工作

2005 年 11 月,北斗二号 GEO 电性星开始测试,期间进行与运控系统、应用系统、测控系统的对接试验;2006 年 9 月完成全部测试项目,解决了产品存在的问题,全面检查确认了 GEO 卫星设计的功能、性能、与其他系统的接口关系。

2006 年 11 月,北斗二号 GEO 电性星研制总结通过了评审。

5) 鉴定产品工作

根据北斗二号卫星产品保证要求,卫星系统在初样阶段确定了鉴定件产品配套表。2006 年 12 月,完成全部鉴定产品的研制试验工作。

6) 软件工作

北斗二号卫星在软件研制方面,按照航天器软件工程化要求,建立具有北斗二号批产技术状态特色的软件工程化管理体系和产品建造规范体系,形成型号的软件设

计建造规范、软件工程化实施细则，为后续正样飞行产品阶段工作奠定了基础。

2.3.1.3　北斗二号飞行试验星

2004年6月份，根据第二代卫星导航系统方案阶段和初样阶段的详细论证工作，为降低复杂工程系统的技术风险，缩短后续研制与组网建设周期，开展必要的技术验证，工程大总体确定北斗二号卫星工程研制一颗MEO飞行试验卫星，该颗卫星是北斗一号（北斗试验系统）之后我国卫星导航系统工程建设的第一颗卫星。

研制MEO飞行试验星的主要目的是验证北斗二号卫星工程建设的新技术、新体制、新流程，特别是针对北斗二号系统新设计的基于RNSS服务的技术体制、地面运控系统新的工作流程、星载产品性能以及星地工作的匹配性等状态，验证各大系统间的接口匹配性、演练流程、监测MEO卫星轨道空间环境，为工程各大系统技术状态的确定提供依据，减低工程研制建设的技术、计划与投资风险。

通过MEO飞行试验星，可为工程各大系统间联调测试以及发射飞行、在轨测试等进行实战演练，优化测试发射流程，积累经验。

同时，按照国际电联卫星导航信号频率资源与卫星轨位申请要求的规则，我国北斗二号卫星播发的RNSS导航信号必须在2007年4月17日前激活，才能合法地保护我国申请的该信号频率与卫星轨位资源。

1）飞行试验星技术状态

2005年5月，北斗二号MEO飞行试验星确定卫星总体方案和产品技术状态。

飞行试验星设计状态与正样MEO卫星设计状态一致，平台包括供配电分系统、结构分系统、热控分系统、测控分系统、数据管理分系统、控制分系统、推进分系统等，有效载荷包括导航分系统、天线分系统，其装星产品由正样件产品以及部分鉴定件产品组成。MEO飞行试验星干质量约1145kg，推进剂加注后整星发射质量2320kg，太阳电池阵在卫星寿命末期可提供功率大于2660W，试验卫星在轨考核寿命为2年。

相对于正样卫星状态，由于计划引进的星载铷原子钟不能满足飞行试验星的计划安排，且国产多家研制单位的铷原子钟产品需要在轨验证考核，MEO飞行试验星上4台铷原子钟均为国产产品。

2）研制工作

2005年10月—2006年5月，卫星系统按照设计方案，完成MEO飞行试验星整星结构设计、生产、部装及舱段分解、整星推进系统管路焊接、整星检漏等工作。

2006年7月，开始MEO飞行试验星平台电测工作，9月，完成有效载荷导航分系统和天线分系统联试工作。经过研制流程优化和研制队伍的加班加点工作，2006年11月，MEO飞行试验星完成了大型试验前所有工厂电测项目的工作。

2006年12月，MEO飞行试验星完成了整星热平衡和热真空试验，在试验期间还进行了与地面运控系统、应用系统的对接试验。

2007年1月，完成了整星准鉴定级力学试验，完成了太阳翼展开试验、太阳翼光照试验、精测工作和检漏等流程规定的工作项目。

3）出厂前复查与评审工作

2007 年 2 月，北斗二号 MEO 飞行试验星进行出厂前全面质量复查。针对卫星系统供电安全性等问题，检查整星供配电产品设计的安全性、供配电通路的冗余状态和产品实物状态，进行了整星系统的连续加电测试。

4）发射场工作

2007 年 2 月 25 日，北斗二号 MEO 飞行试验星在通过出厂评审等规定程序后，从北京空运到西昌青山机场，进入发射场工作阶段。

按照发射场技术流程，北斗二号 MEO 飞行试验星完成了技术区和发射区的各项工作。为了充分检查确认 MEO 飞行试验星产品与系统状态，北斗二号飞行试验星在发射场开展了卫星连续 8 天 8 夜的电测考核，不放过任何产品问题和疑点。

5）卫星发射与在轨试验

2007 年 4 月 14 日 4 时 11 分，MEO 飞行试验星在西昌卫星发射中心由长征三号甲运载火箭发射，5 时 16 分，太阳翼帆板展开，发射取得圆满成功。卫星经过三次远地点变轨等控制，于 4 月 16 日进入卫星工作轨道，正式标志着我国卫星导航系统进入一个新的阶段。

2007 年 4 月 16 日晚 20 时 14 分，北斗二号 MEO 飞行试验星星上有效载荷产品开始加电开机。21 时 46 分，地面系统正确接收到卫星播发的 B1 导航信号，21 时 54 分，接收到卫星播发的 B2 导航信号，22 时 03 分，接收到卫星播发的 B3 导航信号，实现了 2007 年 4 月 17 日前激活北斗系统导航信号的目标要求，确保了北斗二号系统申请的卫星导航信号频率与轨位资源，具备了开展后续在轨测试和系统验证的状态。

MEO 飞行试验星通过在轨测试和系统集成联调联试，不仅实现了我国卫星导航系统占用导航信号频率轨位资源的目的，为在国际协调中提供了在轨支撑，而且在系统关键技术验证方面，全面验证了星载原子钟、卫星偏航姿态控制、系统精密定轨、星地时间同步、电离层模型算法、星地加解密算法等多项关键技术，真实地检查评估地面系统产品设备性能，验证星地接口和星地一体化信息处理流程，验证地面运控系统的管控方案、调度规划和注入流程等，为进一步优化运行控制流程，提高系统运行与服务性能奠定了基础。

2008 年 11 月，北斗二号 MEO 飞行试验星在轨试验工作总结报告通过评审。MEO 飞行试验星的成功发射和在轨稳定运行，标志着我国北斗二号卫星导航系统建设取得了关键性进展。

2.3.1.4 卫星正样研制阶段

2006 年 11 月，卫星总体完成北斗二号卫星系统正样研制规范、技术要求等文件的制定。根据组网卫星发射计划安排，完成了 GEO、IGSO 卫星的结构板图纸设计及投产等工作。

2007 年 4 月，卫星系统完成北斗二号卫星正样管理策划和计划流程制定。针对北斗二号卫星系统的研制工作存在初样阶段与正样阶段交叉的情况，卫星系统经过

分析，对其分系统和产品级的研制工作统筹安排。北斗二号卫星系统正样研制工作首先开始于卫星平台成熟产品的生产，特别是长周期大部件产品（例如卫星结构承力筒、太阳翼结构、推进剂贮箱、气瓶等产品）。

2007年5月，中国空间技术研究院完成GEO、IGSO、MEO三类卫星所有分系统初样研制总结和正样设计工作，通过了转正样设计评审。

正样研制阶段，北斗二号工程建设阶段按照最简系统（2颗GEO卫星、1颗IGSO卫星）、初始运行系统（3颗GEO卫星、3颗IGSO卫星）和区域服务系统进行部署，研究院制定了“一次设计，提前备料，分批投产，流水作业，密集发射，快速组网”的研制策略。在研制过程中，卫星系统针对任务要求、进度变化、质量问题举一反三等实际情况，采用控制产品基线、滚动备份生产、优化试验资源、严格技术状态管理等方式，实现了卫星研制从“作品”到“产品”，从“作坊”到“产业”的跨越转变[3]。

2009年2月，北斗二号系统组网卫星的第一颗GEO卫星（按照2007年4月14日发射的北斗二号MEO试验星为北斗系统第一颗卫星计算，该颗卫星对外宣传为北斗系统第二颗卫星）完成了全部研制工作，通过出厂评审，运抵西昌卫星发射基地。

2.3.1.5　组网阶段星箭备份

2009年6月，针对航天发射和多星组网风险高的特点，面对北斗系统工程建设“四难一大（系统实现高精度技术指标难，信号提升抗干扰能力难，工程确保卫星长寿命难，产品生产数据一致性难，卫星连续密集发射风险大）”的特点，为确保北斗二号系统早日建成，工程大总体组织卫星系统、运载火箭系统、发射场系统等进行了风险分析和控制预案研究，提出组网阶段的星箭备份方案。

考虑到整个星座系统的卫星在轨工作的运行服务可靠性问题，根据无线电导航用户至少需要接收到4颗卫星导航信号才能使用的条件，经分析，当星座系统中有一颗IGSO卫星失效时，对北斗二号系统服务业务影响最大。

为此，从北斗二号系统运行服务的可靠性考虑，确定空间段卫星增加2颗IGSO卫星，运载火箭系统增加2发长三甲火箭，北斗二号系统空间段的组成由“5颗GEO卫星+3颗IGSO卫星+4颗MEO卫星”变化为“5颗GEO卫星+5颗IGSO卫星+4颗MEO卫星”。

2009年至2012年10月，北斗二号卫星系统全面进入北斗二号组批研制阶段，正样研制与质量控制等工作按计划开展。

2.3.1.6　卫星发射场工作及发射

2009年4月，北斗二号系统发射第一颗GEO卫星。2010年1月开始，北斗二号系统开始进入卫星连续发射、快速组网阶段。自2010年1月17日至2012年10月25日，北斗二号系统在3年时间内，完成了全部14颗卫星的发射任务，有力地确保了北斗区域卫星导航系统的建设。

2010年，北斗二号系统完成5颗卫星的成功发射，完成北斗二号最简系统的组网联试和在轨验证工作，其中2颗GEO卫星分别于2010年8月12日、10月28日替代北斗一号系统中在轨 01 星和 02 星，顺利平稳地实现了北斗一号系统到北斗二号系统的过渡。

2011 年，北斗二号系统完成 3 颗卫星的成功发射，完成北斗二号系统初始运行基本系统的组网联试工作。2011 年 12 月 27 日上午，国务院新闻办举行新闻发布会，基于系统建设和测试结果，发布北斗卫星区域导航系统开始试运行，向中国及周边地区提供连续、免费的导航定位和授时服务。

2012 年，北斗二号系统完成 6 颗卫星的成功发射，MEO 卫星实现“一箭双星”发射。随着 2012 年 10 月 25 日，第 16 颗北斗导航卫星的成功发射，北斗卫星区域导航系统完成了工程系统的全部卫星发射任务。

2012 年 12 月 27 日，国务院举行新闻发布会正式宣布：北斗系统开始运行，形成覆盖我国及周边地区的服务能力，可向中国及周边地区用户提供无源定位、导航、授时等各项导航业务服务，可为我国用户提供有源定位与短报文服务。

2012 年 12 月 28 日，中共中央、国务院、中央军委对北斗二号卫星导航系统开通服务发表贺电：“建设我国独立自主的卫星导航系统，是党中央、国务院、中央军委着眼国家安全和发展做出的重大决策。北斗二号卫星导航系统的研制建设，凝聚了广大工程技术人员的聪明才智，体现了自主创新、团结协作、攻坚克难、追求卓越的北斗精神。”

该系统建成并投入使用，是国家和军队信息化建设的重要里程碑，是对我国经济社会发展的重要贡献，标志着我国卫星导航发展“三步走”战略的第二步取得全面胜利，标志着我国在建立自主可控的卫星导航系统进程中又迈出了一大步，意义重大，影响深远。

北斗二号系统试验卫星、组网卫星及备份卫星具体的发射时间见表 2.1。

表 2.1　北斗二号系统卫星发射时间表

卫星号	卫星类型	入轨位置	发射时间
1	MEO	交点经度 72.70°	2007 年 4 月 14 日
2	GEO	东经 84.6°	2009 年 4 月 15 日
3	GEO	东经 140°	2010 年 1 月 17 日
4	GEO	东经 110.5°	2010 年 6 月 2 日
5	IGSO	交点经度 118°	2010 年 8 月 1 日
6	GEO	东经 160°	2010 年 11 月 1 日
7	IGSO	交点经度 118°E	2010 年 12 月 18 日
8	IGSO	交点经度 118°E	2011 年 4 月 10 日
9	IGSO	交点经度 95°E	2011 年 7 月 27 日
10	IGSO	交点经度 95°E	2011 年 12 月 2 日
11	GEO	东经 58.75°	2012 年 2 月 25 日

（续）

卫星号	卫星类型	入轨位置	发射时间
12	MEO	Walker 星座第一轨道面第 7 相位	2012 年 4 月 30 日
13	MEO	Walker 星座第一轨道面第 8 相位	2012 年 4 月 30 日
14	MEO	Walker 星座第二轨道面第 3 相位	2012 年 9 月 19 日
15	MEO	Walker 星座第二轨道面第 4 相位	2012 年 9 月 19 日
16	GEO	东经 84°	2012 年 10 月 25 日
17	IGSO	交点经度 95°E	2016 年 3 月 30 日
18	GEO	东经 144.5°	2016 年 6 月 12 日
19	IGSO	交点经度 112°E	2018 年 7 月 10 日
20	GEO	东经 80°	2019 年 5 月 17 日

2.3.1.7　运行阶段备份星

根据航天系统在轨服务运行高风险的特点，结合国外卫星导航系统建设与运行管理经验，为了确保北斗系统连续稳定运行、提供满足精度要求的服务，工程大总体组织卫星系统、地面运控系统等进行论证，按照我国卫星导航系统发展战略要求及北斗三号系统研究进展情况，研究提出：在北斗二号卫星系统运行阶段，进一步在系统上增加 4 颗备份卫星（其中 2 颗 GEO 卫星，2 颗 IGSO 卫星）的研制任务，以确保系统服务的安全、连续、稳定。

2013 年 5 月，北斗二号备份卫星技术状态基线通过了评审，备份星技术状态基本采用已发射北斗二号卫星相同的技术状态基线，确定的卫星技术状态基线作为北斗二号备份卫星研制工作的依据。

相比已发射的北斗二号系统正样卫星，运行阶段新增的 4 颗备份卫星对星上部分引进产品改为国产化产品，提高卫星产品自主可控水平；对于部分产品，根据元器件更换、原材料替代引起的设计更改、在轨工作情况和新的技术成果，改进了单机设计，提高了可靠性。

2013 年 5 月至 2017 年 12 月，中国空间技术研究院完成了 4 颗备份卫星的研制任务。

2016 年 3 月、6 月，北斗二号系统 2 颗备份卫星（1 颗 IGSO 卫星和 1 颗 GEO 卫星）成功发射；2018 年 7 月，北斗二号系统第 3 颗备份卫星（IGSO 卫星）成功发射。2019 年 5 月 17 日，最后一颗北斗二号系统备份卫星（GEO 卫星）发射成功。

北斗二号系统在轨卫星的冗余备份，进一步有效保证了系统提供业务服务的连续性、稳定性和可靠性。

2.3.1.8　北斗二号系统发展历程小结

综上所述，北斗二号系统发展历程可以分为 6 个阶段，每个阶段发展历程如图 2.9 所示。

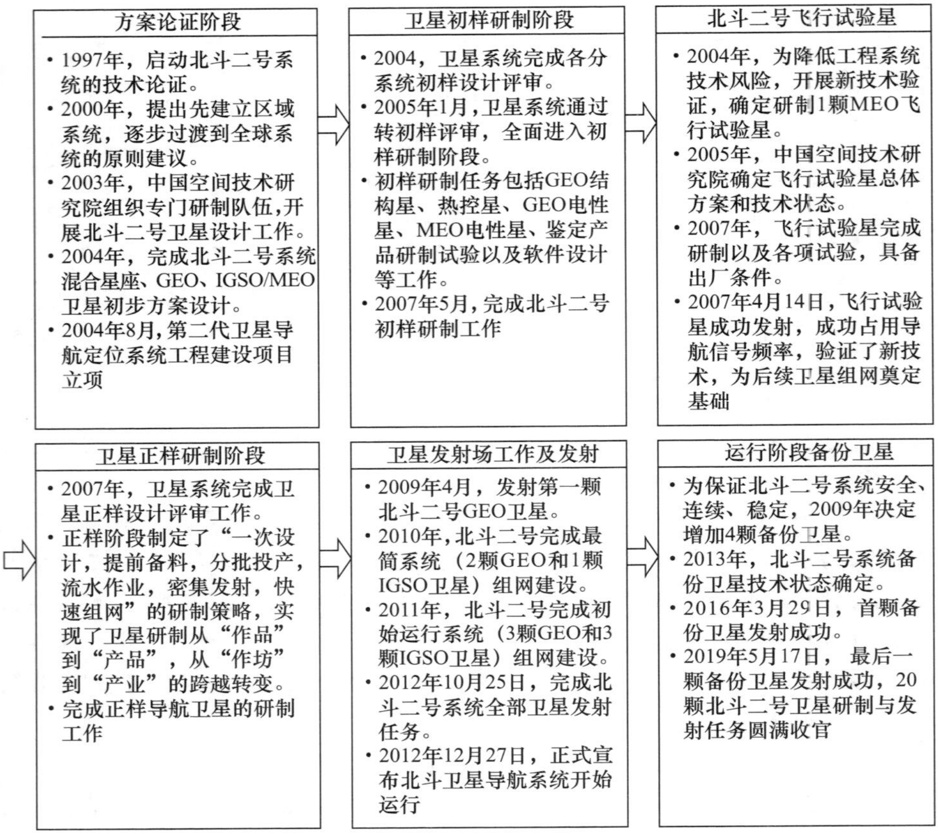

方案论证阶段

- 1997年，启动北斗二号系统的技术论证。
- 2000年，提出先建立区域系统，逐步过渡到全球系统的原则建议。
- 2003年，中国空间技术研究院组织专门研制队伍，开展北斗二号卫星设计工作。
- 2004年，完成北斗二号系统混合星座、GEO、IGSO/MEO卫星初步方案设计。
- 2004年8月，第二代卫星导航定位系统工程建设项目立项

卫星初样研制阶段

- 2004，卫星系统完成各分系统初样设计评审。
- 2005年1月，卫星系统通过转初样评审，全面进入初样研制阶段。
- 初样研制任务包括GEO结构星、热控星、GEO电性星、MEO电性星、鉴定产品研制试验以及软件设计等工作。
- 2007年5月，完成北斗二号初样研制工作

北斗二号飞行试验星

- 2004年，为降低工程系统技术风险，开展新技术验证，确定研制1颗MEO飞行试验星。
- 2005年，中国空间技术研究院确定飞行试验星总体方案和技术状态。
- 2007年，飞行试验星完成研制以及各项试验，具备出厂条件。
- 2007年4月14日，飞行试验星成功发射，成功占用导航信号频率，验证了新技术，为后续卫星组网奠定基础

卫星正样研制阶段

- 2007年，卫星系统完成卫星正样设计评审工作。
- 正样阶段制定了“一次设计，提前备料，分批投产，流水作业，密集发射，快速组网”的研制策略，实现了卫星研制从“作品”到“产品”，从“作坊”到“产业”的跨越转变。
- 完成正样导航卫星的研制工作

卫星发射场工作及发射

- 2009年4月，发射第一颗北斗二号GEO卫星。
- 2010年，北斗二号完成最简系统（2颗GEO和1颗IGSO卫星）组网建设。
- 2011年，北斗二号完成初始运行系统（3颗GEO和3颗IGSO卫星）组网建设。
- 2012年10月25日，完成北斗二号系统全部卫星发射任务。
- 2012年12月27日，正式宣布北斗卫星导航系统开始运行

运行阶段备份卫星

- 为保证北斗二号系统安全、连续、稳定，2009年决定增加4颗备份卫星。
- 2013年，北斗二号系统备份卫星技术状态确定。
- 2016年3月29日，首颗备份卫星发射成功。
- 2019年5月17日，最后一颗备份卫星发射成功，20颗北斗二号卫星研制与发射任务圆满收官

图2.9　北斗二号系统发展历程

2.3.2　北斗二号系统概况

北斗二号卫星导航系统是在北斗一号系统的基础上，根据我国卫星导航系统发展战略实施的国家重大科技工程专项任务。

北斗二号系统建成并投入使用，是国家信息化建设的重要里程碑，是对我国经济社会发展的重要贡献，标志着我国卫星导航系统发展“三步走”战略取得了第二步成果。

1）系统组成

北斗二号卫星导航系统利用混合星座构型（由 GEO 卫星、IGSO 卫星以及 MEO 卫星组成）卫星系统，通过卫星配置高精度原子钟、导航电文产生器、大功率放大器、地球匹配赋形天线，利用卫星与地面运控站的双向测距等方法，实现卫星在区域范围内播发无线电导航信号，提供 RNSS 服务以及区域星基增强能力；同时，系统保持北斗一号系统特有的有源定位和位置报告/短报文通信服务能力。

北斗二号卫星导航系统星座示意图如图2.10所示。

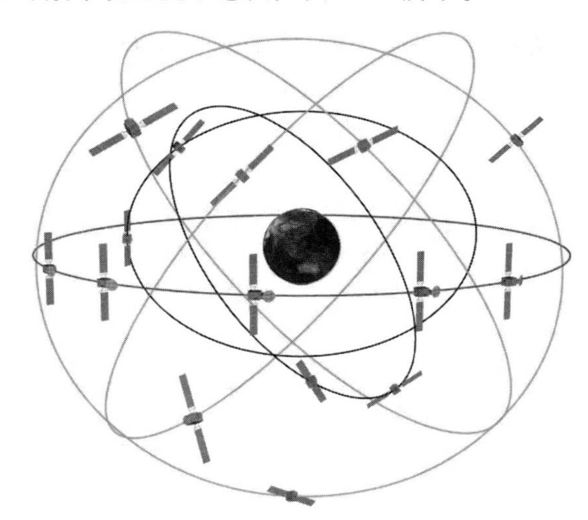

图2.10 北斗二号卫星导航系统星座示意图(见彩图)

北斗二号系统由卫星系统、地面运控系统和用户系统组成。

空间段GEO卫星需提供北斗一号系统已具备的RDSS、站间同步与数据传输、短报文通信业务;GEO卫星、IGSO卫星和MEO卫星需提供北斗二号系统要求的服务区域范围内的RNSS服务。

地面运控系统主要由主控站、监测站、时间同步/注入站等部分组成。

地面主控站是运控系统的运行控制中心,也是北斗二号卫星导航系统的运行控制中心。主控站的主要任务是收集系统内各种导航信号监测、时间同步观测比对等原始数据,完成系统时间同步,进行卫星钟差预报、卫星精密定轨及广播星历预报、电离层改正、广域差分改正、系统完好性监测等信息处理,实现任务规划与调度和系统运行管理与控制等。同时,主控站还需与所有卫星进行星地时间比对观测,与所有时间同步/注入站进行站间时间比对观测,向卫星注入导航电文参数、广播信息等。

监测站的主要任务是利用高性能监测接收机对各颗卫星的导航信号进行连续监测,为系统精密轨道测定、电离层校正、广域差分改正及完好性确定提供实时观测数据。监测站分为一类监测站和二类监测站:一类监测站主要用于卫星轨道测定及电离层延迟校正;二类监测站主要用于系统广域差分改正及完好性监测。北斗二号地面运控系统中有3个一类监测站分别与1个主控站及2个时间同步/注入站并址建设,其他的监测站在我国陆地区域均匀分布,独立建设。

时间同步/注入站的主要任务是配合主控站完成星地时间比对观测,向卫星上行注入导航电文参数,并与主控站进行站间时间同步比对观测。

2)星座系统设计

根据北斗二号区域卫星导航系统研制总要求和用户需求,通过对系统服务区、服务业务、定位精度、测速精度、授时精度、完好性等的综合分析，构建北斗二号卫星导航区域系统星座体系。

北斗二号系统采用3种轨道的混合星座构型，GEO卫星和IGSO卫星组合可为特定区域范围内提供良好的导航信号覆盖，MEO卫星构成星座可在全球范围内均匀地提供服务。这种星座设计，在低纬度地区及林区、城市交接区、山川峡谷区性能突出，服务区域内大部分国家用户可见卫星数维持在7～9颗。

北斗二号系统在进行星座设计时，主要考虑的因素包括：覆盖区域服务要求、地面站分布情况、导航信号连续覆盖时间和位置精度衰减因子（PDOP）值等。

星座中5颗GEO卫星轨道高度为35786km，分别定点在58.75°E、80°E、110.5°E、140°E和160°E；IGSO卫星分布在3个轨道面上，为1天1圈回归轨道，轨道倾角55°，IGSO-1～IGSO-3卫星星下点轨迹重合，交点经度为东经118°，相位差120°，IGSO-4～IGSO-5卫星星下点轨迹重合，交点经度为东经95°；4颗MEO卫星分布在2个轨道面上，为7天13圈回归周期的圆轨道，分别位于Walker24/3/1星座的第一轨道面7、8相位、第二轨道面3、4相位，轨道高度21528km，倾角55°。

北斗二号系统在轨卫星星下点轨迹如图2.11所示。

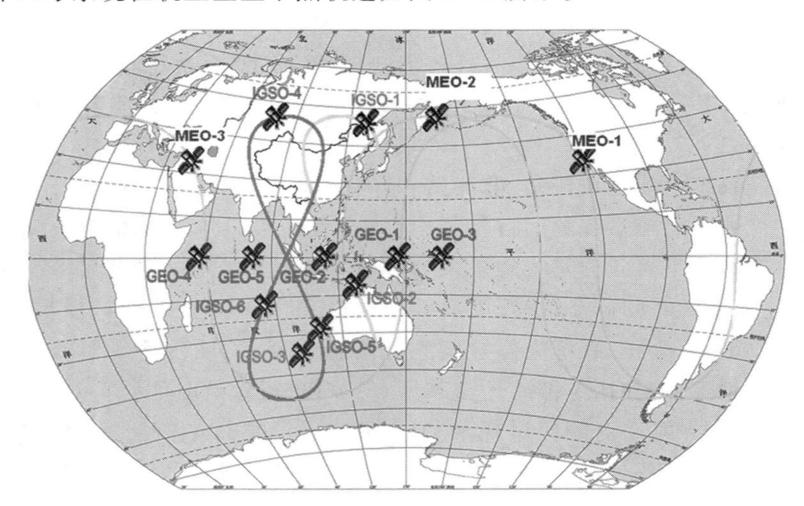

图2.11　北斗二号系统在轨卫星星下点轨迹示意图（见彩图）

3）系统特点

北斗二号系统采用连续导航与定位报告相融合的技术体制，卫星系统、运控系统、应用终端全面实现两种体制融合，攻克多信号兼容、邻频及收发隔离、用户终端小型化难题，解决了导航业务、卫星固定业务、卫星移动业务众多网络频率兼容与业务协调的问题。

北斗二号系统工程建设过程中，按照“技术验证最简系统、初始运行基本系统、提供服务完整系统”3个阶段进行，“边建设、边试验、边应用”。

最简系统建立后，验证北斗二号卫星系统及工程大总体的各项新体制、新技术、新产品，同时确保北斗一号系统提供的各项业务服务成功接续；基本系统建立后，具备基本的区域有源定位与无源导航服务能力，并进行星地组网联试、定位精度与系统可用性测试；完整系统建立后，具备区域范围内连续稳定的有源定位与无源导航服务能力，并可开展全球卫星导航系统技术体制试验。

北斗二号系统的主要特点如下。

（1）在国际上首次将导航定位、短报文通信、差分增强三种服务融为一体的系统。

北斗二号系统在北斗一号系统实现导航定位、报文通信功能融合的基础上，进一步实现了差分增强功能的融入，系统功能丰富、性能优异、效费比高，在亚太地区服务性能优势明显。其中：位置报告功能实现了用户位置共享和管控；具有双向授时能力，使系统的授时精度从50ns提升到10ns；提供的三频导航服务，有效提高了高精度用户（厘米级）解算成功率和速度；广域差分增强功能可以辅助授权用户获得分米级的高性能服务体验。

（2）突破GEO/IGSO卫星构建导航星座的一系列技术难题。

针对区域范围内构建卫星导航系统星座的问题，国际上首次设计采用GEO/IGSO/MEO混合星座，以最少的卫星数量实现区域导航服务，工程建设速度快、效益高。

对于3种轨道卫星动力学模型不同，进行异构星座的优化设计，确保异构星座构型维持策略与要求满足卫星导航的服务性能要求，确保异构星座的可用性、稳健性，同时，开展多轨道卫星兼容备份策略的研究，以最少的卫星数量（6颗）实现区域服务，利用4颗MEO占用导航信号频率，兼顾全球系统的扩展需求，开展试验。

设计无线电与激光双向比对相结合的导航卫星精密定轨与时间同步技术体制，实现了国际上先进的系统定位精度，卫星定轨精度优于10m，星地时间同步精度优于2ns。

（3）在国际上首次成功研制同步轨道导航卫星。

北斗二号系统成功研制了同步轨道导航卫星（包括GEO卫星和IGSO卫星），2010年8月1日成功发射的IGSO卫星为国际上第一颗地球同步倾斜轨道卫星。

实现卫星高功能密度比，有效载荷重量比相对于东方红三号卫星提高30%；解决了GEO卫星轨道机动力建模及参数估计、轨道机动后高精度定轨和轨道预报等技术，解决IGSO卫星基于弱磁力的姿态控制、动偏/零偏姿态与光压模型建立、高精度温控等关键难题，实现了高精度、高可用性。

（4）创建了组批生产、高密度组网发射的宇航产品新模式。

北斗二号系统国内首次实现星箭产品组批生产、高密度组网发射，通过采用数字化过程管理技术、多轨道多平台通用化技术、发射场并行测试发射等，有力推动了我国航天科研生产能力转型。西昌卫星发射场在3年时间内，实现12箭14星连续组网发射成功。

北斗二号系统设计并实现了基于流水线的卫星批测试方案，创新性提出采用信息化手段，利用模块化、信息化、自动化等方法，建立按工位的测试设备配置模式，形成卫星系统测试方法库、用例库等，保证多星批测试设备的一致性、通用性，实现了基于时间序列相似性分析、包络分析、趋势预测等方法的横向、纵向、交叉测试数据的比对分析，实现从单星型号产品“硬件”的一致性向批产型号的“数据”一致性控制，从单机性能一致性向整星系统级性能的数据一致性转变。

4）系统运行情况

北斗二号卫星导航系统自 2012 年 12 月正式提供服务以来，系统所提供的导航定位与授时服务在交通运输、基础测绘、海洋渔业、水文监测、关键基础设施时间同步、电力调度、救灾减灾和国家安全等领域得到广泛应用，产生了显著的社会效益和经济效益。北斗二号系统已全面实现大众应用，并融入互联网和物联网，催生新型产业模式，形成战略新兴产业，成为经济建设新增长点。

2016 年，北斗二号卫星导航地基增强系统完成基本系统研制建设，进入试运行阶段，具备为用户提供广域实时米级、分米级、厘米级和后处理毫米级定位精度的能力。

北斗二号卫星导航系统已经进入国际民航、国际海事、国际移动通信组织等标准体系，开展“北斗走出去”活动，服务“一带一路”战略，推动我国航天工程成果在国际上的应用。

北斗二号系统服务区范围如图 2.12 所示。

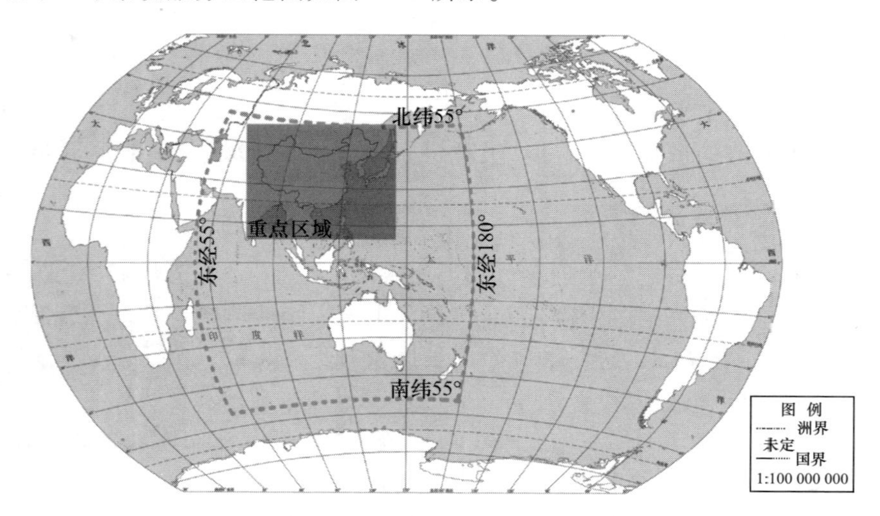

图 2.12　北斗二号系统服务区范围示意图（见彩图）

按照北斗二号系统设计结果，系统开通服务运行后，在我国及周边地区承诺提供的基本服务性能为：平面位置精度优于 10m，高程优于 10m；测速精度优于 0.2m/s；授时精度单向 50ns；并可提供双向高精度授时和短报文通信服务。

通过国内、外监测站每月连续对北斗二号卫星导航系统的卫星状态、系统运行情况进行监测与统计，将北斗二号系统的广播星历与精密星历数据进行比较，结果表明：卫星状态良好，系统工作稳定，提供的定位导航服务连续性、可用性满足指标要求。

北斗二号系统的空间信号用户测距误差（URE）监测结果见图2.13所示。

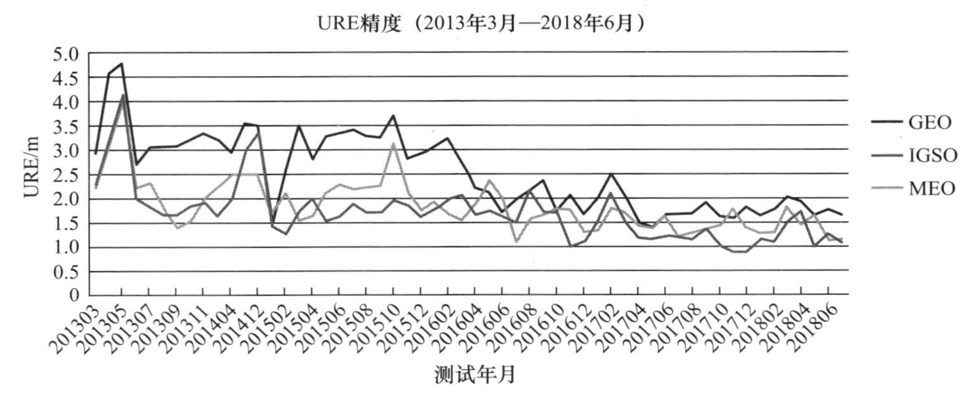

图2.13　北斗二号系统空间信号用户测距误差监测结果（见彩图）

北斗二号系统提供的系统服务定位精度（当PDOP≤6时）不断提高。2018年8月系统服务性能指标监测结果表明：平面位置定位精度优于3m、高程定位精度优于5m。

北斗二号系统服务性能指标的监测结果如图2.14所示。

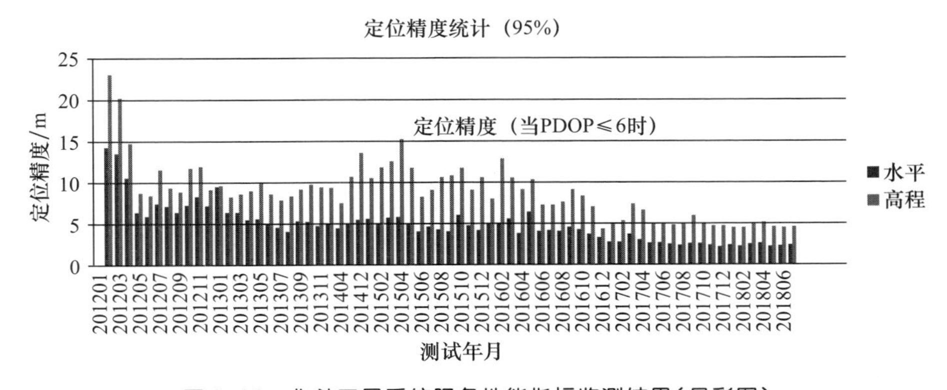

图2.14　北斗二号系统服务性能指标监测结果（见彩图）

5）北斗二号系统的意义

北斗二号卫星导航系统是我国第一个面向大众服务的空间基础设施，第一个与国际先进系统同台竞技的航天系统，第一个复杂星座组网的航天系统，也是国际上第一个多功能融为一体的区域卫星导航系统，系统规模庞大，创新性、先进性、带动性特点突出。

北斗二号系统在我国开创了 RNSS 服务的先河，采用 GEO、IGSO 和 MEO 卫星组成的混合星座独具特色，通过星地间双向测距等技术途径，解决区域地面站分布有限的条件下高精度卫星轨道测定问题，为我国发展后续卫星导航系统积累了经验，同时兼备保持北斗一号系统 RDSS 和短报文报告的服务能力。北斗二号系统使我国的卫星导航技术得到全面发展，形成突出区域、面向世界、富有特色的发展道路。

北斗系统的建设，保证了我国卫星导航事业的持续发展，为我国卫星导航专业人才的培养提供了难得的历史机遇和广阔空间，卫星导航专业人才队伍迅速发展壮大。

相对国内以往卫星，北斗导航卫星作为基于无线电精确测量定位的空间基准，为确保导航信号播发时延高稳定性和卫星相位中心的精确性，配置了高稳定星载原子钟、高精度测距接收机、覆球波束阵列天线等。导航卫星具有高精度测量技术、高连续性信息化处理技术、高稳定通道传输技术、高功率发射技术、高可靠可用性和完好性技术的显著特点，推动和促进了我国航天、电子、通信、测绘、导航、控制等相关学科研究与基础技术水平的提高[4]。

北斗二号系统相对国外卫星导航系统，采用了以 GEO/IGSO 卫星为主、多功能服务融合的卫星方案，攻克解决了区域布站下卫星高精度轨道和钟差测定等难题，为世界卫星导航技术发展贡献了中国智慧和中国力量。日本建设的 QZSS 区域卫星导航系统、印度的 IRNSS 卫星导航系统中均设计采用了 IGSO 卫星[4]。

北斗系统是我国军民融合的典型工程，同时也是航天应用的示范工程、产品国产化与自主可控的推进工程，是我国科技创新工程。通过北斗卫星工程的配套建设，推进我国航天领域初步具备了宇航产品组批生产、密集发射能力，为我国航天事业能力整体跃升、持续发展奠定了基础[2]。

2016 年，北斗二号卫星工程获得国家科学技术进步特等奖。

2.3.3 北斗二号卫星

北斗二号卫星包括 GEO 卫星、IGSO 卫星和 MEO 卫星三种形式，三种卫星按照系统任务要求进行设计。设计上，各分系统按照通用化、模块化、标准化原则，对于相同功能的要求，在产品上尽量做到兼容、可互换。

GEO 卫星采用东方红三号卫星平台改进型（相对于东方红三号卫星平台，载荷舱增高 0.4m）。卫星平台部分包括结构分系统、热控分系统、供配电分系统、控制分系统、推进分系统、测控分系统等；GEO 卫星有效载荷包括 RDSS 载荷、短报文通信业务、C/C 转发器、上行注入与精密测距载荷、RNSS 载荷、激光反射器等。

GEO 卫星本体为 2.40m × 1.72m × 2.20m 的立方体箱形结构，分为服务舱、推进舱和载荷舱。卫星的起飞质量为 3060kg，卫星功率 2500W，设计工作寿命为 8 年。

北斗二号系统 GEO 卫星如图 2.15 所示。

MEO 和 IGSO 卫星采用东方红三号卫星平台，卫星设计为三轴稳定并具有偏航控制

图2.15　北斗二号系统GEO卫星(见彩图)

能力。卫星平台部分包括结构分系统、热控分系统、供配电分系统、控制分系统、推进分系统、测控分系统和数据管理(数管)分系统等;MEO卫星和IGSO卫星有效载荷包括上行注入与精密测距载荷、RNSS载荷、激光反射器等,搭载了空间探测与激光测量设备等。

MEO和IGSO卫星本体为2.00m×1.72m×2.20m的立方体箱形结构,分为服务舱、推进舱和载荷舱。MEO卫星的起飞质量为2160kg,卫星功率2200W,设计工作寿命为8年;IGSO卫星的起飞质量为2300kg,卫星功率2200W,设计工作寿命为8年。

北斗二号系统MEO/IGSO卫星如图2.16所示。

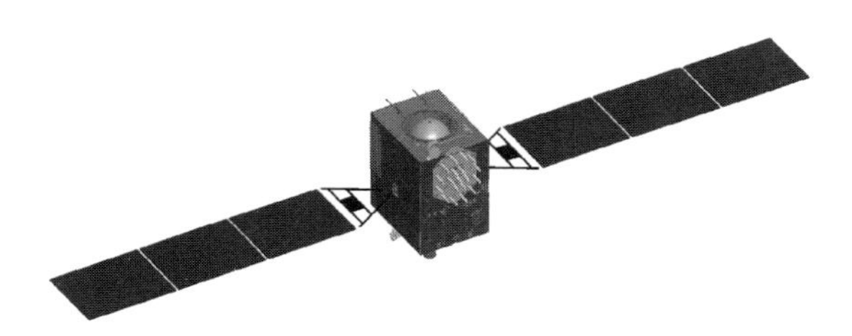

图2.16　北斗二号系统MEO/IGSO卫星(见彩图)

1)北斗二号卫星平台

北斗二号卫星的主结构采用中心承力筒加蜂窝面板的传力结构方案,但由于卫星平台承载需求增加,引进原材料变化等原因,承力筒和蜂窝结构面板相对北斗一号卫星均做了技术改进,主要包括:①由于碳纤维材料短缺,因此采用国产碳纤维/环氧复合材料面板替代原来设计采用的进口碳纤维面板;②为了支撑新增加的导航信号播发阵面天线,北斗二号卫星增加了“天线舱+Y板”和“天线舱-Y板”两块结构面板;③北斗二号GEO卫星承力筒加长了400mm,承载能力从2350kg提高到3100kg。

电源分系统组成与北斗一号卫星保持一致,主要包括2个太阳电池阵,2组氢镍电池组和电源控制装置、直流变换器、配电器、火工器管理器等产品。北斗二号卫星母线采用部分调节母线,卫星处在光照期时,卫星太阳电池阵对日定向产生电能,为卫星系统供电;同时,太阳电池阵受分流调节器的控制,确保输出稳定的母线电压;在阴影期,采用蓄电池组通过开关或放电二极管直接耦合到母线,母线电压随蓄电池组电压的变化而变化,范围较大(一般情况下,地影期间母线电压范围为26.5~38V,光照期间母线电压为(42.5±0.5)V)。

北斗二号 GEO 卫星为了提升供电能力,采用混合太阳电池片供电技术,太阳翼中内板采用转换效率更高的砷化镓电池片,中板和外板仍保留硅电池片。

星上控制分系统和推进分系统主要组成有敏感器(太阳敏感器、地球敏感器、液浮陀螺、二浮陀螺等)、执行机构(动量轮、帆板驱动机构、磁力矩器、10N 推力器、490N 发动机等)、控制器以及配套的推进剂贮箱、气瓶、管路、阀门、推进线路盒等。

由于卫星轨道的不同,为了满足导航卫星整星能源需求,保证太阳翼法向与太阳光线夹角不大于 5°,需要对 IGSO/MEO 卫星偏航姿态和帆板转角进行连续控制。为此,北斗二号 IGSO/MEO 卫星增加配置二浮陀螺,作为长期测量偏航姿态的敏感器。

由于北斗二号 IGSO/MEO 卫星轨道相位保持的时间间隔周期较长,一般为半年左右,为了解决长时间使用动量轮控制姿态可能引起的动量轮转速上升的问题,IGSO/MEO 卫星增加配置了磁力矩器,实现动量轮转速的自主卸载。

北斗二号卫星测控分系统由扩频应答机、S 频段统一载波测控体制(USB)应答机、测控固放、输入多工器、输出多工器、合成器、分路器、副测控天线及相应的星上射频电缆组成。

星上热控分系统为星上仪器设备提供正常工作的温度环境,其主要措施为:包敷多层隔热材料,采用热管均衡技术、散热结构、OSR,进行仪器表面处理,实施热控涂层、电加热等。相对于北斗一号卫星热控分系统设计,北斗二号卫星为满足铷原子钟等产品的高精度控温需求,专门设计了铷钟小舱,在铷钟周围再安装一个铷钟隔热罩,形成封闭空间,定义为铷钟小舱,用于隔离星上铷钟与载荷舱内其他产品之间的热量辐射交换。同时,单独设计一块铝蒙皮铝蜂窝板,该铝蜂窝板与其他结构采用热隔离技术,作为铷钟的安装板和辐射器,用来解决铷钟的散热问题,实现了星载铷钟在轨控温精度 ±0.3℃/轨道周期的要求。

北斗二号 IGSO/MEO 卫星数管分系统作为卫星平台数据与信息管理的分系统,是一个基于串行数据总线的二级分布式体系结构,由一台上位机数管计算机、遥控单元、4 台下位机远置单元、一套双冗余的串行数据总线以及数管分系统软件组成。其中数管计算机为数管分系统的数据与信息处理核心,它通过串行数据总线控制数管分系统的下位机——远置单元来完成指令的执行与信源数据(遥测参数)的采集。遥控单元在数管系统中作为星地指令控制重要视频处理单元,与数管计算机一起完成地面对整星的指令控制。

为了减少导航卫星在轨不同阶段,针对卫星上各产品的遥测种类和数量需求可能的变化,保证整星的遥测处理方法标准化,数管分系统引入了符合高级在轨系统(AOS)标准的遥测体制,对 IGSO/MEO 卫星的遥测参数下传进行处理,AOS 体制下的遥测方案对下行数据流进行动态管理,用“需求驱动”的机制取代为每个遥测参数采用固定的传输时隙,同时实现了多类型数据源的合路传输,便于星上预处理,提高了数据价值。

北斗二号 GEO 卫星继承东方红三号卫星平台的分系统设计,未设置数管分系

统，相关功能由测控分系统和有效载荷数据处理器等完成。

2）北斗二号卫星有效载荷

北斗二号卫星有效载荷由导航分系统和天线分系统组成。按照系统要求，GEO卫星和IGSO/MEO卫星有效载荷功能与配置的产品不同，对应的导航分系统、天线分系统与IGSO/MEO卫星也不同。

GEO卫星导航分系统包括C/S出站转发器、L/C入站转发器、C/C转发器、上行注入与精密测距子系统、时间频率子系统、RNSS载荷子系统等内容。其中C/S出站转发器、L/C入站转发器、C/C转发器相关内容与本章描述的北斗一号卫星转发器分系统内容基本相同；上行注入与精密测距子系统、时间频率子系统、RNSS子系统与IGSO/MEO卫星的导航分系统基本相同。

IGSO/MEO卫星导航分系统仅包括上行注入与精密测距子系统、时间频率子系统、RNSS载荷子系统等。

上行注入与精密测距子系统的基本功能是接收地面运控系统上行注入扩频信号，进行导航电文解算与精密测距，并将测距信息下传，以便地面系统进行双向测距获得星地钟差；地面系统还可以通过指令，对卫星进行时间同步或校时。子系统中包括零值监测通道，可监测上行接收与时间比对载荷注入接收链路时延的稳定性。上行注入接收链路具备同时接收2路上行注入信息的能力，通道1用于数据解调和测距，为主用通道，通道2只进行测距。

时间频率子系统由铷钟、基准频率合成器和切换开关等组成。采用铷钟产生导航信号所需高精确稳定的10MHz统一频率源，并通过基准频率合成器产生10.23MHz卫星基准频率和卫星系统时间，通过这种方式使卫星在接收到地面系统校准指令时，进行卫星时间和基准频率的校正处理。

卫星上配置铷钟采用4台产品，其中1台工作、1台热备份，另外2台为冷备份状态。基准频率合成器为冷备份状态，但每台内部均有主、备份电路，分别以2台开机铷钟的10MHz输出信号为参考，综合产生10.23MHz信号，完成两路之间的相差测量，一路作为主路信号输出，另一路作为热备份，以在主路异常时进行自主切换或地面指令切换。

RNSS子系统为三频导航信号播发系统，由导航任务处理单元、导航信号调制器、输入滤波器、行波管放大器、输出滤波器、功率信号分配器、三工器和微波切换开关等组成。导航任务处理单元接收从上行注入与精密测距子系统的测距接收机解调出来的数据，包括星地测距数据和上行注入电文数据，通过解包提取、分类存储上行信息，提取卫星星历和钟差数据后，实现星载时钟与时间保持；经过信息处理，按卫星导航系统总体的电文格式需求，由下行基带信号形成模块和导航信息处理功能模块产生的三路导航信息流，分别通过导航信号调制器，调制在B1、B2、B3载波频率上，经行波管放大器功率放大、三工器合成后送天线分系统播发至地面。

北斗二号卫星天线分系统包括上行注入天线、下行RNSS天线、RDSS天线、C/C

转发天线等,完成 RDSS 在地面用户、地面运控系统和空间段之间的信号传输,完成 RNSS 信号的接收和播发等功能。按照系统要求,IGSO/MEO 卫星上不配置 RDSS 天线、C/C 转发天线。

天线分系统采用微波信号高隔离优化设计等技术,攻克了多信号 L、S、C 频段大功率发射、高灵敏度接收、大口径天线系统兼容性难题;RDSS 天线采用复合材料三维编制纤维结构,实现可展开网孔反射面天线,相对于同类产品减重 35%,透光率达 49% 以上,降低了太阳光压对卫星姿态控制的影响,干扰力矩减小约 70%。

导航卫星下行 RNSS 天线首次应用高稳定度相位中心和时延控制设计技术,采用稳相设计技术,解决了大温度范围内多路馈电通道的高精度幅相和时延一致性难题,实现了多通道阵列天线高精度相位一致性精确控制;上行注入天线采用低旁瓣措施,下行天线采取抗无源互调(PIM)措施和工艺实现低 PIM,同时采用微波隔离技术和无间隙匹配抗静电设计技术,成功解决了系统电磁互扰的难题。

3) 创新成果

北斗二号卫星基于东方红三号卫星平台设计,但针对导航卫星的要求,在平台能力、姿态控制方式、热控要求、测控体制、自主可控等方面进行了相应的设计改进,有效载荷为全新设计,在多信号兼容、高精度测量、星载原子钟及天线技术等方面完成了关键技术攻关,取得了一系列的创新成果。

北斗二号卫星系统主要创新成果如下。

(1) 长寿命、高可靠导航卫星平台技术。

针对 GEO 卫星同时配备 RDSS 有源定位载荷和 RNSS 无源定位载荷,功能复杂的任务特点,为满足多业务载荷共存对平台大幅提升的需求,新研制了东方红三号甲卫星平台,在卫星的承重能力、供电功率、姿态控制、测控方式与信号体制、高精度及高稳定度温度控制等方面取得突破,满足了有效载荷的功率和热控需求。

GEO 卫星:通过采用混合供电体制和增加天线舱,拓展东方红三号卫星平台的产品设备安装面积、热控与供电能力,使卫星平台供电能力提升 67%,载荷承载能力提升 74%;通过采用产品部件扰振隔离等多结构频率协调匹配技术,解决卫星舱段上反作用轮等转动部件与高精度测量产品(特别是高灵敏的红外地球敏感器等)的动态耦合难题,实现 GEO 卫星在导航系统中的应用;采用金字塔型的反作用轮构型和偏航不连续测量下的三轴轮控技术,解决导航卫星不允许喷气、反作用轮卸载需与卫星轨道位置保持同步进行的难题,提高了静止轨道卫星三轴姿态控制精度和稳定度。

IGSO/MEO 卫星为适应倾斜轨道特点,满足卫星在地面站不可测弧段的自主运行需求,围绕卫星导航任务需求和服务指标分析的结果,在东方红三号卫星平台基础上进行大量创新改进。首次在我国导航卫星上采用了灵活的空间数据管理系统,提高卫星信息管理和自主运行水平;针对卫星轨道、导航信号服务区域变化等要求,设计融合卫星星历、姿态、信号服务位置等信息的导航信号功率集中的方法,采用软硬

件协同工作，实现对导航信号天线波束指向的智能化控制；首次实现在卫星有限空间内强磁源（磁力矩器）与高磁敏部件（铷钟）的磁兼容设计，解决卫星在高轨弱地磁场条件下使用磁力矩器进行卫星角动量卸载的难题；首次实现倾斜中、高轨道偏航姿态的连续控制和太阳帆板法线实时主动闭环控制技术。

（2）高精度、高稳定度热控技术。

热控分系统按照实现导航卫星全寿命期产品温度控制目标，为星载铷钟、大功率行波管放大器、蓄电池等提供高精度、高稳定度的温度环境。

针对北斗导航卫星的产品热控特点，北斗二号卫星采用分舱设计、基于时序均匀分布的多回路比例控温方法、U 型热管的均匀性辐射器等技术，实现了星载铷钟控温精度 ±0.3℃/轨道周期的要求；突破新型热管槽道、高传热能力和低重量密度设计难题，实现正交热管网络整体减重 20% 以上。

（3）首次实现测控扩频体制设计和在轨工程应用。

为解决星座卫星多星测控问题，北斗二号卫星测控系统在国内首次设计扩频测控体制，并在轨应用。扩频测控体制具有码分多址的能力，可使用相同的测控频点实现星座卫星多星测控。采用扩频测控技术体制，卫星的测距精度及稳定性、抗干扰能力（特别是抗多址干扰能力）大幅提高。

同时，基于当时国内星载扩频应答机产品的可靠性和成熟度，北斗二号卫星测控系统备份保留了 USB 体制的应答机。

（4）有源定位与无源导航载荷一体化设计。

北斗二号卫星采用 RDSS、RNSS 载荷兼容优化与多功能融合设计，具备有源定位、无源定位和短报文通信业务功能，为世界首创，其中短报文通信、位置报告更是现有国外导航卫星所不具备的。

通过采用系统级电磁兼容性优化设计和相关频率的优化仿真设计，国内首次在一颗卫星载荷舱上实现了 L、S、C 频段的多频点高灵敏度接收和高功率发射的信号兼容。

采用全数字化接收自适应抗干扰和上行接收链路完好性检测技术，解决了卫星在复杂电磁环境下上行信号大动态抗干扰、绝对时延实时获取、完好性预报等难题；采用发射通道的低时延波动和高稳定时延保持传递技术，提高了下行通道信号的相位稳定性和时延稳定性；全面研究分析了大功率微波信号在空间环境下的特殊现象机理，提出空间微放电、大功率无源互调抑制的多种方法，创新设计并采用大功率微放电抑制及散热的措施，实现同轴型微波传输通道总射频工作功率达到 600W，确保在复杂卫星舱体环境内大功率微波器件的高可靠性和安全性。

针对导航卫星天线多方位角观测相位中心离散影响精密定位问题，采用宽带非色散条件约束下的阵面天线幅相优化求解方法，创造性地通过辐射天线网络中多单元稳相保形设计技术，保证阵面天线相位中心在空间大温度（±150℃）范围下高精度，保证天线方向图各仰角条件下相位中心导致的伪距测量一致性偏差优于 3cm。

(5) 上行注入高抗干扰与精密测距技术。

在空间电磁信号强干扰环境和星上处理资源受限条件下,北斗二号卫星通过采用基于时频域的动态干扰抑制技术、星载复合分级干扰抑制信号处理体系、多种复杂干扰和大动态范围下高精度伪距测量、星上时延稳定性控制等技术,在国内首次突破了复杂空间电磁条件下星载接收机高精度测量关键技术,大动态信号电平及多种复杂干扰下测距精度优于1ns,解决了卫星上行接收抗干扰和精密测距稳定性难题,实现了导航卫星双通道精密测距以及星地双向时间比对功能,达到国际先进水平。

(6) 星载铷原子钟自主可控。

星载铷原子钟是北斗导航卫星上的关键核心产品。星载铷钟采用非自激型光抽运气泡式铷频标方案,利用^{87}Rb原子基态超精细能级0-0跃迁所具有的极窄谱线和极稳定的中心频率的特性,通过光抽运系统和电路的作用,将原子跃迁频率的高稳定性和准确度传递给晶振,从而获得高稳定的输出频率信号。

星载铷原子钟的功能是提供高准确度、高稳定度的10MHz信号。作为整个系统的时间频率基准,其频率稳定度决定着系统的导航定位精度,因此其性能好坏对卫星乃至整个工程的成败都有很大影响。

星载铷钟技术涉及原子物理、微波理论、空间电子学、真空环境、精密测量、热设计及可靠性等内容,指标要求高,寿命要求长,技术攻关难度极高。通过国内优势单位强强联合,集智攻关,北斗二号卫星研制队伍经过关键技术攻关、初样鉴定产品、试验星在轨测试验证、正样技术状态控制,突破星载铷钟高增益微波控制技术、精密频率控制、物理部分铷灯泡制作工艺、充铷量控制、铷迁徙控制、空间环境适应性试验及测试方法等关键技术,实现理论上突破,完成产品工程化小型化研制,达到宇航产品的任务要求,打破了国外垄断,技术水平达到国内领先、国际先进。

2.4 北斗三号系统

2.4.1 北斗三号系统的发展历程

根据我国卫星导航系统"三步走"发展战略,在北斗二号系统建设按计划稳步推进的同时,北斗三号系统的方案论证、关键技术攻关等工作也在同步进行。

2009年5月,中国空间技术研究院组织召开了北斗全球卫星导航系统卫星系统方案阶段工作启动会,在北斗二号卫星系统研制队伍的基础上,抽调部分人员,成立专门的项目团队,提前启动北斗全球卫星导航系统方案阶段工作。

2010年4月份,国家相关部门组织多家单位,按照北斗系统"自主、开放、兼容、渐进"的发展原则和"先有源,再无源;先区域,再全球"的建设战略,立足建立"自主建设、独立运行"的卫星导航系统,实现与国际上其他GNSS相兼容的、可为全球用户

提供高精度定位导航和授时服务的空间基础设施目标，进行多方面的论证研究工作，提出北斗全球系统的初步总体方案及对各大系统的要求，标志着北斗三号工程设计工作正式启动。

北斗三号系统是在北斗二号区域系统基础上，利用“3GEO + 3IGSO + 24MEO”卫星组成的混合星座，通过改进卫星播发导航信号体制，提高星载原子钟性能和测量精度，建立星间链路等技术，配置全球搜索救援等新功能有效载荷，实现全球服务、性能提高、业务稳定和与其他系统兼容互操作等目标。

同时，北斗三号系统要保证北斗二号特色服务和区域系统的平稳过渡，并进行增量载荷试验验证，为我国下一代卫星导航系统发展奠定基础。

相对于北斗一号系统和北斗二号系统工程建设，北斗三号系统在论证和研制过程中，明确地对关键技术、关键产品部件、关键重要元器件等提出了自主可控和国产化要求。

2015 年开始，研制并发射 5 颗北斗全球技术体制试验验证卫星，开展新体制、新技术、新产品的验证；2017 年 11 月 5 日，成功发射北斗三号组网阶段第一颗卫星；2018 年 11 月 19 日，北斗三号第 18 颗、19 颗卫星成功发射，标志着北斗三号基本系统空间段卫星完成了建设任务。

2018 年 12 月 27 日，我国举行新闻发布会，正式宣布北斗系统可提供全球基本导航服务。

下一步，我国将进一步推进以北斗系统为核心的综合 PNT 体系建设，构建空天地海无缝覆盖、高精度安全可靠、万物互联万物智能的国家综合定位导航授时体系，显著提升北斗系统对各领域的时空信息服务能力，满足国民经济和国家安全需求，为全球用户提供更为优质的服务。

1）方案论证阶段

在北斗三号系统方案阶段，围绕运载火箭的发射方式，开展火箭上面级等论证工作，开展针对 MEO 卫星“一箭双星、四星、六星”直接入轨发射任务的论证工作，逐步明确了 MEO 卫星采用运载火箭基础级加上面级“一箭双星”发射方式。

运载火箭由基础级和上面级组成，基础级负责将上面级与卫星的组合体发射送入转移轨道，上面级负责将 MEO 卫星送入工作运行轨道。围绕上面级发射卫星，开展了 MEO 导航专用卫星平台与上面级卫星支架的对接与分离冲击试验以及相应的减冲击研究与验证工作。

通过综合论证，北斗三号系统方案论证阶段明确：北斗三号 GEO 和 IGSO 卫星仍采用长征三号甲系列运载火箭基础级“一箭一星”发射方式，卫星通过自身变轨进入工作运行轨道；MEO 卫星采用基础级加上面级“一箭双星”发射方式，将 MEO 卫星直接送入工作运行轨道。

围绕北斗三号全球系统的星座构型，完成了空间段需求和任务分析，确定了“3GEO + 3IGSO + 24MEO + 部分备份卫星”的基本星座系统方案。

针对北斗二号系统业务服务如何平稳过渡到北斗三号系统业务服务开展了一系列的工作，既要面对北斗二号卫星系统播发的导航信号不能中断要求，保证用户使用的感受，又要解决导航信号采用新体制、与其他 GNSS 信号兼容互操作的问题，工程系统组织卫星系统、地面运控系统以及国内高等院校，进行大量的理论研究、信号仿真分析和试验验证等工作，确定了播发导航信号的基本原则和需要进一步在轨验证的各种信号体制。

围绕 GEO 卫星、IGSO 卫星和 MEO 卫星在轨服务业务功能进行研究，确定 GEO 卫星、IGSO 卫星的基本任务，确定 MEO 卫星研制专用导航卫星平台及其相应的基本任务；对于卫星系统搭载载荷任务等需求以及星上实现方式，全面开展多方案论证比较。

针对北斗三号系统 RDSS 服务能力，提出在北斗二号系统服务能力的基础上，用户服务容量提高 10 倍、用户终端发射功率减低至 1/10 等要求。GEO 卫星完成 RDSS 载荷方案论证，由北斗二号卫星的 2 个波束覆盖方案修改为多个波束覆盖方案，初步确定采用“6 + 6”的透明转发器方案，即转发器配置 6 个出站转发器、6 个入站转发器，形成 6 个信号波束覆盖相应的服务区域的方案。开展 GEO 卫星星基增强方案的论证，完成了 GEO 卫星方案论证报告。

对于卫星系统，工程大总体确定由中国空间技术研究院负责 GEO 卫星、IGSO 卫星的论证和研制工作，由中国空间技术研究院、中国科学院微小卫星创新研究院作为两家卫星系统的总体单位，共同开展 MEO 卫星的论证和研制工作。同时，明确卫星系统在北斗三号系统方案阶段必须突破导航专用卫星平台、导航卫星载荷总体技术、高精度星载原子钟(包括新一代铷原子钟和被动型氢原子钟)、电源控制器、星间链路、导航信号在轨软件重构技术、信号完好性监测等关键技术，完成有效载荷关键产品的样机研制和桌面联试验证工作，进行两家卫星总体间的星间链路、有效载荷联试等工作。

在工程大系统层面，论证开展北斗全球系统试验卫星及地面试验验证系统的研制工作，发射 1 颗 IGSO 卫星(IGSO-1S)开展转发式导航体制试验，发射 3 颗 MEO 卫星(MEO-1S、MEO-2S 和 MEO-3S)和 1 颗 IGSO 卫星(IGSO-2S)开展导航信号新体制、S 频段导航信号体制、新型星载原子钟、星间链路等技术和国产化产品试验。

2）初样阶段与试验卫星

2011 年 1 月，卫星系统启动了初样研制工作，按照工程系统论证确定的功能和技术要求，明确并行开展初样产品关键技术攻关、产品部件国产化、MEO 电性星、MEO 结构热控星、IGSO/GEO 电性星、IGSO 结构星等研制主线工作。

2011 年 10 月，北斗全球系统试验卫星工程正式启动。2011 年 10 月至 2012 年 12 月，工程总体与各大系统完成试验卫星工程实施方案、各大系统总体方案、系统间接口控制文件等论证编写工作，工程各大系统完成方案阶段总结。

北斗全球系统试验卫星工程确定的目标是：研制发射5颗试验卫星及相应的运载火箭、地面试验支持等，建设可代表北斗全球卫星导航系统主要功能和产品技术状态的试验卫星在轨验证系统和配套的地面设备，开展地面验证、在轨验证与技术试验，全面突破全球系统研制建设技术瓶颈，确定全球系统技术状态。

2014年3月，中国科学院微小卫星创新研究院承制的IGSO-1S试验星通过了转正样设计评审：确定IGSO-1S试验星技术状态，IGSO-1S卫星将配置北斗二号系统B1、B3导航信号载荷产品，开展转发式导航技术体制试验和卫星平台试验，配置Ka星间链路设备开展相控阵时分多址技术演示试验等工作。

2014年11月，中国空间技术研究院承制的3颗试验星（MEO-1S、MEO-2S和IGSO-2S）通过了转正样设计评审，确定了MEO-1S、MEO-2S和IGSO-2S试验星将全面开展北斗全球系统在B1、B2和B3三个频点上的多种导航信号新体制试验，开展导航卫星专用平台技术试验验证，开展以卫星平台测控固放、电源控制器，有效载荷原子钟、行波管放大器、大功率微波开关等为代表的国产化产品试验验证，配置Ka星间链路设备开展点波束连续信号体制与相控阵时分多址技术体制演示试验等工作；确定了1颗MEO卫星和1颗IGSO卫星配置S导航信号产品和空间环境探测的载荷，开展拓展试验；确定了试验星与各大系统的接口关系。

2015年6月，中国科学院微小卫星创新研究院承制的MEO-3S试验星通过转正样设计评审，确定MEO-3S试验星技术状态，以及与各大系统的接口关系。

2015年3月30日，北斗三号IGSO-1S试验星在西昌卫星发射中心发射成功。

2015年7月25日，北斗三号MEO-1S、MEO-2S试验星由长征三号甲运载火箭与远征一号上面级以"一箭双星"方式在西昌卫星发射中心发射成功。"一箭双星"发射后卫星与上面级分离示意图如图2.17所示。

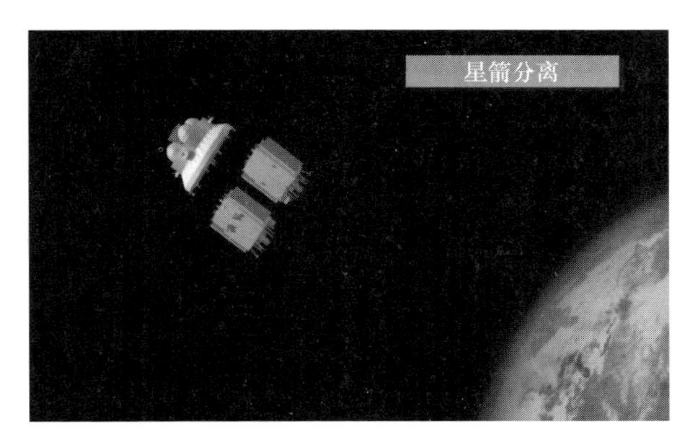

图2.17　"一箭双星"发射后卫星与上面级分离示意图（见彩图）

2015年9月30日，北斗三号IGSO-2S试验星在西昌卫星发射中心发射成功。

2016年2月1日，北斗三号MEO-3S试验星在西昌卫星发射中心发射成功。

北斗三号试验卫星发射状态及时间表如表2.2所列。

表 2.2　北斗三号试验卫星发射状态及时间表

序号	卫星	有效载荷配置	发射时间
1	IGSO-1S	上行注入及测距,北斗二号 RNSS,星间链路,C/C 转发器	2015 年 3 月 30 日
2	MEO-1S	上行注入及测距,新体制 RNSS,星间链路,S 导航	2015 年 7 月 25 日
3	MEO-2S	上行注入及测距,新体制 RNSS,星间链路,电磁环境监测	2015 年 7 月 25 日
4	IGSO-2S	上行注入及测距,新体制 RNSS,星间链路,S 导航,电磁环境监测	2015 年 9 月 30 日
5	MEO-3S	上行注入及测距,新体制 RNSS,星间链路	2016 年 2 月 1 日

围绕北斗新型卫星平台试验验证的要求,北斗三号试验星完成了导航卫星专用平台供电能力、姿态控制精度、轨道控制精度、偏航控制功能、反作用轮卸载功能、MEO 卫星与上面级供电接口和星箭分离冲击、IGSO 卫星南北热耦合技术、国产化碳纤维太阳翼产品等试验验证,完成了精密定轨所需卫星关键参数精确标定、卫星姿轨自主控制与诊断等技术试验验证。

围绕北斗全球卫星导航系统有效载荷技术试验要求,北斗三号试验星完成了卫星播发新型导航信号、新型星载原子钟、星间链路及网络路由协议、导航信号完好性自主监测、在轨卫星可编程重构等技术和国产化核心产品的试验验证,完成了 S 频段卫星导航技术试验和空间电磁环境监测。

通过试验卫星的研制工作,北斗三号系统全面解决了全球系统研制建设的技术瓶颈,开展新体制、新技术、新产品的验证,填补以星间链路与自主运行、“一箭多星”发射先进上面级、国产化产品组件等为代表的产品与技术空白。

同时,通过试验星的在轨试验验证,对北斗三号全球系统的导航信号技术体制、星间链路技术体制、卫星搭载试验项目等进行总结,对多种方式进行研究比较。

2017 年 1 月,北斗全球系统试验卫星工程总结报告通过评审,为后续北斗三号卫星系统正样技术状态确定奠定了基础。

3）正样研制阶段

根据北斗三号卫星导航系统试验星工程完成结果,工程各大系统及时完成相关的技术状态梳理工作,收敛明确正样系统和产品基线,开展了正样设计工作。

北斗三号系统由 3 颗 GEO、3 颗 IGSO、24 颗 MEO 和备份卫星以及配套地面系统组成,在 2020 年建成,形成基本导航(指 RNSS)、短报文通信、星基增强系统(SBAS)等服务能力。其中,2018 年 12 月已完成 18 颗 MEO 卫星、1 颗 GEO 卫星组网发射,具备向“一带一路”国家提供基本导航服务的能力。

2016 年,卫星系统完成 MEO 卫星转正样评审工作;2017 年,完成 IGSO、GEO 卫星的转正样评审工作,正样研制工作全面开展。

2017 年 12 月,北斗系统在北斗官网正式发布空间信号 B1C、B2a 接口控制文件,2018 年 2 月,在北斗官网正式发布空间信号 B3I 接口控制文件,以利于全球范围的用户终端研制公司和厂家开展北斗系统应用芯片、终端产品等研发工作。

北斗星基增强系统按照国际民航标准和建议措施规范开展设计与建设，通过3颗GEO卫星实现正式分配的L1C/A、L5两个频点上3个伪随机噪声（PRN）码编号（编号分别为130、143、144），为中国及周边地区用户提供单频及双频星基增强服务，扩大国际SBAS服务范围与影响。

4）增量发展论证

在正样研制阶段，工程系统根据北斗三号MEO卫星轨道全球覆盖的特点，立足星上现有资源余量，综合各类用户需求，面向服务和未来技术发展，创新技术体制和工作模式，确定全面实施工程建设增量发展的策略，开展了围绕导航定位授时相关的增量功能有效载荷的论证工作。

论证过程中，卫星系统充分发挥北斗系统星间链路互联互通的技术优势，逐步明确在北斗三号卫星保证基本功能和研制进度的条件下，后续卫星增加增量载荷功能的要求。

经过分析，北斗三号将在基本系统后续MEO、IGSO卫星上按照系统要求，分别配置高速星间链路设备与全球短报文通信设备，或配置国际搜救载荷设备与全球短报文通信设备，配置电磁环境监测、空间环境监测等产品。

卫星系统按照增量载荷配置要求，重新对卫星总体设计、布局设计等进行技术状态更改，重新确定了卫星系统的生产基线。

5）组网卫星发射阶段

按照北斗三号工程建设要求，卫星系统按计划组织进行产品研制、分系统联试、整星总装测试与试验等工作，保证了组网卫星的按时发射。

2017年11月5日，中国空间技术研究院承制的北斗三号正式组网的第1、2颗组网卫星成功发射，标志着北斗三号系统全球组网的开始。2018年1月12日，北斗三号第3、4颗组网卫星成功发射；2月12日，北斗三号第5、6颗组网卫星成功发射；3月30日，北斗三号第7、8颗组网卫星成功发射，北斗全球系统组网建设进入快车道，系统形成了空间段卫星星座的最简系统。

2018年7月29日，北斗三号正式组网的第9、10颗组网卫星成功发射，标志着北斗三号系统全球组网由最简系统开始向基本系统迈进。2018年8月25日，北斗三号第11、12颗组网卫星成功发射。2018年9月19日，北斗三号第13、14颗组网卫星成功发射。2018年10月15日，北斗三号第15、16颗组网卫星成功发射。2018年11月1日，北斗三号第17颗组网卫星发射成功，也是北斗三号首颗地球静止轨道卫星。2018年11月19日，北斗三号第18、19颗组网卫星发射成功，标志着我国北斗三号基本系统星座部署圆满完成。

北斗三号MEO组成的基本系统星座构型如图2.18所示。其中P1～P3指卫星分布的三个轨道面，纵坐标的度数表示在同一个轨道面卫星的相位。

2019年，北斗三号系统完成了6颗北斗三号MEO卫星、3颗北斗三号IGSO卫星的发射任务，卫星在轨工作稳定可靠，实现了北斗全球系统核心星座的建设目标。

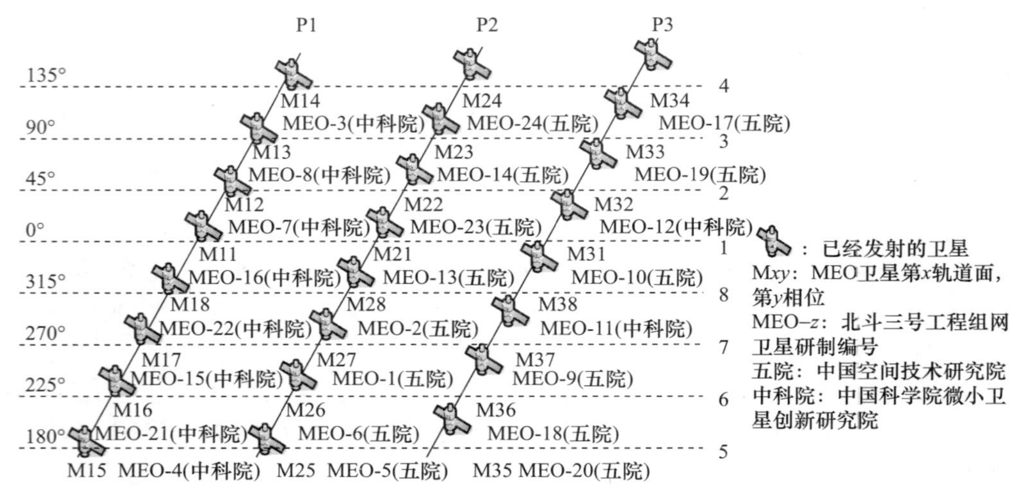

图 2.18　北斗三号 MEO 卫星基本系统分布图(截至 2019 年 12 月)(见彩图)

2020 年,北斗系统再发射 2 颗 GEO 卫星,北斗三号系统全面具备了全球服务能力。

通过对北斗三号全球系统已在轨卫星进行在轨测试、系统集成与性能评估,初步结果表明组网卫星在轨状态良好,性能满足指标要求,空间信号用户测距误差预计可优于 0.5m,系统定位精度将达到 2.5 ~5m。

截至 2019 年 12 月,北斗三号系统组网卫星发射情况见表 2.3。

表 2.3　北斗三号系统组网卫星发射情况表(截至 2019 年 12 月)

卫星号	卫星类型	位置	发射时间
1	MEO	Walker 星座第二轨道面第 7 相位	2017 年 11 月 5 日
2	MEO	Walker 星座第二轨道面第 8 相位	2017 年 11 月 5 日
3	MEO	Walker 星座第一轨道面第 4 相位	2018 年 1 月 12 日
4	MEO	Walker 星座第一轨道面第 5 相位	2018 年 1 月 12 日
5	MEO	Walker 星座第二轨道面第 5 相位	2018 年 2 月 12 日
6	MEO	Walker 星座第二轨道面第 6 相位	2018 年 2 月 12 日
7	MEO	Walker 星座第一轨道面第 2 相位	2018 年 3 月 30 日
8	MEO	Walker 星座第一轨道面第 3 相位	2018 年 3 月 30 日
9	MEO	Walker 星座第三轨道面第 7 相位	2018 年 7 月 29 日
10	MEO	Walker 星座第三轨道面第 1 相位	2018 年 7 月 29 日
11	MEO	Walker 星座第三轨道面第 2 相位	2018 年 8 月 25 日
12	MEO	Walker 星座第三轨道面第 8 相位	2018 年 8 月 25 日
13	MEO	Walker 星座第二轨道面第 1 相位	2018 年 9 月 19 日
14	MEO	Walker 星座第二轨道面第 3 相位	2018 年 9 月 19 日
15	MEO	Walker 星座第一轨道面第 7 相位	2018 年 10 月 15 日

（续）

卫星号	卫星类型	位置	发射时间
16	MEO	Walker 星座第一轨道面第 1 相位	2018 年 10 月 15 日
17	GEO	地球静止轨道 144.5°E	2018 年 11 月 1 日
18	MEO	Walker 星座第三轨道面第 4 相位	2018 年 11 月 19 日
19	MEO	Walker 星座第三轨道面第 6 相位	2018 年 11 月 19 日
20	IGSO	升交点经度 112°	2019 年 4 月 20 日
21	IGSO	升交点经度 106.5°	2019 年 6 月 25 日
22	MEO	Walker 星座第三轨道面第 3 相位	2019 年 9 月 23 日
23	MEO	Walker 星座第三轨道面第 5 相位	2019 年 9 月 23 日
24	IGSO	升交点经度 106.5°	2019 年 11 月 5 日
25	MEO	Walker 星座第一轨道面第 6 相位	2019 年 11 月 23 日
26	MEO	Walker 星座第一轨道面第 8 相位	2019 年 11 月 23 日
27	MEO	Walker 星座第二轨道面第 2 相位	2019 年 12 月 16 日
28	MEO	Walker 星座第二轨道面第 4 相位	2019 年 12 月 16 日

6）北斗三号系统发展历程小结

综上所述，北斗三号系统发展历程可以分为 4 个阶段，每个阶段北斗三号卫星的主要里程碑事件如图 2.19 所示。

方案论证阶段

- 2009年5月，中国空间技术研究院成立专门队伍，提前启动北斗三号系统方案阶段工作。
- 2010年，国家组织相关单位开始北斗三号系统的技术论证，标志工程正式启动。
- 确定北斗三号系统基本星座方案为“3G+3I+24M”，并配置备份卫星，明确各类卫星的基本任务。
- 开展导航信号新体制、新型星载原子钟、星间链路技术和国产化产品试验；论证开展试验卫星以及地面试验验证系统的研制工作

卫星初样研制与试验卫星

- 2011年，卫星系统启动初样研制工作。
- 初样阶段研制工作包括：电性星、结构星、关键技术攻关等。
- 2011年10月，试验卫星工程正式启动。
- 2015年至2016年，完成北斗三号系统5颗试验星研制和发射。
- 2017年1月，试验卫星工程总结通过评审，试验工程圆满完成，为后续北斗三号系统组网奠定了基础

正样研制阶段

- 2016年，启动北斗三号卫星正样研制工作。
- 2017年，完成北斗三号卫星正样评审，北斗三号卫星进入批产研制时代。
- 2018年，北斗系统在北斗官网上发布空间信号接口控制文件，推动用户终端研制公司和厂家开展应用产品研发工作。
- 面向服务和未来技术发展，明确增量发展的策略以及要求，卫星系统确定了增量载荷配置后的生产基线

组网卫星发射阶段

- 2017年11月5日，中国空间技术研究院承制的北斗三号首批组网卫星发射成功，标志北斗三号系统全球组网开始。
- 2018年3月30日，完成北斗三号最简系统（8颗MEO卫星）组网建设。
- 2018年11月19日，完成北斗三号基本系统（18颗MEO+1颗GEO卫星）组网建设，为“一带一路”国家及地区提供服务。
- 2020年，完成北斗三号系统建设

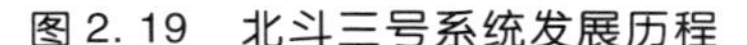
图 2.19 北斗三号系统发展历程

2.4.2 北斗三号系统概况

1）系统组成

北斗三号系统在北斗二号区域系统基础上，利用“3GEO + 3IGSO + 24MEO”卫星组成的混合星座，通过建立星间链路，卫星播发新体制导航信号，提高星载原子钟性能和测量精度，配置全球搜索救援等新功能有效载荷，实现全球服务、性能提高、业务稳定和与其他系统兼容互操作等目标。北斗三号系统空间段、地面段和用户段三部分，按照工程总要求开展研制工作。

北斗三号系统空间段包括30颗组网卫星（3颗GEO卫星、3颗IGSO卫星、24颗MEO卫星）和3颗在轨备份卫星，采用混合轨道星座。

其中：3颗GEO卫星分别定点在东经80°E、110.5°E和140°E；IGSO卫星轨道倾角55°，3颗IGSO卫星星下点轨迹重合，交点经度为东经118°E，相位差120°；MEO星座构型为Walker24/3/1，轨道高度21528km，倾角55°，24颗组网MEO卫星分布在3个轨道面上，每个轨道面的8颗卫星按相位差45°配置。

北斗三号30颗组网卫星的星座构型如图2.20所示，星下点轨迹如图2.21所示。

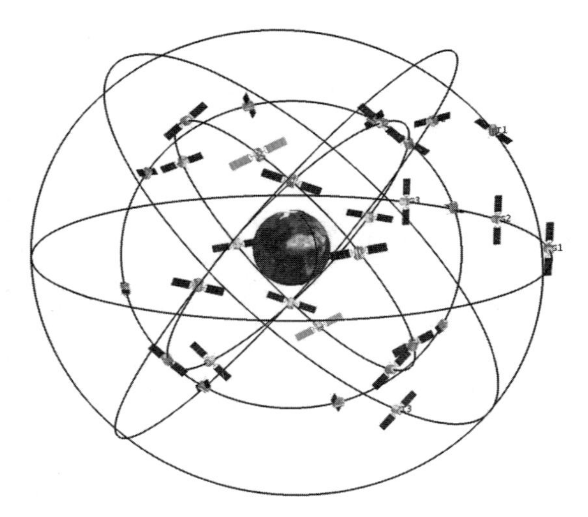

图2.20 北斗三号30颗组网卫星的星座构型（见彩图）

北斗三号系统服务区为全球范围，其服务类型包括基本导航服务、区域位置报告与短报文通信服务、全球短报文服务、星基增强服务、国际海事搜救服务和扩展服务等。

基本导航功能为全球用户提供卫星无线电导航公开和授权的基本定位、导航和授时服务；区域位置报告与短报文通信功能为我国及周边地区用户提供卫星无线电测定的有源定位RDSS服务和短报文通信服务；全球短报文功能为全球用户提供位

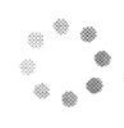

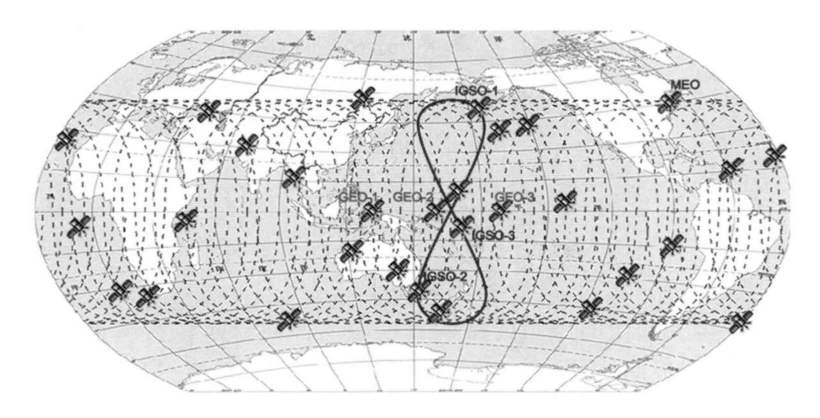

图2.21 北斗三号30颗组网卫星的星下点轨迹图(见彩图)

置报告回传、报文通信转发服务;星基增强功能在我国及周边地区实现单频/双频、与国际标准兼容的增强信号播发,提供高精度差分与完好性服务,增强民用导航信号服务性能;国际海事搜救功能通过MEO卫星上配置国际海事搜救载荷,实现搜索救援服务;扩展服务是利用北斗星间链路功能为特定用户提供测量和有限数据传输服务。

由于空间段卫星的数量和功能均大幅增加,北斗三号系统的地面段相比北斗二号系统也有了很大的提升,主要体现在如下方面。

(1)地面站的数量增加。

为了完成对在轨北斗三号卫星的运行管理和控制,支持系统提供连续稳定的服务,北斗三号地面站的数量较北斗二号系统有所增加。同时,为了保证全球服务范围的服务精度,对系统内境外卫星进行监测,地面运控系统增加了若干个境外监测站。

(2)地面站的功能多样化。

为了支持北斗三号系统提供的星基增强服务、全球短报文服务、基于星间链路的扩展服务等新增功能,北斗三号系统的地面站功能也更为丰富,上行注入电文与指令功能增加,除了具备北斗二号系统地面站的全部功能外,还具备星间链路规划、路由控制、信息传输等功能。

北斗三号系统的用户段主要包括各种类型的用户终端及配套设备。

2)星间链路

星间链路指卫星与卫星之间建立的通信链路,也称为星际链路。通过星间链路可以实现卫星之间的信息传输和交换,使多颗卫星互联到一起,形成一个有机整体,进而扩展单星工作的能力。

目前,美国GPS、俄罗斯GLONASS均在设计和发展卫星导航系统的星间链路技术,开展了一系列在轨试验。正是由于星间链路可为卫星导航系统带来巨大应用潜力,它已经成为未来全球卫星导航系统的基本技术特征和技术制高点,未来的卫星导航系统均将采用星间链路,实现并提升整个系统的功能和性能。

北斗三号卫星星间链路是在北斗三号卫星之间建立的具有精密测量和数据传输

功能的动态无线网络，并可根据任务需要，适时指向地面站目标或空间扩展用户目标，构成天地一体的系统。通过混合星座星间、星地链路的配合，整个北斗三号系统的控制段和空间段形成了一个全天候、全天时的无缝网络，可为北斗三号系统的业务运行与管理提供巨大的发挥空间。

北斗全球系统星间链路不仅是实现和提升北斗系统性能的重要手段，而且还是当前及未来北斗 PNT 体系建设的必然要求，星间链路是实现北斗全球导航系统建设发展“富有特色、局部领先”任务要求的关键。

北斗三号卫星上配置的星间链路设备可完成星间双向精密测量和信息数据传输，并将所有测量值传回地面，执行自主导航轨道和钟差计算，以及系统时间基准的维持。卫星通过星间链路，将接收到的地面上注信息向境外不可见卫星分发，将境外不可见卫星产生的遥测信息和测量结果通过节点卫星传回地面，实现“一站式测控”和全网测量。

3）有源定位与区域短报文通信功能

北斗三号系统充分继承了北斗一号/北斗二号系统的有源定位和区域短报文通信功能，并在此基础上进行功能的扩充和性能的改进，通过系统信号体制、卫星转发器和天线波束的改进设计，增加服务用户的数量，减小用户终端的发射功率，增强了通信能力。

同时，北斗三号系统定位和位置报告的实现手段增多，增加了可移动区域点波束的覆盖能力，实现服务区域扩展。北斗三号系统的有源定位和区域短报文通信功能主要是通过 3 颗 GEO 卫星来实现的。

（1）有源定位（指 RDSS）功能。

北斗三号 GEO 卫星通过多路 L/C 入站转发器和 C/S 出站转发器，以及独立的 S/L 反射面天线实现对我国国土及周边、南海等地区的 L 频段入站信号和 S 频段出站信号覆盖。利用多馈源和高增益天线实现对服务区域的多波束覆盖，在增加入站品质因数（G/T）值及出站等效全向辐射功率（EIRP）值的同时，增大系统容量。

北斗三号系统设计结果表明：用户机终端的发射功率为北斗二号系统的 1/10，用户容量较北斗二号系统提升了约 10 倍（入站容量可达到 1200 万次/h，出站容量可达到 600 万次/h）。

（2）可动区域点波束功能。

北斗三号 GEO 卫星上增加设计了一个独立的可动反射面点波束天线，以满足授权用户在更大覆盖区内的有源定位服务，可以实现直径大于 1500km 的可动点波束 RDSS 信号覆盖，扩大了服务区域范围。

（3）短报文通信功能。

北斗三号系统的短报文通信在保留北斗已有系统体制的传输 120 个汉字短报文，以及点对点、兼收、通播模式的基础上，进行了系统体制升级，具备支持传输 1000 个汉字的报文的能力，通信模式增加了组播等方式，在保留已有体制单收双发和双收

单发方式的基础上,提供用户使用三收单发 RDSS 定位/位置报告模式,可进一步有效地提高系统的覆盖范围和系统使用容量。

此外,北斗三号系统部分 MEO 卫星还配置与北斗系统 RDSS 体制下不同的报文通信载荷产品,可进行全球范围内的短报文通信功能使用试验。

4) 基本导航服务

北斗三号系统在全球范围内向广大用户提供连续实时的定位、测速和授时等基本导航服务,并且在我国及周边地区利用 GEO、IGSO 卫星的导航信号覆盖特性进一步提高服务能力。为了满足各类用户的使用需求,北斗三号系统在使用模式上提供单频、双频和三频 3 种模式的服务。

为了确保从北斗二号系统到北斗三号系统的平稳过渡,北斗三号系统在区域范围内保留了北斗二号系统 B1I、B3I 等导航信号,与全球系统设计的新型导航信号混合播发,保证已有北斗二号系统用户的正常使用和升级。

北斗三号系统按照与 GPS、GLONASS、Galileo 等其他全球卫星导航系统公开服务信号具备良好兼容性与互操作的要求,优化设计了北斗三号系统播发的导航信号体制。目前,北斗三号系统播发的 B1C、B2a 和 B3I 空间信号接口控制文件已在我国北斗官网正式发布。

北斗三号系统播发的导航信号频点及调制方式见表 2.4。

表 2.4 北斗三号系统播发的导航信号体制

配置	下行信号	中心频率/MHz	调制方式	码速率(Mchip/s)	信息/符号速率(bit/s)/(symble/s)	备注
B1	B1I	1561.098	BPSK(2)	2.046	50/50	兼容北斗二号
	B1C_data	1575.42	BOC(1,1)	1.023	50/100	—
	B1C_pilot		QMBOC(6,1,4/33)	1.023	无	
	B1A_data		—	2.046	—	—
	B1A_pilot			2.046	—	
B2	B2a_data	1176.45	ACE-BOC(15,10)	10.23	100/200	—
	B2a_pilot			10.23	无	
	B2b_data	1207.14		10.23	50/100	—
	B2b_pilot			10.23	无	
B3	B3A_data	1268.52	BPSK(10)	10.23	—	—
	B3A_pilot		BPSK(10)	10.23	—	
	B3I		BPSK(10)	10.23	—	兼容北斗二号
	B3Q		BPSK(10)	10.23	—	兼容北斗二号

注:QMBOC—正交复用 BOC;ACE-BOC—非对称恒包络 BOC

在地球表面近地空间 1000km 以下范围,北斗三号系统可以提供的基本导航服务精度如下。

（1）定位精度：单频定位水平精度≤6.0m，高程精度≤8.0m；双频定位水平精度≤4.0m，高程精度≤6.0m。

（2）测速精度≤0.2m/s。

（3）授时精度≤20ns。

5）星基增强服务

卫星导航系统星基增强系统（SBAS），是指通过空间 GEO 卫星配置卫星导航增强信号转发器，向用户播发星历误差、卫星钟差、电离层延迟等多种修正信息，实现对于原有卫星导航系统定位精度的改进和提升。

目前，全球已经建立起来多个 SBAS，包括美国的 WASS、俄罗斯的差分校正和监测系统（SDCM）、欧洲静地轨道卫星导航重叠服务（EGNOS）系统、日本的多功能卫星（星基）增强系统（MSAS）以及印度的 GPS 辅助型地球静止轨道卫星增强导航（GAGAN）系统等。

基于中国区域内 GNSS 地面站，北斗三号系统利用混合星座中的 GEO 卫星配置导航增强信号转发器，为我国及周边地区提供相应的 SBAS 服务，为用户提供分米级高精度差分服务，以及 I 类精密进近完好性服务。

为实现北斗系统 SBAS 业务服务，地面段需配置监测站、主控站和地面注入站。地面监测站要求持续观测导航卫星播发的信号，并将原始观测结果发送至地面中心站。地面中心站计算差分信息（包括卫星星历改正数、米/厘米卫星时钟改正数、电离层延迟改正数等）和完好性（包括用户差分距离误差、格网电离层垂直误差等）信息，并通过注入站发送给空间段 GEO 卫星。GEO 卫星转发其差分和完好性信息至用户，用户利用差分和完好性信息进行定位解算、完好性分析。

通过北斗三号系统的星基增强服务，在我国及周边地区，用户可以得到的导航服务精度如下。

（1）定位精度：单频定位水平精度≤2.5m，高程精度≤4.0m；双频定位水平精度≤1.5m，高程精度≤2.0m。

（2）测速精度≤1.2m/s。

（3）授时精度≤10ns。

6）全球报文通信功能

北斗三号系统通过在基本系统后续 14 颗 MEO 卫星上搭载全球报文通信载荷设备，实现全球范围内 2 重覆盖，进行全球短报文通信服务使用试验，构建了一个面向大众用户的全球短信和位置报告的随遇接入网络，可以为搜救、集团管控、飞机、舰船、航天器等各类军民用户提供服务。

北斗三号系统的全球报文通信分为入站（用户机至中心站）和出站（中心站至用户机）两个信息流。

（1）入站信息流。

配置全球报文通信载荷的 MEO 卫星接收用户机发射的 L 频段上行信号，通过本

星下行电文向用户机发送确认信息，并利用卫星上S频段的遥测信号通道，将报文和位置信息下传给地面中心站。

对于境外卫星和地面用户，可利用北斗系统的星间链路构建“多跳”传输路径，将用户机发射的报文和位置信息按照星间链路路由规划，回传至我国领土上空的可视北斗卫星，通过可视卫星将信息下传至境内中心站，最终实现境外用户的信息回传报告，实现报文和位置报告通信。

(2) 出站信息流。

若目标卫星可见，卫星通过接收地面运控系统注入的电文，传递给导航任务处理机，并经上变频、功率放大后，通过导航卫星L频段天线发射B2b信号实现返向信号播发。

若目标卫星境内不可见，则由接入卫星按照星间链路路由规划，经星间链路传递给境内可视目标卫星后，通过导航卫星L频段天线发射B2b信号播发。

北斗三号系统的全球报文通信系统设计为：系统服务业务容量为入站不小于30万次/h，出站容量为不小于20万次/h；每条报文的最大长度不超过40个汉字(560bit)，用户机终端的发射功率为10W左右。

7) 国际海事搜救

国际海事卫星搜索与救援(SAR)是一项国际性、公益性的事业，在全球海事救援等领域发挥着重要作用，具有大范围、无线电搜索救援的能力。北斗三号系统在基本系统后续的6颗MEO卫星上搭载国际海事搜救载荷设备，与全球性卫星搜救系统联合提供国际海事搜救服务。

北斗三号MEO卫星上配置的国际海事搜救载荷设备产品主要包括UHF接收变频器、搜救信号固态放大器、搜救信号接收天线等。

国际海事卫星搜救系统一般包含三大部分：用户发射求救信号的示位标、接收并转发求救信号的卫星、接收并执行搜救任务的地面站。

按照设计规范，国际海事搜救服务系统中的用户示位标具备406MHz信号发射功能，在遇险事件发生时，以主动或者被动方式触发遇险信号发射。

空间段卫星上设备配置主要包括国际海事搜救转发器和收发天线，其工作原理是接收406MHz的用户遇险信号，并以1544～1545MHz范围的某一下行频率信号向地面段设备透明转发。

地面系统包括本地用户终端(LUT)站、主控中心(MCC)、搜救协调中心(RCC)。

当用户发生险情后，遇险示位标发送遇险信号，卫星接收并转发遇险信号至地面的LUT站；LUT站接收并计算出遇险目标的用户位置，并结合遇险信息发送至MCC；MCC通过通信网络通知遇险地区的RCC，RCC依据接收的遇险目标位置和遇险信息，组织实施对应的搜救行动。

国际海事卫星搜救系统架构示意图如图2.22所示。

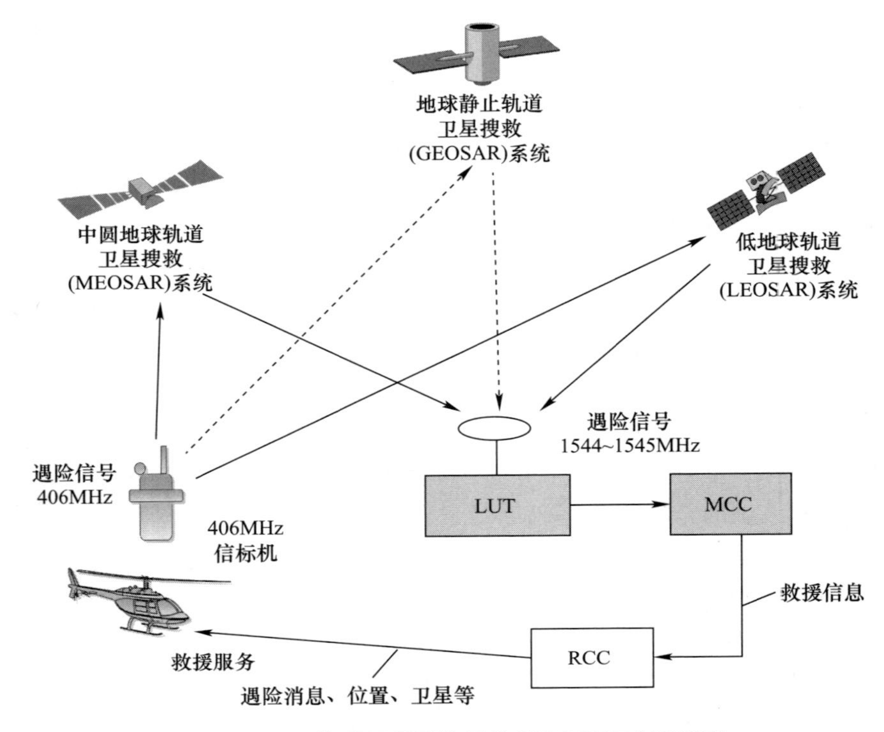

图 2.22 国际海事卫星搜救系统架构示意图(见彩图)

8)搭载试验项目

根据北斗三号系统增量发展论证方案,北斗三号卫星系统在确保卫星基本功能实现和安全性前提下,立足于系统功能拓展与技术长远发展的需求,积极开展搭载试验项目,支撑高速 Ka 对地链路、电磁干扰定位、空间环境探测等功能试验。

北斗三号系统在 3 颗 IGSO 卫星上搭载 Ka 窄波束低旁瓣对地链路载荷,开展星地高速传输能力等试验验证;在 3 颗 IGSO、6 颗 MEO 卫星上搭载电磁环境监测与干扰定位载荷,实现全球地表电磁环境监测、卫星电磁环境监测、地表大功率干扰信号源监测与定位。

同时,在北斗三号系统的部分 GEO、MEO 卫星上搭载空间环境探测载荷(包括轨道电子及深层充电风险监测仪、等离子体及表面充电风险监测仪、高能质子及单粒子风险监测仪和电离层成像仪等)。

2.4.3 北斗三号卫星

北斗三号全球卫星导航系统是由 GEO 卫星、IGSO 卫星和 MEO 卫星组成混合星座,卫星分为平台和有效载荷两部分。

1)GEO 卫星

北斗三号 GEO 导航卫星采用 DFH-3B(东方红 3B)平台,三轴稳定,并具备位置

调整能力,在轨工作寿命大于12年,卫星本体尺寸2.36m(X)(载荷舱南北板在±X方向因散热板需求扩展至2.96m(X))×2.10mm(Y)×3.60m(Z),起飞质量5400kg,采用CZ-3B运载火箭"一箭一星"间接入轨方式在西昌卫星发射中心发射。

GEO卫星平台包含结构分系统、热控分系统、电源分系统、总体电路分系统、控制分系统、推进分系统、测控分系统、综合电子分系统和自主运行分系统共9个分系统与监视测量设备;有效载荷包含导航、天线和转发3个分系统。GEO卫星具备提供基本导航服务、区域位置报告与短报文通信服务、星基增强服务等能力。

北斗三号GEO卫星的主结构由蜂窝夹层板和碳纤维面板加铝蜂窝夹心的承力筒组成,分为三个舱段:载荷舱、推进舱、服务舱。卫星的+Y面和-Y面安装单轴对日定向太阳翼帆板,+X面、-X面安装构架式网状天线,发射和接收RDSS入站与出站信号,+Z面安装导航信号播发天线、激光反射器等设备,-Z面安装推进系统的490N发动机。

北斗三号GEO卫星示意图如图2.23所示。

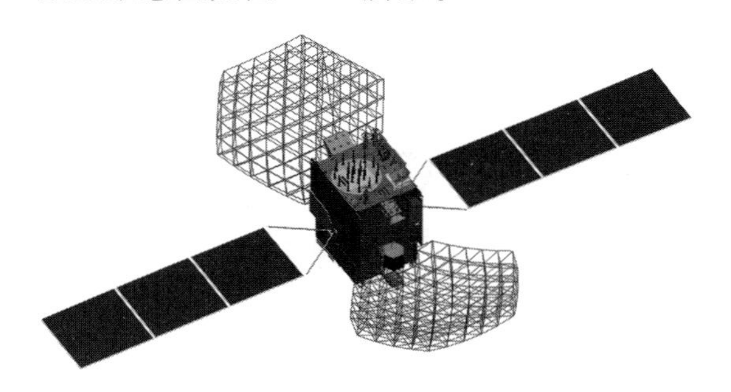

图2.23　北斗三号GEO卫星示意图(见彩图)

2) IGSO卫星

北斗三号IGSO组网星采用DFH-3B平台,三轴稳定,并具备偏航控制能力和位置调整能力,在轨工作寿命大于12年,卫星本体尺寸2.36m(X)×2.10m(Y)×3.60m(Z),起飞质量5400kg,采用CZ-3B运载火箭"一箭一星"间接入轨方式在西昌卫星发射中心发射。

IGSO卫星平台与GEO卫星平台相同,包含结构分系统、热控分系统、电源分系统、总体电路分系统、控制分系统、推进分系统、测控分系统、综合电子分系统和自主运行分系统共9个分系统;有效载荷包含导航和天线2个分系统,此外还包括监视测量设备和试验与搭载设备。

3) MEO卫星

北斗三号MEO卫星采用新型的导航卫星专用平台。该平台控制采用三轴稳定,并具备偏航控制能力和位置调整能力;平台设计采用桁架式主承力结构、单组元推进系统、综合电子体系和全调节供电系统,具有功率密度大、载荷承载比重高、设备产品布局灵活、功能拓展适应能力强等技术特点,适于采用运载火箭加上面级"一箭多星”直接入轨的发射方式。北斗三号 MEO 卫星平台承载能力 1100kg 以上，卫星设计寿命大于 10 年。

中国空间技术研究院北斗三号 MEO 卫星本体尺寸 1.805m(X)×1.225m(Y)×2.30m(Z)，起飞质量 1060kg，采用 CZ-3B 运载火箭+远征一号上面级“一箭双星”直接入轨方式在西昌卫星发射中心发射。卫星平台包含结构分系统、热控分系统、电源分系统、总体电路分系统、控制分系统、推进分系统、测控分系统、综合电子分系统和自主运行分系统共 9 个分系统，有效载荷包含导航、天线 2 个分系统，此外还包含试验与搭载设备。

MEO 整星分为三个舱段：推进舱、服务舱、载荷舱。推进舱由平台桁架、平台隔板、中板和背地板(底板)组成；服务舱包括服务舱 ±Y 板和服务舱 ±X 板；载荷舱由载荷舱桁架、对地板(顶板)、载荷舱 ±Y 板、铷钟安装板、载荷舱 ±X 板、载荷舱隔板组成。

根据星上配置的扩展服务载荷和搭载试验载荷的不同，北斗三号 MEO 卫星共有基本型、基本型+增量载荷型。北斗三号 MEO 卫星(基本型)示意图见图 2.24。

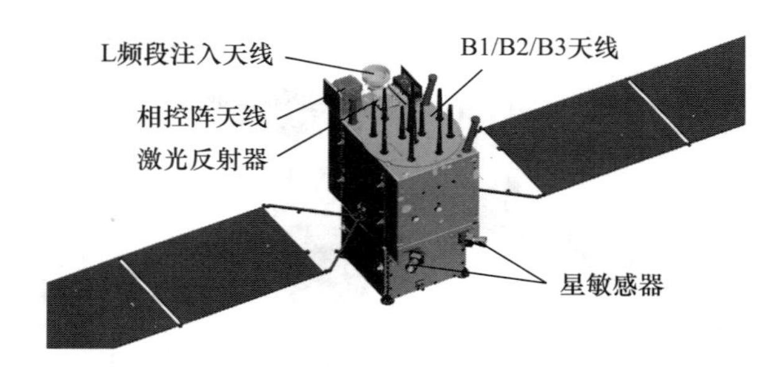

图 2.24　北斗三号 MEO 卫星(基本型)示意图(见彩图)

北斗三号 MEO 卫星增量型示意图见图 2.25。

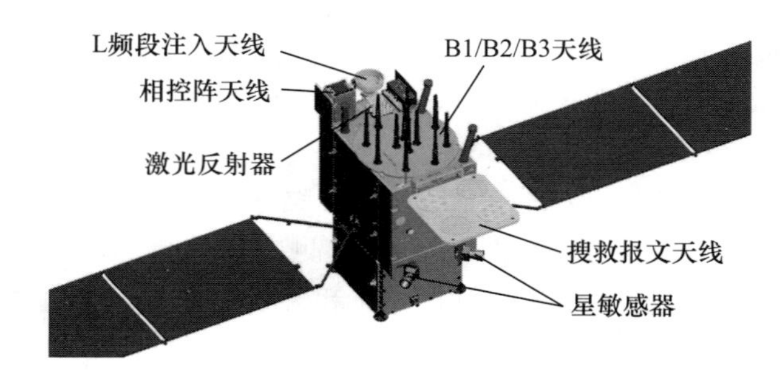

图 2.25　北斗三号 MEO 卫星(增量型)示意图(见彩图)

MEO 卫星结构包括整星主结构和机械太阳翼两部分，桁架式主结构的桁架和连接在桁架上的蜂窝夹层结构板组成 T 形箱体，桁架结构包括桁架杆件和桁架接头。桁架接头分为星箭连接接头、舱间接头和起吊接头。起吊接头位于桁架顶端 4 个角

点,主要功能为提供整星吊点。

MEO卫星桁架主承力结构由星箭分离接头、舱间连接接头和桁架杆件、结构板等组成。桁架由先进的复合材料缠绕而成,桁架与连接接头采用胶接连接;星箭对接接头进行了加强设计,满足最大发射载荷承载要求,同时采取特殊设计以减弱对星箭分离冲击传递,降低星箭分离冲击对卫星的影响。桁架杆件间采用铝蜂窝结构舱板连接,最大限度地扩展仪器设备安装和布局,卫星结构基频、静态载荷满足运载火箭各种工况要求。

中国科学院微小卫星创新研究院北斗三号MEO卫星与中国空间技术研究院北斗三号MEO卫星技术要求相同,均采用CZ-3B运载火箭+远征一号上面级“一箭双星”直接入轨方式在西昌卫星发射中心发射。

中国科学院微小卫星创新研究院北斗三号MEO卫星本体尺寸2.55m(X)×1.015m(Y)×1.228m(Z),起飞质量1060kg,卫星组成按照功能划分,包括载荷分系统、结构与机构分系统、热控分系统、姿轨控分系统、星务分系统、测控分系统、电源分系统、总体电路分系统、自主运行分系统和技术试验专项分系统共10个分系统。

按照卫星总体设计,其北斗三号MEO卫星结构采用框架面板式构型设计,卫星为长方体构型,整星分为上下两舱,下舱为平台舱,上舱为载荷舱。

中国科学院微小卫星创新研究院北斗三号MEO卫星(基本型)示意图见图2.26。

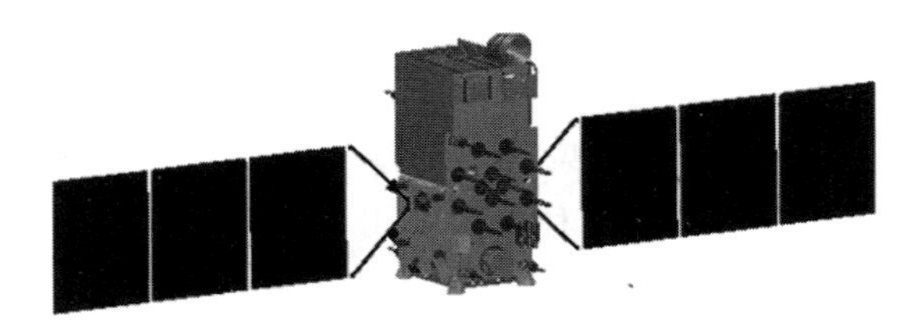

图2.26 中国科学院微小卫星创新研究院北斗三号MEO卫星(基本型)示意图(见彩图)

卫星舱体框架结构主要采用硬质铝材料加工成的26根杆件连接而成,卫星面板包括:平台舱+Y侧板、平台舱−Y侧板、平台舱+Z侧板、平台舱−Z侧板、平台舱底板、平台舱顶板、载荷舱+Y侧板、载荷舱−Y侧板、载荷舱+Z侧板、载荷舱−Z侧板、载荷舱底板、载荷舱顶板、载荷舱隔板以及原子钟辐射板等共14块结构板。结构板采用铝蒙皮蜂窝板结构,蒙皮厚度0.5mm;结构板内采用内埋“工”字形加强筋,以提高结构的横向刚度。

卫星框架面板式构型设计具有足够的强度和刚度,在火箭发射和星箭分离时能够承受和传递卫星上所有载荷,有效降低星箭分离冲击对卫星的影响,为星上仪器设备提供所需的安装空间、安装位置和安装方式,满足仪器设备的安装基准、安装精度、视场、指向等要求,为星上各分系统提供地面、发射和在轨运行等各阶段有效的环境保护。

太阳帆板分为两翼，即 + Y 太阳帆板和 − Y 太阳帆板，每个太阳帆板由一个连接架、三块基板、一套展开锁定机构、一套压紧释放机构等组成。

相对于中国空间技术研究院北斗三号 MEO 卫星的组成，中国科学院微小卫星创新研究院北斗三号 MEO 卫星星间链路设备配置 2 套终端产品，把综合电子分系统、测控分系统和导航分系统中的某些功能独立出来，形成了技术试验专项分系统。

技术试验专项分系统由专项管理终端（含测控加解密板）、活动部件监视器、激光反射器等组成，配置在轨载荷监视相机，完成卫星太阳帆板展开及工作状态的图像拍摄及传输；具备对某些载荷产品设备进行控制管理、遥测采集的功能，为星载氢原子钟等提供配电和遥测等功能，并具备应用软件在轨重构和大容量数据存储功能。

4）北斗三号卫星分系统

北斗三号卫星系统坚持标准化、系列化、模块化的设计思想，不同轨道卫星、不同载荷配置卫星的相关分系统相互兼容，按照包络原则设计功能和接口关系。

北斗三号卫星各分系统的详细内容参见本书后续章节，这里以中国空间技术研究院研制的三类卫星为基础，对各分系统的功能与状态进行介绍。

（1）结构分系统。

北斗三号 GEO/IGSO 卫星结构分系统采用中心承力筒加蜂窝面板的传力结构方案，与东方红三号卫星平台、东方红四号卫星平台结构分系统类似。

北斗三号 MEO 卫星结构分系统采用桁架主承力结构加蜂窝夹层板的结构形式，由桁架结构（包括桁架接头和桁架杆件）和连接在桁架上的蜂窝夹层结构板组成。

北斗三号卫星结构分系统：负责保证星上产品设备的安装，支撑星体及星上产品设备，满足其安装位置、安装精度的要求；负责承受和传递运载火箭起飞与飞行过程中、研制过程中地面操作时产生的各种外力作用，确保卫星在寿命期间（制造、储存、运输、吊装、测试、发射、在轨运行）保持卫星的完整性，满足星体的刚度、强度和热防护要求；负责保证星上展开部件的解锁、展开和锁定所需要的结构环境。

（2）电源分系统。

北斗三号 GEO 和 IGSO 卫星电源分系统采用全调节单母线体制，为整星提供 100V 的高品质一次母线电压。同时，采用三结砷化镓太阳电池阵、锂离子蓄电池、电源控制器（PCU）、顺序开关分流器（S3R）、蓄电池充放电调节等功能，实现卫星能源的自主管理功能。根据锂离子蓄电池单体特性、整星供电安全性要求，卫星上配置锂离子蓄电池均衡管理、Bypass 安全开关旁路组件等措施。

MEO 卫星电源分系统由三结砷化镓太阳电池阵、锂离子蓄电池组、电源控制器、蓄电池均衡管理器和蓄电池组连接继电器盒等组成，采用全调节单母线体制，为整星提供 42V 的高品质一次母线电压。

（3）总体电路分系统。

北斗三号总体电路分系统由火工品管理模块、配电模块、低频电缆网、母线转换适配器和氢钟适配器等组成，负责完成整星低频电气连接、卫星配电、火工品管理、电

源转换与配置等功能。火工品管理模块、配电模块集成在综合电子的综合业务单元中，分别实现火工品的起爆管理和一次配电；低频电缆网实现整星所有低频信号、功率的传输和接地；GEO/IGSO 卫星配置 100V 母线转换适配器和氢钟适配器，为相应产品设备进行供电电压转换和功率分配。

（4）控制分系统。

北斗三号控制分系统负责完成卫星从运载火箭起飞、星箭分离至卫星进入工作轨道段的卫星姿态控制和轨道控制任务，需要克服卫星自身以及空间环境干扰力矩的影响，满足各阶段卫星姿态和轨道控制精度要求。

在产品配置上，北斗三号卫星控制分系统的控制逻辑功能及控制综合业务单元产品均集成至综合电子分系统中，控制分系统包括反作用轮、磁力矩器、太阳帆板驱动机构（SADA）、二浮陀螺、光纤陀螺、地球敏感器、太阳敏感器、星敏感器（STS）等产品。

（5）推进分系统。

北斗三号推进分系统负责完成卫星从运载火箭起飞、星箭分离后卫星进入工作轨道转移段和卫星在轨工作期间，卫星的姿态和位置控制所需的推力执行功能。

北斗三号 GEO 和 IGSO 卫星推进分系统产品技术状态继承东方红三号、东方红四平台卫星的成熟技术，采用双组元统一推进系统。分系统配置 1 台 490N 发动机、20 台 10N 推力器组件、2 个推进剂贮箱、3 个高压氦气瓶、若干推进剂供应控制阀门、系统氦气供应控制阀门、传感器和推进线路等模块，其中推进线路模块包含于综合电子分系统中。

MEO 卫星推进分系统采用液体单组元推进系统，通过落压工作模式，推进剂贮箱携带一定量的氦气作为推进剂的挤压气体，由 1 只推进剂贮箱、12 台 5N 推力器组件、加排阀、压力传感器以及管路连接件等组成。

（6）测控分系统。

北斗三号测控分系统采用 S 测控频段，测控体制采用非相干扩频测控体制、测量数传一体化测控体制。其中，非相干扩频测控体制、测量数传一体化测控体制可提供遥测、遥控、测距、测速等完整的测控功能。

测控分系统由扩频测控应答机、测量数传一体化测控应答机、多工器、测控天线等组成。

（7）热控分系统。

北斗三号热控分系统由热控涂层、多层隔热组件、热管、温度传感器、电加热器、导热填料、扩热板等组成。其主要任务是通过卫星内、外热交换的控制，确保卫星在发射主动段、转移轨道阶段，以及在轨飞行阶段等正常工况中，星上所有产品设备以及星体本身各类构件的温度都处在工作要求的正常范围之内，工作温度范围、温度变化率、控制精度等满足任务书规定。

同时，热控分系统通过星上综合电子的软件提高热控自主管理能力。GEO 卫星载荷舱热控采用南北热管耦合技术，可进一步提高载荷舱散热能力，以满足 GEO 卫星有效载荷大功率产品设备的散热需求。

(8) 综合电子分系统。

北斗三号综合电子分系统采用集成化设计,通过1553B总线构建整星信息与数据网络,使用一台集成化的计算机完成卫星姿态轨道控制,完成星内任务与信息流程的管理,相对于北斗二号卫星,整合了整星上的遥测、遥控、配电、热控、火工品管理、能源管理、自主导航计算、星间路由规划、天线指向计算和卫星部分自主健康管理等诸多功能。

综合电子分系统由中心管理单元、数据处理与路由单元及综合业务单元、1553B总线等组成,大量采用了软件无线电技术。

(9) 自主运行分系统。

北斗三号自主运行分系统由星间收发信机、Ka频段天线、Ka频段相控阵电源和相应高频电缆等组成,采用相控阵天线技术,配置自主导航、星间路由、天线指向计算等软件。相关软件配置在综合电子分系统的硬件产品内。

自主运行分系统通过时分体制及链路拓扑规划、网络协议、天线指向算法等,完成卫星与卫星间的测量和通信任务,实现导航星座的自主运行。通过星间链路完成卫星相互测距和校时,实现多星测量,增加其观测量,改善自主定轨的几何观测结构;利用星间测量信息,自主计算并修正卫星的轨道位置和时钟系统,提高对卫星的定轨和时间同步精度。同时,利用星座卫星间数据和信息的传递,提高境外卫星的测控管理能力,实现“一站式测控”,降低地面站的管理成本。

(10) 导航分系统。

北斗三号导航分系统主要由时频子系统、导航任务子系统、上行注入子系统、导航信号播发子系统组成,其产品设备包括星载高精度铷钟、氢钟、上行注入接收机、基准频率合成器、导航任务处理机、大功率行波管放大器、微波开关和射频电缆等,配置了相应的软件及现场可编程门阵列(FPGA)。

导航分系统主要完成包括产生卫星本地的基准频率和基准时间,并通过星地双向比对实现时间校准;接收并处理地面站上行注入信息,完成上行注入信号的恢复和精密测距,并以卫星本地时间为基准形成下行导航广播信号;对卫星自身生成的导航信号质量进行自主监测;具有根据测控链路和星间链路信息生成导航信号的功能,具备差分完好性增强功能。

同时,导航分系统配置的软件及FPGA具有在轨可编程重构功能,星上软件或FPGA可根据系统任务要求进行软件重构与升级。

相对于北斗二号卫星,北斗三号导航卫星导航分系统采用更高稳定度、更小漂移率的星载铷原子钟、星载氢原子钟,实现卫星时频基准性能指标的大幅提高。

星载时频系统增加了卫星钟完好性监测与卫星钟自主平稳切换等功能,多个原子钟保持同步,当主工作钟出现故障后,卫星能够自主诊断并平稳切换,保证时频信号的连续性,极大提高了导航服务的可靠性与完好性。

(11) 转发分系统。

北斗三号卫星转发分系统配置在 GEO 卫星上,满足我国国土及周边地区用户有源定位、位置报告和报文通信等需求。

GEO 卫星转发分系统包括固定波束转发器、可动点波束出站和入站转发器和站间时间同步与数据传输 C/C 转发器,采用透明转发的方式,分别用于固定波束信号、可动点波束信号和 C/C 信号的转发。具体包括 6 路固定波束 L/C 入站转发器、6 路固定波束C/S出站转发器、1 路可动点波束 L/C 入站转发器、1 路可动点波束 C/S 出站转发器以及 1 路 C/C 转发器。

固定波束转发器用于转发 RDSS 入站和出站信号,主要满足我国国土及周边地区的 RDSS 需求,以实现用户定位和报文通信等功能。

可动点波束出站和入站转发器采用透明方式实现入站和出站信号转发,为固定点波束无法覆盖的用户提供短报文通信、广义 RDSS 等服务。

站间时间同步与数据传输 C/C 转发器与北斗二号系统的状态相同,通过透明转发站间时间同步和数据传输信号,实现我国国内导航卫星地面站的站间时间同步和数据传输。

(12) 天线分系统。

北斗三号 GEO 卫星天线分系统包括上行 L 注入接收天线、下行导航信号 B1/B2/B3 播发天线、一副 RDSS 载荷用 S/L 频段天线、一副 RDSS 可动点波束载荷构架网状反射面天线、C 频段转发天线和对应的天线控制器等产品;IGSO 卫星天线分系统包括上行 L 注入接收天线、下行导航信号 B1/B2/B3 播发天线、两幅高速对地的反射面天线和对应的天线控制器等产品;MEO 卫星天线分系统包括上行 L 频段注入接收天线、下行导航信号 B1/B2/B3 播发天线等产品。

上行 L 注入接收天线为宽波束天线,可接收地面运控系统注入站发送的 L 上行信号,送至导航分系统。下行导航信号 B1/B2/B3 播发天线为地球匹配波束天线,将卫星产生的 B1、B2、B3 三个频段的导航信号发射至地面;为了实现 B1/B2/B3 载荷较高的 EIRP 需求和降低天线重量等要求,B1/B2/B3 播发天线采用一体化设计方案。RDSS 载荷用 S/L 天线和可动点波束天线采取 4.2m 可展开单偏置构架网状反射面形式,可利用三轴指向机构,通过天线控制器程序对地面服务覆盖区进行指向微调;S/L 天线接收地面用户发射的入站 L 频段信号,经过星上转发器之后,发射出站 S 频段信号到地面用户。C 天线为双喇叭阵天线方案,接收地面 C 上行信号、播发 C 下行信号,完成系统站间时间同步与通信功能,完成 RDSS 载荷与地面中心控制站之间通信、短报文通信等功能。

从北斗二号卫星开始,为了提高星地间测距精度,北斗导航卫星在对地板上均安装了一块激光反射器,接收地面发送的激光信号,并通过激光反射器将地面发送的激光信号反射回地面。地面接收到激光回波信号后,实现卫星激光测距。

激光反射器是无源组件,由固定底座、多个角反射器等组成,每个角反射器均由熔石英玻璃制成三角棱镜，在一定的入射角范围内能够将激光信号按入射方向原路反射回去。

(13) 其他搭载试验设备。

根据北斗三号系统增量发展论证方案，在IGSO卫星、MEO卫星上充分利用卫星平台的资源和全球覆盖的特点，研制高速Ka对地链路产品、全球报文通信载荷产品、国际海事搜救载荷产品、电磁干扰定位、空间环境探测等设备，开展相关的系统及产品功能试验。

2.4.4 北斗三号卫星特点

北斗三号卫星导航系统是我国已制定的卫星导航系统工程建设“三步走”发展战略的最后一步，目标是按照“自主、开放、兼容、渐进”的发展原则，建立“自主建设、独立运行”、具有自主知识产权、技术先进、稳定可靠的中国卫星导航系统，保证北斗二号区域系统的平稳过渡和特色服务，实现全球服务、性能提高、业务稳定和与其他GNSS兼容互操作的目标。

同时，北斗三号卫星导航系统的建设与运行服务，还要求为下一步我国构建以北斗系统为核心，空、天、地、海无缝覆盖，高精度安全可靠，万物互联万物智能的国家北斗综合定位导航授时体系奠定基础。

相对于北斗二号系统，北斗三号卫星导航系统的服务区域实现了从“中国及亚太地区”向“全球范围覆盖”的跨越，在用户导航定位的服务精度、信号连续性、系统可用性、多业务融合等特色服务方面也实现了大幅提升。

作为北斗三号卫星导航系统的空间段，北斗三号卫星系统的创新和技术特点是整个工程系统的核心和关键。

北斗三号卫星的主要特点如下。

1) 新型的桁架式导航卫星专用平台

北斗三号MEO卫星采用新型的导航卫星专用平台，该平台采用桁架式主承力结构、单组元推进系统、综合电子体系和全调节供电系统，具有功率密度大、载荷承载比重高、设备产品布局灵活、功能拓展适应能力强等技术特点，适于采用运载火箭加上面级“一箭多星”直接入轨的发射方式。该卫星平台承载能力1100kg以上，卫星设计寿命大于10年。

桁架主承力结构由星箭分离接头、舱间连接接头和桁架杆件、结构板等组成。桁架由先进的复合材料缠绕而成，桁架与连接接头采用胶接连接。星箭对接接头进行加强设计，满足最大发射载荷承载要求，同时采取特殊设计以减弱对星箭分离冲击的传递，降低星箭分离冲击对卫星的影响。桁架杆件间采用铝蜂窝结构舱板连接，最大限度地扩展仪器设备安装和布局，卫星结构基频、静态载荷满足运载火箭各种工况要求。

采用液体单组元推进系统，通过落压工作模式，贮箱携带氦气作为推进剂的挤压

气体,液路采用双分支备份方式,利用推力器组件实现卫星三轴姿态和轨道控制。

卫星平台电子系统采用综合电子体系设计,实现对整星的信息综合与控制,包括姿态控制、能源管理、配电、热控、遥控、遥测、时间系统、故障处理等功能,主要由一台中心处理单元和多台综合业务单元及一套数据总线组成。

卫星采用全调节单母线供配电系统,配置150A·h的锂离子蓄电池组和三节砷化镓高效太阳电池,通过高效电源控制单元实现一次电源的全调节控制。采用顺序开关分流调节的拓扑结构,通过误差信号采集,实现蓄电池放电、充电及顺序分流工作模式下的母线电压的调节。

2)新型导航信号体制

为了进一步改善北斗导航卫星信号的性能,提高信号利用效率和兼容性、互操作性,北斗三号卫星下行导航信号在继承和保留部分北斗二号系统导航信号分量的基础上,设计采用了以信号频谱分离、导频与数据正交为主要特征的新型导航信号调制体制,优化调整信号分量功率配比,提高下行信号EIRP值,实现信号抗干扰能力、测距精度等性能的显著提升,为信号扩容提供了基础。同时,卫星系统具备下行导航信号体制重构能力,可根据未来发展和技术进步需要进一步升级改进。

对于北斗系统全球服务范围,系统在继承和保留北斗二号卫星B1I、B3I信号的基础上,新增了B1C公开信号,并对B2信号进行升级,采用新设计的B2a信号替代原B2I信号,实现信号性能的提升,同时充分考虑了与其他卫星导航系统的兼容与互操作。

下行导航信号通过采用先进调制技术,实现:军民用户信号频谱分离,可提供基本导航、星基增强、全球短报文通信、精密定位信息播发等服务;增加导频通道,增强捕获灵敏度和弱信号接收稳健性;降低信息速率(50bit/s),使用户抗干扰能力提高10倍。

北斗二号系统与北斗三号系统下行导航信号对比频谱示意图如图2.27所示(上面为北斗三号全球系统下行导航信号频谱,下面为北斗二号系统下行导航信号频谱)。

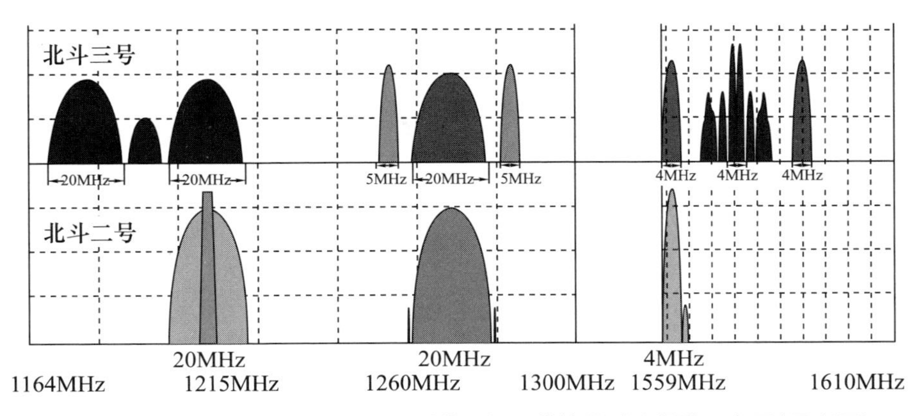

图2.27 北斗二号系统与北斗三号系统下行导航信号对比频谱示意图(见彩图)

B1C 信号是北斗三号卫星新增的公开服务信号，位于 B1 频点（1575.42MHz），适用于民用单频用户，包括导频和数据两个信号分量。其中：导频分量采用正交复用 BOC（QMBOC）（6，1，4/33）调制方式，不传递数据信息，仅用于测距导航，具有更强的抗干扰捕获跟踪特性，有利于改善用户在弱信号和干扰条件下的使用体验；数据分量采用二进制偏移载波（BOC（1，1））调制方式，具有 50bit/s 的信息速率，基本电文信息和完好性信息调制在数据分量上以 B-CNAV1（Beidou-CNAV1，北斗民用导航电文）电文格式面向用户播发，符号速率 100symbol/s，播发周期 18s。新增的 B1C 信号具有与 GPS/Galileo 系统互操作能力。

B2a 信号（1176.45MHz）是北斗三号卫星在 B2 频点新增的公开服务信号，便于民用双频用户使用，同样包括导频和数据两个信号分量，采用 QPSK（10）调制方式，通过数据分量以 200symbol/s 的符号速率按照 B-CNAV2 电文格式播发基本电文信息和完好性信息，播发周期 3s。B2a 信号同样可与 GPS/Galileo 系统兼容互操作。

为了确保提升用户服务精度指标，北斗三号卫星系统在工程研制过程中，制定了专门的措施，通过对下行导航信号的时域、频域、相关域等方面性能参数的控制，全面提升了播发导航信号的质量特性。

3）扩展短报文通信服务

对于北斗二号系统采用 RDSS 原理提供的区域报文通信能力，北斗三号卫星通过卫星转发器和天线分系统的改进设计，增加波束数量、提高发射信号功率，保证信号体制平稳过渡，使在我国及周边地区提供的位置报告、短报文通信服务功能大幅提高。系统具有每小时 1000 万次以上的服务能力，短报文通信增大为 1000 个汉字（容量 10 倍），用户使用的终端产品发射功率可降低为北斗二号系统时的 1/10。

北斗三号系统还设计了新型全球短报文通信服务，在 MEO 卫星搭载报文通信试用载荷，每颗卫星允许同时接入 12 个用户，实现全球范围两重覆盖；信息速率为 400bit/s，具备 30 万次/h 的短报文服务能力，可传输 40 个汉字，支持位置报告、短报文、非实时话音和图片传输等。

北斗三号全球短报文通信服务原理图如图 2.28 所示。

4）配置海事搜救载荷

北斗三号卫星按照国际海事组织的标准，配置了海事搜救载荷，充分发挥北斗系统的作用和在国际海事组织中的应有贡献。

北斗三号系统通过在 MEO 卫星上搭载国际海事搜救载荷产品，利用星上 UHF 频段天线，接收用户发出的 406MHz 遇险报警信号，并将接收到的遇险报警信号变频到 1544.21MHz 的信号，发射至地面站。

5）更高精度的原子钟

作为导航卫星核心部件，星载原子钟的性能指标，特别是信号频率稳定度和漂移率是卫星的关键指标，对整个卫星导航系统的服务性能有直接影响；同时，作为星载设备，对原子钟的小型化和集成度方面也提出了越来越高的要求。

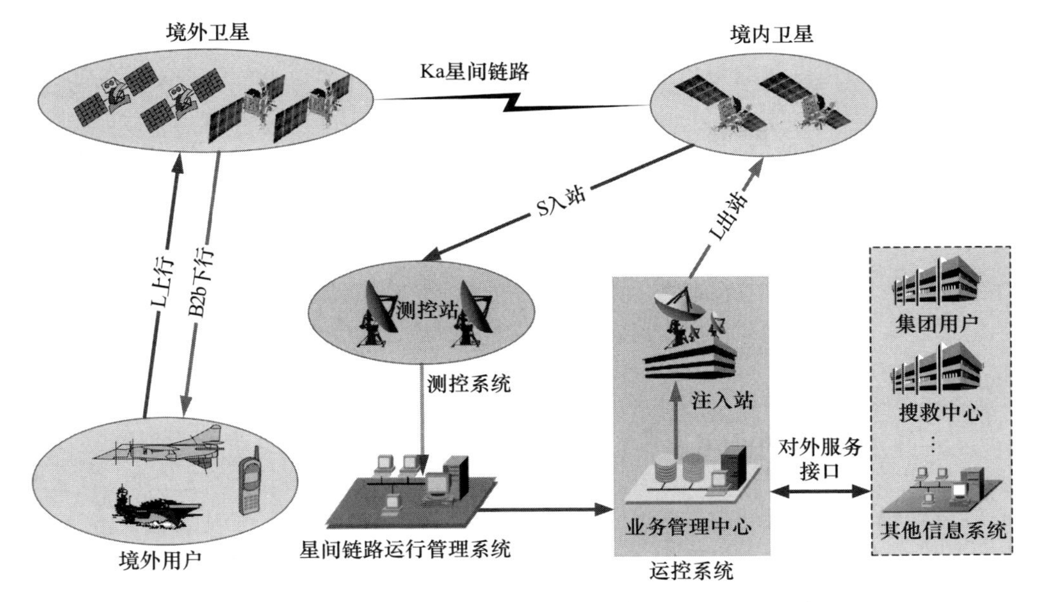

图 2.28　北斗三号全球短报文通信服务原理图(见彩图)

北斗三号卫星上采用我国自主研发的更高稳定度、更小漂移率的新型高精度铷原子钟和氢原子钟,实现了卫星时频基准性能指标的大幅提高。

铷钟产品具有较高的技术成熟度,对卫星的功率、重量等资源占用较少。相对北斗二号卫星采用的第一代国产铷钟,其产品体积、重量大幅降低,北斗三号对星载铷钟电路设计与温度控制进行优化,物理部分的设计和生产过程控制更加精细化,保证了铷原子钟的稳定度指标大幅提高。星载铷原子钟质量约 5kg,频率准确度优于 2×10^{-11},短稳和长稳指标优异,天稳指标优于 2×10^{-14},铷原子钟产品综合水平达到国际领先水平。

北斗三号星载氢原子钟经过关键技术攻关和小型化设计,已具备在轨使用的可行性。2015 年北斗工程试验星上配置的星载氢原子钟工作 3 年来,各项参数稳定,工作性能良好,满足工程系统要求。其频率准确度优于 5×10^{-12},天稳指标达到 5×10^{-15},质量约 22kg。

同时,北斗三号卫星星载时频系统增加了卫星钟完好性监测与卫星钟自主平稳切换等功能,多个原子钟保持同步,当主工作原子钟在轨出现故障后,卫星能够自主诊断并平稳切换,保证卫星时频信号的连续性,极大提高了导航信号与服务的可靠性和完好性。

6）创新导航卫星星间链路技术

北斗三号卫星配置了 Ka 频段星间链路,采用相控阵天线等星间链路设备,实现星间双向精密测距和通信。星间链路主要包括相控阵天线、收发信机及相应网络协议等控制管理软件。

通过星间链路相互测距和校时,实现多星测量,增加观测量,改善自主定轨的几何观测结构,利用星间测量信息自主计算并修正卫星的轨道位置和时钟系统,实现星星地联合(即卫星与卫星之间,卫星与地面之间,联手工作)精密定轨,支持提高卫星定轨和时间同步的精度,提高整个系统的定位和服务精度。通过星间和星地链路,实现对境外卫星的监测、注入功能,实现对境外卫星"一站式测控"的测控管理。

星间收发信机采用时分双工体制,接收和发射采用相同的中心频点。相控阵天线为收发共用天线,发射和接收同频分时工作,根据接收的收发信机分时收发控制信号和指向角度输入值,完成分时收发以及波束扫描,具备在轨幅相校正和时延校正功能。星间收发信机接收天线信号,利用其测距支路完成星间伪距测量;根据链路星间拓扑关系和既定时隙表,利用其数传支路进行星间信息转发。

星间链路网络采用时分多址(TDMA)的通信方式,通过网络协议等控制管理软件,建立测量与通信网络的拓扑结构和数据路由控制。网络协议、路由控制、信息处理、测量通信等控制管理软件具备在轨重构能力。在地面站不支持的情况下,北斗三号系统将实现60天自主导航服务功能,定位精度达到不超过15m的要求。

7)交互支持的信息融合技术

北斗三号卫星在轨正常工作运行时采用S频点实现星地测控,L频点实现星地双向时间比对及RNSS的上行注入运行控制管理,Ka频点实现星间测距及通信。

北斗三号卫星经过对整星信息流梳理分析,通过采用星上信息融合设计,打通了功能相对独立链路之间的信息通道,通过网络协议约定,实现S、L、Ka频点之间的信息交互备份,拓展卫星上行能力,提高了系统可靠性。

对于L运控上行链路和S星地测控链路之间的信息通道,卫星可自动识别S/L互备信息,并按照上注信息要求实现对L和S上注信息的正确分发使用,增加了上行注入的备份信息通道;对于Ka上注通道,通过将卫星和地面站作为统一的建链目标进行统一规划设计,实现星间和星地信息的互传,可作为S和L频点的应急上注通道使用。同时,在信息帧格式设计时也充分考虑了Ka频点和S/L频段的信息格式统一性,减少了复杂的格式转换。

8)星载产品实现了国产化和自主可控

北斗系统是我国重要的国家基础设施,其应用范围广泛,对国家经济社会和国防安全至关重要。

为了保证北斗系统安全、持续、稳定发展,连续可靠自主运行,摆脱受制于人的被动局面,北斗三号卫星系统坚持国产化与自主可控的原则,从关键元器件和部件产品两方面重点开展国产化攻关,加强试验和使用验证,从根本上解决制约工程建设的瓶颈问题。

卫星上一些长期依赖进口的关键部件产品,包括电源控制器、测量敏感器、行波管放大器、固态放大器、大功率微波开关、高性能原子钟等均通过多家研制单位的努力,实现了国产化和自主可控。

星上大量应用的中央处理器（CPU）、数字信号处理（DSP）器、FLASH 闪存、高速模数（A/D）转换器和高速数模（D/A）转换器等核心元器件也在地面通过了元器件级和板级应用验证，并在轨得到应用，实现国产化。

2.5　北斗系统应用

北斗系统作为中国自主建设、独立运行，与世界其他卫星导航系统兼容共用的全球卫星导航系统，可在全球范围内全天时、全天候，为各类用户提供高精度、高可靠的导航定位及授时服务，在我国及周边地区提供高精度服务、通信与导航融合等特色服务，形成了突出区域、面向世界、富有特色的北斗系统发展道路。

在应用推广方面，北斗系统遵循“建用统筹、以建带用、以用促建、建用相长”的总体思路，从 2003 年北斗试验系统服务开始，北斗的应用从有源定位、位置报告与短报文通信到无源导航、高精度服务、多功能融合等方面，一直持续进步、蓬勃发展。北斗系统的应用只受人们想象力的限制，系统应用“没有做不到，只有想不到”。

自北斗二号系统 2012 年 12 月提供正式运行服务以来，根据定期对 RNSS 运行服务性能评估结果，用户的定位精度优于 10m（2018 年 8 月监测结果表明：我国及周边地区服务范围内，用户定位精度水平优于 3m，高程优于 5m），测速精度优于0.2m/s，授时精度优于 20ns，系统可用性优于 0.98。

目前，北斗系统在交通运输、时间同步、基础测绘与工程建设、农林牧渔、环境监测与防灾减灾、国防建设、智慧城市与大众应用等领域得到了普遍应用；在国家关键重要的基础设施和武器装备等方面，已成为替代 GPS、GLONASS 等国外卫星导航系统的前提基础和重要支撑，取得了显著的社会、经济和军事效益。

北斗系统通过与移动通信、互联网、大数据等技术融合，“北斗 +”概念逐步清晰、物化，北斗系统正在全面进入大众应用[5-6]。2017 年，中国国内卫星导航产业产值为2550 亿元，其中北斗系统对产业核心产值的贡献率为80%。到2020 年，我国卫星导航产业的规模超过 4000 亿元，北斗拉动了 2400 亿～3200 亿元规模的市场份额。

2.5.1　交通运输

交通运输是国民经济、社会发展和人民生活的命脉，北斗系统是助力实现交通运输信息化和现代化的重要手段，对建立畅通、高效、安全、绿色的现代交通运输体系具有十分重要的意义。

2017 年 11 月，交通运输部与军委装备发展部联合发布了《北斗卫星导航系统交通运输行业应用专项规划》，明确指出：交通运输行业是北斗系统重要的行业用户，北斗系统提供的定位、导航、授时服务能够对行业转型升级起到重要支撑作用。

交通运输具有点多、线长和面广的特点，涉及时空基准信息实时性强、数据量大、精度及可靠性要求高。随着我国交通事业的快速发展,高精度应用需求加速释放。北斗系统能够提供实时导航、快速定位、精确授时、位置报告和短报文通信服务功能,与交通运输行业需求高度契合,在我国交通运输领域的重点营运车辆监控、船舶监控等方面已得到广泛应用,取得了显著成效,北斗系统应用与交通运输行业信息化建设的结合日益紧密。

1）长途客运汽车

随着我国经济和道路运输业的发展,长途客运汽车数量急剧上升。近年来,长途客运汽车遭遇车祸事件频发,造成巨大的人员财产损失,加强车辆的监控管理,特别是客运车辆安全管理成为目前极为重要的工作。在长途客运汽车安全监管方面,北斗系统的主要作用在于提供实时的位置和速度信息。

在客车行驶的过程中,安装于车内的北斗终端设备可实时记录行车信息,接收北斗导航卫星及地面无线网络的信号,得到车辆行驶的里程、速度、行车时间、路线等信息,服务中心、平台管理中心、平台数据中心构成车辆管理调度中心,车辆管理调度中心负责车辆规定行驶路线的管理、限速路段的超速提醒、危险路段的安全提醒,以及行驶路线上休息点休息时间的提醒等服务,防止出现超速或者疲劳驾驶等危害安全的违规驾驶的情况发生。

北斗系统在长途客运汽车安全监管方面的应用示意图见图 2.29。

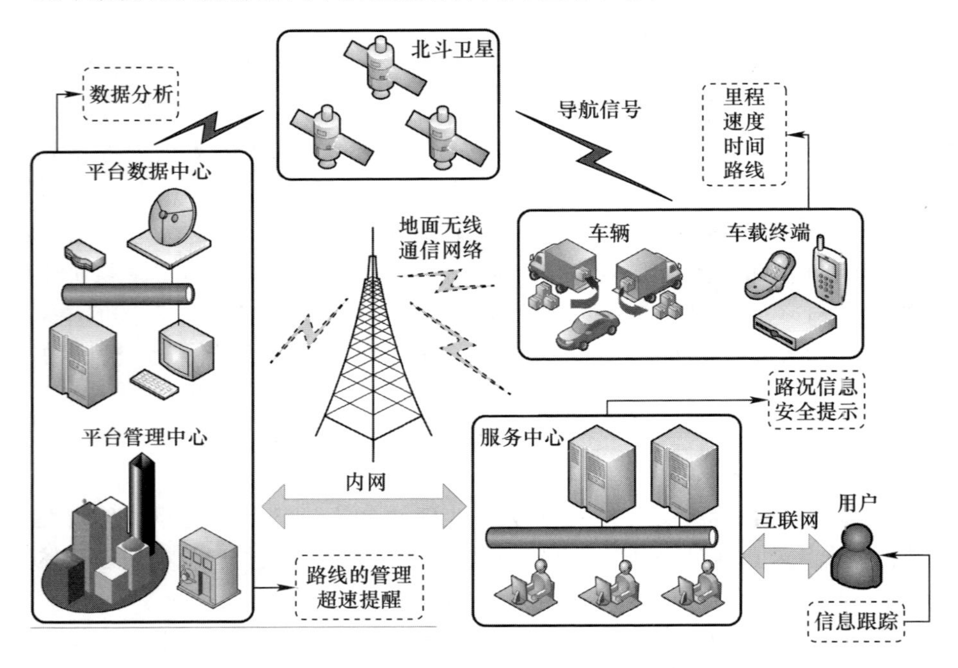

图 2.29　北斗系统在长途客运汽车安全监管方面的应用示意图(见彩图)

目前,我国已建成全球最大的营运车辆动态监管平台,650 多万辆营运车辆上

线,相比 2012 年,道路运输重大事故率和人员伤亡率均下降 50% 以上。

2）出租车管理

利用北斗系统和计算机、地理信息系统(GIS)等多种技术,建立了基于北斗系统的出租车管理系统,可提升出租车行业管理的智能化和规范化。

通过北斗系统定位终端,可实现出租车的实时定位功能,并将位置信息传送至出租车调度管理中心,在电子地图上显示出租车的行驶轨迹,调度管理中心通过实时监控出租车辆的运行状态,合理调度指挥车辆。

截至 2018 年,北京地区已有 33500 辆出租车、21000 辆公交车安装北斗终端,实现北斗定位全覆盖,并有 1500 辆物流货车及 19000 名配送员,使用北斗终端和手环接入物流云平台,实现实时调度。

3）危险化学品运输车

危险化学品运输具有危险特性复杂,危险程度高的特点,易造成爆炸、燃烧、中毒、灼伤等重大、特大事故,甚至是社会灾难性事故,严重影响到公共安全。

基于北斗卫星定位技术的危险化学品车辆的动态监管系统是一个集传感技术、卫星定位技术、无线网络通信技术、GIS 技术和计算机应用技术等于一体的综合体系,该系统可以降低事故的发生概率,减少对社会公共安全的危害。

在危险化学品运输管理中,利用运输车辆上安装的北斗定位终端,通过北斗卫星定位技术对行驶中的运输车辆实时监控,管理中心基于北斗系统对危险化学品运输车辆动态信息进行数据处理,测算出运输车辆的行驶方向、行驶速度等信息,并在电子地图上直观显示,便于管理人员对在途车辆实时监控,以保证车辆在发生各种意外时能够及时获得报警信息,并实施救援。

4）船舶运输行业

在航运业飞速发展的同时,船舶朝着大型化、高速化方向发展,船舶数量和水域交通目的地,以及危险货物装载量不断增加,海损事故时有发生,严重威胁着船舶航行的安全和海洋生态环境。船舶管理需要实现船舶定位、通信、查询、监控、报警、管理等功能,实现水路交通智能化的海事管理。

我国北斗系统在保障船舶航行安全,促进船舶航运发展,维护海洋权益等方面的应用前景极为广阔,对船舶实行大范围、全天候、实时可靠的通信、定位、导航和避碰等监控,为船舶营运的安全和高效提供可靠的保障。

利用北斗卫星导航定位技术,有效解决了船舶当前行进状态的实时监控问题,使得江河船舶运输行业管理不断向着数字化、智能化、高效化、自动化的方向进步,为江河船舶运输行业的安全监管保驾护航。

2.5.2　关键领域的时间同步

精确的时间同步对涉及国家经济、社会安全的诸多关键基础设施至关重要,通信系统、电力系统和金融等系统的有效运行,均高度依赖于高精度的时间同步[7]。我国已明确对于涉及国家经济、公共安全的重要行业领域，必须采用北斗卫星导航兼容其他卫星导航系统的服务体制。

1）通信网络

当前，我国的通信网络已实现了数字化。为了保证整个网络的正常运行，提高网络服务质量和增强网络功能，必须依靠时间同步网提供高质量、高可靠定时基准信号。我国发展下一代移动通信网络，将对时间同步提出更高的要求。

时间同步网的主要作用是为通信及电信网中的各个网元提供与协调世界时一致的精确时间信号，它是以时间服务器为节点传递时间信息的网络。

以北斗系统播发的授时服务时间为基本定时标准，通信网络中采用主从树型同步结构，通过时间编码同步、拨号等方式，分配时间信息。目前，区域基准钟的基准一般为北斗定时接收机，备用基准为全网基准钟。

2）电力传输

电力传输系统的时间同步涉及国家经济民生安全。传统的电力系统定时方式主要是电网调度中心通信同步、广播电视无线报时等，由于受到通信传播时延影响，时间同步误差在毫秒量级。

北斗系统授时终端具有北斗双向授时的功能，时间精度优于微秒级，不仅可以满足电力传输系统的时间同步传输的高要求，而且还提供了丰富的接口。

采用北斗系统双向通信的功能，能够形成一个区域内所有时间同步装置的空中无线网络通道，将时钟运行状态数据传送到监控中心管理系统，建立时钟装置的状态管理，保持时钟设备正常运行状态。同时，可以运用远方监测手段，实时保证对电力传输系统中时钟设备的准确授时，一旦时间误差超过阈值，就及时采取措施，保障区域内所有主时钟的时间完全同步。

随着北斗系统工程建设的不断推进，以及卫星导航产业的蓬勃发展，我国电力行业作为重要的应用领域已经实现大规模应用。电力管理部门通过使用北斗系统的授时功能，实现电力全网时间基准统一、电站环境监测、电力车辆监控等，保障电网安全稳定运行。截至 2018 年，北斗授时系统已经被大量推广应用到国家电网及南方电网下辖的变电站。

3）金融行业

金融行业计算机网络时间同步，涉及国家政治、经济、民生安全。现代金融业对精确计时的需求在迅速发生着变化。新的竞争需求和监管要求，推动着全球金融行业针对新信息和交易，使用高度精确的时间戳。

授时在银行系统中的应用主要是电子回单、对公业务的电子对账单、对私业务的信用卡电子账单、银行内部的单证票据电子化等，这些电子文件要求具有唯一性和确定性，并能证明是谁在什么时间产生的、产生后内容未被篡改。可信时间戳是这种要求的技术保障。

北斗高精度授时系统在金融行业具有广阔应用前景，能够为金融领域提供高精

度的时频保障，监管金融车辆，规范金融交易行为，实现金融计算机网络时间基准统一，有效保障银行系统时间戳的时效性，保障金融系统安全稳定运行，推进并建立金融领域的北斗时间基准。

2.5.3　基础测绘与工程建设

1）基础测绘

基础测绘是指为国民经济和社会发展以及为国家各个部门和专业测绘提供基础地理信息而实施测绘的总称，基础测绘必须在全国或局部区域按全国统一规划和统一技术标准执行。

利用北斗定位技术建立和实时维护高精度的全球参考框架，建立不同等级国家大地控制网和各种工程测量控制网，满足航空摄影测量、地籍测量等多方面的应用。

利用北斗定位技术获取的基础地理信息，可建立满足数字城市要求的高精度平面和高程基准，获取要求的点、线、面位置信息。在一定区域内，按照要求建设多个连续测绘基准站和控制点，组成永久的测绘参考站网，连续不断的采集数据，并通过现代通信网络技术把数据汇总到数据处理中心，经过处理后发送给授权用户，用户便可把接收到的数据与本地站数据共同处理，获得基础地理信息。

数据处理中心主要负责控制和接收各连续运行基准站数据信息，根据各基准站连续采集的数据，进行整体建模解算，修正码相位、载波相位差分信息，通过差分定位数据处理，确定接收机精准点位，建立我国基于北斗系统的三维地心坐标框架，改善我国大地水准面的精度和分辨率。

2）工程监测

对于高层建筑结构工程的安全性问题，国家制订了相应规范，从施工过程到建筑物使用、运营使用过程都要求进行建筑物变形监测和建筑物健康评估。

利用北斗高精度定位技术手段，建立基于北斗系统的实时动态监测系统，对建筑结构安全进行全过程的安全监测，可保证施工过程的顺利进行。

基坑监测的时效性要求对应的方法和设备具有采集数据块、全天候工作的能力，甚至要求能够适应夜晚或大雾天气等严酷的环境条件。将北斗定位技术应用于基坑变形监测，特别是基坑四周围护结构顶端水平位移的监测，可以快速、自动、准确地获取高精度位置监测数据，利用三维位置和速率等参数，实现变形可视化、数据分析和预测报警等功能。

近年来，随着我国经济建设的飞速发展，高速铁路的建设更加迅猛。然而，当列车速度达到200km/h以上时，其高速铁路的路基、轨道的不平顺对快速行车引起的振动远比相同条件下普通列车更为严重。对高速铁路而言，路基沉降监测是监测的重点。

基于北斗/惯性组合导航测姿的高速铁路轨道监测系统，可实现轨道形变、位移等信息获取，实现测量铁轨轨距、高低、轨向等功能，输出可视化结果，为高速铁路轨道健康监测提供高质量可信的数据源，全面满足峡谷、隧道等复杂地区高速铁路的检测及日常高效率检测需求。

水库与水电站大坝工程规模大、地质条件复杂，水库或水电站大坝在水负荷作用下，可能会产生形变，要求对水库与大坝的安全状况实时监控。

利用北斗定位技术，在水库与大坝的基准点上设置位置传感器，实时连续地接收北斗导航卫星信号，完成该位置变化量的测量，并将测量结果传递给控制管理中心，可实现对水库大坝安全监测的高精度和自动化要求。建立基于北斗技术的坝面监测点连续、同步变形监测系统，实现从数据采集、传输、分析、显示、存储、报警全过程自动化。

2.5.4 农林牧渔领域

1）农业精准耕种

中国是农业大国，北斗卫星导航技术提高了我国农村与农民的劳动收益。

北斗系统在农业领域的应用主要包括农田信息采集、土壤养分及分布调查、农作物施肥、农作物病虫害防治、特种作物种植区监控、农业机械无人驾驶、农田起垄播种、无人机植保等应用，其中农业机械无人驾驶、农田起垄播种、无人机植保等应用对高精度北斗服务需求强烈。

精准耕种是精准农业的重要组成部分，利用北斗系统的定位、导航功能，识别田间作业人员或农机的地理位置，确定行动轨迹，从而精细准确地调整整个耕种过程，最大限度地优化使用各项农业投入，获取更高的产量和效益。

北斗导航精准耕种系统，结合遥感、地理信息等技术，使得传统农业向智慧农业加快发展，对农机的作业轨迹、作业面积、作业质量等实现全程监控，能够及时直观掌握示范区农机分布，有效监控农机状态和农机手作业情况等信息，对突发事件采取积极有效应对措施，提高农业作业效率和土地利用率，有效解决农村劳动力紧缺问题。

2）林业管理

林业是北斗系统应用较早的行业之一。林业生产包括造林、育林、护林、森林采伐和更新、木材及其他林产品采集和加工等，林业生产需要及时监测森林中影响树木及种子正常发育的林业病，虫、鼠、杂草等有害生物。

野外调查是获取林业有害生物状况的主要手段，传统野外调查的方式是以纸质地图为基础，采用罗盘和测绳等确定地面位置，并将调查结果记录在纸质表格中，然后通过手工方法完成结果的整理汇总。林业管理部门利用北斗应用进行林业资源清查、林地管理与巡查等，大大降低管理成本，提升了工作效率。

基于北斗/地理信息系统（GIS）的林业有害生物监测记录系统，以移动个人计算机为基础设备，结合北斗的定位功能，有效解决传统方法的精度差、易出错等问题，可方便地应用在林区面积测算、木材量估算、巡林员巡林、森林防火、测定地区界线等方面。其中巡林员巡林、森林防火等使用了北斗特有的短报文功能，极大地提高了林业

生产过程中有害生物的监测效率和林区定位精度。

3）智慧牧业

智慧牧业利用北斗系统提供的定位和短报文功能，结合 GIS 以及卫星遥感信息系统，建立气象、畜牧、应急指挥等专家系统，协助相关管理单位，为牧场和牧民提供放牧引导、定位导航以及气象预报预警等功能，提升牧民的科学生产管理水平。

在我国的内蒙古、青海等西部牧区，牧民在各自承包的草场上放养畜牧，对于一些草场面积大、畜牧数量多的牧场，随着北斗卫星的应用与发展，牧民已经开始使用北斗系统进行智慧放牧，极大降低了人力劳动强度。内蒙古杭锦旗利用北斗系统结合现代互联网技术建设了全国首个“北斗卫星牧场”，卫星牧场的建设带来良好的经济效益，改变了传统农牧业时代牧民逐牛羊群而居的游牧生活，使牧民真切感受到科学技术对农牧业的强大助推力量。

4）海洋渔业

我国是渔业大国，海域辽阔，渔业人口众多，船舶数量 100 多万，实现对作业渔船的动态监控和实时跟踪，对保障渔民安全、引导渔民作业意义重大。

渔业是北斗短报文特色服务普及较早应用广泛的行业。使用北斗系统短报文功能，渔民能够通过北斗终端向家人报平安，有力保障了渔民生命安全、国家海洋经济安全、海洋资源保护和海上主权维护。目前，全国有超过 4 万余艘渔船安装北斗终端，累计救助渔民超过 1 万人，已成为渔民的海上保护神。

北斗卫星海洋渔业综合信息服务系统可为海上渔业生产作业提供自主导航、遇险紧急报警、船岸短消息互通服务，为各级渔业管理部门、渔业公司提供海上渔船的船位监控、遇险救助联络、渔业资源环境保护等服务，为岸上的相关用户随时随地提供亲人的海上位置，并通过互联网和亲人进行信息交流服务。

5）渔政管理

渔政管理是保障渔民权益、维护海洋权益的重要力量。我国自 2012 年起，在南沙海域开始为我国的所有渔政船只装备北斗导航指挥系统。

该系统以北斗系统为基础，结合计算机网络、地理信息系统及管理信息系统等技术综合开发的通信定位系统，通过北斗的定位及短报文功能，实时跟踪监控作业渔船，一旦渔船遇到海损事故、国外武装渔船骚扰等突发事件，可以快速通过北斗短报文功能发送求助信息，管理信息系统则会派遣、引导附近渔政船前去救援。该系统还可用于向海上渔船发送指令，指挥抗台风抢险任务。

系统运行服务以来，收到并处理上百起海上渔船的紧急报警信号，有效改善了渔业通信手段，增强了南沙海域突发事件的应急处置能力，为探索我国海洋渔船尤其是远洋管理新模式，提高我国渔业现代化管理水平提供了示范作用。

2.5.5 环境监测与防灾减灾

控制污染、保护环境对我国实现可持续发展至关重要，环境监测是保护环境和控制污染的基础和依据。大气污染监测是环境监测的重要组成部分，长期以来，在大气污染物监测工作，特别是在大气应急监测中，对大气污染物自动监测点位或移动监测车辆的管控经常处于“看不见，听不到”的状态。

基于北斗卫星的定位及通信功能，并以GIS加以辅助，我国已构建了基于北斗系统的大气污染物监测系统。北斗环境监测信息系统的建设及成功运行，实现了对大气污染物的实时、稳定、有效监测，为大气环境监测管理、应急指挥决策提供有力支撑，同时也为北斗系统应用于环境自动监测及应急监测工作起到示范与借鉴作用。

系统运行时，利用北斗卫星定位功能，车载用户机获取大气污染物监测车辆的实时位置，并将监测到的大气污染物信息通过北斗短报文发送给监控中心和指挥车；利用通信功能，将监测车实时位置和监测信息等数据发送至监控中心；利用GIS完成移动检测车实时位置的显示和跟踪及其他地图信息的处理。

防灾减灾领域，是北斗应用较为突出的行业应用之一。通过北斗系统的短报文与位置报告功能，实现灾害预警速报、救灾指挥调度、快速应急通信等，可极大提高灾害应急救援反应速度和决策能力。

在地震监测中，北斗系统可用于获取高精度的监测站位置信息和时间信息。地震的发生前后必然有应力场的变化，从而带来地表坐标的变化，在全国选取两千多个监测站点并安装北斗设备，构建覆盖中国大陆及近海的高精度、高时空分辨率的地壳构造运动监测网络，获取这些监测站的高精度位置信息，进行应力场变化的分析。

2.5.6 国防建设与武器装备

卫星导航系统源于军事，用于军事，益于军事。卫星导航系统军事应用效果及重要性，并不亚于杀伤性武器，它已成为精确打击武器的“耳目”，是战斗力的倍增器。导弹、飞机、军舰，离开它便“有力无处使”“到处乱用力”。

在信息化时代，卫星导航系统已成为高技术战争的重要支持系统，可以有效提高作战部队的指挥控制、军兵种协同作战和快速反应能力。卫星导航系统作为现代军事中一个非常重要的部分，实现对目标的精确定位、导弹武器的精确制导，增强精确制导武器射程远、威力大、作战时效强的特点。此外，还可通过测量与修正导弹的飞行路线，进一步提高远程打击的精度和效果，在国防武器装备现代化发展中的地位是不可替代的。北斗系统为武器精确打击、战场态势感知、部队作战训练和联合保障等提供了重要支撑。

精确制导武器的出现，极大提高对地目标武器的精确打击能力，并促使世界各国军队的作战方式、指挥决策模式等发生了质的变化。在已有的多种制导体制和技术中，基于卫星导航与惯性导航技术相结合的“绝对”打击方式正在不断发展与演化，其核心是对目标绝对地理坐标（绝对量）进行精确打击，可以在提升打击精度的同时，降低制导部分的成本，已成为国内外武器火力打击体系信息化的核心关键。

国家反恐、维稳、警卫、安保等大量公安业务，具有高度敏感性和保密性要求，推广应用北斗系统势在必行。基于北斗的公安信息化系统，充分利用北斗系统导航定位授时与短报文通信的多功能特点，实现警力资源动态调度、一体化指挥，提高了响应速度与执行效率，在公安车辆指挥调度、民警现场执法、应急事件信息传输、公安授时服务等方面得到广泛应用。

2.5.7 智慧城市与大众应用

智慧城市是运用信息化网络技术，将城市中影响人民生活、环境保护、公共安全、城市资源、规划建设、社会服务及各种活动在内的资源及信息进行智能感知、分析、整合和管理，其实质是利用先进的理念和技术，实现城市智慧式管理和运行，为城市中人们创造更美好的生活，保护环境，促进城市和谐及可持续发展。

卫星导航系统可以为城市生活提供高精度的位置信息、时间信息和通信服务，同时与互联网结合，以智能化识别、定位、跟踪、监控管理，将空间时间信息与物理上物品信息融合在一体，形成物联网，为网络中的每个物体提供精准的导航和位置服务。

目前，卫星导航技术与微机电系统（MEMS）惯导技术相结合，利用个人手持终端（PDA）和可穿戴设备等大众应用，在城市智慧交通、智慧旅游、智慧停车、智慧医疗、智慧物流、无人机监控及城市应急特发事件中应用广泛。

景区中的游客可以通过卫星导航用户终端分享自己的位置，帮助家人、朋友快速确定自己在何方，让沟通更为迅速、有效。度假村、农家乐、休闲农业采摘的业主，利用互联网和特色手机应用程序（APP）软件，简单快捷推送位置信息和服务，客户直接打开导航应用软件，可迅速到达目的地。

北斗大众应用触手可及，日益走近百姓生活。具备 GNSS 功能的手机已经是外出旅游的标配，并且基于卫星的通信导航一体化终端在野外游、游轮游中也需求旺盛，支持北斗系统的手表、手环、学生卡，更加方便和保护人们的日常生活。

风靡中国大街小巷的共享单车离不开车辆定位，借助北斗系统卫星导航定位技术，方便快捷地实现车辆精准投放与维护回收，在此基础上推出的电子围栏技术，利用定位和大数据技术智能划定虚拟的规范停车区域，实现车辆的精细化管理，规范用户停放行为。

随着互联网的发展，车联网也发展迅速，而卫星导航技术是车联网实现的基础，也是自动驾驶不可或缺的组成部分。

参考文献

[1] 国务院新闻办公室．中国北斗卫星导航系统白皮书[M]．北京：人民出版社，2016.
[2] 孙家栋，杨长风．北斗二号卫星工程系统工程管理[M]．北京：国防工业出版社，2017.

[3] 谭述森. 卫星导航定位工程[M]. 北京:国防工业出版社,2010.
[4] 谢军,等. 卫星导航技术[M]. 北京:北京理工大学出版社,2018.
[5] 袁树友. 中国北斗 100 问[M]. 北京:解放军出版社,2016.
[6] 袁树友. 北斗应用 100 例[M]. 北京:解放军出版社,2016.
[7] 吴海涛,等. 北斗授时技术及应用[M]. 北京:电子工业出版社,2016.

第3章　导航卫星环境与任务分析

航天是指进入、探索、开发和利用太空(即地球大气层以外的宇宙空间,又称外层空间)以及地球以外天体的各种活动的总称。

航天活动包括航天技术(又称空间技术)、空间应用和空间科学三大部分。航天技术、空间应用与空间科学三大领域之间有着不可分割的联系:航天技术为空间应用和空间科学提供技术手段和保障条件;空间应用运用航天技术成果转化为现实生产力和国防实力,并对航天技术和空间科学的发展提出需求;空间科学为航天技术和空间应用的持续发展提供科学研究基础。

人类要探索浩瀚宇宙、实现航天活动,就要建立以人造卫星、空间探测器、宇宙飞船、航天飞机等航天器为核心的航天工程系统。这一系统是一个复杂的工程大系统,具有规模庞大、技术密集、综合性强,以及投资大、周期长、风险大等特点。同时,工程系统建设完成之后所产生的经济效益、社会效益和辐射带动效应十分明显。

对于一个复杂的工程系统,我们必须采用系统工程方法,根据用户的需求,开展任务分析工作,对设计与应用约束条件进行目标分解,形成一系列具体的指标、要求,并明确有效的技术途径进行落实。

卫星导航系统是全天时、全天候、高精度时空基准的空间重要基础设施,其设计建设难度大、运行维护成本高,是人类实现精准导航定位的一个复杂航天工程系统。北斗导航卫星作为北斗系统的一个核心组成部分,同样具有航天系统工程的特点。

按照航天器任务分析的方法、基本流程和工作项目,北斗系统型号项目立项和项目研制过程中,卫星系统通过对北斗导航卫星的任务分析,明确导航卫星设计研制的目标、基本方案、约束条件、技术要求等内容,找出实现任务目标要求的技术途径,指导后续工程研制与系统建设。

本章围绕北斗导航卫星环境与任务,首先对于卫星及卫星系统工程等一些航天基本知识进行介绍,给出导航卫星的任务要求,然后分析导航卫星的环境与任务,分析内容主要包括导航卫星任务要求、轨道选择与分析、星座构型与分析、环境条件分析、服务业务与服务区域、天线指向精度、星地测控服务、卫星自主导航任务等。其中,在导航卫星任务分析的相关部分,结合北斗系统及北斗导航卫星的情况给出了基本结果。

3.1 卫星及卫星系统工程

3.1.1 卫星

卫星是指围绕一颗行星运行，并按闭合轨道做周期性运动的天然天体。人造卫星一般也可称为卫星，是指环绕行星（例如地球、月球、火星等）运行的无人航天器。人造卫星是目前发射数量最多、用途最广的航天器，它种类繁多，分类方法各异。

对于人造卫星的定义和分类有多种方法，可以按照卫星运行轨道的不同进行分类，可以按照卫星是否返回地球进行分类，也可以按照卫星的质量大小或卫星的用途进行分类。按照卫星用途分类方法，可以将人造卫星分为科学卫星、技术试验卫星和应用卫星三大类[1]。

科学卫星是用于进行科学探测和研究的人造卫星，主要包括空间物理探测卫星、天文卫星、微重力试验卫星等。

技术试验卫星是用于开展空间技术和空间应用技术的原理性试验，或执行工程型试验任务的人造卫星。

应用卫星是指直接为人类社会、国民经济、军事活动和文化教育服务的人造卫星。对于应用卫星，可以进一步按照其具体的任务目标、用途作用，分为通信卫星、广播卫星、导航卫星、气象卫星、侦察卫星、地球观测卫星、海洋卫星和多业务用途卫星等。

人造地球卫星相对于地面系统及其设备仪器具有不同的工作运行环境、不同的工作要求和不同的技术特征，在卫星系统的设计、研制、运行管理和使用时必须加以关注。特别是卫星在运动方式、环境条件、长寿命高可靠要求、自动化程度、系统整体性等方面成为关注的重点。

1）运动方式

卫星运行和工作在极高真空的宇宙空间里，其相对于地球的运动基本上靠惯性自由飞行。在地面，卫星的运动速度要达到入轨速度，需要由运载火箭提供动力和运动加速度。按照力学理论，当卫星的运动速度达到第一宇宙速度 7.9km/s 时，卫星即可脱离地球引力，在地球上空的一定轨道高度上沿地球表面飞行运动。

卫星的运行轨道是按照航天任务要求，在卫星系统设计时事先选择和确定的。卫星上配置推力器动力装置与必要的推进剂，主要作用是维持飞行中的卫星轨道，或者按照要求进行卫星轨道改变。在卫星出现某些故障的情况下，还可以利用推力器动力装置和其他的执行机构进行卫星姿态的调整和控制。

2）环境条件

卫星长期运行和工作在高真空、强太阳辐射、微重力、超高或超低温度的空间环境中，环境条件与地面系统和设备仪器大不相同；卫星在运载火箭发射过程中还要经

受火箭起飞产生的过载、振动、噪声和冲击环境影响；返回式卫星再入大气层时，还需要再次耐受恶劣的力学、热和电离环境。上述高真空、强太阳辐射、微重力、超高或超低温度环境，以及力学过载、振动、噪声和冲击环境对卫星系统工作及卫星产品质量的考验极大。

同时，受运载火箭的运载能力和整流罩容积尺寸的限制，卫星产品设计所采用的材料、器件和仪器设备，既要求质量小、体积小、功耗小，又要能承受复杂恶劣的环境条件。

3）长寿命高可靠

目前，应用卫星从入轨开始直到工作寿命终止，一般要求运行工作几个月、几年、十几年。在此期间，人们难以方便地对卫星系统及相关产品进行任何补给、维护、修理和更换，卫星系统及产品可以视为一种特殊的“一次性长期使用”的产品。

因此，在设计和研制卫星过程中，始终将长寿命、高可靠性作为基本要求，要求在各种工作环境、不同工作模式（包括某些产品故障情况下、环境条件出现偏差情况下）进行长寿命高可靠性设计与试验验证。长寿命、高可靠性是卫星的基本特征。

4）自动化程度高

卫星发射入轨后，对于卫星各系统产品的状态与工作的观察测量、操作调整等均不能像在地面时面对面地进行，需要靠星上软件程序自动控制，或地面系统通过星地测控通道发送相关遥控指令信号进行管理和控制，卫星的状态通过遥测参数进行显示。地面系统对于卫星的操作与控制主要是借助地面和星上测控系统配合完成的，其具体工作的安排、监测和控制通常由航天测控网或用户台站（网）的工作人员实施。

随着卫星综合电子与数据管理系统功能的提高，卫星上配置的软件及 FPGA 越来越多，软件无线电技术在卫星产品上广泛采用，星上的自动化程度也越来越高，对于正常工作模式、故障模式的自主控制能力也越来越强。

5）系统整体性

卫星作为一个系统，是由平台多个保障分系统和有效载荷分系统有机组成的整体，各分系统又由若干子系统或产品设备、部件组成。卫星系统的任务功能要求和性能指标与卫星各个分系统，以及子系统或产品设备、部件之间的相互作用密切相关。

在卫星系统设计和研制中，要从卫星整体功能和性能出发，进行顶层分析和综合研究，把握平衡好卫星系统各组成部分之间的相互关系、相互作用，用最小的代价，寻找最优可行的方案，使卫星系统满足用户要求。在设计和研制的全过程，需要充分重视卫星产品的重量、功耗、安装面积、遥测遥控容量等方面的约束。

在卫星系统设计时，需要强调产品与技术的继承性和成熟度，关注新材料、新工艺、新技术的分析和应用，通过系统设计与控制，使卫星系统的整体与各分系统局部之间的接口关系相互协调和有机整合，实现总体目标最优。卫星总体需要避免片面地强调或突出某一部分产品，避免某些分系统或某一产品设备追求局部先进，造成花费代价大,技术攻关难度大、风险高,同时,也要避免降低某一部分的要求,使卫星系统或其他产品付出更多的代价,甚至造成卫星系统关键性能的下降。

3.1.2 卫星星座

人类从 1957 年成功发射第一颗人造地球卫星到今天,纵观卫星系统与技术 60 多年来的发展历程,在不同时期,基于不同的国家航天科技水平和工业基础,围绕不同的航天任务需求,卫星系统在多个方面呈现出不同的特点,其中有两条主线始终贯穿其中。

首先,从卫星系统与技术发展的纵向来看,单颗卫星的技术性能不断提高,卫星平台技术有了长足发展,有效载荷种类和用户需求不断丰富,有效载荷技术和产品能力不断提高。

其次,从卫星系统与技术在应用方面变化的横向来看,卫星之间的联系越来越密切,许多航天任务将不再由单一卫星来完成,多卫星合作已成为卫星应用的主流形式。在很多应用领域,包括全球卫星通信、卫星导航系统,单个卫星难以完成任务要求的目标或性能。完成这类航天任务的一种较好的技术途径是在相同或不同空间轨道面上布置多颗卫星,通过卫星星座系统实现任务目标。

卫星星座是指由多颗卫星按照任务需求的规定,通过不同或相同空间轨道组成全球覆盖或一定区域覆盖的卫星网络系统。在星座内,卫星轨道形成稳定的空间几何构型,卫星之间保持一定的时空关系。卫星星座具有可以满足卫星任务覆盖范围、多重覆盖、连续覆盖和重访周期要求的特点。

从星座中卫星的空间分布或卫星业务服务覆盖范围的角度,可以将星座分为全球分布星座和区域分布星座,或称为业务服务全球覆盖和业务服务区域覆盖星座。全球分布星座中的卫星,一般散布在以地心为中心的球面上,相对地心有一定的对称性。而区域分布星座中的卫星,一般是形成一个卫星簇,围绕地球表面运动,完成对特定区域范围的业务服务。

从卫星轨道构型的角度,可以将星座分为同构星座和异构星座。所有卫星的轨道具有相同半长轴、偏心率以及近地点角距,相对于参考平面有相同的倾角,每个轨道平面中有相同数量且均匀分布的卫星,这样的星座称为同构星座。而由多种轨道卫星组成的星座称为异构星座,通常也称为混合星座。

常见的 Walker 星座属于同构星座,而我国的北斗系统包含中圆地球轨道、地球静止轨道和倾斜地球同步轨道的卫星,其星座就属于异构星座。

按照卫星信号覆盖重数的不同,星座可分为单重覆盖和多重覆盖星座。

按照卫星信号时间分辨率的不同,星座可以分为连续覆盖星座和间歇覆盖星座。连续覆盖星座指的是卫星信号对目标区域内的任意地点,可实现不间断覆盖的星座。而间歇覆盖星座则是卫星信号需要以一定的时间间隔对目标区域实现覆盖的星座。

按照卫星导航系统实现导航定位的原理,目前美国 GPS、俄罗斯 GLONASS、我国

BDS、欧洲 Galileo 系统等均采用全球分布、多重覆盖、连续覆盖的星座系统。

3.1.3　卫星系统工程

卫星系统工程是指采用在轨卫星，实现特定用户需求、业务服务、科学试验为目标的工程项目，是一项涉及面十分广泛的系统工程[2]。

一般而言，卫星系统工程由卫星系统、运载火箭系统、发射场系统、航天测控系统、地面运控系统和应用系统等组成，协同完成特定的工程要求、用户需求、业务服务和科学研究等任务。

卫星系统是完成工程任务的基本手段，利用其在太空的高远位置资源和技术特点优势，实现所需求的各种功能，以满足用户和国家的要求。

运载火箭系统（包括基础级和上面级）是实现航天任务的前提，完成将卫星送入太空的目的。不同航天任务的卫星重量不同、轨道不同，有时是多星共同发射等要求，选择的运载火箭系统也不同。

发射场系统是卫星和运载火箭从地球表面的出发港，配备发射卫星的地面支持设施。我国目前已建成酒泉、太原、西昌、文昌四个航天器发射基地，按照设计要求，可执行不同的卫星发射任务。

航天测控系统由地面测控指挥中心、测控站（船）和中继卫星、卫星中继终端等组成，完成卫星和运载火箭从起飞到卫星入轨、卫星在工作轨道上运行至其寿命结束期间的跟踪、测量、控制和获取卫星及运载火箭数据的任务。

地面运控系统是完成对卫星业务管理和运行控制的地面支持系统。

应用系统是接受并体现航天任务直接效益和作用的设备或系统，一般由用户终端、地面接收站等组成。

在工程系统研制过程中，各大系统均按照工程总要求开展任务界面、机械接口、电气接口、信息协议等方面的协调工作，形成各类接口控制文件，各系统按照接口文件开展工作，相互协调完成卫星系统任务分解后所确定的目标。

3.1.4　卫星全寿命周期

卫星系统全寿命周期是指卫星从项目立项论证、可行性分析、总体方案设计开始，进入卫星系统工程研制、试验测试、发射场工作及卫星发射，到卫星进入运行工作轨道、在轨提供服务，直至卫星工作寿命到期、离轨退出任务的全过程。卫星系统全寿命周期是卫星系统论证、研制与服务的整个过程，卫星系统设计过程中，需要关注不同时间阶段、不同工作特点所对应的不同要求。

我国航天工程研制经过 60 多年的积累，形成了一套适合我国国情的卫星工程研制阶段的定义和研制流程，各研制阶段之间相互关联、相互作用、相互制约，且具有次序关系。前一阶段工作为后一阶段工作打基础，后一阶段工作是前一阶段工作的继续和进一步完善、深入及细化。每一阶段都包括多次工作的迭代，充分地将未解决的问题在本阶段内闭环，并通过评审的形式得出本阶段的结论，决定开展下一阶段工作[2]。

北斗导航卫星是我国航天器研制历程中的一个典型，它兼具一般卫星系统的研制阶段特征，又拥有小批量卫星产品组批生产的特殊研制模式。

北斗导航卫星全寿命周期包括卫星工程任务立项前的任务分析（预研）阶段、可行性论证（方案）阶段，任务立项后的卫星系统初样研制、正样研制、卫星发射与在轨测试、组网运行服务和卫星到寿命后的离轨管理等几个阶段。其中卫星系统初样研制、正样研制、卫星发射与在轨测试可称为工程研制的实现阶段[3]。

各阶段的主要工作如下。

（1）任务分析阶段是北斗导航卫星研制的第一步。根据国家卫星导航领域规划和军民用户需求的目标和约束条件，分解细化成用导航卫星术语和技术参数表达的导航卫星初步设想方案，包括约束条件的分析、卫星的定义和说明、技术功能和经济指标、研制周期及技术指标（指定量的规定总体性的性能指标）等内容。

同时，在系统层次上对卫星发射方式和运载火箭、测控系统、卫星在轨运行以及轨道、卫星平台和有效载荷等内容进行综合分析，结合卫星发射前、发射过程、在轨或离轨各个阶段，给出卫星系统的初步设想方案。

任务分析阶段工作是在工程大系统的层次上，协调明确卫星系统、星座与各大系统之间的协调和相互关系，明确卫星系统在工程大系统中的位置，确定卫星设计的外部边界条件。这些边界条件和技术指标与卫星研制周期、经济和可靠性预算指标合并在一起，将作为工程型号可行性论证的根据。

（2）可行性论证阶段是在任务分析的基础上，通过系统与产品关键技术攻关、技术和工程可实现性论证，完成导航卫星的概念性设计，并提出多个可满足初步设想方案和卫星初步技术指标的备选可行方案，设计出满足导航任务需求的卫星系统可行性方案，作为后续卫星系统方案设计的基础。

可行性论证阶段工作是在充分继承已有的技术成果和产品基线的基础上，按照用户需求和工程总体要求，充分发挥设计师的创新才智，提出多个备选的可行方案，并经分析、比较和评价，从中选出系统层面上最优的导航卫星系统方案。

可行性论证完成的标志是卫星系统已明确了设计理念和技术途径，突破了卫星系统及产品部、组件关键技术，在工程任务各项约束条件下（包括技术指标、系统间接口、经济及进度需求等）完成导航卫星总体方案可行性论证报告。

（3）初样研制阶段是在卫星总体设计初步方案和各分系统设计方案的基础上，完成卫星总体设计，完成配套产品设备、初样星（根据卫星总体设计结果，一般包括电性星、结构星、热控星）的设计和研制，进行系统间及星内各分系统间的接口设计和协调，完成卫星电性星功能和指标测试，完成初样结构星与大型部件产品的力学环境、热真空、热平衡等试验，完成与整星配套的总装和电测地面设备的设计等。

通过初样阶段研制工作的开展，验证卫星系统产品设备、分系统及整星设计的正

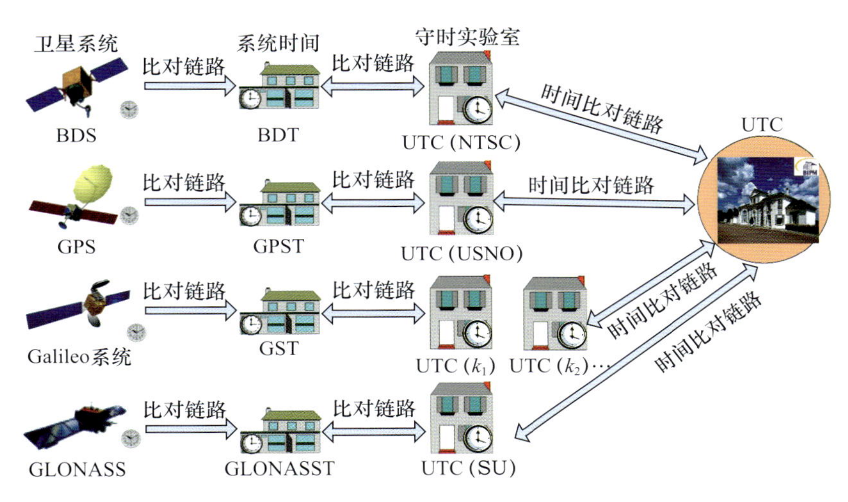

图 1.5 GNSS 导航系统的溯源方式

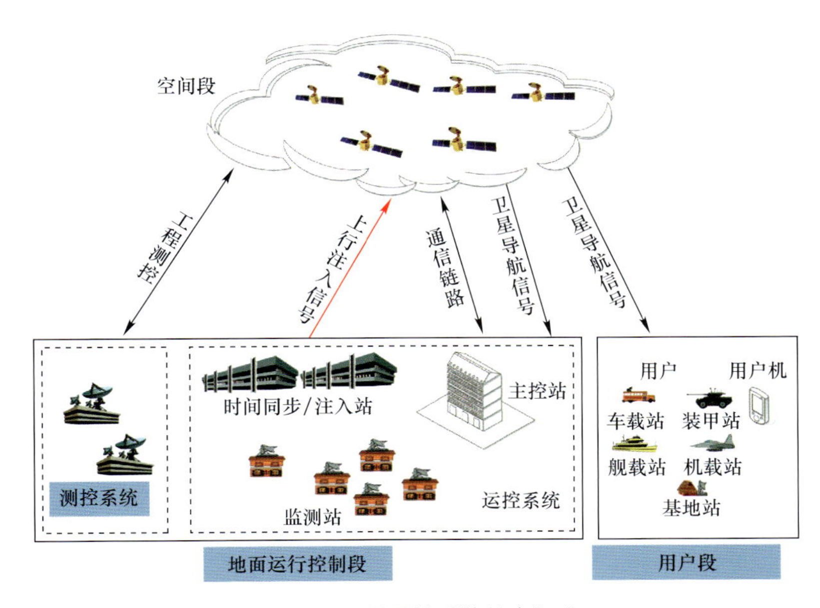

图 1.8 卫星导航系统基本组成

图 1. 10　美国 GPS 星座示意图

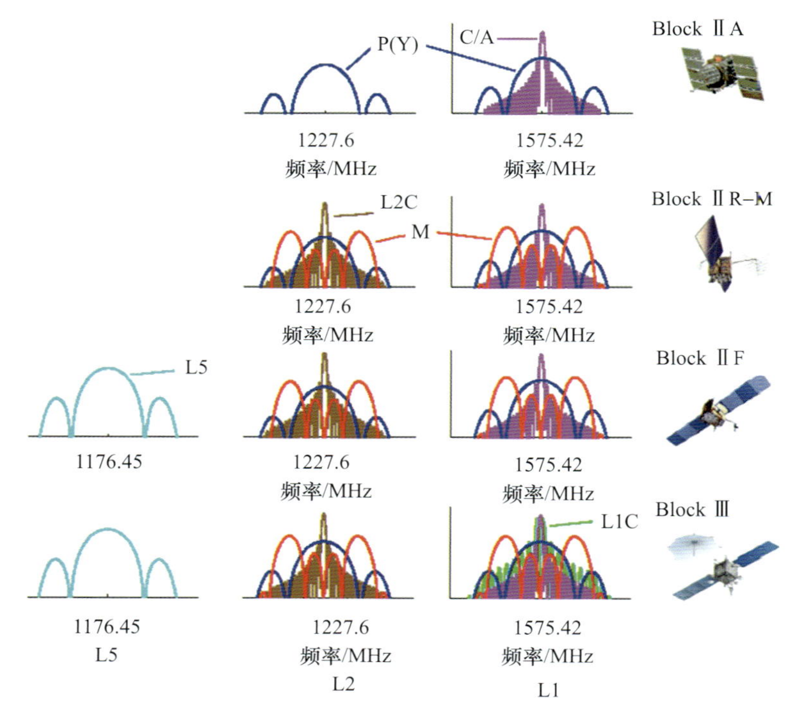

图 1. 11　GPS 导航卫星播发的导航信号频谱示意图

图 1. 13　GPS Ⅱ A 卫星示意图

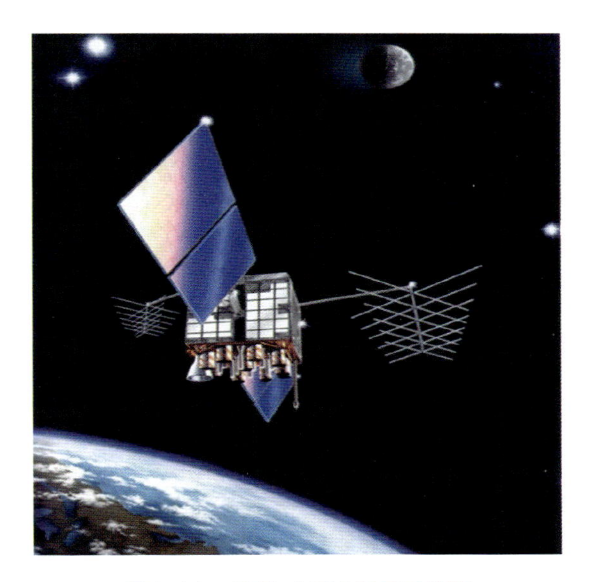

图 1. 14　GPS Ⅱ RM 卫星示意图

图 1.15　GPS ⅡF 卫星示意图

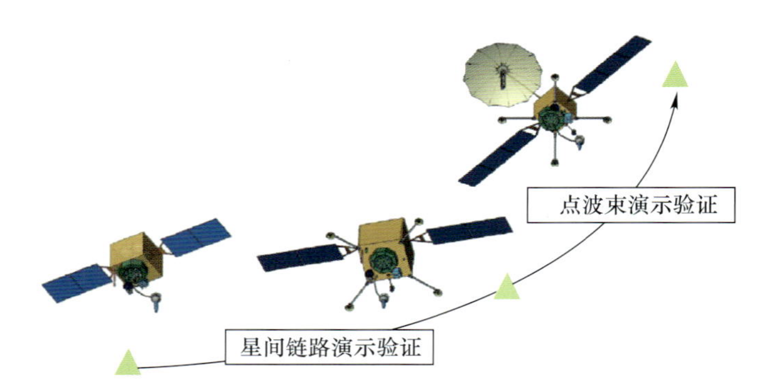

图 1.16　GPS Ⅲ卫星的发展计划示意图

图 1.17　GPS ⅢA 卫星示意图

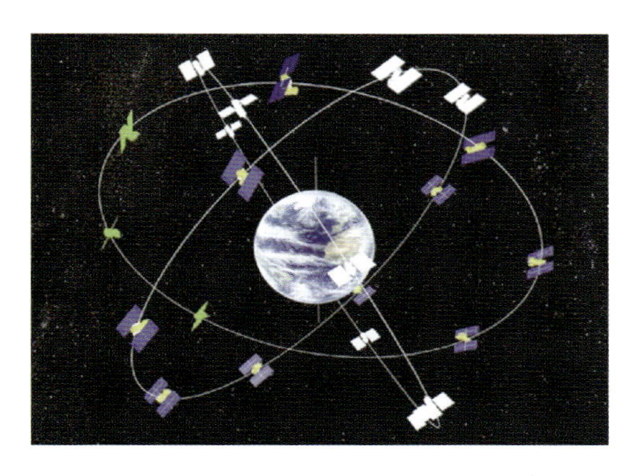

图 1.18　俄罗斯 GLONASS 星座示意图

图 1.19　GLONASS-M 卫星示意图

GLONASS-K演进型号（K2卫星）
1部用于L1/L2/L3频分与码分多址信号的相控阵天线。
先进的星钟：$(5\times10^{-14}\sim5\times10^{-15})$/天。
2016年底完成最终的设计

增强型GLONASS-K卫星
信号：L1/L2OF，L1/L2SF，L1/L2OC，L1/L2SC，L3OC。
2部相控阵天线（用于频分多址和码分多址信号。
新电文结构。
增强新码分多址信号抗干扰能力。
测试星钟：$(5\times10^{-14}\sim5\times10^{-15})$/天。
星上单向激光测距。
星历与星钟数据更新间隔更短，激光星间链路。
设计寿命：12.5年。
搜索与救援载荷

GLONASS-K卫星
信号：L1/L2OF,L1/L2SF,L3OC。
设计寿命：10年。
星钟：铯钟、铷钟,1×10^{-13}/天。
非增压平台。
先进的卫星指挥与控制系统。
搜索与救援载荷

图 1.20　GLONASS-K 卫星发展路线图

图 1.21　GLONASS-K 卫星示意图

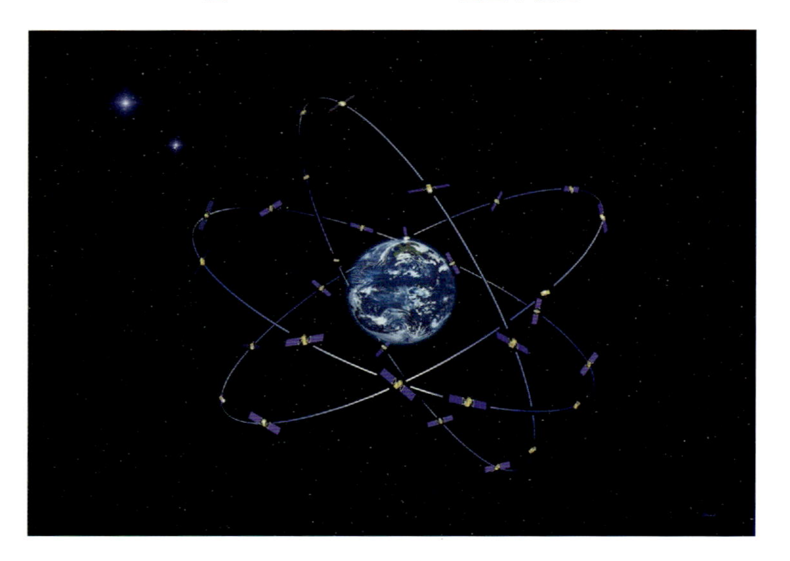

图 1.22　Galileo 系统星座示意图

图 1.23 GIOVE-A 卫星示意图

图 1.24 GIOVE-B 卫星示意图

图 1.25 Galileo-IOV 卫星示意图

图 1. 26　Galileo- FOC 卫星示意图

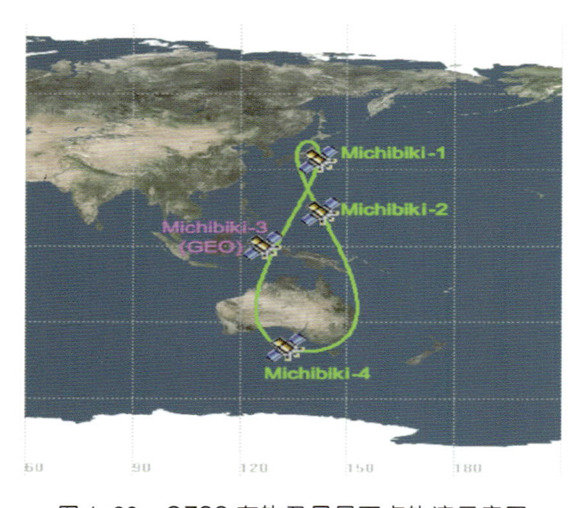

图 1. 28　QZSS 在轨卫星星下点轨迹示意图

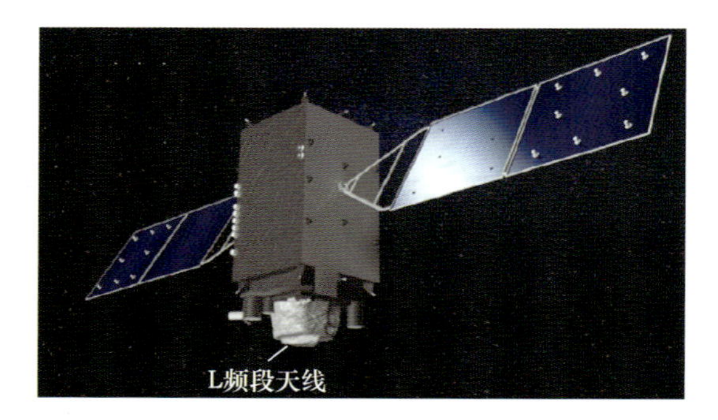

图 1. 29　QZS-1 卫星示意图

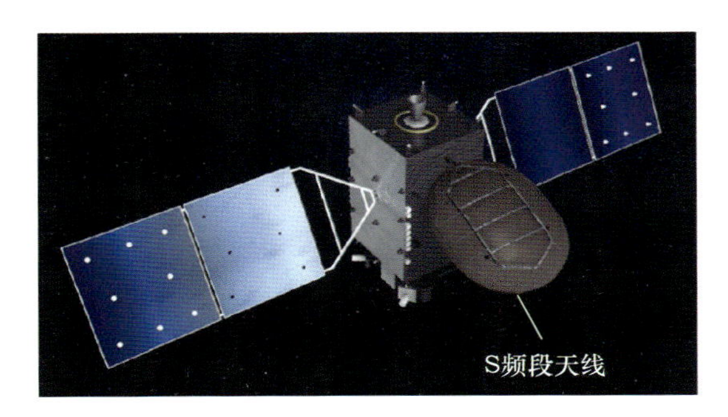

图 1.30　QZSS 的 GEO 卫星示意图

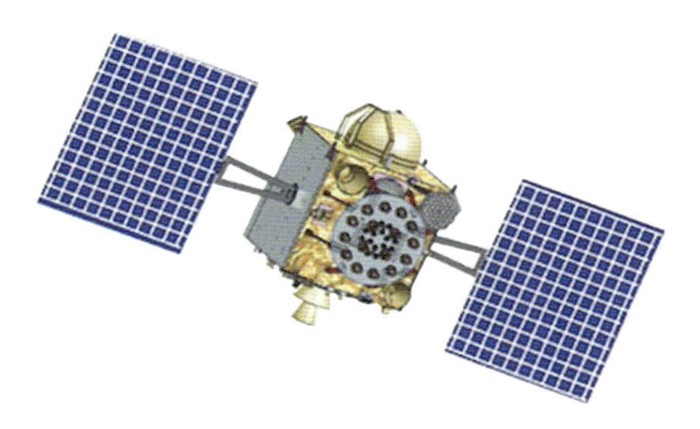

图 1.32　IRNSS 卫星在轨示意图

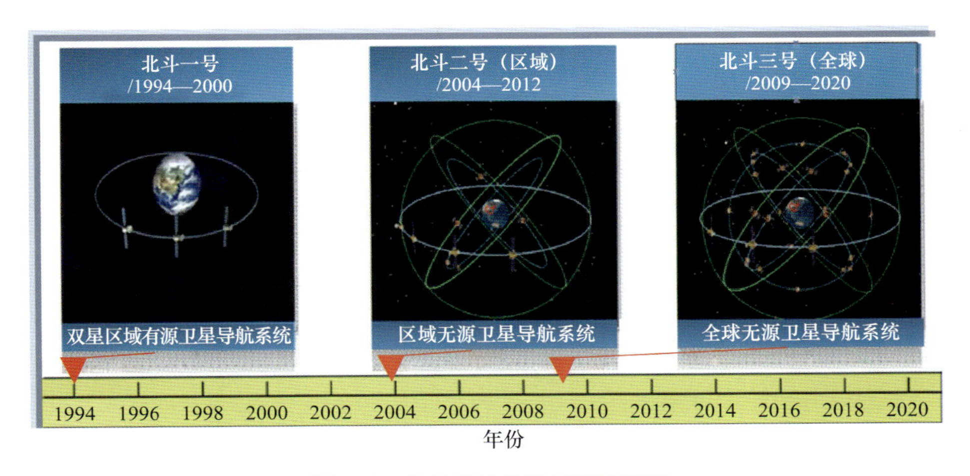

图 2.1　北斗系统发展历程示意图

图 2.3　东方红二号双自旋稳定平台卫星

图 2.4　东方红三号卫星平台

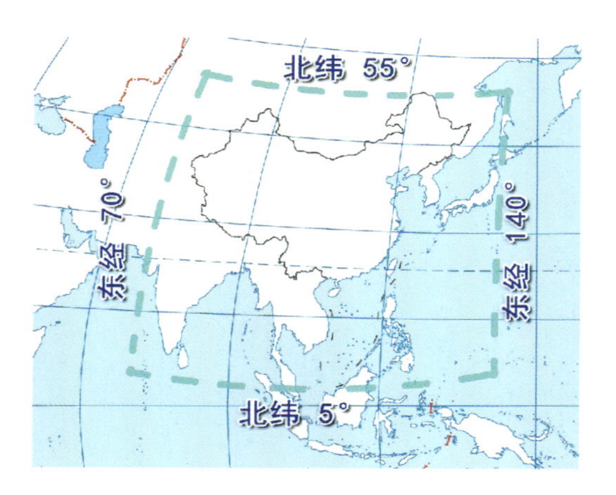

图 2.7　北斗一号系统服务区范围

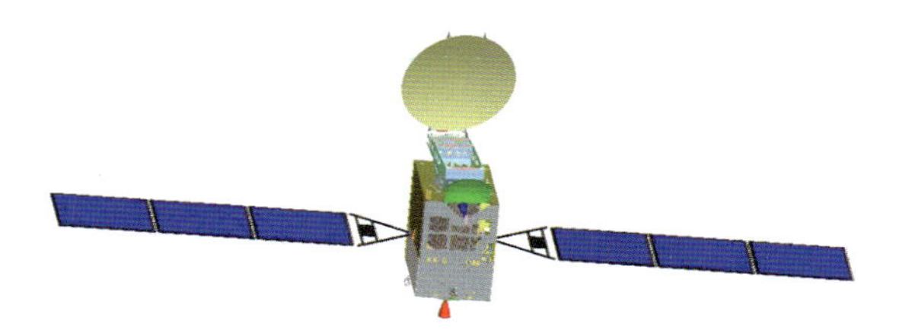

图 2.8　北斗一号卫星在轨展开状态示意图

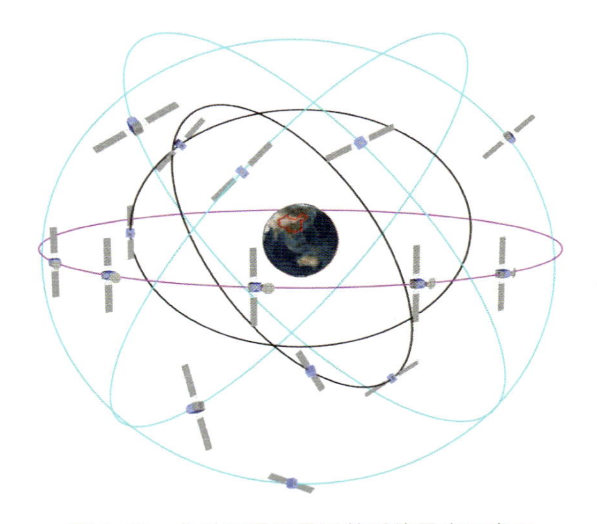

图 2.10　北斗二号卫星导航系统星座示意图

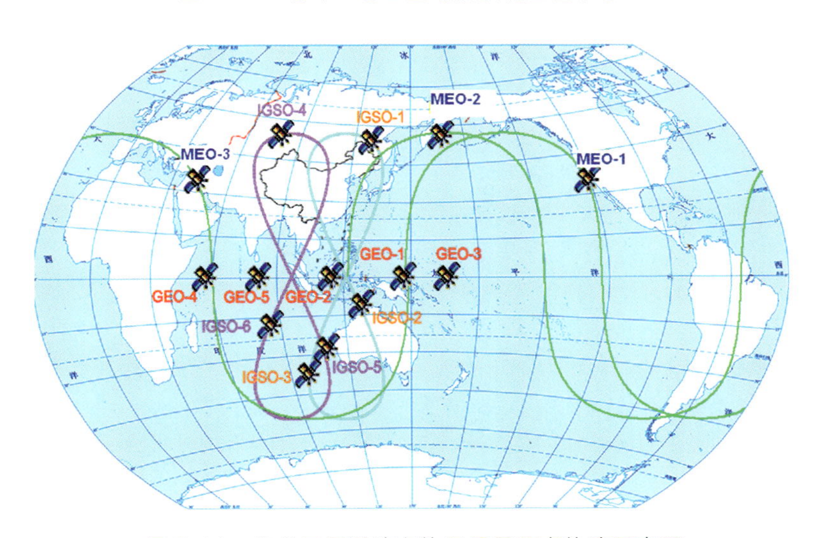

图 2.11　北斗二号系统在轨卫星星下点轨迹示意图

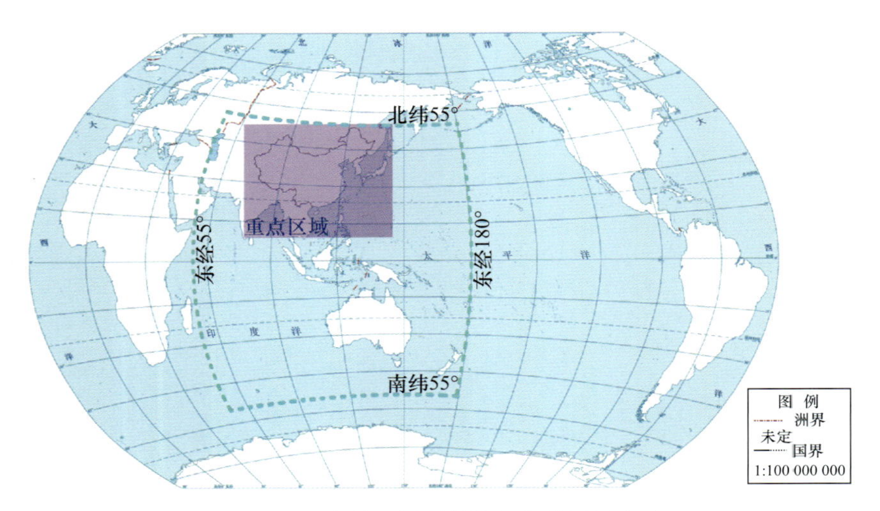

图 2.12　北斗二号系统服务区范围示意图

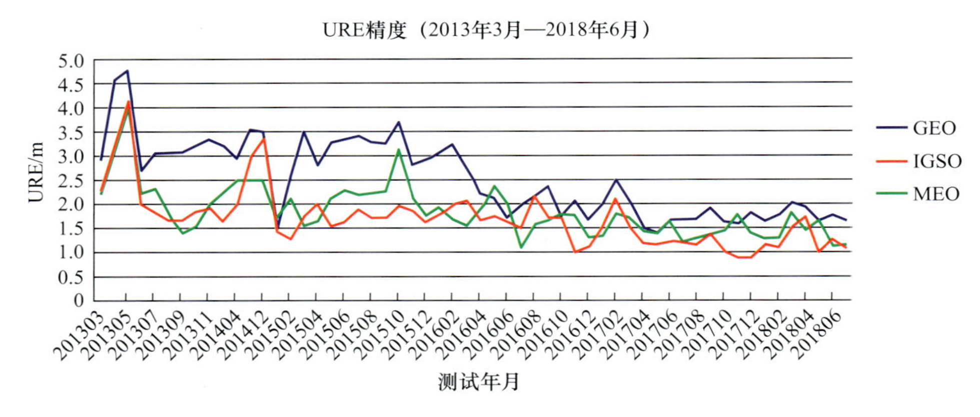

图 2.13　北斗二号系统空间信号用户测距误差监测结果

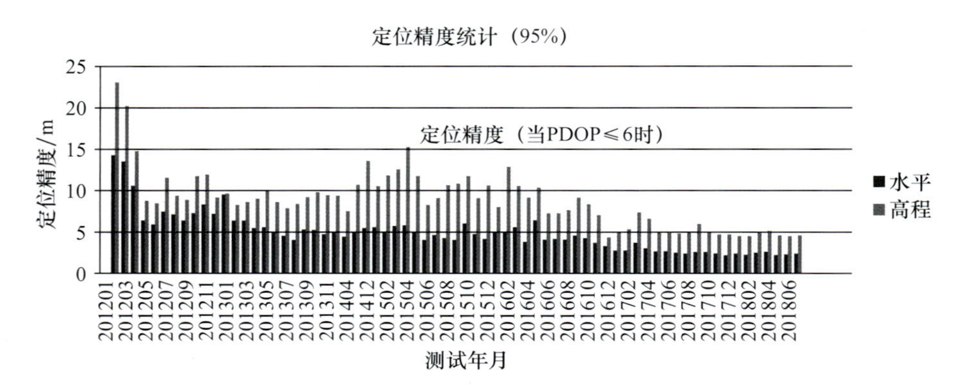

图 2.14　北斗二号系统服务性能指标监测结果

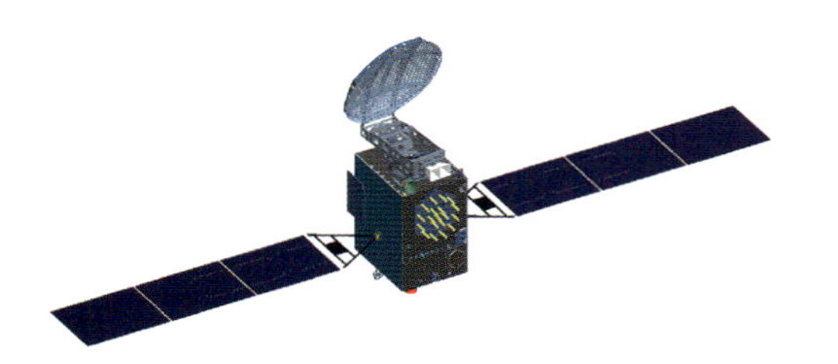

图 2.15　北斗二号系统 GEO 卫星

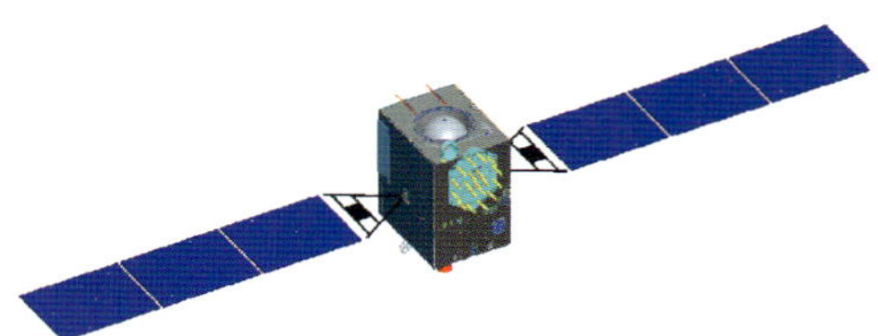

图 2.16　北斗二号系统 MEO/IGSO 卫星

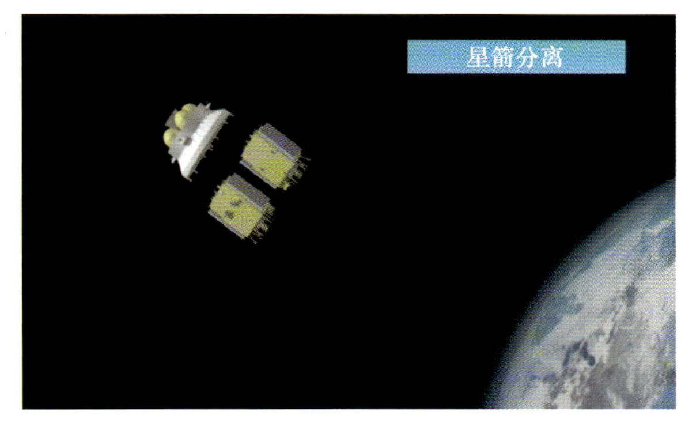

图 2.17　“一箭双星”发射后卫星与上面级分离示意图

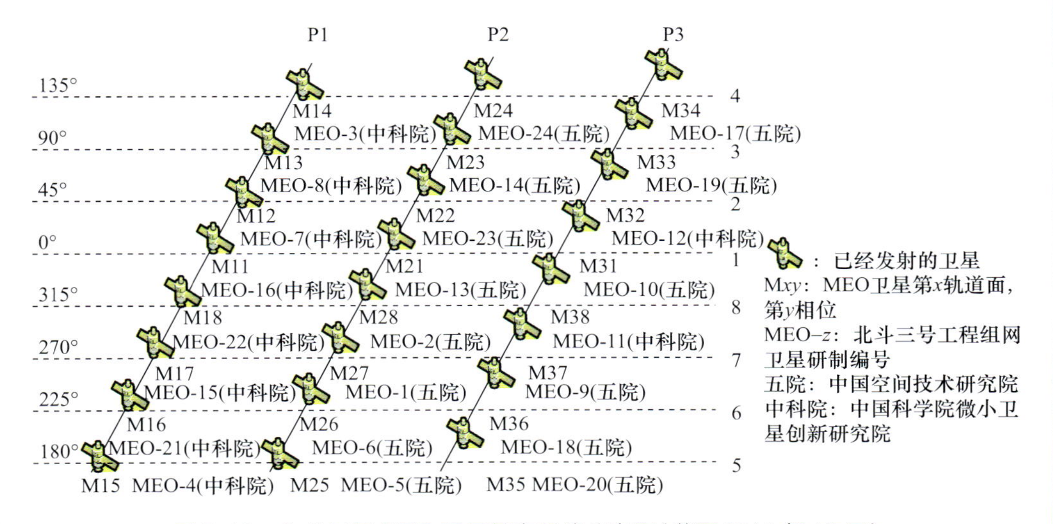

图 2.18　北斗三号 MEO 卫星基本系统分布图(截至 2019 年 12 月)

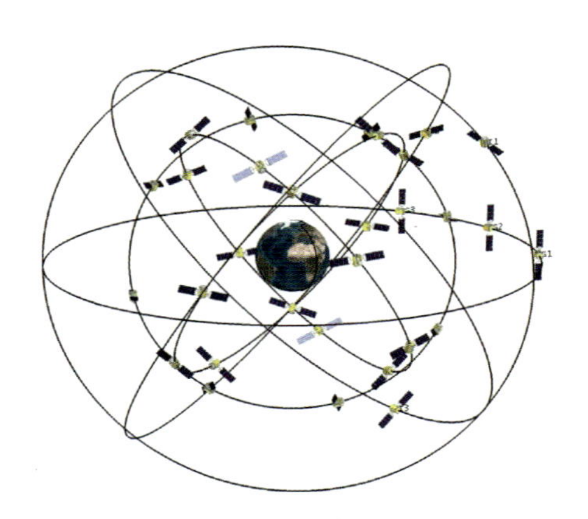

图 2.20　北斗三号 30 颗组网卫星的星座构型

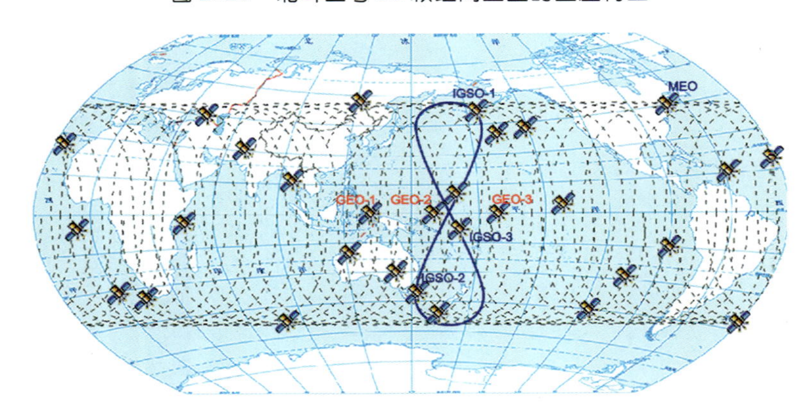

图 2.21　北斗三号 30 颗组网卫星的星下点轨迹图

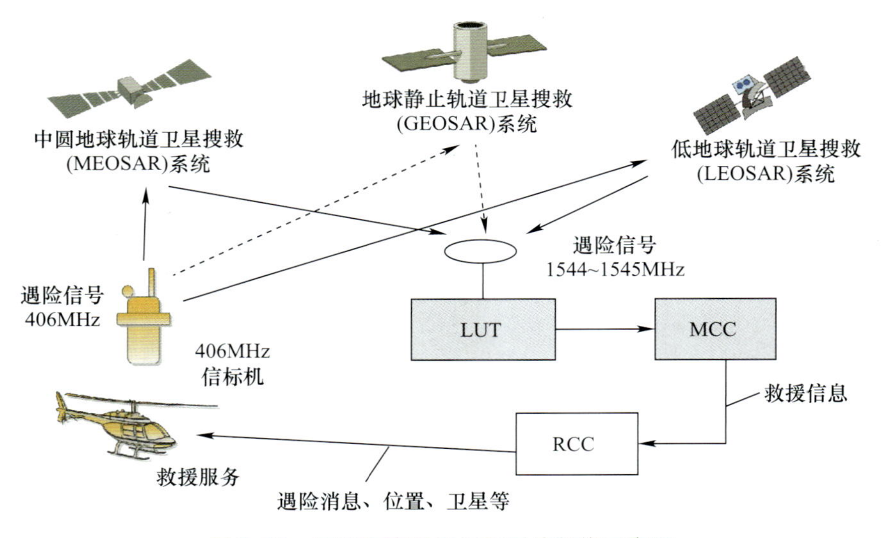

图 2.22　国际海事卫星搜救系统架构示意图

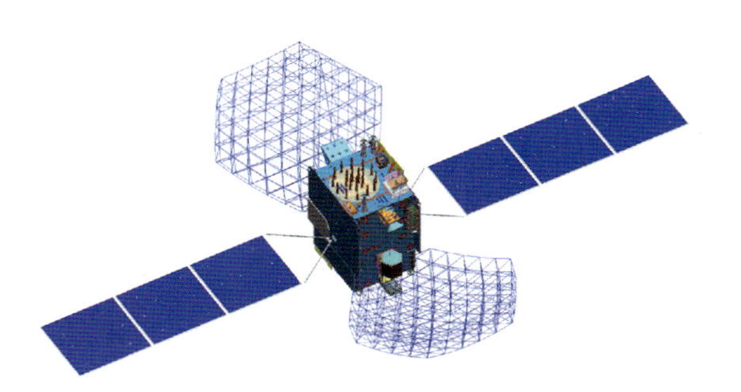

图 2.23　北斗三号 GEO 卫星示意图

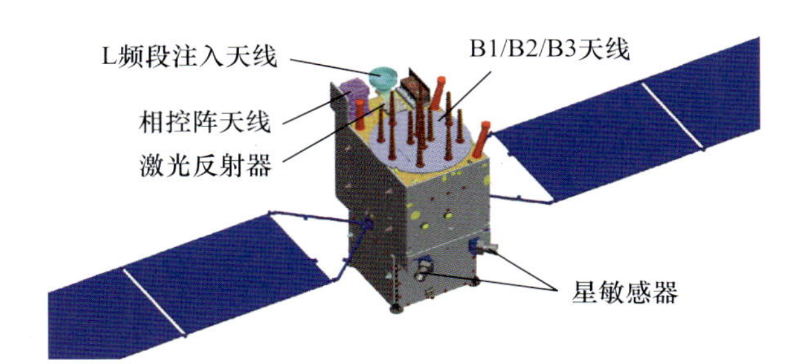

图 2.24　北斗三号 MEO 卫星(基本型)示意图

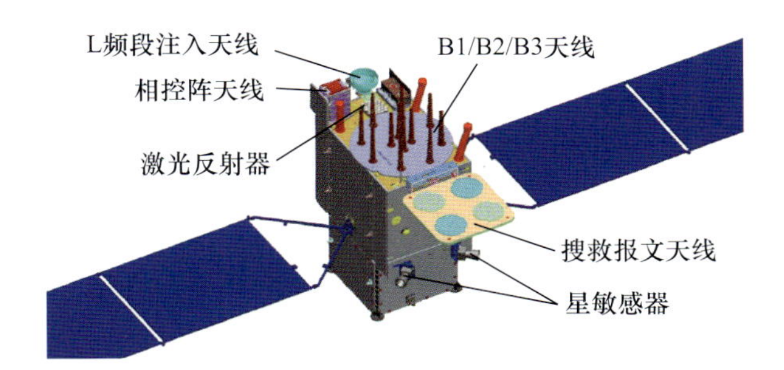

图 2.25　北斗三号 MEO 卫星(增量型)示意图

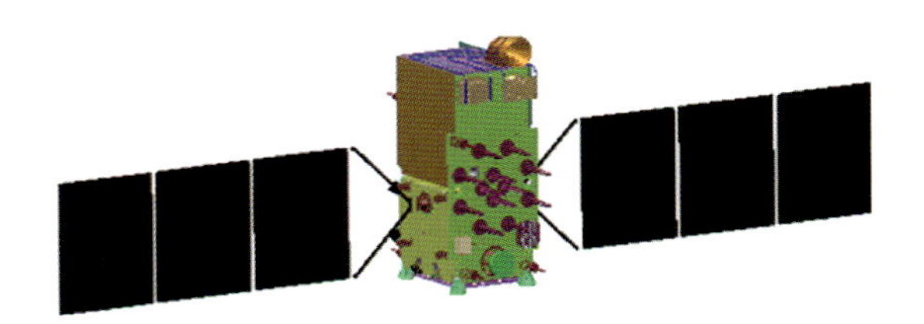

图 2.26　中国科学院微小卫星创新研究院北斗三号 MEO 卫星(基本型)示意图

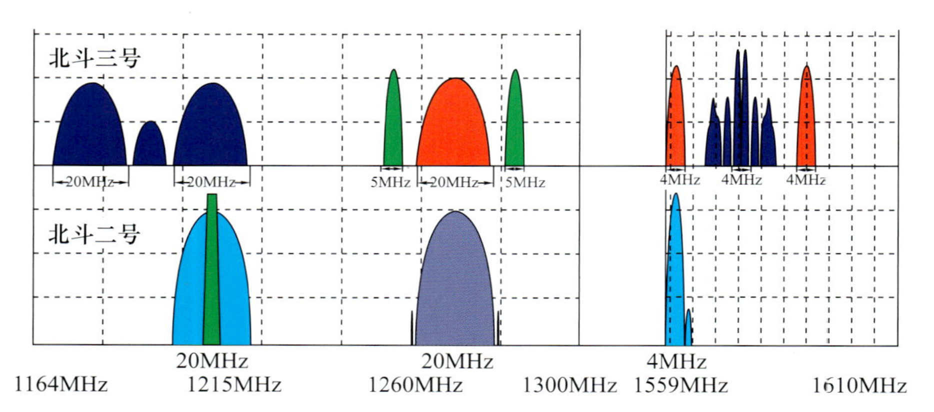

图 2.27　北斗二号系统与北斗三号系统下行导航信号对比频谱示意图

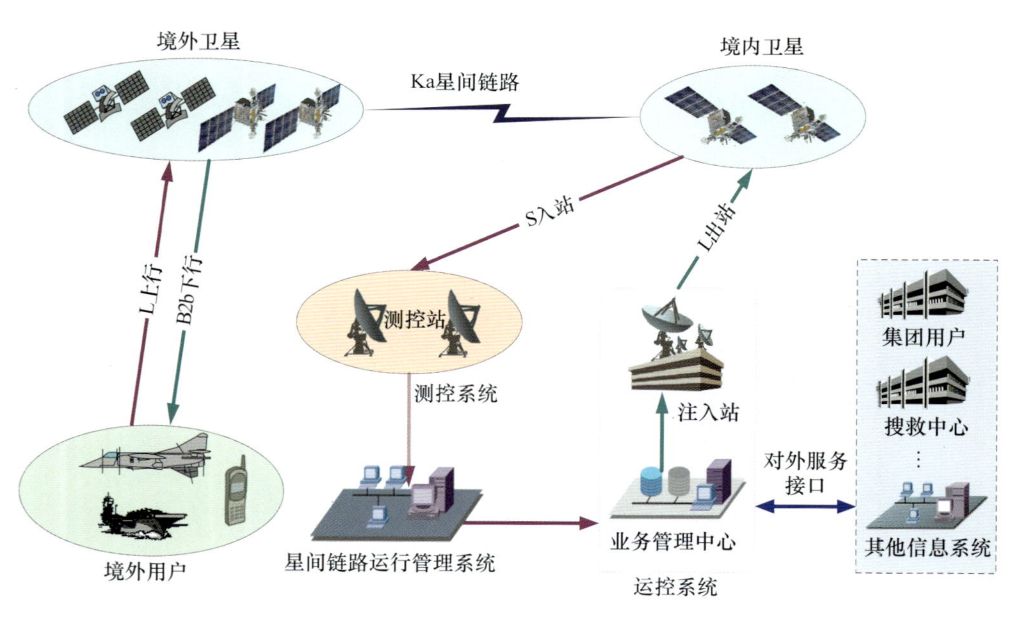

图 2.28　北斗三号全球短报文通信服务原理图

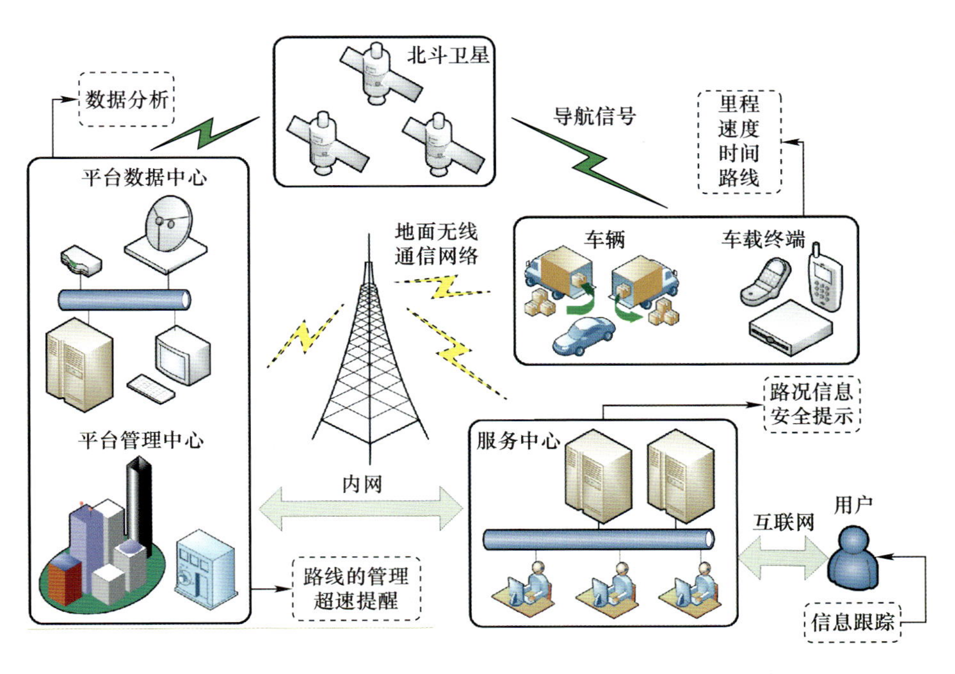

图 2.29　北斗系统在长途客运汽车安全监管方面的应用示意图

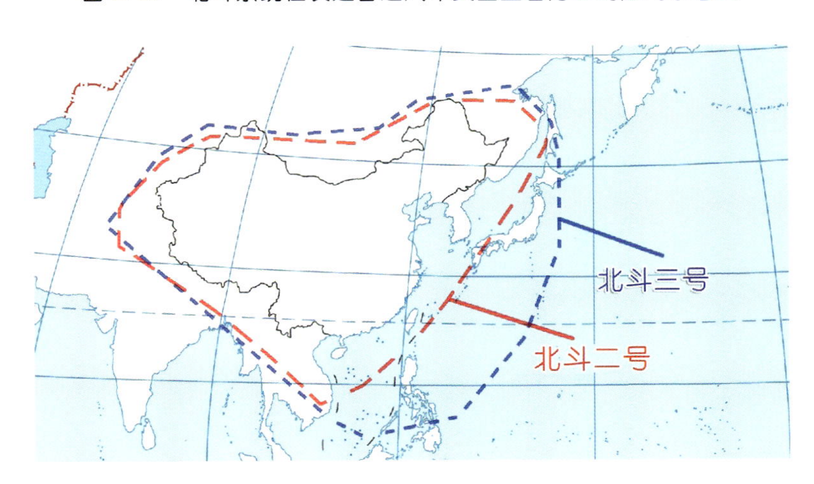

图 3.5　北斗三颗 GEO 卫星形成的 RDSS 服务区域

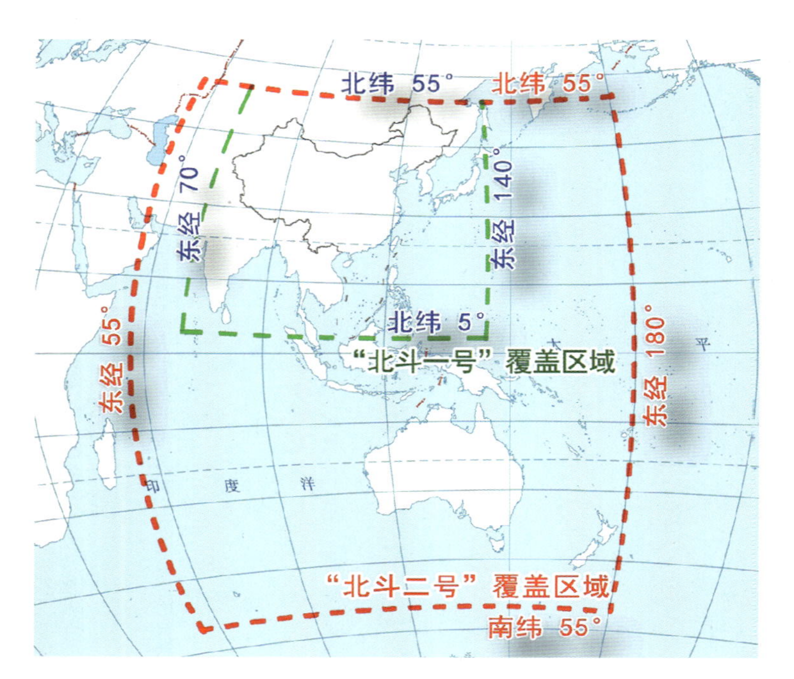

图 3.6　北斗系统基本服务区域

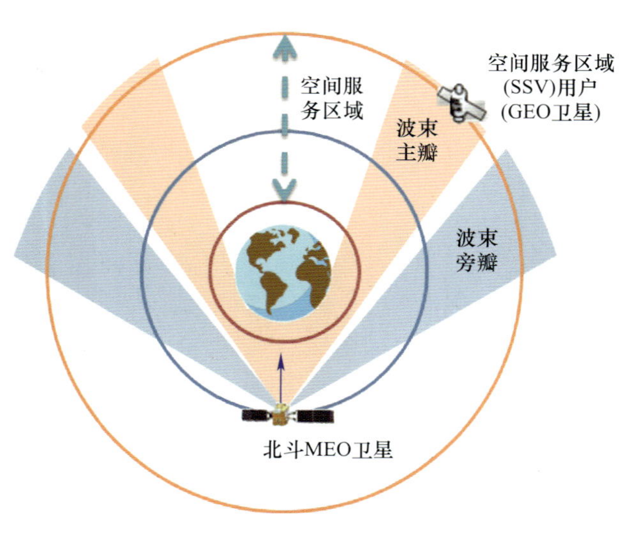

图 3.7　导航卫星空间服务区域覆盖范围示意图

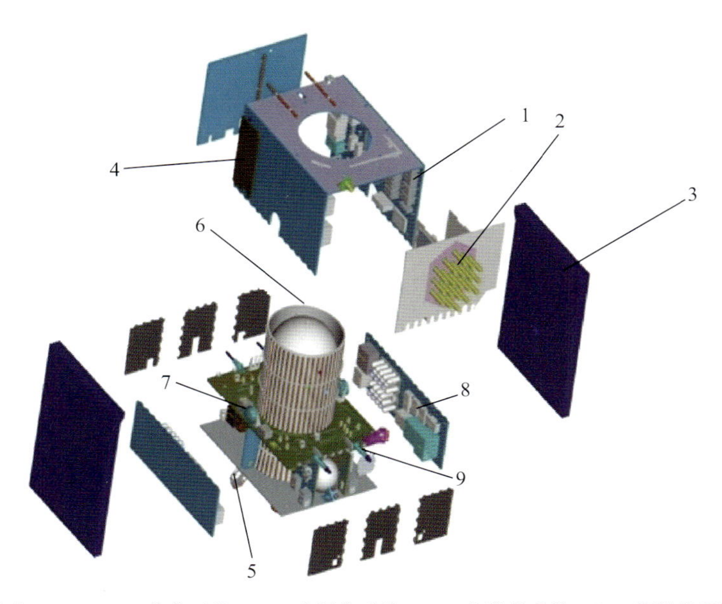

1 — RNSS载荷；2 — RNSS载荷天线；3 — 电源分系统；4 — 热控分系统；5 — 推进分系统；
6 — 结构分系统；7 — 姿态控制分系统；8 — 数据管理分系统；9 — 测控分系统。

图 4.2　北斗二号 MEO 卫星结构组成部分与关系图

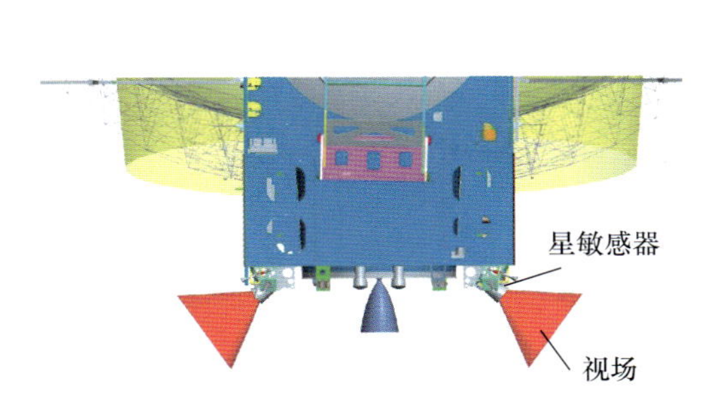

图 4.6　星敏感器视场分析示意图

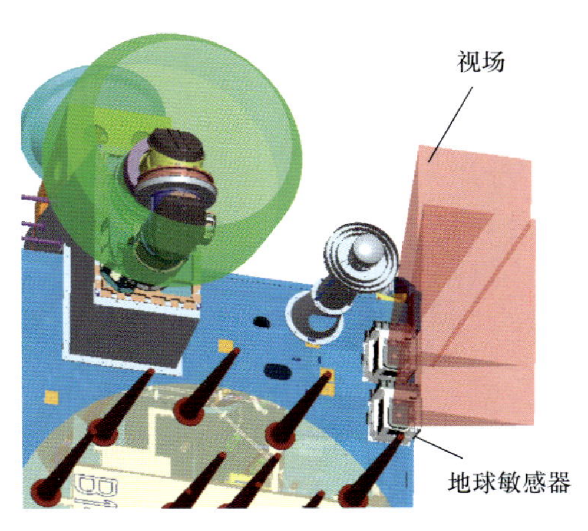

图 4.7　地球敏感器视场分析结果

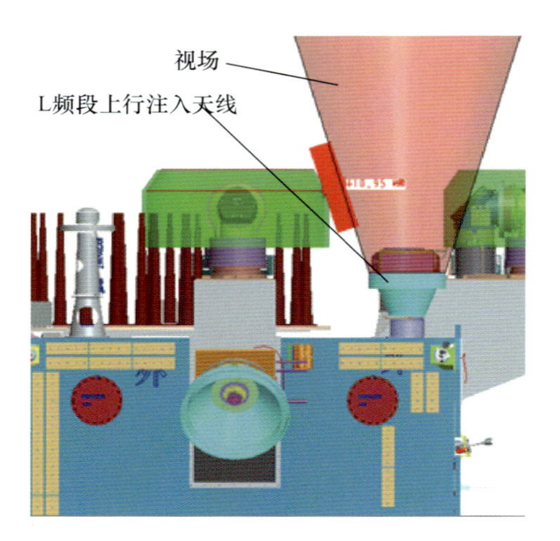

图 4.8　L 频段上行注入天线视场分析结果

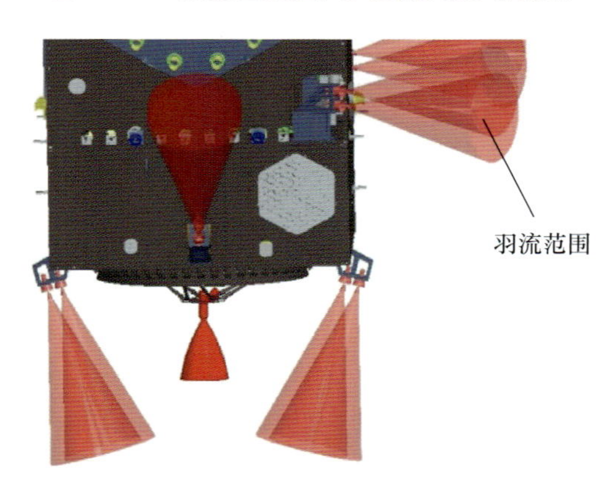

图 4.9　羽流分析示意图

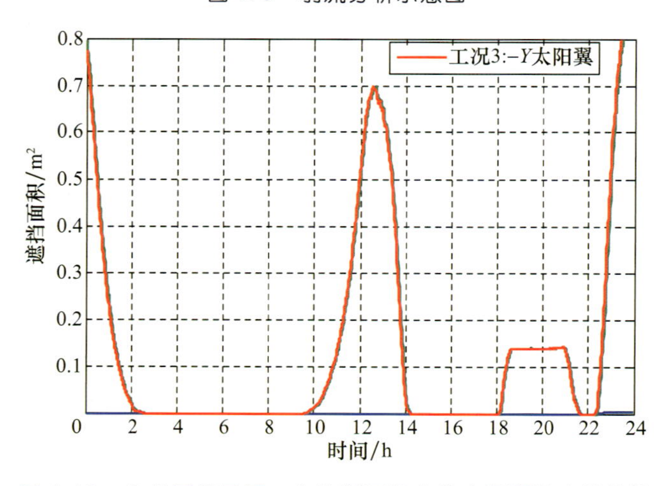

图 4.10　北斗导航卫星一个轨道周期内的太阳翼被遮挡曲线

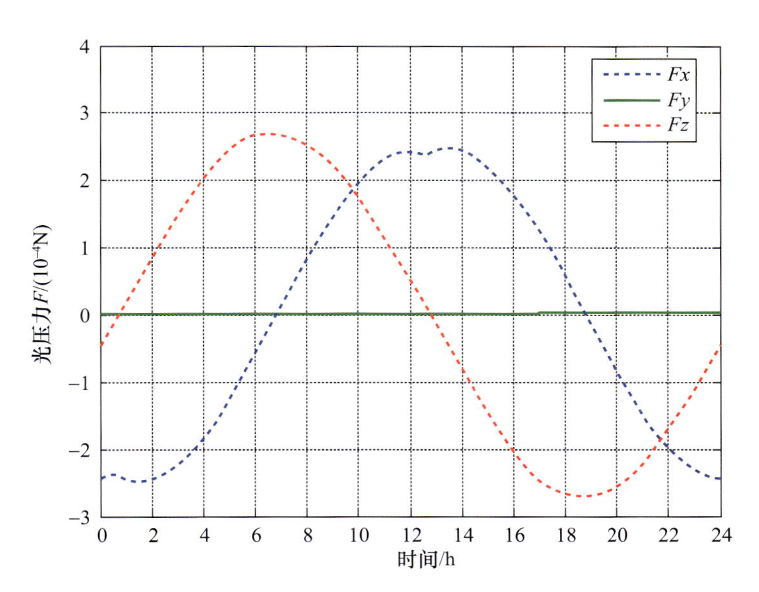

图 4.11　北斗导航卫星寿命初期，春分时的光压力曲线

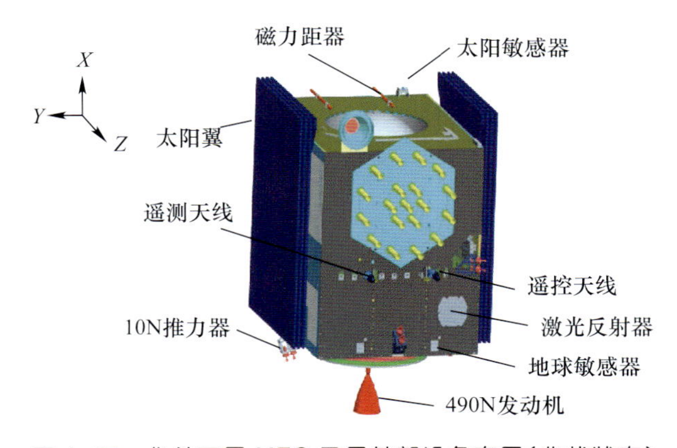

图 4.17　北斗二号 MEO 卫星外部设备布局(收拢状态)

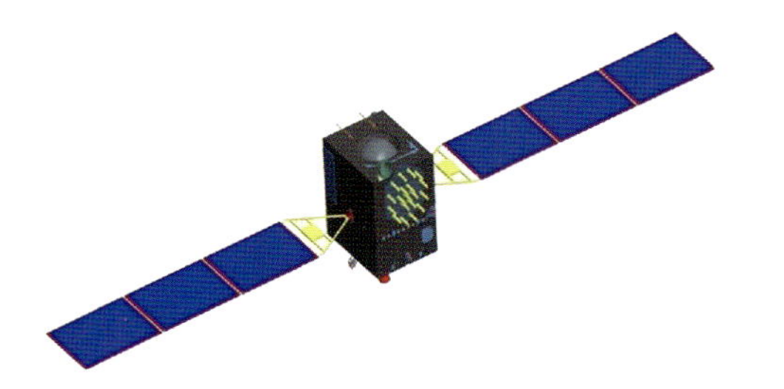

图 4.18　北斗二号 MEO 卫星在轨展开状态图

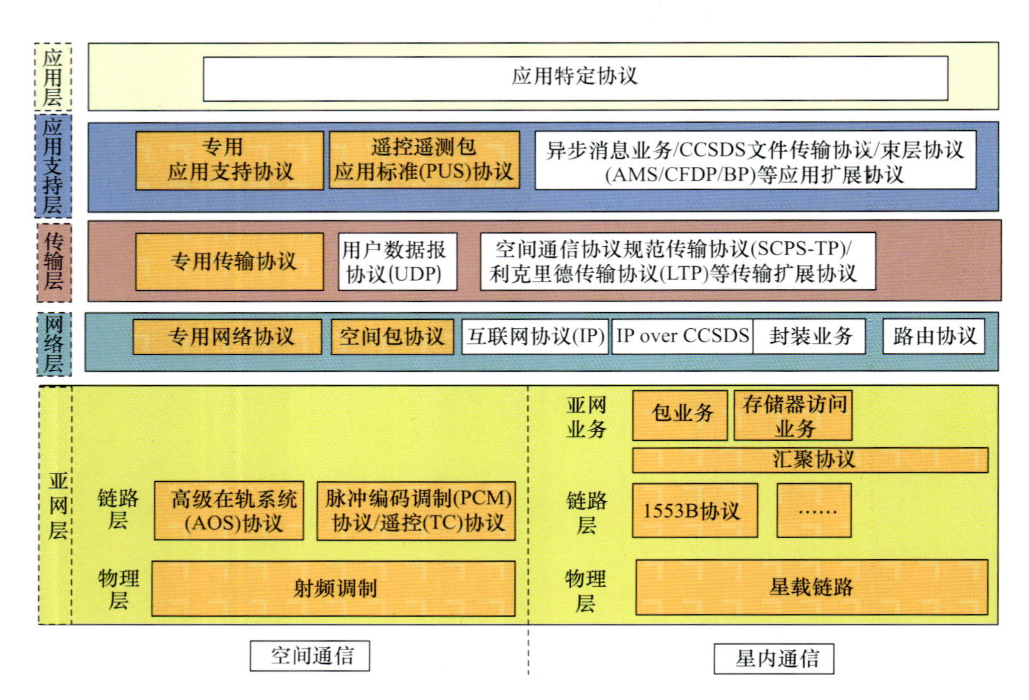

图 4.33　信息流网络协议体系示例

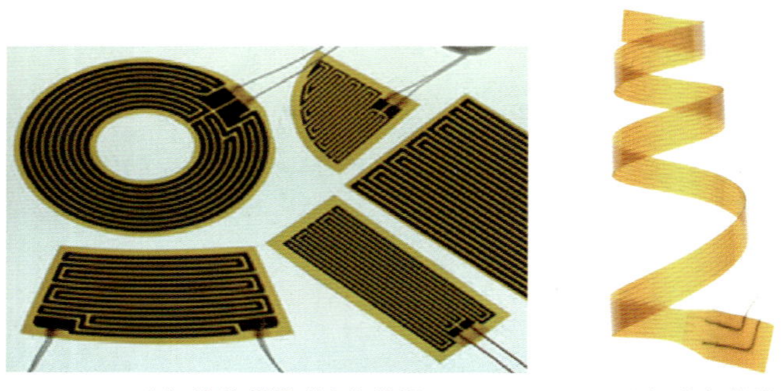

(a) 片状薄膜型电加热器　　(b) 电加热带

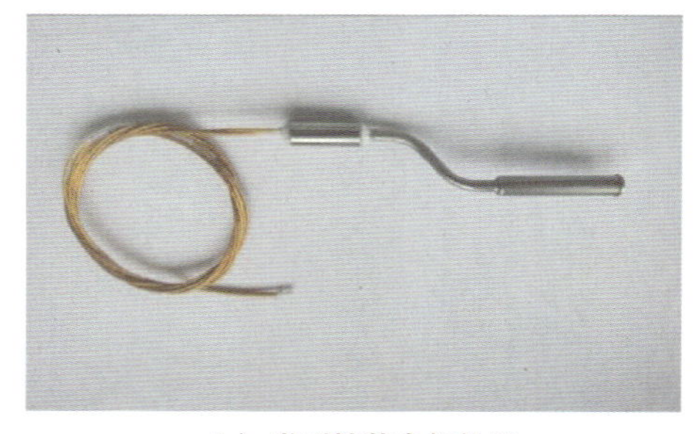

(c) 微型铠装电加热器

图 5.15　导航卫星使用的部分电加热器

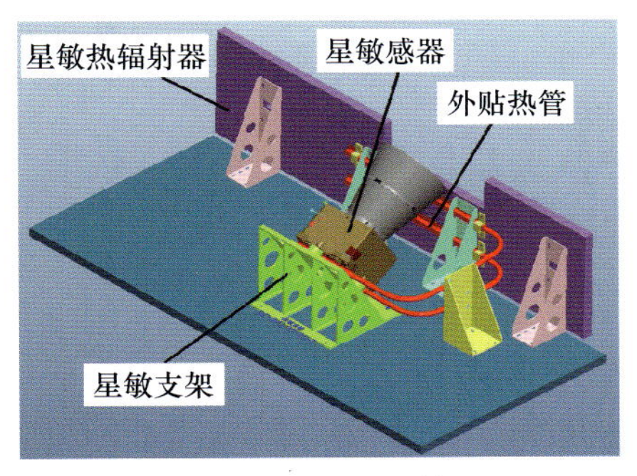

(a) GEO卫星

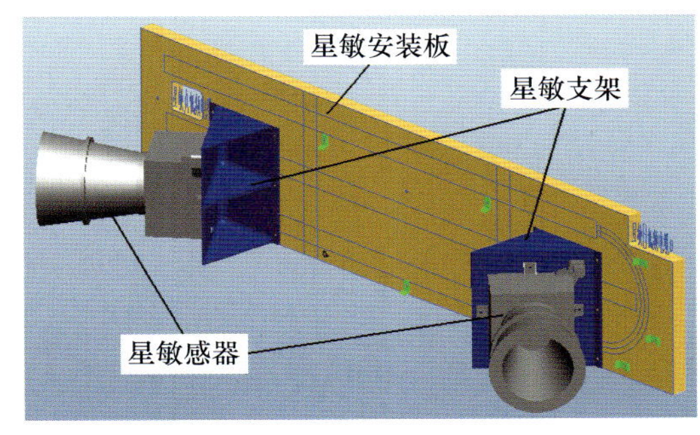

(b) MEO卫星

图 5.26 北斗三号卫星的星敏感器安装示意图

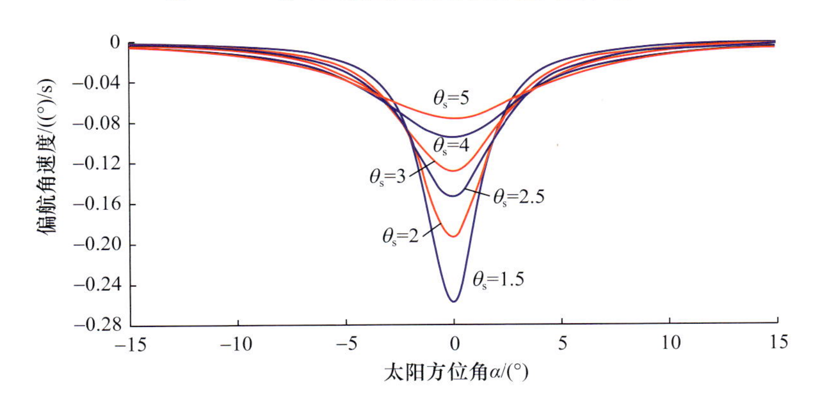

图 5.41 MEO 卫星偏航角速度随太阳方位角变化曲线

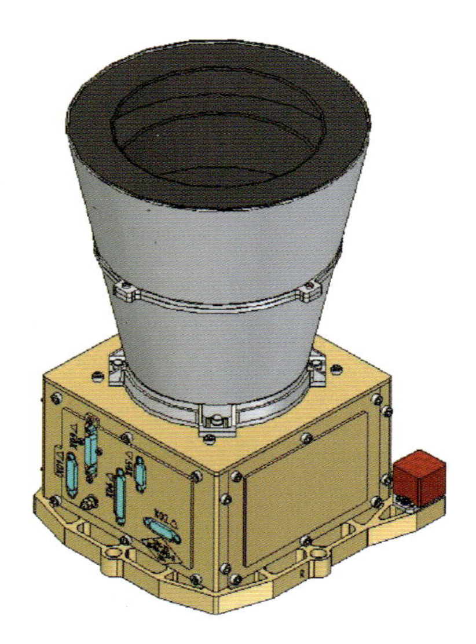

图 5.44　小型一体化星敏感器外形结构图

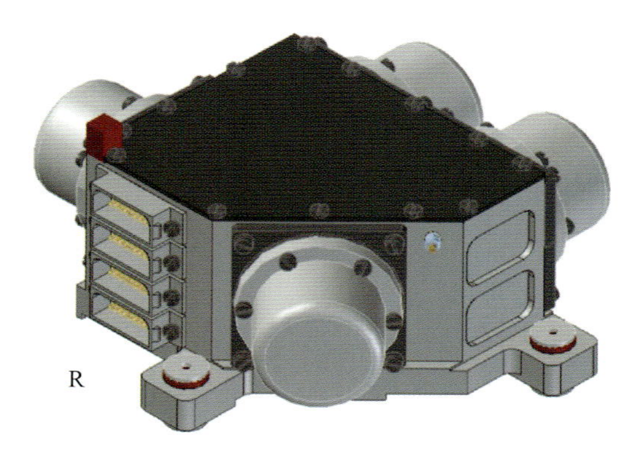

图 5.45　3 +1S 二浮陀螺组件外形结构图

表 5.13　不同类型姿轨控发动机的主要特性

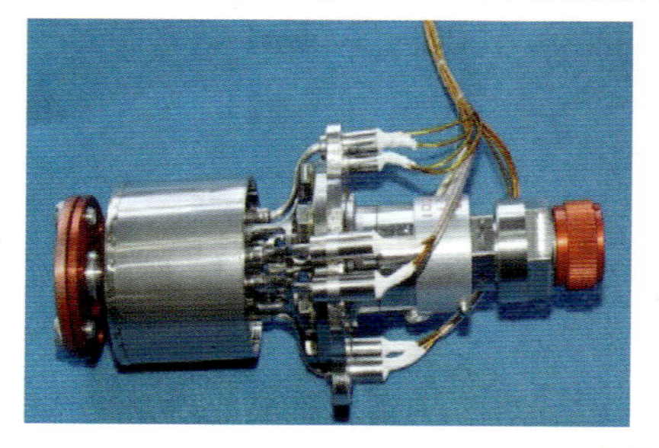

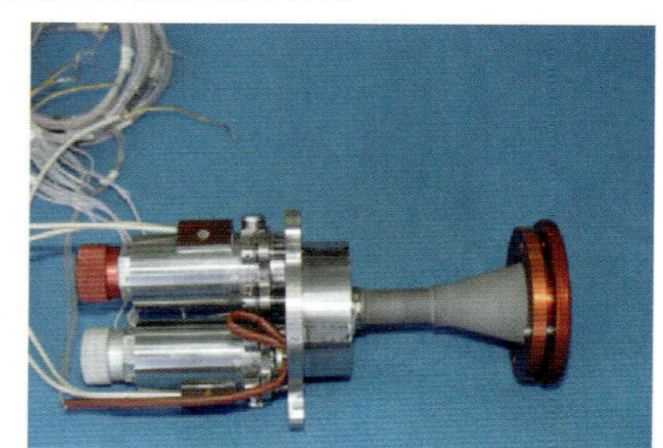

实物照片

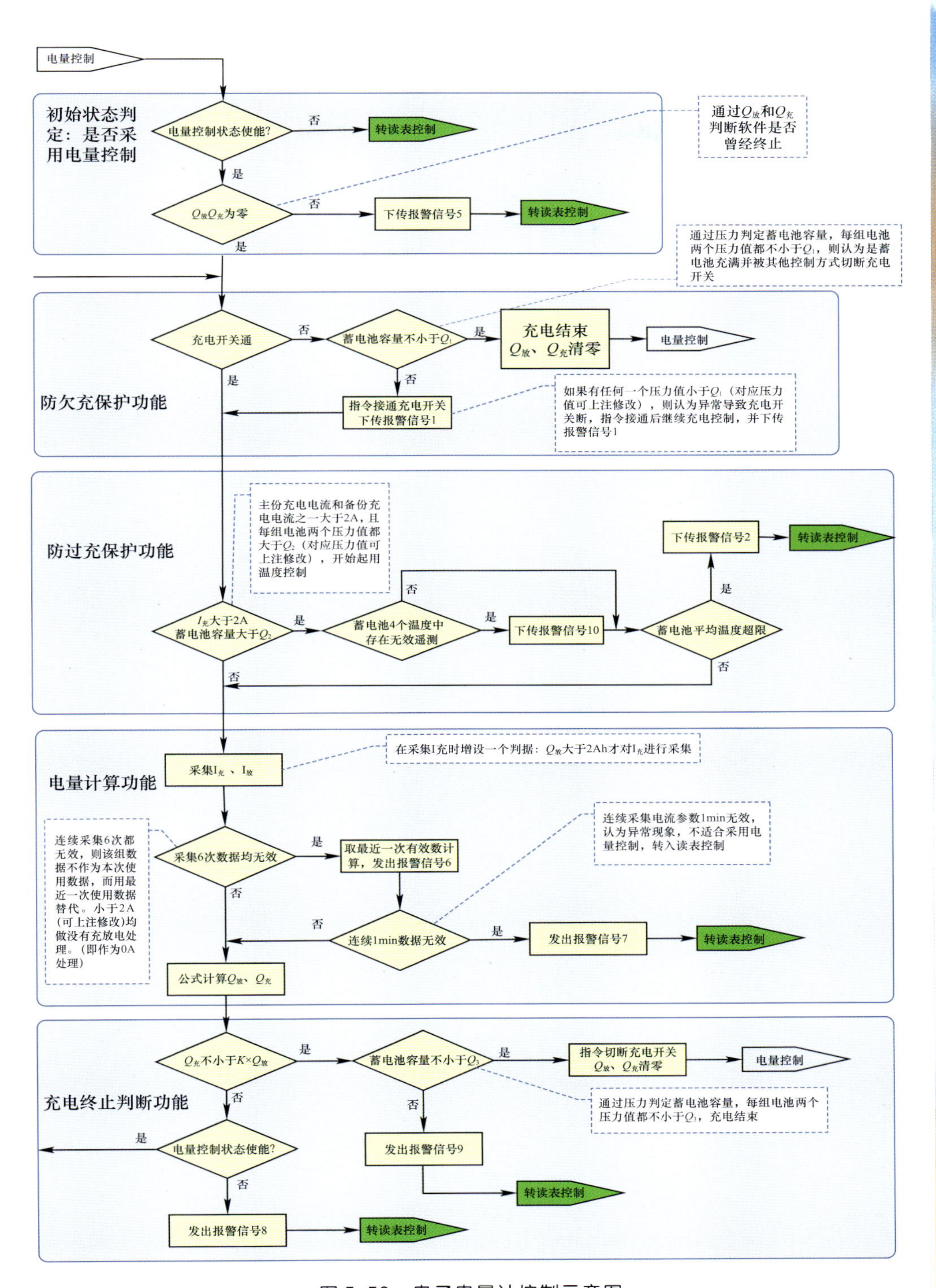

图 5.56　电子电量计控制示意图

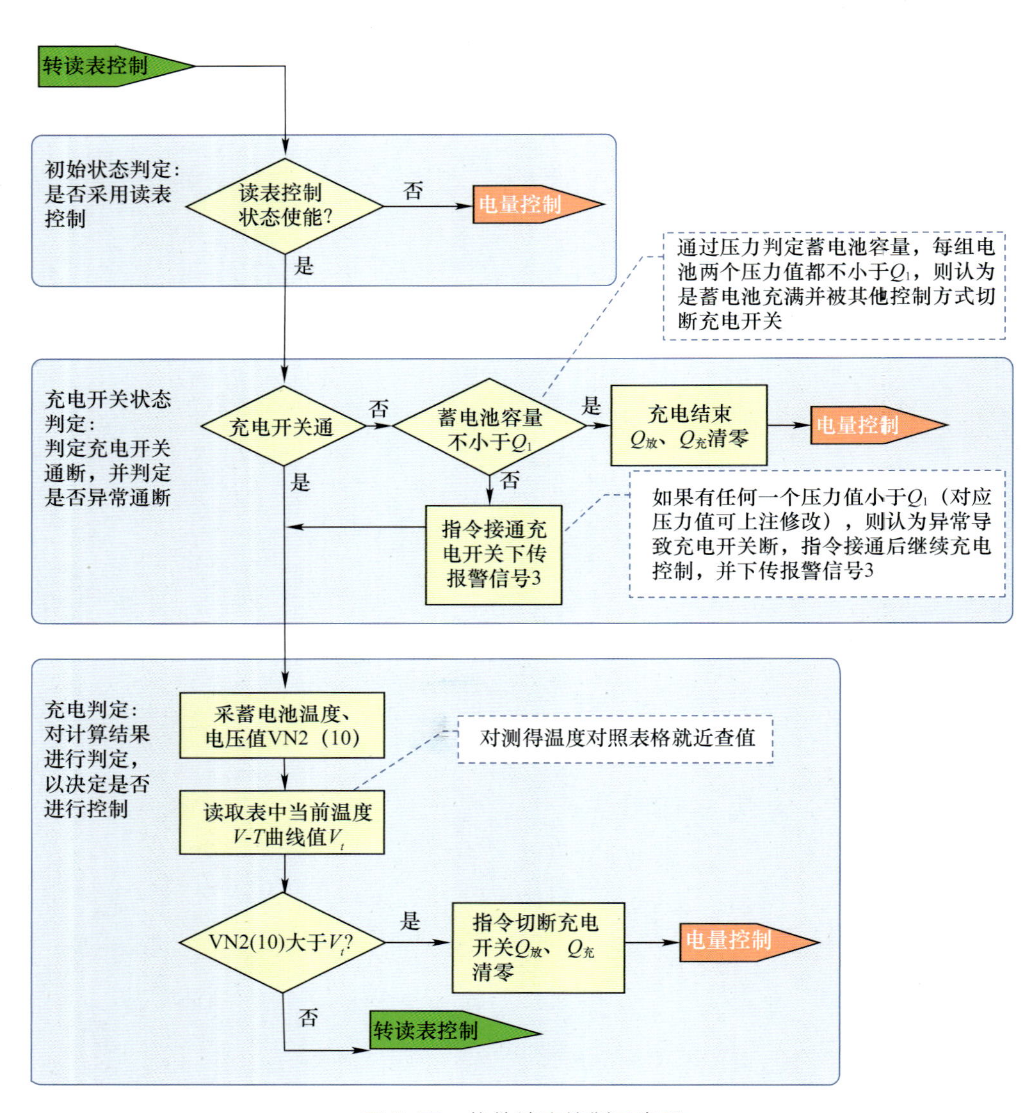

图 5.57　软件读表控制示意图

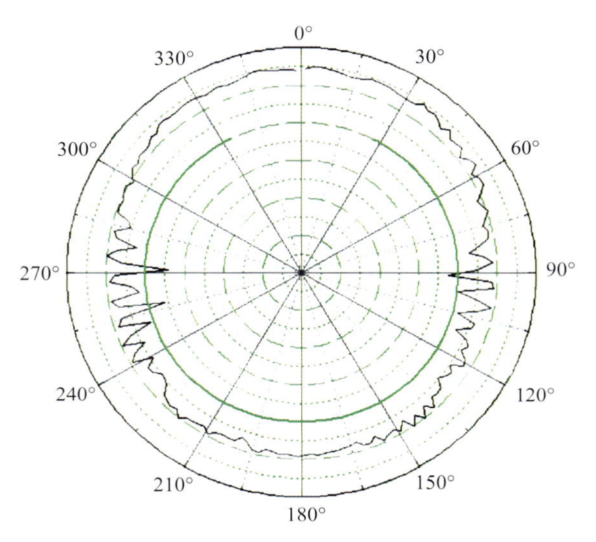

图 5.66 测控天线典型方向图

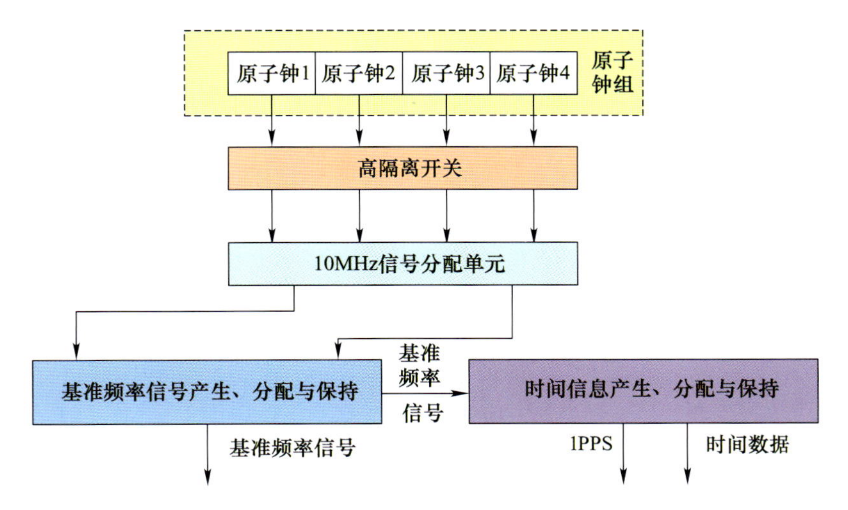

图 6.10 北斗二号卫星星载时频分系统组成示意图

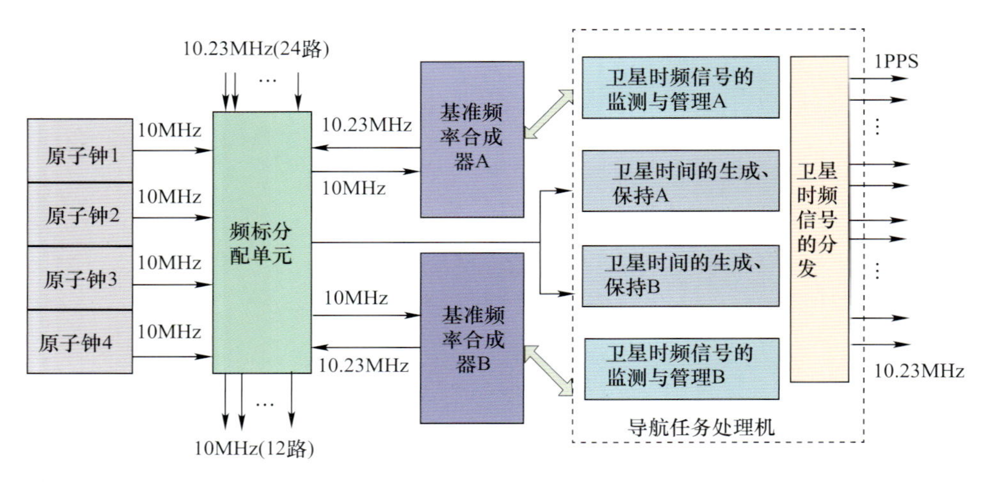

图 6.12　北斗三号卫星星载时频分系统工作原理示意图

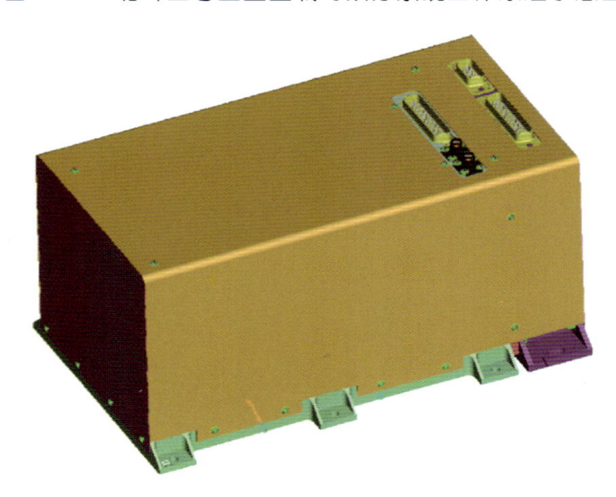

图 6.15　北斗导航卫星星载铷钟外形图

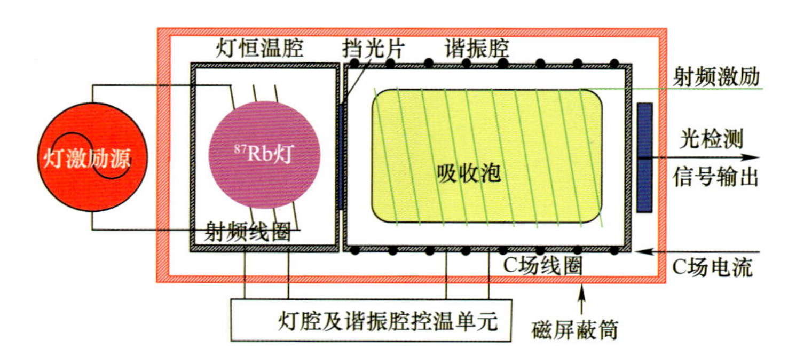

图 6.16　北斗二号导航卫星星载铷原子钟物理部分结构框图

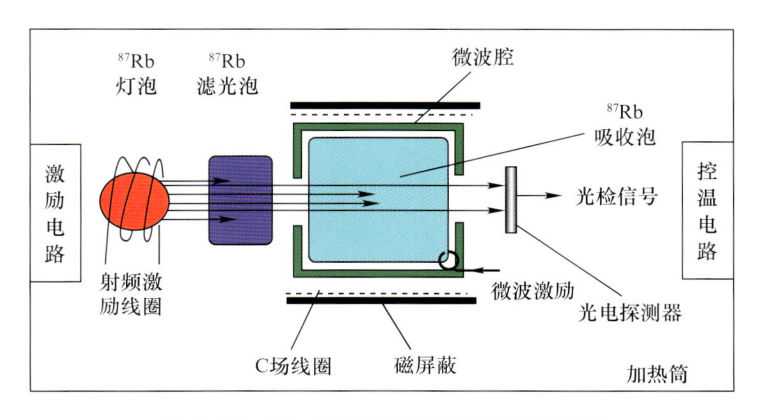

图 6.17　新一代高精度铷钟物理部分框图

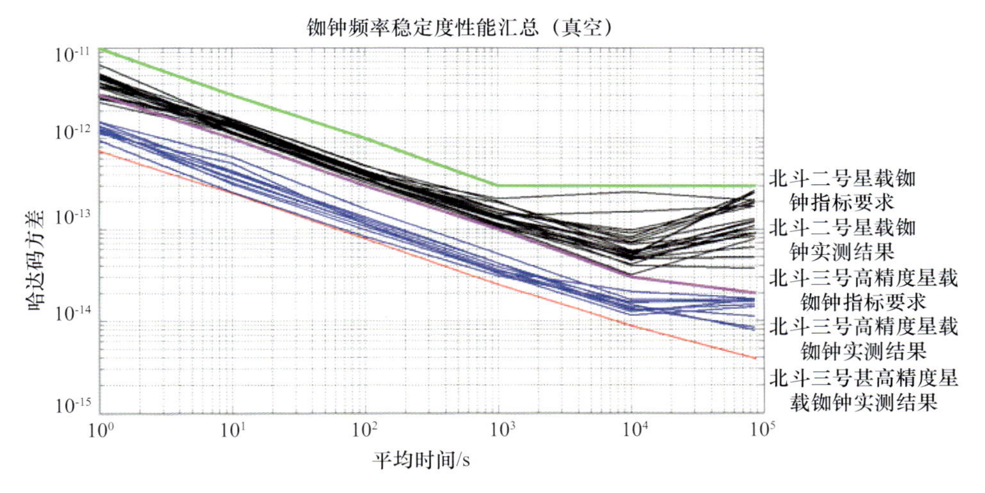

图 6.18　北斗三号高精度星载铷钟与北斗二号星载铷钟性能指标对比

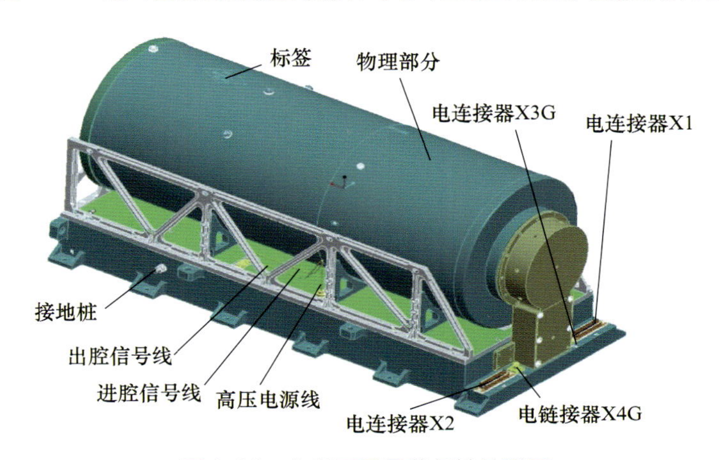

图 6.21　北斗三号星载氢钟外形图

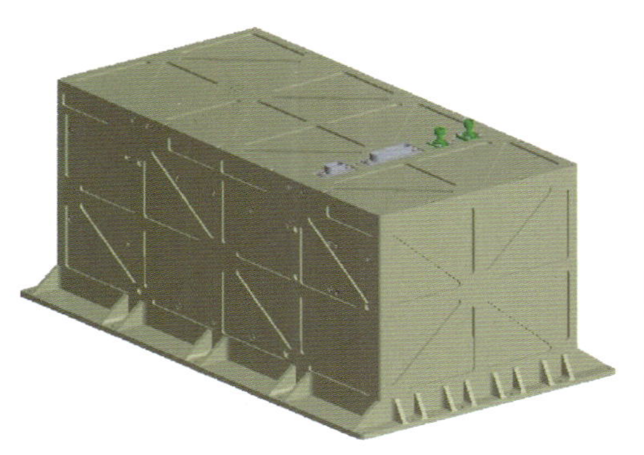
图 6.23　北斗三号导航卫星搭载铯钟外形图

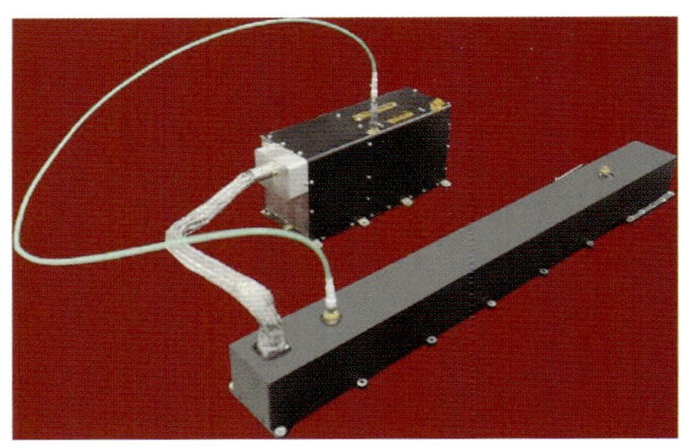
图 6.35　行波管放大器整机照片

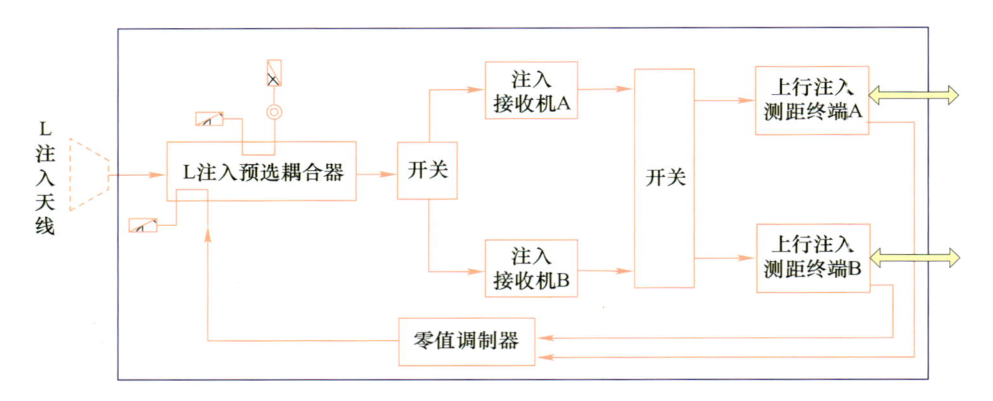

图 6.36　上行注入接收与测量分系统组成及原理框图

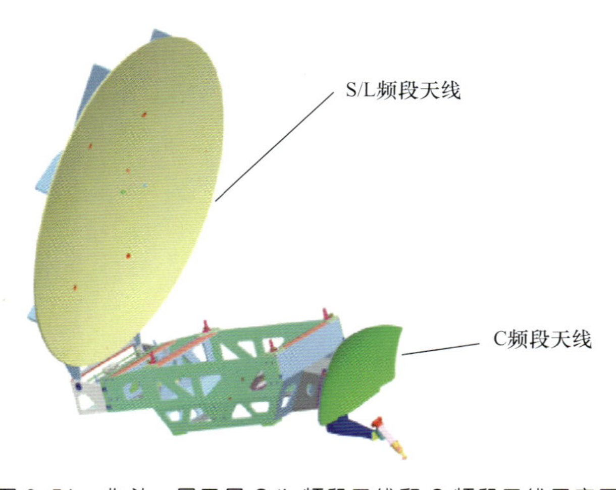

图 6.51　北斗一号卫星 S/L 频段天线和 C 频段天线示意图

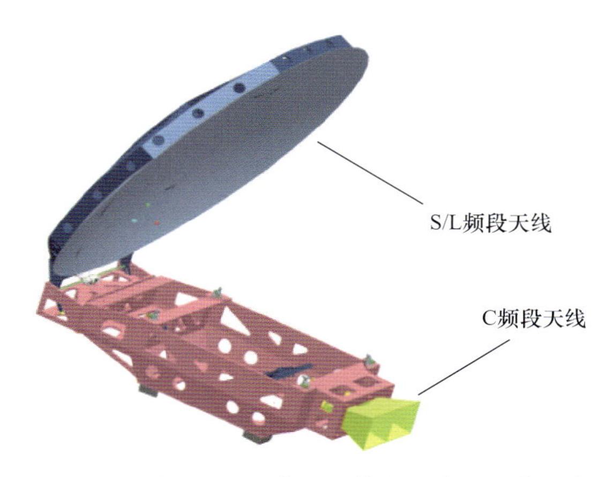

图 6.53 北斗二号 S/L 频段天线和 C 频段天线示意图

图 6.54 北斗二号 S/L 频段和 C 频段天线实物照片

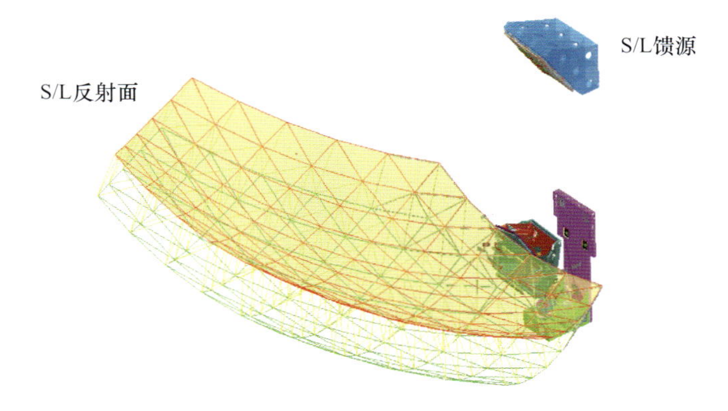

图 6.55 北斗三号卫星 S/L 频段天线示意图

图 6.56　北斗三号卫星 S/L 频段天线实物照片

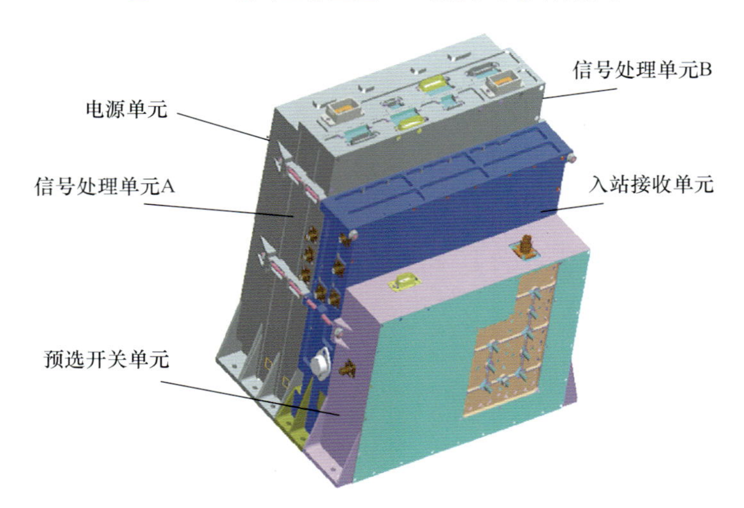

图 6.62　全球短报文接收机外形图

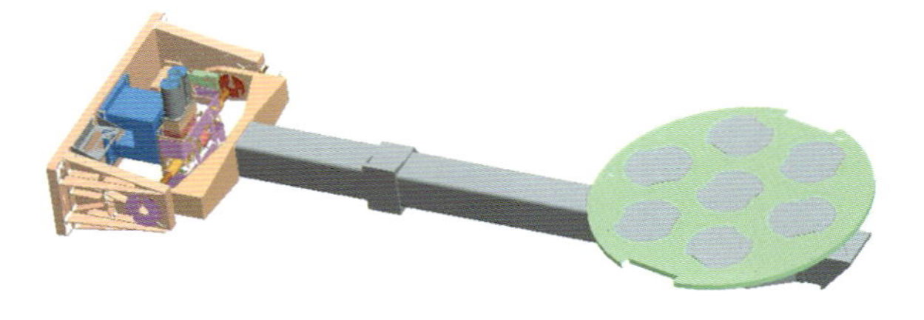

图 6.63　一种典型的报文通信天线外形图

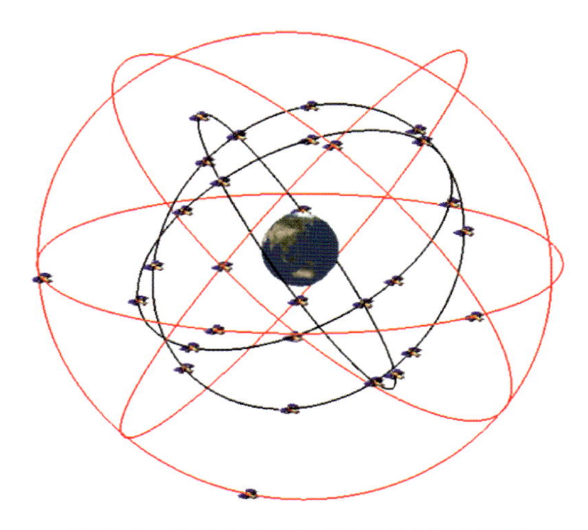

图 7.1　北斗全球卫星导航系统星座构型

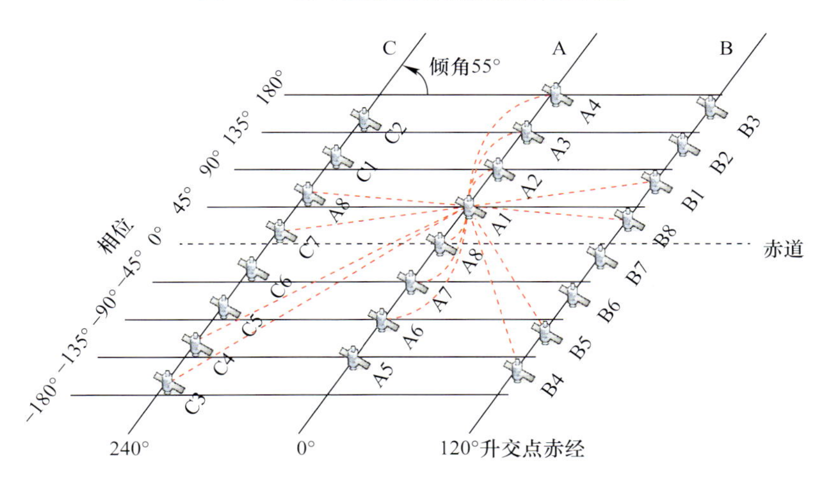

图 7.3　北斗全球卫星导航系统 Walker 24/3/1 星座 A1 卫星可选固定链路

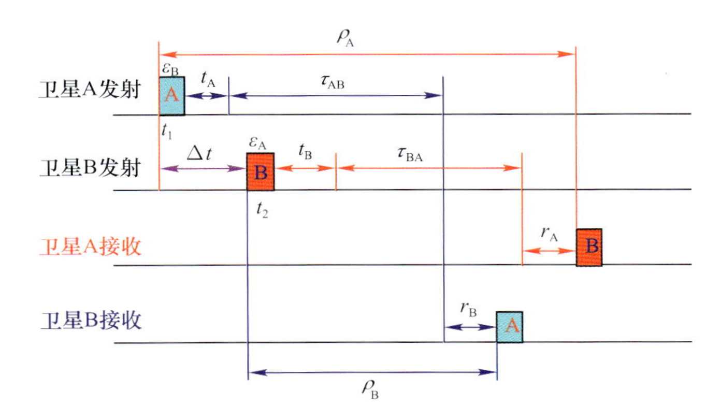

图 7.7　双向非相干信息帧测距、测钟差的原理及时序关系

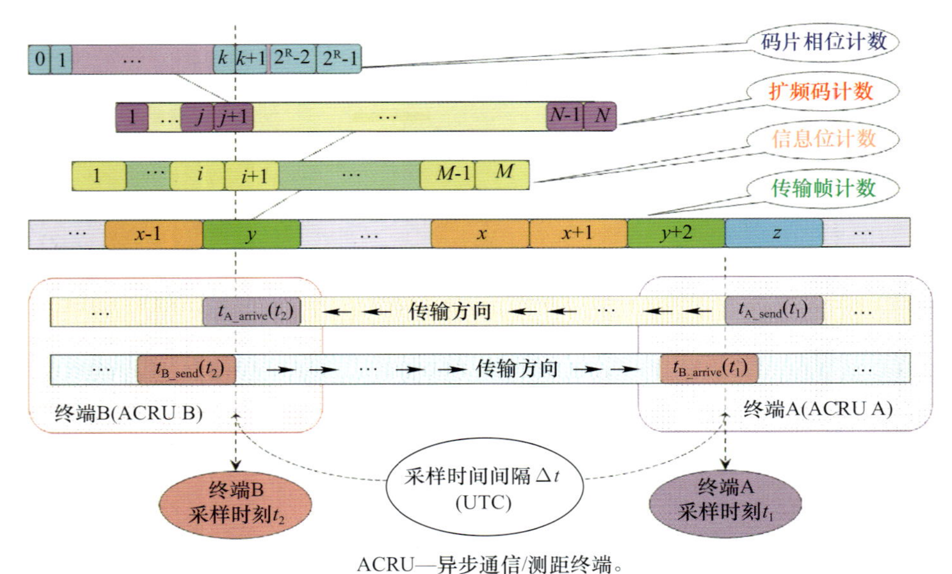

ACRU—异步通信/测距终端。

图 7.8　卫星 A、B 之间伪距测量原理及时序关系

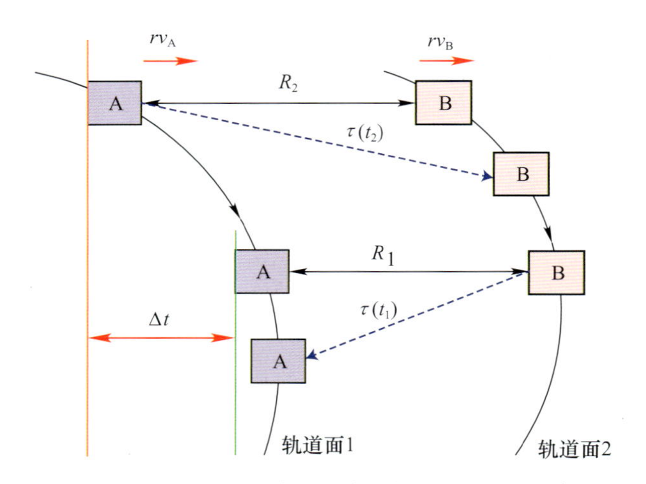

图 7.9　卫星 A、B 相对运动对双向测量的影响示意图

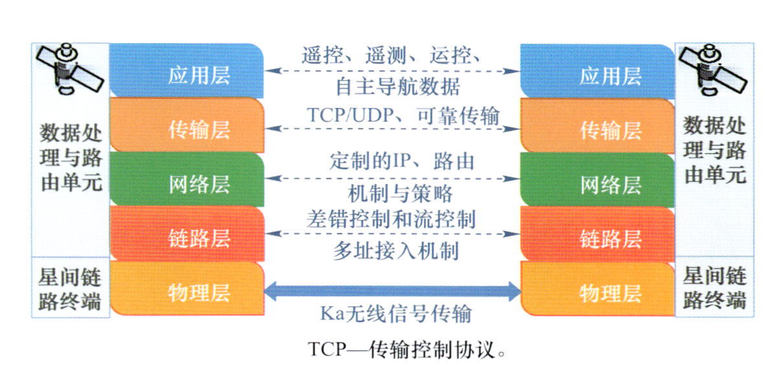

TCP—传输控制协议。

图 7.10　星间链路 5 层协议及其功能实现

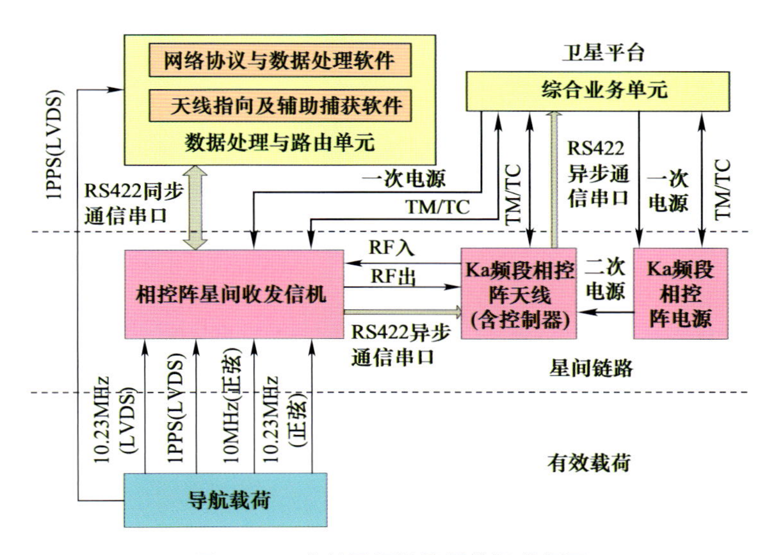

图 7.11　北斗星间链路系统组成框图

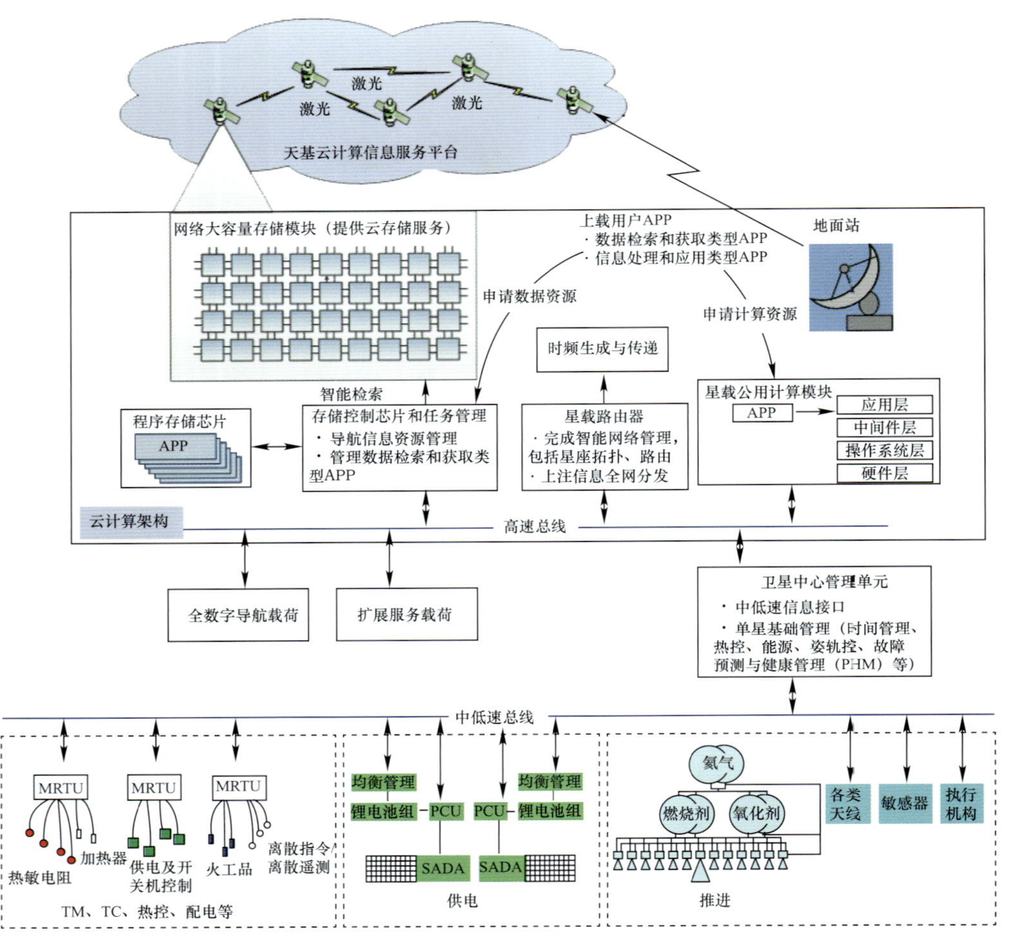

MRTU—微型远程终端单元。

图 8.1　设想的导航卫星云计算信息服务体系架构图

脉冲星导航系统 | 服务范围 深空 | 深空导航服务

卫星导航系统

拉格朗日卫星导航补充系统 | 服务范围 地月 | 地月导航服务

北斗卫星导航系统 | 服务范围 36000km | 全球基本导航服务 核心与基石作用！

低轨导航增强与备份系统 | 服务范围 30km | +全球高精度服务

5G移动通信、水下导航、微导航…… | 服务范围 水下、室内、城区、复杂环境等

图 8.2　卫星导航系统与国家北斗综合 PNT 体系设想图

确性、匹配性，发现产品及系统间设计、生产及研制中存在的问题，为正样阶段生产确定生产基线。

(4) 正样研制阶段是在卫星初样阶段研制工作完成和总结的基础上，全面开展卫星正样系统和产品设备的设计、生产、装配、测试、试验和验收等工作项目的过程。

正样阶段需完成卫星总体设计、产品生产、各分系统的测试、试验和验收，完成分系统间的联试，完成整星的总装、测试等工作，通过整星电磁兼容性、力学、热等环境试验，验证整星正样的设计、研制和功能性能指标均满足用户需求和任务书要求，具备卫星出厂条件。

(5) 卫星发射与在轨测试阶段。卫星按照正样阶段研制流程完成全部研制工作后出厂，进入发射场工作。在发射场，卫星系统将完成发射场技术区和发射区各项工作，完成卫星在发射场的总装、整星测试、与运载火箭的联合测试、推进剂加注等工作，设置卫星发射前的状态参数，按照计划由运载火箭发射入轨。

星箭分离后，卫星通过变轨等操作，进入工作轨道。按照卫星在轨测试大纲和测试细则，在交付用户前完成卫星平台与有效载荷的在轨测试、状态确认工作，完成卫星飞行数据判读、数据注入等工作，确保卫星在轨的功能、性能满足用户要求。

卫星在轨测试完成后，交付用户使用，进入运行服务阶段。

(6) 卫星在轨运行服务阶段。在卫星设计寿命的运行服务周期内，卫星需按照任务要求和设计目标，在地面系统的管理控制下，安全、稳定、正常工作，完成任务使命。

导航卫星的运行管理需要运控系统、测控系统以及卫星系统相互配合，相互沟通，相互协调才能确保导航卫星星座的长期连续稳定运行，保证卫星提供的导航定位授时服务的精度、可用性、完好性和连续性。

在卫星在轨运行服务阶段，运控系统负责对卫星的业务管理、测量和注入，负责有效载荷的运行管理，策划并实施卫星的应用控制。测控系统负责对卫星的工程测控，按照卫星系统的预案要求，实施对卫星异常的处置，落实卫星应用的控制方案。卫星系统负责卫星运行期间的技术支持，保证提供的技术方案和文件的正确性，针对运控系统提出的应用控制要求，负责落实细化具体的实施方案。

(7) 卫星离轨管理。当卫星运行至寿命末期，需要利用卫星自身的推进系统实施卫星轨道机动，使其离开工作轨道，进入对应的坟墓轨道或坠落地球，以减少对其他在轨正常卫星和后续卫星带来可能的碰撞等不利的影响。

对于低轨道卫星，一般要求卫星在任务使命完成后，进行离轨机动，脱离原来的工作轨道，进入一个短寿命的轨道，使之在大气阻力的作用下落入稠密大气层烧毁。

对于高轨道和中轨道高度的卫星，目前国际上已形成了一定的惯例，卫星在寿命末期将进行轨道机动，将轨道抬高或降低一定高度，卫星寿命终止后将在某一轨道高度上长期运行，不会影响其他卫星的工作，该轨道一般称为坟墓轨道。

卫星离轨操作结束后，为降低对离轨处置后卫星因意外解体对其他航天器造成威胁,卫星中存储能量的所有能量源(包括推进剂,动量轮,电源电池等)需要进行钝化处理,排空推进剂,关闭动量轮,断开蓄电池开关,有效载荷产品设备断电,断开卫星下行遥测参数的相关电路等。

3.2 导航卫星任务要求

卫星工程的用户任务要求一般有两种提出形式:一种是基于国家或社会某方面的需要,卫星系统研制部门经过前期分析,提出某一卫星系统的方案,经与对应用户部门协商并进一步工作后,申报工程任务立项,项目批准立项后开始研制工作;另一种是由用户部门根据国家在本领域的发展和使用要求,在对卫星系统任务功能定义后提出招标书,卫星研制部门按照招标书要求,经过任务分解和系统分析与设计,形成对应的卫星系统总体方案,参加项目投标。项目建议书中标后,卫星研制部门与用户部门签订合同,启动开始研制工作。无论卫星工程的用户任务提出采用哪一种方式,其卫星工程型号都需要有用户任务要求。

用户任务要求一般包括:任务定义(通俗地讲就是要干什么,即功能要求,除对于卫星系统明确任务要求外,还包括对于地面段的测控系统或/和地面应用系统等要求)、使用技术指标、经费预算与研制周期等要求。用户任务要求是卫星总体设计的目标,也是卫星系统总体设计的依据和约束条件[2]。

北斗系统的总体任务目标为:建设我国独立自主、开放兼容、技术先进、安全可靠的全球卫星导航系统,形成基本导航、位置报告、星基增强等服务能力,满足陆、海、空、天等各类军民用户定位、导航、授时与位置报告等使用要求;同时,还将开展提供部分搭载服务。

对于北斗三号卫星导航全球系统来讲,其任务要求为采用"3GEO + 3IGSO + 24MEO"卫星组成的混合星座,通过建立星间链路,改进导航信号体制,提高星载原子钟性能和测量精度等技术,配置全球搜救等功能有效载荷,在保证北斗二号系统平稳过渡的前提下,实现卫星导航全球服务、性能提高、业务稳定和与其他系统兼容互操作等要求的目标。

基本导航服务是指运用卫星无线电导航业务(RNSS)原理实现全球范围的连续实时定位、测速、授时服务能力。

位置报告服务是指综合运用卫星无线电测定业务及移动卫星业务(RDSS/MSS)实现的定位报告、双向授时、短报文通信服务能力;在 GEO 卫星上基于 RDSS、在 MEO 卫星上基于移动卫星业务(MSS)通信系统统筹实现全球位置报告服务。

星基增强服务是指基于 SBAS 广域差分与完好性监测原理,利用 GEO 卫星提供的区域覆盖的 RNSS 差分改正和完好性监测信息服务,为用户提供区域免费服务,其服务精度、完好性、连续性和可用性满足民用航空 I 类精密进近需求。

3.2.1　任务定义

任务定义也称为任务对象,它高度概括地表述卫星任务中最基本的内容和要求[4]。

如在北斗系统中,北斗二号卫星的任务定义可以表述如下。

北斗二号卫星系统采用3种轨道的卫星组成混合星座,业务服务范围为我国及周边地区。

GEO卫星,具备RDSS、站间时间同步与数据传输功能、RNSS等功能,卫星起飞质量不大于3060kg,寿命8年,采用长征三号丙运载火箭在西昌发射中心发射。

IGSO卫星,具备RNSS等功能,卫星起飞质量不大于2300kg,寿命8年,采用长征三号甲运载火箭在西昌卫星发射中心发射。

MEO卫星,采用长征三号乙运载火箭在西昌卫星发射中心"一箭双星"发射,具备RNSS等功能。卫星起飞质量不大于2160kg,寿命8年。

3.2.2　卫星使用技术指标

在卫星任务定义中明确了任务对象或总的任务内容,但具体技术指标并未明确。因此,在确定任务定义后,要进一步提出并确定对卫星系统的具体使用技术指标。技术指标不仅要反映卫星的功能和技术性能,而且要求与工程其他系统,特别是与应用系统、地面运控系统、测控系统的接口关系相匹配[4]。

对于卫星系统具体的使用功能和技术指标,一般需由用户技术人员与地面应用系统、卫星系统进行综合分析,经星地链路计算后分配给出。当卫星任务定义明确后,相关单位即可组织用户部门和卫星系统技术人员进行使用功能和技术指标的分析和制定工作。

在用户需要与卫星系统设计方共同研究使用功能和技术指标如何制定时,卫星设计研制部门要组织相关专业的设计师参加。此时,用户部门可向卫星设计研制部门提出研制意向,卫星设计研制部门组织技术队伍开展全面的卫星任务分析,并与用户技术人员进行技术协调,明确卫星系统使用功能和技术指标的内容。

北斗系统涉及使用功能和技术指标的内容很多,其主要功能和技术指标包括:卫星导航信号的波束覆盖区、卫星信号的等效全向辐射功率(EIRP)、导航信号的工作频点与带宽、信号码速率、导航信号质量参数、连续性、可用性、完好性、卫星钟频率准确度与稳定度、卫星接收品质因数(G/T)、卫星测距精度、平台姿态稳定性、测控的上下行链路指标、卫星工作模式、信息存储容量、卫星寿命末期可靠性等。

3.2.3　研制经费

卫星设计研制单位要根据卫星任务定义和使用技术指标,参照以往研制卫星所需经费的经验或市场价格(包括国际市场价格),对卫星研制费用和产品成本进行估算。

卫星研制费用与卫星设计的方案密切相关,一味追求技术先进和性能指标优越,必然要造成产品和系统的研制费用过高,增加研制工作难度。所以,卫星总体设计人员与用户都要正确处理工程型号技术与经济的关系,客观准确地掌握卫星研制的相关成本知识,协助有关部门完成成本核算工作。

卫星研制经费包括卫星的全寿命周期成本,其构成因素一般包括卫星系统型号规划论证、研究、总体方案设计、初样阶段研制(包括总体综合设计、分系统详细设计、产品制造、测试、试验)、正样阶段研制(包括总体综合设计、分系统及产品详细设计、产品制造、测试、试验)、卫星发射、在轨运行服务支持与管理,以及卫星寿命到期后的离轨废弃等过程中所发生的一切费用,需要全面考虑系统产品硬件研制成本、软件研制成本、质量成本、专用测试与试验设备成本,以及系统工程中的各项管理费等。

3.2.4 研制周期

卫星研制周期长短是与前述的卫星的任务定义(即承担任务的多少和功能要求等)、使用技术指标高低、研制经费多少、承担卫星研制单位所具备的条件能力(包括具体技术人员水平、经验和本单位的研制手段先进与否)以及研制策略(包括总体方案和研制过程各项管理)密切相关。

当卫星任务复杂,用户提出的技术指标要求高,关键技术项目多,采用较多的新技术,系统中产品成熟度低,研制单位所具备的基础条件不足,基础研制试验设备需要重新研发,已有的技术基础设备与型号任务及产品要求不匹配时,必然会导致该卫星任务的研制周期长。此时,工程大总体和卫星系统必须认真研究管理策略,全面充分进行风险分析,制定切实可行的方案,保证在研制周期内完成研制任务[2]。

3.3 轨道选择与分析

3.3.1 轨道参数

轨道是指卫星在太空中运行的路线,也叫卫星运行轨迹。卫星轨道参数是用来描述卫星在空间中运行的位置、形状和方向的各种参数。

通常情况下,卫星轨道参数采用经典万有引力定律描述天体按照圆锥曲线运动时的6个参数进行定义。6个参数描述定义如下。

1) 半长轴 a

半长轴 a 表示卫星运行轨道的大小:当卫星瞬时轨道为椭圆时,半长轴是指长轴的一半长;当卫星运行轨道为圆时,半长轴则为圆的半径。

轨道半长轴与卫星的运行高度、运行周期密切相关。

2）偏心率 e

偏心率 e 是用来描述卫星运行轨道的形状,用椭圆轨道两个焦点间的距离除以长轴的长度,就可以计算得到偏心率。

偏心率表示某一椭圆轨道与理想圆轨道的偏离情况。在轨道半长轴 a、偏心率 e 确定以后,轨道的大小和形状可以确定。

如果偏心率 $e=0$,则轨道形状就由椭圆形状变成圆形。

3）倾角 i

倾角 i 表示卫星运行轨道面与地球赤道面之间的夹角,它决定卫星运行轨道面与赤道面或与地轴之间的关系。

轨道倾角 i 等于 0°,表示卫星运行的轨道在地球的赤道面上;轨道倾角 i 等于 180°,表示卫星运行的轨道与地球的赤道面逆行;轨道倾角 i 等于 90°,表示卫星运行的轨道与地球的赤道面正交,即卫星轨道通过地球南北极,此时也称为极轨道。

通常情况下,轨道倾角 i 小于 90°为顺行轨道;倾角 i 大于 90°为逆行轨道。

4）升交点赤经 Ω

升交点赤经 Ω 是指卫星轨道的升交点（卫星由南向北运行时,与地球赤道面的交点称为升交点;反之,由北向南,轨道面与赤道面的另一个交点称为降交点）与春分点之间的角距。轨道倾角 i 与升交点赤经 Ω 决定卫星轨道平面的空间位置。

设计选择合适的卫星工作轨道的升交点赤经和倾角,可以节省卫星工作寿命期间对推进剂的消耗,升交点赤经对卫星地影时间也有重要影响。

5）近地点幅角 ω

近地点是指卫星运行轨道上距离地心最近的一点。近地点幅角 ω 是指近地点与升交点对地心的张角,近地点幅角 ω 决定卫星轨道在轨道平面内的方位。

6）真近点角 f

真近点角 f 是指卫星从近地点开始,沿卫星轨道运动时其位置矢量扫过的角度,是某一时刻卫星轨道近地点到卫星位置矢量的夹角,真近点角决定卫星在轨道中的具体位置。

卫星轨道 6 个参数示意图如图 3.1 所示。

卫星轨道参数中前 5 个参数确定了卫星所在的空间椭圆轨道,在同一个轨道椭圆上运动的卫星飞行器可以有许多,它们之间位置的区别就在于其真近点角不同。对应卫星真近点角 f 参数确定后,也就能唯一地确定对应的卫星轨道位置。

3.3.2 轨道类型

选择合适的轨道类型是卫星系统设计的关键,是任务分析的重要组成部分。按照卫星轨道的形状、倾角、高度、运行周期等的不同,可以将卫星轨道分为以下几种不同的类型[5]。

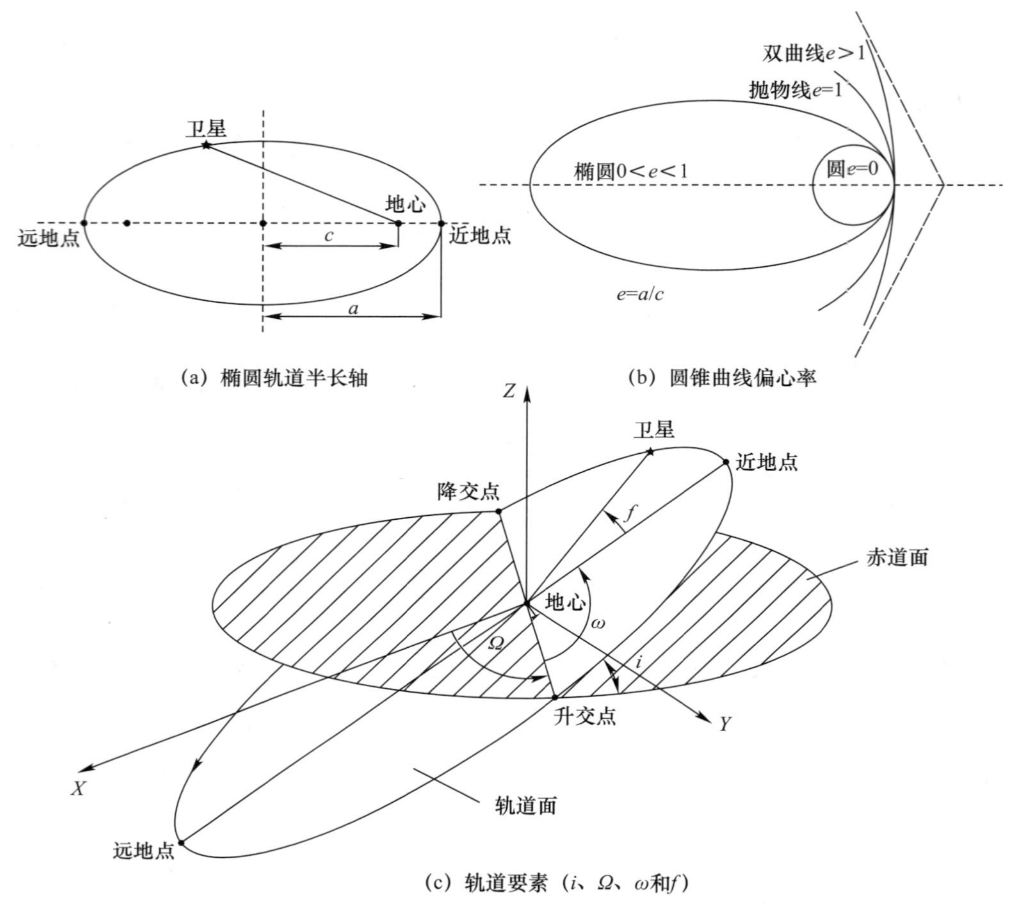

(a) 椭圆轨道半长轴　　(b) 圆锥曲线偏心率

(c) 轨道要素（i、Ω、ω和f）

图 3.1　6 个轨道参数示意图

1）按卫星轨道形状分类

按轨道的形状可将卫星轨道分为圆轨道和椭圆轨道。

在圆轨道上运行的卫星，距离地面的高度、运行速度和覆盖特性均变化不大，适用于全球均匀覆盖星座。

运行于椭圆轨道的卫星，其距离地面的高度、运行速度以及覆盖范围将随着卫星位于轨道位置的不同而不同，且卫星在远地点附近的运行速度慢、运行时间长。

大偏心率轨道（HEO）又称为大椭圆轨道，是椭圆轨道的一种，其近地点高度一般为几百千米，远地点高度通常在几万千米以上。大椭圆轨道卫星具有在远地点附近运动缓慢，可视时间长，可提供高仰角服务的优势，适合对特定区域的覆盖（如高纬度地区），适合构建半球覆盖带的星座。

由于 HEO 卫星距地面的距离随着卫星的运动不断变化，因此对卫星平台、载荷以及用户终端的技术要求高。为了保持远地点对特定区域覆盖的稳定性，需要对卫

星近地点角进行轨道维持。同时,HEO卫星需要穿过范·艾伦(Van Allen)辐射带,对卫星具有较高抗空间辐照效应的可靠性要求。

2）按卫星轨道倾角分类

根据卫星轨道倾角i的不同,通常把卫星轨道分为以下3类。

卫星轨道倾角i为0°时,称为赤道轨道卫星。该卫星轨道平面与地球赤道平面重合,位于该轨道上的卫星对地球赤道附近区域的覆盖特性较好,且便于建立星间链路。

卫星轨道倾角i为90°时,称为极轨道卫星。该卫星轨道平面穿越地球南北两极,该轨道的升交点无进动,轨道平面在惯性空间中固定,其构成的星座可用解析法较好地分析。对于非回归极轨道,只要时间足够长,极轨道上的卫星可以访问地球上的任意点。

卫星轨道倾角i在$0° < i < 90°$或$90° < i < 180°$范围时,称为倾斜轨道卫星,其轨道平面倾斜于地球赤道平面。利用地球自转,可以实现对某纬度区域的覆盖,Walker星座以及倾斜地球同步轨道卫星通常采用这种轨道。

3）按卫星轨道高度分类

根据卫星运行轨道距地面的高度,可分为低轨道卫星、中轨道卫星和高轨道卫星等,其划分方法是以环地球赤道延伸至南北纬40°~50°地区的高能辐射带,即范·艾伦辐射带为界。

空间范·艾伦辐射带是指地球附近的近层宇宙空间中包围地球的高能粒子辐射带。辐射带分为内外两层,内外层之间存在范·艾伦带缝,缝中辐射很少。范·艾伦辐射带将地球包围在中间,带内的高能粒子会对卫星产品中的元器件、材料等造成一定的危害。

一般来讲,低地球轨道(LEO)卫星是指飞行高度小于1000km的卫星。

LEO卫星由于轨道低,具有信号传播延迟小、信号衰减小的优势,在相同地面接收功率灵敏度的要求下,其星上功率放大器的输出功率与天线增益可以较小,对于功率受限、重量受限的卫星系统的工程实现具有优势。

但是,LEO卫星存在收发信号和观测视场覆盖范围小、地面用户可视时间短、卫星运动多普勒频移明显等问题。为了完成某一具体的卫星系统任务,需要星座内卫星数目多、卫星切换频繁等,因此低轨道LEO卫星组成的星座相对成本较高,可靠性也相对较低。

同时,由于LEO卫星距离地面近,容易受到大气阻力摄动的影响,卫星需要携带一定的推进剂燃料来维持和修正轨道衰减。大气阻力摄动的存在,且容易受昼夜变化等影响,不适于准确建立卫星轨道模型,难以实现对其卫星轨道的精密定轨和长期星历预报,因此,LEO卫星不适于部署导航卫星星座。

中圆地球轨道(MEO)卫星是指飞行高度在1000~25000km的卫星,有时也将1000km至地球同步轨道高度以下的卫星统称为中圆地球轨道卫星。

MEO 卫星地面覆盖范围和可视时间比较适中，可供选择的高度空间也很大，且该轨道高度空间环境力的摄动影响较小，大气阻力可以忽略，卫星轨道的稳定性较高，便于对卫星的精密定轨和精密星历预报，是卫星导航系统部署的理想高度空间。

目前，国际上已经建立与建设的 GNSS 等星座都选择了 19000 ~ 25000km 的 MEO。美国 GPS 卫星轨道标称高度为 20200km，俄罗斯 GLONASS 卫星轨道标称高度为 19100km，欧洲 Galileo 系统卫星轨道标称高度为 23222km，我国 BDS 的 MEO 标称高度为 21528km。

高轨道卫星是指卫星飞行高度大于 25000km 的卫星，其中地球静止轨道（GEO）是广泛选择应用的卫星轨道。

地球静止轨道卫星的轨道高度为 35786km，倾角 $i=0$，偏心率 $e=0$，卫星在赤道上空相对地球是静止的，对地覆盖区域主要位于中低纬度地区，覆盖地区基本保持不变，可以提供约地球表面 38.2% 的大范围覆盖。因此，地球静止轨道卫星在通信、广播电视和导航卫星与卫星星座中得到了广泛应用。

倾斜地球同步轨道（IGSO）是一类特殊的地球同步倾斜圆轨道，该轨道倾角 i 不为 0，轨道高度与 GEO 一样，轨道运动周期为 24h，与地球运动周期基本同步，均属于地球同步轨道（GSO）。该轨道卫星的星下点轨迹是交点在赤道上、呈对称的“8”字形的封闭曲线，每天重复地面上的同一轨迹。IGSO 卫星具有倾斜轨道的特点，可根据倾角选择的不同，实现对不同纬度区域的有效覆盖，特别适合中高纬度地区的覆盖，对 GEO 卫星的中低纬度地区覆盖形成有效的补充。

3.3.3 导航卫星的轨道选择

导航系统卫星在进行轨道设计时，一般主要考虑的因素包括：用户的任务需求（包括基本导航服务、星基增强服务等）、覆盖区域要求、信号连续覆盖时间、信号覆盖重数、位置精度衰减因子（PDOP）以及系统建设成本等。

根据卫星导航系统用户需求，导航卫星服务的覆盖区域可分为区域覆盖和全球覆盖。GEO 卫星和 IGSO 卫星的信号覆盖地区基本保持不变，因此适用于区域覆盖的卫星导航系统建设。MEO 卫星的导航信号天线采用覆球波束技术，其信号覆盖范围可在全球范围内变化，适合于全球覆盖的卫星导航系统建设，通过多个 MEO 卫星组成星座，实现全球范围内大于 4 重的覆盖。Walker 星座是典型的全球覆盖的星座。

北斗一号卫星导航系统为基于双星定位原理的区域有源卫星定位系统，系统任务定义的服务区域为我国及周边区域。GEO 卫星工作在距地球表面 35786km 的地球静止轨道上，相对地球静止不动，卫星播发的信号可在覆盖地区保持不变。

因此，北斗一号系统设计采用 2 颗 GEO 卫星在轨工作，以满足系统服务的任务要求。为了确保系统服务的安全性与可靠性，系统设计上增加 1 颗 GEO 卫星作为备份使用。

北斗二号卫星导航系统标称星座由5颗GEO、3颗IGSO和4颗MEO卫星组成，其导航定位的原理是几何三球交会法。该系统根据我国卫星导航系统发展战略规划，属于区域系统，其服务区域为我国及周边区域。

因此，北斗二号系统优选的卫星类型为GEO和IGSO卫星，其中GEO卫星定点在我国上空，导航信号覆盖范围广，可以有效增加覆盖区域的卫星可视数目，IGSO卫星可以增加对我国及周边中高纬度区域的信号覆盖，改善GEO卫星的存在的"北坡效应"，大幅度提高用户接收使用卫星的高度角，确保用户在极端条件下能够正常使用，同时改善整个星座的空间几何构型。北斗二号星座中GEO和IGSO卫星的数目以及卫星的轨道参数，是根据导航定位服务区的大小、服务性能等约束条件，对星座方案进行优化设计。"北坡效应"是指由于我国服务区内用户位于地球赤道以北的区域，在中纬度地区以上的用户观测地球赤道上空的GEO卫星时，其接收机观测仰角较低，导致存在影响地面用户接收机接收观测效果的现象。

按照我国卫星导航系统发展战略规划，在北斗二号系统星座选择过程中，MEO卫星可以起到周期性辅助系统进行定位试验的作用，为后续北斗三号全球系统的建设开展试验验证等工作。

北斗三号卫星导航系统标称星座由3颗GEO卫星、3颗IGSO卫星和24颗MEO卫星组成。该系统具有多服务功能为一体的特点，其系统任务主要需求包括全球范围的基本导航服务和区域范围的星基增强服务，同时还要配置国际海事搜救载荷、星基增强服务、全球短报文载荷等业务。北斗三号系统全球范围的基本导航服务主要由MEO星座来实现，区域范围的星基增强服务由GEO卫星和IGSO卫星实现。星座中GEO、IGSO和MEO卫星的数目以及卫星的轨道参数是根据服务业务的性能要求，对不同的星座方案进行优化设计获得。

同时，北斗三号系统在我国及周边地区的特色业务服务，在系统总体设计上也将通过GEO卫星和IGSO卫星实现。利用GEO卫星、IGSO卫星在国内测控观测站可视时间长的特点，还可通过系统中配置的星间链路实现对在轨卫星的"一站式测控服务"等功能。

GPS、GLONASS、Galileo全球系统均采用MEO星座来提供全球的基本导航服务，并独立设计一套由GEO卫星或IGSO卫星来提供区域增强服务。

美国的广域增强系统(WAAS)由2颗GEO卫星组成，用于增强GPS在美国的导航服务性能；欧洲的EGNOS由3颗GEO卫星组成，用于增强GPS和GLONASS在欧洲范围内的导航服务性能；印度的GAGAN由3颗GEO组成，用于增强GPS在印度洋和印度上空范围内的导航服务性能；日本的MSAS由2颗GEO卫星组成，用于增强GPS在日本及周边地区领空、领海的航空和航海用户的导航服务性能。

3.4 星座构型与分析

3.4.1 Walker 星座

为了获得全球多重导航卫星信号的均匀覆盖，目前全球卫星导航系统的星座基本构型通常采用 Walker 星座。

Walker 星座的特点是其所有的卫星轨道都是圆轨道，且具有相同的轨道高度和轨道倾角。轨道面几何均匀地分布在空间内，轨道面内的卫星也是几何均匀地分布在轨道面内，相邻轨道平面内相同序号的卫星有恒定的相位差。

按照 Walker 星座体系的定义，假设一个 Walker 星座的构型码为 $N/P/F$（卫星数目/轨道平面数/相位因子），则表示 Walker 星座图上共有 N 颗卫星，N 颗卫星均匀地分布在 P 个轨道平面上。

导航卫星 Walker 星座构型设计主要是对星座的几何构型参数进行优化和确定，优化参数（决策变量）包括星座卫星总数（N）、轨道平面数（P）、相位因子（F）、卫星轨道高度（H）和轨道倾角（i）等。为了使所有的轨道平面彼此具有相同的关系，F 必须是 $360°/N$ 的整数倍。

假定所有轨道平面相对于参考平面（典型的参考平面是地球赤道面）的倾角 i 相同，且 P 个轨道平面的升交点围绕赤道均匀分布，其角距为 $360°/P$。在每个轨道平面内，S 颗卫星均匀分布，其角距为 $360°/S$。确定相邻轨道平面卫星间的相对相位（或称相位偏置）后即可确定其最终的星座构型。

3.4.2 星座构型设计

星座构型是对星座中卫星的空间分布、轨道类型以及卫星间相互关系的描述，通过把多颗卫星分布在规定的轨道上，以实现整个系统功能的要求[6]。

导航星座构型设计将涉及诸多参数的优化组合，设计星座不仅要满足系统服务各项性能指标要求，而且还要考虑系统整体建设成本和长期运行维持费用，属于多元决策变量、多目标函数、多约束、复杂系统的优化设计问题。在具体求解多目标优化的问题时，需要建立合适的目标函数模型，根据实际情况选取各个目标函数之间的具体权重比例，采用可行的优化求解算法。

导航系统星座构型设计的内容主要包括卫星轨道类型的选择、卫星的运行轨道位置、卫星之间的相对位置关系设计和卫星轨道参数的选择等内容，结合卫星各类轨道的固有特点和卫星数量，确定选用的卫星轨道形状、轨道平面倾角和轨道高度等。

导航星座中卫星的运行轨道位置以及相对位置关系设计，要对星座内单个卫星的运行轨道位置、各卫星之间的相对位置关系进行优化分析。

在北斗系统进行星座设计优化分析时，需包括 GEO 卫星的定点位置、IGSO 卫星

的升交点地理经度位置、不同 IGSO 卫星之间的相位关系、MEO 卫星个数以及 MEO 卫星之间的相位关系设计等工作内容。

导航卫星轨道参数的设计选择,通常与"卫星的运行轨道位置以及各卫星之间的相对位置关系"联合进行优化设计,二者均以系统覆盖区域、服务功能、性能指标为优化目标进行设计,其优化设计的内容为具体的轨道参数。

一般情况下,系统上需要精细化设计的卫星轨道参数包括:半长轴(或轨道高度)、偏心率、倾角、升交点赤经(或升交点经度)、近地点幅角。对于不同轨道类型的卫星,需要设计的卫星轨道参数会有所不同。对于 IGSO 卫星,需要重点设计的轨道参数为偏心率、倾角、升交点经度等;对于 MEO 卫星,需要重点设计的轨道参数为半长轴(或轨道高度)、倾角等。

在导航卫星实际工程系统应用中,我们可以对导航星座的设计过程进行简化,主要考虑地球中心引力场对卫星轨道位置的作用影响,从纯几何观点对卫星轨道高度、偏心率、卫星数量与分布进行研究,设计理想星座构型。

当研究某个设计参数对星座性能的影响时,可假设其他参数保持不变。在卫星数量一定的条件下,根据满足星座服务性能指标的要求,综合分析和优化得到系统具体设计参数值或其取值范围。

北斗系统导航星座构型设计的约束条件、设计参数及设计目标可以表述为以下结果。

(1) 系统约束条件。MEO 星座构型为 Walker N/P/F 星座;基本导航信号的服务覆盖区域为全球,星基增强信号的服务覆盖区域为我国及周边,同时还要充分考虑地面系统站点位置、工程建设周期、工程建设经费、运行维护费用等其他约束条件。

(2) 系统优化设计目标。满足基本导航服务、星基增强服务等功能与任务指定区域的导航信号连续覆盖、空间构型、星座冗余维持、定位精度及其可用性等性能指标。

基本导航服务一般要求导航信号波束覆盖区的用户至少同时可接收到 4 颗及以上的卫星信号,这是基本导航服务的最基本要求。另外,结合卫星导航服务定义的性能指标,还要求用户同时可视的卫星组成的几何构型、连续可视时间等均要满足一定的要求。

星基增强服务通常要求播发的信号波束在覆盖区全部时间内,卫星信号均满足一定仰角下至少一重或两重覆盖,保证增强信息的有效播发。

(3) 经过对北斗全球系统任务要求的分析,通过多目标、多约束的星座优化分析与设计,北斗系统的星座构型具体设计参数可选择如下:

MEO 卫星 Walker 星座:卫星总数($N=24$)、轨道平面数($P=3$)、相位角系数($F=15$)、卫星轨道高度($H=21528\text{km}$)、轨道倾角($i=55°$)等。

GEO 卫星:3 颗卫星位于地球赤道面上,定点位置分别为 80°E、110.5°E、140°E。

IGSO 卫星:升交点地理位置东经 118°, 3 颗卫星位于不同的轨道面上,轨道倾角 55°、轨道偏心率近似为 0。

3.4.3 星座服务性能指标

导航星座服务性能指标是星座设计的基本依据，主要包括服务信号连续覆盖指标、空间几何构型指标、星座可用性指标、冗余维持指标和构型保持指标等。

1）连续覆盖指标

星座的服务信号连续覆盖特性是卫星导航定位系统的基本属性。在系统上，主要评价卫星导航星座对指定服务覆盖区域连续不间断地提供 4 重以上导航信号覆盖的能力。覆盖重数是指某一时刻地面固定位置上，用户可以同时观测到导航卫星信号的数量。作为卫星导航系统的服务提供商，一般需要设计其星座具有 6 重以上信号覆盖的能力。

从实际工程系统应用的角度，连续覆盖指标定义为可能造成卫星播发的导航信号中断或卫星导航定位服务丢失的概率。

卫星导航信号的中断主要取决于卫星系统上与播发导航信号相关的星载原子钟、导航信号生成器、功率放大器等产品的短期故障，用户感受到的中断影响与空间星座卫星和用户终端两个部分有关。对于空间星座卫星造成的中断故障，设计上需要充分关注与播发导航信号和卫星平台姿态参数密切相关的星载产品的工作质量、星载冗余产品设备切换影响和卫星轨道位置机动过程等因素；对于用户终端部分造成的中断故障，主要需关注接收导航信号受环境影响造成的信号被遮挡、信号多路径等效应，以及用户终端接收机本身捕获跟踪与计算处理的动态特性等。

由于卫星导航系统中导航信号播发天线通常设计为覆球波束天线，可采用星座的几何覆盖特性等效于卫星导航信号播发天线方向图。进一步考虑用户周围地形的影响与限制，引入用户终端接收机最小接收仰角概念，卫星播发的导航信号只有在大于用户终端接收机最小仰角的范围内，才能有效保证实现系统所提供的导航定位服务。

假设用户终端接收机最小接收仰角为 E，若仅考虑星座的信号几何覆盖特性，通常可用用户最小可见卫星数目或平均可见卫星数目来表示播发导航信号的连续覆盖指标。最小/平均可见卫星数目是指规定服务区内，用户在整个（或一定的百分比）时间段内可以观测到的卫星数目的最小值/平均值。

2）空间几何构型指标

卫星导航系统空间几何构型指标主要是用来评价在某一观测历元时刻，星座中用于导航定位计算的卫星所处空间位置分布情况，通常采用精度衰减因子（DOP）值来量度。空间几何构型指标包括以下 5 类精度衰减因子。

PDOP：（三维空间）位置精度衰减因子。

HDOP：水平精度衰减因子。

VDOP：垂直精度衰减因子。

TDOP:时间精度衰减因子。

GDOP:几何精度衰减因子。

上述5类精度衰减因子分别表示星座中卫星系统三维空间位置误差、平面位置误差、高程位置误差、时钟误差、定位定时总误差对系统测距误差的放大倍数,其中三维空间位置精度衰减因子(PDOP)值是全面描述系统空间位置误差和时间误差综合影响的精度因子。

卫星导航系统中用户导航定位精度由用户等效测距误差(UERE)与DOP决定。UERE代表卫星导航系统信号的物理性能,空间DOP值代表用户接收机跟踪观测卫星空间分布的几何构型情况。一般来说,导航定位精度可表示为:导航定位精度 = DOP × UERE。

在UERE值一定的情况下,系统的空间几何分布的DOP值越小,用户可获得的定位服务精度就越高。

一般情况下,当DOP > 10时,系统的导航定位方程将趋于严重病态,系统的服务定位精度难以确定。因此,空间几何分布的DOP值是表征卫星导航星座性能的关键指标,可直接用于标定卫星导航系统星座覆盖区域、分析星座可用性和用户导航定位精度等。DOP值作为空间几何构型指标,具有较好的代表性。

3) 星座DOP可用性指标

卫星导航系统星座的DOP可用性是指在任意一个卫星星座运动周期的时间间隔中,卫星导航系统对其全部服务区域范围内的任意地点,其DOP值小于或等于一个给定阈值的时间所占的百分比,它表征了该卫星导航系统满足服务指标要求的星座几何构型状态概率。

假设服务区域为S,卫星星座系统的运行周期为T,采用格网点划分的计算方法设计,则服务区域内平均DOP可用性可按照如下方法进行计算。

(1) 将服务区域S分为N_S个面元,每个位置面元为一个子服务区S_i,将系统星座运行周期T分为N_t个时间区间,每个时间区间为$\Delta t_j = [t_j, t_{j+1})$。

(2) 分别计算服务区域S内某子服务区位置S_i在某时刻t_j的空间精度衰减因子DOP值P_{ij}。

(3) 统计计算服务区域S内某子服务区位置S_i在整个系统星座运行周期T的DOP值可用性P_i:

$$P_i = \frac{\sum_{j=1}^{N_i} \Delta t_j P(P_{ij}, P_{\mathrm{ref}})}{T} \tag{3.1}$$

式中

$$P(P_{ij}, P_{\mathrm{ref}}) = \begin{cases} 0, P_{ij} \geqslant P_{\mathrm{ref}} \\ 1, P_{ij} < P_{\mathrm{ref}} \end{cases}$$

式中:P_{ref}为DOP阈值,是系统确保服务性能需要的DOP值的最大值。

（4）计算整个服务覆盖区域内的平均 DOP 值可用性 P_S：

$$P_S = \frac{\sum_{i \in N_S}(P_i)}{N_S} \tag{3.2}$$

4）冗余维持指标

在轨卫星构成的实际卫星导航系统的星座不可能一直是稳定的理想星座。空间段卫星系统的产品在轨道运行服务过程中可能出现某些动作或故障，包括卫星产品长期故障、短期故障或卫星轨道位置保持所引起的机动等，这些操作动作或产品故障都会不同程度地影响导航信号质量与系统服务的可用性。

因此，导航卫星星座的设计必须具有一定的在轨卫星冗余备份能力。当星座中某一卫星出现问题或故障时，系统能够保证对指定服务区域连续不间断地提供多重导航信号覆盖，满足服务指标要求的卫星空间几何分布构型，确保卫星导航系统导航信号和服务业务的连续性和可用性。

对于一个卫星导航系统的服务冗余维持指标，主要评价为在一颗或几颗（一般不大于 4 颗）卫星出现故障的情况下，星座系统提供满足降级服务的连续覆盖、空间几何构型和定位精度等性能情况。

5）构型保持指标

由于星座系统中每颗导航卫星的入轨误差，以及卫星在轨运行过程中存在的轨道长期摄动力的影响，卫星相对于系统设计的轨道相对位置总会存在漂移变化情况，难以保持星座组网初期设计所要求的基本构型，导致导航星座覆盖与服务性能变化与下降。

星座构型保持指标主要包括卫星轨道相对位置容许偏差和卫星轨道相对位置保持周期。星座中卫星轨道相对位置保持周期与星座稳定性有关，表现为卫星轨道共振问题。

卫星轨道相对位置保持期间，由于卫星推力器工作，卫星的位置发生变化，地面观测量将发生突跳，导致系统预先计算的上注星历参数不可用。因此，在这一过程中和轨道位置保持后的一段时间内，卫星位置精度误差大，该卫星将标示为不可用卫星，中断其导航服务。卫星轨道相对位置保持周期的长短对于导航系统服务的连续性和可用性均有着较大的影响。

3.5 力学环境分析

导航卫星与其他航天器一样，设计要求与一般地面工程系统项目不同。产生不同的最大原因之一是它会遇到一般地面工程系统项目或产品设备所没有的一些特殊环境。

这些特殊环境包括导航卫星由于运载火箭发射过程中所产生的各种动力学环境和热环境，卫星在轨工作时遇到的各种特殊的空间环境[7]。

在卫星总体设计时，将这些环境特性作为卫星产品设计的输入要求和约束条件，设计研制的导航卫星必须能够适应这些特殊环境，以此达到导航卫星工作连续稳定、长寿命、高可靠的目标，保证导航卫星在轨提供持续、稳定、无间断的导航功能服务。

导航卫星的力学环境分析是首要任务。

导航卫星在整个研制生产和服务寿命周期中，要经历地面总装测试与试验、运载火箭发射、空间飞行等不同环境。特别是在运载火箭发射飞行过程中，要经受复杂和严酷的力学环境，主要包括运载火箭发动机推力引起的近似稳态的加速度过载环境，运载火箭发动机工作及液体火箭飞行中纵向耦合振动效应产生的低频振动环境，运载火箭发动机点火、关机和级间分离产生的瞬态振动环境，火工装置和其他分离装置产生的高频瞬态冲击环境，以及气动噪声通过结构传递的高频随机振动环境。

上述这些力学环境效应主要表现为对卫星结构和产品的振动响应，这种响应可能导致卫星产品结构变形、失稳、开裂，导致电子设备性能参数发生漂移、超差、焊接点和安装点损坏、断裂，导致推进剂管路和产品设备连接电缆松动甚至脱落等。卫星发射后的大量在轨问题统计数据表明，力学环境影响是造成卫星在轨过程出现故障，甚至导致整个任务失败的主要原因之一。

导航卫星抗力学环境设计的重点与所经历的上述特殊环境的恶劣程度有很大关系。要对导航卫星经历的具体力学环境有一个全面正确的了解，获取和认识卫星实际经历的环境参数，并采取针对性减缓力学响应的设计，保证合理的设计裕度，并完成地面试验验证。

3.5.1　地面研制环境

运载火箭的发射条件是导航卫星设计分析中需要考虑的最关键环境条件，但卫星在地面研制生产、测试试验过程中的其他事件环境条件也绝不能忽视。

导航卫星在地面研制过程中的环境条件包括地面自然环境，产品制造、总装、操作、储存、运输和地面试验环境等。

1）地面自然环境

地面自然环境影响包括地球引力引起的重力、大气压、温度和湿度、腐蚀、颗粒和污染。卫星抗力学环境设计需要重点关注的是重力和大气压力。

导航卫星主结构多为铝蜂窝板结构，在地球重力环境下结构板会因自重载荷、安装产品设备作用而发生变形。在总装操作过程中，必要时应安装工艺板作为载荷的支撑。

重力引起的卫星结构弹性变形，在卫星入轨后会因失重而消失，对安装位置有高精度要求的控制系统、测量系统的产品设备会产生影响。为此，在结构系统级抗力学环境设计中，应考虑重力环境对高精度设备的影响，并采取合理的设计措施，通过多次精度测量，验证设计措施的正确性和有效性。

对于星上封闭的结构或组件产品（如贮箱、气瓶管路等）来说，需要关注卫星入轨后因真空环境变化所产生的产品内外压差（一般为1个大气压的内压）影响。对于无密封要求的封闭产品结构，必须采取一定的通气措施，否则可能由于产品内外压差的存在，造成结构或产品的变化，甚至产品被破坏。

2）生产制造环境

生产制造过程对卫星产品可能引起的问题主要有：某些制造过程（如3D打印、热处理、机械弯曲成形等）会产生较大的残余应力、热应力，某些高强度金属材料在制造过程中会产生氢脆现象，从而造成产品破坏。

3）操作环境

在卫星制造、装配和试验过程中，经常有产品部件、舱段或整星的起吊、翻转操作。抗力学环境设计需考虑卫星或产品起吊时的工况，保证起吊的载荷不超过设计规定值。在某些敞开的舱段起吊时，可能会引起舱段的有害变形，需要针对这些薄弱部位设计专用的保形工装设备。

在卫星系统级产品抗力学环境设计中，必须全面考虑卫星在翻转过程中产品安装与结构的连接强度和刚度，必要时需设计增加辅助支撑工装的设备。

4）储存环境

在卫星系统及产品研制过程的绝大部分时间内，卫星处于停放或储存状态。卫星停放状态下，常常需要对卫星进行测试、操作等，使其有不同的停放方向和停放状态，采用合理的卫星停放支撑工装设备是卫星总体及分系统必须考虑的设计问题之一。

5）运输环境

导航卫星的运输环境包括卫星厂房内地面搬运、公路与火车地面运输、飞机空运等方式。

为了保证卫星在运输过程中的安全，搬运中需要采用专用机械、工装等辅助设备，提供良好的运输条件和专用的搬运设备，并配置专用的监测仪器或传感器。

地面公路与火车运输是运输环境中比较恶劣的环境，常遇到的影响环境是路面的凹坑、突变和粗糙地面，由此引起的载荷环境具有随机性，并会引起较大的瞬态冲击载荷，一般可以通过卫星包装箱内部减振设计来避免星上产品的较大响应。此外，地面运输过程中应将卫星运输车辆的行进车速控制在一定的范围内，一般要求行进车速在40km/h以内，高速公路一般不会超过60km/h。

飞机空运的运输环境主要由一些瞬态事件组成，包括飞机起飞时的加速度、飞机降落时的冲击力、飞行中的气流扰动引起的随机振动等。空运过程中的环境条件一般优于地面公路与火车运输，需要设计专用的空运包装箱，包装箱内设计有减震装置，配置温度、湿度、振动与加速度传感器和温度调节设备，并兼容地面公路运输要求。

6）地面试验环境

导航卫星按照研制流程，通过地面试验考核其设计生产的卫星系统及产品的抗

力学环境的功能和性能是否满足要求。

在卫星环境规范中，根据卫星与运载火箭的接口文件和以往经验数据，明确规定各类系统级、产品级地面环境试验的载荷条件，分为验收级、准鉴定级和鉴定级试验条件。

验收级的载荷条件是卫星实际飞行环境的包络。准鉴定级试验条件比验收级条件严酷，准鉴定级试验条件一般为验收级的1.25倍，用于对首飞产品的功能考核。鉴定级试验条件更为严酷，试验量级一般为验收级的1.5倍，用于对工程样机的全面功能与性能鉴定考核。

卫星主结构产品一般需要在初样研制阶段，采用鉴定级产品进行地面鉴定级的静力和动力环境试验，通过初样结构星，进行各种工况下的试验验证。因此，卫星系统的结构设计需要考虑比实际生产过程和飞行环境更严酷的鉴定级的载荷条件。

3.5.2　运载火箭发射环境

卫星发射过程（主动段）从运载火箭起飞时开始，直到在预定轨道上运载火箭与卫星分离时结束。

运载火箭通常由多级发动机组合而成，当第一级发动机完成规定任务而熄火时，该级发动机的结构、贮箱就与运载火箭分离而被抛弃，接着下一级发动机点火。

运载火箭起飞时，将产生较大瞬态载荷和噪声，会对卫星结构及次结构造成影响，其产生的最大噪声数据包络是制定卫星系统地面噪声试验和随机振动试验量级的依据。火箭发动机分离时将产生瞬态载荷和冲击现象；同样运载火箭整流罩分离和每一级发动机在开机点火、关机、熄火等过程中均会多次产生较大的、复杂的瞬态载荷，其作用方向主要是运载火箭的轴向方向，上述现象的试验统计数据是制定卫星地面试验条件的依据。

1）噪声载荷

卫星在运载火箭发射过程中噪声载荷主要来源于以下两个方面。

（1）运载火箭起飞过程中发动机排气噪声。

当运载火箭发动机启动时，在短时间内排气速度有巨大的变化，在地面发射台的排气槽和周围空气中的压力会迅速增加，对运载火箭产生不对称的瞬态空气压力脉动，引起运载火箭和卫星周围严重的噪声环境。该噪声的作用频率范围一般为20～2000Hz。

（2）最大气动载荷。

当运载火箭飞行速度接近和超过声速（即跨声速期间）时，因运载火箭周围的空气被压缩形成冲击波，运载火箭外表面气流扰动会产生压力脉动，造成运载火箭和卫星周围严重的噪声环境。该噪声载荷的作用频率范围一般为20～10000Hz。

噪声载荷会引起星上次级结构和产品部件的高频振动。此外，对于一些敏感器设备将会产生噪声影响,特别是对于太阳翼、反射面天线等面积/质量比较大的薄壁结构产品造成不良的影响。

2)静态载荷

静态载荷又称为静载荷,是指卫星主结构产品所承受的外力不随时间变化或变化时间远比卫星固有振动周期长得多的载荷。发射环境的静载荷是由运载火箭发动机稳态推力作用,使得运载火箭和卫星组合体产生稳态加速度引起,实质是由卫星质量造成的惯性力。

3)低频振动载荷

卫星低频振动一般是指振动频率低于100Hz的振动现象,低频振动环境可能会对卫星的机构产品动作、结构产品连接状态、充压密封产品与管路、产品之间的位置空间等产生影响。

运载火箭在起飞和飞行过程中将经历起飞、助推器分离、级间分离等事件,在该过程中运载火箭发动机将伴随着点火、熄火等动作,均可能对卫星造成较大的瞬态低频振动载荷。另外,在运载火箭级间分离时,运载火箭结构产生的弹性势能的释放,也会引起瞬态低频振动载荷作用在卫星产品上。

4)冲击载荷

冲击载荷是指在很短的时间内,以很大的速度作用在卫星结构体产品上的力载荷。冲击产生的应力与变形量的计算较为复杂。

卫星在发射过程中所经历的整流罩分离、星箭分离等均采用火工装置分离,该分离方式通常是采用点火爆炸或弹簧分离,对卫星及距离火工装置较近的卫星电子与结构产品会产生较大的高频冲击环境。

3.5.3 卫星在轨环境

卫星入轨后,力学环境设计需要重点考虑星表大型组件产品(包括太阳翼及可展开大型反射面天线等)展开与锁定冲击载荷、卫星轨控发动机点火、动量轮等活动部件工作时产生的微振环境,以及推进剂液体晃动引起的力学环境[8]。

1)星表大型展开产品锁定冲击载荷

在卫星发射阶段,由于受到运载火箭整流罩内部的容积限制,卫星上的大型展开产品(如太阳翼、可展开大型反射面天线等)一般都处于收拢状态。当卫星进入预定轨道后,需要展开这些部件并且锁定。此时,卫星系统设计上经常采取火工品切割器或弹簧锁定的方式。当需要展开时,卫星自动按照程序或接收地面遥控指令,使火工切割器或弹簧打开,此时将产生展开与锁定冲击载荷。

如果展开部件产品或周围其他产品对冲击载荷特别敏感(如太阳翼锁定时对帆板驱动机构的冲击载荷),则需要对其展开动力学进行专项分析,以检查评估该展开锁定冲击载荷是否能够满足要求,以免发生对产品功能性能造成影响的问题。

2）轨控发动机工作时载荷

卫星轨控过程中采用490N发动机（或随上面级入轨）进行试喷、变轨等脉冲推力，使卫星或组合体产生较大的加速度。这种作用对星体结构可能产生较大的变形和应力，对于已经展开的大型组件产品（太阳翼、大型反射面天线等柔性产品）来说，其应力载荷在系统设计时必须加以考虑。卫星飞行过程中，太阳翼已经展开，轨控发动机的推力作用会对太阳翼与卫星本体连接的SADA产生较大的弯矩和剪力作用，严重时可能导致太阳翼根铰或SADA损坏。

3）微振动

卫星在轨微振动或扰振主要影响星上敏感度高的部组件，包括导航卫星上的高精度指向天线、窄波束天线、高精度的星上测量仪器等。

当卫星在轨工作，星上的动量轮、陀螺、太阳翼驱动机构以及天线驱动指向机构等多种活动部件按照设计要求工作时，均存在运动或高速运动，同时，星上各类大型柔性部件的微小振动均会使星体产生抖动。卫星系统在设计过程中，务必关注以上现象和可能产生的影响，确保卫星载荷的服务功能和性能指标不受影响。

4）液体晃动

卫星推进剂贮箱内液体燃料的晃动特性对卫星的动力学特性和控制系统稳定性都会产生影响。卫星变轨机动时的发动机开关机工况、大姿态角机动工况等，都会激起推进剂贮箱中液体燃料的小幅乃至大幅晃动。

3.5.4 力学试验考核载荷

根据对导航卫星所经历的各种力学环境的分析研究，可将卫星力学试验考核载荷分为静载荷和动载荷两类。整星抗力学环境设计的目的是分析研究这些应力载荷对卫星系统和产品造成的影响，通过采取适当的技术途径，提高卫星承受这些载荷的能力，保证飞行任务的顺利完成。

1）静载荷

卫星全寿命周期中静载荷主要包括卫星在地面制造、操作、储存中承受的稳态载荷，卫星发射过程中运载火箭发动机推力造成的稳态纵向和横向加速度过载等。

北斗导航卫星采用长征三号甲系列运载火箭，包括推力不同的CZ-3A、CZ-3B、CZ-3C运载火箭，产生的静载荷也有所不同。长征三号甲（CZ-3A）运载火箭为三级液体推进剂火箭，其同步转移轨道的运载能力为2650kg；长征三号乙（CZ-3B）运载火箭是在CZ-3A火箭的基础上，在其一级上捆绑了4枚液体助推器，其同步转移轨道的运载能力为5500kg；长征三号丙（CZ-3C）运载火箭是在CZ-3B火箭的基础上，在其一级上减少2枚液体助推器，其同步转移轨道的运载能力为3800kg。

按照长征三号甲系列运载火箭与卫星系统的接口文件规定，北斗导航卫星静载荷设计要求，如表3.1所列。

表 3.1 北斗导航卫星静载荷设计要求

工作阶段	CZ-3A	CZ-3B	CZ-3C
一级飞行段	+5.0g	—	—
一级助推飞行段	—	+5.3g	+5.3g
一级芯级飞行段	—	+3.6g	+3.6g
二级飞行段	+2.9g	+2.8g	+2.8g
三级一次工作段	+1.6g	+1.2g	+1.2g
三级二次工作段	+2.7g	+2.5g	+2.5g

2）动载荷

卫星全寿命周期中存在的动载荷包括周期振动载荷、瞬态振动载荷、冲击载荷、随机振动载荷等形式。

周期振动载荷是指其振动幅度大小随时间作周期性重复变化的载荷，常见的典型情形为正弦振动载荷，它是一种简谐振动载荷。一般的复杂周期振动可以看作具有多个不同振动频率的各个简谐振动的合成。卫星上的周期振动载荷一般为低频周期振动载荷。

瞬态振动载荷是指其振动幅度大小随时间迅速衰减或增加的动态载荷。低频的瞬态载荷往往表现为一个因受到阻尼而迅速衰减的周期振动载荷或正弦振动载荷。

北斗系统设计需满足正弦振动载荷设计要求见表 3.2。

表 3.2 北斗导航卫星正弦振动载荷设计要求

振动方向	频率范围/Hz	验收级	鉴定试验
纵向	5～8	3.11mm	4.66mm
	8～100	0.8g	1.2g
横向	5～8	2.33mm	3.50mm
	8～100	0.6g	0.9g
扫描率/(oct/min)		4	2
注：oct—倍频程			

冲击载荷是指载荷在短时间内发生急剧变化的载荷，其持续时间极短（与固有弹性振荡周期相比，一般在20ms以内），频率范围很宽。

冲击载荷可以分为以下3种形式。

（1）脉冲式冲击：载荷幅值从平衡位置很快上升到最大值，然后迅速下降到平衡位置，其随时间的冲击波形有半正弦波、梯形波、三角波等。

（2）阶跃式冲击：载荷幅值从平衡位置发生突然改变，理想的载荷改变时间为零。

（3）复杂冲击：载荷幅值随时间快速而复杂地衰减振动，它实质上是一种高频瞬态振动。导航卫星中的冲击载荷主要为复杂冲击载荷，即高频瞬态振动载荷，其频率

上限可达100kHz以上。

根据卫星发射的多次数据汇总研究分析，最大期望冲击载荷一般都发生在星箭分离面上。导航卫星需按照表3.3规定的冲击响应谱（SRS）（$Q=10$）对整星及各组件产品进行考核。星箭分离界面冲击响应曲线见图3.2。

表3.3 星箭分离界面冲击响应要求

频率范围/Hz	加速度冲击响应谱（$Q=10$）
100~1000	10.5dB/oct
1000~4000	4000g

一般来讲，随机振动的振动状态无法用确定的时间函数来描述，当然也不存在重复再现性，它的每一次振动与以前、以后的振动都不相同。

虽然随机振动在某一具体时刻的状态是不确定的，但也并不是毫无规律，它具有统计意义上的规律性。随机振动不能在时域范围上表示，但可以采用在频域范围上的功率谱密度函数来表征，随机振动载荷一般用加速度功率谱密度来表示。

根据随机振动的频域范围的大小，可以把随机振动分为高频随机振动（频域范围大，可包括从低频率到很高频率的频域范围）和低频随机振动（仅在较低的频域范围内）。

导航卫星的随机振动环境主要来源于运载火箭发射过程中从整流罩传递过来的声振环境，飞行过程中卫星经历的噪声包括运载火箭发动机噪声和气动噪声，卫星受到的最大噪声发生在起飞段和跨声速段。

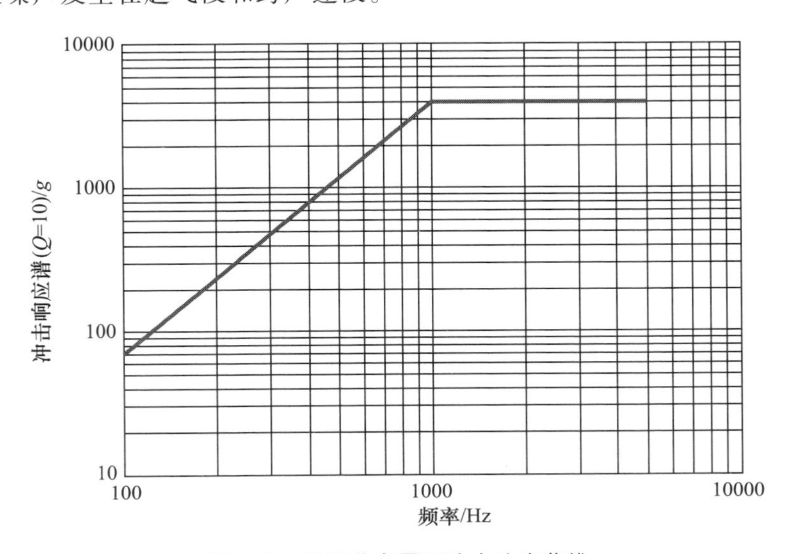

图3.2 星箭分离界面冲击响应曲线

卫星系统地面考核试验是通过在专门的声响试验室中的噪声环境，对卫星产品在噪声环境试验中的状态进行考核检验。

CZ-3A 系列火箭卫星整流罩内的噪声数据见表 3.4。

表 3.4 CZ-3A 系列火箭卫星整流罩内的噪声

倍频程带宽中心频率/Hz	声压级/dB
31.5	124
63	129
125	134
250	138
500	133
1000	129
2000	128
4000	127
8000	122
总声压级	141.5

导航卫星在研制过程中需要设计并明确卫星整星系统级试验方案和部组件产品的试验条件,试验条件包含卫星经历的所有力学环境。

通过采集卫星整星系统在噪声环境激励下的各舱板振动响应数据包络,可以得到星上的部组件产品的随机振动试验条件。

导航卫星上电子组件随机振动条件(验收级)如表 3.5 所列。

表 3.5 导航卫星上部组件产品随机振动条件(验收级)

垂直安装面方向		平行安装面方向	
频率/Hz	功率谱密度	频率/Hz	功率谱密度
10～200	+6dB/oct	10～200	+6dB/oct
200～1500	$0.05g^2$/Hz	200～1500	$0.032g^2$/Hz
1500～2000	−12dB/oct	1500～2000	−12dB/oct
总均方根加速度	$9.1g$	总均方根加速度	$7.3g$

3.6 卫星热环境分析

导航卫星在整个寿命周期中要经历地面研制、发射过程、在轨工作过程中复杂的热环境,这些热环境包括如下方面。

(1) 地面产品生产、装配、测试、试验、转运及运输条件下的温度变化,此类环境一般与卫星产品装配房间、总装测试厂房、产品运输包装箱等有直接关系。

(2) 发射过程中从地面到空间真空下的温度变化、转移轨道段的温度变化,以及寿命期内在轨热环境的考验。卫星总体设计时要求星上热控分系统通过采取主动、被动温度控制的措施,保证卫星及星上产品的工作温度范围在规定的环境条件内,并

具有一定的余量。

3.6.1 地面热环境

卫星及星上部组件产品在生产、装配、测试、试验等环节所经历的热环境基本处于以下要求范围内。如果产品有特殊环境要求，则需要单独采取热环境控制措施。

温度：(20 ±5)℃。

相对湿度：30% ~60%。

洁净度：100000 级。

3.6.2 发射及在轨热环境

运载火箭在飞行过程中，整流罩抛罩前，罩内任意一点的辐射热流密度一般不超过 500W/m^2，整流罩各段内表面的辐射热流密度和辐射率 ε 数据曲线见图 3.3。

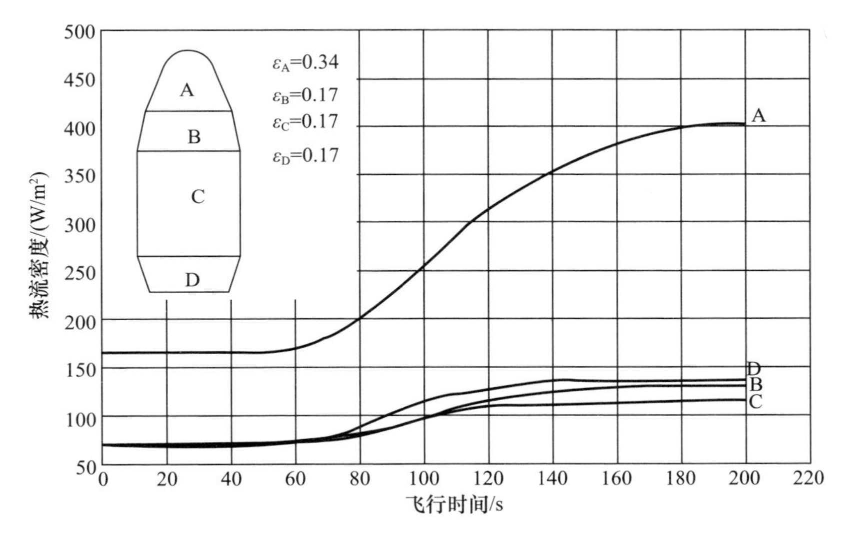

图 3.3 整流罩各段内表面的辐射热流密度和辐射率

整流罩抛罩时，空间自由分子加热的热流小于 1135W/m^2，在卫星支架的下表面和火箭仪器设备舱的上表面设计有隔热膜实现隔热。

卫星热设计的任务是确保导航卫星在发射主动段、转移轨道阶段以及卫星在轨寿命期内的正常工况中，星上所有产品、设备以及星体本身结构件产品的温度都处在要求的工作温度范围之内。

导航卫星分布在 GEO、IGSO 以及 MEO 三种轨道上，其热设计原则是以各自长期运行工作轨道的卫星正常工作阶段为主，兼顾其他阶段的要求。导航卫星通过热分析和热设计措施，可保证卫星及各产品能够适应在轨热环境。

1）起飞到太阳翼展开

在运载火箭地面点火起飞的上升段，运载火箭整流罩内采取了隔热措施，其内表面任一点的辐射热流密度不会超过 $500W/m^2$。由于运载火箭上升段时间短，卫星外表面部件的温度变化慢，不会超过允许的温度水平，星内产品设备受影响小[9]。

运载火箭抛整流罩后，卫星上升时迎风面会受到最大热流为 $1135W/m^2$ 的空间自由分子流的加热，受其影响的卫星星外产品主要包括太阳翼、天线、多层隔热组件等部件。

随着卫星离地面高度的增加，空间热流会迅速衰减。太阳翼展开前，卫星散热面虽被太阳翼遮挡，但由于该阶段星上载荷不开机，平台功耗热耗较低。

根据北斗 GEO 和 IGSO 导航卫星的飞行数据，从运载火箭起飞到太阳翼展开前（一般不超过 60min），导航卫星内产品仪器温度变化（高低）不会超过 10℃。

对于采用上面级发射的导航卫星，运载火箭基础级整流罩抛罩后，卫星位于上面级的飞行时间约 3h。在这期间卫星所处的空间环境较为复杂。上面级滑行段姿态是绕上面级 X 轴（卫星 Z 轴）自旋，卫星散热面周期平均吸收的太阳热流较小。对于载荷舱，此时载荷产品不加电，热耗小，需要卫星通过补偿加热器加电工作，保持舱内产品设备温度满足要求。对于服务舱，大部分仪器产品处于加电工作状态，加上卫星及其产品设备的热惯性，分析计算其舱内设备的温度不会超过温度允许值。

2）转移轨道太阳翼展开后

在转移轨道上，卫星会受到太阳辐照。当卫星处在近地点时，会受到地球红外辐射、地球反照辐射影响，大部分时间里卫星处于 $-Z$ 轴对日定向的巡航姿态。

由于太阳翼全部展开，卫星 OSR 散热面不再受遮挡，加之巡航状态时，卫星的散热面不受太阳光照射，卫星会由于产品工作的热耗少而使舱内温度降至较低水平。此时，需要打开卫星设计时在特定区域配置的加热器，提高舱内温度，维持卫星载荷舱产品设备处于允许的最低温度水平之上。

当卫星工作在 490N 发动机点火时，太阳光将照射到卫星南表面或北表面，增加了星内的热量输入，星上部分电加热器需要根据舱内产品设备温度遥测，自控调整对应加热器加电开关状态，保证舱内产品仪器温度满足要求。

3）入轨正常运行阶段

卫星定点后，进入在轨正常运行阶段。随着卫星运行姿态变化、季节变化和卫星上热控涂层性能退化，卫星将经历高温和低温工况的考验。

GEO 卫星运行工作在高度为 35768km 的地球静止轨道上，影响卫星温度变化的空间环境热源主要是太阳。工作寿命初期的春、秋分时间内，卫星的温度水平处于低温工况；工作寿命末期冬至时刻，卫星南板处于高温工况；工作寿命末期夏至时刻，卫星北板处于高温工况。

MEO 和 IGSO 卫星分别运行工作在中轨和高轨倾斜轨道上，影响卫星温度变化的空间环境热源仍是太阳。由于卫星设计采用偏航控制，散热面不受照射，因此卫星

本体内部的温度水平主要随多层外热流的变化而变化。MEO 和 IGSO 卫星的低温工况出现在工作寿命初期太阳光和轨道面最大夹角 78.5°时；高温工况出现在寿命末期太阳光和轨道面最小夹角 0°时。

3.6.3　地面热试验考核

根据卫星实际在轨的工作模式及热环境，北斗导航卫星对星上各分系统的产品规定了一个工作温度范围，星上热控系统通过采用主动和被动的热控设计措施，保证各个部组件产品维持在工作温度范围内。

星上产品在研制过程中均要求完成相应的地面热环境试验考核，热试验项目包括热真空试验、热循环试验、温度循环老练试验、高温浸泡试验等，这些地面热环境试验一方面考核装星产品的生产状态和工艺水平，考核在拉偏或极限温度条件下的产品工作情况，另一方面对产品在高低温环境下连续工作能力也进行考核。

地面热试验过程中，在规定的工作温度范围内，需要完成星上产品功能和性能指标的测试，判定其工作结果的符合性。

北斗导航卫星星上产品热环境设计及考核方案见图 3.4。

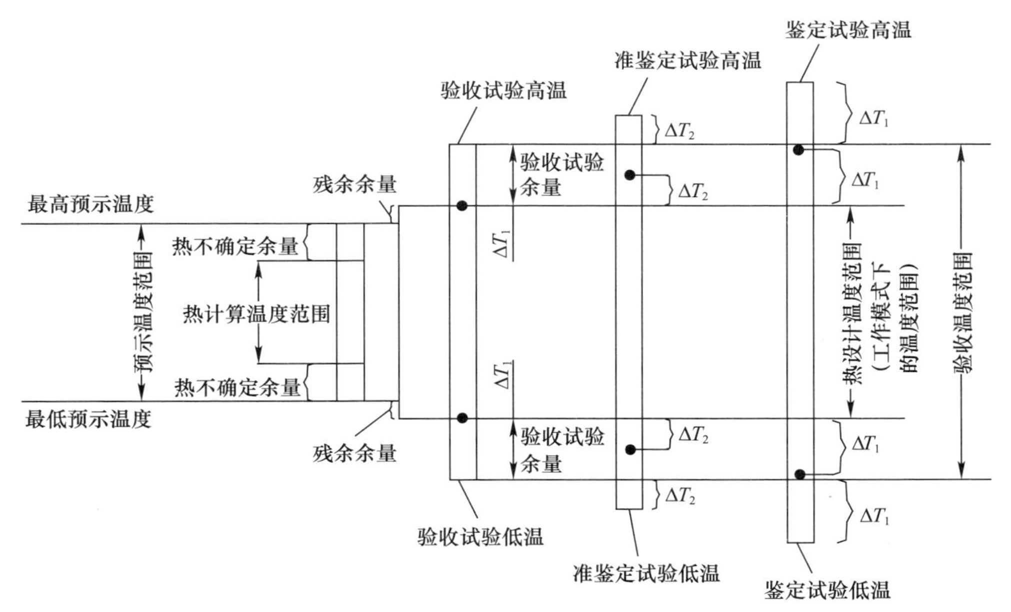

ΔT_1—验收、鉴定温度余量，一般为5~10℃；ΔT_2—准鉴定温度余量，一般为5℃；●—满足性能要求的温度门限；残余余量—电热设计确定，可以有此余量，也可以没有。

图 3.4　北斗导航卫星星上产品热环境设计及考核方案

卫星产品热环境设计及考核方案中，包括星上产品正常工作状态下预示的产品温度范围，定义了热设计确定的温度余量。

根据星上产品正常工作状态下预示的温度范围和定义的温度余量，卫星总体规定了星上产品热试验过程中的验收级、鉴定级标准。

以卫星系统产品工作温度范围下的温度值 T_1（较高温度值）、T_2（较低温度值）为基础，星上产品验收级热试验的温度范围要求为 T_2-5℃至 T_1+5℃，星上产品鉴定级热试验的温度范围要求为 T_2-10℃至 T_1+10℃。

大多数情况下，星上部组件产品设备的验收级试验温度范围一般为 -25 ~ +60℃。

星上部组件产品通过热试验考核交付卫星总体后，卫星系统还需进行整星系统级的热平衡和热真空环境试验。热平衡试验是对卫星整个热控分系统的设计水平、性能指标进行评估和考核，保证热设计能够适应在轨热环境条件；热真空试验是考核整星的产品装配、生产工艺以及系统级功能在规定环境及拉偏或极限温度的条件下，产品功能与性能指标的符合性和可靠性。

3.7 空间环境分析

导航卫星在轨运行期间，将会遇到多种空间环境的综合作用，这些空间环境因素与卫星系统功能、部组件产品所使用的电子元器件和材料会发生相互作用，进而产生各种空间环境效应，对卫星产品造成一定程度的损伤和危害，可能引发在轨产品质量问题，甚至威胁整星的工作安全。

为保证卫星及产品在任务寿命期内具有充分的空间环境适应能力，需要在导航卫星设计和研制过程中，采取必要的空间环境工程防护措施。

对于不同轨道位置，卫星所面临的空间环境因素的强度及空间环境效应影响存在一定的差异。因此，进行卫星系统抗空间环境设计时，要采取有针对性、有效的空间环境防护措施，保证卫星在轨可靠、稳定运行。

导航卫星的轨道为 GEO、IGSO 和 MEO，需要考虑的空间环境主要包括真空环境、紫外辐照环境、带电粒子辐照环境、磁场环境等，需要考虑的空间环境效应主要包括真空放电和真空出气、太阳紫外辐射损伤、电离总剂量效应、位移损伤效应、单粒子效应、表面充放电效应、内带电效应、磁场效应等[10]。

3.7.1 真空环境

真空环境是指在一个容器内，没有任何压力的环境。在宇宙中没有绝对真空存在，对于真空的定义是指在给定的空间内低于一个大气压力（101325Pa）的气体状态就是真空。

在自然环境里，只有外太空是最接近真空的空间。在宇宙外太空，由于真空环境会产生压力差、真空冷焊、真空放电等效应。

1）压力差效应

在真空度达到 10^{-2}Pa 以下时，物体会产生压力差效应。当星上密封类容器产品（如贮箱、气瓶）进入真空环境时，容器内外压差增加 1 个大气压，将增加液体、气体

泄漏的风险，影响卫星寿命甚至导致失效。

因此，星上压力容器类产品在设计上需要保证一定的抗压能力，并在地面进行压力试验考核；对一般电子产品，则需要设计透气孔，以保证产品内外不出现明显压力差。

在低于 10^{-2} Pa 的真空度下，卫星材料表面会释放出气体，这些气体可能是表面吸附的气体、溶解于材料内的气体，或渗透于固体材料中的气体。在真空下的材料出气效应，可以使物体高温时所吸附或吸收的可凝性其他气体转移到低温处，造成低温处材料表面污染，尤其是对星表布局的光学敏感器（包括星敏感器、太阳敏感器、地球敏感器等）造成污染，影响其观测视场，降低其透明度，有时可能会改变温控涂层的性能，甚至影响太阳翼电池对光能的吸收率，增加元器件的接触电阻等。

星载微波大功率网络类产品中，插入损耗大的部位若采用介质材料，则需要对其选用的介质材料的出气性能、质损等参数进行约定。

因此，导航卫星星上使用的材料需考虑真空环境带来的材料出气、材料蒸发、材料升华、材料分解等效应。

2）真空冷焊效应

材料黏着和冷焊效应一般发生在 10^{-7} Pa 以下的超高真空环境中，该现象将严重影响卫星星表的活动组件的正常工作和使用寿命，造成太阳翼和大型天线无法展开、机构齿轮及轴承摩擦力矩加大或卡死等故障。

因此，在卫星设计过程中应选择不易发生冷焊的配偶材料，采用固体润滑等方式，防止机构的真空干摩擦与冷焊，并在初样研制阶段对机构部件中相对运动部分的材料进行干摩擦、冷焊及跑合老练试验，检查验证其材料是否满足真空中的运动要求。

3）放电效应

空间环境内放电包括低气压放电、微放电现象，有时也包括静电放电现象。

低气压放电是指气体在较低的气压条件下，在一定的电压下，由于气体中的带电粒子在电场中被加速，与原子中的外层电子碰撞，外层电子发生的放电现象。

卫星在发射过程中，当外界气压达到 $10^{3}\sim10^{-1}$ Pa 的低真空时，星上有源设备带有电压的两个电极之间容易出现低气压放电，诱发电击穿现象。

为了防止低气压放电，在卫星发射主动段需要加电工作的星上产品设备，特别是具有微波射频信号的测控产品，在初样和正样阶段均需进行真空放电试验。试验重点检查在真空度 758Pa 压力范围附近时，星上电子产品设备在规定的工作状态下是否发生真空放电现象。

微放电是指大功率微波射频设备在真空环境下，产品内部产生的二次电子倍增效应。由于导航卫星要求播发的信号功率大，且产品密集度高，信号设计的工作频率多为 L 频段与 S 频段，在大功率微波系统组件中（如输出滤波器、输出多工器、隔离器、天线馈电网络、天线辐射单元、行波管放大器、固态放大器等）极易发生微放电现象。微放电现象一旦发生，将引起产品微波参数变化，出现窄带噪声、谐波干扰等，严重影响系统性能，对导航信号的播发造成严重影响甚至导致失效。因此，星上大功率微波部件设计时应采取专门的防护措施，初样及正样产品均要求通过微放电或功率耐受试验的考核。

空间产品微放电试验规范明确：在确保产品不产生微放电的阈值基础上，正样产品要进行工作电平下 +3dB 的考核试验，初样鉴定产品要进行大于 +6dB 的考核试验。

静电放电是指具有不同静电电位的物体，在相互靠近或直接接触时引起的电荷转移现象，它可形成高电压、强电场、瞬时大电流，危害较大。研究表明，GEO 的卫星在地球发生磁层亚暴环境期间，表面材料可能被充电至极高的电位。由于其表面材料不同，电位不等，就会出现飞弧放电。由此产生的电磁脉冲将对星上电子产品产生影响，严重时可能导致器件烧毁。

为了防止静电放电，星上产品外壳均应良好接地，形成等电位，同时在初样阶段，每个电子单机应按照专用试验规范完成空间表面充放电试验考核。

3.7.2 太阳紫外辐照

导航卫星运行轨道上的电磁辐射环境包括来自太阳的 X 射线、紫外辐照、可见光、红外辐照和无线电波等。

其中，轨道上的太阳辐照度与卫星面临的外热流等密切相关，影响着卫星太阳电池的发电效率。太阳紫外辐照会引起导航卫星外表面材料性能退化，包括热控涂层、光学玻璃、硅太阳电池盖片、绝缘材料及复合结构材料等，这些材料的功能降低将引起卫星热学、光学和力学等性能降低。

此外，轨道上其他电磁辐射环境会引起卫星无线通信、光学敏感器等产品的背景噪声及杂散光干扰等，背景噪声及杂散光干扰达到一定程度会干扰导航卫星的正常工作。

由于导航卫星所在轨道高度的地球大气均极其稀薄，对太阳辐射的衰减可忽略。因此，导航卫星所处轨道上太阳辐照度基本上与 1AU 处的太阳辐照度相同，即太阳辐照度等于太阳常数 $S=(1353\pm21)\,\mathrm{W/m^2}$。

1AU 是指 1 个天文单位，是地球到太阳之间的平均距离，近似 1.496 亿 km。

导航卫星星表面与太阳入射方向垂直的向阳面在寿命期内将接受全部的太阳紫外辐射总量，卫星系统设计时应采用上述的太阳辐照常数，并按照紫外能谱占太阳电磁辐射能谱的比例，在充分考虑卫星寿命、地影时间、姿态等因素的情况下进行计算。

在设计过程中，应按照以下原则。

(1) 卫星外表面直接受太阳光照射产品上的有机材料、高分子材料、光学材料、薄膜、黏接剂和涂层等，分析其太阳光辐照效应，并采取措施提高其耐受太阳紫外辐射的能力。

（2）要求导航卫星上产品的材料耐受太阳紫外辐射的能力，必须大于该轨道的太阳紫外辐照总量，所采用的材料需满足在轨导航卫星对其性能的要求。

（3）设计采用的星上材料，当耐受太阳紫外辐射等能力数据未知或无法确认时，除已具有同类轨道卫星产品成功的应用经验外（在轨运行时间相当、产品性能指标要求相同），均需在地面进行专门的材料紫外辐照试验。

3.7.3 带电粒子辐照

空间环境辐照对于星上材料和元器件（包括半导体器件和集成电路）产生损伤的基本机理是电离损伤和位移损伤。电离损伤主要是在半导体和绝缘体中产生电子-空穴对，需要的能量较低；而位移损伤主要是在半导体中产生晶格空穴（即原子离开晶格位置后所留下的空位），需要的能量要高得多。半导体中的这些损伤是造成元器件和集成电路的辐照效应的根本原因。

空间高能带电粒子对卫星的影响主要表现在两方面：一是对卫星功能材料、电子元器件噪声损伤的总剂量效应；二是对大规模集成电路等微电子器件产生的软、硬故障的单粒子效应。

从工程设计角度考虑，导航卫星在整个任务过程中，需考虑的空间带电粒子环境包括：地球辐射带的捕获电子和捕获质子、太阳宇宙射线、银河宇宙射线、等离子体等。

不同轨道上的辐射，带电粒子环境随着卫星具体工作位置的不同而有所差异。为了规范卫星设计的产品要求，同时又能保证不同轨道位置处的卫星产品均能满足抗辐射设计要求，我们一般以最恶劣的空间环境及效应分析结果作为导航卫星输入的设计参数。

1）电离总剂量效应

导航卫星在轨运行工作过程中产生电离总剂量效应的空间带电粒子辐射主要来自于以下3种辐射源：地球辐射带捕获电子、地球辐射带捕获质子和太阳耀斑质子。

太阳活动宁静期间，导航卫星所遭遇的电离总剂量来自于地球辐射带捕获电子和捕获质子；在太阳耀斑爆发期间，将会产生由于太阳耀斑质子造成的总剂量。如果卫星工作寿命期内没有发生任何太阳耀斑，则不会产生此部分总剂量。

根据导航卫星工作寿命期内电离总剂量数据，对产品设计采用等效铝屏蔽厚度进行分析，需要从系统、分系统（产品）两个层次上开展卫星产品空间辐射电离总剂量分析和设计工作，分析和设计结果作为产品与单板设计的输入。

（1）总剂量分析。

基于一维实心球屏蔽模型，需要在卫星系统级开展空间辐射电离总剂量分析，分析结果作为其分析与设计的依据，以技术文件形式提供给各个分系统（产品）。

基于一维屏蔽模型辐射剂量的分析结果，根据每一产品部件在卫星布局的不同安装位置各个方向上的实际结构等效铝屏蔽厚度，采用“辐射剂量半空间估算法”对产品设备内部关键部位和元器件处的辐射剂量进行计算。

（2）辐射设计余量。

导航卫星进行产品电离总剂量效应防护设计时，要求具备一定的辐射设计余量，以保证卫星产品在轨任务期内空间辐射环境中的安全。

辐射设计余量（RDM）定义如下：

$$\mathrm{RDM}=\frac{D_{失效}}{D_{环境}} \tag{3.3}$$

式中：$D_{失效}$为产品中元器件或材料自身的辐射失效剂量；$D_{环境}$为产品中元器件或材料位置处的辐射剂量数据。在导航卫星的产品设计规范要求中，要求 RDM 不得小于 2。

（3）耐电离总剂量指标。

元器件及材料的耐电离总剂量指标是指产品设计选用和采购元器件及材料低于该指标时，其元器件和材料的耐受电离总剂量的能力将会变化。

导航卫星总体设计规范中规定：星上产品使用的元器件耐受电离总剂量的能力一般不低于 20krad(Si)（$1\mathrm{rad}=10^{-2}\mathrm{Gy}$），产品使用的材料耐受电离总剂量的能力一般不低于 20krad(Si)，直接曝露于空间的薄膜材料（包括多层隔热材料、热控漆等）耐受电离总剂量的能力不得小于 1.5×10^{3} krad(Si)，低于该指标的材料和元器件原则上不可选用。

（4）电离总剂量辐照试验。

导航卫星上产品所使用的电子元器件和材料应通过电离总剂量辐照试验，确定其耐受电离总剂量的实际能力数据符合卫星的要求。

卫星产品电子元器件和材料的电离总剂量辐照试验，参照 GJB 548B—2005《微电子器件试验方法和程序》、GJB 5422—2005《半导体器件 γ 射线电离总剂量辐照试验方法》等相关标准的原理和方法进行。

（5）等效铝厚度。

导航卫星进行产品辐射屏蔽分析与设计时，需要根据具体卫星设计的实际情况，对各种不同材料的空间带电粒子的辐射屏蔽效果，转化为等效铝材料屏蔽效果。

计算不同材料的等效铝厚度采用下面的公式：

$$\rho=\frac{M}{S} \tag{3.4}$$

$$H=\frac{\rho}{2.7} \tag{3.5}$$

式中：ρ 为材料的质量面密度，单位为 $\mathrm{g/cm^2}$；M 为材料大面积部分的质量（扣除材料中质量过度集中部分的质量，如卫星结构蜂窝板中的预埋件质量），单位为 g；S 为材料的实际面积（需要扣除材料中挖空部分的面积，如开孔），单位为 $\mathrm{cm^2}$；H 为材料的

等效铝厚度,单位为cm;2.7 为铝的密度。

2）位移损伤效应

位移损伤(又称为非电离剂量损伤)效应是一种由空间辐射的高能量、大质量能量粒子引发的长期累积损伤效应,它会对卫星产品中的光电器件、双极器件和太阳电池片等器件的性能产生影响。地球辐射带捕获质子和太阳耀斑质子是卫星电子元器件和材料产生位移损伤效应的主要辐射环境。

因此,导航卫星在太阳电池阵设计中,需考虑空间带电粒子对太阳电池阵辐射损伤造成的性能衰减影响。对于星上产品中使用的电荷耦合元件(CCD)、有源像素图像传感器(APS)、光耦等光电器件应考虑抗位移损伤效应要求,选择在同类轨道寿命相当的卫星上有成功应用经验的器件。没有抗位移损伤能力数据的 CCD、APS 及光耦等器件,在选用前需进行位移损伤效应试验,确认试验结果符合要求。

3）单粒子效应

卫星产品在轨工作中,引发单粒子效应的辐射源主要来自于辐射带高能质子、太阳宇宙线和银河宇宙线的高能重离子和质子。

太阳活动宁静期间,空间引发单粒子效应的辐射源为辐射带高能质子、银河宇宙线高能重离子和质子;太阳耀斑爆发期间,从太阳喷发的高能、高通量耀斑质子会到达导航卫星所处轨道上,使卫星产品发生单粒子效应的可能性比太阳活动宁静期间要高。

导航卫星在轨运行工作寿命末期,卫星产品内的电子器件积累了较高的电离总剂量,某些电子器件受空间环境造成的单粒子敏感度及卫星产品发生单粒子效应的可能性会升高。

卫星上的电子元器件是否发生单粒子效应,不但与所在环境内遭遇的高能粒子能量有关系,而且与产品自身耐受单粒子效应的能力密切相关。如果设计的产品采用了单粒子效应敏感的电子元器件,则必然会导致产品发生单粒子效应,造成产品功能与性能变化,使产品不符合任务使用要求。

在导航卫星设计和研制中,需通过相关的元器件控制措施、系统级和产品级抗单粒子效应防护设计措施等,避免产品出现单粒子锁定和单粒子功能中断等现象,确保卫星任务不受单粒子效应的影响。

4）表面充放电效应

导航卫星在轨工作运行期间,始终处于具有一定能量和密度的空间等离子体之中。地磁暴期间,由于受到地球磁场的加速,大量热等离子体(能量为 keV 量级)注入地球同步轨道高度,并沿地球磁力线到达两极区的较低高度。当卫星遭遇到这种热等离子体时,等离子体与卫星表面材料发生相互作用,卫星外表面可能积累电荷(充电)。这类现象就是卫星表面充/放电效应。

由于卫星外表面材料的介电特性、光照条件、几何形状等情况不同,造成卫星相邻外表面之间、表面与深层之间、卫星外表面与卫星地之间、卫星外表面与等离子体地之间产生电位差(可高达上万伏),当这个电位差升高到一定的量值之后,将以电晕、飞弧、击穿等方式产生放电,并辐射出电磁脉冲(EMP),或者通过卫星结构、接地系统将放电电流直接耦合/注入卫星电子系统及产品之中,对星上电子系统产生影响,乃至发生电路故障,直接威胁整星安全。

因此,在卫星设计时,必须明确要求限制在星表大面积使用绝缘性能好的材料,卫星产品要有良好的接地和屏蔽措施,以防止和降低产品表面产生充放电效应。

5)内带电效应

当宇宙发生大的地磁扰动事件过程中,地球辐射带中能量大于1MeV的高能电子通量会大幅度增加,持续时间可达一周以上。长时间持续的高通量高能电子,会穿透卫星结构蒙皮和产品设备外壳,沉积在星内的介质材料中,形成介质内带电。

内带电会导致介质中的场强增强,如果沉积的电子足够多,则介质内的场强可能超过介质的击穿场强,发生放电。放电脉冲会对卫星电子系统产生干扰,严重的时候还会由于介质击穿导致电路出现短路故障。

空间环境辐照数据表明:处于地球辐射带中的MEO卫星内带电效应更加突出。导航卫星设计上均需要采取针对内带电效应的屏蔽、接地和材料选择等防护措施。

3.7.4 磁场效应

由于导航卫星内部产品中包含有磁性物质,卫星在轨运行工作时,与地球磁场相互作用将产生干扰力矩,导致卫星姿态发生偏转。

此外,卫星内部的电缆可能会形成环路,当卫星在轨运动时,电缆切割磁力线而产生干扰力矩,也可能导致卫星姿态的偏转。

导航卫星作为精确定轨的高轨卫星,在设计中要避免干扰磁矩的产生。卫星在初样研制阶段可通过地面磁试验,全面测试与评估卫星系统内部磁场分布情况,检查卫星系统相关的磁兼容设计。

3.8 服务业务与服务区域

卫星导航系统服务区域是指卫星进入正常工作轨道后,其有效载荷按照任务需求,为用户提供信号服务或观测服务的空间覆盖范围。

卫星导航系统作为空间时空基准基础设施,通过空间段多颗卫星组成的星座系统,对用户播发携带有导航电文等信息的无线电信号,实现对地面及空中用户提供导航、定位与授时服务。

卫星导航系统提供的基本导航服务必须满足在同一地区用户可同时接收到4颗及以上卫星信号的条件,因此信号服务的区域范围既与单颗导航卫星的信号播发波束覆盖区域有关,同时也与多颗卫星4重及以上信号波束重叠覆盖区域有关,要求卫

星组成的空间几何构型、卫星天线波束等满足一定的要求。

卫星导航系统提供的星基增强服务要求播发的信号波束在覆盖区内,保证其用户在一定的仰角条件下可正常接收到一颗或两颗卫星的信号即可。

北斗全球卫星导航系统由中高轨道卫星组成混合星座系统,基本星座构型是3GEO + 3IGSO + 24MEO 卫星,播发导航信号的天线波束均采用对地指向覆球天线。

GEO 卫星和 IGSO 卫星轨道高度 35786km,考虑到地球半径为 6378km,卫星对地球的半张角为 8.7°左右,设计卫星导航信号播发天线的波束半张角宽度大于 8.7°即可(目前卫星系统选定为 9.5°);MEO 卫星轨道高度 21528km,考虑到地球半径为 6378km,卫星对地球的半张角为 13.2°左右,设计卫星导航信号播发天线的波束半张角宽度需要大于 13.2°(目前卫星系统设计选定为 15°),提供的服务区域范围为地表及地表以上 1000km 之内的范围。

北斗系统提供的有源定位、位置服务与短报文通信功能采用 RDSS 原理,其卫星有效载荷的天线采用波束覆形技术,其服务区为我国及周边地区。

北斗三号三颗 GEO 卫星形成的 RDSS 服务区域如图 3.5 所示。

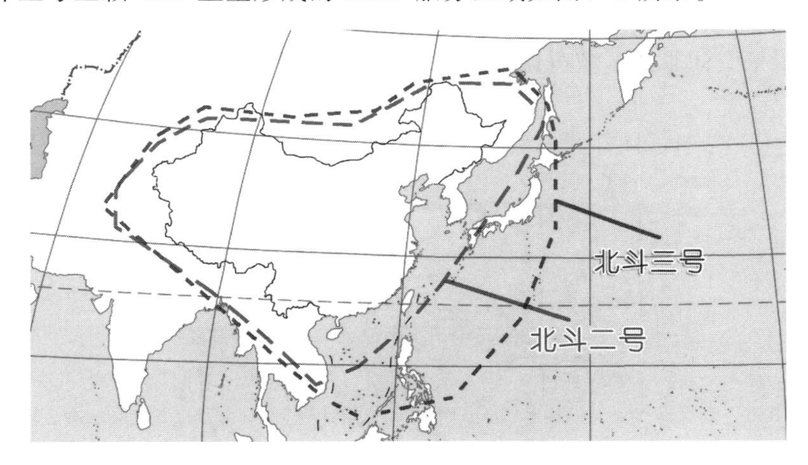

图 3.5　北斗三颗 GEO 卫星形成的 RDSS 服务区域(见彩图)

卫星导航系统提供的基本导航业务的服务区域可包括地表服务区域和空间服务区域。

地表服务区域是指卫星在星下点方向,导航卫星有效载荷天线波束主瓣范围可覆盖的地球表面的范围。在该服务区域内,用户可在一定的观测仰角条件下(一般仰角大于 5°),良好地接收到 4 颗或 4 颗以上导航卫星播发的导航信号。

北斗系统基本服务区域如图 3.6 所示。

空间服务区域是指导航卫星在地球表面上的区域内,通过接收导航卫星有效载荷天线波束的主瓣边缘信号和天线波束旁瓣信号,可实现导航、定位和授时服务的空

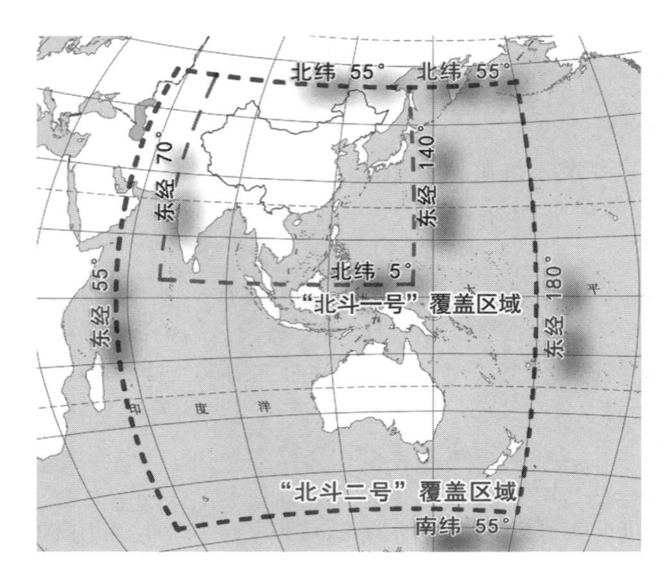

图 3.6　北斗系统基本服务区域(见彩图)

间范围。

导航卫星空间服务区域覆盖范围示意图如图 3.7 所示。

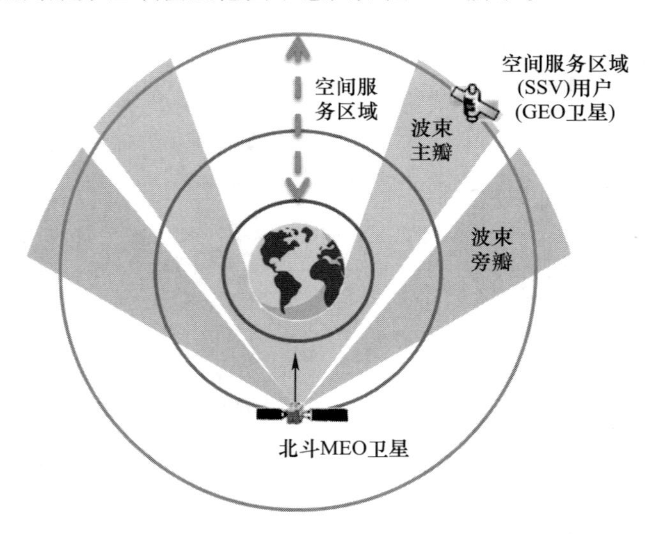

图 3.7　导航卫星空间服务区域覆盖范围示意图(见彩图)

卫星导航系统建设的初始需求来自于地面和海上用户对于定位、导航和授时的要求。然而,伴随着卫星导航系统的发展与应用,其应用领域不断拓展。利用卫星导航系统为中高轨飞行器,甚至深空领域飞行器进行定轨、测量与授时的需求持续增加。研究分析卫星导航系统空间服务区域(SSV)对于规范与推广卫星导航系统的应用意义很大。

在研究与分析导航卫星 SSV 的过程中,我们需要关注导航卫星的天线波束方向图增益,关注卫星播发的导航信号 EIRP,同时也要研究用户终端的接收与处理导航信号的策略,通过系统优化,实现在系统承诺的空间服务区域内为中低轨飞行器提供可靠的服务。通过卫星导航系统与其他导航技术组合,为高轨飞行器提供安全可靠、连续稳定的服务。

3.9 天线指向精度

天线指向精度分析工作是卫星总体设计的一项重要工作。对于有确定指向目标的卫星,均需要开展天线指向精度分析。

通过分析影响导航卫星天线指向精度的各类误差源,规范并明确卫星研制中的任务要求与控制措施,可为进行卫星总体任务指标的分解提供依据。

3.9.1 天线指向角

天线指向角定义为在卫星本体系下,表征星载天线波束轴指向矢量的中心角 θ 和方位角 ϕ。天线指向误差角定义为天线波束轴实际指向矢量 OP' 与目标指向矢量 OP 的夹角,用 $\Delta\varepsilon$ 表示。如图 3.8 所示。

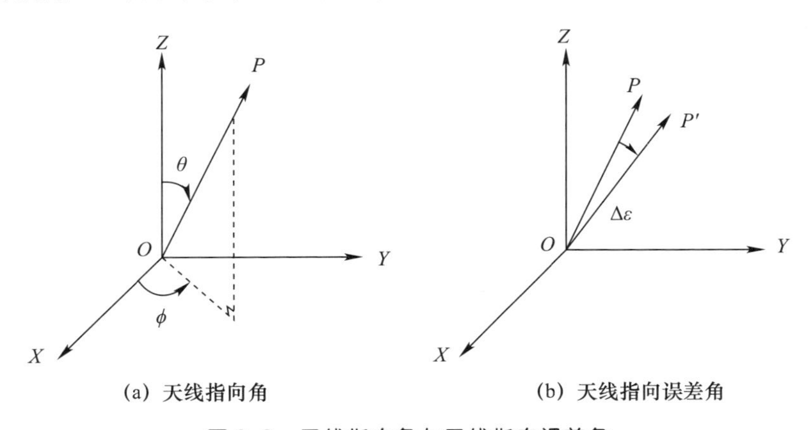

图 3.8 天线指向角与天线指向误差角

图中:X、Y、Z 分别为卫星本体坐标系中的 $+X$ 轴、$+Y$ 轴、$+Z$ 轴,按右手螺旋定则规定正方向;O 为本体坐标系的原点;θ 为天线波束轴指向矢量 OP 与卫星本体系 $+Z$ 轴的夹角;ϕ 为天线波束轴指向矢量 OP 在卫星本体系 XOY 平面内的投影与卫星本体系 $+X$ 轴的夹角。

3.9.2 天线指向误差源

经过分析,导航卫星天线指向误差与多种因素相关,主要包括天线本身的设计生产误差、卫星平台测量与控制误差、卫星总装误差等。

卫星天线本身的设计生产误差包括热变形误差、展开误差、控制误差和装配误差等。卫星天线热变形误差是指卫星在轨工作时，天线因空间热环境变化而引起的天线型面热变形，会导致天线实际的信号波束中心和天线方向图发生变化；天线展开误差存在于星载天线发射入轨后，需要展开或状态发生变化的天线中，包括天线发射面、天线馈源等。天线反射面展开误差是指卫星发射时大型反射面天线多为收拢状态，卫星入轨后需要通过天线展开机构将反射面天线展开并锁定，反射面在轨展开的实际位置与标称位置可能存在的差异；天线控制误差是指由于天线旋转角度测量误差和控制器误差引起天线实际转角与目标转角之间的偏差；天线装配误差是指天线部组件装配过程中产生的误差，包括天线电轴与光轴误差、零位校准误差以及天线校准误差等。

卫星平台测量与控制误差包括卫星平台姿态测量误差、姿态控制误差和卫星轨道误差等。卫星平台姿态测量误差是指星上姿态敏感器测量角与实际卫星姿态角的误差；姿态控制误差是指星上姿态控制的执行机构最小控制能力以及随机控制残差引起的误差；卫星轨道误差指由于卫星轨道位置不确定性和轨道漂移变化引起的天线指向计算误差等。

卫星总装误差包括整星坐标系中精测基准误差、卫星结构变形误差和天线在整星上安装误差等。在整星精测过程中，天线坐标系的实际角位移与卫星本体系的精测角位移之间的误差就是整星精测基准误差；卫星结构变形误差是指卫星在空间环境下由于力、热等因素引起的结构变形误差；安装误差主要是由天线总装安装过程操作与测量精度引起的误差。

从影响导航卫星天线指向精度的误差作用方式来看，可以将天线指向误差分为三个部分：常值误差、轨道周期误差和随机误差。常值误差、轨道周期误差可以通过校准、补偿处理等进行控制，而随机误差则直接影响天线的指向与性能。

导航卫星天线指向误差项分类分析见表 3.6，与卫星整星的滚动、俯仰、偏航三个轴方向有关。

表 3.6　导航卫星天线指向误差项分类

序号	误差项(3σ)		滚动			俯仰			偏航		
			常值误差	轨道周期误差	随机误差	常值误差	轨道周期误差	随机误差	常值误差	轨道周期误差	随机误差
1	天线误差	天线热变形误差		•			•			•	
2		天线展开误差	•			•			•		
3		天线控制误差	•			•			•		
4		天线装配误差	•			•			•		

（续）

序号	误差项(3σ)		滚动			俯仰			偏航		
			常值误差	轨道周期误差	随机误差	常值误差	轨道周期误差	随机误差	常值误差	轨道周期误差	随机误差
5	平台控制误差	姿态测量误差	•		•	•		•	•		•
6		姿态控制误差			•			•			•
7		轨道误差		•			•			•	
8	卫星总装误差	整星精测基准误差	•			•			•		
9		卫星结构变形误差	•	•		•	•		•	•	
10		安装误差	•			•			•		

其中天线热变形误差会导致整星滚动、俯仰、偏航三个轴方向的轨道周期误差，天线展开误差、控制误差和装配误差等会导致其常值误差。

而卫星平台姿态操作与测量误差会导致整星滚动、俯仰、偏航三个轴方向的常值误差和随机误差，姿态控制误差会导致随机误差，卫星轨道误差会导致轨道周期误差。

卫星总装误差中整星精测基准误差和天线安装误差会导致整星滚动、俯仰、偏航三个轴方向的常值误差，卫星总装中的结构变形误差会导致整星滚动、俯仰、偏航三个轴方向的常值误差和轨道周期误差。

3.9.3　天线指向误差计算方法

对于天线指向为单轴方向的误差，需要将卫星滚动(x)、俯仰(y)和偏航(z)3个方向的误差项(3σ)数据进行单轴方向的误差计算。若每类误差的误差源相对独立，则可采用残差平方和(RSS)计算，得到单轴方向指向误差。

天线指向单轴方向的具体误差计算方法见表3.7。

表3.7　单轴方向误差计算方法

误差源	常值误差	轨道周期误差	随机误差
误差项(3σ)	ε_{11}	ε_{21}	ε_{31}
	ε_{12}	ε_{22}	ε_{32}
	⋮	⋮	⋮
	ε_{1n}	ε_{2n}	ε_{3n}
RSS	$\varepsilon_1 = \sqrt{\sum_{i=1}^{n} \varepsilon_{1i}^2}$	$\varepsilon_2 = \sqrt{\sum_{i=1}^{n} \varepsilon_{2i}^2}$	$\varepsilon_3 = \sqrt{\sum_{i=1}^{n} \varepsilon_{3i}^2}$
单轴方向指向误差	$\varepsilon_k = \sum_{j=1}^{\varepsilon} \varepsilon_j \quad (k = x,y,z)$		

表中：ε_k 为单轴方向指向误差，单位为(°)，ε_x、ε_y、ε_z 分别代表滚动、俯仰、偏航

方向指向误差；ε_1 为常值误差项 RSS 值，单位为（°）；ε_2 为轨道周期误差项 RSS 值，单位为（°）；ε_3 为随机误差项 RSS 值，单位为（°）；ε_{1i}为第 i 个常值误差项（3σ），单位为（°）；ε_{2i}为第 i 个轨道周期误差项（3σ），单位为（°）；ε_{3i}为第 i 个随机误差项（3σ），单位为（°）。

对于波束指向地心的天线误差分析，需要考虑卫星的滚动和俯仰方向的合成误差，采用下式的计算方法：

$$\Delta\varepsilon = \sqrt{\varepsilon_x^2 + \varepsilon_y^2} \tag{3.6}$$

式中：$\Delta\varepsilon$ 为天线指向误差，单位为（°）；ε_x 为滚动方向指向误差，单位为（°）；ε_y 为俯仰方向指向误差，单位为（°）。

对于波束指向相对星体任意方向可变的天线误差分析，需要对整星的滚动、俯仰、偏航三轴误差同时考虑，采用三轴方向综合误差计算方法。

三轴方向综合误差计算方法见下式：

$$\Delta\varepsilon = \begin{cases} \sqrt{\varepsilon_x^2 + \varepsilon_y^2 + \varepsilon_z^2} \times \sin(\theta_1 + \theta_2) & \theta_1 + \theta_2 \leqslant 90° \\ \sqrt{\varepsilon_x^2 + \varepsilon_y^2 + \varepsilon_z^2} & \theta_1 + \theta_2 > 90° \end{cases} \tag{3.7}$$

式中：θ_1 为天线指向角 θ 目标值，单位为（°），当 $\theta_1 = 0°$时，式（3.7）化简为式（3.6）；θ_2 为三轴误差矢量角，定义为

$$\theta_2 = \arcsin\left(\frac{\sqrt{\varepsilon_x^2 + \varepsilon_y^2}}{\sqrt{\varepsilon_x^2 + \varepsilon_y^2 + \varepsilon_z^2}}\right) \tag{3.8}$$

ε_x 为滚动方向指向误差，单位为（°）；ε_y 为俯仰方向指向误差，单位为（°）；ε_z 为偏航方向指向误差，单位为（°）；$\Delta\varepsilon$ 为天线指向误差，单位为（°）。

天线指向精度裕度是指天线指标要求的波束宽度（以下简称天线波束宽度）减去天线指向误差后的剩余波束宽度所占百分比，见下式：

$$\text{天线指向精度裕度} = \frac{\text{天线波束宽度} - \text{天线指向误差}}{\text{天线波束宽度}} \times 100\% \tag{3.9}$$

3.9.4 北斗卫星天线指向分析

按照系统要求和卫星总体设计，北斗导航卫星配置的天线包含 S 频段测控天线、L 上行注入天线、导航信号 B1/B2/B3 阵面天线、C 频段通信转发天线、星间链路 Ka 频段相控阵天线、有源定位与位置报告服务的 S/L 频段反射面天线等。星上天线既有对地指向天线，也有星间指向的天线，天线波束的方向图也各有不同。

北斗导航卫星测控分系统配置的 S 频段测控天线为全向天线，可不进行天线指向的专门分析。但是在卫星系统研制过程中，对于卫星星体上真实配置多幅 S 频段测控天线的状态，由于可能存在相互干涉影响，所以需要专门安排全面的辐射特性测试，检验单个天线的辐射方向图和多个天线合成后的辐射方向图，验证星上 S 测控天

线指向的全向特性。

导航有效载荷中配置的L上行注入天线、导航信号B1/B2/B3阵面天线均固定安装在卫星对地面，天线波束指向为卫星 $+Z$ 方向。

对于GEO卫星L上行注入天线，根据工程系统对地面注入站的设计考虑，要求该天线波束宽度覆盖地球边缘，且保证一定的波束余量（目前确定为2°），天线指向误差控制在0.5°以内。

对于导航信号B1/B2/B3阵面天线，卫星系统设计为覆球波束天线，天线波束的指向误差与卫星平台的滚动和俯仰指向偏差相关，需要分析B1/B2/B3天线的指向精度。经过分析，在各项误差影响的情况下，要求B1/B2/B3天线单轴指向误差控制在0.15°之内，综合指向误差最大值不超过0.21°。

C通信转发器配置的C频段天线在北斗一号卫星、北斗二号卫星和北斗三号卫星中均固定安装在卫星的对地面，天线波束要求覆盖中国及周边地区。北斗三号卫星C频段通信天线采用双喇叭设计，天线波束指向误差与卫星滚动、俯仰和偏航方向指向偏差相关。经过分析，在各项误差影响的情况下，要求C频段天线单轴指向误差控制在0.18°之内，综合指向误差最大值不超过0.267°。

星间链路Ka频段相控阵天线采用多阵元波束形成的点波束技术，设计的天线波束宽度小，对卫星的滚动、俯仰和偏航三轴误差敏感，且与天线波束控制时延误差相关。

星间链路相控阵天线指向误差源包括固有指向误差和时间延迟误差，需要专门分析相控阵天线的指向精度。经过分析，对于北斗GEO卫星Ka频段相控阵天线指向的固有误差要求小于0.316°，天线时延引起的指向误差不超过0.02°，天线指向综合误差最大值不超过0.336°。

S/L频段天线是由多轴机构驱动的反射面天线，要求在轨展开后信号波束覆盖中国及周边地区，并且天线波束指向可由机械轴驱动控制。

对于GEO卫星，该天线波束不是指向卫星的 $+Z$ 方向，即天线波束角偏离星下点指向，其指向和指向误差与卫星平台的滚动、俯仰和偏航指向偏差均相关。经过分析，S/L频段天线单轴指向误差要求小于0.196°，综合指向误差最大值不超过0.29°。

3.10　星地测控服务

卫星测控是用无线电的方法对卫星进行遥测、跟踪和遥控（TT&C）的简称。卫星随着运载火箭发射升空并在太空轨道上运行，地面需要及时测量卫星运行轨道，了解卫星平台及其有效载荷产品的工作情况、各种工程参数，同时卫星平台及有效载荷的工作状态也需要地面测控系统进行各种控制。通过测控系统，建立星地之间的通道[11]。

星地测控系统用于对飞行状态中的卫星进行跟踪、测量、监视和控制，它由地面测控系统和卫星测控系统两部分组成[12]。

3.10.1 卫星测控系统

卫星测控系统与通常的通信传输系统相比具有以下特点。

（1）无线电射频信道的利用更加综合集成。卫星测控系统不仅要建立星地遥测、遥控通道，同时还要完成测量通道的一体化设计，上行射频信道包括遥控指令和测距信号，下行射频信道包括遥测和测距信号。上下行通道需要进行统一设计，互相关联，确保卫星与地面测控站之间的闭环控制。

（2）卫星测控时段和条件限制更加严格。卫星在发射和运行过程中，相对于地面测控站之间存在相对运动，信号之间的通道传输特性一定会受到卫星轨道运动的影响与约束。该相对运动会导致星地通信链路作用距离不断变化，传输信号功率电平变化，并产生多普勒频移效应。因此，设计星地建立可靠通信链路的方案，需要综合考虑卫星轨道姿态和星地各个测控天线的覆盖范围，严格控制卫星测控时段和条件，安全可靠地完成测控任务。

（3）空间环境条件更加严酷。卫星测控星载设备与卫星上其他产品相同，需要承受复杂空间环境的考验，包括运载火箭飞行过程中的力学环境、真空、温度变化、空间粒子辐射等，需要设备进行可靠性与环境适应设计，需要从系统角度进行产品冗余备份设计和自主管理能力设计，以增强系统级可靠性。由于星载测控产品是星地之间的通道，其产品的质量要求和可靠性要求相对于其他产品更高，一般不允许存在单点模式。

星上测控系统的功能包含跟踪测轨、遥测、遥控3个方面。

星载跟踪测轨产品配合地面测控系统，测量卫星与地面测控站之间的角度（方位角、俯仰角）、距离、相对速度等数据，以精确测量出卫星的轨道参数，并结合遥测、遥控功能，确保卫星运行在任务要求的轨道上。

星载遥测产品采集卫星内部的各项技术参数，并通过无线电通信技术传输到地面测控站，经接收、解调处理后得到卫星的各种工作状态和数据。

星载遥控产品负责接收地面上的各种控制信息（控制指令、参数及相关数据），经过解调处理后，按照地面规定的要求，对星上相应产品或执行机构实施控制。

早期的卫星系统中，星上跟踪测轨产品设备、遥测产品设备、遥控产品设备都使用独立的通道，产品设备和功能分散，星载系统复杂。目前，各类卫星几乎都采用统一载波测控系统，多个副载波调制在一个公共载波上，实现频分复用的多路信号传输。上行载波信号调制有遥控和测距等信号，下行载波信号调制有遥测和转发的测距等信号。

统一载波测控系统功能框图如图3.9所示。

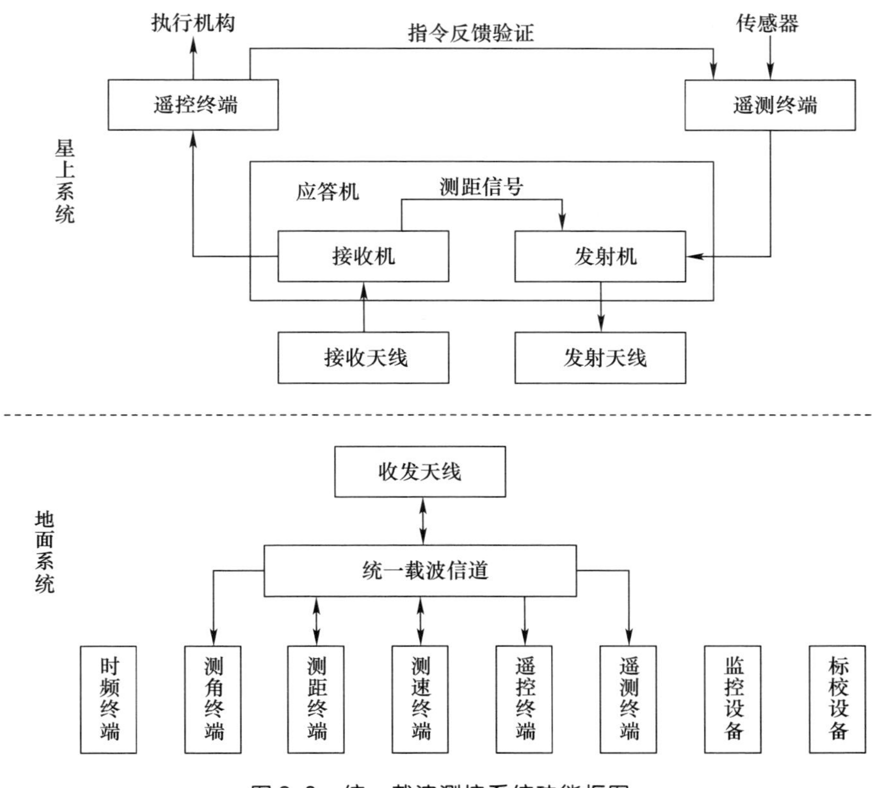

图3.9　统一载波测控系统功能框图

随着卫星系统的日益复杂,星地测控自主管理的任务越来越重、越来越复杂,星上遥测、遥控功能逐渐与自主管理功能融合,由星上数据管理分系统或综合电子分系统完成,测控分系统仅提供遥测、遥控射频通道,并配合地面测控站完成跟踪测轨任务。

3.10.2　星地测控分析论证

北斗系统是一个由多种轨道卫星混合组成的星座系统,不同类型卫星之间运行轨道不同,同时发射入轨方式也分为直接入轨和间接入轨两种,且在轨卫星数量多,存在多星管理和测控的需求,每颗卫星均需要实现完整的测控功能,且互不干扰。

基于以上北斗卫星测控任务特点,在卫星系统进行测控任务分析阶段,需要完成的分析论证工作包括以下几个方面。

(1) 测控信号体制设计。北斗卫星测控任务要求考虑卫星多目标和多地面站的工作状态,需要关注一个地面测控站同时对两颗以上的卫星进行测控的任务要求,其卫星无线电测控信号的频率设置、信号调制体制均应按照相应的标准规范实施,在信号功率、信号多址能力等方面全面进行设计分析工作。

(2) 飞行任务需求分析。北斗导航卫星由3类卫星组成,运行轨道有所不同,同时各类卫星的入轨方式和过程也有所差异,需要特别关注不同卫星、不同飞行任务的测控需求分析,对于关键重要的飞行事件要安排在测控条件好、测控弧段长的情况下进行,并做好故障预案及风险控制。

(3) 测控条件分析。测控系统要根据卫星轨道、不同卫星以及不同工作状态,分析对不同种类卫星的测控任务及工作条件的要求,包括星地作用距离、卫星动态条件及天线覆盖区域等。

根据系统功能要求和我国星地测控系统技术发展的实际情况,北斗二号区域系统测控采用相干扩频测控体制,北斗三号全球系统测控采用非相干扩频测控体制,以满足导航星座多星管理的任务需求。

目前,我国测控系统地面站大部分分布在我国国土范围内,国外只有少数站点,北斗全球系统中MEO卫星大部分时间运行在我国地面测控站不可见的境外上空,存在可观测弧段短的问题。

为此,在北斗全球系统总体方案设计时,提出并实施了星间链路技术体制,使地面测控站可以利用星间链路,合理规划星间链路的路由策略,对境外卫星实施全时段的测控管理,增加了对卫星的境外测控能力。

通过星间链路,实现北斗系统"一站式测控服务"星座测控,不仅节省了地面站的数目和地面站之间的传输,还可确保在卫星处于不可见弧段发生紧急故障时及时采取有效措施。

北斗全球系统星座内各卫星之间建立的星间链路,在每颗卫星进入国内地面站跟踪弧段后,除下传本星遥测数据外,还可按照要求下传星间链路接收到的星座内其他卫星的遥测数据以及星间测距信息等数据。

3.10.3 测控频率与测控体制

卫星测控系统是一个星地微波无线电通信系统。常见的无线电频率划分见表3.8。

表3.8 无线电频段的划分方法

频段	频率
高频(HF)	3~30MHz
甚高频(VHF)	30~300MHz
特高频(UHF)	300~1000MHz
L	1~2GHz
S	2~4GHz
C	4~8GHz
X	8~12GHz

（续）

频段	频率
Ku	12 ~ 18GHz
K	18 ~ 27GHz
Ka	27 ~ 40GHz
毫米波	40 ~ 300GHz

在选择卫星系统测控信号时，要求考虑以下原则。

（1）选择的测控频率符合国际、国内有关无线电频率划分的规定。测控信号频率（包括星地之间的上行信号、下行信号等）应按照国际电信联盟（ITU）、我国无线电频率管理委员会的要求进行申报。

（2）按照卫星工程大系统对卫星轨道测量精度要求和星地信息传输容量要求合理选择信号频率和信号带宽；根据信号电波的传播特性，计算信号在大气层传输时的衰减、折射信号等特性。

（3）充分考虑与运载火箭、邻近卫星、共轨卫星等的电磁兼容性要求，满足卫星自身电磁兼容性要求，避免干扰。

（4）考虑现有技术及产品成熟度，注重产品的继承性、安全性和可靠性。

我国《GJB 2249 航天测控系统频段》标准中对星地 C 频段、S 频段测控业务频率范围的规定如下。

（1）空间操作业务。

S 频段：2025 ~ 2110MHz（地对空，上行）；2200 ~ 2290MHz（空对地，下行）。

（2）卫星固定业务。

C 频段：5925 ~ 6425MHz（地对空，上行）；3700 ~ 4200MHz（空对地，下行）。

对于 S 频段，通过频率申请，上行频率范围可扩展到 2025 ~ 2120MHz，下行频率范围可扩展到 2200 ~ 2300MHz。

根据国际与国家的无线电频率划分规定，北斗一号卫星测控系统测控信号频段选用 C 频段，北斗二号和北斗三号卫星测控系统测控信号频段均选用 S 频段。

早期的星地测控系统采用独立载波测控系统，外测定位采用连续波干涉仪，测角精度为 0.1 ~ 0.2mrad，对于低轨卫星轨道的定位误差大约为 100m，同时，采用双频多普勒测速和距离变化率技术跟踪卫星，测速误差约为 0.1m/s，相对于卫星位置误差约几十米至百米左右。

随着卫星工作轨道高度的提高以及深空探测的应用，要求卫星的定轨精度不断提高。目前国际上各类卫星测控系统几乎都采用统一载波测控体制。

统一载波测控系统是将测距测速、遥测、遥控设备统一为一体，在一个载波上，对遥测信号、遥控信号和测距信号进行调制，实现多路信号传输。当采用 C 频段载波信号时，称为 C 频段统一载波测控体制（UCB）；当采用 S 频段载波信号时，称为 S 频段统一载波测控体制（USB）。UCB、USB 是目前国际上通用的星地测控体制，属于模拟体制。

随着数字通信技术的发展,数字调制技术也不断应用到卫星工程的测控系统中,推动了扩频测控体制的应用。扩频测控体制在卫星或地面的发射端进行信号扩频调制,在接收端进行信号扩频解调,其主要特点是系统占用的频带宽度远大于所需传输的原始信号带宽,信号频带的展宽是通过扩频码及调制的方法实现,与所传数据信息无关,信号解调是由接收的信号和一个与发端的扩频码同步的信号进行相关解扩解调来恢复原始信号。

卫星与地面系统采用扩频测控体制,相对于采用 UCB、USB 具有以下优点:星座中每颗卫星可以使用相同的测控频率信号,工程系统中减少对频率资源的占用,具有码分多址的能力,每颗星对应相应的测控扩频码,可方便地完成对星座卫星的测控管理;同时,扩频测控体制具备较好的抗干扰能力。

北斗一号卫星系统由数颗 GEO 卫星组成,测控系统继承了当时 GEO 通信卫星成熟的设计方案,采用的是 C 频段统一载波测控体制。

北斗二号卫星系统和北斗三号卫星系统均采用 GEO、MEO、IGSO 卫星的混合星座,存在多星测控和管理的要求,若采用北斗一号的 C 频段统一载波测控体制,则将带来较大的复杂度,根据技术进步和星地测控产品的成熟度,选择了 S 频段的扩频测控体制。北斗二号系统首次在我国全面实施的星地扩频测控新体制,为后续型号应用奠定了基础。

3.10.4 飞行事件的测控要求

根据卫星任务安排,卫星从发射至入轨运行过程中,在飞行各阶段需要进行监视、控制以及测量,需对其飞行事件及其时序性、所需测控条件(主要是测控弧段或测控时间)进行分析。

根据卫星各飞行阶段轨道和可选地面测控站,依据地面各站仰角约束,计算得到各测控站的可见弧段和时间。按照卫星飞行姿态和星上测控天线方向图、测控天线安装位置等,计算卫星测控系统可跟踪弧段,并根据飞行事件的具体流程和时间要求,对测控事件在弧段内进行规划安排,检验可测控弧段与飞行事件的匹配性,经过设计迭代,最终确定各项事件中地面测控站和星上资源的协调调度计划。

在进行卫星飞行事件测控条件规划时,应注意卫星的关键飞行事件(如卫星姿态调整、轨道机动等),关键飞行事件需安排在两个测控站可同时观测到的轨道弧段上进行,并应考虑后续轨道弧段作为备份操作的可能性。

北斗导航卫星入轨方式分为直接入轨和间接入轨。直接入轨卫星的飞行事件从进入工作轨道开始,包括星箭分离、太阳帆板展开、有效载荷开通等。间接入轨卫星需要完成若干次变轨操作才能进入工作轨道,主要飞行事件包括星箭分离卫星状态监视、卫星变轨、天线展开等,如图 3.10 所示。

对卫星飞行事件的测控要求分析结果可以作为卫星测控系统的通道可靠性设

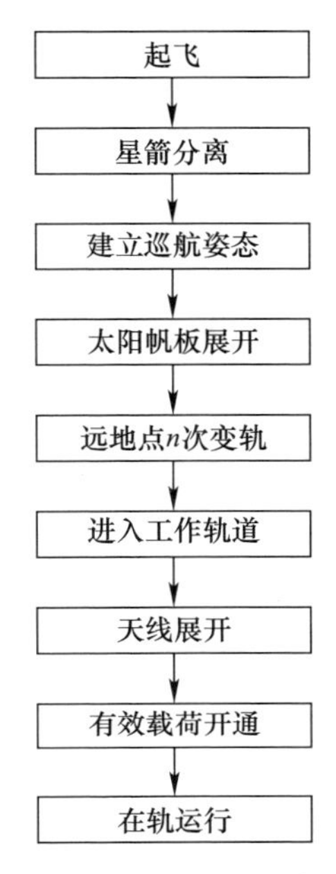

图 3.10 间接入轨卫星飞行过程主要事件

计、使用模式设计、天线覆盖范围设计等的设计输入条件与要求。

3.10.5 多普勒频移分析

卫星从发射起飞至入轨运行过程中,与地面测控站之间存在相对运动,导致测控系统的无线通道引入多普勒频移,该频移随卫星不同飞行阶段和使用不同地面测控站而变化。

在卫星系统任务分析阶段,需根据卫星的发射弹道、飞行轨迹、运行轨道、地面测控站位置、测控信号频率等参数,综合分析得出多普勒频移的变化范围和变化率,在星地测控系统设计时,其星上应答机的捕获范围、跟踪范围、跟踪速率等能力均需要满足多普勒频移要求,并应留有一定余量以确保系统安全。

3.10.6 测控链路预算

根据卫星任务分析中得到的星地作用距离以及飞行事件对测控系统的任务要求,星地测控系统为了满足使用要求,必须开展链路预算工作。通过链路预算,检查卫星及地面测控站接收端的信号功率和噪声功率之比(信噪比)是否在接收端门限以上,并留有合适的余量。

以 USB 测控体制为例,卫星测控系统相关参数链路预算方法如下。

1) 卫星应答机接收机输入端信号功率电平

卫星应答机接收机输入端信号功率电平按下式计算:

$$P_{R}=\mathrm{EIRP}_{G}-L_{s}-L_{a}-L_{P}-L_{TP}+G_{R}-L_{R} \tag{3.10}$$

式中：P_R 为卫星应答机接收机输入端信号功率电平，单位为 dBW；EIRP_G 为地面测控站等效全向辐射功率，单位为 dBW；L_a 为大气衰减，单位为 dB；L_P 为地面测控站发射天线和测控接收天线间的极化损失，单位为 dB；L_{TP} 为天线指向损失，单位为 dB；G_R 为测控接收天线增益，单位为 dBi；L_R 为卫星测控接收天线至卫星应答机输入端的损耗，单位为 dB；L_s 为空间损失，单位为 dB，按下式计算：

$$L_{s}=20\lg R+20\lg f+32.44 \tag{3.11}$$

式中：R 为卫星至地面测控站之间的距离，单位为 km；f 为测控频率，单位为 MHz。

2）测控分系统 G/T 值

测控接收系统 G/T 值按下式计算：

$$G/T=G_{R}-L_{R}-10\lg T_{n} \tag{3.12}$$

式中：G/T 为测控接收系统品质因数，单位为 dBk；T_n 为应答机接收机输入端等效噪声温度，单位为 K，由下式计算：

$$T_{n}=T_{A}\times 10^{-(L_{R}/10)}+T_{R}\times(1-10^{-(L_{R}/10)}+290\times(10^{F_{N}/10}-1)) \tag{3.13}$$

式中：T_A 为测控接收天线等效噪声温度，单位为 K；T_R 为设备环境温度，单位为 K；F_N 为应答机噪声系数，单位为 dB。

3）卫星应答机接收信噪谱密度比

卫星应答机接收信噪谱密度比按下式计算：

$$S/N_{0}=\mathrm{EIRP}_{G}-L_{s}-L_{a}-L_{P}-L_{TP}+(G/T)-k \tag{3.14}$$

式中：S/N_0 为应答机总的接收信噪谱密度比，单位为 dBHz；k 为玻耳兹曼常数取对数，为 −228.6dBW/(Hz·K)。

4）上行链路余量

上行链路载波信号调制有遥控副载波信号、主测距音和次测距音。

上行载波捕获余量按下式计算：

$$M_{CU}=(S/N_{0})-L_{CU}-(S/N_{0})_{CU}) \tag{3.15}$$

式中：M_{CU} 为上行载波捕获余量，单位为 dB；$(S/N_0)_{CU}$ 为上行载波捕获需要的载噪谱密度比门限，单位为 dBHz；L_{CU} 为上行载波调制损失，单位为 dB，按下式计算：

$$L_{CU}=20\lg(J_{0}(m_{TC})J_{0}(m_{RU})J_{0}(m_{rU})) \tag{3.16}$$

式中：m_{TC} 为上行遥控调制度，单位为 rad；m_{RU} 为上行主测距音调制度，单位为 rad；m_{rU} 为上行次测距音调制度，单位为 rad。

遥控余量按下式计算：

$$M_{TC1}=(S/N_{0})-L_{TC}-L_{TCD1}-(S/N_{0})_{TC} \tag{3.17}$$

式中：M_{TC1} 为遥控余量，单位为 dB；$(S/N_0)_{TC}$ 为遥控需要的信噪谱密度比门限，由遥控误码率和遥控码速率决定，单位为 dBHz；L_{TCD1} 为遥控设备解调损失，单位为 dB；L_{TC} 为遥控调制损失，单位为 dB，按下式计算：

$$L_{TC}=10\lg(2J_{1}^{2}(m_{TC})J_{0}^{2}(m_{RU})J_{0}^{2}(m_{rU})) \tag{3.18}$$

在卫星系统设计时,上行载波捕获余量、遥控余量一般要求在3dB以上。

5)测控分系统EIRP

测控分系统EIRP按下式计算:

$$\mathrm{EIRP} = P_T - L_T + G_T \tag{3.19}$$

式中:P_T 为测控功放输出功率,单位为dBW;L_T 为测控功放至测控发射天线的损耗,包括下行电缆和下行信道设备损耗,单位为dB;G_T 为测控发射天线增益,单位为dBi。

6)地面测控站接收信噪谱密度比

地面测控站接收信噪谱密度比按下式计算:

$$(S/N_0)_G = \mathrm{EIRP} - L_s - L_a - L_P - L_{TP} + (G/T)_G - k \tag{3.20}$$

式中:$(S/N_0)_G$ 为地面测控站总的接收信噪谱密度比,单位为dBHz;$(G/T)_G$ 为地面测控站品质因数,单位为dBk。

7)下行链路余量

下行链路载波信号调制有残留遥控副载波信号、遥测副载波信号、转发的主测距音和次测距音。

下行载波信号捕获余量按下式计算:

$$M_{CD} = (S/N_0)_G - L_{CD} - (S/N_0)_{CD} \tag{3.21}$$

式中:M_{CD}为下行载波捕获余量,单位为dB;$(S/N_0)_{CD}$为下行载波捕获需要的载噪谱密度比门限,单位为dBHz;L_{CD}为下行载波调制损失,单位为dB,按下式计算:

$$L_{CD} = 20\lg(J_0(m_{TCD})J_0(m_{RD})J_0(m_{rD})J_0(m_{TM})) \tag{3.22}$$

式中:m_{TCD}为残留遥控调制度,单位为rad;m_{RD}为下行主测距音调制度,单位为rad;m_{rD}为下行次测距音调制度,单位为rad;m_{TM}为遥测调制度,单位为rad。

遥测余量按下式计算:

$$M_{TM1} = (S/N_0)_G - L_{TM} - L_{TMD1} - (S/N_0)_{TM} \tag{3.23}$$

式中:M_{TM1}为遥测余量,单位为dB;$(S/N_0)_{TM}$为遥测需要的信噪谱密度比门限,由遥测误码率和遥测码速率决定,单位为dBHz;L_{TMD1}为遥测设备解调损失,单位为dB;L_{TM}为遥测调制损失,单位为dB,按下式计算:

$$L_{TM} = 10\lg(2J_1^2(m_{TM})J_0^2(m_{TCD})J_0^2(m_{RD})J_0^2(m_{rD})) \tag{3.24}$$

主测距音余量按下式计算:

$$M_R = (S/N_0)_G - L_R - (S/N_0)_R \tag{3.25}$$

式中:M_R 为主测距音余量,单位为dB;$(S/N_0)_R$ 为主测距音需要的信噪谱密度比门限,由测距精度决定,单位为dBHz;L_R 为主测距音调制损失,单位为dB,按下式计算:

$$L_R = 10\lg(2J_1^2(m_{RD})J_0^2(m_{TCD})J_0^2(m_{TM})J_0^2(m_{rD})) \tag{3.26}$$

次测距音余量按下式计算:

$$M_r = (S/N_0)_G - L_r - (S/N_0)_r \tag{3.27}$$

式中:M_r 为次测距音余量,单位为dB;$(S/N_0)_r$ 为次测距音需要的信噪谱密度比门限

限,由测距精度决定,单位为 dBHz;L_r 为次测距音调制损失,单位为 dB,按下式计算:

$$L_r = 10\lg(2J_1^2(m_{rD})J_0^2(m_{TCD})J_0^2(m_{TM})J_0^2(m_{RD})) \tag{3.28}$$

在卫星系统设计时,下行载波信号捕获余量、遥测余量、测距音余量一般要求在 3dB 以上。

3.11 卫星自主导航任务

卫星自主导航是指卫星在长时间不能得到地面系统正常支持情况下,通过星座自主运行管理,借助星间/星地测量、星间/星地数据交换以及卫星自主数据处理,提供并保证卫星导航系统自主稳定运行与提供导航定位和授时服务的能力与过程。

根据我国卫星导航系统的建设要求,北斗系统自主导航技术体系将按照分步发展、逐步提升性能的发展路线制定。

(1) 突出以星地一体半自主和自主导航两种工作模式。

(2) 突出在线运行,确保特殊时期服务能力的形成与维持。

(3) 突出日常作用的发挥,平时具备在轨检核能力。

卫星导航系统实现自主导航任务,需要地面支持和卫星支持。地面支持部分包括地面测控系统、地面运控系统及锚固站,卫星支持部分包括星间链路、综合电子和导航载荷等设备。

卫星自主导航任务设计有半自主导航工作模式和卫星完全自主导航工作模式。

3.11.1 半自主导航工作模式

半自主导航工作模式是指在卫星导航系统在不依赖于地面运控系统,仅依靠锚固站继续提供导航卫星星座运行的时空基准信息的一种工作模式。

在半自主导航工作模式中,地面锚固站配备星地双向测量及数据传输设备,同时配备数据处理能力较强的设备,采用类似于地面运控的集中式数据处理模式,生成接近于地面运控水平的钟差和星历数据并上行注入至卫星系统。

地面锚固站支持的半自主导航工作模式,需要卫星具备星间相对测距及数据传输能力,地面锚固站与卫星之间具备双向测距及数据传输能力,地面锚固站具备星间/星地测量数据收集和综合处理能力。

3.11.2 卫星自主导航工作模式

卫星自主导航工作模式是指在卫星导航系统中地面运控系统、测控系统、锚固站均无法上行注入导航卫星星座运行所需的时空基准信息情况下,系统仅依靠卫星自主生成全星座钟差和星历数据的一种工作模式。

该模式下,卫星的星间链路设备完成星间相对测距和数据传输,数据处理与路由单元(DPRU)对星间测距数据进行综合处理后生成钟差和星历数据并送至导航载

荷。卫星自主导航任务实现的核心是运行在卫星综合电子分系统中的测距数据综合处理软件,即自主导航软件。

卫星自主导航软件按照技术路线可分为集中式自主导航软件和分布式自主导航软件,集中式自主导航软件的明显缺点是运算量大、对星间数据传输要求高。

卫星在完全自主导航工作模式下,为保证系统自主运行的服务精度,要求卫星系统星座构型保持合理、星间测距和数据传输功能正常、自主导航软件运行正常。

参考文献

[1] 彭成荣. 航天器总体设[M]. 北京:中国科学技术出版社,2011.
[2] 徐福祥. 卫星工程[M]. 北京:中国宇航出版社,2002.
[3] 张庆君,等. 航天器系统设计[M]. 北京:北京理工大学出版社,2018.
[4] FORTESCUE P,SWINERD G,等. 航天器系统工程[M]. 李靖,等译. 北京:科学出版社,2017.
[5] 耿长福. 航天器动力学[M]. 北京:中国科学技术出版社,2008.
[6] 解永春,等. 航天动力学与控制[M]. 北京:北京理工大学出版社,2018.
[7] 杨晓宁. 航天器空间环境工程[M]. 北京:北京理工大学出版社,2018.
[8] 向树红. 航天器力学环境试验技术[M]. 北京:中国科学技术出版社,2010.
[9] 黄本诚,马有利,等. 航天器空间环境试验技术[M]. 北京:国防工业出版社,2002.
[10] 特里布尔·艾伦·C. 空间环境[M]. 唐贤明,译. 北京:中国宇航出版社,2009.
[11] 刘嘉兴. 飞行器测控与信息传输技术[M]. 北京:国防工业出版社,2011.
[12] 陈宜元. 卫星无线电测控技术[M]. 北京:中国宇航出版社,2007.

第4章 导航卫星总体设计

卫星总体设计是任务分析过程中和形成卫星系统可行性方案之后的一项重要工作。卫星总体设计的主要内容包括定义卫星系统的组成、卫星构型布局设计、轨道设计、飞行程序设计、卫星信息流设计、能源系统设计、可靠性设计、安全性设计等内容。简而言之,卫星总体设计就是卫星的系统设计。

对于导航卫星这种大型复杂系统进行总体设计(系统设计)时,需要对工程要求与系统特性全面了解,要用系统科学的方法和系统工程方法来指导设计,以达到总体设计最优化。只有卫星总体设计最优化,才能使导航卫星在后续的研制过程中,按照系统预期目标和要求顺利地开展各个阶段、各个分系统的研制工作,保证卫星研制质量,降低卫星研制成本,缩短卫星研制周期。

4.1 系统定义

系统一词来源于古希腊语,是由部分构成整体的意思。系统论认为,开放性、自组织性、复杂性、整体性、关联性、等级结构性、动态平衡性、时序性等,是所有系统共同的基本特征。系统论的核心思想是系统的整体观念,任何系统都是一个有机的整体,它不是各个部分的机械组合或简单相加[1]。

系统工程经常会被刻画成具有艺术和科学的特征。好的系统工程需要工程设计人员具有创造性和系统工程方面的知识,同时需要应用先进的系统管理或系统方法。

我国航天事业先驱、著名科学家钱学森在系统工程理论和工程实践中做出了卓越贡献。1954年钱学森出版了《工程控制论》,1978年创造性地提出系统工程和系统工程学的概念。钱学森认为:系统是由相互作用、相互依赖的若干组成部分结合而成,系统是具有特定功能的有机整体,而且这个有机整体又是它从属的更大系统的组成部分。系统是将零散的东西进行有序的整理、编排从而形成的整体。

按照系统中组成要素形成的原因,系统可分为自然系统和人工系统。自然系统是指系统的组成要素完全是自然物的系统,例如太阳系、原子结构、人体组成等均为自然系统。人工系统是指人类根据一定目的,按照一定的要求,人为组建或设计研制而形成的系统,包括国家政府机构、交通运输系统、质量管理系统、建筑物、通信设施、飞机、卫星、工业加工设备等都是人工系统。这些人工系统是国家政府、行业、单位和人们为了达到政府管理、社会进步、经济发展、人们日常生活改善等目的,专门构建、

设计、建造形成的系统。很显然,导航卫星属于人工系统范畴。

按照系统中组成部分的多少及组成部分相互之间的关系,系统可分为简单系统和复杂系统。组成部分较少,而每一部分或分系统构成关系较为简单的系统称为简单系统。相反,组成部分多,且相互关系较为复杂的系统称为复杂系统。我国实施的载人航天工程、北斗系统、长江三峡水电工程等系统均是复杂系统;而一辆自行车、一个小型建筑物则可以认为是简单系统。需要注意,简单系统与复杂系统也是相对而言的,复杂系统不等于是庞大系统。俗话说,麻雀虽小,五脏俱全。其含义是说,麻雀虽小,但其组成部分很多,相互关系密切。因此可以定义麻雀是一个复杂系统,但它不是一个庞大系统。

按照系统与环境的关系,系统可分为开放系统和封闭系统。开放系统与外界环境存在物质、能量、信息等交换。封闭系统与外界环境没有关系,不存在物质、能量、信息等交换。按照这个定义,导航卫星系统就是一个开放系统。导航卫星在空间轨道上,需要利用设计的卫星太阳帆板电池吸取自然界中太阳能量,通过将太阳光能转换成卫星系统中所需要的电能,提供卫星有关分系统使用;卫星有效载荷信息、卫星遥测信息和卫星控制指令等无线电信号,通过空间介质与地面系统和用户建立通道,相互传送;卫星上的推进分系统,将消耗星上推进剂物质,通过发动机燃烧喷出高温燃气,在空间产生推力,改变卫星的运行轨道或卫星姿态。

按照系统与时间的依赖关系,根据系统特性的一些因素是否随时间变化来划分,系统可以分为动态系统和静态系统。静态系统的系统特性因素不随时间而发生变化,动态系统的系统特性因素将随着时间而发生变化。静态系统与动态系统也是相对而言的,客观世界中不存在绝对的静态系统。如房屋建筑、工业厂房、企业设备布局图等系统在一定时间期间内,随着时间基本没有变化,这些系统可看作静态系统;但在经过较长时间后,房屋建筑等材料和质量一定要发生变化。人们构建的各种运输系统、各种信息系统、企业生产系统等显然是随时间而变化的,这些系统是典型的动态系统。

工程系统的顶层设计、任务规划一般称为工程系统的总体设计,是最重要和需要最先进行的设计任务。任何复杂的工程系统都需要大量不同专业的技术人员共同来完成。导航卫星是按照工程和用户需求,由若干不同功能的分系统产品组成的系统,需要卫星总体设计师根据系统任务要求,在任务分析的基础上,结合当前已有的技术水平和工业基础等,全面进行导航卫星总体设计。

根据卫星总体的设计结果,总体设计师需要进一步分解系统总体的要求,向卫星各分系统提出具体设计要求和接口关系,明确研制规范和协议;之后,卫星分系统设计师要根据卫星总体的要求,进行详细设计工作。通过卫星系统的总体综合设计,把卫星各分系统设计成满足任务功能、性能指标要求的卫星产品,集成为卫星系统。

卫星总体设计所分解的分系统和产品具体要求,必须保证导航卫星各个分系统和产品是相互关联、相互作用、相互协调的,必须在工程研制中起到“提纲挈领”的作用,满足整个系统任务以及工程的要求。

对于北斗导航卫星这样一项复杂的工程系统,导航卫星总体设计的根本任务就是设计一个能满足服务区域范围内用户导航定位与授时精度要求、工程可实现的技术优化的导航卫星(系统)方案,向导航卫星各分系统和研制单位下达研制任务书,并完成包括卫星总装、总体电路、功能接口、地面综合测试和环境试验等综合设计工作。

4.2 导航卫星组成

人造卫星是人们为了某种目标、用途而设计建造的一种系统[1]。通常,卫星组成包括有效载荷和卫星平台两个部分。有效载荷是实现卫星在轨运行服务的特定航天任务的仪器、设备或分系统,它在地面系统的配合下,最终实现卫星在轨运行与服务。卫星平台是服务保障的系统,其目的是保障和支持有效载荷完成既定的航天任务,其功能可以概括为支撑有效载荷的安装,保持有效载荷信号观测与信号指向,维持有效载荷产品设备的温度,向有效载荷产品设备提供电源、遥测和遥控指令等[2]。

对于北斗导航卫星而言,卫星有效载荷主要包括有源定位服务的 RDSS 载荷和无源导航服务的 RNSS 载荷。RDSS 载荷可细分为转发分系统和天线分系统,RNSS 载荷又细分为星载时频分系统、接收与上行注入测量分系统、导航信号生成分系统、导航信号播放分系统、天线分系统等不同功能模块,这些功能模块组合在一起共同完成导航、定位、授时等功能服务。

此外,北斗三号卫星之间还有相关测量信号与信息传输,因此还配置了星间链路分系统。

导航卫星平台包括结构分系统、热控分系统、能源分系统、姿轨控分系统、测控分系统、综合电子分系统等,对有效载荷进行服务与保障。

以北斗二号 MEO 卫星组成为例,其分系统组成包括 RNSS 载荷、结构分系统、电源分系统、热控分系统、姿态控制分系统、推进分系统、数据管理分系统、测控分系统等。

北斗二号 MEO 卫星分系统组成关系图如图 4.1 所示,其卫星结构组成部分与关系如图 4.2 所示。

目前,导航卫星为了节约成本,提高效率,均以结构系统构型为基础,推出系列化平台。我国北斗导航卫星包括 DFH-3 平台,DFH-3A 平台、DFH-3B 平台以及导航专用平台等,不同平台的配置不同,但基本上都包括结构系统、热控系统、姿轨控系统、电源系统、星务管理系统和测控系统等。

卫星平台就好比一辆汽车,其中:结构系统如同汽车的骨架和蒙皮,所有星上设备在结构系统上安装;热控系统如同汽车的空调和加热器,保证卫星内部的温度;姿轨控系统如同汽车的方向盘,保证卫星运行的轨迹;电源系统如同汽车的汽油和电

池，为卫星提供能量；星务管理系统如同汽车的电脑，控制卫星的数据管理；测控系统如同汽车的喇叭、灯光、仪表盘等，实现卫星与地面系统之间的参数遥测、指令接收与传递等功能。

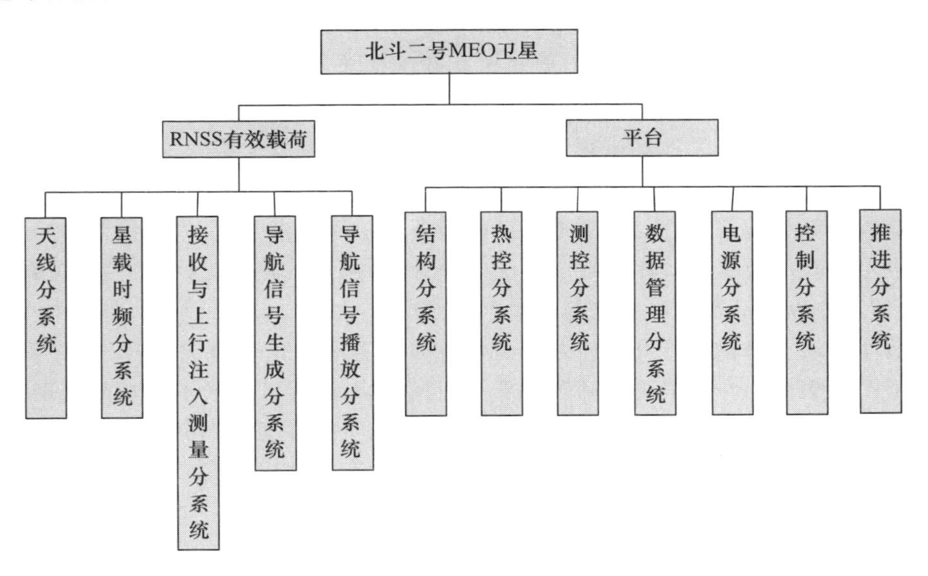

图 4.1 北斗二号 MEO 卫星分系统组成关系图

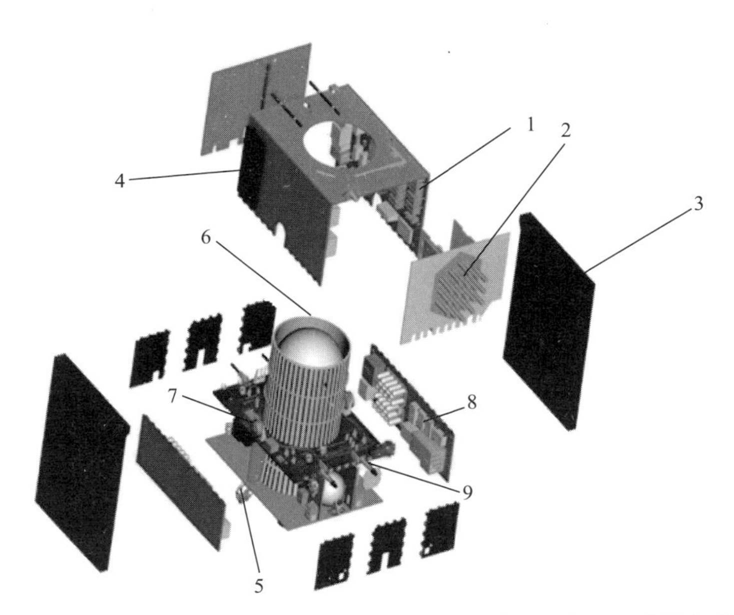

1 — RNSS载荷；2 — RNSS载荷天线；3 — 电源分系统；4 — 热控分系统；5 — 推进分系统；6 — 结构分系统；7 — 姿态控制分系统；8 — 数据管理分系统；9 — 测控分系统。

图 4.2 北斗二号 MEO 卫星结构组成部分与关系图（见彩图）

4.3 构型布局设计

卫星构型指的是卫星的空间结构形式,布局指的是卫星上产品设备的安排和布设。从卫星总体设计角度出发,构型和布局设计是紧紧耦合在一起的,一般统一称为构型布局设计工作[1]。

卫星的构型布局设计好比建筑设计师设计高楼大厦以及房间的内部装修。只是高楼大厦要求设计结果外表美观,内部布局合理。而卫星的构型布局要求外观能满足与运载火箭整流罩、地面工装、地面试验设备接口等约束要求,内部设备布局合理。对于卫星外表的要求主要体现在卫星的热设计上,通过散热面设计、热控包覆材料的设计,使卫星外表满足卫星在轨的环境温度要求。

北斗导航卫星构型布局设计是在满足总体任务要求前提下,把卫星各分系统及其星上产品集成为一个卫星内部和外部空间尺寸协调、保证导航卫星功能实现、满足各分系统星上产品安装要求、能够经受卫星发射及飞行环境、有利于卫星研制的一项设计工作。通俗而言,就是把卫星平台和有效载荷有机地组织在一起,形成一个有机整体。

构型布局设计需同时满足各组成部分相互制约、不同层次的多方面设计要求,其设计是对各分系统的各项要求进行综合、折中、优化和协调的过程,最终保证卫星系统中各组成部分的要求全面满足。同时,导航卫星构型布局设计也是一个迭代的过程,需要经过设计、调整、分析、验证、再设计的不断反复和完善。

卫星构型布局设计不单是设计结构分系统的构架和形式,而且要包括卫星上各个分系统的星上产品在内的整体构型、体积尺寸分配、总体布局和质量特性计算等。所以,卫星构型布局设计也可以说是卫星整体的构造设计,它是卫星总体设计的一项主要工作。因此,导航卫星构型布局设计绝不仅仅是结构分系统的设计。

北斗导航卫星的构型布局设计是卫星系统总体方案设计中一项重要的、全局性的设计工作,其重要作用是把零散的各个分系统的星上产品通过合理的设计,有机地结合起来,形成一个能够实现卫星导航任务的、优化的、具体的卫星。卫星构型布局设计一旦完成,整个卫星设计基本上就具体化了。后续就要以此作为依据和要求,开展相应的设计与研制工作。

在导航卫星构型布局设计伊始,必须按照整体优化的原则,从设计任务书要求出发,通过多种构型方案分析、比较、选优,得出最佳可行方案。导航卫星的构型设计应该确保可以容纳大大小小、形形色色硬件产品,能够保证导航卫星服务任务实现,能够满足导航卫星各个分系统星上产品安装要求,能够适应各种环境,而且还能具有对导航卫星功能扩展的能力。

卫星构型布局工作一般包括分析和设计两个部分,这两个部分也往往相互耦合在一起,其中一定包含多种分析工作,设计往往是分析的最终结果。

4.3.1　构型布局基本要求

导航卫星构型布局设计是为卫星总体设计提供支撑的基础,是卫星总体设计重要的组成部分。

构型布局设计首先要对导航卫星结构分系统提出具体设计要求,作为结构分系统设计工作的输入。其技术要求包括:整星结构的外形尺寸、主承力构件的形式(包括传力线路的分析)、次结构构件的设计要求(安装星上产品的位置、尺寸和质量)、整星质量分配、质心位置的确定;同时要对卫星系统的结构刚度提出要求(包括天线和太阳翼收拢和展开的不同状态),提出与运载火箭的接口设计要求、整星起吊接头设计、地面停放支座设计、卫星基准面等要求;对于结构各部段尺寸精度要求、卫星坐标系的确定(如卫星与运载火箭对接的轴线,入轨后该轴线是朝飞行方向还是对地方向,或是背地方向等)、热控对结构件或材料的要求(如静止轨道远地点发动机外需设计有耐高温的隔热屏)也需统一综合地进行分析与设计。

构型布局设计过程中,对导航卫星其他分系统星上产品提出重量、体积尺寸分配和安装要求,约束分系统产品设计,确保导航卫星的外形尺寸和质量特性满足运载火箭卫星整流罩的包络要求和质心高度要求。其技术要求包括:星上产品的长、宽、高设计尺寸,安装位置,安装耳片尺寸,安装孔尺寸及允差,安装基准面,安装精度,质心位置(较大的设备要给出对应的质量特性计算结果)等。对大型可展开部件(如天线和太阳翼等)的要求包括发射时收拢状态和入轨后展开状态的尺寸及允差。对导航卫星构型布局提出的要求包括对电缆网走向、管路走向、安装支架等进行设计。

卫星总体构型布局设计还要对导航卫星的质量特性和精度分配结果进行分析与计算,卫星的质量特性和有关安装精度数据的计算结果直接影响整星姿态与轨道控制分系统的相关设计工作。

导航卫星构型布局设计必须考虑运载火箭的约束要求、空间环境影响的情况、整星及卫星产品运输要求、各分系统对整星构型布局要求,以及研制流程等方面内容[3]。

1)运载火箭的约束要求

导航卫星构型布局设计要考虑卫星从发射、变轨、在轨运行整个寿命期间各种状态与工况,从构型设计上体现卫星对运载火箭及卫星整流罩的适应性,明确与发射场、运载火箭的接口关系的适应性。

导航卫星采用三轴稳定系统,星上安装太阳翼和大型可展开天线。在卫星整流罩的有限空间内,需要把那些尺寸大于卫星整流罩范围的部件(如太阳翼、天线等)做成可收拢和可释放、展开的形式,卫星构型设计的外轮廓尺寸要满足运载火箭卫星整流罩包络空间的要求[4]。

北斗三号 IGSO 卫星采用 CZ-3B 运载火箭发射入轨,该运载火箭卫星整流罩采用 4000F 系列,整流罩包络直径为 3850mm,因此要求 IGSO 卫星(直径)的外形尺寸必须小于 3850mm 的包络尺寸。

北斗三号 IGSO 卫星与 CZ-3B 运载火箭卫星整流罩关系示意图如图 4.3 所示。

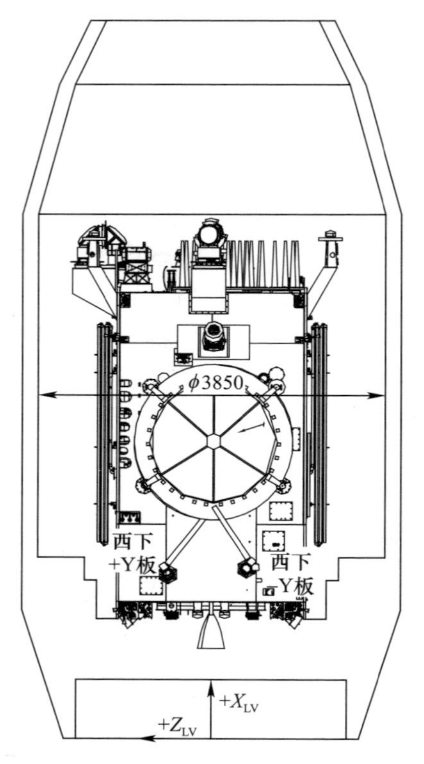

图 4.3　北斗三号 IGSO 卫星与 CZ-3B 运载火箭卫星整流罩关系示意图

同时,受运载火箭最大运载能力的限制,卫星在构型布局过程中要不断进行卫星系统质量特性的复核,保证卫星重量满足运载火箭的质量特性要求。

CZ-3B 运载火箭对北斗 GEO 卫星的质量特性要求如下。

(1) 卫星质量不大于 5400kg。

(2) 卫星纵向质心高度不大于 1770mm。

(3) 卫星横向质心 $X_{sc} = (0 \pm 10)$ mm;纵向质心 $Y_{sc} = (0 \pm 10)$ mm。

进行导航卫星构型设计时,必须考虑卫星与运载火箭的机械接口关系,重点是卫星坐标系的定义要与运载火箭相匹配。需要注意,当不同卫星的坐标系的定义不同时,与运载火箭约定的坐标系匹配性也不同。

在星/箭分离面刚性支撑下,卫星整体结构的频率必须满足运载火箭的频率要求,以防止卫星与运载火箭发生动态耦合造成结构损坏。按照规范,卫星的横向和纵向频率必须高于运载火箭的频率。北斗导航卫星系统要求卫星整体结构频率满足:

横向频率一阶大于 10Hz;

纵向频率一阶大于30Hz。

因此，在导航卫星构型布局设计时，要对整星的结构特性进行力学分析，以保证整星频率满足运载火箭的要求。

2）空间环境影响的要求

北斗导航卫星的工作轨道高度在20000～36000km，其空间工作环境包括外层空间的真空环境和随卫星运行而产生的特定诱导环境。因此，导航卫星的构型布局设计必须考虑如何在外层空间环境下正常工作的问题。卫星在轨工作时，要求能够方便利用太阳翼定向获取太阳能量，因此需要确定太阳翼安装布局；星上使用磁力矩器，配置安装在合适的位置与方向上，需要利用磁场实现卫星姿态控制等目的。

导航卫星的构型还必须考虑如何防护卫星上设备和仪器不受外层空间环境的有害影响，或使有害影响减弱到无害的程度。

星上产品的布局要有利于应对空间太阳热辐照和空间粒子辐射环境，利用卫星舱板的特性，将对空间粒子辐射不敏感的星上产品布置在卫星舱内靠外处，将对空间粒子辐射敏感的星上产品布置在卫星舱内靠里处。布局在卫星外面的星上产品，必要时须增加对空间粒子具有衰减作用的防护罩，发热量大的星上产品要放置在散热面上。

3）运输的要求

导航卫星在研制过程和完成研制之后，经常需要进行搬运。卫星搬运前需要设置安放在包装箱内，通过公路、航空运输等手段运送至目的地或发射场。因此，在导航卫星构型布局时还要充分考虑卫星包装箱的包络。

卫星包装箱的包络尺寸受制于汽车、飞机等载具的外包络。导航卫星构型设计时，需要综合考虑采用哪种运输工具、哪种机型以及对应包装箱的尺寸限制条件。

4）各分系统产品对构型布局的要求

导航卫星构型布局的目的就是优选出能保证和有利于导航卫星功能实现的产品构型布局。导航卫星的测控天线和导航信号播发天线要求对地，导航分系统的射频通道要求布局尽量减少信号输出链路的长度，这些都是导航设备对整星构型布局的要求。

导航卫星各分系统功能的实现，对卫星构型布局都有相应的要求。考虑导航卫星的能源要求，其太阳翼的布局要有良好的光照条件，以保证电源功率的输出要求；考虑导航卫星的变轨要求，推进系统的变轨发动机（490N 发动机）和姿态发动机（10N 发动机）布局位置要保证其产生的力和力矩满足要求，以有利于减小干扰力的作用。

考虑导航卫星各单机产品设备散热的不同要求，热控散热面布局需要分别设计在光照较弱或背阳面，并且要有足够的散热面积，各种姿态敏感器要满足各自的安装方位和视场的要求，以保证其功能的实现。

表4.1列出北斗导航卫星各分系统对卫星构型布局的基本要求。

表4.1 北斗导航卫星各分系统对卫星构型布局的要求

序号	分系统	对整星构型布局要求
1	电源分系统	(1) 太阳翼满足对日定向要求。 (2) 蓄电池组周围无大热耗的产品。 (3) 符合分系统内产品安装要求
2	总体电路	(1) 电缆网布局时,电缆分支长度尽量短。 (2) 在设计多分支低频电缆绑扎点时,避免电缆的闭环设计。 (3) 在整星电缆敷设通道设计时,要求主功率电缆必须单独走线。 (4) 高频电缆和低频电缆不同类别的信号,需要进行隔离走线设计
3	控制分系统	(1) 地球敏感器、数字太阳敏感器、陀螺组件、星敏感器等有安装精度要求。 (2) 在地球敏感器、数字太阳敏感器、星敏感器等视场内要求无遮挡。 (3) 满足反作用轮安装精度、磁力矩器的磁场方向、太阳帆板驱动机构(SADA)的安装方向及精度要求。 (4) 满足分系统内产品安装要求
4	推进分系统	(1) 推进产品及管路螺接点附近的管路布局应便于对中安装。 (2) 490NG发动机和10NG推力器组件通过各自的安装法兰与支架紧固连接,其布局和安装应考虑控制力、控制力矩,推力器组件和发动机的羽流污染、热影响和干扰力矩等(NG表示N的改进型)。 (3) 加排阀端口附近一般不得有卫星部件,加排阀与加排阀轴线之间距离不得小于60mm;气体试验接口、加排阀的阀口要求露出星体外表面30mm,以便于和地面服务阀对接。 (4) 气瓶、贮箱充气时膨胀,管路布局和安装应考虑管路安装应力释放;相应管路支架要留有一定的活动余量;管路与管路之间的距离一般不小于6mm,管路与其他仪器设备及结构件之间的距离一般不小于10mm,管路支架、管夹、卡箍之间的距离一般不大于300mm。 (5) 管路焊缝的设置点应易于进行X射线照相,并满足双方向X射线照相要求;管路的弯曲半径应满足要求
5	综合电子分系统	(1) 为便于地面测试,综合电子产品在布局时,尽量靠近舱板边缘。 (2) 为减少信号损耗,部分电缆有长度要求,不能大于6m。 (3) 满足分系统内产品安装要求
6	测控分系统	(1) 对地面测控天线安装在对地方向,位置高于周围的星表设备;背地方向测控天线安装在背地方向,且两个测控天线中心距离不小于300mm。 (2) 为保证测控下行信号EIRP值满足要求,其测控固放与双工器间电缆应尽量短,以减少损耗。 (3) 满足分系统内产品安装要求

（续）

序号	分系统	对整星构型布局要求
7	导航分系统	（1）产品布局尽可能减少射频通道输入与输出的链路长度。 （2）原子钟需要独立热控区域，以控制铷钟的温度变化量。 （3）大功率、大热耗的功率放大器应具有良好的散热能力。 （4）输入接收机、输出放大器尽可能与对应天线距离短
8	天线分系统	（1）按照天线波束设计要求，布局在卫星对应的舱板及指定方向上。 （2）天线视场范围内无遮挡，其中 B1/B2/B3 阵面天线半张角大于 12°，L 上行注入天线半张角为 17°。 （3）天线安装精度要求与坐标系夹角小于 0.1°
9	自主运行分系统	（1）相控阵天线要求视场 ±50°范围内无遮挡。 （2）相控阵电源与天线之间低频供电电缆长度不大于 1m，相控阵天线和信机之间高频电缆长度不大于 2.5m。 （3）满足分系统内产品安装要求

5）控制各种干扰的要求

在卫星发射、变轨、在轨运行时，不可避免会受到来自卫星外和卫星内的各种各样的干扰。干扰源有力学的、热学的、光学的、电磁的和化学的。

导航卫星在空间运动要经受空间环境和卫星内部环境产生的力和力矩的扰动，尽管扰动很小，但在卫星长期运行中，会使其轨道和姿态产生偏离。这些扰动的特性和量级直接关系到卫星控制系统方案及其有关技术指标的确定，关系和影响着卫星推进剂的预算，更关系到卫星的构型设计。

对于中高轨道（轨道高度大于 20000km）的导航卫星而言，太阳光压摄动是主要的空间环境扰动力。太阳光压也称太阳辐射压力，是太阳光照射在物体上对物体产生的压力，这个压力在微重力环境下会有相对比较明显的影响作用。太阳辐射压力引起卫星扰动力矩是由太阳光照射在卫星部件表面而产生的。由于各个部件表面对太阳光照的反射系数各不相同，在工作轨道上有的部件还在运动，太阳光压也会发生变化。

导航卫星上安装了 490N 轨控发动机和姿态控制用的推力器以及天线等活动部件，当这些产品设备工作时，必然会产生扰动力矩。490N 轨控发动机由于制造（推力轴与机械轴不一致）偏差、安装偏差以及质心偏差和变化，使实际推力线方向与系统质心有固定的偏斜。当轨控发动机工作时，产生姿态扰动力矩。姿态推力器工作时可能产生两种扰动：一是对轨道的摄动；二是通过惯性积所产生附加扰动力矩。

导航卫星配置的其他活动部件，如反作用轮、太阳帆板驱动机构、活动天线指向驱动等，都要对导航卫星产生扰动。卫星总体在构型布局设计时必须考虑这些干扰力的影响，减少干扰。

导航卫星上的光学设备（如太阳敏感器，星敏感器等）要求保证光学路径没有遮挡，要求其光通道上不受污染，减少杂光进入。在构型设计时要求将可能的污染源

(如推力器喷气、排气的发生)布置到不会干扰(污染)光通道的部位上,敏感器的布局位置也要根据其功能要求和工作性质放在不受干扰的部位上。

导航卫星上的电子设备之间的电磁兼容性也是卫星构型布局设计需要考虑的重要因素。卫星系统构造复杂,内部空间狭小,产品多,设备密集,系统内电缆间、设备间、产品电缆与设备间等各种信号耦合与干扰现象几乎随处可见。

特别是对于北斗 GEO 卫星,射频信号频点多,输出放大器输出功率大,通道放大倍数大,接收机灵敏度高,其 RNSS 载荷产品与 RDSS 载荷产品都布局在载荷舱内,载荷的电磁兼容性需要在构型布局时密切关注,可以将两类载荷产品分别布局在载荷舱内不同舱板上,以减少信号间电磁干扰的影响。

同时,在卫星产品设备布局设计时,避免电缆环绕卫星,形成回路,产生电磁干扰。星上产品要有良好的接地,以减少电位差。在天线附近要避免金属突起物的干扰,防止对于信号传输的遮挡。对电缆可采取屏蔽层包覆等措施,防止信号的泄露。

6) 卫星研制流程的要求

对于导航卫星而言,组批生产与快速组网是其设计与研制的特点。因此,在导航卫星的构型设计中要贯穿快速、优化的思路。导航卫星的模块化和集成化构型设计可以满足研制过程中总装的开敞性和并行作业的要求,具有并行测试、快速组批生产的优势。

所谓模块化设计就是在导航卫星构型布局设计时,按照载荷和平台的功能将有效载荷与卫星平台设计成可分离的分舱模块的结构,即实现分舱构型方案,这样有利于平台公用化,有效载荷集成化。采用模块化结构,即载荷舱与平台在统一的整体规划下,可协调地独立开展设计工作,卫星能够并行总装、测试与试验。这样,可节约研制费用、缩短研制周期,从而获得更高的效率和效益。载荷舱与平台独立分开的模块化示意图如图 4.4 所示。

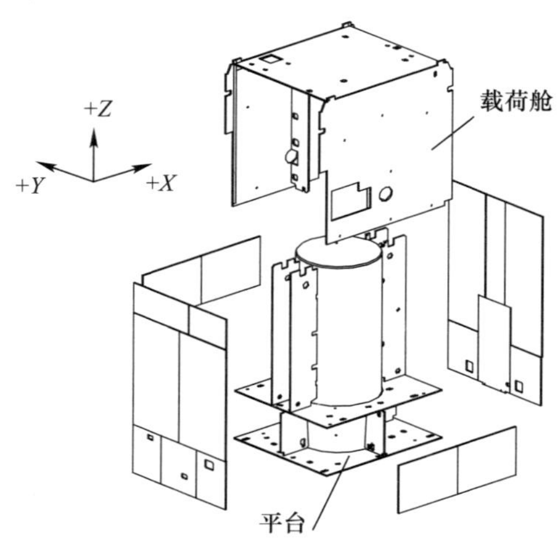

图 4.4 载荷舱与平台独立分开的模块化示意图

在构型设计中还要充分考虑卫星平台对于有效载荷功能与能力增长的要求。北斗一号卫星采用 DFH-3 平台，为载荷舱、服务舱和推进舱三舱结构。

北斗二号相对于北斗一号，根据卫星系统的任务要求，在北斗一号卫星提供 RDSS 功能的基础上，GEO 卫星增加了 RNSS 功能。通过构型设计，对 GEO 卫星和载荷舱进行扩容，增加了天线舱结构，形成载荷舱、服务舱、推进舱和天线舱四舱结构，并在 DFH-3 平台基础上，形成 DFH-3A 平台，载荷重量和产品安装面积大大增加，载荷承载重量增加了 30%。

北斗二号 MEO 卫星、GEO 卫星构型设计结果如图 4.5 所示。

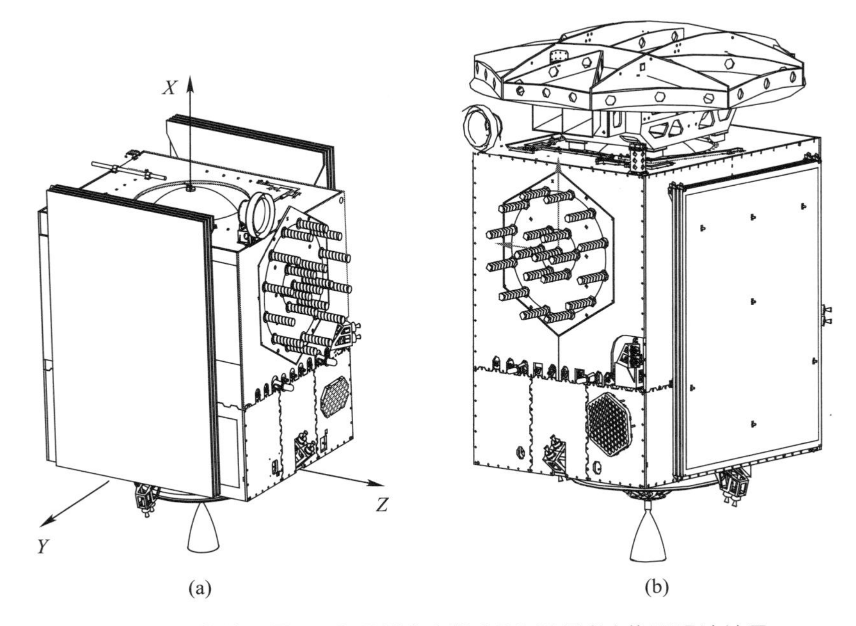

图 4.5 北斗二号 MEO 卫星(a)和 GEO 卫星(b)构型设计结果

4.3.2 卫星构型布局分析

北斗导航卫星构型布局分析主要是根据用户的要求、卫星的功能要求、运载火箭的限制条件等而开展的卫星构型分析工作。通过卫星构型布局的分析，确定构型布局的设计方案，为后续总体设计工作打下基础。

对于北斗导航卫星来说，构型布局分析一般包括以下内容：卫星质量特性分析、敏感器与天线视场遮挡分析、星上产品之间的干涉分析、发动机羽流分析、太阳翼遮挡分析、太阳光压分析、总装操作可行性分析等[3-4]。

1）卫星质量特性分析

质量特性分析是针对卫星在不同任务阶段的卫星质量特性参数的分析，包括卫星重量、质心位置、转动惯量、惯性积等。

一般应分析卫星发射、入轨、太阳翼和天线展开前后，以及卫星在轨工作寿命初级、中期及末期的质量特性参数。

北斗某导航卫星的质量特性分析结果如表4.2所列。

表4.2　北斗某导航卫星各状态下质量特性分析结果

阶段	M/kg	X/mm	Y/mm	Z/mm	I_{xx}/(kg·mm^2)	I_{yy}/(kg·mm^2)	I_{zz}/(kg·mm^2)
干星	2297.98	-0.03	-0.06	1878.53	1.22×10^{10}	1.23×10^{10}	2.92×10^{9}
起飞	5400	0.40	-0.02	1756.90	1.48×10^{10}	1.50×10^{10}	3.44×10^{9}
太阳翼展开	5347.98	0.40	-0.02	1750.65	2.00×10^{10}	1.49×10^{10}	8.66×10^{9}
一次点火后	4679.58	0.36	-0.03	1692.55	1.94×10^{10}	1.43×10^{10}	8.54×10^{9}
二次点火后	3827.61	0.30	-0.03	1662.92	1.87×10^{10}	1.37×10^{10}	8.37×10^{9}
三次点火后	3180.63	0.23	-0.04	1685.17	1.82×10^{10}	1.32×10^{10}	8.26×10^{9}
四次点火后	2931.88	0.19	-0.04	1708.30	1.80×10^{10}	1.30×10^{10}	8.20×10^{9}
Ka反射面天线展开后	2931.88	32.00	1.48	1704.22	1.81×10^{10}	1.38×10^{10}	9.06×10^{9}
寿命初期	2902.74	32.32	1.50	1728.64	1.81×10^{10}	1.37×10^{10}	9.10×10^{9}
寿命中期	2766.88	33.90	1.57	1741.20	1.79×10^{10}	1.35×10^{10}	8.92×10^{9}
寿命末期	2705.46	34.67	1.61	1768.54	1.78×10^{10}	1.35×10^{10}	9.07×10^{9}

表4.2中：M为卫星质量；X、Y、Z为卫星质心在星体坐标系的坐标值；I_{xx}、I_{yy}、I_{zz}分别为以卫星本体坐标系X、Y、Z为主轴的转动惯量。

北斗导航卫星的质量特性分析需要与总体构型布局配合进行，相互耦合，相互影响。卫星构型布局的变动，必然会影响卫星的质量特性（如质心、转动惯量等参数）。

在卫星初期设计阶段，由于其总体布局有很多不确定性，包括技术条件不具备、产品设计不完善等，很难一次设计就满足整星质量特性要求，因此需要不断完善设计与分析工作，不断调整总体布局，直到满足要求为止，这是一个反复迭代而繁琐的过程。

卫星总体布局和质量特性计算，从任务分析阶段就开始耦合一起，对星上产品体积尺寸和质量进行初步分配、布局和计算，然后再次协调分配、调整布局、再次计算，这样经过几次反复，由不完全到完全、由不准确到准确，一直要到初样详细设计阶段，待星上产品研制出来以后才能完成。在正样阶段，个别星上产品的调整也会影响卫星质量特性分析结果。

2）视场遮挡分析

在卫星构型设计中，要进行天线和敏感器视场遮挡分析，判断姿态控制敏感器等光学设备是否会受到卫星其他部件的遮挡而失效。星载天线由于要接收和发射信号，与控制敏感器相似，也要求其视场内没有遮挡物。

北斗导航卫星安装多个姿态控制敏感器，包络太阳敏感器、地球敏感器、星敏感器，同时还有上行注入接收天线、测控天线、下行导航信号天线、星间链路天线等的视

场要求。因此,在构型布局时需要对各种敏感器和天线等设备的视场遮挡情况进行分析,检查其是否会受到星体及其他产品部件的遮挡。

一般情况下,视场范围可用一个锥形来表示,称为视锥。视场遮挡分析时可以简化为判断该部件的视锥是否与卫星其他产品部件产生干涉。

在分析敏感器与天线视场遮挡时,特别要注意:外伸部件若是可展开部件,则必须分析展开到位时的情况;若是有活动部件,则要分析其活动部件动包络的轨迹对设备视场的影响。视场遮挡分析一般使用分析软件进行分析,分析结果往往是以图形形式进行描述,并且留有一定的余量。

星敏感器是卫星姿态控制系统的一个重要的组成产品,它为控制系统提供卫星姿态数据。由于星敏感器是通过敏感恒星辐射来测定卫星相对于天球坐标系的三轴姿态,因此安装星敏感器时必须明确其视场要求。北斗导航卫星要求星敏感器视场半锥角32°内无遮挡,星敏感器视场分析示意图如图4.6所示。

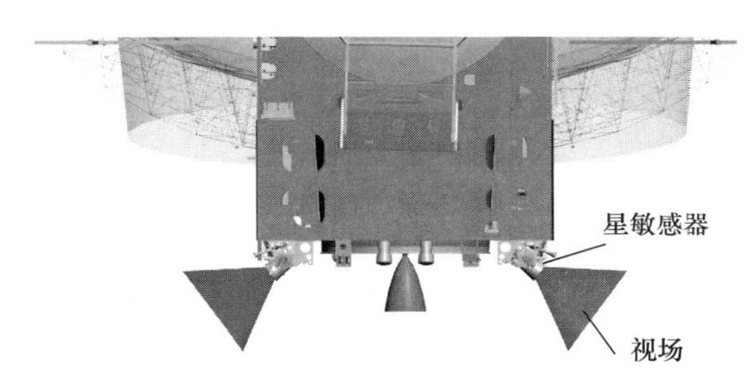

图4.6　星敏感器视场分析示意图(见彩图)

红外地球敏感器是一种带有活动部件的光、机、电高度集成化的长寿命光学姿态敏感器,是导航卫星控制分系统重要的关键测量部件,它利用装有4个红外探测器的复合视场地球探头获取地平信息,再经过放大、整形等处理线路处理,获取卫星相对于地心矢量的滚动和俯仰姿态信息。

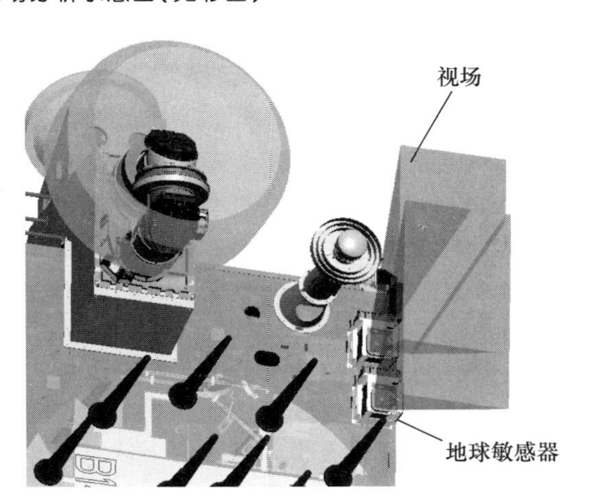

图4.7　地球敏感器视场分析结果(见彩图)

按照导航卫星总体设计要求,地球敏感器的地敏滚动轴(X轴)方向从敏感器视窗边缘向外展不小于11°,俯仰轴(Y轴)方向要求地球敏感器视窗边沿向外展开不小于22°。地球敏感器视场分析结果如图4.7所示。

L频段上行注入天线是导航卫星天线分系统重要的设备,主要用来接收上行L

频段的导航信号,其安装要求为天线波束半角17°内与其他设备无干涉。图4.8为L频段上行注入天线视场分析结果。

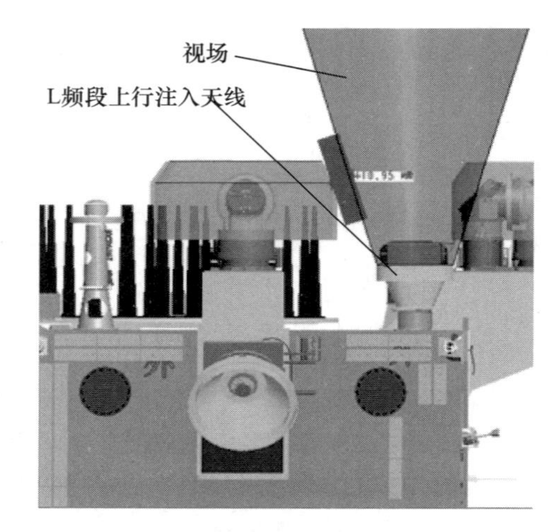

图4.8 L频段上行注入天线视场分析结果(见彩图)

3)星上产品之间的干涉分析

卫星构型布局过程中,星上产品设备与设备之间的相对位置是否干涉,部分可运动的设备在工作过程中是否会与其他设备发生干涉,这是在构型布局过程中必须解决的重要问题,因为星上产品设备之间的干涉将严重影响卫星的研制进度以及质量,且在后期发生错误后纠正难度非常大。

在北斗卫星布局设计中,星上产品之间的干涉分析,特别是运动部件之间的干涉分析均采用三维仿真软件,可以完成产品设备之间、安装孔之间的干涉检查,并给出干涉量的具体数据。

4)发动机羽流分析

卫星发动机与推力器羽流是指卫星发动机或推力器工作在高真空下时喷射出来的气流,其形状在喷嘴处像羽毛一样,所以称之为羽流。

在空间环境下,卫星推进系统的发动机或推力器喷射出的气体将迅速膨胀,变得越来越稀薄,并且可以延伸得很远,形成羽流。羽流中的成分复杂,包含未完全燃烧的燃料液滴、燃烧室壁面颗粒物等分子污染物和粒子污染物。羽流的影响可能引起干扰力矩、热效应及污染效应。羽流可能污染太阳帆板,使其电能转换效率降低,也可能污染其他敏感器。羽流的干扰力矩也会导致卫星系统多消耗推进剂燃料,航天器历史上曾发生过因羽流干扰力矩太大,导致卫星姿态不能控制,卫星不断翻转的教训。

发动机羽流分析包括两个方面:一方面是检查发动机出口处羽流有无遮挡,是否会影响发动机的推力以及产生额外的干扰力矩;另一方面是检查发动机羽流的扩散是否会污染附近的其他设备,或者羽流产生的温度是否影响附近的设备。

目前,卫星系统羽流计算采用的主要方法为根据测试数据进行数值拟合和采用羽流分析软件进行计算。对于北斗导航卫星而言,羽流分析是通过专业的羽流分析软件,对羽流的扰动力和力矩、羽流热效应以及污染效应进行分析。

一般在卫星系统布局设计时,需要在三维模型上将发动机羽流的分布形象地做出来,然后判断是否会对星上设备产生影响。羽流分析示意图见图4.9。

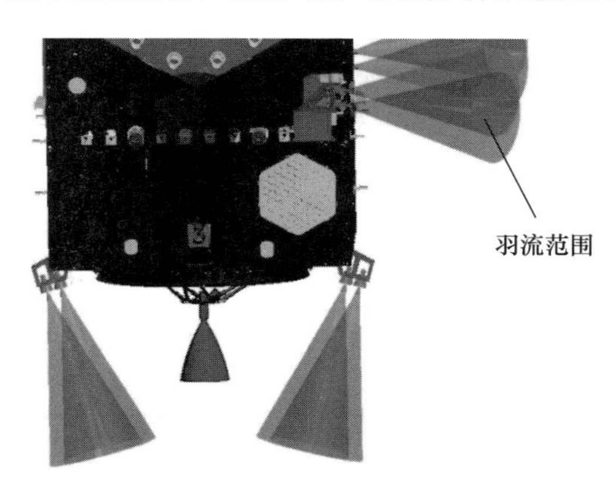

图4.9　羽流分析示意图(见彩图)

5) 太阳翼遮挡分析

太阳翼遮挡分析主要针对卫星在轨飞行过程中,星体或外伸部件(如大型反射面天线)是否对太阳翼造成遮挡。由于太阳翼是卫星能源系统的重要组成部分,如果遮挡严重,将必然造成卫星输出功率下降,导致卫星的功能与性能受到影响。

对卫星太阳翼遮挡情况进行分析,需要考虑不同工况下,太阳翼转动过程中受到最大的遮挡情况。如果太阳翼受到最大遮挡,则要考虑遮挡的面积、程度(考虑透光率)和时间,分析遮挡后的太阳翼输出功率是否满足卫星能源的保证要求。如果不能满足要求,一般解决方案是增加太阳电池阵的面积,或者改变引起遮挡部件的透光率。

北斗导航卫星的S/L频段天线为了进一步减少太阳翼遮挡影响,采用了网状结构。图4.10是北斗导航卫星一个轨道周期内的太阳翼被遮挡的情况。

6) 太阳光压分析

太阳辐射压力是高轨道卫星定点以后长期工作期间的主要干扰力,其作用力使卫星轨道偏心率呈长周期变化。太阳辐射压力相对应的压心和卫星质心不一致时,会产生太阳辐射压力力矩,这是影响卫星姿态运动的最主要干扰力矩。

太阳辐射压力力矩与卫星的形状、表面材料的光学特性、部件之间的遮挡以及卫星在轨位置等有关,因此需要对不同情况计算太阳光压。

北斗导航卫星寿命初期,春分时的光压力曲线如图4.11所示。

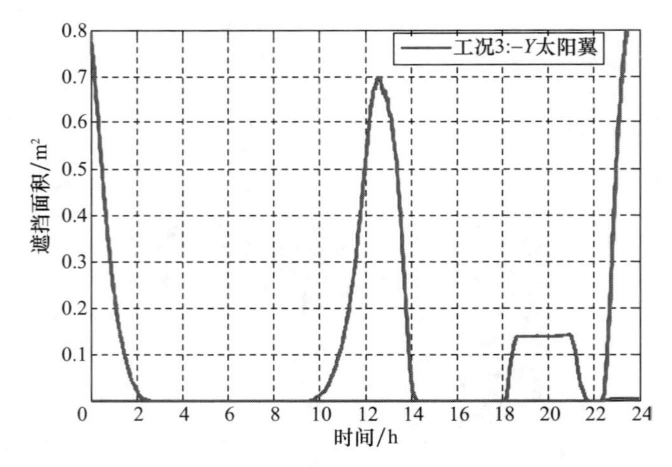

图 4.10　北斗导航卫星一个轨道周期内的太阳翼被遮挡曲线(见彩图)

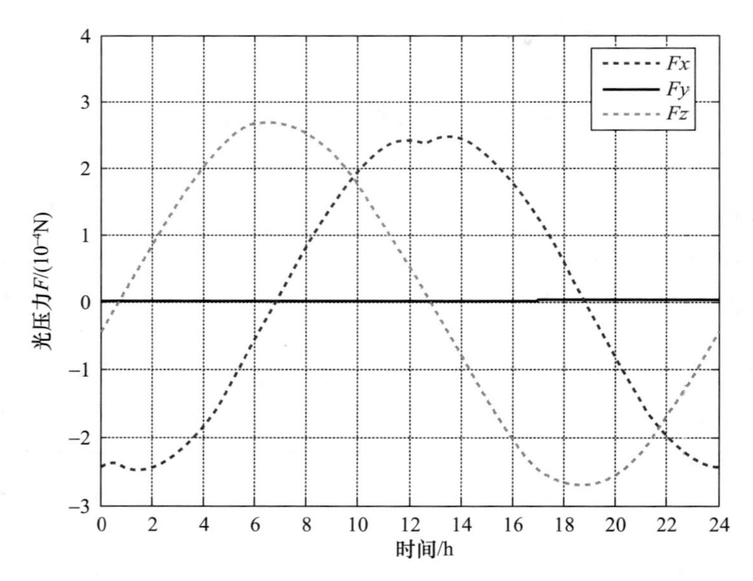

图 4.11　北斗导航卫星寿命初期,春分时的光压力曲线(见彩图)

7）卫星总装操作分析

卫星的系统级装配称为卫星总装。卫星总装就是按照图纸和技术要求把卫星的舱板、设备、电缆等一步步组装起来的过程和工作。

总装操作可行性分析内容主要包括对星上产品的拆装、设备的干涉情况和精测通路、卫星的吊装、停放、运输状态等方面的分析,这是一项综合性分析工作,也是一项繁杂和琐碎的分析工作,其目的是让卫星系统级装配能够顺利实施。

星上产品的拆装要求能够方便拆卸和安装,接插件插拔要有足够的操作空间,对于重量较大产品需要使用吊具。精测通路分析包括分析经纬仪测试可行性,吊装分

析要考虑吊装点、吊装设备等因素。

在卫星构型设计时,需要充分考虑卫星的停放方案,包括卫星在总装、测试、试验、检查、加注时的各种状态。导航卫星采用空运的运输方案,因此在构型设计时还需要考虑包装箱尺寸、飞机机型、飞机吊装等因素,研究确定卫星的运输可行性。

4.3.3　卫星构型布局设计

从理论讲,构型布局分析内容是为构型布局设计做基础。但在实际卫星构型布局设计过程中,构型布局设计与分析工作往往相互迭代、相互耦合在一起。

在卫星总体设计中,卫星构型和布局是两个方面的内容,构型设计一般指卫星的外形和外部部件布局设计,布局一般指卫星内部产品的布局及相互关系设计[3]。

1）卫星外形

卫星外形设计与卫星是否返回、采用何种姿态稳定方式密切相关。

对于需要返回地面的卫星,由于卫星在返回地面时一般采用弹道式再入大气层,因此卫星要有很好的气动外形,要求卫星返回舱段外形设计成气动阻力小的、外表平滑的球冠加圆台的外形。

返回式卫星为了减少返回制动所需能量,需将卫星不需返回的一些仪器设备布置在不返回的仪器舱段。不返回舱段外形可设计成锥台形或圆柱形,并且不返回的仪器舱段与返回舱对接外形要协调一致。

返回式卫星外形设计示意图如图4.12所示。

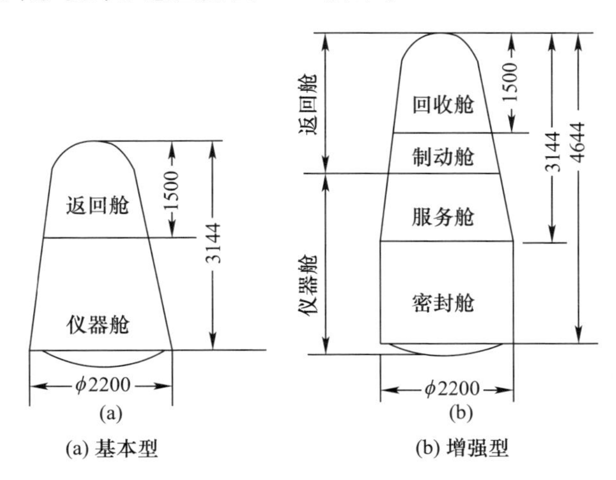

(a) 基本型　(b) 增强型

图4.12　返回式卫星外形设计示意图(尺寸单位:mm)

无控制自旋稳定卫星也称为单自旋稳定卫星,是一种被动姿态稳定的卫星。该类型卫星利用绕自旋轴旋转所获得的陀螺定轴性,使卫星自旋轴方向在惯性空间定向。由于该卫星绕一个主惯量轴恒速旋转,其外形可采用球形或多面体球形。对于这类卫星,要求避免卫星天线盲区指向地面,并要求获得较好的光照条件和有利于热控设计。

中国的第一颗人造地球卫星东方红一号采用了这一外形设计，卫星为球形 72 面体。卫星腰带处装有应答机的 4 个均布的接收天线和 4 个发射天线，还装有 4 根均布的短波发射天线。卫星自旋过程中可避免天线盲区（或称哑点）对准地面。卫星 72 面体上配置的太阳能电池阵，无论卫星姿态如何，即无论太阳光射线在哪个方位，都可得到基本相同的电源输出能力。

东方红一号卫星构型示意图如图 4.13 所示。

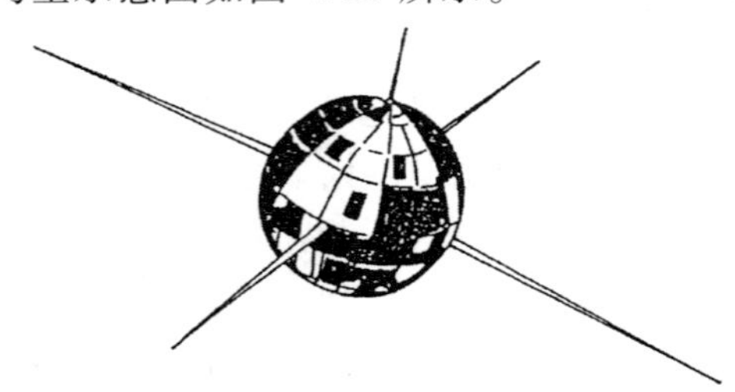

图 4.13　东方红一号卫星构型示意图

双自旋稳定卫星采用半主动姿态控制，这类卫星构型多数应用于地球静止轨道通信卫星。该类卫星由转子和消旋平台两部分组成，两者通过轴和轴承连接起来。卫星中的大部分服务与保障系统都放在转子中，转子的质量比平台大得多，转子恒速自旋使卫星自旋轴的姿态保持稳定，装在转子上的电动机使平台作反方向旋转，当平台相对于转子的转速和转子的转速相等时，平台实现消旋。

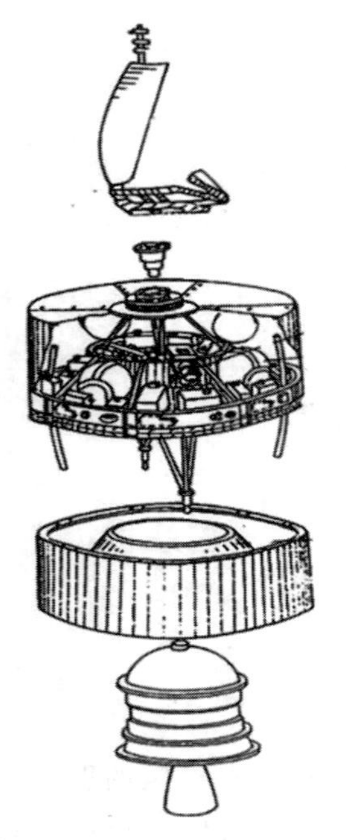

图 4.14　东方红二号卫星构型示意图

双自旋稳定卫星外形一般设计为圆柱体，其自旋轴垂直轨道面，卫星以一定速度（如 60r/min）自旋，消旋体（定向天线或有效载荷舱）以同样速度消旋，对准地面。圆柱形星体外表贴有太阳电池阵，太阳光线每年在 ±23.5°内周期变化。

我国东方红二号通信卫星就是采用该类卫星构形设计的，东方红二号卫星构型示意图如图 4.14 所示。

重力梯度稳定控制卫星在绕地球运行时，利用卫星各部分质量所受到的不相等引力等因素，产生重力梯度力矩实现稳定卫星的姿态，并使卫星底部在轨运行时，始终对准地面发射信号。为了获得足够的控制力矩，这类卫星都设有一根顶端置有一定质量的重力杆。为了获得较大的稳定力矩，重力杆的长度要大于卫星高度，一般重力杆的长度达 10 多米。为使卫星装入整流罩

内,重力杆要设计为可伸展的结构。在卫星发射时,重力杆收拢在卫星体内,入轨后再伸展到需要的长度。

重力梯度稳定技术在20世纪60年代得到广泛应用,我国70年代曾经研制的灯塔一号就是这种外形。重力梯度稳定卫星构型示意图如图4.15所示。

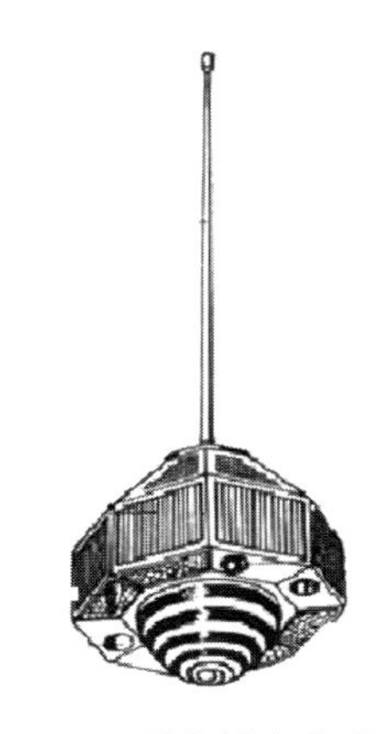

图4.15　重力梯度稳定卫星构型示意图

三轴稳定是相对于自旋稳定来说的。自旋稳定卫星利用陀螺定轴性,使卫星的自旋轴自发保持稳定,但只有一个轴是稳定可控的。三轴稳定就是卫星不旋转,在X、Y、Z三个方向上均稳定,换而言之就是与地球保持一定的姿态关系,是目前绝大部分卫星采用的方案形式。

采用三轴姿态稳定控制的卫星外形一般多数是长方体,主要目的是使结构设计简单、工艺性好,有利于热控散热面设计,同时便于外伸部件(包括太阳电池阵和大型展开天线等)在收拢状态的布置。

北斗导航卫星均采用三轴姿态稳定控制的星体外形设计,其外形均采用长方体结构。北斗导航卫星三轴姿态稳定构型设计如图4.16所示。

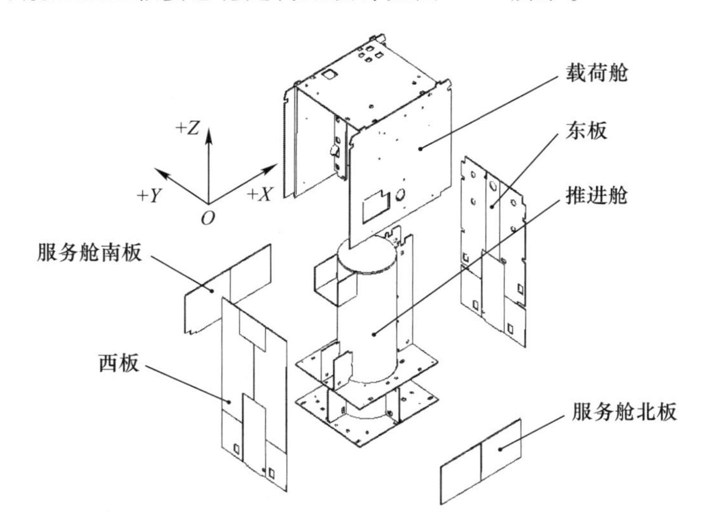

图4.16　北斗导航卫星三轴姿态稳定构型示意图

2）导航卫星外部部件布局

导航卫星外部部件布局的设计显现出卫星的外貌,包括在卫星整流罩内收拢外貌和在轨展开外貌。卫星外部产品部件不同于建筑、汽车等工程外貌的优美设计,卫星外部产品部件设计不要求对称,不需外观装饰,仅要求满足前述卫星构型设计的基本要求。

外部产品部件一般有卫星变轨发动机、姿控推力器、天线、太阳翼、姿态敏感器、热辐射器或热辐射器盖板等。这些部件的形状尺寸和布局,要保证卫星功能的实现和自身功能的实现。

(1) 推力器布局设计。

推力器工作时要产生燃气,要求无遮挡物影响排气产生推力,同时要求所产生的燃气不污染和不加热卫星其他部件。对于变轨推力器要使其推力轴线指向卫星的质心。对于推力器的布局除考虑安装位置外,还要求考虑准确的安装精度。

北斗导航卫星采用的推力器主要是10N推力器和5N推力器,主要作用是姿态控制。推力器的布局除要考虑对卫星能产生控制力矩方向的要求外,还要考虑使力矩产生得最大,即尽量使推力器的安装位置远离卫星的质心。

大推力变轨发动机(490N发动机)安装在卫星上,主要考虑有利于卫星变轨时轨道推力和姿态的调整控制。

(2) 天线布局设计。

对于北斗导航卫星的测控天线,一般布局要求为在卫星在轨运行时,其指向对地方向。通信天线以及导航天线,其布局要求卫星在轨运行时,其天线波束始终指向对地面,该布局与卫星飞行姿态相关。

(3) 太阳翼布局设计。

太阳翼的构型,首先要根据其功能要求(即输出功率大小)确定其所需太阳电池面积,再考虑形体尺寸,决定用几块太阳电池阵组成。

北斗导航卫星太阳翼的布局,根据在轨运行姿态和有效载荷功率需求,采用两个翼对称布局,每个翼由三块太阳电池阵组成。这样,既可减少环境干扰力和力矩,又有利于卫星控制系统的设计。

北斗二号MEO卫星外部设备布图(收拢状态)如图4.17所示,北斗二号MEO卫星在轨展开状态图如图4.18所示。

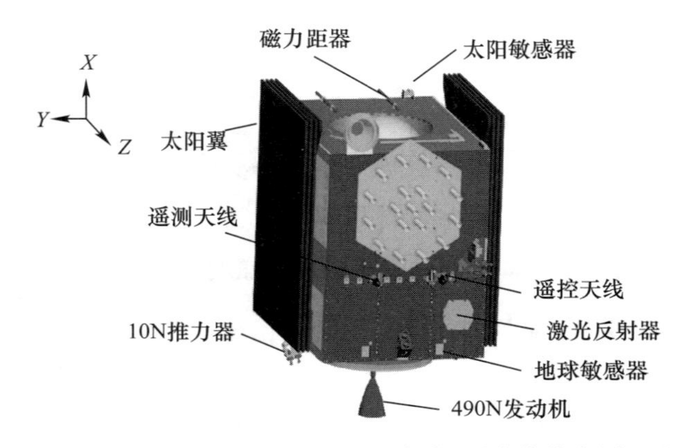

图4.17 北斗二号MEO卫星外部设备布局(收拢状态)(见彩图)

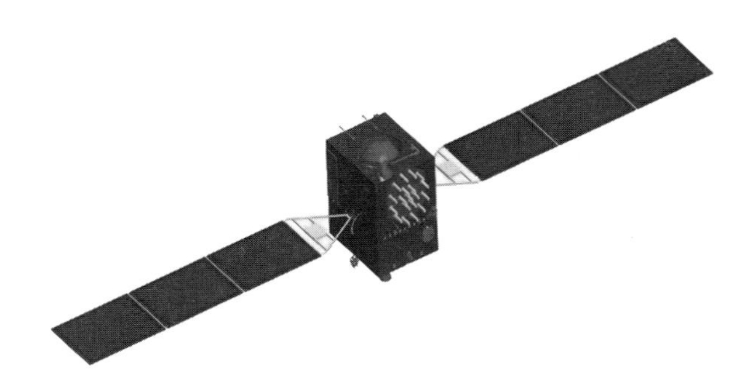

图 4.18　北斗二号 MEO 卫星在轨展开状态图(见彩图)

3）导航卫星内部设备布局

导航卫星内部布局设计的任务是保证所有的产品设备安装要满足各分系统的要求,其基本原则是要求实现配置的产品“装得下、布得好”。

各分系统的产品设备、电缆、加热片、多层、热管等都布置在舱内,要求舱内各产品设备及配件彼此互不干涉,产品设备间电磁兼容性好,总装操作性合理。

北斗一号、北斗二号和北斗三号卫星的载荷舱以及平台内部布局如图 4.19、图 4.20和图 4.21 所示。

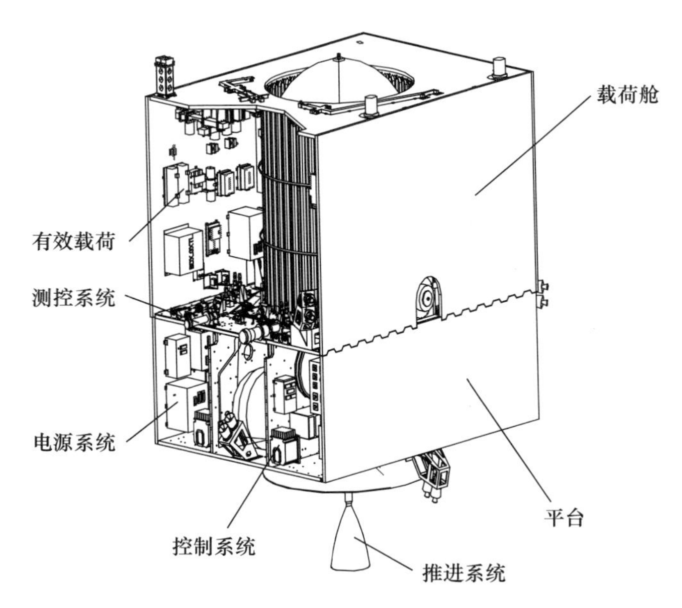

图 4.19　北斗一号卫星载荷舱与平台布局示意图

从图 4.19 至图 4.21 可以看出,北斗导航卫星从北斗一号卫星、北斗二号卫星到北斗三号卫星的内部产品设备布局设计,随着卫星功能的增加,内部产品设备数量增加,卫星布局越来越紧凑。

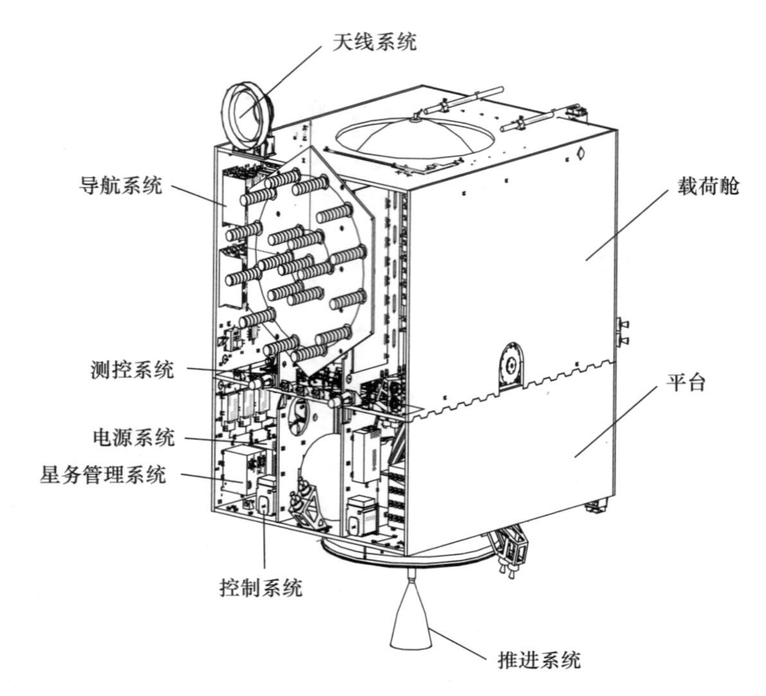

图 4.20　北斗二号卫星载荷舱与平台布局示意图

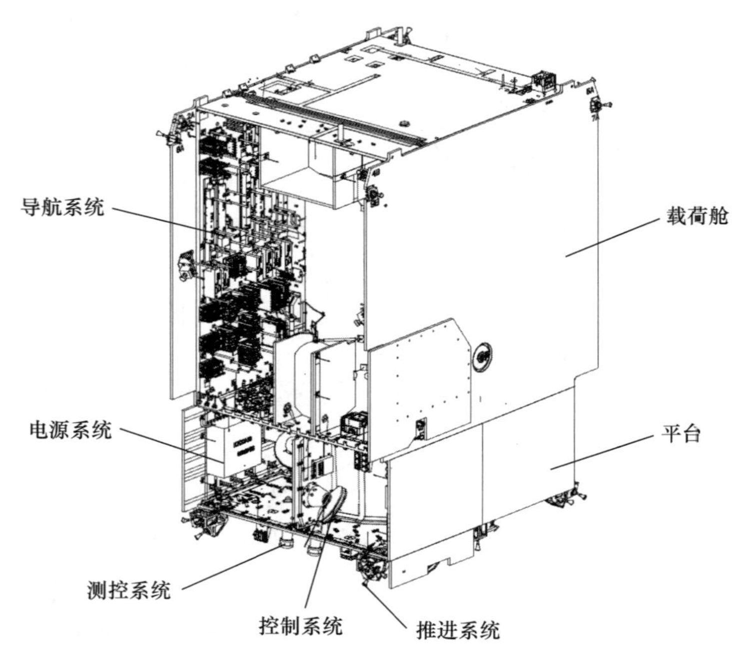

图 4.21　北斗三号卫星载荷舱与平台布局示意图

4.4 轨道设计

卫星轨道是指卫星在空间环绕地球运行的路径，与其任务密切相关，是卫星总体设计的重要内容。人造地球卫星轨道，一般分为发射轨道（有时称为主动段轨道或运载轨道）与运行轨道两部分。发射轨道是指运载火箭第一级点火至卫星入轨的一段轨道；运行轨道是指卫星入轨后开始提供业务服务所围绕地球运动的轨道。本节主要介绍导航卫星运行轨道的设计。

导航卫星运行轨道的设计任务就是按照卫星的用途和实现方法选择发射窗口、分析测控跟踪条件；根据运载火箭发射卫星的初始轨道，设计卫星转移轨道的变轨策略、轨道维持策略、制定离轨策略等，使卫星上天后能满足工程系统和用户使用部门的应用要求[1]。

4.4.1 发射窗口

卫星发射窗口是指可供卫星发射的时间集合，其中包括发射日期和发射时刻。卫星发射窗口是由卫星本身的要求及外部多种限制条件经综合分析计算后确定的。由于卫星与太阳、地球和其他星体的相对位置在不断变化，即使发射同一类型、同一轨道的卫星，其发射窗口也是不固定的。卫星发射窗口时间宽度有宽有窄，宽的以小时计，甚至以天计，窄的只有几十秒，甚至为零[6]。

卫星发射窗口设计，实际是根据卫星功能要求及地面测控站分布等某些限制条件，分析、比较选择卫星轨道与太阳（或月球）的相对位置。

归纳起来，发射窗口选择的限制条件包括以下几个方面。

（1）卫星运行期间，太阳照射地面目标的光照条件。

（2）卫星太阳电池正常供电所需太阳照射卫星的方向。

（3）卫星姿态测量精度要求的地球、卫星、太阳的几何关系。

（4）卫星热控要求的太阳光照射卫星的方向。

（5）卫星某些特殊部件对太阳光、地球反照光、月亮光、月球反射光的要求。

（6）卫星处于地球阴影内时间长短的要求。

（7）卫星进、出地球阴影时卫星所处的轨道位置的要求。

（8）卫星变轨和运行过程中，满足地面站与卫星测控条件的要求（地球、太阳、卫星三者满足一定的几何关系）。

（9）导航星座组网要求，对卫星轨道面的要求。

当确定发射窗口限制条件较多时，应以系统工程的方法分析上述各个条件的合理性，协调相互矛盾的因素，建立有关条件与发射时间之间的数学模型，进行发射窗口计算。

为了得到各个限制条件对发射窗口的影响，每个限制条件对应的发射窗口要分别计算，综合分析处理这些结果，得到最终的发射窗口。

此外，发射窗口计算中还必须考虑如下因素。

(1) 卫星轨道机动引起的轨道参数的变化。

(2) 卫星姿态误差引起的轨道参数的变化。

(3) 卫星运行期间太阳(或月球)位置的变化。

(4) 运载火箭主动段运行过程中，由于某些原因引起的时间和轨道位置等误差。

(5) 异常情况时的应急处理。

在不同的卫星设计和研制阶段，卫星发射窗口分析工作的侧重点不同。在卫星系统前期的方案论证阶段，发射窗口分析工作偏重于根据工程大系统及卫星平台设计方案，整理窗口约束条件，计算初步发射窗口，通过各项窗口约束条件，对卫星平台设计方案做出修改或调整。在卫星系统初样阶段到正样阶段，卫星发射窗口设计工作的重点偏重于迭代计算，即在全面梳理各项约束条件的基础上，结合卫星转移轨道期间飞行事件的程序设计，准确计算发射窗口。同时，根据计算结果，结合发射窗口约束条件，视情况对飞行程序做出调整，或者适当修改相应的约束条件，再重新计算，最终使得发射窗口满足各方需求。

卫星发射窗口设计工作的核心是按照卫星系统和地面系统的实际情况，完成相关参数的计算。发射窗口计算的内容包括卫星位置、日月位置、地影、卫星对测控站的仰角、天线覆盖角等内容。

计算卫星位置是采用数值积分方法，以星箭分离时刻的卫星轨道为初值，按照卫星轨道设计结果，外推出整个转移轨道期间的卫星轨道。

日月位置可以按照天文年历列出的位置进行计算，或者采用经过验证满足精度要求的方法进行计算。

卫星地影时间计算对发射窗口设计来讲，是一项重要的工作，其结果既影响发射窗口的确定，也对卫星轨道控制策略等有直接影响。计算地影时间包括地影开始时刻、地影结束时刻和地影长度的计算，可采用满足精度要求的计算方法进行计算。

在发射窗口设计时，还要计算测控站至卫星方向与测控站处水平面的夹角 E(图 4.22)，计算卫星天线中心轴方向和卫星到测控站矢量之间夹角 θ_{st}。

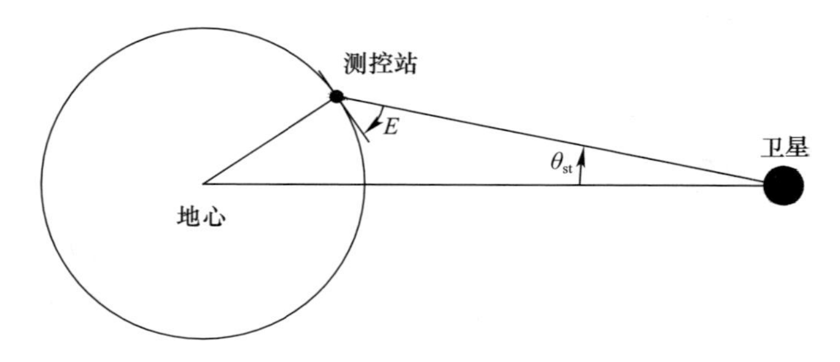

图 4.22　卫星对测控站的仰角(E)和天线覆盖角(θ_{st})

北斗导航卫星一般要求测控站至卫星方向与测控站处水平面的夹角 $E>5°$,天线中心轴方向和卫星到地面站矢量之间夹角 $\theta_{st}<70°$。

在同一个坐标系下,还要求计算太阳和地球相对卫星的张角(θ_{se}),即卫星到地心矢量和太阳矢量之间的夹角,如图 4.23 所示。计算太阳方向与轨道面法线的夹角(β),其角度定义如图 4.24 所示。

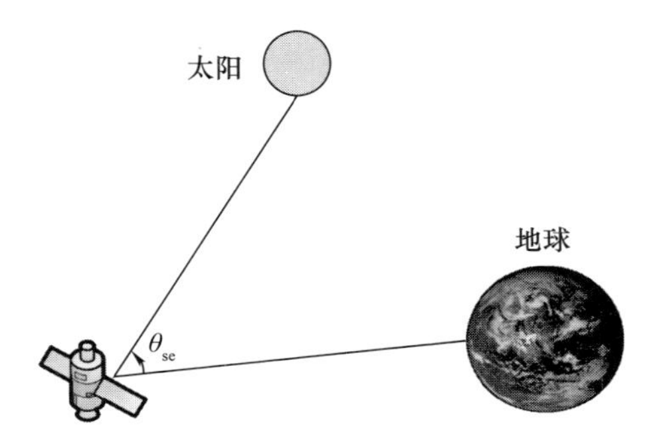

图 4.23　太阳和地球相对卫星的张角 θ_{se}

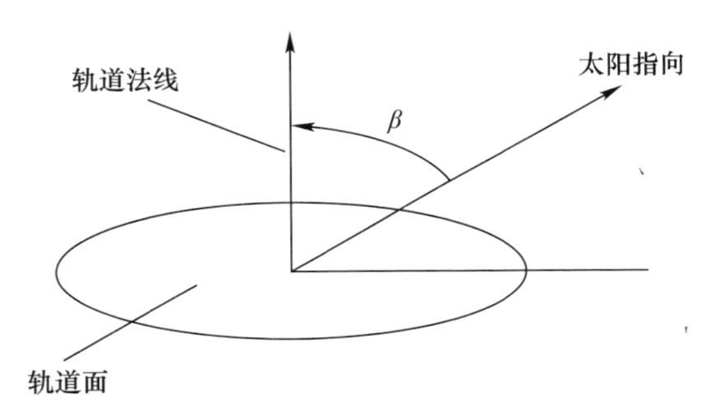

图 4.24　太阳方向与轨道面法线的夹角

在计算卫星发射窗口时,需要对以上各参数分别进行计算,最终得出卫星的发射窗口。

表 4.3 是北斗二号某颗 GEO 卫星按照系统任务要求,经过各个参数计算之后,给出的发射窗口计算结果。

表 4.3　北斗二号 GEO 卫星发射窗口计算结果

窗口开始时间		窗口结束时间		窗口长度/min
2012 年 2 月 13 日	0:14:00	2012 年 2 月 13 日	1:10:00	56
2012 年 2 月 14 日	0:14:00	2012 年 2 月 14 日	1:10:00	56
2012 年 2 月 15 日	0:14:00	2012 年 2 月 15 日	1:10:00	56
2012 年 2 月 16 日	0:13:00	2012 年 2 月 16 日	1:10:00	57
2012 年 2 月 17 日	0:13:00	2012 年 2 月 17 日	1:10:00	57

（续）

窗口开始时间		窗口结束时间		窗口长度/min
2012 年 2 月 18 日	0:13:00	2012 年 2 月 18 日	1:10:00	57
2012 年 2 月 19 日	0:12:00	2012 年 2 月 19 日	1:10:00	58
2012 年 2 月 20 日	0:12:00	2012 年 2 月 20 日	1:10:00	58
2012 年 2 月 21 日	0:12:00	2012 年 2 月 21 日	1:10:00	58
2012 年 2 月 22 日	0:12:00	2012 年 2 月 22 日	1:10:00	58
2012 年 2 月 23 日	0:12:00	2012 年 2 月 23 日	1:10:00	58
2012 年 2 月 24 日	0:12:00	2012 年 2 月 24 日	1:10:00	58
2012 年 2 月 25 日	0:12:00	2012 年 2 月 25 日	1:09:00	57
2012 年 2 月 26 日	0:13:00	2012 年 2 月 26 日	1:09:00	56
2012 年 2 月 27 日	0:13:00	2012 年 2 月 27 日	1:09:00	56
2012 年 2 月 28 日	0:13:00	2012 年 2 月 28 日	1:09:00	56
2012 年 2 月 29 日	0:13:00	2012 年 2 月 29 日	1:09:00	56
2012 年 3 月 1 日	0:13:00	2012 年 3 月 1 日	1:08:00	55

4.4.2 变轨策略

变轨就是改变卫星原有轨迹的统称，一般指卫星在太空中利用喷射推进剂燃料或其他喷射物，使卫星从一个固定或本身的轨道进入另一个轨道的过程。对于导航卫星变轨，其主要目的是通过多次变轨方式，从运载火箭与卫星分离时的轨道进入卫星可提供播发导航信号的工作运行轨道。

北斗系统采用混合星座设计，其卫星具有不同的运行轨道、轨道高度，卫星入轨后的轨道倾角都不同，进入轨道的方式也不同，因此采用的变轨策略也不同。从卫星进入工作轨道方式而言，导航卫星有直接入轨方式，即运载火箭直接把卫星送入工作轨道，还有间接入轨方式，即卫星依靠自身的490N发动机，通过多次变轨方式进入工作轨道。

对于直接入轨的导航卫星，卫星通过运载火箭直接到达工作轨道，卫星在轨仅需进行相位捕获即可。

对于采用间接入轨的IGSO卫星，入轨时卫星的轨道倾角和升交点赤经已经接近或满足工作轨道的要求，远地点高度为同步轨道高度，近地点高度约为几百千米，因此转移轨道段的变轨策略设计主要是通过多次远地点变轨的方式，将近地点高度抬高到地球同步轨道高度。

对于采用间接入轨的GEO卫星，入轨时卫星的轨道倾角较大，约为十几到二十几度，远地点高度为同步轨道高度，近地点高度约为几百千米，因此转移轨道段的变轨策略设计主要是通过多次远地点变轨的方式，将近地点高度抬高到地球同步轨道

高度，同时将轨道倾角压低到 GEO 卫星要求的一个较小范围内。

考虑 IGSO 变轨策略相对比较简单，可以作为 GEO 卫星变轨的一种特例，因此下面以 GEO 卫星为例进行介绍。

在发射 GEO 卫星的过程中，从转移轨道变化为静止轨道的过程，是通过由远地点发动机提供速度增量大小和由卫星姿态控制保证推力方向来实现的。远地点发动机分为固体发动机和液体发动机两类，两类发动机有不同的特点。

固体发动机结构简单，可靠性高，但比冲较低。从变轨过程分析具有以下特点。

（1）一次完成变轨。

（2）卫星一般用自旋稳定来克服推力偏斜影响，卫星自旋轴方向和推力方向一致，可以在一定范围内选择推力方向，一旦选定，推力方向在惯性空间恒定。

（3）发动机的推进剂需在卫星发射前在地面装填好，装填量只能按标准转移轨道推算。在发射后，装填量不能调整，卫星获得的速度增量为常数。

（4）发动机工作时间短，推力比较大，一般可以视为脉冲推力。

液体发动机系统比较复杂，比冲较高，它有下列特点。

（1）发动机工作时间可以人为控制，可以多次启动，变轨工作可以分几次进行。

（2）多次变轨时，前次变轨的结果，可以通过卫星遥测和轨道测量进行参数标定，并以标定的结果为依据，制定下次变轨计划，进一步提高卫星变轨精度。

（3）对三轴稳定的卫星，远地点发动机的推力方向受到限制，推力必须垂直卫星地心距矢量，称为无径向分量变轨。

（4）多次变轨时，每次变轨的误差系数不同，依赖于各次变轨量的大小。

（5）推力比较小，工作时间较长。

北斗导航卫星变轨均采用液体发动机，下面给出卫星变轨过程中卫星的运行方程，以此为基础开展卫星变轨策略的设计。

在地心赤道坐标系中，卫星变轨过程的运动方程为

$$\frac{\mathrm{d}}{\mathrm{d}t}\begin{pmatrix}\boldsymbol{r}\\ \dot{\boldsymbol{r}}\\ m\end{pmatrix}=\frac{\mathrm{d}}{\mathrm{d}t}\begin{pmatrix}x\\ y\\ z\\ \dot{x}\\ \dot{y}\\ \dot{z}\\ m\end{pmatrix}=\begin{pmatrix}\dot{x}\\ \dot{y}\\ \dot{z}\\ -\mu\dfrac{x}{r^3}+\dfrac{F}{m}\cos\alpha\cos\delta\\ -\mu\dfrac{y}{r^3}+\dfrac{F}{m}\sin\alpha\cos\delta\\ -\mu\dfrac{z}{r^3}+\dfrac{F}{m}\sin\delta\\ -\dot{m}\end{pmatrix} \tag{4.1}$$

式中：$\boldsymbol{r}$ 为卫星的位置矢量；$\dot{\boldsymbol{r}}$ 为卫星的速度矢量；r 为卫星的地心距；(x,y,z) 为卫星

的位置坐标;($\dot{x}$,$\dot{y}$,$\dot{z}$)为卫星的速度;α 为卫星点火时推力所指向的经度(地心赤道坐标系);δ 为卫星点火时推力所指向的纬度(地心赤道坐标系);m 为卫星质量;F 为变轨发动机推力。

以卫星运动方程式(4.1)为基础可以制定相应卫星的变轨策略。

我们进行如下假设。

(1) 液体发动机可多次启动和关机,变轨可分几次进行。

(2) 液体发动机所剩余的燃料可供小推力器作定点保持使用。

(3) 液体发动机变轨采用无径向分量变轨方式。

变轨策略包括变轨次数的确定、每次变轨量的确定、每次变轨的优化问题等。

(1) 变轨次数和变轨量确定的原则。

液体发动机推力比较小时,如果变轨一次完成,则所需的时间比较长。一般分为几次变轨,变轨量选择应遵循如下原则。

① 避免发动机长时间工作带来的推进剂燃料损失和弧段损失。将点脉冲变轨作为基准。液体发动机在一段时间内工作,每次工作的时间应将推进剂燃料和弧段损失控制在允许的范围内。

② 变轨量选取应满足变轨测控计划的安排。在一次变轨后,应制定下次变轨的计划。要求在每一次变轨前,确保有足够的可测控卫星的时间,可以保证本次变轨任务完成。同时,还必须充分考虑下次变轨任务的计划,以保证变轨后的后续工作计划的实施和卫星测控资源。在考虑卫星变轨误差的最坏情况下,应确保在现有测控资源条件下,不影响测控计划的安排。

③ 变轨量的分配应有利于减小卫星变轨误差的影响。通常,考虑第一次变轨时使用地面标定的发动机参数可能存在偏差,后续中间几次变轨可以利用前面变轨的在轨实际标定参数,控制精度会更高,所以后续中间几次的变轨量可设计为略大于第一次变轨量。

④ 周期不超调原则。卫星变轨的最后周期不超过同步周期。每次变轨点尽量安排在定点位置的两边,利用卫星自然漂移,逐次逼近到定点位,达到节省推进剂燃料的目的。

⑤ 应减少变轨次数。在设计卫星变轨策略时,应尽量减少变轨次数,减少工作量,提高可靠性。每次卫星变轨前,要按照规定完成液体发动机变轨的准备工作。卫星变轨前的准备工作包括卫星姿态机动、敏感器参数的标定、对卫星轨道的测定、发动机变轨参数计算和注入等。

⑥ 尽量缩短从发射到进入定点的时间。

上述各条原则需要综合考虑,得到可操作性好的可靠结果。

(2) 变轨量的确定。

根据我国卫星测控网的部署情况,在测控地面站分布较集中的情况下,为了保证卫星变轨实施计划的可靠实现,可以采用控制卫星升交点地理经度方法来确定变

轨量。

(3) 变轨优化问题。

实现第 N 个升交点地理经度为 λ_N 处的卫星轨道有多条,变轨策略设计时应选择其中最佳值作为变轨的实施方案。

远地点发动机点火需要确定点火时间 t_0、工作时间 $\mathrm{d}t$ 及点火过程姿态的偏航角。衡量轨道优劣的定量函数称为目标函数,多变轨方案的目标函数定义为3个燃料量之和。3个燃料量是指本次变轨的推进剂燃料消耗量、预计下次变轨所消耗的燃料量和用小推力器修正轨道所消耗的燃料量。

在实际卫星测控过程中,变轨优化问题可归纳如下。

① 对已经测出的卫星轨道,选择变轨点火时间 t_0、点火姿态偏航角 ψ_0。

② 计算变轨过程的运行方程,直到满足第 N 个升交点为 λ_N 为止,确定变轨发动机熄火时间。

③ 变换不同的 t_0 和 ψ_0,当得到目标函数值最小时,对应的 t_0、$\mathrm{d}t$ 和 ψ_0,即最佳点火参数。

图4.25是北斗GEO卫星一般变轨过程示意图。包括第一次轨道机动变轨、第二次轨道机动变轨、第三次轨道机动变轨和定点捕获等过程。

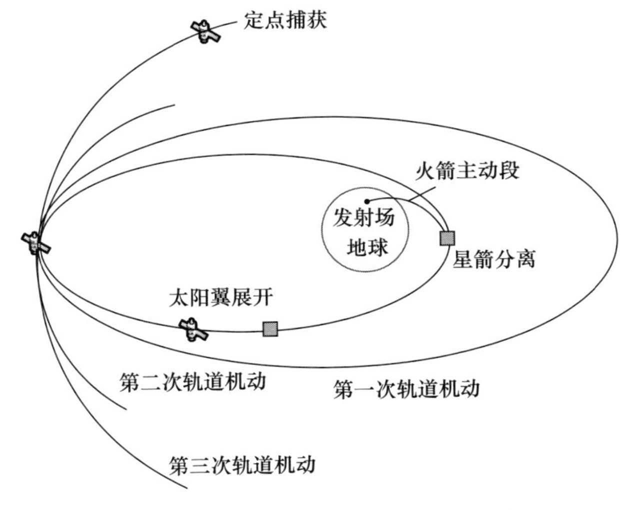

图4.25 北斗GEO卫星的一般变轨过程

4.4.3 跟踪弧段

卫星跟踪弧段是指卫星能够被地面测控网跟踪、接收遥测参数、发送遥控指令的时间段。卫星跟踪弧段的计算可以确定各个测控站(船)提供对卫星实施测控的时间。

导航卫星从运载火箭发射进入转移轨道后,经过多次变轨进入工作轨道期间以及在轨运行期间，一些重要的卫星飞行事件执行时，都需要地面配置测控站或测控船来保证卫星飞行事件安全可靠地执行，卫星结果符合预期要求。

在导航卫星不同的研制阶段，卫星跟踪弧段分析计算工作的侧重点不同。在前期的方案论证阶段，卫星跟踪弧段分析工作偏重于设计，根据工程大系统设计及卫星平台设计、飞行程序设计方案，分析需要地面测控跟踪的事件、对应时间以及卫星姿态等约束条件，给出满足任务要求的地面测控站和测控船位置，计算初步的跟踪弧段。从初样阶段到正样阶段，导航卫星跟踪弧段设计工作的重点偏重于复核计算，即在已知地面测控站或测控船的位置基础上，结合卫星转移轨道期间飞行事件的程序设计，准确计算卫星的跟踪弧段，根据计算结果确认地面测控网是否满足跟踪时段的任务要求。

对于导航卫星，根据其飞行程序的设计安排，通常需要保证以下飞行事件和时间段内卫星可被地面测控网跟踪。

（1）卫星从星箭分离后到太阳帆板展开的时间段内，要求卫星测控天线的波束能够覆盖地面测控站。

（2）卫星轨道机动前后的一段时间内，要求卫星测控天线的波束能够覆盖地面测控站。

（3）卫星天线及其他可运动部件解锁、展开的一段时间内，要求卫星测控天线的波束能够覆盖地面测控站。

（4）飞行程序安排的其他重要事件的时间段。

在卫星总体设计时，卫星跟踪弧段需要计算的内容包括卫星位置、卫星对测控站的仰角、天线覆盖角等。需要说明的是，计算以上内容时需要结合卫星的实际姿态进行分析。

北斗二号 IGSO 卫星发射进入转移轨道后，经过 3 次变轨进入地球同步轨道，回归经度为 112°E。由于卫星系统上设计的程控工作在星箭分离后 35min 开始进行太阳帆板展开工作，在太阳翼展开以前还要通过地面测控站发送指令使卫星状态初始化，全部发射指令及卫星状态确认等工作在 150min 结束。因此，要求从星箭分离后 30min 到 180min 时间段内，地面测控网必须保持对巡航姿态下的卫星进行连续跟踪。另外，卫星系统根据卫星变轨的策略，要求每次变轨前有 160min 的测控时间，测控全向天线的波束能覆盖地面测控站。

根据飞行程序的安排，卫星第二次变轨结束后将保持对地定向状态。因此，第二次变轨结束后的跟踪弧段只需考虑仰角满足 $E \geqslant 5°$，而前两次变轨前的跟踪弧段需要考虑卫星处于巡航姿态时的情况。

根据上述约束条件以及地面测控站的地理位置，通过计算分析，得出北斗二号 IGSO 卫星在不同发射日期、智利圣地亚哥测控站、三亚测控站、渭南测控站对该卫星飞行控制的不同阶段的跟踪弧段。北斗二号 IGSO 卫星跟踪弧段见表 4.4、表 4.5。

表 4.4　北斗二号 IGSO 卫星在转移轨道智利圣地亚哥站的跟踪弧段

发射日期		发射时刻		转移轨道		第一中间轨道	
月	日	时	分	开始	结束	开始	结束
7	5	5	8	30	350	1356	1781
7	5	5	28	30	350	1349	1781
7	6	5	4	30	350	1358	1781
7	6	5	24	30	350	1350	1781
7	7	5	0	30	350	1359	1781
7	7	5	20	30	350	1352	1781

表 4.5　北斗二号 IGSO 卫星第一、二次变轨前后测控站的跟踪弧段(卫星处于巡航姿态)

发射日期		发射时刻		三亚跟踪弧段/min				渭南跟踪弧段/min			
月	日	时	分	开始	结束	开始	结束	开始	结束	开始	结束
7	5	5	8	694	1231	2125	2584	727	1175	2174	2552
7	5	5	28	705	1134	2125	2508	729	1051	2174	2464
7	6	5	4	693	1241	2125	2594	727	1188	2174	2565
7	6	5	24	701	1161	2125	2526	727	1088	2174	2485
7	7	5	0	692	1248	2125	2604	727	1198	2174	2577
7	7	5	20	698	1182	2125	2542	727	1117	2174	2505

4.4.4　轨道维持策略

导航星座中每颗卫星由于其初始入轨误差,以及在轨运行期间受到的轨道摄动变化与差异,经过一段时间以后,星座中的卫星会逐渐偏离星座的设计轨道,使星座的结构失衡。

北斗导航星座设计要求,必须将星座卫星的轨道参数保持在一定的范围内,从而保证星座的空间几何分布,保证对地面服务区域的导航服务性能。

在轨道控制操作时,导航卫星将会被置为不可用,进而会影响导航系统的服务性能。因此,导航卫星轨道维持策略设计中通常要求在保证星座构型满足一定精度要求的前提下,应尽可能降低卫星轨道维持的频度,从而减少对系统服务的影响。

4.4.4.1　轨道摄动

北斗导航卫星在轨工作过程中,其主要摄动源有地球非球形引力、三体引力(太阳、月球)摄动和太阳光压摄动,摄动使得卫星轨道面产生进动,导致卫星轨道形状、轨道相位发生变化[5]。

拉格朗日行星摄动方程如下式所示:

$$
\begin{cases}
\dfrac{\mathrm{d}a}{\mathrm{d}t}=\dfrac{2}{n}\dfrac{\partial R}{\partial M} \\[2ex]
\dfrac{\mathrm{d}e}{\mathrm{d}t}=\dfrac{1-e^2}{na^2e}\dfrac{\partial R}{\partial M}-\dfrac{\sqrt{1-e^2}}{na^2e}\dfrac{\partial R}{\partial w} \\[2ex]
\dfrac{\mathrm{d}i}{\mathrm{d}t}=\dfrac{\cot i}{na^2\sqrt{1-e^2}}\dfrac{\partial R}{\partial w}-\dfrac{\csc i}{na^2\sqrt{1-e^2}}\dfrac{\partial R}{\partial \Omega} \\[2ex]
\dfrac{\mathrm{d}\Omega}{\mathrm{d}t}=\dfrac{1}{na^2\sqrt{1-e^2}\sin i}\dfrac{\partial R}{\partial i} \\[2ex]
\dfrac{\mathrm{d}w}{\mathrm{d}t}=\dfrac{\sqrt{1-e^2}}{na^2e}\dfrac{\partial R}{\partial e}-\dfrac{\cot i}{na^2\sqrt{1-e^2}}\dfrac{\partial R}{\partial i} \\[2ex]
\dfrac{\mathrm{d}M}{\mathrm{d}t}=n-\dfrac{2}{na}\dfrac{\partial R}{\partial e}-\dfrac{1-e^2}{na^2e}\dfrac{\partial R}{\partial e}
\end{cases}
\tag{4.2}
$$

式中：$(a、e、i、\Omega、w、M)$为典型的轨道六根数；n 为轨道运动角速度；R 为摄动力的位函数，称为摄动函数。

由于地球非球形引力、三体引力（太阳、月球）摄动的模型函数已经非常成熟精确，只需将这些摄动函数代入摄动运动方程便可以得到该摄动力引起的导航卫星摄动规律。根据卫星的摄动规律，可以制定卫星在轨的维持控制策略，以保证星座中卫星保持在设计轨道附近，实现星座构型保持不变。

对于导航卫星，光压摄动力是仅次于地球非球形引力，日、月第三体引力的第三大摄动源。光压摄动与卫星姿态控制模式、复杂三维模型、卫星产品表面光学特性参数等自身物理参数密切相关，不同卫星间光压摄动模型存在个体差异性，不可简单替代使用，被称为最难以精确建模的摄动力。

目前，光压摄动模型是影响导航卫星精密定轨与轨道预报精度的主要误差源。同时，当太阳光压力相对应的压心和卫星质心不一致时，会产生太阳辐射压力力矩。太阳光压力产生的干扰力矩是导航中高轨道卫星定点以后长期工作期间的主要干扰力矩，影响卫星姿态的控制方案设计。

4.4.4.2 GEO 卫星的轨道控制策略

北斗导航卫星星座采用了 GEO、IGSO 和 MEO 三种轨道，按照国际电信联盟的相关规定，要求 GEO 卫星典型的东西保持精度范围是 ±0.1°，主要通过控制卫星轨道的半长轴和偏心率来实现。

对于导航卫星南北方向的精度要求，则采用控制卫星轨道倾角来实现。控制卫星轨道半长轴和偏心率与控制轨道倾角相互不产生耦合，因此工程上可分别实施经度方向上的控制（东西方向）和纬度方向上的控制（南北方向）。

1）东西位置控制

在静止轨道上，卫星在东西方向的经度漂移由两部分组成：一部分是地球形状摄动使卫星经度漂移；另一部分是太阳光压产生的偏心率摄动引起的经度漂移，体现在卫星经度日周期振荡。

卫星系统设计东西控制经度保持环（卫星在东西经度漂移范围）时，需要综合考虑卫星定点精度指标、定位误差、控制误差、姿态控制误差、卫星摄动特点等因素，使得控制周期达到最长，尽量减少对卫星的控制次数，且维持卫星位于定点精度指标区域。

设 GEO 卫星东西经度设计半宽为 $\pm\Delta\lambda_{max}$，卫星测量及定轨误差为 $\Delta\lambda_{Measure}$（3σ），控制误差为 $\Delta\lambda_{perform}$，偏心率不为零引起经度日周期振荡 $\Delta\lambda_{DailyFromEcc}$，日月引力引起的经度长周期摄动 $\Delta\lambda_{SunandMoon}$，则平经度漂移环半宽为

$$\Delta\bar{\lambda} = \Delta\lambda_{max} - \Delta\lambda_{SunandMoon} - \Delta\lambda_{Measure} - \Delta\lambda_{perform} - \Delta\lambda_{DailyFromEcc} \tag{4.3}$$

由偏心率引起的 GEO 卫星经度日周期振荡是影响东西保持环的主要因素。因此，若维持卫星在较小的东西保持区内，需限制偏心率在一个合理范围内，但限制偏心率需要提供额外的卫星推进剂燃料。

设卫星定点位置平经度加速度为 $\ddot{\lambda}_n$，平经度漂移环半宽为 $\Delta\bar{\lambda}$，则东西控制周期 T 为

$$T = 4\left(\sqrt{\frac{\Delta\bar{\lambda}}{|\ddot{\lambda}_n|}}\right) \tag{4.4}$$

当 $\ddot{\lambda}_n < 0$ 时，GEO 卫星经度漂移环如图 4.26 定义。在漂移率矢量相位控制图中，抛物线开口向左，漂移率矢量在自由摄动周期内，状态转移由 A→B→C，在平经度漂移相位图中，卫星在漂移环西边界具有向东的漂移率；当卫星经过 $T/2$ 天后到达平经度东边界时，平经度漂移率反号，卫星具有向西的漂移率，经过 $T/2$ 天后到达平经度西边界。当 GEO 卫星到达西边界 C 点时，利用切向速度增量，降低轨道半长轴，使轨道漂移率矢量状态到达 A 点，完成一个东西控制周期。

当 $\ddot{\lambda}_n > 0$ 时，GEO 卫星漂移环如图 4.27 定义，在漂移率矢量相位控制图中，抛物线开口向右，漂移率矢量在自由摄动周期内，状态转移由 A→B→C，在平经度漂移相位图中，卫星在漂移环东边界具有向西的漂移率；当卫星经过 $T/2$ 天后到达平经度西边界时，平经度漂移率反号，卫星具有向东的漂移率，经过 $T/2$ 天后到达平经度东边界。当 GEO 卫星到达东边界 C 点时，利用切向速度增量，升高轨道半长轴，使轨道漂移率矢量状态到达 A 点，完成一个东西控制周期。

2）南北位置控制

由于日、月引力使得静止轨道卫星倾角摄动，进而引起卫星南北位置漂移。GEO

卫星轨道倾角的平均摄动速度约为0.85(°)/年。

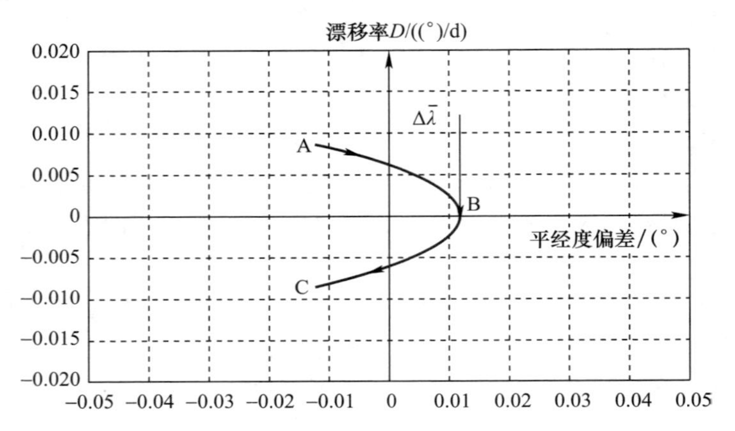

图4.26 平经度加速度小于0时的经度漂移环

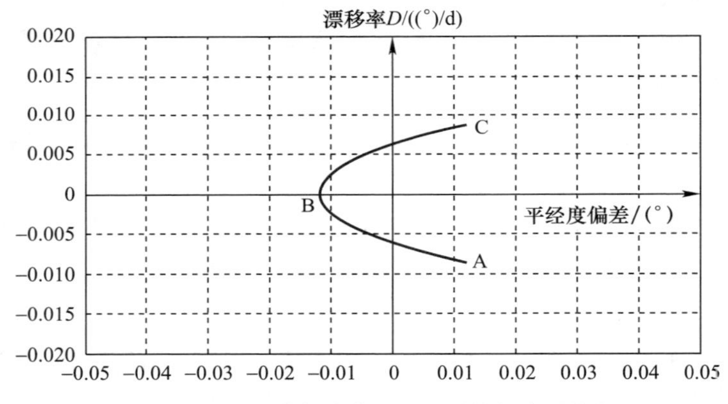

图4.27 平经度加速度大于0时的经度漂移环

忽略地球扁状摄动,GEO卫星的轨道倾角漂移的摄动方程可以简化为

$$\begin{cases} \dfrac{\Delta i_x}{\Delta t} = 0.097\cos\Omega_{\mathrm{m}} + 0.852 \\ \dfrac{\Delta i_y}{\Delta t} = -0.13\sin\Omega_{\mathrm{m}} \end{cases} \tag{4.5}$$

$$\Delta i = \sqrt{(\Delta i_x^2 + \Delta i_y^2)}$$

$$\Delta v = \frac{\Delta i \pi}{180} v_0 \tag{4.6}$$

式中:Δv 为修正速度;v_0 为同步轨道速度;Δi_x 为轨道倾角 x 分量;Δi_y 为轨道倾角 y 分量;Ω_{m} 为月球升交点黄经。

根据修正速度 Δv 可求得 GEO 卫星在整个寿命期间南北位置控制所需要的速度增量。

对于导航卫星来说，南北位置控制就是修正轨道倾角。轨道倾角修正策略主要研究如何选择卫星控制目标倾角，使得控后的卫星轨道倾角在允许范围内停留时间最长，减少轨控频率。为此，导航 GEO 卫星的轨道倾角在满足工程系统接口要求的前提下，预留了一定的小倾角，以减少南北轨控的频率，同时也降低了推进剂消耗。

4.4.4.3 IGSO 卫星的轨道控制策略

IGSO 卫星轨道控制策略包括轨道面间的相位保持和轨道面内的相位保持两个方面。

1）轨道面间的相位保持

IGSO 卫星的轨道面间的相位保持主要是调整卫星轨道的升交点赤经。

IGSO 卫星轨道升交点赤经受日月引力摄动对不同轨道面影响不同。在工作寿命内，考虑两个轨道面的升交点赤经差的变化最恶劣情况，并考虑运载发射入轨误差和发射窗口引起的误差。

若直接对卫星的升交点赤经进行调整，则卫星推进剂燃料的消耗巨大。一般方法是根据所选轨道的升交点赤经变化规律，考虑运载发射误差和发射窗口的时长，选取相应的卫星升交点赤经预偏置策略，以确保工作寿命期内任意两个轨道面的升交点赤经差的变化不超过指标要求。这样，可以保证导航 IGSO 卫星在寿命期间不进行升交点赤经控制。

2）轨道面内的相位保持控制

IGSO 卫星的轨道面内的相位保持主要是调整卫星的升交点经度保持在一定的范围内。IGSO 卫星升交点经度的长期变化是由地球非球形引力和日月引力的摄动引起的。

对于 IGSO 卫星的升交点经度保持，可以采用与传统的 GEO 卫星东西轨道保持相似的轨道保持方法。由于 IGSO 卫星的升交点经度的保持精度要求不高，因此在进行 IGSO 卫星轨道保持时，可以采用比 GEO 卫星更为简单的方式，即只需考虑修正升交点经度的漂移率修正模式，建立合适的漂移率，而不必考虑偏心率摄动的修正。

4.4.4.4 MEO 卫星的轨道控制策略

MEO 卫星的轨道控制主要包括轨道面间的相位保持、轨道面内的相位保持和卫星的相位调整。

1）轨道面间的相位保持

MEO 卫星的轨道面间的相位保持主要是调整卫星的升交点赤经。同 IGSO 卫星相似，若直接对卫星轨道的升交点赤经进行调整，则卫星推进剂燃料的消耗巨大。一般方法是通过在卫星发射入轨时预置偏置角的方式，可实现卫星在寿命期间轨道升交点赤经相对偏差满足在轨使用要求，实现导航 MEO 卫星在寿命期间不进行升交点赤经控制的目标。

2）轨道面内的相位保持控制

MEO卫星的轨道面内的相位保持主要调整轨道面内卫星之间的相对相位关系。

由于卫星测定轨误差和轨道控制误差的影响，不同卫星的平均轨道半长轴可能有所偏差，这将导致MEO卫星之间的相对相位发生持续漂移。因此，需要通过定期调整卫星轨道半长轴，保持卫星之间的相位偏差。考虑轨道控制对导航服务的影响，导航卫星通常要求测定轨误差和轨道控制误差尽可能小，以降低轨控频率，延长轨控周期。

3）卫星的相位调整控制

如果星座中某颗MEO卫星不能正常工作，影响到系统服务性能，那么就需要对卫星组网状态进行调整，将在轨备份卫星调整到失效卫星的轨道位置，保证空间卫星分布满足PDOP的要求。

相位调整的时间与推进剂消耗密切相关，调整速度越快，推进剂消耗越多。

4.4.5 离轨设计

卫星寿命末期后，需进行轨道机动来改变卫星的轨道高度，以避免与工作轨道上其他卫星相撞。

国际机构间空间碎片协调委员会（IADC）于2002年正式通过了《IADC空间碎片减缓指南》，其主要内容包括：对现有的限制空间碎片产生的做法进行评估，推荐行之有效的控制空间碎片产生的技术措施，其中对于GEO和LEO类型的卫星均给出了规定，在卫星使用寿命终期，需采取具体处置原则；对于其他运行轨道的处置要求为"对于在其他轨道区域任务完成的空间系统，应实施轨道机动来缩短在轨寿命，寿命限制标准与近地轨道标准相当，对于其他高利用区域造成干扰的空间系统应重新进行离轨处置。"[6]

1）GEO卫星离轨

IADC在1997年的建议中推荐高轨卫星处置的最小轨道高度相对于卫星正常在轨运行轨道高度为ΔHkm，该高度的轨道又称为坟墓轨道。

地球同步轨道与超同步轨道示意图如图4.28所示。

卫星离轨控制的基本要求是，通过处置卫星进入更高的轨道后，受摄动力影响的卫星必须不会再移动至受保护的空间区域，即满足

$$\Delta H - \delta > h \tag{4.7}$$

式中：ΔH为实施离轨的卫星在GEO平面内增加的最小高度；δ为实施离轨的卫星受摄动后的最大下降高度；h为GEO上方受保护的空间高度。

IADC的建议规定：GEO上方受保护区域的径向距离应为200km，由一个供运行卫星作轨道保持的内层区域和一个供其重新定位的机动走廊组成。

考虑地球非球面性的引力影响、太阳和月球的引力，以及太阳的辐射压力等摄动因素，实施离轨卫星进入坟墓轨道时一般取值如下：

$$\Delta H = 235 + \frac{1000 C_R A}{m} \tag{4.8}$$

式中：C_R 为卫星寿命初期太阳辐射压力系数，根据表面材料特征，一般取 $C_R = 1 \sim 2$；A 为卫星平均受太阳照射面积；m 为卫星干质量。通常取 $A/m = 0.01 \sim 0.1$。

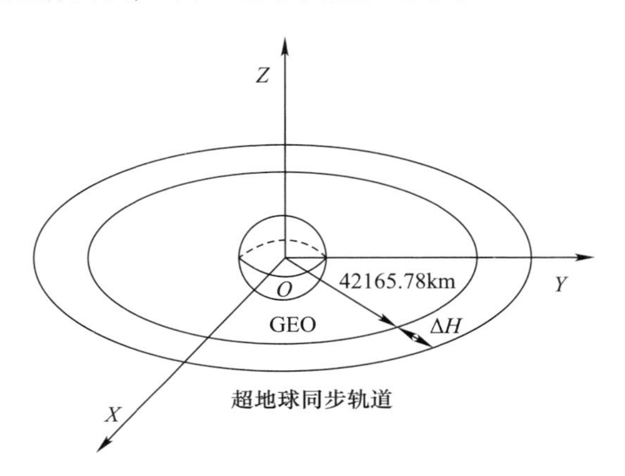

图 4.28　地球同步轨道与超同步轨道示意图

2）IGSO、MEO 卫星离轨

目前，国际上没有针对 IGSO、MEO 卫星离轨的具体规定。

参考 GEO 卫星以及国外中高轨道卫星离轨处置经验与 IADC 的国际规定，一般导航 IGSO、MEO 卫星的离轨处置应满足以下原则。

（1）以卫星离轨后长期运行（一般为几百年）的轨道变化情况作为确定卫星离轨参数初值的依据。

（2）确保卫星离轨后，与相邻轨道星座及空间物体保持安全隔离。

目前，北斗系统设计规范明确，在轨卫星在工作寿命到寿期前，需要定期对卫星健康状态进行评估。若评估后确定需要对该卫星采取离轨处理，则对于 IGSO、MEO 卫星均按照抬高卫星轨道 300km 高度的策略执行。

4.5　飞行程序设计

将卫星由运载火箭发射起到卫星在轨运行过程的事件按时间顺序列出，称为飞行程序。

卫星在设计飞行程序时，按照时间顺序给出从运载火箭起飞到卫星定点、开通有效载荷的主要飞行事件。卫星可测控条件是飞行程序设计中要考虑的条件之一。为了确保卫星安全可靠，卫星系统的主要飞行事件均安排在卫星可测控的时间范围内[1]。

北斗导航卫星主要飞行事件的分析是飞行程序设计的重要内容，与卫星轨道设计、姿轨控分系统的设计模式、能源分系统、遥测遥控、综合电子分系统、载荷分系统等密切相关，常常涉及卫星与运载火箭分离、建立对日姿态、太阳翼展开、建立对地姿态、轨道控制、定点或相位捕获、模式间转换、部件切换、天线展开、正常模式的建立、载荷的开通等主要事件。在设计过程时，需要明确分析各个事件的执行约束条件，以及事件之间的关联耦合。

北斗导航卫星飞行程序设计过程主要是分析卫星的各个飞行事件，并考虑这些事件的实施约束条件，统筹考虑卫星可测控时间后，将主要的飞行事件按一定的顺序安排在地面测控站的可测控时间轴上。

在导航卫星设计的早期阶段，飞行程序以任务分析结果为基础，按时间顺序列出为实现飞行任务需要完成的功能性飞行事件。

在卫星任务实施阶段，应按具体时间和地面测控站状态给出可用于操作实施的具体飞行事件序列，对有实施限制条件的飞行事件标明具体限制条件，完成飞行时间保障链的各项工作。

设计北斗导航卫星飞行程序时应考虑以下原则[7]。

(1) 飞行事件应能保证满足任务要求。

(2) 有时间顺序、逻辑顺序要求的事件，应严格按照事件执行的时间和逻辑先后进行安排，不允许颠倒。

(3) 飞行程序中重要事件的执行方式应采取冗余设计，并在许可范围内有一定的时间余量和重复执行机会。

(4) 飞行程序中应考虑事件实施的条件限制，包括测控条件、卫星光照条件、与大系统的兼容性，尤其应关注新产品或新功能使用时的限制条件等。

(5) 飞行程序的设计应具有适应性和灵活性，根据卫星实际在轨工作情况和可能出现的结果，可以进行必要的调整和覆盖。

飞行程序设计结果应满足以下要求。

(1) 根据卫星任务要求，明确各飞行阶段定义。

(2) 明确卫星飞行程序的主要特点及限制条件。

(3) 卫星设计的早期阶段应按任务要求设计飞行程序，并提出对卫星设计的要求。

(4) 按照事件的作用、执行时间、测控条件编排各子程序执行方法和时序。

(5) 明确飞行过程中的各事件及主要功能。

(6) 明确执行每一事件所需要的条件。

(7) 明确每一事件的执行时序、类型(星上自主、程控，或者地面指令控制)、需要的操作、操作方法和结果判据。

图 4.29 是发射北斗 GEO 卫星的飞行程序示意图。

结合卫星发射过程的事件分析，表 4.6 给出了发射北斗 GEO 卫星的飞行测控程序。

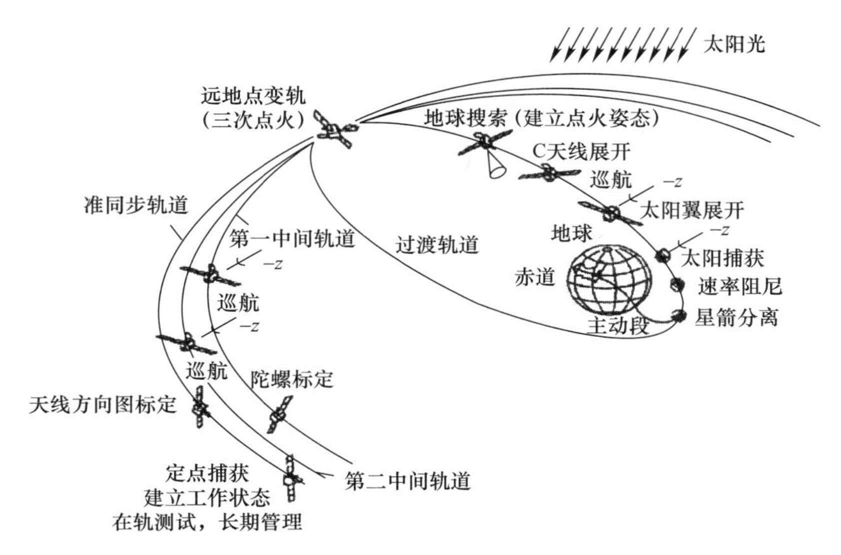

图4.29 北斗GEO卫星的飞行程序示意图

表4.6 北斗GEO卫星的飞行测控程序

时间	飞行事件
0s	运载火箭起飞
T_1	运载火箭抛罩
T_2	一号站开始跟踪
T_3	运载火箭再定向,给卫星调姿,建立入轨姿态
T_4	卫星与火箭分离
T_5	建立对日姿态
T_6	太阳翼展开
	一号站跟踪结束
T_8	建立对地姿态
T_9	建立点火姿态
T_{10}	第k次点火开始
T_{11}	第k次点火结束
T_{12}	转相关模式
卫星到达准工作轨道后完成以下事件	
	转相关模式
T_{13}	定点捕获开始
	定点捕获结束
T_{14}	转正常模式
卫星完成定点捕获后完成以下事件	
T_{15}	展开天线
T_{16}	开通有效载荷

4.6 信息流设计

北斗系统的卫星与地面之间、卫星与卫星之间信息接口多，信息类型丰富，信息路径关系复杂，涉及星地多系统、星间多卫星、星内多产品之间的复杂信息交互。这种复杂的信息交互需要对卫星各产品间的信息交互进行设计，称为信息流设计。

卫星系统在信息流设计过程中，需要明确定义信息流、信息流通道、信息流节点、信息流网络、信息流关系、信息流图等物理含义。

(1) 信息流：具有规定流动方向和格式的信息从信源向信宿传递的过程。

(2) 信息流通道：信息从信源向信宿传递的路径。

(3) 信息流节点：在信息流通道上对信息进行处理的产品、部件、模块等。

(4) 信息流网络：由多条信息流通道、多个信息流节点组成的网络型结构。

(5) 信息流关系：信息流网络中各类信息间的交互(传递)关系。

(6) 信息流图：描述信息流网络中各类信息流关系的图形。

卫星信息的功能、用途、特性各有不同，对其进行类别划分以区别不同信息的需求，有利于卫星总体设计针对性的信息传输处理策略。

根据功能及用途，可将卫星导航信息类别进行如下划分。其中：卫星导航业务信息用于直接为用户提供导航服务；卫星控制信息、监视信息用于监控、维护导航卫星星座系统，为导航服务提供系统支撑。通过这种分类方式，能够清晰卫星系统接口，有利于进行工程大系统接口设计、规划卫星服务、管控流程。

表4.7是北斗三号卫星设计的主要信息类型。

表4.7 北斗三号卫星信息类别划分

序号	类别	名称	功能属性及内容
1	卫星业务信息	导航业务信息	全球基本导航信息、完好性信息
2		增量业务信息	位置报告及报文通信数据、数据链传输数据等
3		扩展业务信息	星间链路接入用户传输的各类数据等扩展数据
4	卫星控制信息	工程遥控指令信息	卫星设备开/关机指令及设备状态信息
5			各种工程遥控指令，用于星载设备控制
6		星座配置数据	星座配置表、路由表、时隙表等
7		运行控制指令信息	各类运行控制指令，用于导航业务控制
8		运行控制参数信息	各类运行控制所需参数，用于导航业务参数配置、自主运行参数配置等
9		重构信息	各种软件、FPGA重构信息

（续）

序号	类别	名称	功能属性及内容
10	卫星监视信息	工程遥测信息	各种工程遥测数据,用于卫星设备工作状态、健康状态监视
11		异常信息	异常报警数据、故障诊断信息等,用于对卫星进行故障分析
12		控制信息响应	用于反映星上接收、处理控制信息的响应信息
13		姿态信息	姿态角、姿态角速率等姿态数据
14		空间环境监视测量信息	电磁、等离子体、电子、质子等各类监视测量数据
15		力学环境监视测量信息	振动、冲击、加速度等力学测量数据
16		内存下卸信息	星载计算机程序、参数、内存数据等

复杂的卫星导航信息一般通过测控系统、运控系统、星间设备等通道进行信息交互传输。

测控通道提供卫星与地面测控站、船之间的无线传输通道和测距、测速功能,提供卫星的遥控、遥测功能。测控上行通道主要实现境内可视卫星指令信息、境外不可视卫星指令信息的上行信号发射,用于地面对卫星施行控制措施。测控下行通道主要实现境内可视卫星遥测信息、境外不可视卫星遥测信息的下行信号接收,用于地面对卫星进行状态监视。

运控通道提供卫星与运控系统之间的上行测距和业务数据传输功能。运控上行通道注入信息,用于实现对卫星产品自身及业务的管理控制、注入导航电文等。运控下行通道对接收到的系统导航信息进行扩频调制、上变频、放大滤波,通过卫星导航天线播发至用户。

星间链路通道提供卫星与卫星之间的信息通道,支持地面对地面站不可视卫星的遥控指令注入、遥测信息下传等功能,同时实现星间测距、时间同步与精密定轨、自主导航数据传输、完好性监测与实时数据传输等任务要求。

4.6.1　信息流设计原则

卫星信息流设计根据卫星系统的功能要求和各分系统设备接口协议,在确定卫星系统信息流相关信息类型、数量、信息流通道、信息处理功能及性能等需求基础上,形成满足系统总体要求的信息流设计方案,主要包括信息系统架构、信息传输处理策略、信息流功能与性能评价等。

为保障卫星信息传输可靠、安全、高效,卫星信息流设计一般遵循如下设计原则[8]。

1）可靠设计原则

采取有效的措施,确保信息流网络在发生一般故障情况时能正常或降级运行。

一般采取的可靠设计措施包括如下方面。

(1) 多中心分布式信息流网络。支持信息处理核心功能交互替代,完成卫星导航信息基本管理功能。

（2）信息流通道冗余备份。卫星内外信息通道应具备产品备份、多路通道等冗余备份方式。

（3）信息流节点冗余备份。对于单机产品共用项，应采取相应隔离/冗余措施，确保无单点失效模式。

（4）信息流接口冗余备份。支持通过切换主、备份的形式实现冗余。

（5）信息流通道留有余量。信息容量、信息传输速率等留有适当余量，避免信息流网络局部死锁、信息流通道堵塞。

2）安全设计原则

采取有效的措施，防止卫星信息流网络局部被破坏而影响卫星安全。

一般采取的安全设计措施包括如下方面。

（1）信息源识别。充分识别分析影响系统安全性的信息源。

（2）重要信息源安全性。加强重要信息源的存储与处理防护，以分布式冗余方式进行存储。

（3）信息控制指令安全性。重要控制指令多级认证，避免欺骗性假指令和正常指令非正常执行。

（4）信息传输安全性。尽量减少信息传输错误，确保信息来源和内容的正确合法，在信息流节点存在多个信息流通道的同类或相关联信息输入时，采取合适的选择策略，避免信息竞争。

3）高效设计原则

在可靠安全前提下提升信息管理效率，一般采取的高效设计措施如下。

（1）权衡需求与代价。系统分析可靠性、安全性等措施的需求与代价，合理分配、调度信息管理资源。

（2）精简系统配置。减少产品硬件、软件的数量和规模，简化信息连接关系，降低信息间耦合度，分离功能、分散风险。

（3）层次化设计。降低信息流网络复杂度，降低系统架构层次间耦合度，单一层次的实现更动不影响其他层次，增强信息流网络扩展灵活性。

（4）保证产品成熟度。尽量使用标准的或已定型的或经过验证的产品。

4.6.2 信息系统架构设计

信息流网络根据网络拓扑结构可以分为总线型、星型、环型、树型、混合型等多种形式。

由于系统间信息流的复杂性，导航卫星信息系统架构设计可采用混合型分布式拓扑结构，形成系统、分系统、产品和部件的分级处理模式。

在分布式结构的信息流网络中，定义有主节点和从节点。信息处理的主节点一般为完成系统级任务的计算机，信息处理的从节点一般为完成单一功能的智能处理

单元。根据需求，信息处理的从节点也可设计升级扩展功能，用于替代主节点，在此种情形下，主、从节点的区分仅在于管理约定。

卫星信息系统信息流网络主干结构一般为总线型，通常采用串行数据总线，包括1553B总线、控制器局域网络（CAN）总线、RS485总线、RS422总线等。数据总线是信息流网络的信息交换中枢，用于传送数据信息，实现卫星各类信息流的传递。数据总线可分为单级模式和多级模式。

单级模式是单主节点、多从节点的模式，数据总线单级模式如图4.30所示。

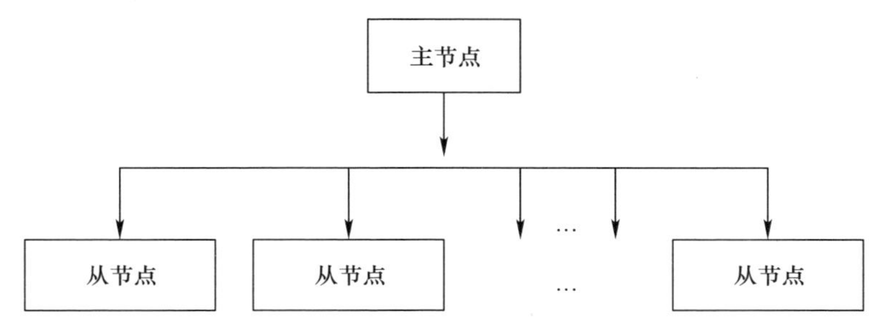

图4.30　数据总线单级模式

多级模式为多主节点、多从节点模式，数据总线多级模式如图4.31所示。

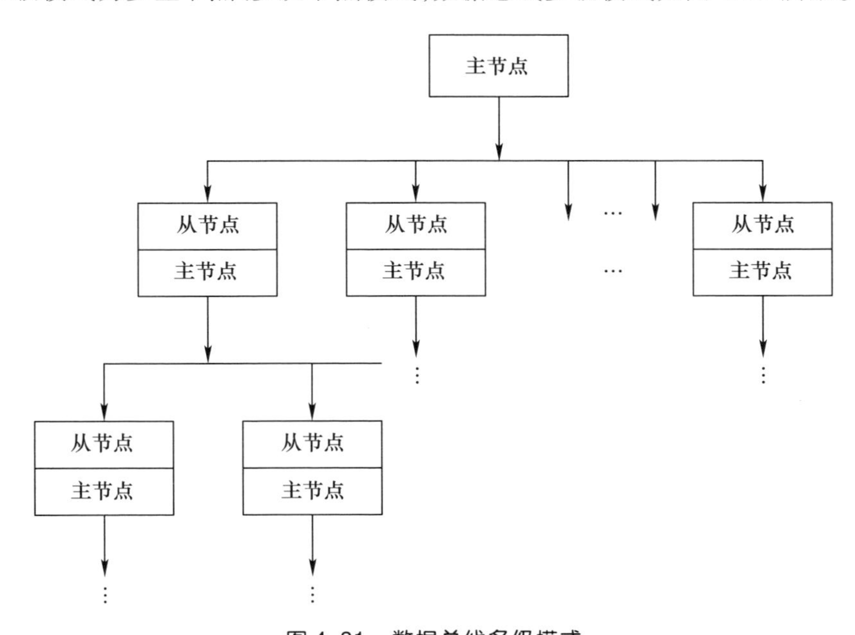

图4.31　数据总线多级模式

导航卫星信息系统架构如图4.32所示。采用以太网作为星内数据总线，信息系统以交换机为中心，卫星各产品均连接至交换机对应的端口，若接入网络的终端数量发生变化，可通过扩展交换机的端口或者数量实现。

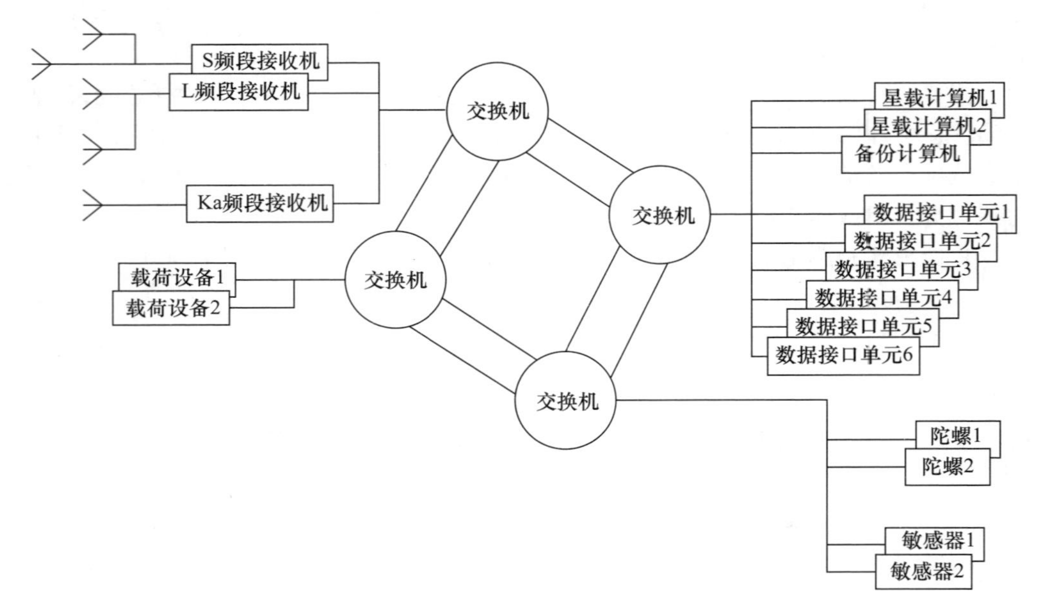

图 4.32　卫星信息系统架构

4.6.3　信息传输处理策略设计

卫星信息流传输处理策略设计主要包括信息流网络协议体系设计、信息流时序设计、信息流综合应用设计等，是在卫星总体设计构架确定的前提下进行信息流如何进行传输的设计。

北斗导航卫星信息流传输处理策略设计的内容如下。

1）信息流网络协议体系

北斗导航卫星信息流网络协议体系设计遵循层次化原则进行，采用分层设计，尽量利用成熟或经过验证的协议，在不同的抽象层次进行协议描述和应用实现，降低层间耦合度。

北斗导航卫星面向对信息传输可靠性要求高的核心业务数据类型，设计了可靠传输机制，对于遥控指令数据、运控注入数据等，采用了标准化定义的可靠数据传输服务。根据大系统任务具体情况设计信息流网络的应用层协议，其传输层、网络层、数据链路层、物理层协议的设计参照相关标准设计或执行，1553B 总线各层协议完全符合标准规定的技术要求。

通过星地、星间信息流协议体系的统一设计，对星地、星间信息传输各层协议格式等进行设计约定，综合考量传输能力、兼容与互操作性、技术演进前瞻性等，制定合适的框架体系，合理确定一体化设计的执行层次，支持地面段测控系统、运控系统与空间段星座之间的全网信息传输，为地面用户提供统一的操控信息接口，简化地面用

户信息格式转换操作，降低地面用户操控处理复杂度，提高地面操控使用效率。

北斗导航卫星按照空间数据系统咨询委员会（CCSDS）规范制定的空间链路协议的信息流网络协议体系进行设计，示例如图 4.33 所示。

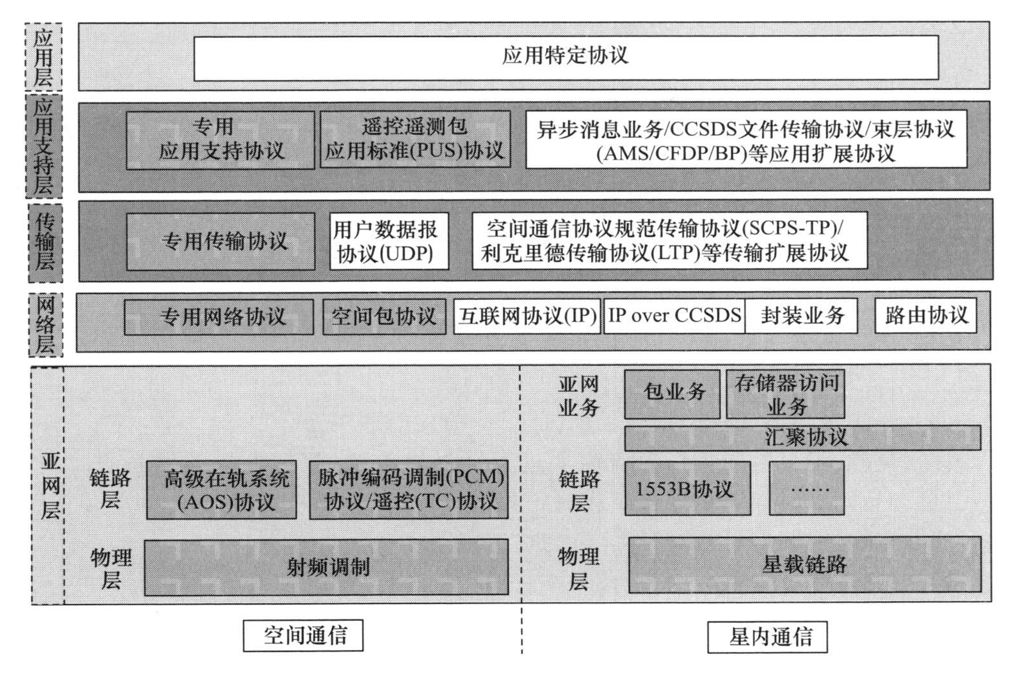

图 4.33　信息流网络协议体系示例（见彩图）

该体系分为 5 层，自底向上分别为亚网层、网络层、传输层、应用支持层、应用层。

亚网层包含空间通信和星内通信两部分。空间通信采用 AOS 协议、PCM 遥控协议/TC 空间链路协议。星内通信通过包业务以及存储器访问业务对上层提供标准化的业务，结合不同链路的链路协议以及汇聚协议，可兼容底层链路的差异。

网络层兼容地面的 IP 以及 CCSDS 的封装业务、空间包协议、CCSDS 网际协议（IPoC）、导航专用网络协议、路由协议。本层协议通过各协议头中的包版本号以及封装业务中的协议标识进行区分。

在低速上下行链路及星间链路的网络层保留传输的导航专用网络协议以及空间包协议。在高速上下行链路及星间链路的网络层采用 IPoC，支持 IP 包在空间链路的传输。

在星内如果采用低速 1553B 总线，可在网络层采用简单的空间包协议，通过空间链路传输时将空间包封入 IP 包中传输。如果采用高速时间触发以太网（TTE）总线后，网络层可直接应用 IP，与地面网络实现互联。

传输层采用用户数据报协议（UDP）或导航专用传输协议，可支持 LTP、SCPS-TP 等传输协议扩展。根据网络层中协议的不同，本层的协议可通过网络层中 IP 中的协议标识、封装业务中的协议标识、空间包协议中的应用进程标识符(APID)进行区分。

应用支持层采用专用应用支持协议、欧空局标准(ECSS)的遥控遥测包应用标准(PUS)协议等,未来支持 CCSDS 的消息传输协议 AMS、CCSDS 文件传输协议(CFDP)、BP 等应用协议扩展。本层中的协议可通过传输层中的端口号或网络层封装业务的协议标识进行区分。

应用层为用户自定义的应用特定协议。

2)信息流时序

为保证信息流网络中各类节点间信息传递关系匹配、处理逻辑正确,信息流时序设计一般遵循如下原则。

(1)信息流在各节点的响应事件先后顺序应符合设计逻辑要求。

(2)时序关系应适应卫星全寿命周期的通信接口性能变化情况。

(3)信息流关系中任何一个信息流节点接口变化时,应进行信息流匹配性测试验证。

(4)在满足功能和性能要求的前提下,应简化时序关系。

特别提醒,卫星时间类信息流需要进行针对性设计,包括卫星与地面的时间同步、卫星产品间的时间同步等信息流时序关系,应综合考虑时间起点、时间同步精度、时间校准方式、时间信息传输延迟等因素。

3)信息流综合应用

通过信息在卫星信息流网络中的共享使用,即信息综合应用,可提高卫星系统的综合功能和性能、可靠性、安全性。例如信息在多种信息流通道中的交互支持传输、关键特性数据在卫星各产品间的共享使用等。

为保证导航信息的可靠传递、有效传输,根据卫星系统多类信息通道配置,通过星地、星间传输的合理设计,支持星地测控、星地运控、星间链路通道的信息交互,实现信息的相互备份传输,扩展地面用户的操控通道,为地面用户可靠操控提供有力保障。

为减小系统间的耦合,降低各系统复杂度,卫星多通道信息交互传输策略设计原则如下。

(1)各星地信息传输通道应首先满足自身的常规信息要求,尽量保持通道原有的体制、数据格式。

(2)在各通道信息处理产品之间建立硬件接口连接关系,其资源配置需满足信息传输相互备份功能需求。

(3)各通道信息处理产品软件设计支持信息在多通道之间流转,应综合考虑对常规功能的影响及资源支持情况。

4.6.4 信息流功能与性能评价

卫星信息流设计结果经过功能与性能评价后,与卫星系统总体设计需求进行比

对、迭代设计，最终实现信息流设计优化。

信息流功能与性能评价主要包括信息流评价指标、信息流仿真分析、信息流测试验证等。

信息流评价指标主要包括完备性、准确性、时效性三方面。

（1）完备性：表示信息流中反映的对象种类、数量、参数范围等与真实情况的差别。其中，对象泛指各类信息流节点，所列参数包括各种信息类型涉及的特性，参数范围指参数的个数、取值区间等。

（2）准确性：表示信息流中对象的参数值与实际数值的差别，可以用偏差表示。

（3）时效性：表示信息流生成、传递、处理等时间的长短。

从信息流网络的角度，对于网络管理者和用户来说，评价信息流网络性能好坏的技术指标包括吞吐量、容量、利用率、响应时间、延迟等。各技术指标定义、描述如下。

（1）吞吐量：单位时间内节点之间成功传送的无差错的数量。包括网络总吞吐量、节点吞吐量和特定连接或会话吞吐量。

（2）容量：电路和网络传输数据的能力，通常以每秒传输比特数来度量。

（3）利用率：在特定时间段内所使用容量占全部可用容量的百分比。

（4）响应时间：网络服务请求和响应该请求之间的时间。

（5）延迟：从报文开始进入网络/节点/链路到它开始离开网络/节点/链路之间的时间，分别称为网络延迟、节点延迟或链路延迟。延迟抖动指平均延迟变化的时间量。

信息流仿真分析是指通过仿真、分析、测试（包括试验）等方法，对卫星信息流设计进行验证，确认其满足要求。通过数学、半物理等方式建立模型，使用软件、样本数据等进行信息流设计方案的仿真测试和分析，为信息流设计和改进提供依据。

信息流仿真分析一般覆盖各类信息流通道功能，分析信息流网络实际能力，得到信息系统功能、性能指标仿真评价结果，并可覆盖信息流设计中的不可测试项目或验证代价较高项目，考察多信息路径、多种突发事件并发的特殊情况。

信息流仿真验证的主要内容如下。

（1）卫星外部信息流通道是否通畅。

（2）信息流网络主干、分支、节点间信息传输通道是否通畅。

（3）信息流网络在其关键节点失效后是否仍能通畅。

（4）信息流网络运行时的信息流关系是否与设计预期一致。

（5）涉及多个分系统的高复杂度或高频度发生的信息流关系是否通畅。

（6）各信息流通道的传输容量、使用率。

（7）信息流节点处理信息流的能力与需求是否匹配。

（8）多个信息流传输、处理时有无竞争问题。

（9）信息流并发事件是否会造成网络拥塞。

信息流测试验证的主要目的是对卫星信息传输流程进行检查，解决测试中出现的问题,排除故障,确保卫星功能正确,系统间工作协调,性能参数合格。为检验卫星设计和技术状态是否满足要求提供依据。

信息流测试验证一般按照产品、分系统、系统逐级进行,一般包含在产品、分系统、系统级的各项测试及专项测试中。信息流联试的主要目的和任务如下。

(1) 检验卫星信息传输设计的正确性、合理性、匹配性。

(2) 检查卫星各分系统、单机之间信息接口的正确性、匹配性。

(3) 验证卫星内外部信息接口的正确性、匹配性。

4.7 卫星能源总体设计

卫星能源系统产生、储存、变换、调节、控制和分配卫星上的电能至规定的电压,向平台和有效载荷各产品设备供电。

在卫星系统设计中,一般也把能源系统称为电源系统或供配电系统等。能源系统是卫星的生命线,是能量源,如果在轨卫星能源系统终止或损坏,则卫星寿命立即终止,形成太空垃圾。

目前,卫星上所使用的电源主要是太阳电池阵/蓄电池组联合供电系统。在对能源系统进行总体设计时,要充分考虑卫星的用电需求、轨道姿态、飞行程序、空间环境等因素的影响,完成卫星系统供电能力、供配电方式、安全措施等设计内容。

4.7.1 北斗导航卫星的用电需求

北斗导航卫星作为空间定位和导航的基础设施,要求卫星平台在任何时候都能够向有效载荷提供持续稳定的供电。

导航卫星有效载荷持续稳定地向地面播发导航电文,其用电功率需求能够基本保持稳定。但卫星平台为了确保整星的温度条件、对地定向姿态,以及定期的轨道位置保持或相位调整,星上配置的相关加热器、姿控设备和推进系统的用电存在较多的波动。此外,为了满足导航卫星发射入轨的需要,星上配备的火工装置还需要具备脉冲电流引爆能力。

综合来说,北斗导航卫星上设备的用电需求可以分为长期工作的恒功率负载、星上加热器、短期负载、火工装置4类。

导航卫星长期工作的恒功率负载包括有效载荷设备和一般的平台电子设备,例如星载原子钟、导航任务处理器、行波管放大器等载荷设备,以及测控应答机、姿控计算机、遥测遥控单元等平台设备。这些电子设备通常是用电功率较为稳定的,不存在频繁的开关机或者主、备切换。电子设备通过使用DC/DC变换器将较高的一次母线电压变换为28V、±12V、5V等低电压,给电子线路供电。从一次母线来看,这些电子设备通常属于恒功率负载。

星上加热器包括卫星配置的替代加热器和补偿加热器,以及一些针对特殊设备

的专用加热器，例如用于星载原子钟精确温控的加热器、用于推力器的加热器，以及用于蓄电池组保温的加热器等。加热器属于电阻性负载，其加热功率由供电电压和加热器电阻值决定。加热器的工作状态随星上温度变化而变化，为了保证要求的温度范围，加热器通断状态会较为频繁地切换。

短期负载包括陀螺和星载原子钟启动前的加温、动量轮启动建立转速等，其产品设备早期用电功率往往高于设备稳定工作时的功率，但仅在启动前持续数分钟至数十分钟的时间。

火工装置用于太阳翼、展开式天线解锁的火工切割器和推进管路的电爆阀。在火工装置起爆时，需要能源系统提供持续时间在100ms左右的5～10A大电流脉冲引爆，并且是一次性的。

从负载用电功率来看，星上产品设备的用电功率需求从数瓦到上百瓦都有。北斗一号和北斗二号卫星上用电功率最大的是行波管放大器，达260W左右；北斗三号卫星配置了相控阵天线，用电功率可达300W左右；加热器的用电功率在数瓦至数十瓦范围，一般不超过60W。火工装置则根据同时起爆的数量不同对应不同的脉冲电流需求，通常每次最多起爆4个，脉冲电流控制在40A以下。

随着北斗系统对卫星功能和性能要求的提升，北斗一号到北斗三号的整星用电功率需求也是不断增加的。北斗一号双星定位系统GEO卫星的有效载荷用电功率需求约900W，平台产品设备用电功率需求300～400W，总的用电需求不超过1300W。

北斗二号区域组网系统包括GEO、IGSO和MEO 3类卫星，其中GEO卫星同时配备了RDSS和RNSS载荷，兼容北斗一号的功能，比仅配置RNSS载荷的IGSO卫星和MEO卫星功率需求更大。北斗二号GEO卫星有效载荷用电功率需求1500W，平台产品设备用电功率需求500～600W；IGSO和MEO卫星有效载荷用电功率需求900～1000W，平台产品设备用电功率需求400～500W。

北斗三号星座构成同样包括GEO、IGSO和MEO 3类卫星，由于卫星配置的位置报告、短报文通信和导航信号播发功能，功率需求较北斗二号卫星大幅提高，其中GEO和IGSO卫星功率需求达到5000～6000W，MEO卫星功率需求达到2400～2700W。

北斗二号卫星和北斗三号卫星系统在设计上，除了配置基本的导航载荷之外，不同的卫星上还配置了力学参数测量、搜索救援、空间环境探测等不同类型的搭载设备，因此必须预留部分能源余量，用于搭载设备供电。

4.7.2 轨道与姿态对能源的影响

北斗一号GEO卫星，其在轨姿态为Z轴指向地心，X轴指向飞行方向，太阳帆板安装在Y轴。北斗二号和北斗三号的GEO卫星也是如此。

由于GEO卫星轨道面与黄道面存在23.5°夹角，即使卫星配置了单轴太阳帆板驱动机构（SADA）保证太阳帆板跟踪太阳，GEO导航卫星的太阳帆板也并不总是正对太阳。在冬至和夏至点时,帆板法向与阳光入射方向的夹角最大可达23.5°,在春分和秋分点时则能够正对太阳。在设计卫星太阳电池阵时,需考虑到夹角达到23.5°时,卫星太阳电池所产生的电源功率仍然能够满足整星各分系统的用电需求。

北斗二号与北斗三号的IGSO卫星和MEO卫星采用了55°倾角的圆轨道,如果仍然采取GEO卫星 X 轴指向飞行方向的姿态,则一年当中太阳翼法向与阳光入射方向的夹角将在55°±23.5°的范围内大幅变化,不利于太阳电池阵发电。因此,IGSO卫星和MEO卫星采用了连续偏航控制的姿态控制方式,结合SADA驱动太阳帆板对日定向,可以使得帆板能够始终正对太阳,获得最大的发电功率。

针对GEO卫星存在23.5°夹角的特点,在夏至点和冬至点附近,星上配置的反射面天线会在太阳翼上形成投影,对太阳电池阵形成遮挡。为此,在设计太阳电池阵时需要考虑物体遮挡造成的太阳电池阵发电功率损失,并采取安装旁路二极管等措施防止太阳电池串局部被遮挡时形成热斑。

GEO卫星和IGSO卫星运行于同步轨道,轨道周期为24h,每年存在两个地影季,地影季中每天经历一次地影,总的地影天数最多92天。每天地影的时间在进入地影季之后逐步增长,在地影季中期达到最大的72min,随后又逐天减少。

MEO卫星轨道高度超过20000km,轨道周期为13h左右,每年也存在两个地影季,总的地影天数最多为104天。由于MEO卫星轨道周期短,地影季中卫星每天会经历两次地影,最长的地影时间可达60min。

在进行卫星能源系统设计时,必须考虑在地影期内需由卫星蓄电池向整星各分系统提供全部的供电,卫星配置的蓄电池组容量必须满足最长地影时间的用电功率需求,并留有一定余量。相应地,卫星上太阳电池阵的设计必须考虑在光照期具有足够太阳电池功率用于对蓄电池充电。能源系统中配置的电源控制器需要具备对太阳电池阵和蓄电池供电的调节和控制能力,以及对蓄电池充电与放电的控制功能。

4.7.3 发射入轨飞行程序对能源的影响

北斗一号和北斗二号卫星的发射均采取卫星自身变轨方式,即运载火箭将卫星送入转移轨道,然后卫星通过自身多次变轨之后达到运行工作轨道。北斗三号的GEO卫星和IGSO卫星也采用这种发射入轨方式。

为了快速发射组网,北斗三号MEO卫星采取上面级"一箭双星"直接入轨的发射入轨方式。运载火箭将上面级和双星组合体首先送入转移轨道,然后上面级点火工作将双星送入预定轨道,卫星经历轨道相位调整后到达预定运行轨道。

采用卫星自身变轨方式时,按照发射程序,发射前十几分钟卫星才从地面供电方式转为星上蓄电池供电,在与运载火箭分离之后1h之内即可完成太阳翼展开并对日定向。太阳翼展开之前,由于星上有效载荷尚未开机,整星用电功率需求较小,因此对能源需求压力不大。

采用上面级直接入轨的发射方式时，上面级需经历3.5h左右才能释放卫星，并且变轨期间上面级采取自旋姿态，卫星太阳翼又尚未展开，仅靠卫星蓄电池供电将造成用电紧张，一旦发射飞行发生故障则存在卫星能源不足、供电时间紧张等风险。星上配置的蓄电池容量主要考虑满足在轨60min地影期间各分系统的用电需求，为了发射入轨的一次性需求而增大蓄电池则很不经济，也不利于卫星减重。

北斗三号卫星系统与运载系统经过协商，由上面级携带一次性蓄电池组，在变轨期间既为上面级本身设备供电，也为卫星各分系统提供电源。相应地，卫星系统合理设计与上面级供电的接口，确保卫星从发射前到与上面级分离时各个飞行阶段转电平稳安全。

由于上面级变轨期间卫星太阳翼尚未展开，卫星散热条件不好，卫星接受太阳照射的太阳翼外板温度可高达110℃以上。因此，MEO卫星太阳电池阵需要针对上面级变轨期间的高温开展相应的设计，并进行试验验证，确认其设计和工艺状态能够承受如此高温。

4.7.4 空间环境对能源的影响

空间环境的各种因素中，对能源系统有较大影响的主要是空间辐射和热环境。

辐射环境对能源的影响主要是电离总剂量效应和位移损伤效应。电离总剂量效应主要对电源控制器等电子设备中的电子元器件造成损伤，需要综合考虑卫星结构屏蔽、其他设备遮挡和设备机壳屏蔽等因素，计算各电子元器件所受的总剂量，选用能够耐受相应剂量的电子元器件。对于超出可选元器件抗辐射能力的位置，需要采取加厚机壳或者局部粘贴钽皮等加固措施。

位移损伤效应主要影响光电器件，特别是裸露在星体外的太阳电池片。太阳电池片的抗辐射加固措施主要是粘贴掺铈玻璃盖片，综合考虑盖片重量和屏蔽能力选择合理的盖片厚度。在设计时，根据屏蔽后的全寿命期太阳电池等效1MeV电子损伤通量，确定太阳电池开路电压、短路电流等关键参数的衰降系数，计算寿命末期的发电能力，确保寿命末期太阳电池阵发电能力仍能满足整星所需。

对空间热环境较为敏感的主要是太阳电池阵和蓄电池组。北斗GEO卫星由于轨道面与黄道面23.5°夹角的原因，一年当中卫星南板和北板交替受太阳照射。作为星上的主要散热面，星上设备大多安装在这两面舱板上，因此全年的温度波动相对较高。而IGSO卫星和MEO卫星采取连续偏航控制，其 $+Y$ 和 $-Y$ 舱板总是不受太阳照射，因此温度环境优于GEO卫星。

太阳电池的短路电流具有正温度系数，开路电压具有负温度系数。在光照期，太阳翼上的电池电路工作温度可达50～70℃范围，其串并联设计需保证在最高工作温度下输出电压能满足要求。在每年的两个地影季中，地影期间太阳阵温度将快速下降，低至-160～-180℃。因此，太阳电池阵必须能够耐受-180～+70℃范围的温度交变。

蓄电池的充放电性能对温度敏感，低于0℃的温度充电，或高于30℃放电都对蓄电池寿命有一定的不利影响。特别是对于氢镍蓄电池，需要保持相对较低的温度范围，通常控制在5～15℃范围内。北斗导航卫星每年除两个地影季之外，有长达四个半月的连续时间处于全光照期，这期间蓄电池组不工作相当于在轨存储。在蓄电池组存储期间，需要保持较低的温度，有利于延长电池组寿命。具体的温控范围则需要根据所选用的电池类型和工况确定。

电源控制器作为整星能源核心设备，发热量较大，内部功率调节器件长期运行在高温环境下，其失效率随温度升高而显著增大。因此，在设计时，需要尽量改善大功率器件的散热条件，将整机温度控制在较低范围。北斗导航卫星的电源控制器通常按照高温60℃条件设计和考核，但通过合理的热设计和热实施，在轨正常工作温度一般控制在30℃以下。

除带电粒子辐射和温度环境两大因素之外，能源系统还需要考虑太阳电池阵遭受紫外辐射的影响、电源控制设备元器件遭受单粒子效应影响以及内带电效应、真空放电等因素。这些因素对供电能力的影响较小，但也是可靠性设计必不可少的考虑因素。

4.7.5 北斗卫星对能源系统的要求

通过需求分析以及各因素影响分析，结合能源系统的接口、重量、遥测遥控等，以北斗一号卫星为例，北斗导航卫星能源系统的要求包括以下方面。

（1）向整星提供稳定的一次电源母线，供电功率不低于1300W。

（2）完成一次母线到+28V、±12V、+5V和+7V等二次供电的转换，并将一次母线和各二次电源供电分配到用电负载。

（3）通过蓄电池组提供整星各火工装置起爆电源，并完成对起爆时序、起爆电流的控制。

（4）具备必要的遥测遥控接口，包括太阳电池阵、蓄电池和母线的电压、电流，充放电开关状态等遥测接口，充电开关通断指令、充电控制曲线切换指令等遥控接口。

（5）通过低频电缆网实现整星各分系统间供电、遥测遥控及其他信号的连接，以及各设备接地。

（6）实现与地面测试系统和运载系统的接口，包括星箭分离插头接口、分离开关接口、测试用的星表插头接口等。

（7）能源系统总质量240kg（不含机械太阳翼），其中一次电源130kg，总体电路部分110kg。

（8）除以上功能和性能接口之外，整星对能源系统还提出了机械接口、热控接口、寿命和可靠性、安全性等相关要求。

北斗二号卫星对于平台的承载能力提出了更高要求，GEO卫星采用能力更强的东方红三号甲平台，供电能力要求提高到2100W以上；IGSO和MEO卫星仍基于东

方红三号平台，供电能力要求提高到1500W以上。

为了提高卫星平台的自主能力，北斗二号IGSO和MEO卫星增加了星上数管系统，相应地对能源系统提出了自主管理要求。虽然北斗二号卫星对供电能力的要求有较大提高，但要求太阳翼面积维持不变，采用储能密度更高的氢镍蓄电池组作为地影期供电电源，以减轻卫星平台重量。

北斗二号卫星大多数用电设备直接使用一次母线，取消了北斗一号卫星上的独立DC/DC单机。除了28V指令电源和能源系统自用的±12V和+5V等二次电源仍由配电器提供之外，能源系统直接将一次母线分配到大部分的负载，并集成整星所有加热器的驱动功能。在提高供电和配电能力的同时，北斗二号还要求能源系统减轻重量，IGSO和MEO卫星一次电源部分减小到120kg，总体电路部分维持北斗一号的重量指标。GEO卫星一次电源部分质量150kg，总体电路部分120kg，在供电能力比北斗一号提高60%的情况下质量仅增加12.5%。

北斗三号卫星进一步把GEO和IGSO卫星供电能力要求提高到6000W，MEO卫星提高到2700W，并明确提出自主运行60天的要求。同时整星采用综合电子体系，将配电功能与遥测遥控功能整合，所有用电设备直接使用一次电源母线。

由于“一箭双星”直接入轨的需要，MEO卫星对能源系统重量要求更加苛刻，一次电源部分在供电能力较北斗一号翻倍的同时，质量需控制在145kg以下。采用与MEO相同电源架构的GEO和IGSO卫星由于母线电压更高，一次电源质量仅205kg左右。北斗三号卫星总体电路部分整合到综合电子系统中，其重量要求包含到对综合电子系统的重量要求中。

4.8 可靠性设计

4.8.1 可靠性概述

关于可靠性的概念自古有之，如俗话说的稳妥与否、是否可靠、有多大把握、八九不离十等，这只是定性的概念。随着科学技术的发展，人们开始把这种似是而非的定性概念定量化研究。直到20世纪50年代，在可靠性的测定中引入统计方法和概率概念后，可靠性才作为一门新兴学科被系统地加以研究。

按照定义，可靠性是指产品在规定条件下和规定时间内，完成规定功能的能力。描述这种能力的概率度量就是可靠度。可靠性是航天产品的重要技术指标，是通过设计确立、生产保证、试验验证，并在使用中显现出来的产品的一种固有质量属性。可靠性技术贯穿于产品设计、制造、试验、运输、保管、维修、使用等各个环节，该技术对于航天产品尤其重要[9]。

可靠性技术在其长期发展过程中形成了3个领域或学科，即可靠性数学、可靠性物理和可靠性工程。可靠性数学是可靠性研究的最重要的基础理论，是用数学方法、数学模型来研究与解决产品(包括零部件、元器件、产品、分系统和系统及其软件)可靠性问题及规律,最后用定量数据来描述可靠度。可靠性物理是指研究产品的失效物理原因或失效机理,并且进一步研究其可靠性数学物理模型、检测方法、分析机理及纠正措施等的可靠性技术。可靠性工程是应用可靠性数学和可靠性物理技术对产品的失效概率进行统计、分析,对产品进行可靠性设计、预计、试验、评估、检验、控制和机理分析等的工程技术[10]。

北斗导航卫星具有系统复杂、投入大、风险高的特点,为实现卫星系统高可靠、长寿命和高效能的目标,必须采用更加严格、严密、科学的管理和技术手段,采用预防、控制和纠正的方法及措施来控制和解决产品的可能或已经出现的故障。

北斗系统为星座系统,星座的可靠性取决于单星的可靠性。卫星的可靠性需要依靠卫星可靠性工程进行保证和提高。可靠性工程涉及产品从设计、试制、试验、定型生产、贮存、使用直到寿命终止的全过程。

可靠性设计是可靠性工程中最主要、最广泛的技术,是卫星总体设计的重要组成部分,是为了保证卫星系统的可靠性而进行的一系列分析与设计技术,是可靠性工程有效实施的基础。产品的可靠性在很大程度上取决于设计的正确性。

北斗导航卫星的可靠性设计工作包括可靠性建模、可靠性预计、可靠性分配和可靠性设计准则等内容。

4.8.2 可靠性建模

导航卫星可靠性建模是指通过数学方法描述卫星系统中各分系统、各产品单元之间存在的功能逻辑关系,形成功能性能可靠性系统框图及数学模型。其中,可靠性框图是用方框表示的产品各单元故障的逻辑关系图。建立可靠性模型的目的是定量分配、计算和评价产品的可靠性[11]。

当系统可靠性的逻辑关系和可靠性框图确定之后,根据统计概率的关系,就可以确定相应的数学模型。可靠性建模是可靠性分配、预计和失效模式影响分析(FMEA)工作的基础。北斗导航卫星建立可靠性模型的步骤如下。

(1) 根据导航卫星的任务,确定任务与任务剖面。

(2) 根据导航卫星的系统设计,确定与可靠性有关的功能结构和接口。

(3) 绘制导航卫星产品可靠性框图。

(4) 根据可靠性框图建立可靠性数学模型。

(5) 针对不同工作阶段,建立单独可靠性数学模型,然后再建一个卫星的全寿命(包括设计寿命和贮存寿命)数学模型。

导航卫星可靠性建模的整个过程按照国军标方法和步骤规定进行,图 4.34 表示北斗二号 GEO 卫星在发射/转移轨道的可靠性框图。

北斗二号 GEO 卫星发射/转移轨道段的可靠性数学模型计算公式为

$$R_{\text{发射/转移段}} = R_{\text{天线}} R_{\text{结构}} R_{\text{热控}} R_{\text{测控}} R_{\text{控制}} R_{\text{推进}} R_{\text{供配电}} \tag{4.9}$$

式中:R 表示分系统可靠度,下标表示卫星的各分系统。

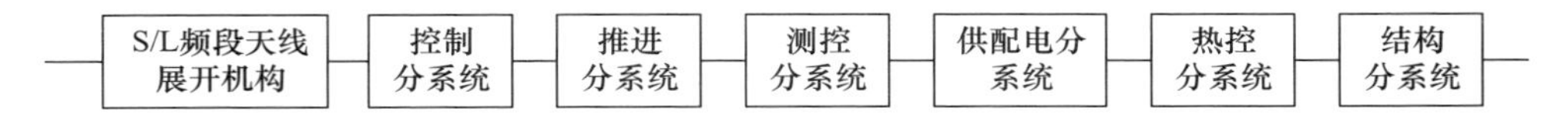

图 4.34　北斗二号 GEO 卫星在发射/转移轨道的可靠性框图

图 4.35 表示北斗二号 GEO 卫星控制分系统在发射/转移轨道的可靠性框图。

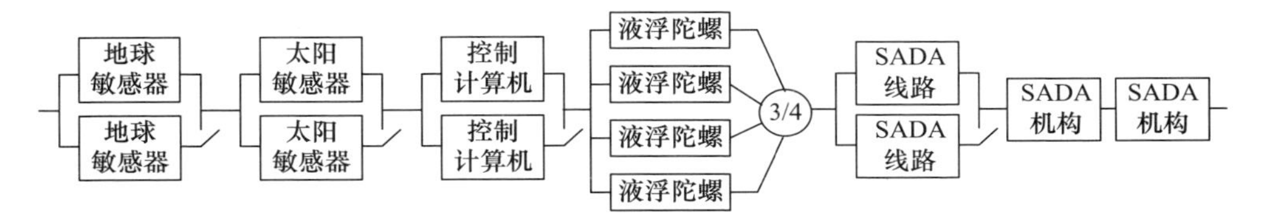

图 4.35　北斗二号 GEO 卫星控制分系统在发射/转移轨道的可靠性框图

4.8.3　可靠性预计

可靠性预计是可靠性设计的一项重要内容,是优化卫星方案设计、保证卫星详细设计质量和提高卫星可靠性所不可缺少的设计工作。它的核心内容是分析所有产品实际可能达到的可靠度,即预报这些产品在特定应用中完成规定功能的概率,是基于产品内部可靠性逻辑关系和元器件失效率,对产品设计是否能满足规定的可靠性定量要求进行评价,以及寻找产品设计薄弱环节的一种方法。

可靠性预计是根据组成卫星系统的元部件、星上产品和分系统的以往工程经验,可靠性数据(尤其是元器件、零部件的失效率)及可靠性模型,逐级进行估算,直到预计出系统的可靠性。

导航卫星的可靠性预计方法也是如此,卫星电子、机电类单机采用元器件应力分析法进行可靠性预计,元器件的失效率数据优先选用厂家提供的数据,国产元器件的失效率数据主要依据 GJB 299B《电子设备可靠性预计手册》,进口元器件的失效率数据主要依据 MIL-HDBK-217F *Reliability Prediction of Eletronic Equipment*。火工品、机构、推进分系统的管阀件等非电产品的失效率数据使用卫星总体单位多年研制、试验和使用中积累的数据。

一般而言,在卫星设计初期要准确预测卫星的可靠性是相当难的,预测值一般都不会非常准确,但即使如此,对卫星的可靠性预测仍然很有价值。及早进行预测,对所设计的卫星可能达到的可靠性做到心中有数,对卫星总体设计非常重要。

通过评估系统可靠性,审查是否能达到要求的可靠性指标。导航卫星在系统、分系统和设备级的设计阶段,都要定量地预计它们的可靠性的数值,分析确定是否能够满足可靠性指标。

在导航卫星方案论证阶段,通过可靠性预计,比较不同方案的可靠性水平,为最优方案的选择及方案优化提供依据。在导航卫星初样和正样设计中,通过可靠性预计,发现影响系统可靠性的主要因素,找出薄弱环节,采取改进措施,提高系统可靠性。通过预计,为可靠性分配打下基础,在满足用户要求的基础上,合理地提出分系统的可靠性定量指标。

可靠性预计分为单元可靠性预计和系统可靠性预计。对于单元可靠性预计一般采用相似产品法、评分预计法、元件计数法和应力分析法等。各种预测方法的含义以及内容详见 GJB 813—90 要求。

导航卫星单元可靠性预计是随导航卫星的研制工作的进展而深化的,一般分为可行性预计、初步预计和详细预计 3 个阶段。

可靠性可行性预计用于方案论证阶段。在这个阶段,信息的详细程度只限于系统的总体情况、功能要求和结构设想。一般采用相似产品法或元件计数法,以工程经验来预计系统的可靠性,为方案决策提供依据。

可靠性初步预计用于初步设计阶段。该阶段已有了工程设计内容和具体方案,系统的组成已确定,可采用元件计数法或评分预计法预计系统的可靠性,发现设计中的薄弱环节并加以改进。

可靠性详细预计用于详细设计阶段。这个阶段的特点是系统的各个组成单元都具有了工作环境和使用应力信息,可采用应力分析法来较准确地预计系统的可靠性,为进一步改进设计提供依据。

导航卫星在不同研制阶段可靠性预计方法的选取如表 4.8 所列。

表 4.8　导航卫星不同研制阶段可靠性预计方法的选取

研制阶段		方案论证	初步设计	详细设计	适用范围
预计方法	相似产品法	√		√	非电产品,有相似产品数据的改进、改型产品
	评分预计法		√	√	非电产品、新研产品,没相似产品数据的改进、改型产品
	元件计数法	√	√		电子产品
	应力分析法			√	电子产品

系统可靠性预计是以组成系统的各单元产品的预计值为基础,根据系统可靠性模型,对系统可靠性进行预计。

系统可靠性预计一般采用数学模型预计法,上下限法等。对于能够直接给出可靠性数学模型的串联系统、并联系统、表决系统、混联系统的产品,可以采用传统的计算公式进行可靠性预计计算。对于一些很复杂的系统,采用数学模型法很难得到可靠性表达式,则采用上下限法进行计算。

表 4.9 是北斗二号 GEO 卫星整星的可靠性预计的结果。

表 4.9　北斗二号 GEO 卫星整星可靠性预计结果

序号	用户指标要求(卫星寿命至 8 年末)	可靠性预计结果	指标符合性
1	RNSS 与星地时间同步载荷可靠度≥0.896	0.923	符合
2	RDSS 与数据传输/时间同步载荷可靠度≥0.855	0.870	符合

（续）

序号	用户指标要求（卫星寿命至8年末）	可靠性预计结果	指标符合性
3	平台≥0.8	0.853	符合
4	整星（RNSS）可靠度≥0.72	0.78	符合
5	整星（RDSS）可靠度≥0.68	0.74	符合

4.8.4　可靠性分配

可靠性分配是将卫星系统总体的可靠度指标按照一定的原则和方法合理地分配到下一个层次、分系统或子系统。同样，分系统也要把本系统的可靠度指标合理地向下分配到各个星上产品和部件及更低的层次。可靠性分配是从系统到单机产品及元器件进行自上而下的分配。北斗导航卫星可靠性指标是用户根据使用需求，经与卫星系统分析研究后，在研制总要求中提出的。

可靠性分配的目的是让各级设计人员明确其可靠性设计要求，并研究实现这个要求的可能性及办法。如同性能指标一样，是设计人员在可靠性方面的一个设计目标。

可靠性分配是在可靠性预计的基础上，把经过论证确定的和经过预计、比对、修订过的卫星的可靠性指标作为分配依据。通过可靠性分配可以确定各层次卫星产品的可靠性指标，从而使卫星系统的可靠性指标得到落实。

在导航卫星整星可靠性指标确认后，由卫星系统根据卫星任务剖面分析结果，将用户研制总要求的指标自上而下地进行分解，分配到各分系统、单机产品。可靠性指标分配过程中，要考虑各组成产品的复杂性、产品的重要性、产品的继承性与成熟度、产品工作环境条件和技术水平实现性等因素。

表4.10是北斗二号GEO卫星可靠性分配指标以及预计结果。

表4.10　北斗二号GEO卫星可靠性分配指标和预计结果

分系统		发射/转移轨道段		在轨运行段（卫星寿命至8年末）	
		分配值	预计值	分配值	预计值
有效载荷					
RDSS与数据传输/时间同步载荷	导航分系统	—	—	0.860	0.872
	天线分系统	0.9999	0.9999	0.997	0.998
RNSS与星地时间同步载荷	导航分系统	—	—	0.905	0.928
	天线分系统	—	—	0.995	0.995
平台					
测控分系统		0.997	0.999	0.965	0.985
热控分系统		0.999	0.999	0.985	0.990
控制分系统		0.995	0.999	0.920	0.924

（续）

分系统	发射/转移轨道段		在轨运行段（卫星寿命至8年末）	
	分配值	预计值	分配值	预计值
平台				
推进分系统	0.982	0.985	0.980	0.984
供配电分系统	0.995	0.996	0.955	0.962
结构分系统	0.999	0.9998	0.9999	≈1
注：一表示发射/转移轨道段不涉及				

4.8.5 可靠性设计准则

可靠性设计准则是根据可靠性分配的结果，对系统、分系统、单机进行产品可靠性设计的原则，其目的是减少故障发生的概率。导航卫星的可靠性设计准则包括一般原则以及对卫星构型设计、机械设计、电磁兼容设计、热设计等的一系列可靠性要求。

可靠性设计的一般原则包括系统优化设计、冗余设计、裕度/余量设计、防止单点故障、故障恢复与隔离、电磁兼容设计以及降额设计等内容。

卫星总体设计时应尽量避免某一系统或组件的故障或损坏而导致其他系统的故障，分系统或组件的设计不能牺牲系统可靠性利益去实现非必要的性能要求，局部设计的优化不能对整星可靠性有不利影响。在满足总体技术性能指标要求的前提下，不片面追求高、精、尖，力求在满足规定功能要求的基础上，使产品故障最少，同时能以最少费用和快捷的维修实现规定的目标。

在设计中要坚持冗余设计。冗余设计是指在资源条件限制下如何配置冗余单元，使系统可靠性在达到可靠性指标要求下，耗用资源最小。冗余设计的常用手段是投入超常规设计所需要的外加资源，换取更高的系统可靠性、安全性，以实现产品符合“故障-工作”或“故障-安全”的容错准则。

对于导航卫星而言，因系统复杂，部分元器件可靠性低等因素，必须对关键环节进行冗余设计，以确保系统的可靠性。常用的技术措施包括外加产品硬件、外加信息、外加软件等。在进行冗余设计时，需要注意在减少原有单点失效的同时，不要引入新的单点失效；冗余的切换、故障隔离部分的可靠性应比需冗余产品的可靠性高一个数量级，尽量避免共因/共模失效的发生；同时要求每个冗余单元应该是可检测的，有效性要在地面进行充分的验证等。

由可靠性定义可知，卫星在轨工作时间（寿命）超过任务时间的概率越大，可靠性就越高。因此，从某种意义上讲，可靠性实际上也是设计裕度的度量。对于典型的应力-强度型产品而言，裕度就是指强度裕度。根据应力-强度干涉理论，可以导出应力与强度的联结方程，由此可以求算产品结构可靠性或者进行满足给定可靠性要求条件下的强度裕度设计。

为了将这种设计思路与方法推广到其他产品上去,需要将传统的应力与强度概念加以扩展,传统的应力仅指机械应力,而扩展的应力含义为:凡是引起产品失效的因素都可以视为应力,包括温度应力、电应力、密封应力、变形量等各种失效的因素都可视为强度。

对于导航卫星而言,其裕度设计包括整星的结构强度、整星刚度裕度、太阳翼展开静力矩裕度、推进压力容器设计裕度、功率裕度设计和推进剂余量等。

导航卫星结构强度设计规范采用结构安全裕度的要求来表示,安全裕度的定义为

$$\text{安全裕度} = \frac{\text{破坏应力}}{\text{设计应力}} - 1 \tag{4.10}$$

式中:设计应力 = 使用应力 × 安全系数。使用应力是在已知载荷条件下结构中产生的应力。

按照设计规范,导航卫星结构的设计安全裕度值必须大于或者等于零。一般金属材料的屈服强度裕度为1。所有结构部件和仪器、产品必须在满足分配的重量要求前提下,具有足够的强度和合适的刚度,以便能够经受各种环境试验、地面操作和飞行载荷作用时不发生破坏及有害变形(屈服、断裂或变形过大影响功能),具有规定的安全裕度。

按照要求,卫星上装载的产品设备(含支架)的基频一般应大于140Hz;太阳翼、天线等大质量部件,固有频率不满足规范要求时,必须与卫星总体协调,保证产品基频不与整星和运载火箭基频(发射及空箱状态)产生耦合。

在卫星系统设计过程中,应尽量避免单点故障,采用充分、合理的产品硬件冗余设计、功能冗余设计和软件容错设计,尽可能消除系统级(整星级)单点故障。对无法消除的卫星产品单点故障,应采取有效措施降低其产品失效概率,并将含有Ⅰ类和Ⅱ类单点故障的星上产品作为关键项目,在设计和研制过程中加以严格控制,做好过程记录。

要开展产品故障的影响分析工作,采用有效的故障恢复和故障隔离措施,保证故障不扩散,即在一个系统、设备、部件中发生任何一个故障时,不导致其他系统、设备、部件发生故障。

北斗导航卫星包括多个分系统、上百台设备,特别是由于受到各种条件的限制,空间狭小设备密布,是一个非常复杂的电子系统。系统内既有不同频率、不同波形的信号传输,又有设备间、电缆间、设备与电缆间等多种耦合而产生的无意信号与能量存在。无意信号与能量会对有用信号和信息传输造成中断、阻塞、误码,使系统工作性能降低或不能完成预定任务。因此,要采取措施提高卫星的电磁兼容性。

卫星电磁兼容性措施包括:导航系统上各射频电路和低频电路分别采用单独的屏蔽腔体,所有单机内部低频信号全部在单机内部走线,电路板上信号线和电源线分开布线且各自走向;测控系统单元电路设计上充分考虑电源和信号滤波退耦;测控应

答机接收前端加窄带预选器(RF 带宽 20MHz),以提高应答机的收发隔离等。

按照卫星系统接地设计要求,实现星箭之间、舱段之间、舱板之间、舱板与设备、结构件与星体、星表多层与结构之间等电位;对于电缆网走向设计,需充分考虑火工品电缆、SADA 到 PCU 供电电缆等单独走向设计,以减少大电流电缆对周边电缆的影响;电缆网设计上应避免闭环,以减少电缆网产生电磁效应。根据频率隔离要求,在星内设备布局上将不同设备分别安装在卫星不同舱板上,减少设备之间的相互干扰等。

元器件的降额使用可进一步提高元器件和设备的可靠性。降额设计是指元器件在使用中承受的应力低于额定值,以延缓其参数退化、提高使用可靠性,通常用应力比和环境温度来表示。这是因为大部分元器件的失效率随所施加的应力(低于额定值)的降低而降低,施加的温度和应力越高,元器件失效率越大。

航天产品降额等级如下。

Ⅰ级降额:最大适用于故障危及安全、导致任务失败和造成重大经济损失的情况。

Ⅱ级降额:适用于故障使任务降级和增加不合理的维修费用的情况。

Ⅲ级降额:适用于故障对任务完成影响很小和仅需少量维修的情况。

导航卫星各分系统按照标准要求给出的元器件降额项目、降额等级以及降额因子选取方法,并考虑产品实际工作环境条件、空间辐射等因素的影响,对选用的元器件进行降额分析。北斗导航卫星的降额设计要求为各分系统元器件均应满足Ⅰ级降额的要求。

4.9 安全性设计

卫星产品安全性是卫星产品不可缺少的重要指标,是卫星产品不发生导致人员伤亡、健康恶化、设施和设备毁坏、环境损害等事故的能力。可靠性和安全性经常像孪生兄弟一样让人分不清,两者的确有一定的关联性。安全性与可靠性的关系可以用四句话概括如下。

(1) 产品不安全,从而产品可靠性也难以兑现。

(2) 产品是安全的,但产品未必可靠。

(3) 产品不可靠,可能引起安全事故。

(4) 产品是可靠的,但产品未必安全。

由以上关系中,可以提炼出同时保证可靠性、安全性的基本原则[12]如下。

(1) 可靠性是安全性的基础,要保证产品安全性,首先要保证产品的可靠性,减少或根除产品的故障危险源。

(2) 在保证产品可靠性的基础上,还要同时保证产品安全性,必须进一步控制卫星产品中存在的诸如火工品、推进剂、气瓶等一般危险源。

(3) 在采取安全性控制措施时,不可引入降低可靠性的因素。

北斗导航卫星从方案设计阶段开始论证,初样研制阶段完成安全性设计与验证,正样研制阶段落实安全性设计措施并进行确认,对于存在的安全性风险,不断采取有效措施加以控制,使其风险降到可接受的程度。

北斗导航卫星安全性设计工作流程如图 4.36 所示。

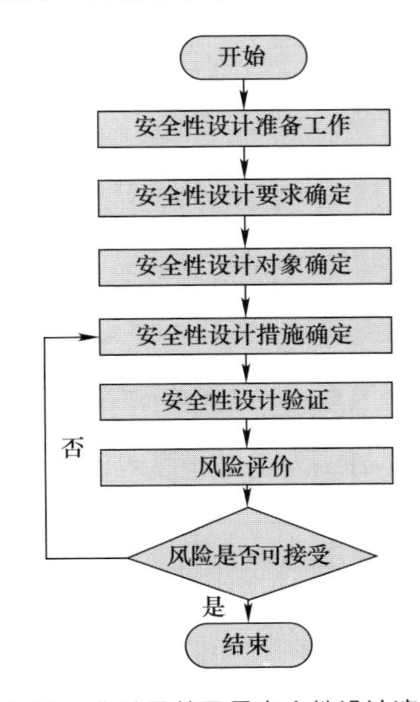

图 4.36 北斗导航卫星安全性设计流程图

4.9.1 安全性设计准备工作

北斗导航卫星的安全性设计分析在方案阶段就必须高度重视,根据用户提出的研制总要求、相关安全设计标准、任务功能和系统环境因素等方面进行分析,对设计的导航卫星方案、选择的材料和产品、产品工作环境与条件等进行安全性分析,提取安全性设计输入,主要包括用户提出的安全性定性要求、定量要求、功能和性能研制要求等。

4.9.2 安全性设计要求

卫星总体与各分系统产品研制单位要结合用户安全性要求及卫星导航型号的任务、航天产品安全性相关标准和规范,确定本级产品安全性设计要求。其通用设计原则如下。

(1) 综合因素权衡:功能和性能、安全性和可靠性、进度和费用等因素综合权衡时,优先考虑安全性因素。

(2) 故障容限设计:一般允许出现一定数量不造成灾难性后果的故障和(或)人

为操作差错。

(3) 危险状态的监控和预报：应具有对卫星各种危险状态、危险源进行监测和报警的能力。

(4) 重点结合卫星危险源类型和特点制定安全性设计措施：如针对推进剂、供配电、蓄电池、微波产品、软件、防辐射、防火防爆、防毒、连接、起重等开展安全性设计措施。

4.9.3 安全性设计对象

导航卫星系统采用系统化方法，综合考虑卫星硬件、软件、环境与在轨管理规程等因素，识别各种危险源及安全性关键项目，卫星危险源分为一般危险源和故障危险源，一起事故的发生往往是两类危险源共同作用的结果。

一般危险源是事故发生的能量主体，决定事故后果的严重程度；故障危险源是一般危险源造成事故的必要条件，决定事故发生的可能性。

表 4.11 是北斗二号 GEO 卫星的一般危险源清单，表 4.12 是北斗二号 GEO 卫星的故障危险源清单。

表 4.11　北斗二号 GEO 卫星一般危险源清单

危险源	部位	发生的危险										
		着火	爆炸	振动冲击声振	爆炸冲击	热	污染	辐射	放电	病理生理心理	毒性	其他
蓄电池组	服务舱						√					√
贮箱	推进舱		√									
推进剂	推进分系统产品						√			√	√	
火工品	太阳翼、S/L/C 天线		√									
天线	载荷舱 +Z 面							√				
热管	结构板		√									

表 4.12　北斗二号 GEO 卫星故障危险源清单

序号	代号	产品名称或功能	故障危险源	任务阶段	危险事件	原因	后果
1	GW1	蓄电池	短路	全阶段	短路	放电电流很大，会出现极高温度	火灾
2	GW2		过充电	全阶段	过充电	导致电解液分解，单体胀裂等，导致内部物质喷出，较强的腐蚀性	污染

（续）

序号	代号	产品名称或功能	故障危险源	任务阶段	危险事件	原因	后果
3	GW3	主功率通路	短路	总装集成测试（AIT）阶段、发射场测试阶段，发射入轨和在轨运行	母线对地短路	主功率通路设计、工艺或生产缺陷	烧毁星上设备，影响整星任务安全
4	GW4	10N 推力器	误点火	发射场推进剂加注；发射入轨和在轨运行	推力器误点火	控制器误输出	损伤星上设备或人员
5	GW5	火工品管理	误指令输出	地面测试或主动段	误指令输出导致火工品起爆	误指令输出	火工品误起爆

在确定卫星系统安全性设计对象后，要评估每个危险的原因、发生可能性以及对人员、设施、整星造成影响的严重程度，从危险后果严重性和发生可能性两方面开展风险评估。

风险的严重性通常划分为灾难性（Ⅰ）、严重性（Ⅱ）、轻度性（Ⅲ）、轻微性（Ⅳ）四个等级（表 4.13），危险可能性可用在产品预期的寿命期中单位时间内产生危险的次数来表示，也可通过对类似产品历史安全性数据的研究、分析做出定性或定量估计。

危险可能性划分为频繁（A）、很可能（B）、偶然（C）、很少（D）、不可能（E）5 类（表 4.14）。根据风险指数的范围确定风险接受准则（表 4.15）。

表 4.13　危险严重性分类表

说明	等级	定义
灾难性的	Ⅰ	人员死亡、卫星完全损失或报废、环境严重破坏
严重性的	Ⅱ	人员严重伤害（含严重职业病）、卫星或环境较严重破坏
轻度性的	Ⅲ	人员轻度伤害（含轻度职业病）、卫星或环境轻度破坏
轻微性的	Ⅳ	轻于Ⅲ类的人员伤害、轻于Ⅲ类的卫星或环境破坏

表 4.14　危险可能性等级表

说明	等级	单个产品	批量产品
频繁	A	可能经常发生	连续发生
很可能	B	在寿命期内可能发生若干次	频繁发生
偶然	C	在寿命期内可能偶尔发生	发生若干次
很少	D	在寿命期内不易发生，但有可能	不易发生，但有理由预期可能发生
不可能	E	不易发生，可认为不会发生	不易发生，但有可能

表 4.15 危险风险评价矩阵

危险可能性等级	危险严重性等级			
	Ⅰ(灾难性的)	Ⅱ(严重性的)	Ⅲ(轻度性的)	Ⅳ(轻微性的)
A(频繁)	1	3	7	13
B(很可能)	2	5	9	16
C(偶然)	4	6	11	18
D(很少)	8	10	14	19
E(不可能)	12	15	17	20

注:危险风险指数建议原则:

1 ~ 5 不可接受。

6 ~ 9 不希望(需管理者决策)。

10 ~ 17 可接受,但需要管理者评审。

18 ~ 20 不需评审即可接受

表 4.16 是北斗三号 MEO 组网卫星危险分析表。

表 4.16 北斗三号 MEO 组网卫星危险分析表

序号	产品名称或功能	危险源	任务阶段	危险事件	原因	后果	严重性	可能性	风险指数
1	锂离子蓄电池组	锂离子蓄电池	全阶段	短路	放电电流很大,会出现极高温度	火灾	Ⅱ	D	10
2			全阶段	过充电	导致电解液分解,单体胀裂等,导致内部物质喷出,较强的腐蚀性	污染	Ⅱ	D	10
3			AIT 阶段	电压高	电压高于 24V 安全电压	轻微触电	Ⅳ	E	20
4	推进剂	推进剂	发射场推进剂加注以及推进剂贮存	毒性、着火、污染	本身具有毒性;一定条件下会自燃;泄漏	使试验人员中毒或污染周边设备	Ⅰ	E	12
5	贮箱	贮箱	加注后及在轨	爆炸	贮箱安全系数低	危及人员和卫星的安全	Ⅰ	E	12
6	5N 推力器	推进剂	在轨工作段	5N 推力器误喷	控制器误输出	姿态失控	Ⅱ	E	15

（续）

序号	产品名称或功能	危险源	任务阶段	危险事件	原因	后果	严重性	可能性	风险指数
7	火工品	火工品	力学试验阶段和发射场测试阶段	非受控条件下起爆	加工缺陷或误操作	危及人员和卫星的安全	Ⅱ	E	15
8	火工品管理	误指令输出	地面测试、主动段、上面级转移轨道段	误指令输出导致火工品起爆	误指令输出	火工品误起爆	Ⅱ	E	15
9	主功率通路	对地短路	AIT 阶段、发射场测试阶段、发射入轨和在轨运行	对地短路	设计或工艺缺陷	烧毁星上设备，严重影响整星安全	Ⅰ	E	12
10	大功率天线	大功率天线	地面测试阶段	辐射	有源测试时产生大功率辐射	如果不做防护，将对测试人员有伤害	Ⅲ	E	17
11	热管	热管	AIT 阶段、发射场测试阶段	爆炸	工艺缺陷	管体破裂，出现微量高压气体泄漏	Ⅳ	E	20

4.9.4　安全性设计措施

北斗导航卫星安全性设计最重要的工作是确定卫星安全性设计与控制措施，降低风险。依据危险及风险评估结果，制定安全性设计与控制措施，将风险降低到可接受水平。对已识别的危险，在确定安全性设计与控制措施时，应按以下次序进行。

（1）消除危险。应通过设计技术和使用特性的选择，结合卫星的约束条件和任务目标将危险从设计和操作方案中消除。

（2）最小风险设计。对于不能消除的危险，应尽可能将设计风险控制在最大可接受程度。

（3）采取安全对策。对方案设计中不可避免的、影响整星安全性的技术风险，则应采取自动的或其他措施，使风险降低到可接受的水平。

（4）采用报警设计。若设计和安全措施都不能有效地消除已判定的危险，或者不能充分降低其有关风险，则应设置告警装置或遥测信息向有关人员告警。

（5）制定专门规程和进行培训。对于通过设计方案选择不能消除的危险，或采用安全措施和告警装置不能充分降低其风险,则应制定专用规程和进行必要的培训。

北斗导航卫星推进分系统危险源是无水肼和加压气体,在安全性上主要设计了以下措施。

(1) 贮箱的安全系数不小于2,并在地面经过声发射、检漏和无损检测,保证贮箱设计与生产的安全性。

(2) 卫星上所有与无水肼接触的材料要求均有10年以上的Ⅰ级相容性。

(3) 推进剂加注设备的容器、阀门和管道的强度安全系数均大于4,加注设备具有良好的接地能力,加注过程中杜绝火花产生。

(4) 卫星加注工作由具有上岗资格的专业人员操作,严格执行操作要求,无岗人员严禁进入。

(5) 推进分系统在产品振动前后都进行氦质谱漏率检测,在发射场加注前和加注后都进行肼监测,并具备温度压力监视能力。

(6) 推进分系统推力器有三道(自锁阀、双阀串联电磁阀)安全控制,防止在加注推进剂后推力器误点火。为防止误指令使推力器点火,推力器电磁阀和自锁阀的驱动电源通过星箭分离开关控制。

4.9.5 安全性设计验证

安全性设计验证目的是验证产品的设计文件、生产工艺、检验项目是否满足安全性设计要求,不安全因素是否排除,残余风险是否可以接受。

导航卫星系统对安全性措施有效性的验证方法如下。

(1) 对消除或控制危险所采取的安全性措施进行验证并跟踪,以保证每项消除或控制措施的有效性。验证方法有:试验或演示、分析(如工程分析、计算、类比法等)、检验和评审。

(2) 针对验证对象的安全性要求,在保证验证有效的基础上,可以选用一种或几种组合的验证方法。

(3) 对不能通过设计消除的可能造成灾难性后果的危险,需要采用安全装置、报警装置、特殊规程来控制危险的项目,并通过试验来验证其安全性。

(4) 对需要用强制检验点验证的安全性项目,应在飞行前按强制检验点进行飞行前安全检查,对安全性关键项目的偏离、超差的许可,进行强制性检验或试验。

4.9.6 风险评价

经过安全性设计措施落实以及安全性试验验证,卫星系统组织专家对系统的安全性设计及措施落实进行风险评价,通过风险评价,得出风险是否接受。若接受,则确认安全性满足要求;若不可接受,则修改安全性设计措施。

参考文献

[1] 彭成荣．卫星总体设计[M]．北京:中国科学技术出版社,2011:171-175.

[2] SELLERS J J,ASTORE W J,等．理解航天[M]．张海云,等译．北京:清华大学出版社,2007.

[3] 中国空间技术研究院总体部．卫星构形设计准则:Q/W165A-2008[S]．北京:中国空间技术研究院,2008.

[4] 周孝伦,武向军,等．批产航天器设备布局研究[J]．航天器工程,2013,22(4):132-136.

[5] 杨嘉墀．航天器轨道动力学与控制[M]．北京:中国宇航出版社,1995.

[6] 周静,杨慧,等．中高轨道卫星离轨参数研究[J]．航天器工程,2013,22(2):11-16.

[7] 谭维炽,胡金刚．卫星系统工程[M]．北京:中国科学技术出版社,2009.

[8] 中国空间技术研究院总体部．航天器系统信息流设计指南:Q/W1363-2012[S]．北京:中国空间技术研究院,2012.

[9] 周正伐．航天可靠性工程[M]．北京:中国宇航出版社,2007.

[10] 国防科学技术工业委员会．卫星可靠性设计指南:QJ2172A-2005[S]．北京:中国航天标准化研究所,2005.

[11] 国防科学技术工业委员会．可靠性模型的建立和可靠性预计:GJB813-90[S]．北京:中国航天标准化研究所,1990.

[12] 中国空间技术研究院．航天器产品安全性设计指南:Q/W-Q-40-05-2016[S]．北京:中国空间技术研究院,2016.

第 5 章　北斗导航卫星平台

一般的人造卫星均由卫星有效载荷和卫星平台两部分组成[1]。卫星有效载荷由直接执行卫星特定任务的产品、设备和分系统组成;卫星平台由卫星服务(保障)系统组成,是可以支持卫星有效载荷工作的一个组合体。

导航卫星采用分舱构型,平台部分从舱段组成上包括服务舱、推进舱,从分系统组成上一般有结构分系统、热控分系统、能源分系统、姿轨控分系统、综合电子分系统、测控分系统等。

随着用户对导航卫星有效载荷任务能力要求不断增加,对卫星平台承载能力、提供给有效载荷的功率能力和散热能力提出了更高的要求[2-3]。可以说导航卫星平台设计技术决定着未来导航卫星是否长寿命,高可靠。

同时,对于导航卫星而言,快速组批生产、密集组网发射的研制特点,也要求导航卫星平台具有承载能力强、柔性扩容能力强、模块化程度高,可快速生产和组装的特点。

本章对于北斗导航卫星平台的发展和相关的各个分系统进行介绍,包括分系统主要任务功能、工作原理及组成、分系统设计等内容,并对其中一些典型的产品进行介绍。

5.1　北斗导航卫星平台的演化

截至目前,我国导航卫星平台技术继承和借鉴其他类型卫星平台技术,发展和演进经历了 3 个阶段。

第一阶段:北斗一号卫星平台。

1986 年,按照陈芳允院士提出的服务我国及周边地区的“双星快速定位系统”设想,中国空间技术研究院以“利用 GEO 卫星,获得一种独立自主、快速有效的定位手段”为目标,组建研制队伍,开展了空间段卫星平台的任务分析、可行性论证和总体方案的研究工作。

1993 年初,中国空间技术研究院初步确定了卫星系统技术状态和总体技术指标。鉴于国内当时的卫星技术水平,通过比较论证,提出卫星平台可选取当时较为成熟的双自旋稳定的卫星平台方案。初步卫星平台方案是在东方红二号双自旋稳定平台基础之上,将有效载荷的天线消旋扩展为国际上流行的平台消旋,以满足卫星定位与通信有效载荷的需要。

1994 年 11 月底，为了提高北斗一号卫星系统的性能和服务效益，适应用户对北斗一号卫星有效载荷、卫星功率等主要技术指标提出的新要求，卫星总体对卫星方案进行相应的调整，提出了更改卫星平台方案的建议，增加有效载荷设备的安装面积，即由双自旋稳定卫星平台改为三轴稳定卫星平台。

采用三轴稳定的东方红三号卫星平台后，北斗一号卫星的供电能力、配置安装产品等能力大大提高，卫星有效载荷质量增加 60kg，功率增加 530W。特别是采用三轴稳定的东方红三号卫星平台后，北斗一号卫星克服了双自旋东方红二号甲卫星平台的局限性，卫星的工作寿命也由双自旋卫星的 6 年提高到 8 年，显著增强北斗一号卫星的使用性能和效益，有效地解决了研制过程中关键技术瓶颈问题。

第二阶段：北斗二号卫星平台。

北斗二号导航卫星系统的论证与研制工作起步于 1997 年，论证工作包括在继承北斗一号卫星系统卫星无线电测定业务（RDSS）服务和短报文通信服务的基础上，建设基于卫星无线电导航业务（RNSS）服务的区域系统（具备可扩展为全球系统能力）的总体方案、关键技术、技术途径、建设步骤等内容。

2000 年，论证组经过论证，提出首先建立北斗二号区域系统，逐步过渡到全球系统的原则建议。在工程建设具体过程中，可选择多颗 GEO 卫星 + 多颗 MEO 卫星的方案。北斗二号卫星平台可采用与北斗一号卫星相同的东方红三号卫星平台或改进型平台。2002 年后，经过多轮的论证工作，北斗二号卫星星座状态确定为 5 颗 GEO 卫星 +3 颗 IGSO 卫星 +4 颗 MEO 卫星的方案。

2004 年 1 月，卫星系统按照工程总体要求和与工程各大系统协调工作结果，完成了北斗二号卫星系统方案设计，包括 GEO 卫星初步总体方案、MEO 卫星初步总体方案、IGSO 卫星初步总体方案设计。

北斗二号卫星系统根据大系统任务要求和我国卫星平台的技术发展，确定：GEO 卫星平台采用东方红三号卫星改进型（DFH-3A）平台，其卫星载荷舱的高度增加 400mm，同时增加一个天线舱，以适应卫星有效载荷功能和对应的产品设备增加，由长征三号丙运载火箭在西昌卫星发射中心发射；IGSO 卫星平台采用东方红三号卫星平台，并进行适应性修改的方案，配置数据管理分系统等，由长征三号甲运载火箭在西昌卫星发射中心发射；MEO 卫星平台方案与 IGSO 卫星平台基本相同，由长征三号乙运载火箭在西昌卫星发射中心“一箭双星”发射。

2004 年 8 月，国家正式批准第二代卫星导航定位系统工程建设项目立项。北斗二号卫星平台按照上述确定的产品基线，完成了全部组网卫星和备份卫星的研制与发射工作，包括 8 颗 GEO 卫星、7 颗 IGSO 卫星和 5 颗 MEO 卫星。

第三阶段：北斗三号卫星平台。

根据我国卫星导航系统“三步走”发展战略，在北斗二号系统建设按计划稳步推进的同时，北斗三号系统的方案论证、关键技术攻关等工作也在同步进行。

2010 年起，围绕北斗三号 GEO 卫星、IGSO 卫星和 MEO 卫星在轨服务业务功能进行了研究，确定了 GEO 卫星、IGSO 卫星和 MEO 卫星的基本任务。

通过综合论证，北斗三号系统明确：按照北斗三号 GEO 和 IGSO 卫星功能和任务要求，GEO 和 IGSO 卫星平台需采用东方红三号卫星改进 B 型(DFH-3B)平台，通过长征三号甲系列运载火箭基础级“一箭一星”发射，卫星通过自身变轨进入工作运行轨道；为了适应北斗三号 MEO 轨道卫星“一箭多星”的发射，提升导航卫星有效载荷能力和服务质量，MEO 卫星平台需新研制桁架式的导航卫星专用平台，采用长征三号甲系列运载火箭基础级加远征一号上面级“一箭双星”发射方式，将 MEO 卫星直接送入工作运行轨道。

北斗三号 MEO 卫星研制的桁架式导航卫星平台是我国卫星平台技术的一个新跨越，其平台的载重比进一步提高，平台性能指标达到国际先进水平。

从 2015 年起，北斗三号卫星按照上述产品基线连续发射入轨，卫星平台工作安全稳定，支持和保障了卫星有效载荷的要求。

我国北斗导航卫星平台的主要特征指标如表 5.1 所列。

表 5.1 北斗导航卫星平台的主要特征指标

平台名称	承载能力	供电能力	姿态控制能力	寿命
DFH-3	整星质量 2320kg，有效载荷承载能力 200~230kg	1500W	姿控控制精度：0.15°(滚动、俯仰)，0.5°(偏航)。 定点位保精度：±0.1°(NS & EW)	8 年
DFH-3A	整星质量 3050kg，有效载荷承载能力 350kg	2100W	姿控控制精度：±0.15°(滚动、俯仰)，±0.5°(偏航)。 定点位保精度：±0.05°(NS & EW)	8 年
DFH-3B	整星质量 5400kg，有效载荷承载能力 350~450kg	6000W	姿控控制精度：±0.06°(滚动、俯仰)，±0.2°(偏航)。 定点位保精度：±0.05°(NS & EW)	12 年
MEO 专用平台	整星质量 1060kg，有效载荷承载能力 280kg	2700W	正常模式姿态控制误差：滚动轴 ±0.1°，俯仰轴 ±0.1°，偏航轴 ±0.5°。 正常模式的姿态测量误差：滚动轴 ±0.06°，俯仰轴 ±0.06°，偏航轴 ±0.3°。 调相模式姿态控制精度：滚动轴 ±0.25°，俯仰轴 ±0.25°，偏航轴 ±0.75°	10 年

5.2 结构分系统

卫星结构分系统是为卫星提供总体构型，为星上产品设备提供支撑并承受和传递各种力学环境载荷的零部件的总称。这些结构零部件形成了卫星系统上的整个“骨架”，它一般称为卫星的结构分系统[4-5]。

应该指出，不仅结构分系统中的所有零部件是结构，在卫星其他分系统和有效载荷中也有自身结构。例如：卫星其他分系统中的各种产品设备均包括自身的外壳结构和有关机械零部件，这些结构应该与卫星结构分系统具有相同或相似的设计要求

和设计方法。

5.2.1　结构分系统主要任务

对于卫星的结构分系统来说,其主要承担的任务包括承受各种力学环境载荷、安装设备、提供构型和一些针对特殊卫星的其他功能。

承受力学环境载荷是卫星结构分系统的最主要功能,包括承受作用在卫星上的各种静态和动态力学环境载荷。其具体的技术要求包括:保证在各种力学环境载荷作用下结构不产生材料强度破坏或者结构失稳破坏;满足运载火箭对卫星基频(最低的固有频率)的要求,以避免发射时产生过大的动力耦合载荷;保证在各种力学环境载荷作用下,卫星结构不产生不容许的变形。总之,卫星结构应具有一定的强度和刚度,以保证卫星的正常工作。

卫星结构分系统应为其他各分系统的产品设备提供安装空间和位置、安装界面和接口,以及具体的安装方式和连接件。具体内容包括:提供产品安装所需的连接强度和刚度,使得所安装设备承受的力学环境载荷不超过容许范围;保证安装精度,使得所安装设备达到所需的位置精度要求;提供和改善设备对空间环境的防护能力。

卫星结构分系统的整体形式基本上确定了整个卫星的构型,具体的技术要求包括:为卫星提供基本的骨架构造;为卫星提供基本外部形状和尺寸大小;为卫星提供各种接口关系和连接形式,包括与运载火箭的连接,与展开附件的连接,与地面操作工装及设备的连接等。

对于一些特殊的航天器,如返回卫星、载人飞船等,结构分系统还可能具有其他特殊的功能。例如:载人飞船的结构要具备密封功能,保证航天员的正常工作和安全;返回卫星的返回舱结构要具备防热功能,防止返回地面时大气中高温的影响。

对于卫星其他分系统中的各种结构零部件,根据具体要求可以具有上述一个或几个功能。

5.2.2　结构类型和材料

5.2.2.1　结构类型

由于卫星的功能不同,卫星的结构形式多种多样,目前卫星结构类型主要包括以下几个方面。

按照卫星结构零部件的形状,卫星结构可以分为杆系结构、板式结构和壳体结构。北斗导航卫星的 GEO 卫星和 IGSO 卫星主要是承力筒式壳体结构,北斗三号 MEO 卫星采用了桁架式杆系结构。桁架式杆系结构是北斗三号卫星为适应“一箭多星”发射而自主研发的导航卫星专用结构。

按照结构在传递力学环境载荷中的作用,可以把卫星结构分为主结构和次结构。主结构重点与运载火箭对接,把力学环境载荷从运载火箭传递到卫星,构成主要的传力路径。次结构是与主结构相连接的其他各种结构，用于支撑卫星上各种设备和保持卫星系统的外形，由此构成卫星系统的全部结构。导航卫星的主结构有承力筒和桁架式杆系，次结构包括各种支架和结构板。

按照上节提到的卫星结构分系统的功能，可以分为承载结构、密封结构和防热结构。导航卫星结构功能主要是承载功能，没有密封和防热功能。

5.2.2.2 结构材料

卫星结构分系统使用到的材料可分为两大类：结构材料和功能材料。

结构材料主要用于提供刚度和强度。结构材料有金属材料和复合材料。常用的金属材料按卫星系统目前采用频度依次为铝合金、钛合金、镁合金。复合材料有树脂基和金属基两种。常用树脂基复合材料的增强材料有碳纤维、克芙拉（芳纶）纤维、玻璃纤维、硼纤维、碳化硅纤维等。前3类纤维根据具体工艺的不同又有高强和高弹之分。常用树脂基体主要是改性环氧、改进氰酸酯和改性酚醛等。常用金属基复合材料有铝基碳化硅颗粒（或晶须）、铝基硼纤维、铝基碳纤维等。

功能材料用于提供特定功能，主要包括密封、阻尼、润滑、防热、烧蚀等。

导航卫星的结构分系统主要采用结构材料，较少采用功能材料。主要采用的材料包括树脂基复合材料，铝合金材料和胶黏剂。所有选用材料的性能数据分散性满足国标要求，材料的真空质损和可凝挥发物逸出率满足规范要求，不会对卫星上光学器件或其他产品造成污染。

5.2.3 结构设计

一般来说，与地面大型机械设备相比，导航卫星结构（机构）设计并不复杂，甚至有的还非常简单。但是，由于卫星任务的特殊性，卫星要经历运载火箭发射、空间轨道运行两个特殊而严酷的环境，并且一旦在轨工作出现故障就很难进行维修，因此与地面机械设备相比，卫星结构设计要求具有突出刚度设计、尽量减小结构重量、结构设计需要控制在有限的容积范围内等特点，同时需要适应空间环境等变化[6]。

突出刚度设计是指导航卫星在发射时需要承受动态力学环境载荷，要求卫星固有频率大于规定值或在某个频率范围内，以避免与运载火箭的动态耦合，而固有频率与卫星结构刚度直接相关，因此大多数卫星的结构设计首先要考虑卫星结构的刚度问题。例如某北斗导航卫星，对固有频率的要求是卫星在发射状态时，在以包带压紧面为固支的情况下，整星横向一阶基频≥15Hz；整星纵向一阶基频≥35Hz。

尽量减小重量是指为了适应运载火箭的发射能力和尽可能多地安装有效载荷设备，必须控制和减少卫星结构重量。对于某北斗导航卫星的卫星结构，明确提出卫星结构质量小于204kg，占卫星总质量比小于5.6%。

由于卫星的形状和体积受到运载火箭整流罩的严格限制，因此要求结构非常紧凑，充分利用有限空间安装卫星上配置的各种设备。

空间环境是所有卫星必须经历的特殊而严酷的环境（真空、低温、高温、温度交变、带电粒子辐照、紫外辐照等），导航卫星的结构分系统设计所选用的材料必须能够在空间环境中长时间稳定可靠。

5.2.3.1 卫星结构设计要求

卫星结构设计时需要遵守相应的技术要求，包括基本要求、强制要求和导出要求3类。

基本要求是卫星设计中必须始终遵循的基本原则，导航卫星结构设计的基本要求主要指强度要求，即卫星结构在研制、试验、发射和在轨工作过程中不能被破坏。卫星系统在结构设计过程中，必须进行结构分析，以求出结构中最大应力，并进行对应的地面强度验证试验。

强制要求是指设计的约束条件，它一般是卫星系统对结构分系统下达的设计要求或设计指标，包括运载系统的约束、卫星系统的约束和环境条件的约束。

根据运载用户手册，运载系统对卫星系统的纵向、横向、扭转基频和动态包络均有明确的要求。某北斗导航卫星的运载火箭飞行极限力学环境条件见表5.2。

表5.2 运载火箭飞行极限力学环境条件

CZ-3C		跨声速和最大动压状态	助推器分离前状态	一、二级分离后状态
纵向力学环境载荷/g	静态	+2.2	+5.3	+1.0
	动态	+0.8 -0.8	+0.8 -3.6	+2.7 -3.6
	组合	+3.0	+6.1	+3.7 -2.6
横向力学环境载荷/g		1.5	1.0	1.0
注：+表示压缩；-表示拉伸				

卫星系统自身的约束包括结构构型、结构布局、结构重量和结构刚度分配等。某北斗导航卫星结构分系统的性能指标要求如下。

（1）寿命指标：12年。

（2）结构质量指标：小于204kg。

（3）刚度要求：卫星在发射状态时，在以运载火箭与卫星连接包带压紧面为固支的情况下，整星横向一阶基频≥15Hz，整星纵向一阶基频≥35Hz。

环境条件约束主要是发射时引起的载荷环境。某北斗导航卫星的环境要求：存储环境要求温度为(20±5)℃，相对湿度为30%～60%；研制生产过程中厂房洁净度要优于100000级。

（4）空间环境要求：按照卫星轨道环境的情况进行分析。

导出要求是指通过分析论证和各相关分系统充分协调后，对卫星系统中相关强制要求进行分析和转化，提出更具体的要求或指标。一般包括机械接口、结构尺寸、可操作性、吊装要求等。

5.2.3.2 卫星结构设计

首先根据卫星总体设计要求策划结构设计方案，确定是完全继承现有结构平台，还是在已有平台基础上作适应性修改，或研制一个新的结构平台。如果是适应性修改，则提出修改的初步方案；如果是研制新的卫星平台，则需根据现有技术基础和新的设计要求，提出一种新的结构平台构型和新的可动组件构型[7]。

在卫星构型设计时，还需对可能采用的多种构型方案作详细比对。通过国内外卫星结构研制现状和发展趋势的分析，对所选方案从系统层面和单机层面开展多种方案的初步力学分析，使卫星结构满足的功能、性能和接口等综合性能最优。对可能采用的新材料和新工艺要进行分析，确认未引入新的技术风险。在进行卫星构型设计时，要注意分析星上传力路线的合理性。此外，选择构型方案时，应尽可能降低卫星研制成本和缩短研制周期。

确定卫星构型方案后，设计人员根据所选平台的构型及其刚度和力学环境载荷要求，进行整个卫星结构和可动组件的静力分析、模态分析和设计优化，以验证卫星结构构型整体设计的合理性。

设计人员要根据卫星整体力学分析的结果，生产制造合理可行的条件下，确定各主要结构部件的材料、工艺和最佳尺寸，并进行各结构部件的详细设计和计算，并分析计算得到设计安全裕度，检查相对于规范要求的符合性和合理性。最后在前期工作完成的基础上进行设计评审，评审通过后，正式确定卫星结构的生产基线，启动结构详细设计和投产。

北斗卫星的结构分系统设计是在卫星构型设计方案下开展的具体设计工作，它包括卫星主结构设计、结构主要产品设计及相应的机械接口设计等内容。

主结构是卫星结构分系统的核心，它把来自运载的力学环境载荷传递到卫星各个部分，并作为组装其他结构和设备的基础。北斗卫星平台的结构形式包括：中心承力筒结构、杆系结构和箱形板式结构等。

中心承力筒是一个位于卫星中央的圆形结构，其壳体形式包括夹层结构壳、波纹壳、加筋壳和网格壳。导航卫星的 DFH-3 平台中心承力筒采用波纹壳，DFH-4 平台中心承力筒采用加筋壳。

杆系结构是由许多直杆或曲杆相互连接组成的桁架或刚架。导航卫星的 MEO 专用卫星平台采用了桁架式结构。

箱形板式结构是由多块平板（主要采用蜂窝夹层板）组成的箱形结构。

在确定了卫星系统的结构形式及其使用的材料后，还需要确定结构间的连接方式。结构间的连接方式不同，承载能力、动力学响应特性及生产过程的工艺则不同。卫星结构分系统使用的结构连接方式主要有 3 种：机械紧固连接、焊接和胶接。各种连接方式各有优缺点，必要时可以组合使用。

卫星结构分系统在设计上常用的连接方式优缺点和应用场合如表 5.3 所列。

表5.3 连接方式的比较

连接方式	优点	缺点	应用
机械紧固连接	易拆卸(螺接); 通用性强; 易控制连接强度; 适于相异材料结构的连接; 可增加结构阻尼	重量大; 存在连接刚度损失; 连接可能漂移; 装配费时; 引入应力集中,一般不适用于脆性材料	大多数延性材料的结构
焊接	连接刚度好; 密封性最好; 重量较轻; 费用低	无法拆卸; 连接精度低; 降低材料的连接强度; 工艺品质控制较困难	可焊接金属的结构; 密封结构; 以刚度为主的杆系结构
胶接	重量最轻; 最容易和经济的连接方法; 应力集中小; 抗疲劳; 可增加结构阻尼; 可连接相异材料的结构	通常不能拆卸; 工艺品质控制较困难; 连接强度低; 使用温度范围有限制; 有些胶黏剂有脆性	大多数复合材料结构; 脆性材料的装配; 受剪切的接合面

5.2.3.3 结构设计分析与验证

结构设计分析主要为结构的力学分析,它采用结构力学分析方法,分析和计算卫星结构本身的力学特性(包括刚度、模态、临界载荷等)以及在已知力学环境载荷条件下卫星结构的响应(包括应力、变形、加速度等)。

1)结构静力分析

结构静力分析的目的是确定结构在各类稳态力学环境载荷和热环境载荷作用下的结构的响应特性,主要研究卫星结构在静载或准静载条件下的力学行为,解决结构的静强度和稳定性问题。

结构静力分析包括变形分析、应力分析以及稳定性分析。静力分析的结果可用于选择和确定结构的设计参数,作为结构强度验证的重要依据,指导结构试验工作。可以针对整个卫星结构,也可以针对卫星的主结构或某些关键的结构部件进行静力分析。

结构静力分析的方法主要有解析法和数值法(主要是有限元法)。解析法只限于解决规则的经典结构问题,对于复杂结构则需要进行过多的简化假设,以至于分析结果不可靠。

对于实际的卫星结构,特别是主要结构部件或整星结构的分析,大多采用有限元法。应用有限元法的优点在于能够应用规则的离散单元来模拟复杂结构,近似地获得结构的力学特征。北斗导航卫星主要采用的静力分析方法为有限元法。

北斗导航卫星静力分析的重要依据是发射卫星过程中的准静态力学环境载荷，准静态力学环境载荷是静载分量和动载等效静载分量的叠加，由运载火箭系统提出，是卫星主结构设计的关键输入条件。卫星系统结构设计部门根据运载火箭系统给出的发射卫星时最大极限力学环境载荷（表 5.2）进行组合，并取 1.5 倍安全系数，得到静力计算的准静态载荷条件（表 5.4）。

表 5.4 某北斗导航卫星的静力计算准静态载荷条件（取 1.5 倍安全系数）

加速度	跨声速和最大动压状态	助推器分离前状态	一、二级分离后状态
纵向加速度/g	+4.5	+9.15	-3.9
横向加速度/g	2.25	1.5	1.5

2）模态分析

模态是指卫星或主要部件在振动时，它们的各阶固有频率及相应的振型（模态形状）。模态分析的目的是求出它们的固有频率及相应的振型。

卫星模态取决于卫星的刚度（主要是卫星结构的刚度）、卫星系统的质量分布和边界条件，因此严格说，它是卫星系统的固有特性，而不是卫星结构的特性。但是，由于卫星结构刚度对卫星模态起着决定性的作用，并且在卫星系统的总体设计中主要通过结构设计来满足卫星模态要求，因此有时也称为卫星结构模态分析。

进行导航卫星的模态分析是卫星结构分系统设计的基本要求，在卫星结构分系统研制过程中具有重要作用，它是卫星结构方案选择的一种重要手段。

在卫星研制初期，结构分系统要设计多种方案，这些方案，除了要满足功能、质量等要求外，还要满足卫星模态的要求。对于前者，可以通过定性论述，得到初步答案，而卫星模态很难通过定性分析得到，需要进行模拟仿真分析。

模态分析也是卫星结构设计验证方法之一。通过结构模态分析，可以对卫星结构设计进行有效验证。结构模态分析在卫星结构研制的各个阶段，都是设计验证的重要方法。特别是方案阶段，由于此时不可能通过试验进行验证，因此模态分析尤为重要。

通过模态分析，可以分配星载设备支架刚度和星载设备固有频率。如果一个星载设备的固有频率与卫星的固有频率比较接近，则会在此频率下产生较强的动力耦合，使得星载设备产生很大的动态力学环境载荷，设计时应尽量避免这种情况发生。

利用模态分析，可以预计星载设备环境趋势。当卫星在固有频率附近的频段内振动时，结构上的响应将有明显放大。对于星载设备，在这一频段范围内振动环境条件必然较高，而其他频段的振动环境条件相对较低，因此可以通过模态分析定性预计星载设备环境趋势。

卫星模态分析还可用于结构故障诊断。当卫星完成规定程序的试验后，如果结构发生故障，则卫星模态将发生变化，通过故障前后的模态分析结果与试验结果对比可以有效地确定故障发生的部位。

假设结构为线弹性结构，且不考虑阻尼，采用以节点位移为变量，将结构看作具

有 n 个自由度的系统,它的自由振动方程为

$$\boldsymbol{M}\ddot{\boldsymbol{x}}(t)+\boldsymbol{K}\boldsymbol{x}(t)=0 \tag{5.1}$$

特征方程为

$$(\boldsymbol{K}-\omega^2\boldsymbol{M})\boldsymbol{\varphi}=0 \tag{5.2}$$

式中:$\boldsymbol{K}$ 为结构刚度矩阵;$\boldsymbol{M}$ 为卫星质量矩阵,ω 为特征值(在模态分析中称为模态频率);$\boldsymbol{\varphi}$ 为特征矢量(在模态分析中称为振型)。

模态分析就是求解特征方程,得到模态频率 ω 和与之对应的振型 $\boldsymbol{\varphi}$,并且分析振型 $\boldsymbol{\varphi}$ 的特征。

图5.1为某北斗导航卫星通过模态分析,得到的整星 Z 向一阶弯曲模态的结果,整个求解过程完全由计算机软件来实现。

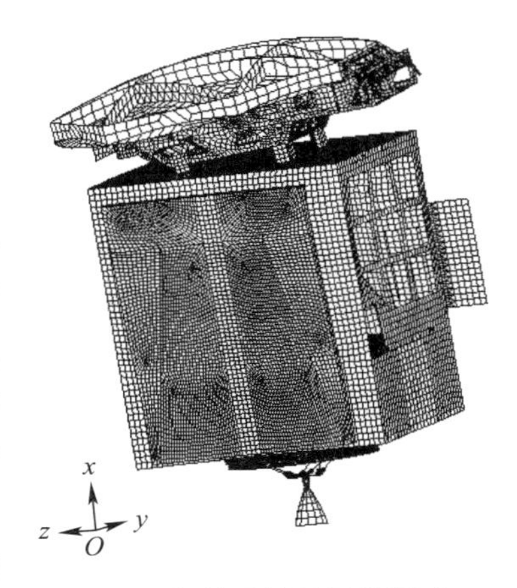

图5.1 北斗导航卫星的整星 Z 向一阶弯曲模态

3)结构动态响应分析

卫星在整个飞行期间经受振动、冲击、噪声等各种复杂力学环境载荷,这些载荷可能引起卫星结构和星载设备的失效或破坏,从而影响卫星的任务完成。动态响应分析的目的是确定卫星在各类动态力学环境载荷作用下的结构动力特性,计算出卫星上产生的加速度、载荷、应力、应变和变形。

针对卫星结构,动态响应分析内容主要包括结构频率响应分析、结构随机振动响应分析、结构噪声响应分析几方面。

(1)结构频率响应分析。

卫星结构频率响应分析就是卫星结构在基础正弦激励条件下的响应分析,把不同正弦频率激励下所得到的响应分析结果绘成曲线,就可以得到频率响应曲线。卫星结构的频率响应分析主要借助有限元软件来实现。

(2)结构随机振动响应分析。

结构在基础随机振动激励条件下的响应分析,一般用在频域范围上的加速度功率谱密度函数表示,可以利用计算机有限元软件来实现。

(3)噪声响应分析。

结构在声环境条件下的响应分析。声振响应分析基本上采用有限元分析和统计能量分析两种方法。有限元法适用于低频段,不容易模拟高频声振载荷并把它引入到分析中;统计能量法适用于中、高频段,但需要获取许多计算所需要的参数。

4)结构设计的验证。

结构设计的验证也是结构设计的一个组成部分。设计验证的目的是证明满足设计要求,并能在寿命期间保持其使用能力。

结构设计验证方法包括以下一种或几种方法的组合:分析验证、检验验证、类比验证和试验验证。大多数设计要求需采用几种方法的组合来验证,例如:分析验证与试验验证组合或分析验证与类比验证组合等。

验证方法的选择需要考虑:验证方法在技术上是否可行,验证是否简单实用,验证是否合理、准确、有效,验证的不充分性所带来的风险是否可接受,验证的成本、时间进度风险是否可接受等。

5.2.4 北斗二号卫星结构设计

北斗二号卫星主结构是由碳波纹承力筒和 26 块蜂窝夹层板组成的 1 个六面长方箱体,同时配置 490N 发动机支架。按照卫星总体功能要求,北斗二号卫星主结构可分为载荷舱结构、天线舱结构、推进舱结构、服务舱结构及直属件。

其中,北斗二号 IGSO/MEO 卫星的箱体尺寸为 1720mm × 2200mm × 2000mm。结构分系统的具体分解图如图 5.2 所示。

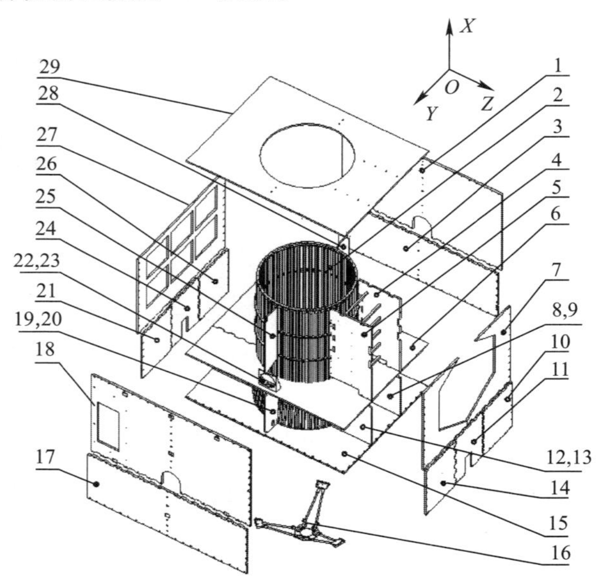

1—载荷舱 -Y 板; 2—承力筒组件; 3—服务舱 -Y 板; 4—天线舱 -Y 板; 5—天线舱 +Y 板; 6—中板; 7—对地上板; 8—推进舱对地 -Y 隔板; 9* —推进舱背地 -Y 隔板; 10—对地 -Y 板; 11—对地下板; 12—推进舱对地 +Y 隔板; 13—推进舱背地 +Y 隔板; 14—对地 +Y 板; 15— -X 板; 16—490N 支架; 17—服务舱 +Y 板; 18—载荷舱 +Y 板; 19—推进舱 +Y 隔板; 20* —推进舱 -Y隔板; 21—背地 +Y 板; 22—SADA +Y 支架; 23* —SADA -Y 支架; 24—背地下板; 25—载荷舱 +Y 隔板; 26—背地 -Y 板; 27—背地上板; 28—载荷舱 -Y 隔板; 29— +X 板。

注:因遮挡,标“*”者图中不可见。

图 5.2 结构分系统的具体分解示意图

北斗二号 GEO 卫星箱体尺寸为 1720mm × 2200mm × 2400mm,结构分系统的具体分解图如图 5.3 所示。

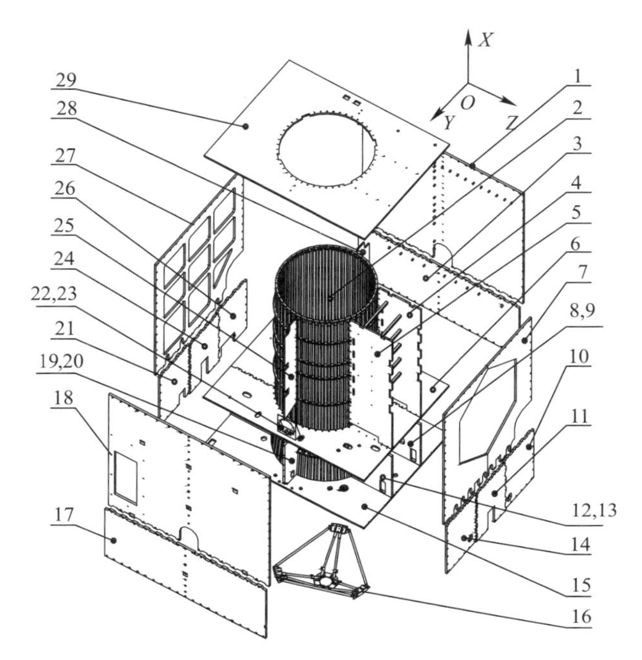

1—载荷舱北板；2—承力筒组件；3—服务舱北板；4—天线舱北板；5—天线舱南板；6—中板；7—对地上板；8—推进舱对地 $-Y$ 隔板；9*—推进舱背地 $-Y$ 隔板；10—对地 $-Y$ 板；11—对地下板；12—推进舱对地 $+Y$ 隔板；13—推进舱背地 $+Y$ 隔板；14—对地 $+Y$ 板；15—西板；16—490N 发动机支架；17—服务舱南板；18—载荷舱南板；19—推进舱南隔板；20*—推进舱北隔板；21—背地 $+Y$ 板；22—SADA $+Y$ 支架；23*—SADA $-Y$ 支架；24—背地下板；25—载荷舱南隔板；26—背地 $-Y$ 板；27—背地上板；28—载荷舱北隔板；29—东板。

注：因遮挡，标“*”者图中不可见。

图 5.3　结构分系统的具体分解示意图

1）中心承力筒

北斗二号卫星承力筒由碳筒段、下锥壳及对接框 3 部分组成。其中碳筒段是采用碳纤维/环氧树脂复合材料的碳波纹筒壳结构，共 48 个波纹。碳筒段又可分为圆柱段和锥段两部分，另外还有上端框、隔框、长桁、下端框等次结构。下锥壳是具有铝合金上框及蒙皮的金属锥壳，采用铆接工艺最终加工成型。对接框是由铝合金机加成型的旋转体，与下锥壳铆接为一体，是卫星与运载工具之间的机械接口。

北斗二号 IGSO/MEO 卫星承力筒采用了 DFH-3 卫星平台的成熟产品，北斗二号 GEO 卫星承力筒在 DFH-3 平台中心承力筒基础上进行了技术改进，承力筒高度增加了 400mm，承载能力从 2350kg 提高到 3100kg。

DFH-3 平台承力筒在北斗一号卫星以及北斗二号 IGSO 和 MEO 卫星上采用。DFH-3 平台承力筒结构示意图见图 5.4。

2）结构板

北斗二号卫星主结构共包含 26 块（两块对地上板视为一块板组件，三块背地上

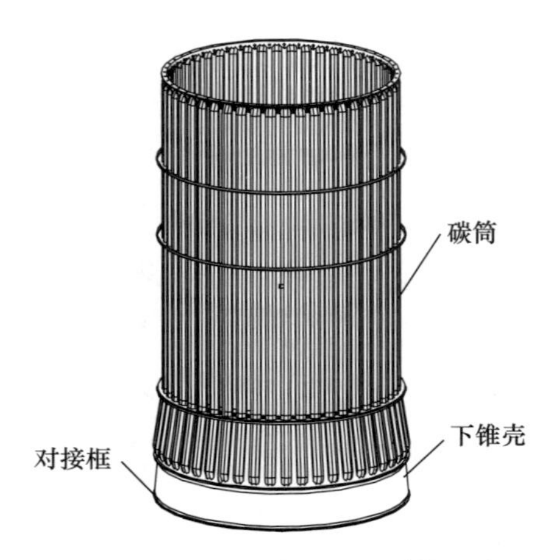

图 5.4　DFH-3 平台承力筒结构示意图

板视为一块板组件)，结构板技术状态与 DFH-3 卫星平台主结构相比，增加了“天线舱 $+Y$ 板”和“天线舱 $-Y$ 板”，以支撑新增加的有效载荷天线阵。

所有的结构板均采用蜂窝夹层结构，按面板材料分类有两种类型：第一种是铝合金面板、铝合金蜂窝芯的蜂窝板，主要用于有热控设施(粘贴 OSR 片和预埋热管)的结构板，这类结构板共 6 块，分别为载荷舱 $+Y$ 板、载荷舱 $-Y$ 板、服务舱 $+Y$ 板、服务舱 $-Y$ 板、天线舱 $+Y$ 板、天线舱 $-Y$ 板；第二种结构板采用碳纤维/环氧复合材料面板、铝合金蜂窝芯的蜂窝板，共 20 块。

3) 490N 发动机支架

北斗二号卫星 490N 发动机支架采用碳纤维复合材料桁架式结构，主要组成部件包括：连接角盒、连接杆、法兰盘、接头、温控连接片等。为避免真空条件下杆内积聚的空气压力影响结构强度，所有管端均有开放气孔。

5.2.5　北斗三号卫星结构设计

5.2.5.1　北斗三号 MEO 卫星结构

北斗三号 MEO 卫星采用桁架式主承力结构，卫星箱体尺寸为 1804.6mm(X) × 1224.6mm(Y) × 2300.0mm(Z)，卫星本体分为载荷舱、推进舱、服务舱及直属件。结构分系统的具体分解图见图 5.5。

1) 桁架结构

长方体形桁架结构尺寸为 1117mm(X) × 1117mm(Y) × 2286mm(Z)(杆件轴线间的尺寸)，桁架结构底部有 4 个星箭分离接头，中部有 8 个舱间连接接头，顶部有 4 个起吊接头，接头之间由复合材料缠绕杆件胶接连接。

桁架结构示意图如图 5.6 所示。

2) 结构板

在桁架结构 $\pm X$ 侧、$\pm Y$ 侧、$\pm Z$ 侧分别安装蜂窝夹层板，桁架结构在平台舱中

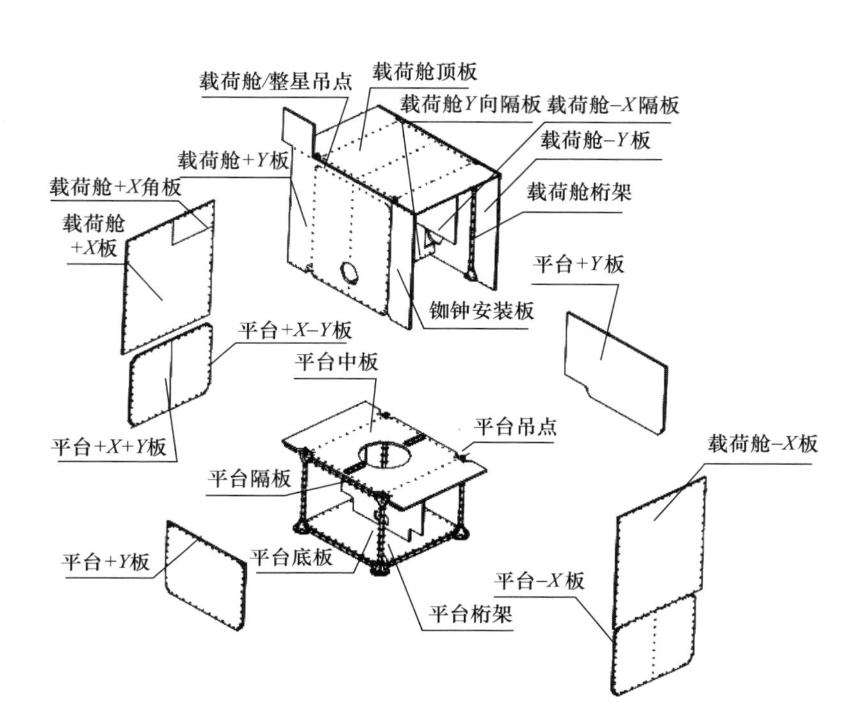

图 5.5　北斗三号 MEO 卫星结构分解示意图

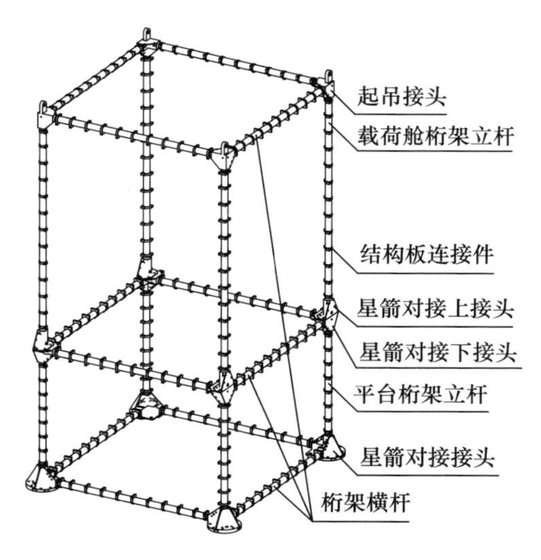

图 5.6　桁架结构示意图

部 ±*X* 向安装一块隔板，桁架结构在载荷舱中部 ±*Y* 向安装一块隔板，−*X* 侧安装一块隔板，以降低载荷舱 −*X* 板的响应。

根据卫星结构承载、频率以及热控要求，结构板设计分别为铝合金和复合材料面板、铝蜂窝芯夹层结构。其中，服务舱 ±*Y* 板和 −*X* 板、载荷舱 ±*Y* 板和 −*X* 板设计为铝合金面板夹层结构，以满足OSR粘贴和有热管预埋要求；其他结构板均采用碳纤维/改性氰酸酯复合材料面板。

5.2.5.2 北斗三号 IGSO/GEO 卫星结构

北斗三号 IGSO、GEO 卫星本体轮廓为长方体箱形结构，卫星本体尺寸为 2360mm(X) ×2100mm(Y) ×3600mm(Z)，卫星结构主要包括中心承力筒、结构板和 490NG 发动机支架，载荷舱高 2700mm，服务舱高 900mm。

IGSO 卫星的结构分系统分解图如图 5.7 所示；GEO 卫星的结构分系统分解图如图 5.8 所示。

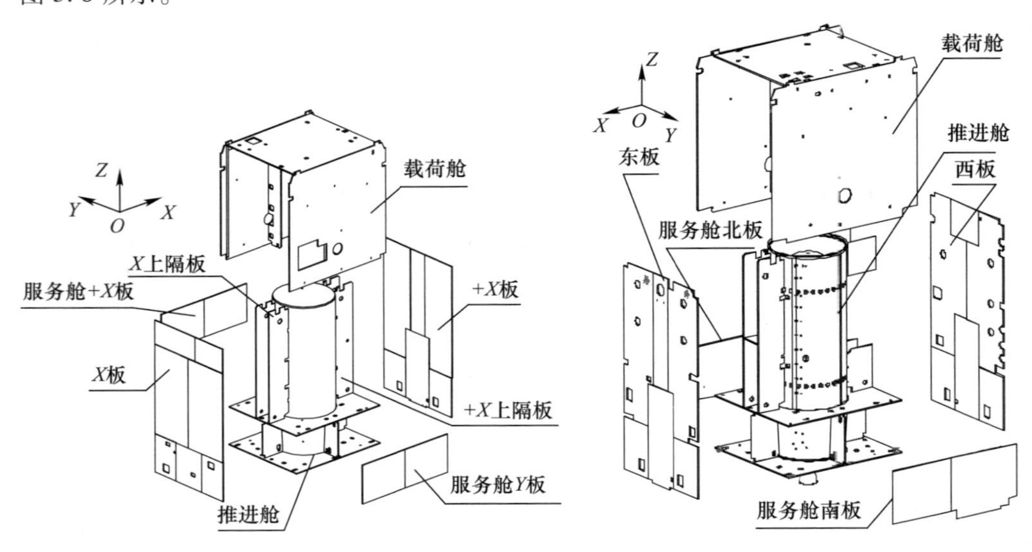

图 5.7 IGSO 卫星结构分系统分解图

图 5.8 GEO 卫星结构分系统分解图

1）中心承力筒

中心承力筒是主结构的核心承力部件，在充分继承 DFH-3B 平台承力筒设计的基础上进行适应性修改，主体为碳纤维/改性氰酸脂复合材料铝蜂窝夹层结构。

承力筒分为圆柱和圆锥两段，两者的过渡段大约在筒高的 1/4 处，筒体中部分别提供上下贮箱的连接面，外部胶接 4 个环框，分别为星箭分离框、背地板连接框、中板连接框、对地板连接框。另外还埋置了一定数量的镶嵌件，用于与隔板、支架等的连接。

中心承力筒高(3674 ± 1) mm，直段内径为 1270mm，与运载工具的接口为标准 1194A 接口。此外，中心承力筒还有两组各 32 个贮箱连接孔。贮箱连接形式同 DFH-3B平台。

DFH-3B 平台承力筒基本型结构示意图如图 5.9 所示。

2）结构板

结构板包括平台结构板、载荷舱结构板和直属结构板。

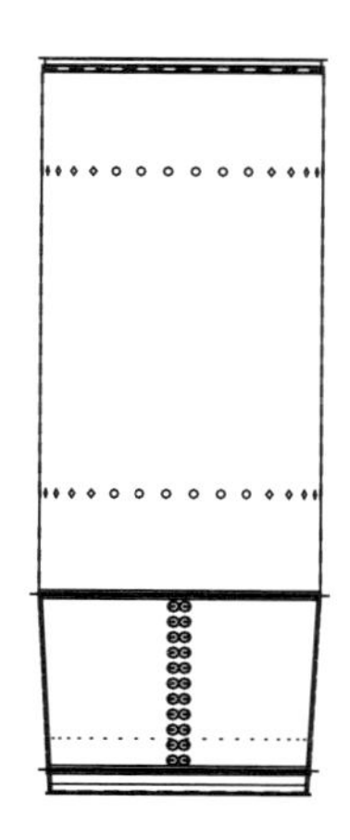

图5.9　DFH-3B平台承力筒基本型结构示意图

平台结构板包括背地板、中板、推进舱隔板、$\pm X$上隔板以及服务舱设备安装板和电池安装板。根据承载、频率以及热控要求，结构板设计分别为铝合金和复合材料面板、铝蜂窝芯夹层结构。其中，服务舱设备板和电池板设计为铝合金面板夹层结构，以满足OSR片粘贴和热管预埋要求。推进舱$\pm Y$隔板采用铝合金面板；推进舱$\pm X$隔板、中板和背地板从减重方面考虑，采用碳纤维/改性氰酸酯复合材料面板。

载荷舱结构板由对地板、$\pm Y$板以及载荷舱$\pm Y$隔板组成。$\pm Y$板采用铝面板铝蜂窝夹层结构，中间预埋热管。载荷舱$\pm Y$隔板直接传递$\pm Y$板载荷到承力筒，在传力路径中起着非常重要的作用，也采用铝面板铝蜂窝夹层结构。对地板采用比刚度大的碳纤维/改性氰酸酯的复合材料面板蜂窝夹层结构。

其他结构板均采用碳纤维/改性氰酸酯复合材料面板。

3）490N发动机支架

490N发动机通过490N发动机复材支架与中心承力筒连接，490N发动机复材支架采用碳纤维编织桁架式结构，由碳/环氧复合材料杆件、接头和法兰盘以及角盒组成。490N发动机安装于法兰盘面上。

5.3　热控分系统

5.3.1　热控分系统主要任务

卫星在轨长期可靠运行，需要适应复杂的空间环境条件。空间真空、低温、高温、微重力、太阳辐射、地球反照、地球红外辐射、羽流等均会对卫星的温度产生影响。

导航卫星在轨需要长期经受太阳辐射和空间低温热沉的加热和冷却，引起高低温的剧烈变化，卫星表面温度变化幅度可达$-200\sim200$℃。因此，为保证卫星在轨正常工作,需要由热控分系统采取措施控制卫星内外的热交换,使其温度处于规定的范围之内。

卫星热控分系统的任务是:针对卫星从地面待发段到工作任务结束全过程,分析和识别卫星外部空间环境、任务特征及自身特性,在满足来自外部环境和卫星对热控制技术约束的前提下,综合运用合理的热控制技术,对各种热量的吸收、传输、排散等环节进行调节,保证卫星及其设备的温度、温度差、温度稳定性等指标满足卫星正常工作的要求[8]。

5.3.2 热控分系统工作原理

卫星的温度是由其在轨运行过程中能量平衡决定的,其热平衡关系如图 5.10 所示,具体可以表示为

$$Q_1 + Q_2 + Q_3 + Q_4 + Q_5 = Q_6 + Q_7 \tag{5.3}$$

式中:Q_1、Q_2、Q_3、Q_4、Q_5 分别为太阳直接加热、太阳反照加热、地球红外加热、空间背景加热和卫星内热源产生的热量;Q_6、Q_7 分别为卫星向宇宙辐射的热量和自身内能的变化。

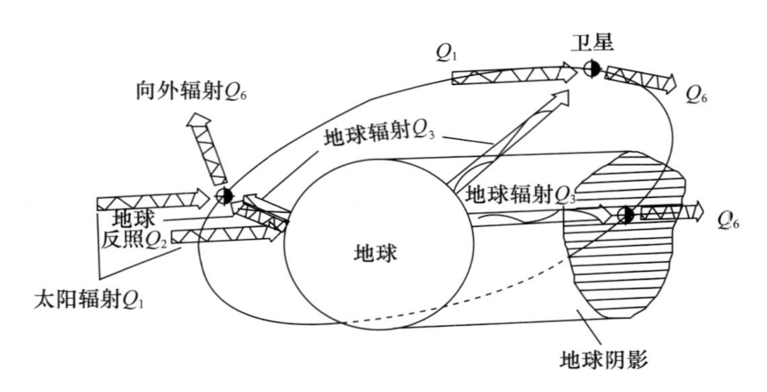

图 5.10 卫星在宇宙空间的热平衡关系

式(5.3)表明,单位时间内,卫星从宇宙空间吸收的热量与卫星内部产生的热量之和,应等于卫星向宇宙空间排散的热量与本身内能变化之和。这个热平衡条件确定了该时刻卫星的温度水平[9]。

事实上,卫星并不是一个简单的等温体,卫星表面不同部位的温度、卫星内部产品设备的温度都各不相同,因此,不仅要考虑卫星与宇宙空间的换热,还要考虑卫星内部的换热,分析卫星自身各处的热耦合关系。对于图 5.11 所示的卫星换热系统,可以将卫星分成许多节点 $F_1 \sim F_i$,某一节点热平衡方程可表示为

$$(\alpha_{si} S \phi_{1i} + \alpha_{si} E_r \phi_{2i} + \varepsilon_{ei} E_e \phi_{3i}) + \sum_{j=1}^{N} B_{j,i} A_j \sigma T_j^4 + P_i + \sum_{j=1}^{N} k_{j,i} (T_j - T_i) =$$

$$A_i (\varepsilon_{ii} + \varepsilon_{ei}) \sigma T_i^4 + m_i c_i \frac{\Delta T_i}{\Delta \tau} \tag{5.4}$$

式中：ϕ_{1i}、ϕ_{2i}、ϕ_{3i}为节点 i 相对于太阳直照、地球反照和红外辐射的几何角系数；S 为太阳常数；E_r和 E_e分别为地球表面的平均太阳反射和平均红外辐射热流密度；$\alpha_{s,i}$为节点 i 太阳吸收比；ε_{ii}为节点 i 向星体内红外半球发射率；ε_{ei}为节点 i 向星体外红外半球发射率；A_i、A_j 表示节点 i、j 的面积；$B_{j,i}$为节点 i 辐射的能量被节点 j 所吸收的份额；$k_{j,i}$为节点 j 和 i 间的传导因子；m_i 为节点 i 质量；c_i 为节点 i 比热容。

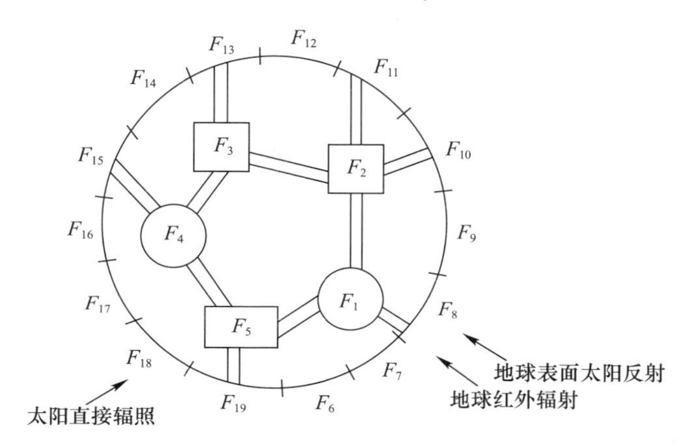

图 5.11　卫星节点换热示意图

式(5.4)等号左边：第 1 项为节点 i 吸收的空间外热流，包括太阳直照、地球反照和红外辐射；第 2 项为各节点发射的能量被节点 i 吸收的部分；P_i为内热源；第 4 项为其他节点通过导热向节点 i 的传热量。等号右边：第 1 项表示节点 i 向外辐射的热量；第 2 项表示节点 i 内能的变化。

热平衡方程表明，卫星温度分布是多种因素的复杂函数，即

$$T=f(S,E_r,E_e,P_1,\cdots,\phi_1,\phi_2,\phi_3,\cdots,\alpha_s,\varepsilon,c,B,k,P_2,\cdots) \tag{5.5}$$

式(5.5)中的变量可以大致分为 3 类。

第 1 类 $S,E_r,E_e,P_1,\cdots$是太阳和地球辐射能量及卫星的设备热耗，这些量取决于飞行任务，它们是不能任意变化的。

第 2 类 $\phi_1,\phi_2,\phi_3,\cdots$是卫星各个面相对于太阳、地球的角系数，取决于卫星的轨道和姿态，通常也是不能任意变化的。

第 3 类 $\alpha_s,\varepsilon,c,B,k,P_2,\cdots$是卫星上各部件产品的热物理性能及加热器功率，取决于卫星的材料、表面状态或卫星的构型布局，这些参数在热设计过程中可以根据需要进行选择和调整。

通过对上述影响卫星温度各种因素的分析，可以提出控制卫星热量交换的方法和措施，从而达到控制卫星温度的目的。

为了使卫星能在预定的温度条件下工作，需要对卫星上产生的热量大小、传递方向、各产品设备之间及星内外的热交换过程、各点温度变化速率等进行预先妥善安排及适时控制。热控分系统采取的主要措施如下。

1）控制卫星热量吸收及排散

卫星在轨运行吸收的外部热量来自太阳辐照、地球反照和地球红外辐射。在卫星内部，设备工作也会产生热量。这些热量最终都要通过辐射的方式排散到深冷空间。控制热辐射器吸收的外热流和向空间排散的热流就可以实现控制卫星温度的目的。

一般情况下，应优选到达的环境热流尽量少且较稳定的结构板表面为热辐射器，同时还应尽量保证卫星上的辐射器面向深冷空间的视场不被遮挡，如北斗导航 GEO 卫星的 $+Y$、$-Y$ 结构板和采用偏航控制的北斗导航卫星的 $-X$ 结构板。

热辐射器表面一般选择低太阳吸收比、高发射率的热控涂层，通常选用有机/无机白漆、二次表面镜涂层，这样可以减小热辐射器表面吸收的太阳辐射热流，增大向空间排散的热流。热辐射器散热面积应根据热辐射器吸收的环境热流、卫星设备的热功耗、工作温度范围和储存温度范围要求以及热源和热辐射器的换热关系确定。

除了热量排散外，某些部位还需采取隔热措施，以防止热量向太空的过量散失，或剧烈变化的外热流引起卫星或设备温度过低或过高，如星体外表面包覆的多层隔热组件等。

2）热量收集及传输

卫星设备产生的热量通过收集，传输到需要热量的地方或传输到热辐射器后向空间排散。热量的传输可采用辐射传输和导热传输等方式。辐射传输是利用设备表面的高发射率涂层，直接或间接将热量通过辐射的方式传到热辐射器上。导热传输是通过接触传热的方式直接传给热辐射器，或者通过高热导率部件传至热辐射器。为进一步增加接触传热，可在发热产品与热辐射器的接触界面填充导热填料。

如果设备发热功率过大而又无法直接布置在热辐射器上时，可以利用热管实现热量的收集和传输。在设备与热辐射器之间通过热管收集和传输热量，收集和传输的能力取决于热管的传热能力，热阻主要取决于热管与设备、热管与热辐射器的接触热阻。

3）热量补偿及温度控制

当需要保持卫星设备温度、温度差、温度稳定性在一定范围内时，常需要进行热量补偿并进行温度控制。其中电加热补偿是最常规、最可靠、最稳定的方法。即通过控制电加热功率的方法达到控制温度的目的，一般由温度敏感器、电加热器及控制器组成，温度敏感器、电加热器装在被控对象上。控制方式有地面遥控指令控制、程控指令控制、模拟电路控制和计算机软件控制等。

5.3.3 热控技术

卫星系统采用的热控技术主要包括被动热控技术和主动热控技术。

被动热控是指不需要受控对象的信号反馈作用的控制，不具有热参数的自动调节能力。通常选择具有一定物理性能的结构材料、表面涂层、隔热材料、相变材料以及热管等措施。具有实施简单、性能可靠、重量轻、成本低、通用性好、使用寿命长等优点。一般包括热控涂层技术、导热材料技术、界面强化传热技术、隔热技术、热管技术、相变储能技术等。

主动热控是指依靠受控对象的信号反馈作用的控制，可实现热参数的自动调节。主动热控制技术对于卫星的总体布局和结构要求不高，具有可自主调节性及很强的适应能力。

使用的主动热控技术是电加热器控温技术，主要用于有效载荷关机时及不同工作模式下的热量补偿，星载原子钟、蓄电池等星内设备温度控制，姿轨控发动机温度控制，星外姿态敏感器温度控制，舱外天线部件温度控制等方面。电加热器的控制可以采用地面遥控或星上软件自控的方式。

空间传热的基础理论不再赘述，下面重点介绍空间传热技术所涉及的几种主要材料和设备，包括导热材料、热管、导热填料、热控涂层、加热元件等。

1）导热材料

导热材料广泛应用于卫星热控制，其功能是发挥热量快速传递的作用，支持相关设备温度控制目标的实现。北斗导航卫星常用导热材料主要包括铝及铝合金、铜、金刚石膜等。

铝及铝合金构件可同时作为承载结构材料和导热材料，即实现结构与热的一体化设计和使用，例如卫星中的铝蜂窝板、机箱等。

某些情况下，铝及铝合金材料作为单一的热功能材料使用，例如星载大功率设备（如陀螺）安装面处使用的铝扩热板。铜和金刚石材料都有较高的导热系数，适用于热功率较大且安装空间受限的场合。

2）热管

热管是以毛细结构的抽吸作用来驱动工质循环流动的蒸发、冷凝传热装置，是目前卫星上实现等温化的最佳器件，主要用于疏通发热与不发热，或热功耗悬殊的产品设备与结构间的热传递，使热耗得到均衡，温度趋于一致。

北斗导航卫星使用的热管为轴向槽道热管，其完整的传热过程包括：热管蒸发段加热，液态工质受热蒸发为气体，气态工质流向冷凝段，并在冷凝段凝结为液态工质，液态工质在毛细抽吸力的驱动下回流至蒸发段，如此往复，实现热量的高效传输。

典型的轴向槽道热管工作原理如图5.12所示。

热管可以有效地将发热设备的热量传递到散热面上，也可以用于不同部位或同一部件内部温度的均匀化以及设备温度的控制。热管外形可以根据需要，做成圆形、矩形、工字形、T字形、Ω形，目的是加大接触面积、减小传热阻值。

导航卫星使用的轴向槽道热管毛细槽道形状主要包括矩形槽道和Ω形槽道，轴向槽道热管截面示意图如图 5.13 所示。

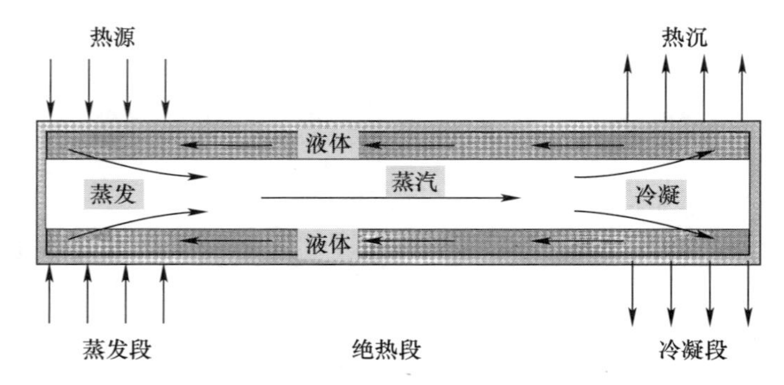

图 5.12　轴向槽道热管工作原理示意图

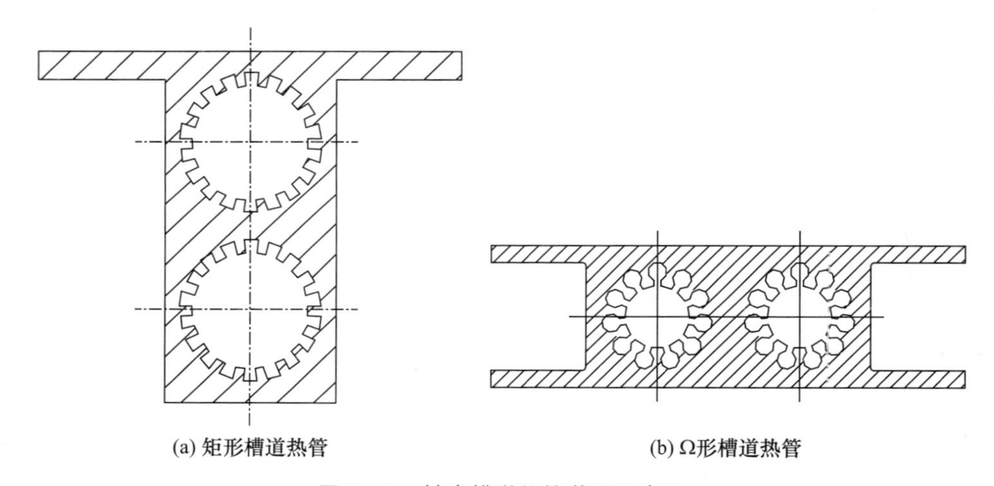

图 5.13　轴向槽道热管截面示意图

轴向槽道热管性能参数见表 5.5。

表 5.5　轴向槽道热管性能参数指标

参　数	指　标
使用温度范围	铝-氨热管(管壳为铝合金、工质为高纯氨)为 $-60 \sim +60$℃
最大传热能力	数十到数百 W·m
蒸发段最大热流密度	$<4W/cm^2$
蒸发段蒸发换热系数	数千 $W/(m^2 \cdot ℃)$
冷凝段凝结换热系数	数千到数万 $W/(m^2 \cdot ℃)$

3）导热填料

导热填料用于改善两固体壁面之间的接触，增大有效接触面积，有效降低界面的接触热阻，从而强化了界面的换热。

按使用形态导热填料分为导热硅脂、硅橡胶和导热垫片3种：导热硅脂在使用前和填充后均具有流动性；硅橡胶在使用前具有流动性，填充后变为固体；导热垫片在使用前和填充后均为固体。对于需要多次拆装的设备，一般选用导热硅脂、导热硅橡胶垫、铟箔等。

导热填料广泛用于星上发热产品设备与安装板之间，以降低发热产品温度。导航卫星产品安装常用的导热填料主要为导热硅脂。光学敏感器、相机、大功率微波开关等设备，对导热填料可凝挥发物造成的污染十分敏感，一般选用硅橡胶作为导热填料。导热垫片用于电子设备内部元器件的强化换热。

4）热控涂层

具有特定的热辐射性质，用以调节物体热交换的表面层，可以通过抛光、电镀、阳极氧化、喷涂和真空镀膜等工艺形成。其热辐射特性通常用太阳吸收比 α_s 和红外半球发射率 ε_H 来描述。

按照不同的使用目的可分为星外散热面涂层、星内高发射率涂层和星内低发射率涂层。

星外散热面涂层的特点是低太阳吸收比、高红外发射率，用在有太阳照射的地方，可以降低阳光能量的吸收、增加自身向外的辐射能力。导航卫星常用的散热涂层包括OSR、ACR-1防静电白漆、F46膜二次表面镜等。

选择星外散热面涂层时，要考虑其耐空间环境的能力和自身热参数在空间环境因素作用下的退化性能。导航卫星处于地球辐射带内，粒子(质子、电子)辐射通量密度大，加上8~12年长寿命要求，可能引起星体外表面热控涂层的严重退化。因此，一般选用在太阳紫外线及粒子辐射作用下稳定性最好的OSR作散热面涂层，大面积组合OSR的太阳吸收比 α_s 寿命初期值取为0.135，8年寿命末期值取为0.25，12年寿命末期值取为0.27。采用偏航控制的卫星也可以选用ACR-1防静电白漆。

由于带电粒子(质子、电子)通量密度大，表面静电积累可达数千伏，为防止静电放电，外表面涂层均需具有防静电积累功能。

星内高发射率涂层用于强化其表面与周围环境的辐射热交换，如设备表面使用的黑色阳极氧化和E51-M黑漆，舱板上使用的SR107白漆等，其半球红外发射率 $\varepsilon_H \geqslant 0.85$。

星内低发射率涂层用于减弱其表面与周围环境的辐射热交换，如星载原子钟外表面的镀金涂层和舱板上粘贴的镀铝热控带等，半球红外发射率 $\varepsilon_H \leqslant 0.1$。

5）隔热材料

卫星系统采用高热阻材料或结构件以减缓物体间或物体与周围环境间的热传递，包括导热隔热和辐射隔热两种材料。

导热隔热垫是卫星上广泛使用一种导热隔热技术，采用低导热率材料制成，以减小接触面积，增大传导热阻，常用于舱段间隔热、舱板间隔热、设备与安装板之间的隔热。常用的隔热垫材料有玻璃钢、聚酰亚胺、TC4 钛合金等。某些卫星天线的穿舱波导位于星外的部分温度范围往往很宽且变化剧烈，会导致与星内波导相连的设备温度波动幅度大，因此采用了低导热系数的殷钢波导，以抑制星外波导对星内的热影响。

多层隔热组件是卫星最常用的辐射隔热技术，一般由具有低发射率的反射屏和低热导率的间隔层相互交替迭合而成，其最外层根据需要加一层具有指定热光学性质的面膜。其主要工作原理是：通过多个反射屏材料来阻隔辐射热交换，通过间隔层材料的低热导率或隔热屏间的点接触来降低热传导，从而达到隔热效果。

多层隔热组件组成如图 5.14 所示。

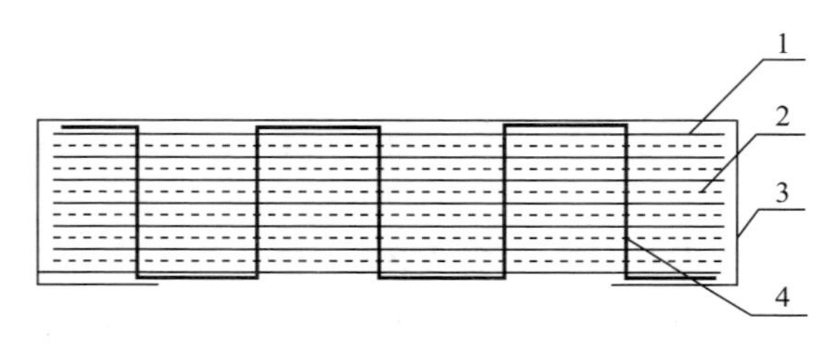

1—反射屏；2—间隔层；3—面膜；4—缝合材料。

图 5.14　多层隔热组件组成

多层隔热组件因使用温度不同，又分为低、中、高温多层隔热组件。

低温多层隔热组件的使用温度为 -196 ~ +120℃，反射屏为双面镀铝聚酯膜，间隔层为涤纶网，面膜为单面镀铝聚酰亚胺膜或渗碳黑聚酰亚胺膜。

中温多层隔热组件：使用温度不大于 300℃，反射屏为双面镀铝聚酰亚胺膜，间隔层为高硅氧玻璃布，面膜为单面镀铝聚酰亚胺膜。

高温多层隔热组件的使用温度不大于 900℃，反射屏为镍箔，间隔层为高硅氧玻璃布，面膜为带灰色化学转换涂层的不锈钢箔。

导航卫星外表面散热面以外的部位，星内贮箱、气瓶、管路等部位，均包覆低温多层隔热组件。而在发动机、推力器表面及周围，则根据温度范围使用高温多层隔热组件或中温多层隔热组件。从卫星总体设计角度，当多层隔热组件用于卫星外表面时，朝向空间的面膜要考虑其对空间环境的适应性，通常考虑的因素包括温度、辐射（带电粒子辐射、紫外辐射等）等。为防止静电积累，多层隔热组件面膜需选用导电型薄膜且采取接地措施。对于星上敏感器附近使用的多层隔热组件，选用渗碳黑聚酰亚胺膜做面膜，以达到抑制杂散光的目的。

6）加热元件

用电加热的方法控制卫星产品和部件的温度是热控分系统采用的加热技术中最重要的手段之一，尤其是那些温度范围要求较高的产品、部件的热控。

常用的加热元件有片状薄膜型电加热器、电加热带、铠装电加热器和金属壳线绕电阻等类型。其中,片状薄膜型电加热器用于大多数产品、设备的加热,电加热带主要用于推进系统管路的加热,铠装电加热器用于推力器的加热,金属壳线绕电阻用于加热器安装面积很小的地方(如天线锁紧释放装置)。

图5.15为导航卫星上使用的部分电加热器。

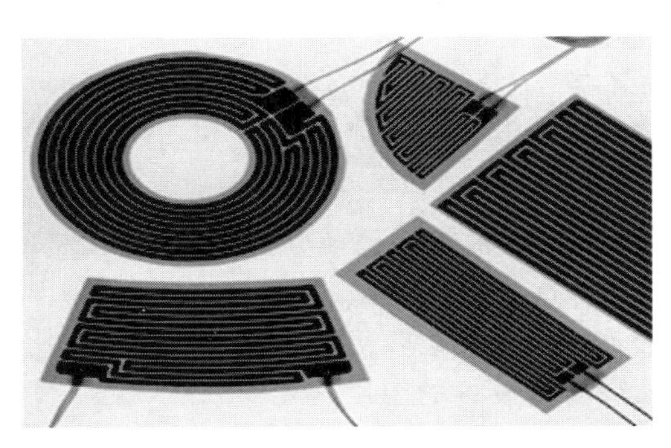

(a) 片状薄膜型电加热器　　(b) 电加热带

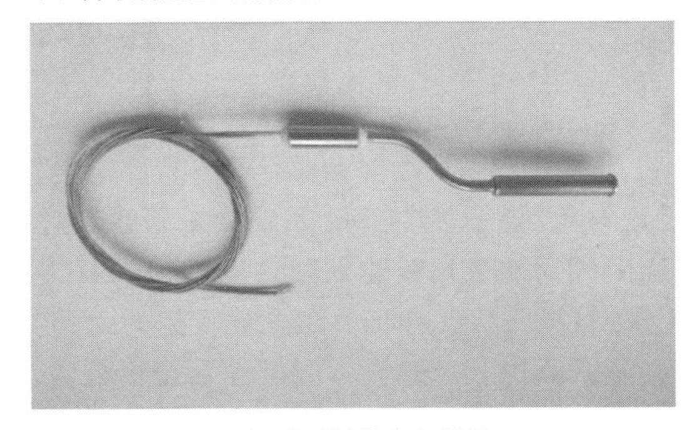

(c) 微型铠装电加热器

图5.15　导航卫星使用的部分电加热器(见彩图)

7) 温度传感器

导航卫星使用热敏电阻器作为温度传感器,温度测量范围为 -196 ~ +250℃(分段),测温精度最高可达0.1℃。使用时根据在轨实际测量温度的范围、精度和环境适应性,选择不同规格的热敏电阻器。

5.3.4　热控分系统任务分析

导航卫星从发射到工作寿命结束,经历不同的阶段,各阶段的热环境不同。热控设计以工作轨道卫星正常工作阶段为主,兼顾其他阶段的要求。

1) 发射前准备阶段

在完成卫星与运载火箭对接后,卫星置于发射塔架的空调间内,为卫星提供20

±5 ℃的温度环境。在安装了整流罩以后,在整流罩内用经过净化的恒温空气(15 ~20 ℃,洁净度等级10万级)给卫星提供符合要求的温度环境。

2)从卫星起飞到太阳翼展开阶段

在上升段,为使卫星避免遭受过高的气动加热,运载火箭需要在卫星整流罩内表面采取措施,使其任一点对卫星的辐射热流密度不超过500W/m^2。由于上升段时间短,卫星外表面的部件如太阳翼、多层隔热组件温度均不会因气动加热而超过允许的温度水平,而星内设备所受影响更小。

运载火箭发射并抛卫星整流罩后,卫星迎风面会受到最大热流为1135W/m^{2}的自由分子流的加热,受其影响的有太阳翼边缘、天线、多层隔热组件等部件。但热流将随着高度增加而迅速减小,故其影响不大,可以不采取特殊措施。

对于自身变轨卫星,抛整流罩后,卫星将经历星箭分离,转入 $-Z$ 轴对日定向姿态,直至太阳翼展开,经历时间约1h。这一阶段卫星的南/北(或 $+Y/-Y$)散热面会被折叠的太阳翼遮挡,而其余外表面覆盖了多层隔热组件,但载荷舱内设备的功耗很少,即使OSR散热面全被遮挡,载荷舱内设备的温度也不会有太大变化。而此时服务舱内产品已大部分工作,因此必须让一部分OSR散热面不被遮挡,以便向空间散热。这样,加上卫星及其设备的热惯性,在太阳翼展开前,可使舱内设备的温度变化不大。

对于采用上面级发射的北斗三号MEO卫星,卫星位于上面级的飞行时间约3.4h(不包含主动段),其中滑行段持续时间约3h,飞行姿态是绕上面级 X 轴(卫星 Z 轴)以1(°)/s的角速度自旋,且阳光与卫星 Z 轴夹角始终保持在70°左右,这一阶段 $\pm Y$ 及 $-X$ OSR散热面上的周期平均吸收太阳热流不超过60W/m^2。在这期间,载荷舱有效载荷设备不工作,整星 $\pm Y$ 散热面大部分被收拢的太阳翼遮挡,$-X$ 散热面未被遮挡,通过补偿加热能够保持载荷舱设备温度满足指标要求。对于服务舱,大部分产品处于工作状态,服务舱 $\pm Y$ 散热面仍有部分散热表面未被遮挡仍能向空间散热,服务舱 $-X$ 散热面未被太阳翼遮挡可以直接向空间散热,加上卫星及其设备的热惯性,舱内设备的温度不会超过允许值。

3)从太阳翼展开到卫星正常工作轨道阶段

在此阶段,卫星有效载荷不工作,卫星热耗较少。由于太阳翼的展开,卫星散热面不再受遮挡,全部曝露在空间。卫星会由于热耗少而温度水平很低,必须打开星内的替代和补偿电加热器,以维持卫星设备在允许的最低温度水平上。

在转移轨道上,卫星受到太阳辐照、近地点的地球红外辐射、地球反照辐射,大部分时间里处于 $-Z$ 轴对日定向的巡航姿态。此时卫星的状态为:展开天线全部或部分展开,太阳翼全展开,除地影区外整星由太阳电池阵供电。

此时,卫星载荷舱内仍只有少数发热的产品在工作。由于太阳翼全部展开,卫星OSR散热面不再受遮挡,加之巡航时,南/北(或 $+Y/-Y/-X$)散热面不受太阳光照射,卫星的温度会降得很低,故应打开卫星载荷舱的替代电加热器补充热量,使卫星

载荷舱设备温度在允许的最低温度之上。而服务舱内产品均已正常工作,温度水平应与定点后正常工作状态相似,可不采取措施。

在轨控发动机点火时,太阳光照射散热面使热量输入增加。因此对载荷舱,需设置部分替代电加热器处于自控状态,以适应外热流的变化。对服务舱,会引起舱内产品温度升高,但因巡航时起始温度较低,加之轨控时间相对较短,舱内产品温度不会超限。点火时490N发动机的高温热辐射和羽流会对周围的卫星结构与部件产生热影响,热控设计中必须采取热防护措施。

4) 卫星正常工作轨道阶段

卫星在轨正常运行阶段,随着季节变化、阳光和轨道面夹角变化以及热控涂层性能退化,卫星将经历高温和低温工况的考验,需要对工作轨道高低温工况进行全面的分析。

导航卫星运行在中、高轨道,一般不考虑地球反照和地球红外热流,仅考虑太阳辐射热流。卫星运行的轨道和姿态决定各个面受太阳照射的情况,也就决定了散热面的选择和卫星的高低温工况。

(1) GEO卫星。

GEO卫星采用三轴稳定姿控方式,由于日周期长(24h),卫星的$+X$、$-Z$、$-X$、$+Z$各板交替且较长时间受到太阳的照射,一般不适宜作为散热面。散热面选择在外热流小、日周期内稳定且主要随季节变化的南、北板上,散热面之外的其余外表面均包覆多层隔热组件。卫星内部的温度水平主要随散热面所吸收的外热流的变化而波动。

GEO卫星的低温工况出现在寿命初期的春分和秋分,由于此时阳光直射赤道,与赤道面平行的卫星南、北面均照不到太阳光,又由于春分和秋分卫星会出现72min的最长阴影期,且在寿命初期卫星表面热控涂层的太阳吸收比均较低,因此寿命初期的春、秋分出现低温工况。寿命末期的冬至或夏至将出现高温工况,此时太阳光入射角达到最大的23.5°,卫星的南板或北板受照。在寿命末期,卫星散热面的热控涂层性能退化,太阳吸收比将升高,导致卫星的温度升高。

(2) MEO卫星和IGSO卫星。

MEO卫星和IGSO卫星采用实时偏航姿控方式,轨道周期分别为12.8h和24h,卫星的$+X$板长期受照,卫星的$-Z$、$+Z$板交替,且较长时间受到太阳的照射,均不适宜作为散热面。散热面选择在外热流小、轨道周期内稳定的$+Y$、$-Y$和$-X$板上,散热面之外的其余外表面均包覆多层隔热组件。

对于北斗二号MEO/IGSO卫星,姿态控制策略为:阳光和轨道面夹角大于5°时,采用偏航控制,散热面不受照射。阳光和轨道面夹角小于5°时,不采用偏航控制,卫星的$+Y$、$-Y$板受照。因此卫星本体的低温工况出现在寿命初期阳光和轨道面最大夹角78.5°时的工况,高温工况出现在寿命末期阳光和轨道面夹角5°时的工况。

对于北斗三号 MEO/IGSO 卫星，采用偏航控制，散热面不受照射，卫星本体的温度水平主要随多层外热流的变化而变化。因此 MEO/IGSO 卫星的低温工况出现在寿命初期阳光和轨道面最大夹角 78.5°时的工况，此时通过多层隔热组件进入星内的热量最小。高温工况出现在寿命末期全日照季节的第一圈或最后一圈，此时通过多层隔热组件进入星内的热量最大。

5.3.5 热控分系统设计

卫星系统的热控设计包括服务舱热控设计、推进舱热控设计、载荷舱热控设计和部分关键部件产品的热控设计。其各部分既独立，同时又相互影响、彼此耦合，设计时必须全面考虑。

5.3.5.1 服务舱热控设计

1）蓄电池

由于蓄电池对工作温度的要求比较严格，工作温度范围也与一般电子设备不同（镍氢蓄电池工作温度范围为 -10 ~ 25℃，锂离子蓄电池工作温度范围为 -5 ~ 30℃），因此采取相对独立的设计。

蓄电池安装在服务舱南、北板（$\pm Y$ 板）或独立的电池安装板上，安装板内预埋热管，并通过外贴热管组成正交热管网络，或通过 U 字形热管的布局，使每根热管分别与两组电池（或两个模块）相连。这种热管布局可以有效减小电池单体之间及同组两个电池模块之间的温差。

在蓄电池安装面板的外表面设计一块 OSR 散热面，用于散出蓄电池所产生的热量。在每个电池单体或套筒上都粘贴加热片，组成主、备份电加热回路，通过热控软件进行控温。

如果蓄电池对面的推进舱隔板上没有需要通过电池散热面散热的设备，则在每块蓄电池组外罩一个以 0.1mm 厚的聚酰亚胺膜为骨架、由 10 单元低温多层隔热组件组成的隔热罩，用于减小舱内其他设备通过辐射对蓄电池温度均匀性的影响。如推进舱隔板上有需要通过电池散热面散热的设备，则不加隔热罩。

2）电源控制器

PCU 热耗 150 ~ 350W，而且安装面热流密度高，最高可达 $4W/cm^2$。为此在 PCU 安装板内预埋两个方向的热管，组成全预埋正交热管网络，或直接采用 U 型热管将热量传到整个散热面上，如图 5.16 所示。热管布局时，PCU 安装底板上的高功率元器件均骑跨在预埋热管上，以利于散热。PCU 对应的服务舱板外表面开 OSR 散热面。在 PCU 安装底面与安装板之间填充导热填料。

此外，为进一步减小 PCU 底板高热流部位同结构板的接触热阻，在 PCU 底板中间区域还设置了安装孔。

3）其他设备

服务舱其他有热耗的设备均安装在服务舱南（$+Y$）板、北（$-Y$）板或 $-X$ 板上，

在舱板外表面粘贴 OSR 作为热辐射器散热，在舱板内预埋一定数量的热管进行均热。在这些舱板的内表面喷涂 SR107 白漆（设备安装区域除外），所有产品设备的外表面喷涂 EM-51 黑漆或进行黑色阳极氧化处理，通过高发射率的涂层（$\varepsilon_H \geqslant 0.85$）强化舱内辐射换热，以利于隔板上发热设备（如陀螺）辐射散热。对有热耗的产品（热耗一般大于1W），在产品安装面和安装面板之间填充导热硅脂，以减小接触热阻，强化设备与安装面之间的热耦合。

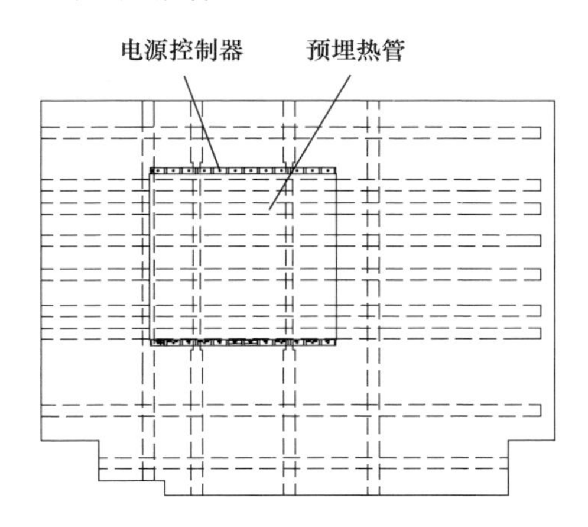

(a) 北斗二号GEO卫星热管布局

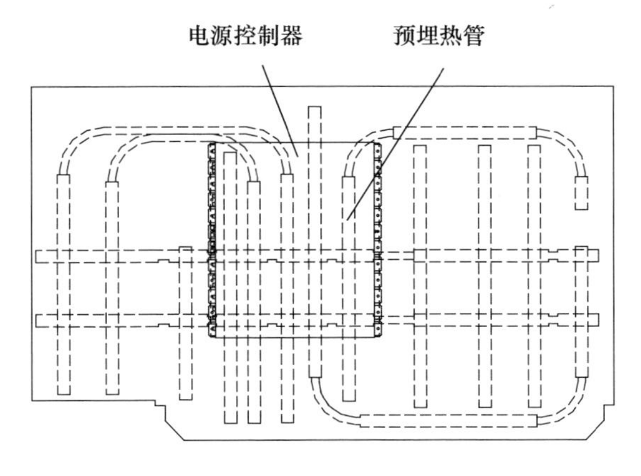

(b) 北斗三号MEO卫星热管布局

图5.16 电源控制器(PCU)热管布局

5.3.5.2 推进舱热控设计

1）电子设备

推进舱内电子设备热耗主要通过辐射方式传递到卫星南（$+Y$）板、北（$-Y$）板、$-X$ 板散热面。因此设备表面均喷涂高发射率黑漆或进行黑色阳极氧化处理。对于仅通过自身表面积辐射而温度偏高的设备（如陀螺），为其设置了扩热板。

2）推进剂贮箱

双组元推进系统的贮箱安装在中心承力筒内，两贮箱之间有温差不超过5℃的要求。对两贮箱采取的热控措施如图5.17所示：在两贮箱相对的半球面上喷涂高发射率黑漆，以增强两贮箱间的辐射换热，减小温差。贮箱的其他表面均包覆多层隔热组件，在贮箱和承力筒之间使用隔热垫，并在承力筒的内表面粘贴镀铝薄膜，以减小载荷舱对贮箱温度的影响。在转移轨道阶段，由于推进剂热容大，不需要加热即能保证推进剂温度满足要求。在工作轨道，剩余推进剂在液体管理装置的作用下分布在贮箱出液端所在的半球内。因此加热器只布置在出液端所在半球外表面，以提高加热效率。

单组元推进系统的贮箱表面安装电加热器，再在其外包覆多层隔热组件。由于所携带的推进剂主要用于相位捕获及工作轨道位保，贮箱内推进剂处于较满的状态，因此加热器设计在整个贮箱外表面。单组元推进系统贮箱热控措施如图5.18所示。

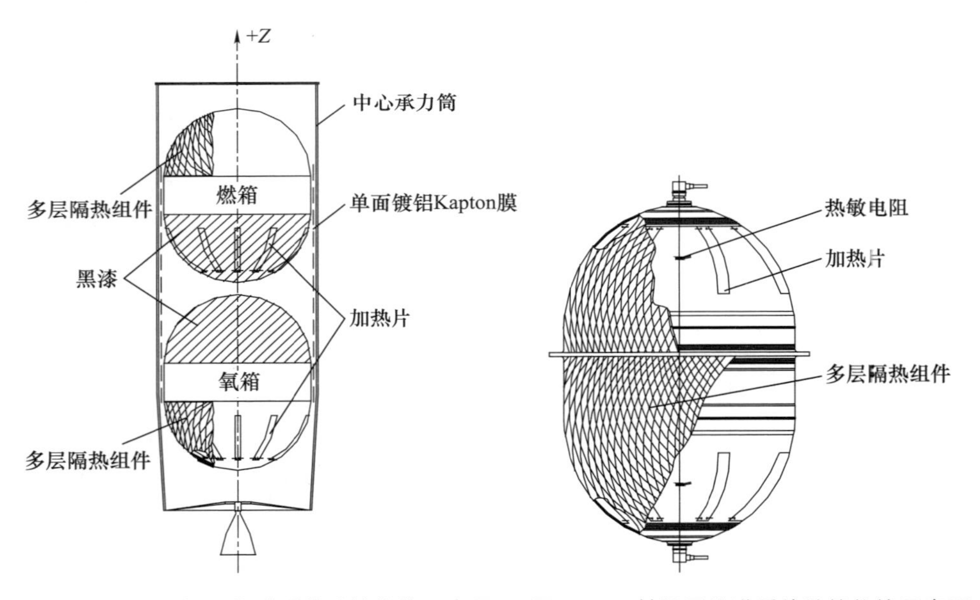

图5.17 双组元推进系统贮箱热控示意图　　图5.18 单组元推进系统贮箱热控示意图

3）氦气瓶

双组元推进系统的氦气瓶温度需要控制在合适的范围，以保证气瓶内的工作压力。另外氦气瓶排气过程可近似为绝热膨胀过程，氦气温度会下降。为提高氦气瓶单次工作过程最低温度，避免气路下游部件（如减压阀）温度低于许用下限，在每次排气前需将氦气瓶温度提前预热至合理的高温水平。

同贮箱热控措施类似，气瓶热设计以保温为主，采用隔热垫、多层隔热组件等措施与周围隔热设计，并在表面安装电加热器辅助加热控温。

4）管路

双组元推进系统管路有气体管路和液体管路两种，管路阀门、过滤器、减压器与传感器等部件均采用隔热支架并垫热缩布或硅胶垫，以减小安装板的导热影响。对气体管路，在气瓶与减压器之间的管路上缠绕多层隔热组件。对液体管路，在对地、背地板靠近10N推力器、靠近490N发动机和靠近氧箱的管路上缠绕加热带和包多层隔热材料。为减少伸出星外10N推力器支架内管路的漏热，用多层隔热材料包覆推力器支架。

对于单组元推进系统，推进剂凝固点温度为1.5℃，而舱内某些部位环境温度接近0℃，为防止液体推进剂冻结，在所有管路上均缠绕电加热带并包覆多层隔热组件。

5）推力器

北斗导航卫星使用的推力器有单组元5N推力器、双组元10N推力器和490N发动机3种。

单组元5N推力器点火前需保证催化床温度超过120℃，为此采用电加热器控温和隔热设计等措施。在5N推力器喷管、推力室和内、外筒之间填充高温隔热组件，推力器和支架之间使用隔热垫，推力器支架包覆多层隔热组件。由于推力器工作时催化床温度在800℃以上，因此选用耐高温的铠装电加热器和铠装热敏电阻，每个推力器安装4支铠装电加热器和2支铠装热敏电阻。图5.19为单组元5N推力器热控示意图。

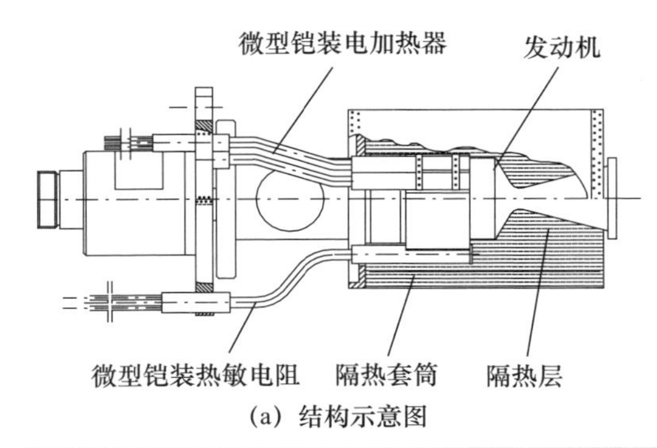

(a) 结构示意图

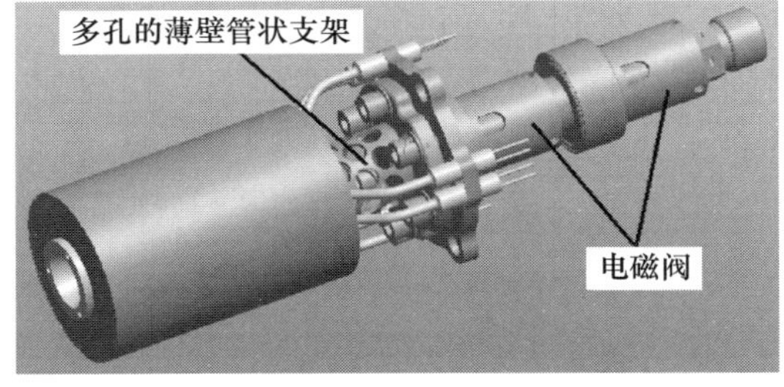

(b) 实物图

图5.19 单组元5N推力器热控示意图

为减小催化床对推力器电磁阀等的热影响,催化床通过不锈钢材质的带有很多孔的薄壁管状支架与推力器法兰隔热连接,该部件表面为高吸收发射比状态,为避免阳光照射该部件时引起的电磁阀温度升高,在推力器支架上加装了隔热罩。为增强法兰和支架间的导热,在每个5N推力器安装法兰和安装支架间安装导热铜箔。

双组元10N推力器需要维持喷注器温度在不点火时高于15℃,为此采用电加热器控温和隔热设计等措施。由于点火阶段喷注器温度较高,因此加热器采用耐高温的不锈钢壳铠装加热丝,缠绕在喷注器表面。铠装加热丝安装后再用高温多层隔热组件包覆整个喷注器外表面。每个10N推力器上安装两支热敏电阻,用于加热回路测控温。双组元10N推力器热控示意图如图5.20所示。

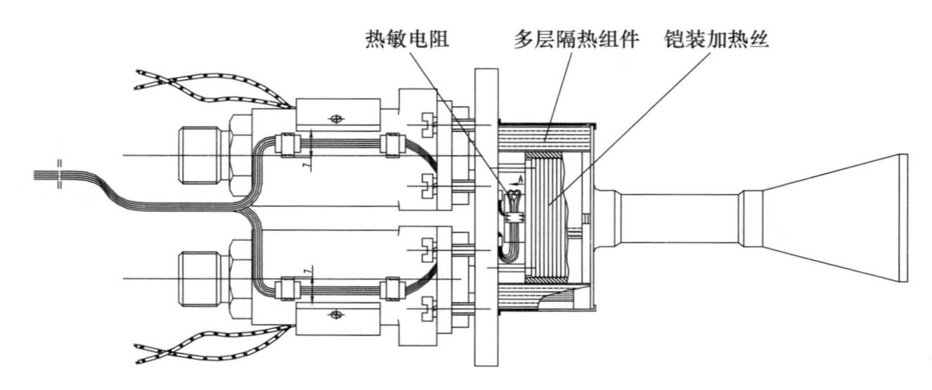

图5.20　双组元10N推力器热控示意图

490N发动机不点火时要求温度高于0℃,为此采用电加热器进行控温。在安装法兰表面上嵌装不锈钢铠装加热丝,并用压板予以固定,安装1~2个控温热敏电阻,用星上热控软件进行自动控制。为避免支架温度过高,采取如下隔热措施:压板表面覆盖高温多层隔热组件;安装发动机时,在安装孔装钛合金隔热垫;发动机的电缆包覆中温多层和低温多层隔热组件。

6）490N发动机支架与对接锥

为降低发动机点火时高温热辐射对星体的加热,以及不点火时星体通过对接锥和发动机架表面向外空间散热所引起的星内设备温度的变化,对发动机支架和对接锥采取以下措施:对接锥外表面包覆低温多层隔热组件,发动机支架的连接环内表面覆盖中温多层隔热组件。在对接框与发动机推力器之间,吊挂高温多层隔热组件(高温隔热屏),如图5.21所示。安装在对接框上的分离开关及其电缆外表面包覆中温多层隔热组件,而后安装隔热罩。在发动机支架法兰上粘贴热敏电阻,以测量支架法兰与发动机安装法兰连接处温度。

5.3.5.3　载荷舱热控设计

1）热辐射器

对于行波管放大器、固态放大器、导航任务处理机等发热量大的产品,采用载荷

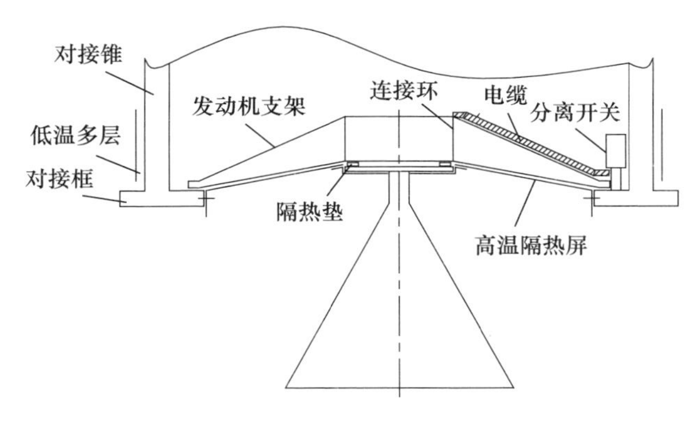

图 5.21　490N 发动机高温隔热屏安装示意图

舱南（ $+Y$ ）、北（ $-Y$ ）板及偏航控制卫星的 $-X$ 板作为其热辐射器，设备直接安装在这些舱板的内表面。热辐射器散热面区域主要粘贴 OSR，北斗三号 MEO 卫星部分舱板还采用了 ACR-1 防静电白漆以提高散热能力。对于采用偏航控制的 MEO 卫星和 IGSO 卫星，散热面散热能力不超过 $400W/m^2$。对于 GEO 卫星，载荷舱采用混合（预埋与外贴结合）热管网络时，散热能力约 $250W/m^2$。若采用高低温分区热管网络或南北耦合热管网络，则散热能力有所提高，具体如后所述。

北斗三号 IGSO 卫星载荷舱 OSR 热辐射器如图 5.22 所示。

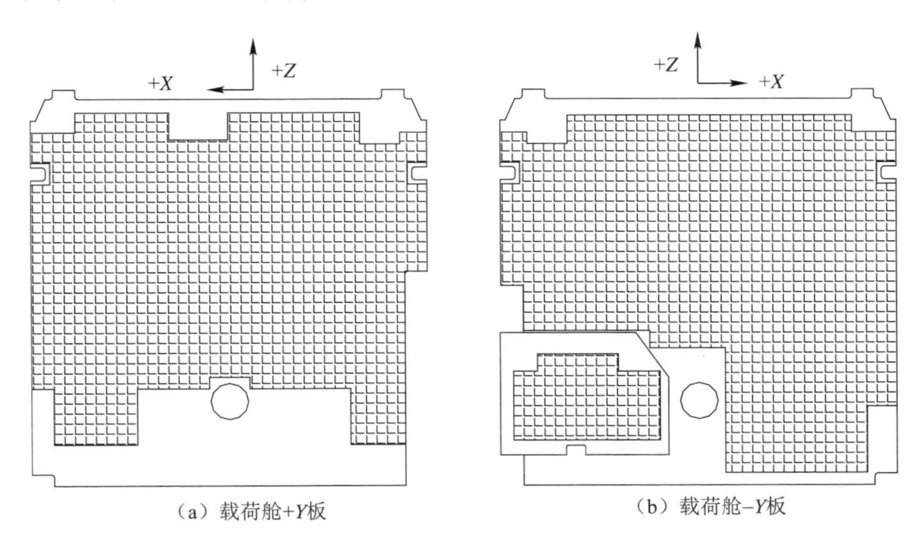

（a）载荷舱+Y板　（b）载荷舱–Y板

图 5.22　北斗三号 IGSO 卫星载荷舱 OSR 热辐射器

2）正交热管网络

在载荷舱南板（ $+Y$ 板）、北板（ $-Y$ ）板、$-X$ 板内沿一个方向预埋热管，在与该方向垂直的另一方向安装预埋或外贴热管，组成正交热管网络，以把舱内量大且分布不均匀的热耗均布到整个 OSR 热辐射器上。

北斗三号 IGSO 卫星载荷舱正交热管网络如图 5.23 所示。

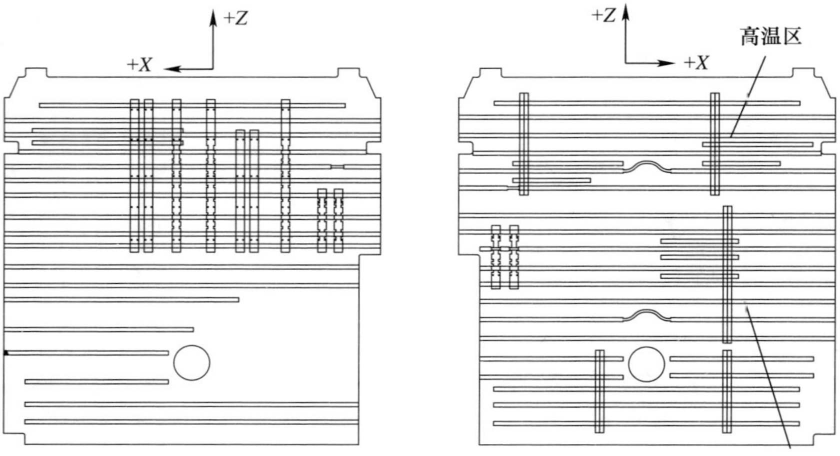

(a) 载荷舱-Y板

(b) 载荷舱+Y板

图 5.23 北斗三号 IGSO 卫星载荷舱正交热管网络

3）高低温分区

北斗三号卫星载荷舱部分舱板采用了高低温分区，以提高散热能力。高低温分区是指将卫星上设备按工作温度上限进行分类。在设备布局时，将能够适应 50℃以上温度的设备集中安装于一个热管网络区域，定义为高温区，通过提高该区散热面温度获得更大的散热能力，从而提升散热面的利用率。其他工作温度设备安装于高温区域以外，定义为低温区，按传统散热能力设计散热面温度。通过上述分区设计，可以有效提升散热面的利用效率和卫星的散热能力。对于 GEO 卫星，高温区（行波管）散热能力可达 320 ~ 340W/m^2；对于低温区，散热能力约为 250W/m^2。与混合布局（散热能力约 250W/m^2）相比，高低温分区技术可将散热能力提高至约 280W/m^2。

4）南北耦合热管

北斗三号 GEO 卫星载荷舱采用南北耦合热管技术，以提高南北板的散热能力。该技术通过大传热能力热管与卫星南、北板上热管网络耦合，形成三维热管网络。利用静止轨道卫星南、北板随季节交替受照的特点，使受照面的部分热量通过大传热能力热管传到不受照面，这样南北板可容纳更多的热耗，布置更多的产品，从而提高单板散热能力。采用南北板热耦合技术后，可将受照面外热流的 40% 传到不受照的面板上，因此散热面每平方米可以多散热约 60W，散热能力达到 310W/m^2。

北斗三号 GEO 卫星载荷舱南北耦合热管安装示意图如图 5.24 所示。

5）传导型行波管散热

导航卫星使用传导型行波管，其特点是功率大、热耗高，且热量主要集中在收集极，热流密度达到 1.2W/cm^2，散热困难。采用正交热管网络解决行波管放大器

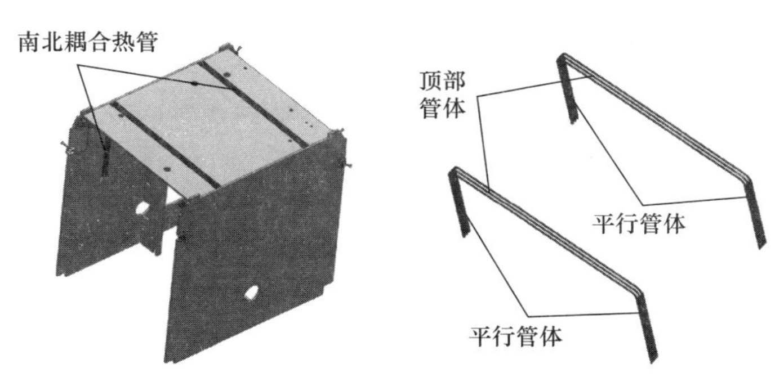

图5.24　北斗三号GEO卫星载荷舱南北耦合热管安装示意图

(TWTA)的散热。在安装行波管的蜂窝板内沿一个方向预埋平行热管,再外贴与预埋热管方向垂直的平衡热管组成正交热管网络。这样TWTA收集极处的热量首先传到外贴热管上,依靠热管良好的导热性,拉平TWTA本身的温度,并再在产品安装板内预埋热管,与外贴热管形成正交热管网络,将热量传导到卫星散热面上。

5.3.5.4　部件产品级热控设计

1）原子钟

导航卫星采用原子钟为整个导航系统提供稳定、准确的时间参考。针对原子钟工作温度 -10 ~ 15℃且要求温度变化率不大于 ±1℃/轨道周期的较高指标要求,对原子钟采用独立小舱的热设计方案,以满足原子钟温度水平和温度稳定性指标的要求。

为原子钟设计独立的热辐射器,在确定原子钟热辐射器散热面面积时,综合考虑不同的轨道、姿态、太阳翼峰值红外热流、热辐射器与载荷舱之间的导热漏热和辐射漏热以及原子钟热耗差异等因素的影响。原子钟热辐射器蜂窝板内部预埋U型热管,外表面粘贴OSR。

北斗二号GEO卫星原子钟热控设计示意图如图5.25所示。

原子钟热辐射器通过约15mm厚的隔热垫固定在载荷舱舱板外表面或桁架上,在原子钟热辐射器的内表面及与原子钟热辐射器对应的载荷舱舱板外表面均覆盖多层隔热组件,从而减小原子钟热辐射器和载荷舱舱板之间的热耦合。在4台原子钟外安装原子钟隔热罩,形成封闭空间,用于隔离原子钟与载荷舱内之间的辐射换热。4台原子钟安装在原子钟热辐射器上,在原子钟和热辐射器之间涂抹导热硅脂。

根据热辐射器面积确定加热功率及回路数,并采用按均匀时序间隔对多路加热器进行顺序循环控制、结合利用比例计算单路加热器加热占空比的方法,对原子钟小舱进行主动温度控制。

2）星敏感器

根据不同轨道卫星星敏感器的布局位置和外热流特点,设计星敏感器热辐射器。

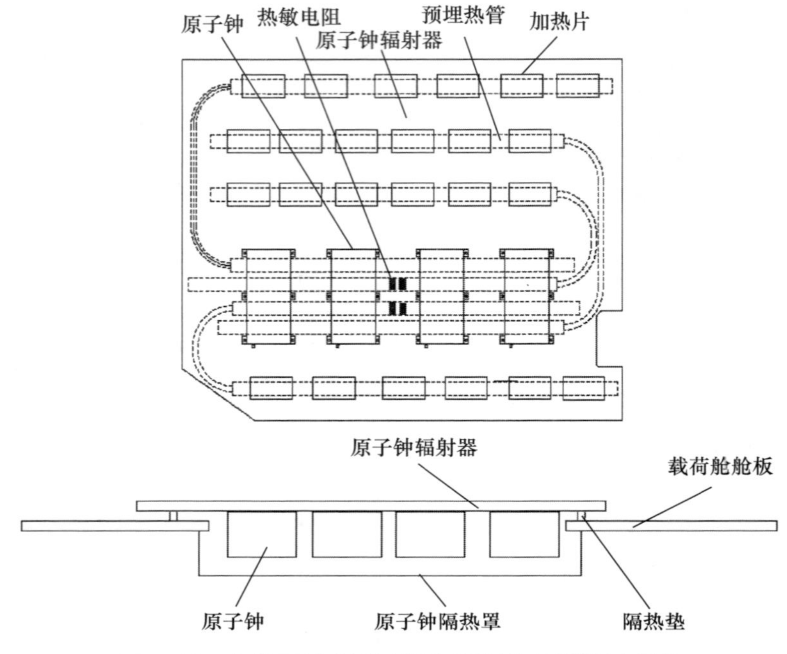

图 5.25　北斗二号 GEO 卫星原子钟热控设计示意图
（上图为原子钟辐射器方案图，下图为原子钟热控方案图）

热辐射器安装时与卫星南北板（$\pm Y$ 板）平行（GEO 卫星和 IGSO 卫星），或直接安装在卫星的 $-X$ 面（MEO 卫星）。热辐射器内部预埋热管，外表面粘贴 OSR 或喷涂 ACR-1 防静电白漆。

在星敏感器散热路径设计上，采用 2 种不同的方式：一种是通过两根外贴热管，将热管一端安装在星敏感器的底座上，另一端安装在星敏感器热辐射器，即通过热管将热量传递到散热面上，该方式用于 GEO 和 IGSO 卫星；另一种是先将星敏感器安装在支架上，再将支架直接安装在热辐射器上，该方式用于 MEO 卫星。热管和星敏感器间、热管和热辐射器间、支架和热辐射器间均涂抹导热填料，以减小导热热阻。

北斗三号卫星的星敏感器安装示意图如图 5.26 所示。

星敏感器、星敏感器支架、外贴热管均包覆多层隔热组件，以减小外热流的影响。在每个星敏感器热辐射器和星敏感器支架上安装电加热器和控温热敏电阻，通过星上热控软件自动控温。

3）Ka 频段相控阵天线

为减小外热流的影响，采用太阳屏进行隔热，太阳屏使用聚酰亚胺镀锗膜，既可以透波，又可以使太阳光无法直接照射到辐射单元上，整个天线也不直接面对冷空间，这样可以有效减小辐射单元和收发组件一个轨道周期内温度的变化。聚酰亚胺

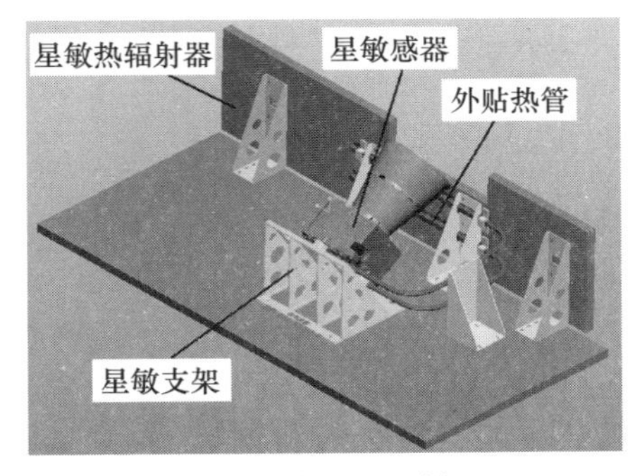

(a) GEO卫星

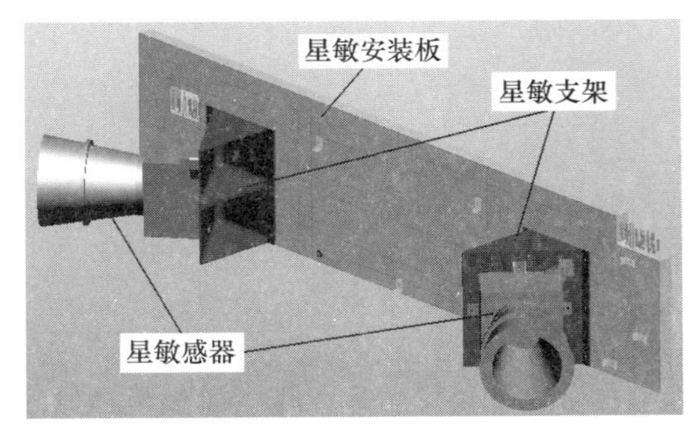

(b) MEO卫星

图 5.26　北斗三号卫星的星敏感器安装示意图(见彩图)

镀锗膜太阳屏安装示意图如图 5.27 所示。

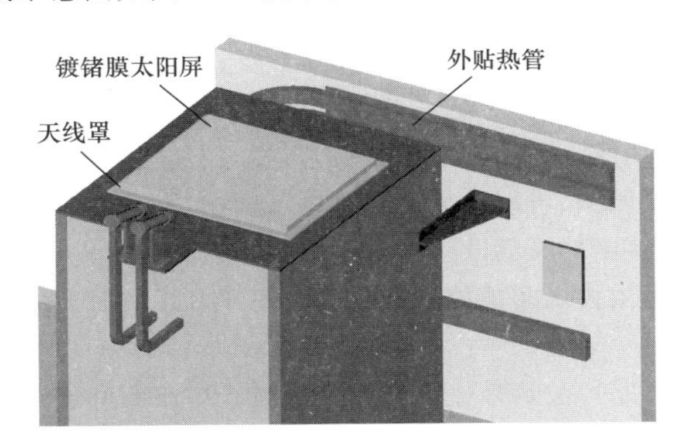

图 5.27　Ka 频段相控阵天线聚酰亚胺镀锗膜太阳屏及外贴热管示意图

相控阵天线采用独立的热辐射器,内部预埋一定数量的热管,热辐射器一面粘贴 OSR,另一面包覆多层隔热组件。为减小相控阵内部热源与散热面之间的导热热阻,提高辐射器效率,采用外贴热管一端与相控阵天线相连,另一端与热辐射器相连组成热管网络,再通过热辐射器将天线内部的热量排散至宇宙空间。

为减小相控阵天线内部各馈电模块之间的温差,使多功能矢量调制(VM)芯片的温度梯度在合理的范围内,在收发组件中采用高导热材料(铜或金刚石膜)来拉平馈电模块之间的温度。同时通过高导热材料将馈电模块内的芯片热量有效传递到收发组件的结构两端,建立了由内向外的散热通道。

为适应相控阵天线在不同工作模式下热耗的变化,设计补偿加热器和控温热敏电阻粘贴在热辐射器背面,通过星上热控软件自动控温。

5.3.5.5　加热器自主管理

加热器由控温仪或综合电子/数管热控软件进行控制,可以使卫星在正常情况下完全自主地进行温度控制。

北斗一号卫星只有蓄电池加热器和 10N 加热器具有自主控温功能,通过控温仪进行简单的主动控温，包括根据被控对象的遥测温度，控制加热回路的通断，必要时可以切换所用的控温热敏电阻。

北斗二号卫星采用智能型热控仪或数管系统对加热器进行控制，大大提升了加热器的自主控制能力。在北斗一号卫星基本功能的基础上，北斗二号卫星增加了以下功能。

（1）可以通过地面指令改变加热回路控温阈值上、下限，自控使能状态等控制参数。

（2）原子钟辐射器采用高精度测温以及加热器分时 + 比例控制方式，以确保其温度稳定度。

（3）由于 MEO 卫星最长不可见弧段达 17h，增加了原子钟加热回路和蓄电池加热回路的故障自主诊断和处理功能。

（4）采用偏航控制后，燃箱和氧箱由于受照情况不同，温差增大，为确保燃箱和氧箱温差小于 5℃，增加了燃箱和氧箱自动跟踪控温功能。

北斗三号卫星采用综合电子分系统对加热器进行控制，根据卫星在轨自主运行的需求，增加了以下功能以提高在轨连续稳定运行的能力。

（1）对部分加热回路，可以根据需要采用不同的控温模式，选取几个控温热敏电阻进行控温，以增加控制的灵活性。

（2）锂离子蓄电池控温阈值能够按照“光照季阈值”和“地影季阈值”实现自主切换。

（3）所有加热回路控温热敏电阻均具有故障自主诊断和处理功能。

（4）加热回路主、备份控温热敏电阻均发生故障时，能够通过指令切换到星上其他热敏电阻进行控温。

5.4 能源分系统

5.4.1 能源分系统主要任务

能源分系统是卫星平台的重要组成部分之一，主要承担供电和配电的功能，同时通过其电缆网实现整星各类电气连接和接地[10]。北斗一号卫星基于东方红三号卫星平台技术研制，整星对能源分系统的要求主要包括以下方面。

（1）向整星提供稳定的一次电源母线，供电功率不低于 1300W。

（2）完成一次母线到 +28V、±12V、+5V 和 +7V 等二次供电的转换，并将一次母线和各二次电源供电分配到用电负载。

（3）通过蓄电池组提供整星各火工装置起爆电源，并完成对起爆时序、起爆电流的控制。

（4）具备必要的遥测遥控接口，包括太阳电池阵、蓄电池和母线的电压、电流，充

放电开关状态等遥测接口,充电开关通断指令、充电控制曲线切换指令等遥控接口。

(5) 通过低频电缆网实现整星各分系统间供电、遥测遥控及其他信号的连接,以及各设备接地。

(6) 实现与地面测试系统和运载系统的接口,包括星箭分离插头接口、分离开关接口、测试用的星表插头接口等。

除以上功能和性能接口之外,整星对能源分系统还提出了机械接口、热控接口、寿命和可靠性、安全性等相关要求。

北斗二号卫星对于平台的承载能力提出了更高要求:GEO 卫星采用能力更强的东方红三号甲平台,供电能力要求提高到 2100W 以上;IGSO 和 MEO 卫星仍基于东方红三号卫星平台,供电能力要求提高到 1500W 以上。

为了提高卫星平台的自主能力,北斗二号 IGSO 和 MEO 卫星增加了星上数管分系统,相应地对能源分系统提出了自主管理要求。虽然北斗二号卫星对供电能力的要求有较大提高,但要求太阳电池阵面积维持不变,以及采用储能密度更高的氢镍蓄电池组作为地影期供电电源,以减轻卫星平台重量。

北斗二号卫星大多数用电设备直接使用一次母线,取消了北斗一号卫星上的独立 DC/DC 单机。除了 28V 指令电源和能源分系统自用的 ±12V 和 +5V 等二次电源仍由配电器提供之外,要求能源分系统直接将一次母线分配到大部分的负载,并集成整星所有加热器的驱动功能。

在提高供电能力和配电能力的同时,北斗二号卫星还要求能源分系统减轻重量,IGSO 和 MEO 卫星一次电源部分减小到 120kg,总体电路部分维持北斗一号卫星的重量指标。GEO 卫星一次电源部分 150kg,总体电路部分 120kg,在供电能力比北斗一号卫星提高 60% 的情况下重量仅增加 12.5% 。

北斗三号卫星进一步将 GEO 和 IGSO 卫星供电能力要求提高到 6000W,MEO 卫星提高到 2700W,并明确提出自主运行的要求。同时整星采用综合电子体系,将配电功能与遥测遥控功能整合,所有用电设备直接使用一次电源母线。

由于“一箭双星”直接入轨的需要,MEO 卫星对能源分系统重量要求更加苛刻,一次电源部分在供电能力较北斗一号翻倍的同时,质量需控制在 145kg 以下。采用与 MEO 卫星相同电源原理拓扑设计的 GEO 和 IGSO 卫星由于母线电压为 100V,一次电源质量仅 205kg 左右。

5.4.2　能源分系统工作原理

北斗导航卫星运行于中高轨道,其用电需求较为稳定,因此能源分系统的设计可以借鉴我国早期的通信卫星。整个能源分系统可分为一次电源和总体电路两大子系统。其中一次电源子系统负责发电和储能,并将电能调节为适合用电负载使用的一次电源母线,送至总体电路子系统的配电器、火工品控制器,总体电路子系统再进一步分配到整星各个用电单机、加热器以及火工起爆装置。

一次电源子系统采用直接能量传输架构。在光照期太阳电池阵发电，通过分流调节器对太阳电池阵发出的电能进行调节，输出稳定的一次母线。在地影期，则通过蓄电池组放电向整星供电。北斗一号卫星和北斗二号卫星采取蓄电池组经隔离二极管向母线供电的设计，在地影期母线电压跟随蓄电池组放电电压变化。光照期分流调节，地影期不调节，因此这种母线配置称为半调节母线。北斗三号卫星在地影期通过放电调节器将蓄电池组放电电压升压到与光照期相同的母线电压，提高了对负载的供电质量，因此北斗三号卫星的母线配置称为全调节母线。

光照期太阳电池阵分流调节的原理如图 5.28 所示。

当太阳电池阵发电功率超过负载所需时，一次电源母线电压会升高，电源控制器中的母线误差电路会逐级驱动分流调节管（大功率三极管或金属-氧化物半导体场效应晶体管（MOSFET））导通，使得多余的太阳电池阵电流直接流回太阳电池阵。

北斗一号卫星太阳电池阵配置两个太阳翼，每个太阳翼上粘贴的太阳电池电路分为 18 级分阵，其中两级为不分流阵，直接向一次电源母线输出，另外 16 级为分流阵。北斗二号 MEO 卫星和 IGSO 卫星增加到每个太阳翼 21 级，GEO 卫星增加到 27 级。北斗一号卫星和北斗二号卫星采用部分线性分流技术，某一级分流管处于线性工作区，其他级的则处于截止状态或饱和导通状态。为了减小分流调节管功耗，只分流每级太阳电池电路的下半部分，使得整级的输出电压低于一次母线电压即可。由于隔离二极管的存在，这一级太阳电池电路就不向母线输出电流了。北斗三号采用了更加先进的开关分流技术，大幅降低了分流管的功耗。

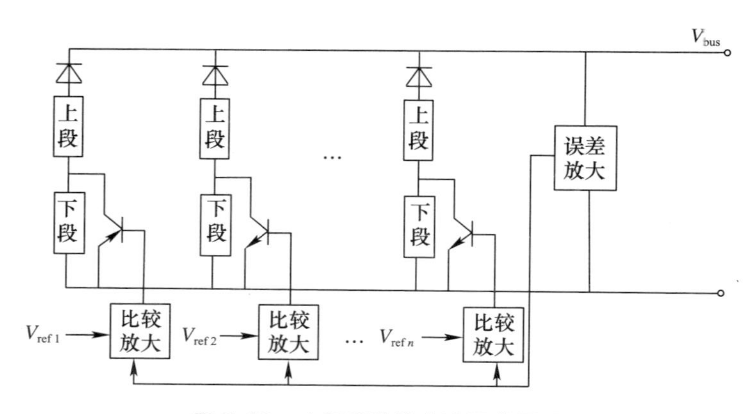

图 5.28　太阳电池阵分流调节原理

地影期蓄电池组通过放电开关向一次母线输出电能。北斗一号卫星和北斗二号卫星采用半调节体制，蓄电池直接与母线连接。北斗三号卫星采用更加先进的全调节体制，蓄电池经过放电调节器升压后供电，一次母线电压可以稳定在额定值附近。

蓄电池放电的原理如图 5.29 所示。

北斗一号卫星和北斗二号卫星通过太阳电池阵上的充电限流电路向蓄电池组提供充电电流，充电限流电路由多片太阳电池片串并联构成，充电电流被限制为并联太

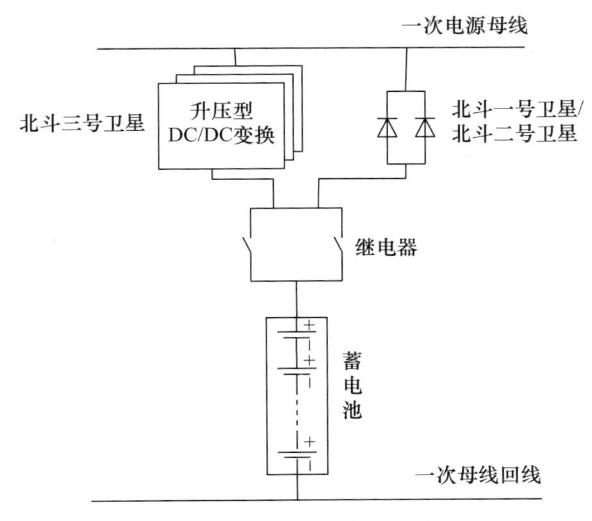

图 5.29 蓄电池放电原理

阳电池片的短路电流。每个太阳翼上设三个充电限流电路,分别由继电器开关控制通断,其中一路为适合长光照期的涓流充电阵,另外两路为适合地影期充电的大电流充电阵,其蓄电池充电原理如图 5.30 所示。

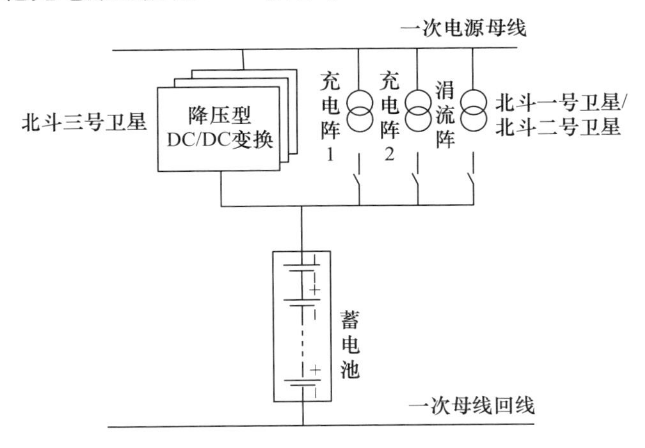

图 5.30 蓄电池充电原理

北斗三号卫星由于是全调节母线体制,采用充电调节器完成对蓄电池组的充电。充电调节器本质上是一个输出电流和电压可调的 DC/DC 变换器,可通过地面指令或星上自主管理软件进行设置,如图 5.30 所示。

北斗卫星的配电功能主要通过 3 种形式实现,对一般电子设备采用直接分配一次供电或者经过 DC/DC 转换后分配二次供电,对加热器采取由继电器作为安全开关、MOSFET 控制通断的配电形式,对火工装置采取三级开关防止误爆的限流配电形式。

在北斗卫星上,由配电器完成一次电源母线的配电,将电源控制器输出的一次母线直接分配到各用电单机。各 DC/DC 转换器负责将一次母线变换为 ±12V、+5V、+28V 等二次电源,再通过配电器分配到需要的用电单机。

加热器的控制通过继电器和 MOSFET 结合实现。继电器作为安全开关,采用 N 型金属氧化物半导体(NMOS)器件,一路安全开关负责 1 到 8 路加热器。MOSFET 作为加热器控制开关,在加热器供电回线上控制加热通断。加热器粘贴在卫星舱板或设备机壳上,为了防止短路,在加热器正线上串联保险丝。

加热器配电的原理如图 5.31 所示。

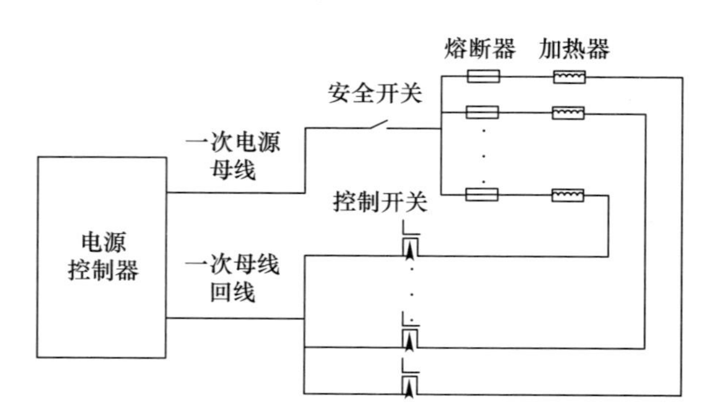

图 5.31　加热器配电原理

火工品的起爆由专门的火工品管理器实现,为了防止起爆时的大电流对电源母线形成干扰,起爆电源直接从蓄电池组引出。由于对安全性要求很高,火工品管理器内部设置起爆母线正线开关、母线回线开关以及起爆开关三级开关。在起爆前,先接通母线正线开关和母线回线开关,然后由指令接通各个火工品的起爆开关,起爆相应的火工品。在各起爆通路上,根据电缆线路的电阻设置相应的限流电阻,将起爆电流限制在 5~10A 范围内。火工品的起爆与飞行程序密切相关,必须设定严格的时序,通过程控的方式进行控制。程控的时间起点由分离开关信号确定,星箭分离之后由定时电路在特定的时间点输出起爆信号,控制相应的火工品起爆开关接通。

火工品起爆的原理如图 5.32 所示。

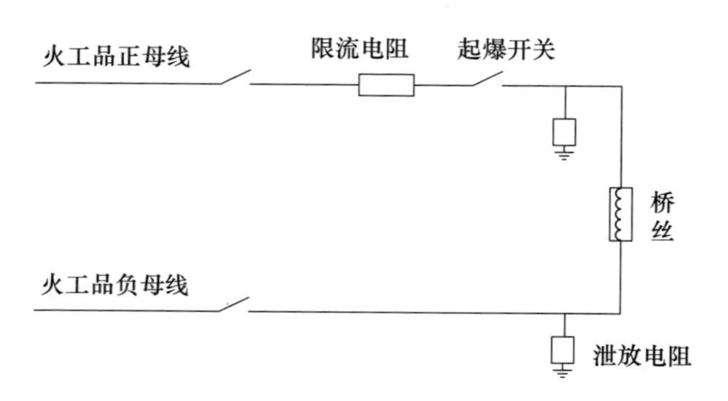

图 5.32　火工品起爆原理

5.4.3 能源分系统组成

北斗导航卫星的能源分系统主要功能包括发电部分、储能部分、电源调节部分、配电部分和火工品控制部分等,由实现相应功能的下列设备组成。

发电部分:发电部分由太阳电池阵实现,配置两个太阳翼,每个翼3块太阳电池板,在太阳电池板上粘贴太阳电池电路,太阳电池电路由太阳电池片通过串联和并联的方式构成。北斗一号卫星粘贴的太阳电池片为单晶硅太阳电池,北斗二号卫星采用了单晶硅太阳电池和单结砷化镓太阳电池,北斗三号卫星全部采用高性能的三结砷化镓太阳电池。

储能部分:卫星配置两组蓄电池,北斗一号卫星配置镉镍蓄电池组,北斗二号卫星配置能量密度大幅提高的氢镍蓄电池组,北斗三号卫星配置更高性能的锂离子蓄电池组,并为其配置了必要的均衡管理器。

电源调节部分:北斗一号卫星和北斗二号卫星通过两个分流调节器和两个电源控制器实现一次电源母线调节和控制;北斗三号卫星通过高度集成的单台电源控制器实现。

配电部分:北斗一号卫星配置两台配电器和三台二次电源变换器用于单机设备配电,北斗二号卫星配置自带二次电源的四台配电器用于设备配电,北斗三号卫星将配电功能集成于综合电子分系统的接口服务单元中。

火工品控制:北斗一号卫星和北斗二号卫星配置1台火工品控制器,北斗三号卫星将火工品控制功能集成于综合电子分系统的接口服务单元中。

北斗一号卫星和北斗二号卫星能源分系统采用了相同的半调节母线架构,系统构成框图如图5.33所示。

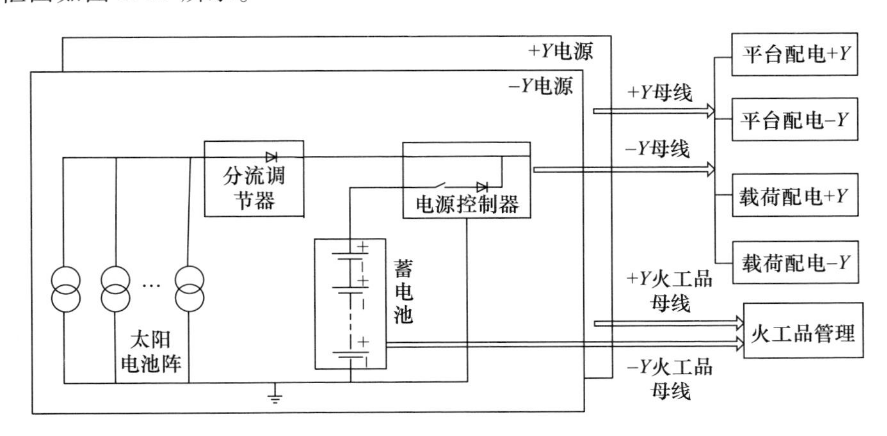

图5.33 北斗一号卫星、北斗二号卫星能源分系统组成框图

北斗三号卫星能源分系统采用新一代的全调节母线架构,其系统构成更加简化,组成框图如图5.34所示。

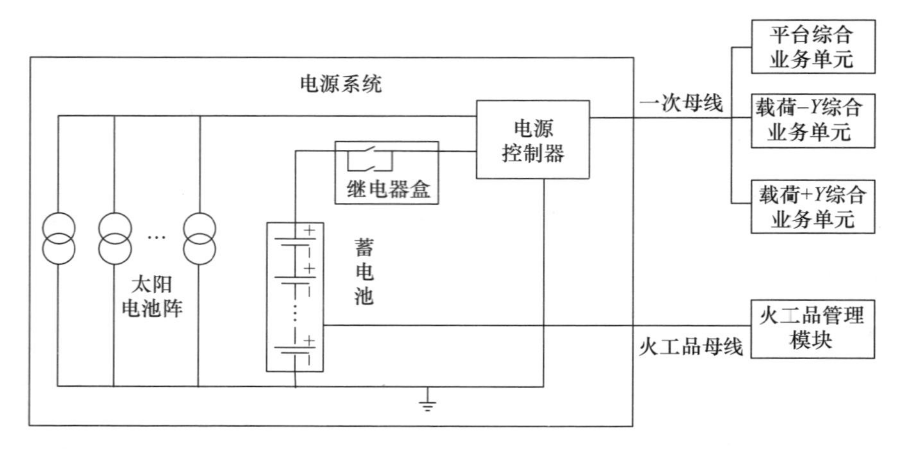

图 5.34　北斗三号卫星能源分系统组成框图

5.4.4　能源分系统设计

5.4.4.1　系统工作模式/状态

根据北斗导航卫星的轨道条件、工作模式等，能源分系统的工作模式一般设计为以下 4 种。

1）主动段到转移轨道太阳翼展开前

北斗一号和北斗二号卫星，以及北斗三号卫星的 GEO 和 IGSO 卫星采用传统的卫星自身变轨发射方式。从发射前转内电至太阳翼展开前，太阳翼处于收拢状态，没有功率输出或仅有最外板能输出部分电流，主要由蓄电池组为整星提供电能。太阳翼展开并对日定向后，由太阳电池阵为整星提供电能，同时为蓄电池组充电，其充电电量与之前放电电量相当。

北斗三号 MEO 卫星采用上面级直接入轨的发射方式，在与上面级分离前，可由上面级为双星供电。上面级对卫星供电的接口设计为与地面电源供电接口共用星箭分离插头。因此从卫星的角度来看，上面级供电与地面供电是一样的。到上面级与卫星分离前，上面级关闭对卫星的供电，与传统卫星在发射前断开地面电源转入卫星内电的效果是一样的。

2）转移轨道太阳翼展开后

卫星与运载火箭或上面级分离之后，星上将由分离开关信号触发启动程控，控制卫星的姿态建立对日定向。然后卫星按照预先设定的程序分步起爆太阳翼压紧点的火工切割器，展开太阳翼，并驱动 SADA 旋转将太阳翼指向太阳。

太阳电池阵在光照弧段为整星提供功率，同时给蓄电池组充电；分流调节器受电源控制器母线误差信号的控制对母线进行分流调节，使母线电压稳定；在地影弧段，整星功率由蓄电池组提供。该阶段所有单机设备均处于加电工作状态。

太阳翼复位后，太阳电池阵受照，输出功率逐渐增大。太阳翼复位完成（正转

90°,太阳翼法线指向 $-Z$ 轴),整星由蓄电池供电转为太阳电池阵供电。

在变轨或轨道相位调整过程中,由于姿态调整的原因太阳翼将不能保证正对太阳。当太阳电池阵不能满足负载功率需求时蓄电池放电,此时能源分系统可以处于太阳电池阵和蓄电池组联合供电状态。母线负载电流主要随推力器和自控加热器等通断变化而变化。蓄电池组电压、温度、压力等数据随蓄电池组充电放电情况变化。

3) 工作轨道长光照期

长光照期太阳电池阵始终能够为整星提供足够功率,能源分系统通过对太阳电池电路的分流调节使母线电压稳定在 ±0.5V 波动范围内。蓄电池组由于长期不需要供电,相当于处于搁置状态。由于蓄电池组存在自放电现象,搁置期间荷电状态逐步下降,需要采取措施维持荷电状态。

北斗一号卫星采用的镉镍蓄电池自放电电流较高,通过太阳翼上的涓流充电阵持续地补充 0.2A 左右电流即可维持电池组荷电状态。北斗二号卫星采用氢镍蓄电池,自放电电流更小,即使 0.2A 涓流也会使得电池组荷电状态越来越高。因此,北斗二号采用根据氢镍蓄电池的压力通断涓流充电阵的方式,将电池组荷电态控制在 85% ~100% 。北斗三号采用的锂离子蓄电池自放电率非常小,并且较低的荷电态更有利于其搁置寿命,因此采用了根据电池组电压阈值控制补充电的方式,将荷电态控制在 70% ~80% ,兼顾寿命和故障应对。

4) 工作轨道地影期

地影阶段卫星由蓄电池组为整星提供电能。该阶段除火工品管理器关机外,所有单机设备均处于加电工作状态。出地影期进入光照期后,太阳电池阵为整星提供功率,分流调节器受电源控制器母线误差信号的控制进行分流调节,使母线电压稳定;氢镍蓄电池组接收大电流充电,由 T-V 曲线控制充电终止,转入涓流充电模式。

(1) 地影阶段地影期:太阳翼输出功率下降至 0W,蓄电池组放电为整星负载供电,电源控制设备确保蓄电池组放电。蓄电池组处于大电流放电状态,温度逐步上升。

(2) 地影阶段光照期:太阳电池阵输出功率满足整星负载功率要求;电源控制设备使母线电压稳定;蓄电池组出影后大电流充电,充电结束后转涓流充电状态,确保进入地影时为满容量状态。

5.4.4.2　供电母线设计

1) 母线配置

北斗一号卫星和北斗二号卫星的能源分系统采用双独立一次供电母线。即南/北太阳翼上的太阳电池电路、南/北蓄电池组分别通过各自的电源控制装置输入到南、北服务舱配电器,通过配电器给负载供电。

为减少火工品装置点火时对其他电子、电气设备的干扰,设立独立的火工品母线,由蓄电池组直接为其供电。

在通常情况下,两条母线呈现独立工作方式,需要时(如转移轨道和蓄电池再处理期间),可以通过遥控指令使两条母线并联供电。

北斗三号卫星采用单母线配置,由电源控制器输出一条稳定的直流母线到各综合电子业务单元,再分配到星上用电负载。

2)母线电压

光照期由分流调节器和电源控制器完成对母线电压的调节,使其稳定。分流调节器中的所有分流电路受控于母线电压误差驱动信号。当母线电压上升时,误差放大器将这个误差电压加以放大,然后驱动分流调节器工作,对太阳电池电路分流,以维持母线电压在规定的范围内。北斗一号卫星和二号卫星在光照期母线电压均稳定在(42 ±0.5)V 范围内。由于采用半调节母线,地影期母线电压将取决于蓄电池组电压,在 25.5 ~42.5V。

北斗三号卫星采用全调节体制,不论光照期还是地影期母线电压都保持稳定。其中 MEO 卫星由于功率相对较低,采用 42V 母线;GEO 卫星和 IGSO 卫星功率达 6000W,采用 100V 母线。两种母线电压的波动范围都在 ±0.5V 以内。

3)母线品质

为了保证母线电压的品质,由跨接在正、负母线上的电容实现母线平滑功能,使母线电压在进出地影时变化平稳。在进出地影时,通过并联在母线上的滤波电容,使得卫星进出影时引起的母线的跃变速率满足要求。电容组件串接有熔断保险丝,防止组件短路故障影响母线工作状态。

一次电源采用顺序-线性-部分分流的分流调节方式,这种调节方式较开关式分流调节方式的优点之一就是母线动态阻抗低,母线产生的纹波电压小。通过设置上述供电母线滤波电容,在额定负载条件下,一次母线在输出端的纹波电压峰峰值可以满足要求。

5.4.4.3 太阳电池阵

1)太阳电池阵构成

太阳电池阵由太阳翼和粘贴在太阳翼上的太阳电池电路两部分构成。

太阳翼包括两个可展开式单轴对日定向刚性太阳翼,每翼有三块太阳电池板,一个连接架,一套压紧释放机构及一个展开同步装置。

北斗一号卫星和北斗二号卫星采用相同的太阳翼,每块太阳电池板尺寸为 1720mm ×2200mm,板面积 3.775m^2,太阳翼全面积 22.75m^2。

北斗三号卫星针对大功率的 GEO/IGSO 卫星和较低功率的 MEO 卫星研制了两种太阳翼。GEO/IGSO 卫星的太阳翼每块板尺寸为 2360mm × 2500mm,板面积 5.9m^2,两翼总面积 35.4m^2。MEO 卫星的太阳翼每块板尺寸为 1610mm ×2115mm,板面积 3.4m^2,两翼总面积 20.4m^2。

两个太阳翼分别安装在卫星南/北板上,卫星发射时每翼的三块电池板依靠压紧机构收拢在卫星侧壁上,当卫星发射入轨后通过释放机构将其展开并锁定。为了减轻太阳翼展开锁定时的冲击,GEO 和 IGSO 卫星太阳翼配置了阻尼器。

2）太阳电池电路

北斗一号卫星和北斗二号卫星采用部分线性分流的太阳电池阵功率调节方式，所有太阳电池电路根据功率需求的不同由18～27个分阵构成，其中1～2个分阵为不分流阵，其余分阵为分流阵。

北斗三号卫星采用便于设计和生产的统一布阵设计，每个太阳翼的太阳电池阵划分为设计一致的12个分阵，通过驱动太阳翼旋转的SADA引入星内，由星内的电源控制器对每个分阵供电进行调节。由于蓄电池组通过充电调节器直接从一次电源母线获取充电电流，因而取消充电限流阵。

太阳电池电路每个分阵的太阳电池片为先串后并的组合形式。为了防止某一串太阳电池短路后造成整个分阵短路，电池串输出口正端设置隔离二极管。

3）太阳电池片

北斗一号卫星粘贴的太阳电池片为单晶硅太阳电池，光电转换效率为12.3%。北斗二号MEO卫星和IGSO卫星采用效率12.3%的单晶硅太阳电池。北斗二号GEO卫星由于整星功率需求提高，部分采用了光电转换效率达19%的单结砷化镓太阳电池。

北斗三号卫星作为全球组网的新一代导航卫星，对整星重量要求更加苛刻，全面采用了转换效率高达25.8%～28%的三结砷化镓太阳电池，大幅提高了太阳电池阵的功率密度。

5.4.4.4　蓄电池组

1）单体电池

北斗卫星的蓄电池随着技术的进步不断改进。北斗一号卫星采用45A·h镉镍蓄电池单体，其能量密度仅30W·h/kg。北斗二号卫星采用40A·h和60A·h的氢镍蓄电池组，能量密度可达60W·h/kg。北斗三号卫星采用了能量密度达120W·h/kg的锂离子蓄电池组。

北斗二号的氢镍蓄电池内部含有高压氢气，工作压力可达4.5～5.0MPa，因此对壳体密封和耐压有很高的要求。同时，氢镍蓄电池适合在较低的温度下工作，因此热控设计需将其单体温度控制在10℃以下，放电时不超过20℃。

2）蓄电池组构成

每颗北斗卫星均配置两个蓄电池组。北斗一号卫星和北斗二号卫星所用的蓄电池组为单体直接串联，镉镍蓄电池共串联28节，氢镍蓄电池单体电压略高，共串联27节。由于电池组体积较大，镉镍电池组分为两个单机组件，每个含14节单体，两个组件通过电缆串联。氢镍蓄电池组分为13节和14节两个组件。

为了较精确地控制电池组温度，选取几个单体粘贴热敏电阻测量温度，粘贴位置选择靠近极柱、单体柱段以及靠近底板等不同位置。在各单体上粘贴加热片，并将这些加热片串联起来形成加热回路，用于蓄电池温度偏低时加温。

氢镍蓄电池属于压力容器，并且其内部氢气压力与荷电容量线性相关。因此，氢镍蓄电池壳体上粘贴应变片作为压力传感器,用于测量电池内部压力。在电池组结构上,搭载了一个小的压力信号处理电路,将应变片形变产生的微弱信号变换为0～5V遥测信号。

镉镍蓄电池组和氢镍蓄电池组都是单节电池串联,一旦单体开路将造成整个电池组失效。因此,在电池组上为每节电池并联了二极管组件,当单体内部发生开路时充放电电流可由二极管组件流过,仅损失一节单体的电量,整个电池组还能够供电。

北斗三号卫星的锂离子电池组采用容量为20A·h或25A·h的单体,先三个单体并联,再串联形成电池组。串并联结构使得整个电池组的开路失效风险大大降低。锂离子电池单体电压为3.3～4.2V,远高于镉镍蓄电池和氢镍蓄电池的1.1～1.5V。因此42V母线配置的锂离子电池组为9个并联块串联,100V母线下则是两个11节组件串联构成22节电池组。锂离子电池组同样配置了热敏电阻和加热器,用于电池组热控。

3）蓄电池组热设计

蓄电池热设计及控制采用主动温控方式。在设计上,散热通道与电池的结构结合起来,利用每个电池的安装卡套散热,电池所对应的卫星侧壁安装位置粘贴OSR散热片散热。为使电池组中每个电池温差不超过3℃,在星体的电池组安装板上埋热管,每个电池都装有加热片,当电池处于低温时给蓄电池加热。

长光照期蓄电池组处于搁置状态,一般将其温度控制在较低的水平,以延长寿命。氢镍蓄电池长光照期控制在－5～0℃范围,锂离子蓄电池长光照期控制在5～10℃范围。

5.4.4.5 电源调节与控制

1）分流调节

电源调节与控制设备的主要功能包括分流调节、充电控制、放电控制以及一些接口功能。北斗一号卫星和北斗二号卫星的分流调节功能由分流调节器完成,控制分流调节器的母线误差放大电路和充放电控制功能则由电源控制器完成。由于是双母线配置,因此一颗星上包括两台分流调节器和两台电源控制器。考虑到分流调节器发热量较大,并且分流的分阵数量远多于SADA可提供的功率滑环数量,分流调节器安装于星外的太阳翼连接架上。控制分流调节器所需的±12V供电、母线误差信号等信号接口则通过SADA中的信号环传输。

分流电路的工作状态全部取决于母线误差电压的大小,因此母线误差放大器故障将会导致整个分流调节器分流调节功能失效。按照星上电路设计的可靠性要求,母线误差电压放大器采用三取二表决电路,最终输出的误差信号是三个信号中处于中间的信号。

分流调节器采用主动温控措施,温度低于－14℃时开启加热器,确保在阴影季节最长阴影时分流调节器的出影温度不低于－30℃。分流调节器的温度由热敏电阻采集,传入星内的电源控制器处理。加热器粘贴在分流调节器壳体上,由电源控制器根

据采集的分流调节器温度控制加热器的通断。

2）充电控制

北斗一号卫星和北斗二号卫星的电源控制器通过 T-V 曲线控制方式可以同时对两组蓄电池分别进行充电，也可以对两组蓄电池采用轮流充电方式，充电保护控制采用温度补偿电压控制方法。即通过模拟电路设定与电池温度线性相关的充满电压，当电池组电压达到当前温度的充满电压时，就断开充电开关。

模拟电路可以实现多条温度与充满电压的线性关系曲线，即 T-V 曲线。由遥控指令编码选择 T-V 曲线，采用 T-V 控制方式对蓄电池组进行充电控制，利用反映蓄电池容量、电压和温度相互关系的 T-V 曲线进行控制。温度传感器贴装于电池组上，作为充电终止的控制信号，由遥控指令编码选择控制曲线。

寿命末期采用轮流充电时，当此组蓄电池充电结束后，自动断开该组蓄电池对应的充电阵（保留相应的涓流阵），并闭合另一组蓄电池的充电控制开关，当其充电结束后，即断开相应的充电阵，两组蓄电池都转入涓流充电。

为了防止氢镍蓄电池过充，根据地面试验结果设置两个控温点：27℃、31℃（可由遥控指令选择）。当蓄电池组的温度超过控温点时，将断开蓄电池组充电开关。

3）蓄电池放电控制

蓄电池放电控制由控制开关和隔离二极管组成，二极管放电电路使蓄电池组与母线直接连接，保证整星在任何情况下不断电。控制开关受控于有线指令和遥控指令。有线指令的设置可以在地面测试试验中出现紧急情况时迅速切断蓄电池组，使整星处于安全状态。

当卫星在轨工作进影时，太阳电池阵供电不足，母线电压下降，二极管正向偏置，由蓄电池组向母线供电。若某一个二极管发生开路故障，并联的二极管仍可保持放电回路的正常工作；若某一个二极管出现短路故障，可通过遥控指令断开与短路二极管相连的继电器，将其与母线断开。

4）北斗三号卫星的电源控制

北斗三号卫星采用了一体化的电源控制器完成所有电源调节和控制功能，大幅降低了电源调节和控制设备的重量体积。

北斗三号卫星的电源控制器中配置了24级分流调节电路，4个充电调节模块和6个放电调节模块，在光照期和地影期始终保持一次电源母线电压稳定在 ±0.5V 误差范围内。其充电模块针对锂离子蓄电池的需要，能够按照指令设定的充电电压和电流完成恒流-恒压充电，电流和电压各有16挡设置。放电模块能够实现自动均流调节，各模块输出电流不均衡度在1%以内。

北斗三号卫星电源控制器配置了以80C32单片机为核心的下位机，通过1553B总线实现对外的遥测遥控接口，并与综合电子分系统中的能源管理软件配合完成能源分系统的自主管理，可实现全寿命期自主运行。

5.4.4.6 配电设计

1）配电方式

北斗导航卫星采用集中和分散相结合的供配电体制。整星设置4个配电器，配电器分舱设置，分舱段完成对一次母线的配电。

整星的二次供电，采用集中和分散相结合的方式。集中供电的DC/DC电压变换和分配由配电器完成；同时，部分单机设备采用各自独立分散的供电方式，内部实现电压变换和分配。

2）对一次母线的配电

服务舱北配电器为距离服务舱北板较近的各单机设备分配其所需的一次母线功率和二次集中供电的DC/DC功率。由北电源控制器提供一次母线供电，由服务舱南配电器提供+12V、-12V、+5.5V电压。

服务舱南配电器为距离服务舱南板较近的各单机设备分配其所需的一次母线功率和二次集中供电的DC/DC功率。由南电源控制器提供的一次母线供电，由服务舱北配电器提供+28V、+5V电压。

载荷舱北配电器为距离载荷舱北板较近的各单机设备分配其所需的一次母线功率和二次集中供电的DC/DC功率。由服务舱北配电器提供一次母线（南）、一次母线（北），及+28V、+12V、-12V、+5V、+5.5V电压。

载荷舱南配电器为距离载荷舱南板较近的各单机设备分配其所需的一次母线功率和二次集中供电的DC/DC功率。由服务舱南配电器提供一次母线（南）、一次母线（北）、+28V电压。

3）DC/DC的配置和配电

采取集中和分散相结合的二次电源供电体制，对平台各分系统的大部分产品，采取集中DC/DC供电的方式，分别由南北配电器完成DC/DC电压变换和输出。

结合整星结构布局特点，对各DC/DC设备用户在兼顾电磁兼容的前提下，就近配电。该方案可减少电源变换器的数量和集中电源变换器的输出功率，提高转换效率。

推进、控制分系统的大部分设备，采取分散供电的方式，各设备自带DC/DC模块。

为提高继承性，对导航分系统中的L/C转发器、C/S转发器和C/C转发器的产品设备，采用集中DC/DC二次供电，该功能由载荷舱配电器完成。其余导航分系统产品，采取分散供电的形式，各单机自带DC/DC模块。

卫星集中供电的DC/DC模块分别置于整星各配电器中。对一次电源、遥测、遥控、跟踪子系统、火工品管理器等采用集中二次供电，分别由服务舱南、北配电器完成其二次供电变换。

4）火工品管理

通过火工品管理器实现对整星火工品的起爆控制和管理工作，采用集中的火工

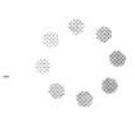

品管理模式，配置一个单独的火工品管理器，对整星火工品实现集中管理，有利于整星安全。火工品管理器主要对外起爆控制接口包括：对推进分系统的电爆阀起爆控制，对太阳翼压紧点的起爆控制，对S/L天线压紧点切割器的起爆控制。

火工品管理器的线路设计采用了简单、成熟的技术，关键部分均采用备份手段，保证其安全、可靠。控制方式上采用程控和遥控相结合，火工品发火电路使用继电器开关作为执行元件，其中磁保持继电器作为接通开关，电磁继电器作为发火开关，所有继电器均有触点串并联组合。

为了有效地监视点火电路工作状况，采用点火回路供电电流遥测保持放大电路。

火工品管理器主要由程控电路、驱动和发火电路及火工品起爆瞬时电流信号测量、放大、保持电路组成。当火箭把卫星送至转移轨道星箭分离后，火工品管理器开始工作。程控电路在规定的时刻分别输出控制脉冲，控制火工品的顺序起爆，电流测量放大及保持电路测出起爆状态数据送往遥测系统。

5.4.4.7　能源分系统的可靠性安全性设计

北斗卫星对长寿命和高可靠的要求很高，能源分系统设计时特别注重供电安全性和可靠性。

整星所有主功率通路均采取二次绝缘措施，防止出现母线短路；整星所有主功率通路均采取有效冗余措施防止出现开路；直接由母线供电设备都采取过流保护措施，均尽量采用可恢复的过流保护电路，防止损坏母线[11]。

氢镍蓄电池组密封设计和壳体耐压有2.5倍以上的安全余量，避免电解质或有害气体泄露，避免单体压力容器爆炸等事故。电源系统的各功能电路单元间应满足空间隔离、间距隔离、绝缘隔离、热隔离的要求，避免不同功能单元之间的短路失效，避免失效的传播扩散。一次电源母线的配电应按照功能尽可能分开布线，以减少负载之间的干扰并便于在负载端采取故障防护和隔离措施。

供电传输环节上的连接导线、电连接器应满足降额要求，电缆束设计和铺设应满足绝缘设计要求；不同供电电缆之间应保持一定间距，避免因局部短路故障引起电缆间的失效传播；舱外电缆应采取静电放电防护设计，避免或减缓静电放电的损伤。

火工品引爆时使用脉冲大电流母线，应采用3～4道开关与限流电阻双重手段进行母线短路保护，避免火工品点火器短路导致母线过流。

5.5　姿轨控分系统

北斗导航卫星（即北斗卫星）的发展历程是从北斗一号GEO卫星开始，直至北斗三号全球导航星座覆盖。

从卫星平台能力需求看，北斗一号卫星定位为静止轨道，其导航工作方法决定了对其位置瞬时精度要求不高，仅需两颗卫星和地面系统即可完成导航定位。为此，北斗一号卫星基于东方红三号卫星平台开展设计，实现长期对地三轴稳定。

从北斗二号导航卫星开始直至北斗三号导航卫星，我国卫星的导航服务方式也逐步发展成基于伪随机码测距的无源导航方式，从原理上讲最少需要4颗导航卫星才能实现导航定位，定位过程无需地面系统参与，这种导航方式理论上对导航卫星自身的位置精度和时钟精度要求较高，这样使得卫星控制系统设计也进行了较大调整，整星平台的姿轨控水平进一步得到提升。

北斗一号卫星的转移轨道段采用传统的多次远地点变轨方式，从卫星入轨开始，卫星自动完成对日姿态捕获，保证整星能源供应；其后完成对地捕获，并建立远地点点火姿态，完成490N推力变轨控制，并最终利用10N推力器实现定点位置捕获。

整个控制过程的姿态控制器设计采用比例积分微分（PID）+结构滤波器形式，利用伪速率调制方式实现姿控推力器脉冲输出，能够有效地抑制太阳翼振动和液体晃动的影响，保证卫星姿轨控过程平稳。

在进入同步轨道后，北斗一号卫星通过建立 $-Y$ 轴角动量偏置的方式，利用惠康原理和滚动轴姿控推力器安装设计，实现了滚动轴姿态双脉冲控制策略，保证卫星滚动、偏航姿态精度满足设计要求（俯仰轴由反作用轮直接控制）。从控制系统设计角度看，北斗一号卫星控制系统极为简洁、高效，利用最简配置实现了导航卫星长期在轨稳定工作。

卫星导航方式的改变促使北斗二号卫星控制系统设计发生了重大改变，其中在转移轨道段的控制策略并未发生明显变化，但在正常模式下，采用三轴全轮控、全寿命期间自主角动量管理的姿控策略，涵盖MEO、IGSO、GEO等多种轨道卫星。

北斗二号卫星姿轨控分系统采用了新一代姿态与轨道控制计算机（AOCC）架构，进一步提高了星上处理能力，滚动、俯仰仍沿用了摆式地球敏感器直接输出结果，在偏航轴方向，分别设计了基于数字太阳敏感器的自主偏航确定算法、偏航陀螺标定算法、基于角动量守恒的偏航估计、基于模拟太阳敏感器的偏航确定方法等多种偏航确定策略，保证在轨三轴姿态始终可测，并利用4个金字塔构型的反作用轮实现三轴姿态控制，采用磁力矩器进行三轴角动量自动卸载，自动完成SADA转角控制实现太阳翼对日，由此使得卫星三轴姿态控制精度和管理水平明显优于北斗一号卫星。同时，整星角动量始终维持在较低水平，长期运行中无需喷气卸载，进而保证了卫星轨道的高精度。

北斗三号卫星控制系统在北斗二号卫星基础上开展了一系列改进设计：控制部件全面国产化是其重要标志；通过引入综合电子分系统，实现平台信息集中处理，系统得到了进一步优化；利用星敏感器和长寿命陀螺，实现三轴姿态全时段可测，极大简化了在轨飞控流程，自主工作水平也得到了明显提升，其定姿精度完全满足星上窄波束天线等星间载荷高精度指向的要求。

5.5.1 姿轨控分系统主要任务

为了完成卫星的特定任务，保证有效载荷的正常工作，需要在任务分析时确定标

称轨道和期望的姿态。姿轨控分系统的任务就是通过对卫星的不断测量、计算和控制,使得卫星获得比较理想的轨道和姿态[12]。

姿态控制是指卫星在内外部扰动力矩作用下,通过姿态控制系统使卫星本体坐标系对准期望参考系。

姿态控制包括姿态稳定、姿态机动与姿态捕获。姿态稳定是保持卫星现有的定向。卫星在轨运行时,由于受到内部与外部干扰力矩的作用,其姿态会偏离期望值。姿态稳定的任务是根据姿态确定的信息,设计合适的控制规律,选择合理的执行机构,使姿态稳定在期望值附近,以满足有效载荷对姿态性能指标的要求。姿态机动是指将卫星从已知的姿态控制到另一种期望姿态的再定向过程。姿态捕获是指卫星从未知姿态控制到期望姿态。对长寿命卫星具有全姿态捕获能力尤显重要。

当控制系统或部件突发性故障而丢失姿态基准时,为使卫星能继续工作以保障长时间运行,控制系统就必须具有自主的全姿态捕获能力。这里姿态信息获得的手段与姿态确定的算法是十分重要的[13]。

轨道控制是指通过对卫星质心施加外力,以改变其运行轨道。轨道控制包括轨道机动和轨道保持两种。

导航卫星姿轨控分系统的主要任务是在各种情况下完成卫星的姿态控制和轨道控制。在导航卫星转移轨道段,姿轨控分系统主要任务为:卫星与运载分离后,姿轨控分系统应自主加电并进行速率阻尼,消除由运载产生的分离干扰角速度,并实现对日姿态捕获,保证能源安全;能够自动或根据地面指令建立490N发动机点火姿态,并根据变轨策略,在规定的时间范围内完成490N发动机点火,在490N发动机的点火期间,控制系统能够克服液体晃动、太阳翼振动以及发动机不平衡导致的干扰力矩的影响,保持姿态稳定,并使得变轨控制达到预期效果。

随着技术的进步,导航卫星转移轨道段的飞控工作逐渐开始应用各类自主算法,将原来地面支持的飞控操作由星上自主完成,星地交互量也大幅度减小,飞控工作得到了较大的简化。

在导航卫星工作轨道段,姿轨控分系统主要任务为卫星进入正常模式后,基于三轴姿态自主确定,采用反作用轮进行三轴姿态闭路控制,推力器仅用于特殊时候的角动量卸载,用于保证卫星安全;长期的角动量管理由磁力矩器完成,整个角动量卸载过程无需地面参与,星上能够根据残余角动量自主实施。

对于导航卫星姿轨控分系统:要求具备自主完成星上敏感器的干扰自主保护及地影、月影计算与预报的能力,在保护期间姿态控制精度满足正常模式姿态控制精度要求;要求控制系统在长期管理期间具有轨道自主控制能力,依托获得的轨道信息,能够根据轨道控制目标自主制定相位保持策略,并生成相位保持指令序列,且具备策略和指令序列下传功能,同时保留地面遥控干预功能;要求具有对各类导航天线的指向计算、轨迹规划能力,控制系统应能克服天线转动、SADA驱动等对卫星姿态的影响,保证卫星的姿态和稳定度满足要求。

5.5.2 姿轨控分系统组成

北斗导航卫星姿轨控分系统的组成主要包括敏感器、控制器和执行机构以及相应的软件。

北斗二号卫星的姿轨控分系统组成具有较全面的代表性。其配置相对于东方红三号平台卫星变化不大,但所能完成的在轨任务却更为全面,控制精度更高,北斗二号 MEO 卫星姿轨控分系统的组成如图 5.35 所示。

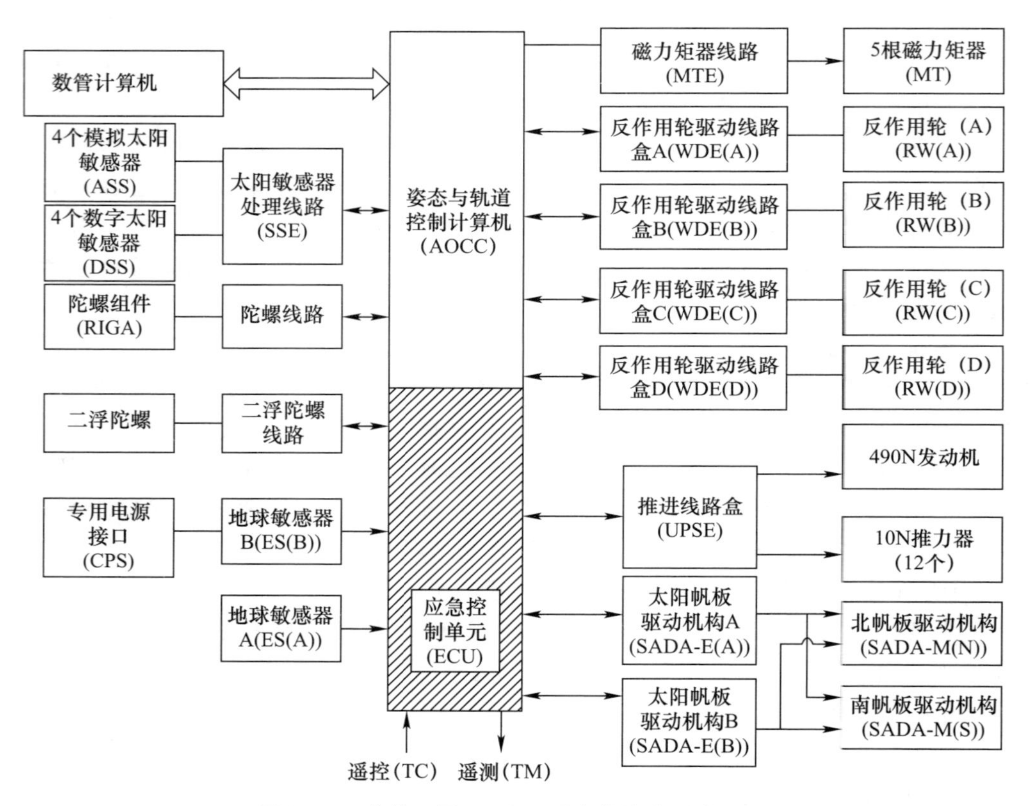

图 5.35 北斗二号 MEO 卫星姿轨控分系统组成

MEO 卫星的敏感器包括红外地球敏感器(IRES)及相应的电源接口(CPS)、数字太阳敏感器(DSS)、模拟太阳敏感器(ASS)、3+1S 液浮陀螺组件(RIGA)、二浮陀螺及相应的接口线路。

执行机构包括 10N 双组元推力器、490N 远地点发动机、反作用轮(RW)、太阳帆板驱动机构(SADA)和磁力矩器(MT)。

控制器由两套互为冷备份的姿态与轨道控制计算机(AOCC)和一个应急控制单元(ECU)构成。

北斗三号卫星相对于北斗二号卫星在系统组成上发生了明显变化,对应的姿轨

控能力和指标也有明显提升。北斗三号卫星采用综合电子体系,按照卫星总体设计,平台的数据处理都集中在中心管理单元(CMU)中完成,并将之前众多的部件线路盒进行了集成,如将执行机构的线路集成至控制综合业务单元(ISU)中,另外新增了星敏感器,形成了新的测量方式,能够获得卫星任意时刻任意姿态下的三轴姿态信息。

北斗三号IGSO卫星姿轨控分系统组成如图5.36所示。

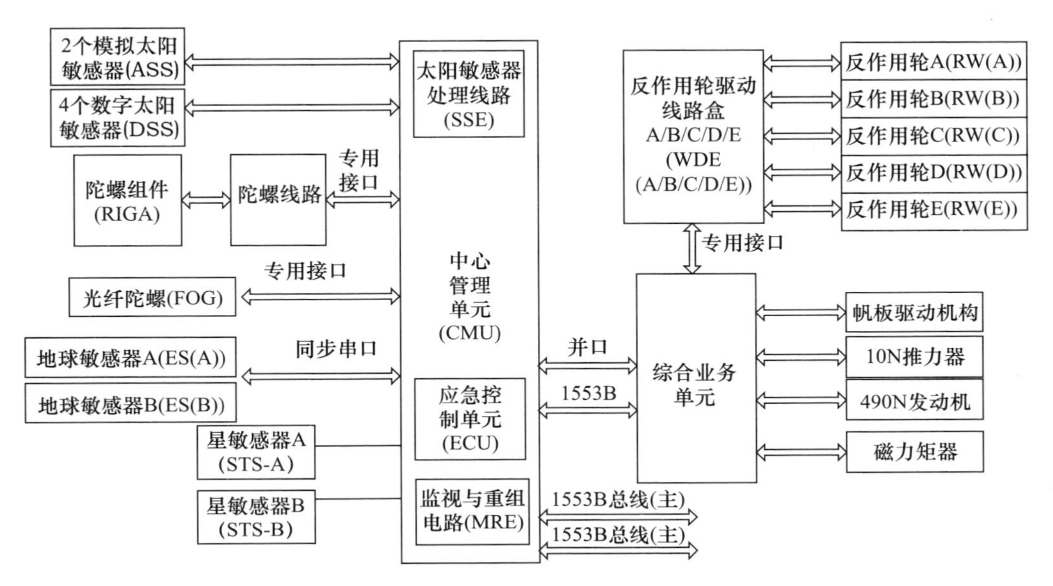

图5.36 北斗三号IGSO卫星姿轨控分系统组成

姿轨控分系统核心产品是中心管理单元(CMU)、应急控制单元(ECU)(用于整星应急,包含应急姿态控制、应急能源管理等功能)和监视与重组电路(MRE)(用于整星健康控制)。太阳敏感器处理线路(SSE)集成在中心管理单元中。

5.5.3 姿轨控分系统设计

5.5.3.1 设计原则

卫星姿轨控分系统设计的目的是:在考虑卫星运行环境和寿命及可靠性要求的基础上,根据控制系统部件及相关技术的发展水平,选择适当的控制系统构型,在整星的制约条件范围内,以最经济且可靠的手段满足飞行任务对卫星姿轨控分系统的功能和性能要求。

根据卫星总体要求的控制功能与性能指标,充分考虑航天工程的高风险,采取适当安全措施,包括适当备份、地面软件注入、自主诊断与系统重构、全姿态捕获及安全运行模式等,把安全成功放在首位。同时,设计的系统要把稳定性及裕度放在重要地位,充分考虑内外干扰不确定因素下的鲁棒性。

在产品的选择上,要继承性与先进性相结合。采用新技术要有保底措施,多采用飞行验证过的三化产品及技术。

5.5.3.2 工作模式

从北斗一号卫星开始，到北斗二号卫星、北斗三号卫星，卫星姿态控制功能、要求和对应的工作模式保持了技术状态的延续性。卫星转移轨道段涉及的工作模式有太阳捕获模式、地球捕获模式、地球指向模式、远地点点火模式、惯性定向模式（北斗三号卫星）和故障与安全模式。卫星工作轨道任务是指卫星经过多次变轨后的准工作轨道和相位捕获后的工作轨道段的工作，主要包括调相模式/位保模式、正常模式、故障与安全模式等。

以北斗二号 MEO 卫星为例，说明导航卫星的控制工作模式、方式与敏感器、执行机构等部件的关系，如表 5.6 所列。

表 5.6 北斗二号 MEO 卫星控制工作模式、方式与部件的关系

模式	控制方向	敏感器	执行机构	控制器
太阳捕获模式	滚动、俯仰	DSS、3+1S 陀螺	10N 推力器，反作用轮	控制计算机
	偏航	3+1S 陀螺		
	反作用轮刹车	反作用轮转速		
地球捕获模式	滚动、俯仰	DSS、3+1S 陀螺	10N 推力器	控制计算机
	偏航	3+1S 陀螺		
地球指向模式	滚动、俯仰	IRES、3+1S 陀螺	10N 推力器，反作用轮	控制计算机
	偏航	DSS、3+1S 陀螺		
	启动反作用轮	反作用轮转速		
远地点点火模式	滚动、俯仰	IRES、3+1S 陀螺	10N 推力器，490N 发动机	控制计算机
	偏航	DSS、3+1S 陀螺		
调相模式	滚动、俯仰	IRES、3+1S 陀螺	10N 推力器，反作用轮	控制计算机
	偏航	DSS、陀螺		
	转速控制	反作用轮转速		
正常模式	滚动、俯仰	IRES	反作用轮，10N 推力器，磁力矩器，太阳帆板驱动机构	控制计算机
	偏航	DSS、ASS、二浮陀螺		
	帆板控制	ASS、SADA 转角		
	转速控制	反作用轮转速		
故障与安全模式	滚动、俯仰	地球敏感器、数字太阳敏感器和陀螺	10N 推力器，反作用轮	控制计算机
	偏航			
应急控制模式	滚动、俯仰	DSS、3+1S 陀螺	10N 推力器，反作用轮	应急控制单元
	偏航	3+1S 陀螺		
	反作用轮刹车	反作用轮转速方向		

从北斗三号卫星开始，引入星敏感器定姿，新增了基于星敏感器定姿的模式和方

式，从而使得卫星的姿态确定精度和控制精度都有明显提升，卫星在轨运行流程也得到优化，减小了地面测控的负担。

5.5.3.3　控制流程

导航卫星控制流程反映了从发射入轨到在轨长期运行的全过程飞行控制事件和流程，根据导航卫星入轨的特点，可以划分为间接入轨和直接入轨两类控制流程，其中间接入轨指的是需要经过490N发动机点火后完成工作轨道捕获，直接入轨指的是导航卫星通过上面级摆渡的方式进入工作轨道，除了北斗三号MEO卫星外，所有其他的北斗导航卫星都是间接入轨。本节以北斗二号卫星MEO卫星和北斗三号MEO卫星为例，介绍这两类控制流程及区别。

1）北斗二号MEO卫星控制流程

MEO卫星为“一箭双星”发射，入轨点轨道高度约为21500km，近地点高度约为200km。星箭分离后，卫星控制计算机应用软件中的星箭分离程控等待64s后启动速率阻尼。

根据卫星总体制的飞行控制流程，单颗星的飞行控制流程如图5.37所示，第一转移轨道周期约为6h，地面可跟踪的测控弧段较短。第二次远地点变轨后进入太阳捕获模式。地面可同时对2颗星进行跟踪和测控，但不同时变轨控制，即第一颗卫星完成3次变轨后，再进行第二颗卫星3次变轨。对于单颗MEO卫星，从卫星起飞开始，经过3次远地点变轨，再经过相位捕获后，进入工作轨道运行。

2）北斗三号MEO卫星控制流程

相对于间接入轨，北斗三号MEO卫星的控制流程如图5.38所示，无需进行远地点变轨，通过3～4次相位捕获后，完成MEO轨道的高精度捕获；另外，在工作轨道阶段，卫星要求实现自主导航、自主轨道、自主故障检测、隔离或重构（FDIR）和自主敏感器干扰保护等自主功能。对于控制系统而言，在开通总线获取导航电文或自主导航功能后，卫星平台对地面测控系统的要求降至最低。

5.5.3.4　控制功能

为了解决北斗MEO卫星和IGSO卫星倾斜轨道长期运行阶段的能源保证问题，控制系统需要采取持续的偏航机动和帆板主动控制；同时角动量的管理必须依靠磁力矩器进行，与普通的通信卫星不同，正常工作过程中不允许推力器完成角动量卸载，以保证卫星在轨轨道与姿态的连续稳定。

另外，导航卫星的管理属于大型星座运行管理。为了缓解地面测控和维护的压力，从北斗三号卫星开始，基于自主轨道获取的控制系统全自主工作成为发展重点，长期运行期间的卫星全自主管理和在轨生存能力得到提高。

1）偏航机动及帆板对日控制策略

对于北斗MEO卫星和IGSO卫星，其轨道倾角设计为55°，长期在轨运行期间，由于采用单轴SADA控制太阳翼，这使得偏航的机动就必不可少，即只有星体偏航轴和SADA转轴的两轴机动策略，才能保证帆板法向指向太阳。

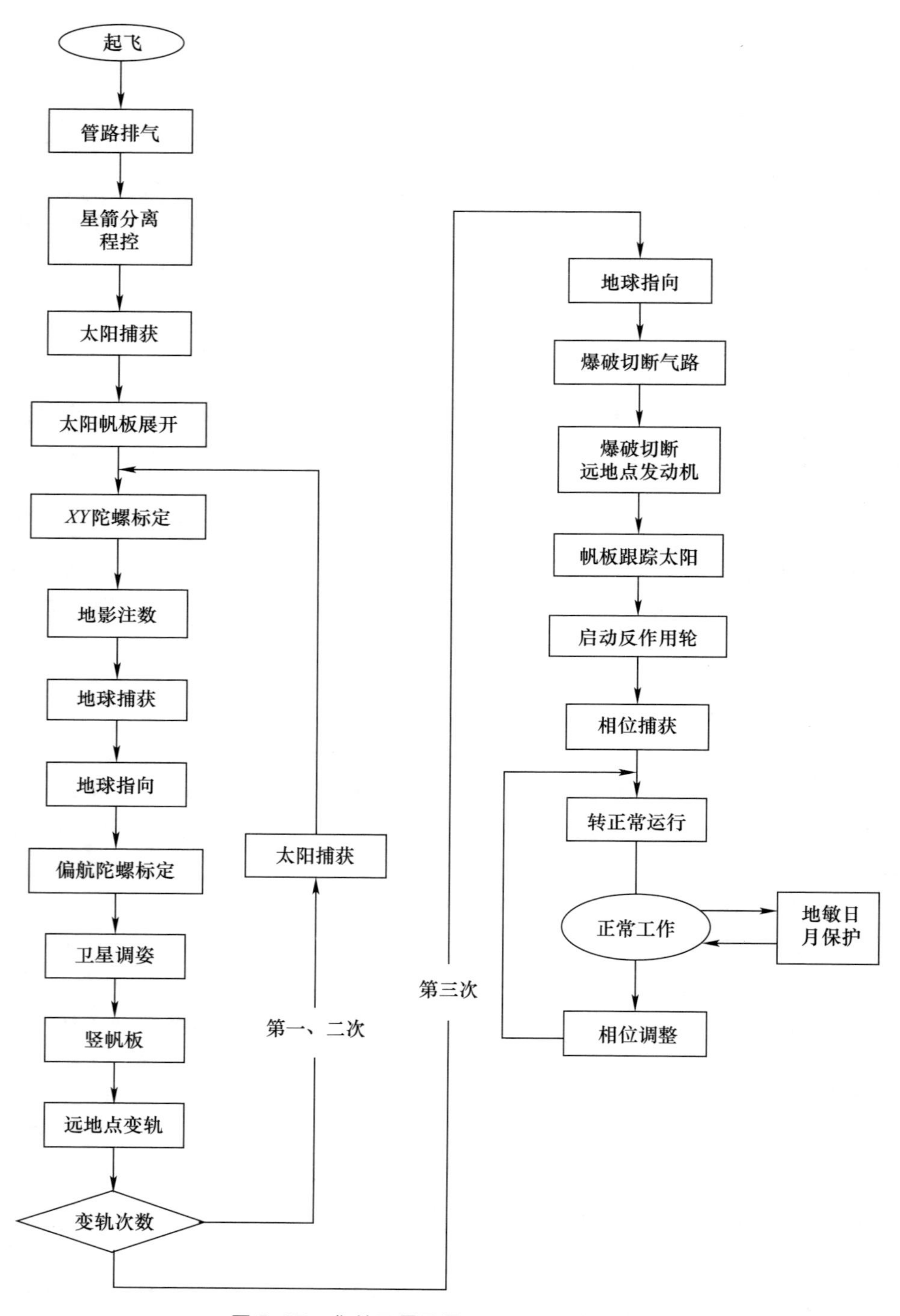

图 5.37　北斗二号卫星 MEO 卫星控制流程

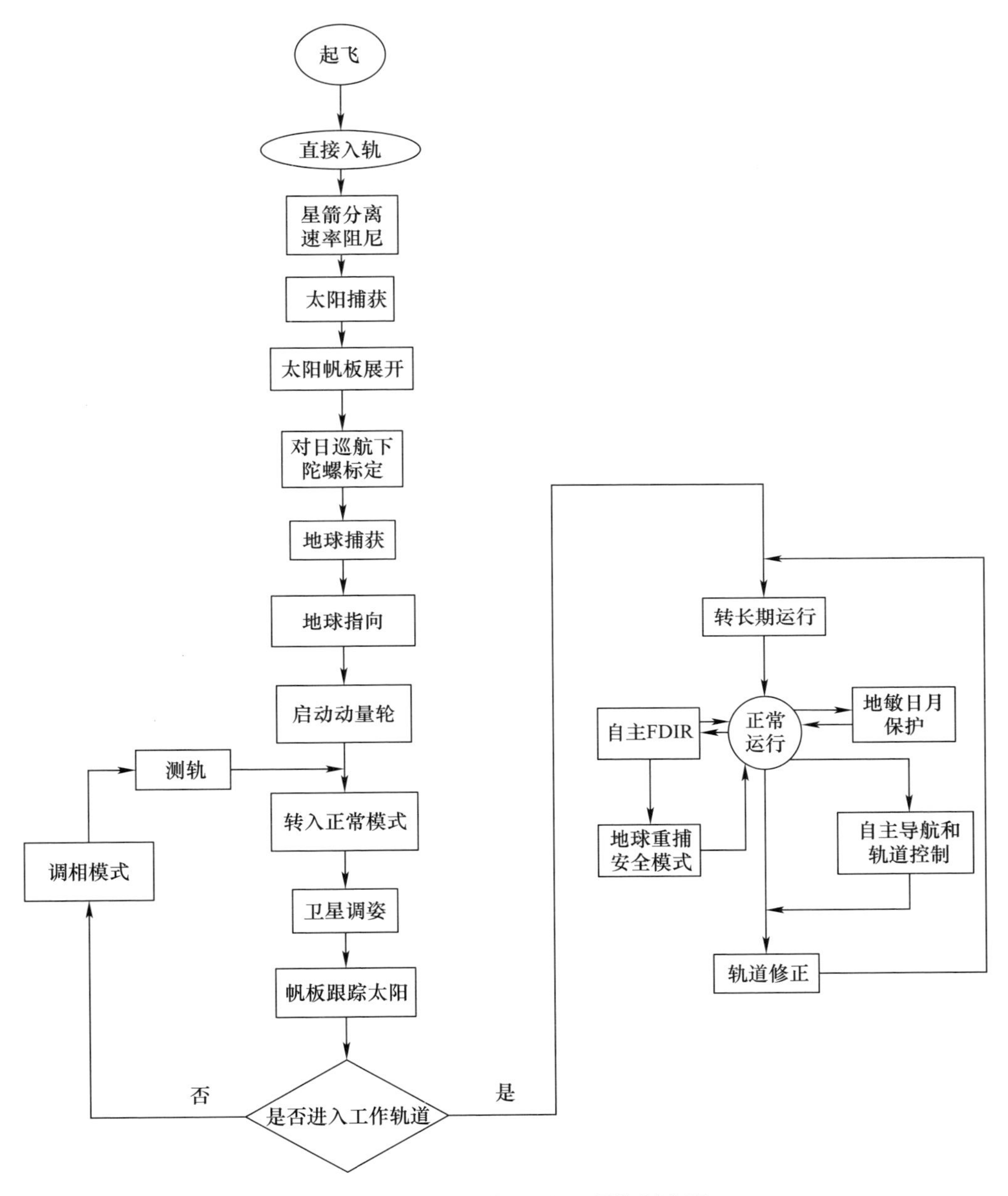

图5.38　北斗三号MEO卫星控制流程

(1) 偏航偏置角设计。

偏航姿态偏置方式由太阳方位和卫星轨道位置决定。设太阳矢量在轨道坐标系的分量为 S_{ox}、S_{oy}、S_{oz}，则太阳高度角 θ_s 满足 $\sin\theta_s = S_{oy}$。当SADA转角 $\beta = 0$ 时，帆板法线矢量 $\boldsymbol{N}_s$ 指向卫星的 $-Z$ 轴。假设卫星滚动、俯仰角始终为0，偏航角为 ψ，SADA

转角为 β，则 $\boldsymbol{N}_s$ 指向太阳时在轨道坐标系中满足如下几何关系：

$$\boldsymbol{N}_s=\begin{bmatrix}\cos\psi & -\sin\psi & 0\\ \sin\psi & \cos\psi & 0\\ 0 & 0 & 1\end{bmatrix}\begin{bmatrix}\cos\beta & 0 & \sin\beta\\ 0 & 1 & 0\\ -\sin\beta & 0 & \cos\beta\end{bmatrix}\begin{bmatrix}0\\ 0\\ -1\end{bmatrix}=\begin{bmatrix}-\cos\psi\sin\beta\\ -\sin\psi\sin\beta\\ -\cos\beta\end{bmatrix}=\begin{bmatrix}S_{ox}\\ S_{oy}\\ S_{oz}\end{bmatrix} \tag{5.6}$$

因此，帆板转角控制的目标转角 β_{st} 和偏航控制的目标姿态 ψ_{st} 有双解为

$$\begin{cases}\begin{cases}\beta_{st}=\arccos(-S_{oz})\\ \psi_{st}=\arctan2(-S_{oy},-S_{ox})\end{cases} & 0\leqslant\beta_{st}<180^\circ\\ \begin{cases}\beta_{st}=2\pi-\arccos(-S_{oz})\\ \psi_{st}=\arctan2(S_{oy},S_{ox})\end{cases} & 180^\circ\leqslant\beta_{st}<360^\circ\end{cases} \tag{5.7}$$

为理解双解的几何意义，可令太阳矢量在轨道坐标系 XOY 平面的投影为 S'，则偏航角与太阳矢量的关系如图 5.39 所示。

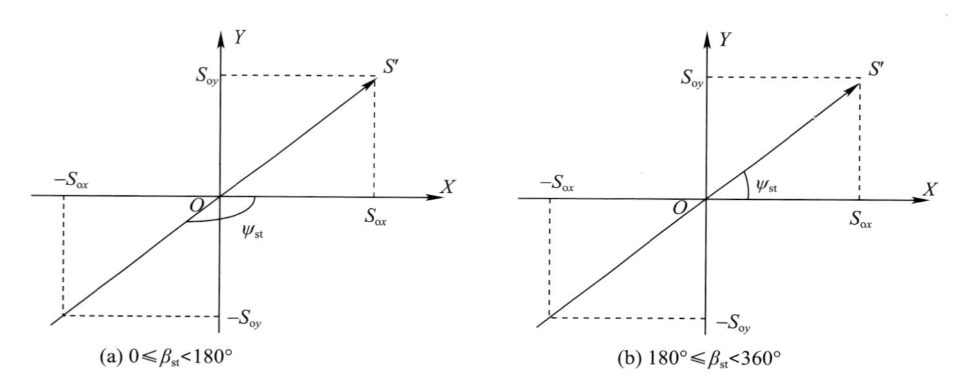

图 5.39　偏航角与太阳矢量的关系

当 SADA 转角 $0\leqslant\beta_{st}<180^\circ$ 时，卫星转过偏航角 ψ_{st} 后，星体坐标系的 $-X$ 轴和 S' 重合，此时卫星 $-X$ 面总对着太阳；当 SADA 转角 $180^\circ\leqslant\beta_{st}<360^\circ$ 时，卫星转过偏航角 ψ_s，星体坐标系的 $+X$ 轴和 S' 重合，此时卫星 $+X$ 面总对着太阳。

姿态控制系统可以选择卫星 $+X$ 面对太阳或 $-X$ 面对太阳两种方式，这取决于总体设计要求。通过对 ψ_{st} 微分，可求出偏航姿态角的变化率和最大偏航角速度为

$$\begin{cases}\dot{\psi}_{st}=-\dfrac{\omega_0 S_{oy}S_{oz}}{S_{ox}^2+S_{oy}^2}\\ |\dot{\psi}_{st}|_{max}=\dfrac{\omega_0}{|\tan\theta_s|}\end{cases} \tag{5.8}$$

由式(5.8)可知当 $\theta_s\to 0$ 且 $|S_{oz}|\to 1$ 时，$|\dot{\psi}_{st}|_{max}\to\infty$，这显然超出了控制系统的能力，具体结果如图 5.40、图 5.41 所示。所以根据卫星自身的控制能力，一般采用以下偏航控制策略。

① 当 θ_s 接近于 0 时，偏航姿态不再进行姿态机动，此时目标偏航角置为 0 即可。

② 当 θ_s 接近于 0 且 $|S_{oz}| > S_{oz\_lim}$ 时，进行偏航轨迹规划，该轨迹应满足 $|\dot{\psi}_{st}|_{max}$ 和 $|\ddot{\psi}_{st}|_{max}$ 都在姿控系统的控制能力范围内，这一方式可保证姿控连续，且帆板对日误差尽量小。

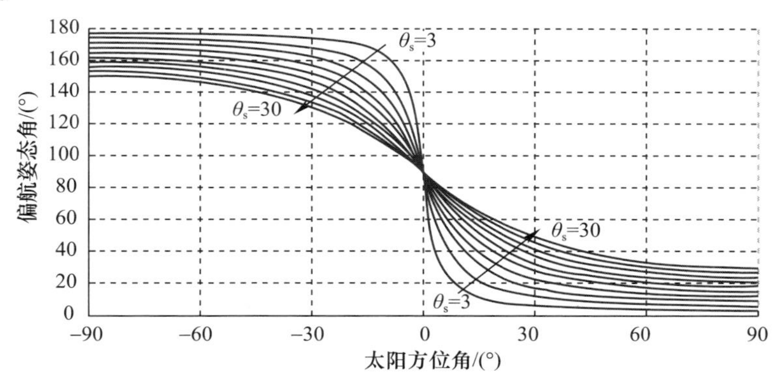

图 5.40　MEO 卫星偏航姿态角随太阳方位角变化曲线

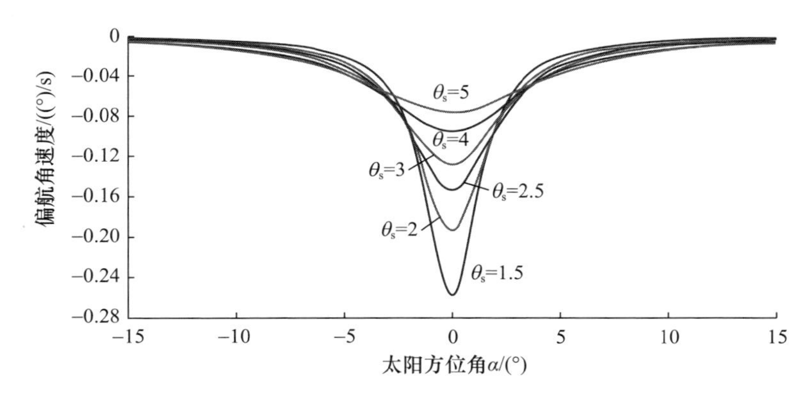

图 5.41　MEO 卫星偏航角速度随太阳方位角变化曲线（见彩图）

（2）偏航姿态控制。

偏航姿态控制包括姿态确定和轮控两部分。根据控制系统组成，北斗导航卫星具有多种偏航姿态确定途径，主要可分为基于光学敏感器和基于陀螺的两大类偏航确定方式。

① 基于光学敏感器的偏航确定方式。

根据星上配置的光学敏感器种类，可以有不同的偏航姿态确定方法。一种是通过地球敏感器加上太阳敏感器联合确定偏航姿态，一种是直接利用星敏感器来确定偏航姿态。

当已知太阳矢量在轨道坐标系 $\boldsymbol{S}_o$，则可以通过地球敏感器输出的滚动、俯仰姿态角，以及安装在卫星 $\pm X$ 面的偏航数字太阳敏感器输出的太阳方向信息，直接计算出偏航姿态。

根据 $\boldsymbol{S}_{\mathrm{o}}$ 可以计算出目标偏航角 ψ_{st}，由此可得太阳在目标星体坐标系下的坐标：

$$\begin{cases}S_{\mathrm{ox1}}=S_{\mathrm{ox}}\cdot\cos\psi_{\mathrm{st}}+S_{\mathrm{oy}}\cdot\sin\psi_{\mathrm{st}}\\S_{\mathrm{oy1}}=S_{\mathrm{oy}}\cdot\cos\psi_{\mathrm{st}}-S_{\mathrm{ox}}\cdot\sin\psi_{\mathrm{st}}\\S_{\mathrm{oz1}}=S_{\mathrm{oz}}\end{cases}\tag{5.9}$$

假设地球敏感器输出的滚动、俯仰姿态角分别为 φ_{es}、θ_{es}；考虑卫星三轴对地稳定时滚动、俯仰姿态角为小角度，则可将以上太阳矢量投影至新的坐标系：

$$\begin{cases}S_{\mathrm{oxe}}=S_{\mathrm{ox1}}-S_{\mathrm{oz1}}\cdot\theta_{\mathrm{es}}\\S_{\mathrm{oye}}=S_{\mathrm{oy1}}+S_{\mathrm{oz1}}\cdot\varphi_{\mathrm{es}}\end{cases}\tag{5.10}$$

由此得到理论偏航角：$\psi_{\mathrm{s0}}=\arctan(S_{\mathrm{oye}}/S_{\mathrm{oxe}})$，再引入数字太阳敏感器测量值 ψ_{ss}，即可确定卫星偏航姿态：

$$\psi=\psi_{\mathrm{ss}}+\psi_{\mathrm{s0}}\tag{5.11}$$

星敏感器定姿分为多星敏感器定姿和单星敏感器定姿，其原理都是一样的，即双矢量确定方法，以双星敏感器定姿为例说明其定姿方法。

假设星敏感器 A 的输出 4 元素为 $\boldsymbol{q}_{\mathrm{A}}=[q_{\mathrm{A1}}\quad q_{\mathrm{A2}}\quad q_{\mathrm{A3}}\quad q_{\mathrm{A4}}]^{\mathrm{T}}$，星敏感器 B 的输出 4 元素为 $\boldsymbol{q}_{\mathrm{B}}=[q_{\mathrm{B1}}\quad q_{\mathrm{B2}}\quad q_{\mathrm{B3}}\quad q_{\mathrm{B4}}]^{\mathrm{T}}$，其中 q_4 为 4 元素的标量，首先获得两个星敏感器的光轴矢量在惯性空间的坐标：

$$\begin{cases}\boldsymbol{Z}_{\mathrm{AI}}=2\begin{bmatrix}q_{\mathrm{A1}}q_{\mathrm{A3}}+q_{\mathrm{A2}}q_{\mathrm{A4}}\\q_{\mathrm{A2}}q_{\mathrm{A3}}-q_{\mathrm{A1}}q_{\mathrm{A4}}\\0.5-q_{\mathrm{A1}}^2-q_{\mathrm{A2}}^2\end{bmatrix}\\\boldsymbol{Z}_{\mathrm{BI}}=2\begin{bmatrix}q_{\mathrm{B1}}q_{\mathrm{B3}}+q_{\mathrm{B2}}q_{\mathrm{B4}}\\q_{\mathrm{B2}}q_{\mathrm{B3}}-q_{\mathrm{B1}}q_{\mathrm{B4}}\\0.5-q_{\mathrm{B1}}^2-q_{\mathrm{B2}}^2\end{bmatrix}\end{cases}\tag{5.12}$$

根据轨道计算，可以得到从惯性系到轨道系的方向余弦阵 $\boldsymbol{C}_{\mathrm{OI},t}$，将上述光轴在轨道坐标系下投影得到

$$\begin{cases}\boldsymbol{A}_{\mathrm{o}}=\boldsymbol{C}_{\mathrm{OI}}\boldsymbol{Z}_{\mathrm{AI}}\\\boldsymbol{B}_{\mathrm{o}}=\boldsymbol{C}_{\mathrm{OI}}\boldsymbol{Z}_{\mathrm{BI}}\end{cases}\tag{5.13}$$

引入星敏感器 A、B 光轴在星本体下的坐标 $\boldsymbol{Z}_{\mathrm{AB}}$ 和 $\boldsymbol{Z}_{\mathrm{BB}}$，这部分由星敏感器安装矩阵决定：

$$\boldsymbol{A}_{\mathrm{b}}=\boldsymbol{Z}_{\mathrm{AB}},\boldsymbol{B}_{\mathrm{b}}=\boldsymbol{Z}_{\mathrm{BB}}\tag{5.14}$$

由 $\boldsymbol{A}_{\mathrm{o}}$ 和 $\boldsymbol{B}_{\mathrm{o}}$、$\boldsymbol{A}_{\mathrm{b}}$ 和 $\boldsymbol{B}_{\mathrm{b}}$ 分别构建两个坐标系 $O_{\mathrm{o}}A_{\mathrm{o}}B_{\mathrm{o}}C_{\mathrm{o}}$ 和 $O_{\mathrm{b}}A_{\mathrm{b}}B_{\mathrm{b}}C_{\mathrm{b}}$：

$$\begin{cases}\boldsymbol{B}_{\mathrm{o}}=\boldsymbol{A}_{\mathrm{o}}\times\boldsymbol{B}_{\mathrm{o}},\boldsymbol{B}_{\mathrm{o}}=\boldsymbol{B}_{\mathrm{o}}/|\boldsymbol{B}_{\mathrm{o}}|,\boldsymbol{C}_{\mathrm{o}}=\boldsymbol{A}_{\mathrm{o}}\times\boldsymbol{B}_{\mathrm{o}}\\\boldsymbol{B}_{\mathrm{b}}=\boldsymbol{A}_{\mathrm{b}}\times\boldsymbol{B}_{\mathrm{b}},\boldsymbol{B}_{\mathrm{b}}=\boldsymbol{B}_{\mathrm{b}}/|\boldsymbol{B}_{\mathrm{b}}|,\boldsymbol{C}_{\mathrm{b}}=\boldsymbol{A}_{\mathrm{b}}\times\boldsymbol{B}_{\mathrm{b}}\end{cases}\tag{5.15}$$

以此得到卫星本体坐标系相对于轨道系的方向余弦矩阵：

$$\boldsymbol{C}_{\mathrm{BO}}=[\boldsymbol{A}_{\mathrm{b}}\quad\boldsymbol{B}_{\mathrm{b}}\quad\boldsymbol{C}_{\mathrm{b}}][\boldsymbol{A}_{\mathrm{o}}\quad\boldsymbol{B}_{\mathrm{o}}\quad\boldsymbol{C}_{\mathrm{o}}]^{\mathrm{T}}\tag{5.16}$$

从以上计算可知,多星敏感器定姿的精度不仅仅取决于星敏感器自身的误差,也与其光轴夹角相关,当其夹角不为 90°时,定姿结果会放大星敏感器自身定姿误差。

② 基于陀螺的偏航确定方式。

从北斗二号导航卫星开始,控制系统配备了长寿命偏航陀螺,当确定好陀螺积分初值后,直接利用陀螺的积分结果可以得到偏航姿态;影响卫星姿态精度的主要因素是陀螺的积分初值和常漂,这两个因素都需要利用光学敏感器确定,其中陀螺的积分初值可以由姿态确定直接给出,陀螺常漂需要通过专门的滤波算法进行估计得到。

利用卡尔曼滤波的思想,引入偏航姿态角 ψ,对偏航陀螺的常漂进行在轨估计,其基本原理是:一段时间内的偏航角变化与陀螺积分增量变化不一致是由陀螺常漂引起,所以可以得到以下滤波方程:

$$B_{gz} = B_{gz} + K_{bz}(\Delta G + \Delta\psi) \tag{5.17}$$

式中:B_{gz}为偏航陀螺的常漂,属于待估计量,下角 z 表示 z 轴;ΔG 为一段时间内陀螺积分增量;$\Delta\psi$ 为这段时间的偏航姿态变化量;K_{bz}为滤波增益值,显然这种滤波方式要求滚动和俯仰姿态都在零附近,即轨道角速度在星本体偏航轴上投影约为零。

当卫星三轴都有长寿命陀螺时,利用星敏感器或地球敏感器、数字太阳敏感器的三轴姿态确定能力,可以对三轴陀螺进行标定,标定方法与上面的偏航陀螺类似,只是需要将轨道角速度对陀螺积分的影响扣除。

(3) SADA 转角控制。

当 IGSO 和 MEO 卫星进行偏航机动时,太阳在卫星本体系下转动是非均匀的,如当 $+X$ 对日时,帆板转角始终在 180° ~360°往复变化,中心值为 270°,所以需要对 SADA 进行转角控制。

导航卫星所用 SADA 的控制方式有巡航、保持、复位和增量等方式,其中巡航方式对应的角速度为卫星所在轨道的理论轨道角速度。转动控制主要根据转角偏差,变换 SADA 控制方式和转动方向,实现帆板法向跟踪太阳。

转角偏差可以由 SADA 转角测量值与目标转角求差得到,也可以通过安装在帆板上的模拟太阳敏感器实测获得对日偏差。相对来说,SADA 转角测量的精度高,但不直接体现对日精度,模拟太阳敏感器直接反映了帆板对日跟踪情况,其角度测量精度偏低。

鉴于导航卫星 SADA 的控制方式设计为速度控制方式,所以 SADA 转角控制采用误差分级控制方式,即,当太阳翼转角误差较大时,使用增量方式完成转角回调,消除大部分对日误差;当太阳翼误差较小时,SADA 工作在巡航和保持方式之间,同时设置误差边界,采用具有磁滞特性的控制律,使得帆板转角误差始终维持在一个较小范围内。

① 角动量管理。导航卫星在正常模式下的角动量卸载目的是克服太阳光压干扰力矩引起的反作用轮角动量累积,为了保持卫星轨道的连续稳定,其角动量卸载主要依赖磁力矩器,只有在必要时才由地面遥控指令或星上自主启动角动量喷气卸载逻辑进行控制。

角动量卸载的逻辑框图如图 5.42 所示，并且磁力矩器在卫星上都沿主轴安装。

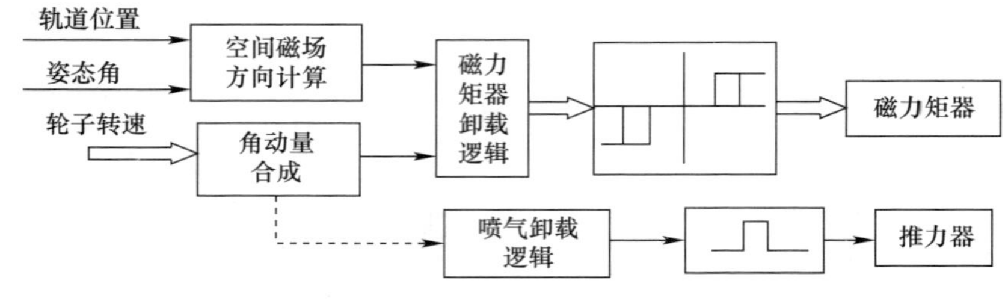

图 5.42 角动量卸载逻辑框图

采用磁力矩器进行角动量卸载时，需要根据反作用轮转速计算反作用轮在三轴的合成角动量和需要卸载的角动量，计算出当地磁场方向和理想的磁力矩器卸载方向 M_{hx}、M_{hy}、M_{hz}，确定三轴磁力矩器的通电状态 Y_{mx}、Y_{my}、Y_{mz}。

磁力矩器的卸载遵循如下原则。

（ⅰ）角动量卸载有角动量死区设计，即只有卸载角动量超过一定槛值时才卸载。

（ⅱ）在偏航姿态不可观时不进行角动量卸载。

（ⅲ）针对中、高轨空间磁场强度弱的特点，在进行卸载逻辑设计时通常采用斯密特触发器作为相平面控制律；对于 GEO 卫星，其空间磁场强度方向比较固定，且在三轴投影不均匀，所以其控制律的设计有别于 MEO 和 IGSO 卫星，将 Y 轴角动量卸载和 XOZ 平面的角动量卸载分时处理，逐步将整星角动量控制在合理范围内。

② 自主轨道获取。对于一般的卫星，轨道数据来源有两类：地面注入轨道参数和星上自主获得轨道参数。星上自主获得轨道参数可以采用 GNSS、自主导航系统等方法实现。

对于导航卫星而言，由于其最大的特点是卫星自身播发的导航电文中包含自身的轨道信息，所以，通过平台与导航分系统之间的数据总线即可方便地获得轨道参数，相对于其他卫星多了一种轨道数据来源。

在地面注入轨道数据的情况下，决定星上轨道精度的因素包括：地面测定轨精度、轨道作用的时间、注入轨道的形式。其中地面测定轨精度由地面测控能力决定，与卫星系统的设计无关。所以，在进行导航卫星控制系统设计时，首先需要根据误差分配，确定星上轨道的计算精度，主要包括轨道注入形式和在轨使用方式。

目前，常用的轨道注入形式包括：二体轨道和含谐波项与一阶项的拟合轨道。为了达到同等的轨道计算精度，二体轨道需要更为频繁地注入；另外依托地面轨道外推能力，通过注入多组轨道的形式，可以有效延长注入轨道作用的时间。导航卫星明显降低地面注入的频度。

通过总线获得星上长期预报轨道数据是一种有效的方法。导航卫星的导航电文由地面运控系统负责管理，卫星平台通过数据总线可定期得到最新的导航电文，星上

软件通过数据转换,将导航电文的轨道格式转换为控制系统所用的轨道格式,其结果可直接用于姿态确定甚至轨道控制。平时管理导航卫星在轨工作时,地面测控系统无需再进行轨道注入等常规操作,明显减少了地面测控负担。

作为导航卫星,卫星平台的自主导航还可以通过天文导航方法,如利用星敏感器和地球敏感器的自主导航,自主获得卫星轨道信息,此类方法较为成熟,并也已经在高轨卫星上得到了应用。

由于这类信息具有完全的独立性,不依赖于外界支持,因此可作为保证卫星姿轨控安全的底线措施,但导航精度不高,目前的技术水平为:位置误差优于10km(在系统误差标校后)。同时该类导航方法受地球红外圆盘季节性变化影响较大,在实际使用时,轨道精度需要降额考虑。

5.5.4 主要产品

5.5.4.1 控制计算机

控制计算机是实现导航卫星姿态与轨道控制分系统的中心,它需要采集各敏感器的信息数据和接收测控指令,根据卫星的工作模式和控制对象的特性,产生相应的控制信息,通过星上的执行机构对卫星的姿态和轨道进行控制。

为了稳定可靠地实现卫星的姿态与轨道控制,控制计算机一般采用主、备份容错设计。

导航卫星在双机冷备设计的基础上,增加了应急控制模块,应对控制计算机主、备份均出现异常时的姿态控制,并且计算机内部设计包含独立的监视与重组电路(MRE),监视计算机中各个模块的健康状态,根据内置的仲裁逻辑,进行各个功能模块的切换,实现计算机内部的重组,具备整星故障监测、重要数据保存和故障处理等功能。

控制计算机冷备份的每一个星载计算机(OBC)均是一台独立计算机,包含处理器模块、I/O接口模块、敏感器信息处理模块以及电源模块。处理器模块包括处理器、存储器及其外部电路;I/O接口模块实现与遥控、遥测(TC、TM)和外部控制系统敏感器之间的接口,敏感器信息处理模块实现敏感器原始信息的处理和数字化。

5.5.4.2 光学敏感器

光学敏感器是卫星确定姿态的基础,根据敏感对象的不同,卫星上配置的敏感器可分为红外地球敏感器、太阳敏感器和星敏感器,分别以地球的红外光、太阳可见光和恒星的星光为敏感源。

根据北斗导航卫星的轨道特性,星上一般采用红外地球敏感器、星敏感器等。

1)红外地球敏感器

地球敏感器是一种相对于地球中心测量俯仰和滚动角的姿态敏感器。北斗导航卫星的红外地球敏感器主要采用摆动式红外地球敏感器,它对来自地球地平的14～15.25μm频段的入射能量进行调制。敏感器光学系统包括4束铅笔型射束组成的复合视场，在正常情况下，随着扫描镜的摆动，这些射束沿着南北纬45°的扫描路径对地平进行扫描，扫描路径包括空间段和地面段。

4路地球信号经过4路模拟通道处理后产生空/地、地/空穿越信号。穿越信号和内部基准信号进行相位比较得到4路通道的相位差。

红外地球敏感器测量原理图如图5.43所示。设通道1～4的内部基准信号分别为A、B、C、D，穿越信号分别为A'、B'、C'、D'。穿越信号和内部扫描基准之间的相位差记为$CH1 = A - A'$，$CH2 = B - B'$，$CH3 = C - C'$，$CH4 = D - D'$。CH1～CH4经逻辑电路处理后得到俯仰与滚动输出。

北斗MEO、GEO和IGSO卫星地球敏感器组件包括2个摆动式地球敏感器，2个地球敏感器互为冷备份。

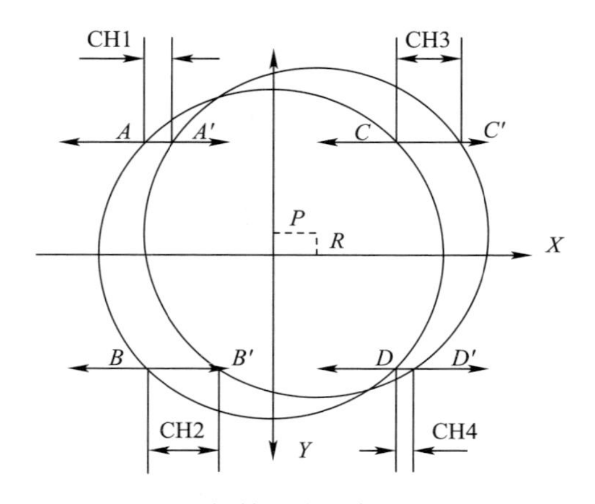

图5.43 红外地球敏感器测量原理

MEO红外地球敏感器的主要技术参数见表5.7所列。

表5.7 MEO红外地球敏感器的主要技术指标

项目	技术指标
系统误差/(°)	小于0.03(窄扫)，小于0.05(宽扫)
随机误差/(°)	4个探头：小于0.06(3σ) 3个探头：小于0.09(3σ)
滚动线性测量范围/(°)	±3.0(窄扫描)/±3.0(宽扫描)
俯仰线性测量范围/(°)	±4.5(窄扫描)/±10(宽扫描)
工作范围/km	15000～28000
数据输出更新频率/Hz	5
扫描视场/(°)	±6(窄扫描)/±12(宽扫描)
工作温度/℃	-20～+45

GEO/IGSO红外地球敏感器的主要技术参数如表5.8所列。

表5.8　GEO/IGSO红外地球敏感器的主要技术指标

项目	技术指标
系统误差/(°)	小于0.03(窄扫),小于0.05(宽扫)
随机误差/(°)	4个探头:小于0.06(3σ) 3个探头:小于0.09(3σ)
滚动线性测量范围/(°)	±2.2(窄扫描)/±2.2(宽扫描)
俯仰线性测量范围/(°)	±4.5(窄扫描)/±9(宽扫描)
工作范围/km	18000~42000
数据输出更新频率/Hz	10
扫描视场/(°)	±6(窄扫描)/±11(宽扫描)
工作温度/℃	-20~+45

2）星敏感器

星敏感器是卫星的重要姿态测量部件之一。星敏感器是利用惯性空间下恒星在地心惯性坐标系中的观测矢量变化在卫星运行期间可以忽略不计的原理,采用敏感器视场恒星光电成像与局域天区或全天球星图匹配的方法,确定星敏感器光轴在惯性空间的指向,提供星敏感器测量坐标系相对于J2000地心惯性坐标系的姿态4元数,利用敏感器本体坐标系和卫星姿态坐标系的转换关系,确定卫星三轴姿态。

北斗三号卫星配置了两台国产小型一体化星敏感器,在轨长期连续运行,可以双星敏同时工作,也可以单星敏独立工作,用于确定卫星的三轴姿态,同时也用于惯性姿态敏感器常值漂移的在轨标定。一体化星敏感器外形结构图如图5.44所示。

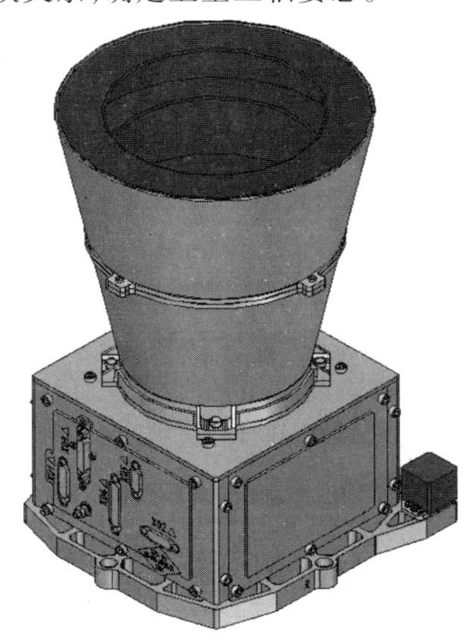

图5.44　小型一体化星敏感器外形结构图(见彩图)

小型一体化星敏感器从硬件构成上包括遮光罩、光学系统、机械结构、APS成像电路、SoC2008处理电路等组成。

(1) 遮光罩:用来遮挡直接来自太阳的光进入镜头,同时遮挡地球、月球以及卫星本体表面和部件反射太阳的光。

(2) 光学系统:用来对星空照相,应保证视场角、焦距、相对孔径等性能指标,同时保证倍率色差、色畸变、畸变、弥散斑等成像质量要求。

(3) 机械结构:用来支撑和固定光学敏感头和电路板,以及光学系统。

(4) APS成像电路:采用国产定制芯片采集恒星图像。

(5) SoC2008处理电路:对APS探头传送来的星图数据进行提取、星图匹配、姿态确定，与上位机进行数据交换和对星敏感器进行配置。

小型一体化星敏感器产品技术指标如表 5.9 所列。

表 5.9 小型一体化星敏感器产品技术指标

项目	技术指标	
视场	20°(±0.3°)	
星等	优于 5.5 等星	
测量精度	当卫星相对惯性空间的姿态角速度(三轴)不大于 0.6(°)/s 时	光轴：≤3″(3σ)
		横轴：≤35″(3σ)
数据更新速率(跟踪模式)	≥10Hz(1s 周期内星敏感器有输出 10 帧测量数据的能力)	
捕获时间	最大捕获时间不大于 45s(5s 内完成自主捕获并提供精确姿态信息的概率不小于 98%)	
上电建立时间	从上电完成初始化，到建立通信状态的时间小于 5s	
杂光保护要求	太阳抑制角：≤30°。 地球及月球杂散光抑制角：≤30°。 对其他杂光(如星体反射光)抑制角：≤40°。 太阳光进入星敏感器视场，星敏感器给出“见强光干扰”标志；太阳光进入视场 1000s 内星敏感器不被损坏；太阳光移出视场后星敏感器能及时恢复正常工作，恢复有效姿态输出的时间不大于 1min，并取消“见强光干扰”标志	
外形尺寸/mm	本体尺寸：(130±1)×(130±1)×(259±1)。 最大外包络尺寸：(167.5±1)×(167.5±1)×(259±1)	
质量	≤2.6kg(含遮光罩)	
温湿度要求	启动温度、工作温度、储存温度：-30～+45℃。 (地面)工作、存储相对湿度范围：40%～60%	
可靠性	产品应满足地面操作、测试及储存 5 年后，仍能在轨工作 15 年	

5.5.4.3 惯性姿态敏感器

惯性姿态敏感器用于测量卫星相对惯性空间的角速度，通过角速度积分或星上的信息处理，可以确定卫星的姿态角和姿态角速度，是影响卫星姿态控制性能的重要因素。

北斗导航卫星的偏航姿态长期机动的需求促进了我国长寿命二浮陀螺、光纤陀螺惯性姿态敏感器的发展。

北斗一号卫星采用的惯性姿态敏感器为液浮陀螺，平均无故障时间约为 20000h，不能满足卫星在轨期间连续使用的要求。北斗三号卫星使用光纤陀螺的平均无故障时间达到 500000h 左右，二浮陀螺平均无故障时间超过 1000000h，可以实现卫星在轨期间连续可靠使用。

二浮陀螺是一种惯性姿态敏感器，它利用高速旋转转子的轴在惯性空间指向稳定性的原理进行工作。陀螺具有两大特性，即定轴性和进动性。定轴性是指当陀螺

不受外力矩作用时，陀螺旋转轴相对于惯性空间保持方向不变；进动性是指当陀螺受到外力矩作用时，陀螺旋转轴将沿最短的途径趋向于外力矩矢量，进动角速度正比于外力矩大小。将陀螺沿卫星的 X、Y、Z 轴安装，可用于测量卫星三轴姿态及角速度。

北斗导航卫星采用二浮陀螺组件外形结构图如图 5.45 所示。其主要技术指标如表 5.10 所列。

图 5.45 3+1S 二浮陀螺组件外形结构图（见彩图）

表 5.10 惯性姿态敏感器的主要技术指标

项目	液浮陀螺	二浮陀螺	光纤陀螺
角速率测量范围/((°)/s)	-2.5 ~ +2.5	-2.5 ~ +2.5	-2.5 ~ +2.5
标度因子/(脉冲/(°))	100	20000	10000
平均无故障时间/h	20000	>1000000	500000
随机漂移/((°)/h)	0.3	0.03	0.06
常值漂移/((°)/h)	5	3	1

5.5.4.4 反作用轮

反作用轮是卫星姿轨控分系统的重要执行部件，它的功能是由具有足够惯量、转速可调的转子实现。反作用轮通过安装基座被固定在卫星上。在空间飞行轨道上，反作用轮与卫星组成了一个角动量守恒的孤立系统，当转子转速受到调节后，转子角动量的变化必然带来卫星角动量的变化，从而使卫星获得一定的相对角速度，进而使其姿态发生变化。因此，反作用轮的基本作用就是根据卫星上姿轨控计算机的控制指令改变速度，由此使卫星发生期望的姿态变化。

反作用轮主要用于卫星正常模式的三轴姿态控制，有两种工作方式：力矩方式和速度方式，由遥控或 CMU 进行切换。卫星工作在正常模式时使用力矩方式，在位置保持等其他模式时采用速度方式。

北斗三号 MEO 卫星上安装 4 个 25N·m·s 反作用轮组件，角动量方向呈金字塔形安装。每个反作用轮组件包括反作用轮（RW）和反作用轮驱动线路盒（WDE）。

北斗三号 GEO、IGSO 卫星上安装 5 个 50N·m·s 反作用轮组件，4 个反作用轮角动量方向呈金字塔形安装，另外1个反作用轮角动量方向在 *YOZ* 平面内。每个反作用轮组件包括反作用轮和反作用轮驱动线路盒。

MEO 反作用轮组件的主要技术指标见表5.11。

表5.11 MEO 反作用轮组件的主要技术指标

项目	技术指标
标称转速/(r/min)	4600
控制力矩/(N·m)	0.075～0.13
工作转速范围/(r/min)	-5100～+5100
稳态功耗/W	15
最大功耗/W	80
反作用轮角动量/(N·m·s)	25(±1%)
转速测量/(脉冲/r)	24
最大损耗力矩/(N·m)	≤0.022
静摩擦力矩/(N·m)	≤0.005
工作温度/℃	-5～+50(轮体)，-20～+50(线路)

GEO、IGSO 反作用轮组件的主要技术指标见表5.12。

表5.12 GEO、IGSO 反作用轮组件的主要技术指标

项目	技术指标
标称转速/(r/min)	4600
控制力矩/(N·m)	0.075～0.13
工作转速范围/(r/min)	-5100～+5100
稳态功耗/W	17
最大功耗/W	82
反作用轮角动量/(N·m·s)	50(±1%)
转速测量/(脉冲/r)	24
最大损耗力矩/(N·m)	≤0.022
静摩擦力矩/(N·m)	≤0.005
工作温度/℃	-5～+50(轮体)，-20～+50(线路)

5.5.4.5 姿轨控发动机

姿轨控发动机是实现导航卫星轨道控制的执行机构，也是实现卫星姿态控制的重要执行机构。在发动机工作时，利用推进剂燃烧后形成高速射流排出，对卫星产生反作用力，同时卫星质量会不断减小。

姿轨控发动机根据工作介质的不同，主要包括冷气发动机、单组元发动机、双组元发动机和电推进发动机。不同性质的工作介质，系统组成的复杂度不同，产生的喷气效率也不同。

导航卫星根据入轨方式的不同，一般采用单组元发动机或双组元发动机，为整星提供相位捕获、相位保持、相位调整及姿态控制所需要的推力及控制力矩。不同类型

姿轨控发动机的参数如表5.13所列。

表5.13　不同类型姿轨控发动机的主要特性

项目	双组元发动机	单组元发动机
工作介质	甲基肼、四氧化二氮	无水肼
额定真空推力/N	10(姿轨共用) 490(轨道控制专用)	5
额定真空稳态比冲/(N·s/kg)	2790(姿轨共用) >3000(轨道控制专用)	2058
工作压力/MPa	约1.5	0.5～1.7
寿命/年	>15	>10
系统复杂度	复杂	简单
分系统质量/kg	≈150	≈20
适用卫星平台	大、中型卫星	中、小型卫星
实物照片(见彩图)	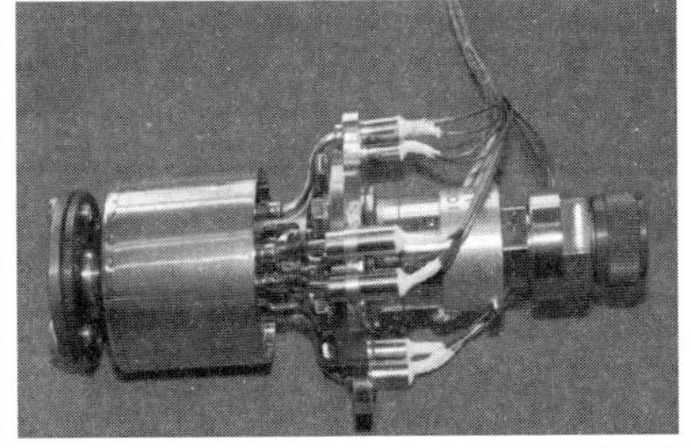	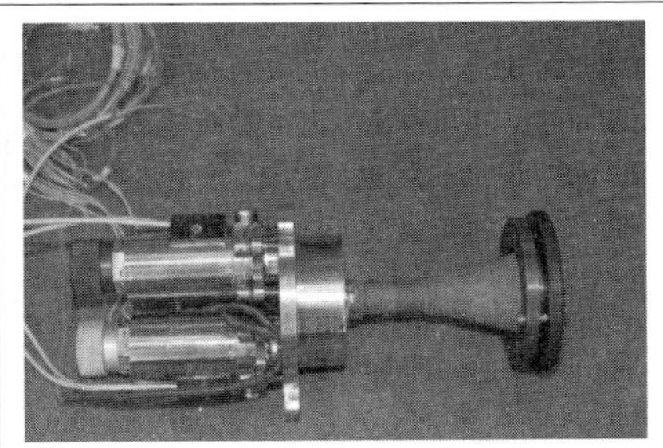

490N发动机负责给卫星变轨提供推力,使卫星从转移轨道进入工作轨道。490N发动机由推力室头部和身部以及两只推进剂控制阀(简称电磁阀)组成。推力室头部由喷注器架、喷注器芯及阀门支座等钛合金零件组成;推力室身部的材料是高温铌合金,由燃烧室段和扩张段两部分用真空电子束焊连成一体;安装在推力室头部的两只电磁阀为双稳态阀门,氧阀居中,燃阀与氧阀保持一定夹角,两者均用螺栓与推力室头部连接。推力室头部安装法兰,用螺栓通过法兰与卫星的发动机支架相连。

490N发动机的外形示意图如图5.46所示。

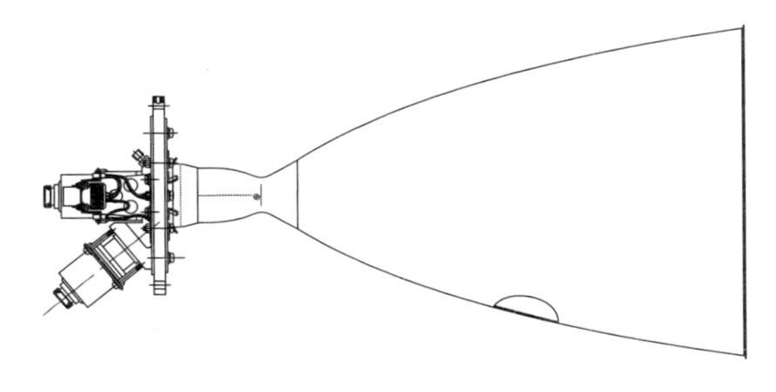

图5.46　490N发动机产品外形示意图

5.6 综合电子分系统

在卫星系统的设计中，综合电子分系统是卫星电子系统的总称，是卫星的大脑和神经。

卫星综合电子分系统根据平台各分系统与载荷的信息流和能源流，构建体系架构，实现电子系统产品的功能综合、软件综合和硬件综合。卫星综合电子分系统的发展经历了从简单到复杂，从单机、分系统到整星统一设计的过程。

早期的卫星上，遥测、遥控、跟踪定位、数传都是独立的通道，其中遥测分系统、遥控分系统和跟踪分系统等，统称 TT&C 系统。数传为单独的分系统，用于传输数据率较高的有效载荷数据。

卫星系统进一步的发展，在系统组成上逐渐把遥测、遥控、跟踪 3 个分系统的射频载波统一起来，合并为一个公用的信道。其上行载波上调制了遥控副载波和测距侧音，在下行载波上调制了遥测副载波和返回的测距侧音，同时还利用残余载波进行测角和测速。这样，遥测、遥控和跟踪的视频部分就相对独立于射频部分。

随着卫星功能的日益复杂，卫星系统上许多自主的任务提出了明确需求，例如程控、延时命令、有效载荷运行管理、能源管理、热控管理、系统级安全管理、系统级重组、星上时统以及各分系统之间数据交换与共享等。开始，这些任务可以采用扩大遥测遥控分系统功能的办法来实现，例如把遥控与程控结合起来、遥测与时统结合起来等。但后来，自主管理的任务越来越重，也越来越复杂，于是产生了一个综合完成遥测遥控和自主管理任务的分系统，我国较多称为星上数据管理分系统（简称星上数管分系统），可以说，星上数管分系统成为空间数据系统在卫星上的重要组成部分[14]。

“星上数据管理”源于英文 OBDH（on board data handling）的中文翻译，其中 handling 主要是“处理”的意思。但随着数据处理任务日益增加和复杂，于是用“management（管理）”来替代“handling（处理）”一词，因此北斗卫星的“星上数据管理”在英文上缩写为“OBDM”。“数据管理”一词在不同国家叫法也不同，欧洲空间局称为“OBDH”，美国则常用 C&DH（command and data handling）表示。

后来随着卫星系统功能的进一步集成，在数管分系统的基础上，把整个卫星（或部分）电子设备的功能融合，实现软硬件资源的充分共享，支持更复杂的星上自主管理功能，即形成综合电子分系统。

在我国卫星系统的设计中，数管分系统的主要功能起初仍是以遥测数据采集和格式化以及遥控命令的处理和分配为主，与计算机化的遥测遥控分系统差别不大。随着数管分系统在轨大量的运行工作，人们对它的期望也就日益提高，逐渐把越来越多的星上自主管理任务赋予了它。数管技术本身也在不断发展。为了使卫星具有强大的自主管理能力，必须把全星数据统一管理起来，在星载数据网络、全星数据库和

分布式操作系统的支持下,实现全星数据共享、分系统间自由对话和交互支持、系统级重组管理,以及有效载荷与平台的统一数据流传输。

卫星数管分系统典型构成示意图如图5.47所示。

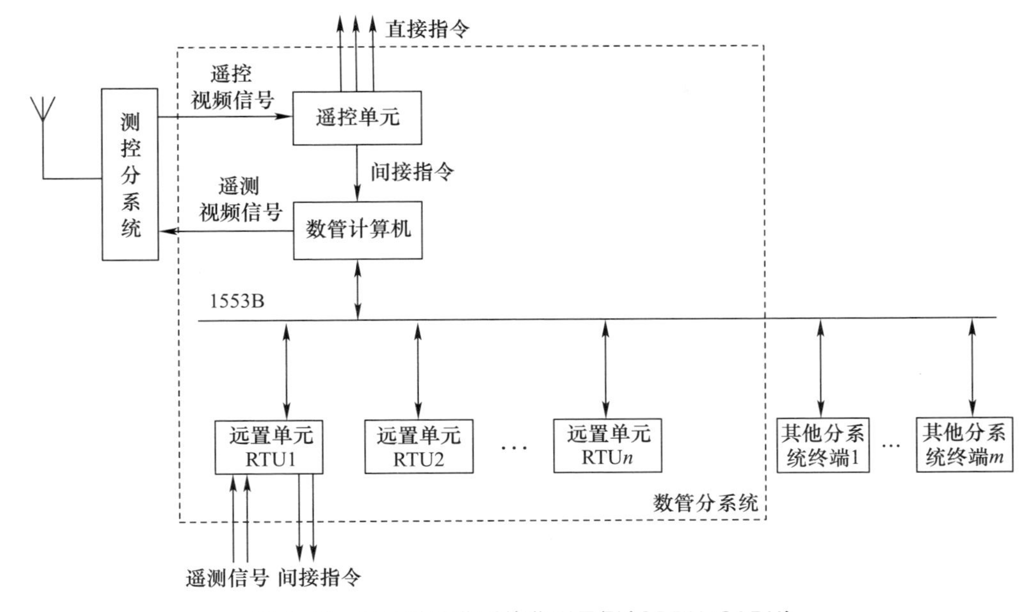

图5.47 卫星数管分系统典型示例(OBDH/C&DH)

由图5.47可知,数管分系统采用1553B总线(某些小卫星采用CAN总线)将各个有数据交换要求的远置单元和分系统智能终端连接在一起。数管计算机作为总线控制单元,将其他各分系统与数管远置单元(RTU)一起,通过总线接口挂在总线上,数管计算机与远置单元及分系统之间的数据和命令交换都是通过总线。

由于遥控具有实时性、安全性等多方面特殊要求,所以保留了一部分遥控的独立处理。一方面,保持不需通过星上计算机的直接指令系统,即通过遥控单元直接译码形成命令输出给相应星上分系统或用户;另一方面,遥控单元可将注入数据通过星上计算机和总线送给用户,这种方式尤其用来实现延时指令控制或数据注入等功能。

在这个阶段,测控分系统、数管分系统、数传分系统为功能相对独立的分系统,测控分系统用于传输平台的遥控、遥测数据及测轨定位等,数管分系统用于在星上传输数据及处理,数传分系统用于传输高速的有效载荷数据,例如遥感或深空探测卫星的图像数据、中继卫星的中转数据、载人航天器的话音和视频数据等。对应测控以及数传的地面应用系统都有专用的地面站,不同的应用系统之间无法通用。

随着空间数据系统的新体制高级在轨系统(AOS)的应用,有效载荷与平台数据流可以实现统一传输,即在同一个高速信道里传输。星上数管分系统也承担了更多的功能,例如数据的复接、存储与回放等,此时的星上数管分系统可称为第二代,其典型构成见图 5.48 所示。

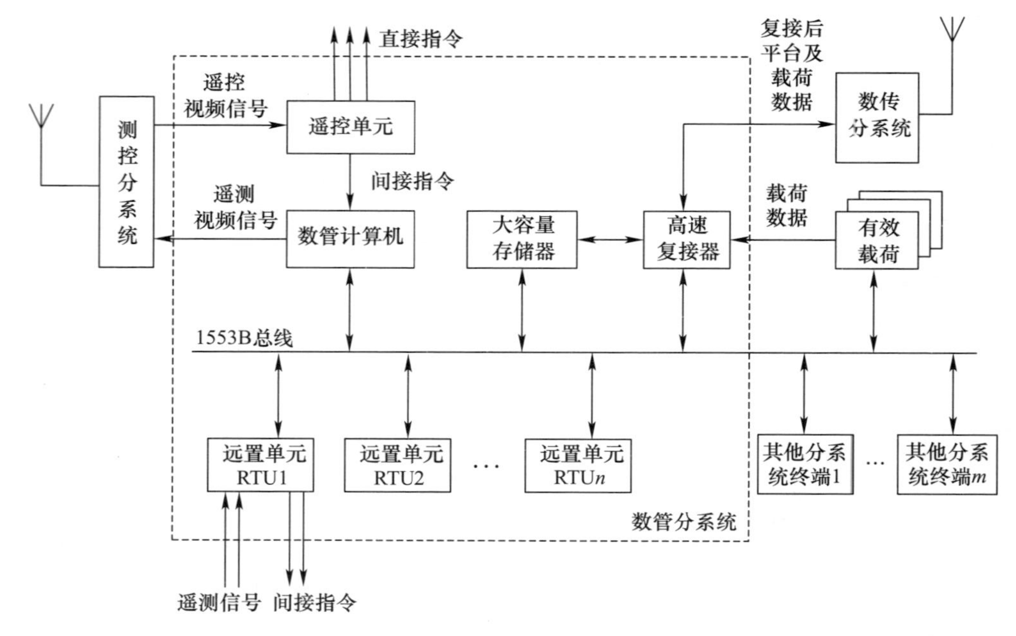

图 5.48　第二代星上数管分系统典型示例(OBDH/C&DH)

相比第一代星上数管分系统,第二代增加了高速复接器以及大容量存储器设备,其中高速复接器用于将平台的数据与载荷的数据进行复接后通过数传分系统传送。大容量存储器用于存储平台及载荷的数据,并在入境后通过高速复接器回放。出于可靠性考虑,仍保留了常规的测控信道用于关键指令和关键遥测数据的传输。

综合电子分系统在原数管分系统功能的基础上,进一步将热控管理、火工品管理、解锁与转动机构控制等功能集成,并增加了自主任务规划、自主导航、星间路由、信息处理等许多新的管理功能,通过统一的信息网络服务、硬件模块化设计、软件构件化设计等技术实现软硬件资源的共享和重用,该阶段可以称为第三代星上数管分系统。其典型的组成示例如图 5.49 所示。

5.6.1　综合电子分系统任务

北斗导航卫星综合电子分系统采用第三代星上数管分系统的典型结构,从系统顶层对整星信息处理流程和产品的组合方式进行优化配置,整个分系统具备先进性、小型化、标准化、通用型、产品化、可靠性兼顾的特点。其主要任务如下。

1)姿态与轨道控制功能

综合电子分系统要完成对控制与推进分系统的供电、信号变换和采集、计算和逻辑处理以及指令控制功能,自主实现卫星从发射主动段、变轨到在轨运行各阶段的姿态轨道控制功能。

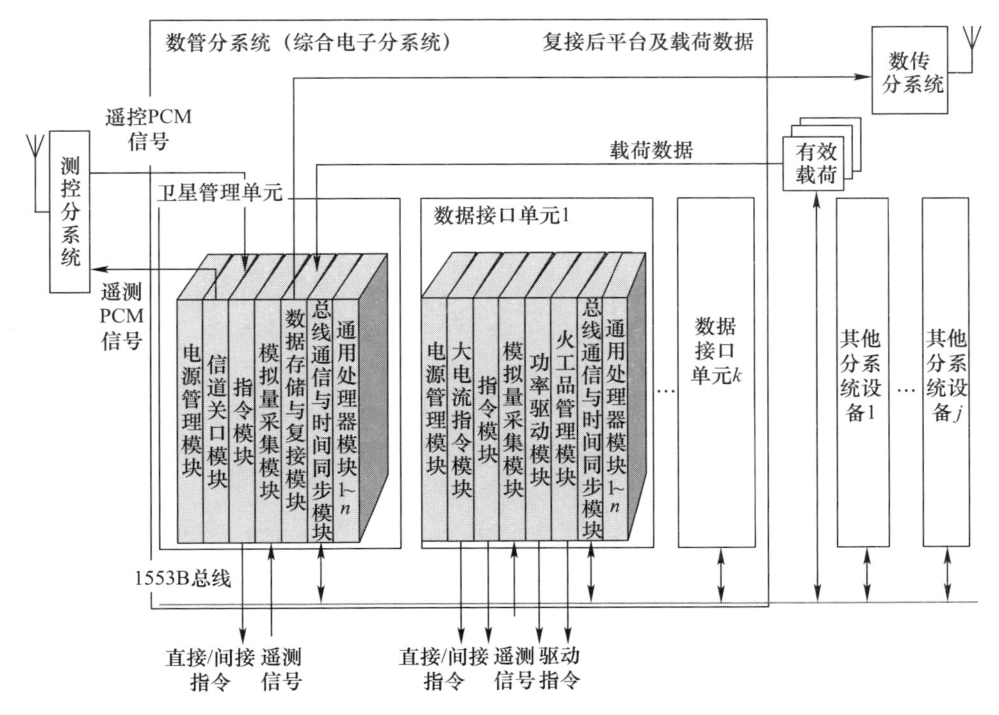

图5.49 第三代星上数管分系统典型示例（OBDH/C&DH）

2）自主能源管理功能

综合电子分系统依据整星健康状态情况，完成对整星级能源负载的调度，并为蓄电池组均衡管理器提供计算处理和控制服务。

3）配电和火工装置管理功能

完成对星上各产品一次母线的配电；提供整星电源的防过载和异常保护；完成对火工品的管理，实现整星火工品的程控起爆功能，并具备遥控指令起爆功能。

4）自主热控功能

完成卫星部件温度采集、加热器电源配送，并在星载软件协作下自主实施热控管理，具备热控回路故障诊断和自动处理能力。

5）遥测管理功能

采集、组织和输出遥测数据，通过测控分系统发送至地面测控站；具备遥测数据加密功能；提供延时遥测压缩存储与按需检索回放功能；提供AOS体制遥测功能，实现整星工程遥测在轨灵活管理；提供多种标准遥测采集形式，遥测采集通道设计采用模块化设计。

6）遥控管理功能

接收测控分系统送来的上行遥控信号，实施指令数据译码、控制指令的分发和执行；具备大回路比对和自主验证两种验证方式；具备遥控指令解密功能；提供时标指令和程控指令组，完成地面对星上设备的灵活控制；提供多种标准指令输出形式，指令输出通道设计采用模块化设计，可根据整星指令需求灵活配置指令模块的数量。

7）与有效载荷数据交互功能

综合电子分系统的卫星管理单元与有效载荷的导航任务处理单元之间通过数据总线网络进行数据交互。

8）天线控制功能

具备对星间链路天线的指向计算能力。对于需要展开的、转动的天线，具备天线指向计算，配合天线控制器完成天线展开及转动控制的功能。

9）星间链路数据处理功能

综合电子分系统包含星间链路的信息处理部分，完成星间链路相关的遥控指令处理、遥测参数处理、有效载荷上行注入数据处理、路由计算、外推卫星星历、星座自身的时间同步、星间链路天线驱动数据计算、星座星间链路管理等。

10）数据总线网络管理功能

数据总线网络是综合电子分系统的信息中枢，通过数据总线网络，实现分布式的控制和计算，提高系统处理的效率。

11）时间管理功能

引入有效载荷的高稳时钟信号，统一维护卫星平台的基准时间；提供授时、集中校时、均匀校时等多种星地校时手段；提供与导航载荷时间同步的手段；向各网络智能终端发布时间。

12）星载软件维护功能

实现星载软件控制参数的在轨修改、软件模块的在轨修复、软件模块的功能增加、软件系统的全覆盖修复。

13）故障检测、隔离与重构

综合管理星上姿轨控、电源、热控、星间链路、有效载荷，自主地对卫星健康状况进行监测，能够自主进行故障检测、隔离与重构（FDIR）。

5.6.2 综合电子分系统组成

1）北斗一号卫星

北斗一号卫星设计时，计算机和微处理器在卫星上还未广泛应用，卫星在自主管理和信息管理方面需求较少。因此，北斗一号卫星通过设计遥控子系统、遥测子系统，并通过地面测控系统和星地链路完成对卫星在轨的操作和管理。

遥控子系统将应答机输出的频移键控（FSK）信号滤波、解调和整形后，得到指令信息，经过译码后分别送出离散指令的执行脉冲和比例式指令的数据信息。

北斗一号卫星遥控子系统采用大回路比对工作方式，并且有加密措施，提高了指令的可靠性及保密性。遥控子系统由静噪控制器、副载频解调器、指令译码器、继电器组合和功率分配器组成。

遥测子系统完成遥测参数的数据采集、变换和调制任务，接收来自卫星上各个分系统及各种传感器的模拟式信号和数字式信号，完成信号的匹配变换、数据采集、模数转换，对模拟量被测信号进行抗干扰滤波、采集和 A/D 转换，对数字量信号进行接收和编辑，并按规定的接口要求将调制后的副载波信号送至测控应答机等。遥测子系统由两套完全相同的编码遥测设备组成，两套设备互为热备份工作。其主要组成部件采用交叉连接方式，各部件的切换由遥控指令控制实现。

为满足某些参数在特定状态下快速传输的要求，遥测具有可变格式功能。遥测子系统由匹配器、视频调制器、远置单元及振动测量仪组成。

2）北斗二号卫星

北斗二号卫星采用数管分系统作为整星信息管理的核心。数管分系统是一个基于串行数据总线的二级分布式体系结构，由一台上位机数管计算机、遥控单元、4 台下位机远置单元、一套双冗余的串行数据总线以及数管分系统软件组成，北斗二号卫星数管分系统组成框图及与其他分系统的接口关系如图 5.50 所示。

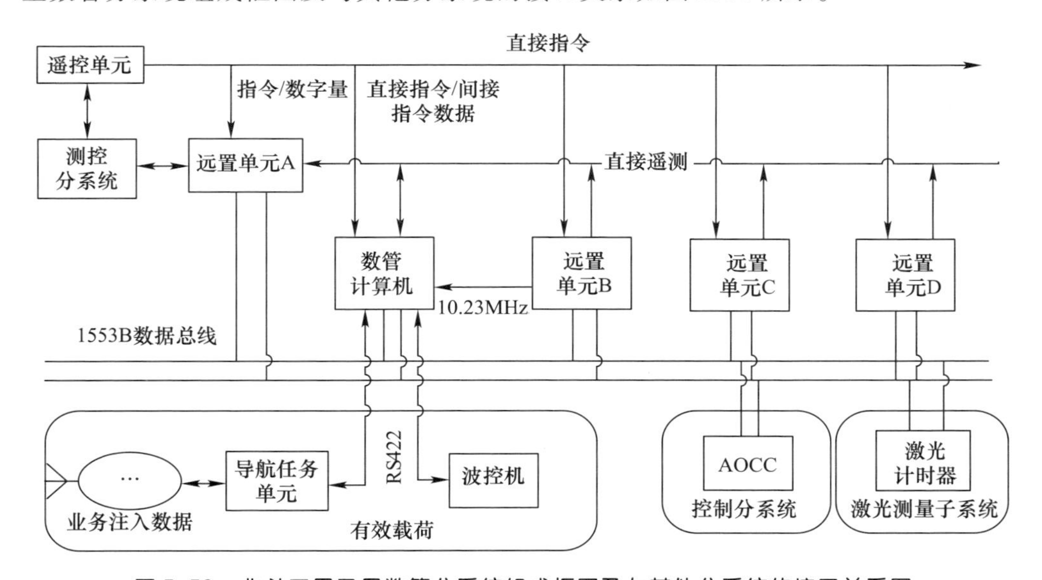

图 5.50　北斗二号卫星数管分系统组成框图及与其他分系统的接口关系图

其中数管计算机为数管分系统的信息处理核心，它通过串行数据总线控制数管分系统的下位机——远置单元来完成指令的执行与信源数据（遥测参数）的采集。遥控单元在数管系统中作为星地指令控制重要视频处理单元，与数管计算机一起完成地面对整星的指令控制。

3）北斗三号卫星

北斗三号卫星采用综合电子作为整星信息管理的核心。综合电子分系统以中心管理单元为核心，以分布式网络体系结构为系统架构，完成卫星在轨运行调度和综合信息处理，对星上任务进行管理和控制，监视整星状态，协调整星信息，实现整星及星座内信息统一处理和共享。

北斗三号卫星综合电子分系统由下述几台单机组成。

(1) 中心管理单元(CMU):集中实现卫星平台数据管理、自主热控、自主能源管理、姿轨控、遥测遥控功能以及载荷数据管理。相当于集成了北斗二号卫星的数管计算机与控制计算机的功能。

(2) 数据处理与路由单元(DPRU):实现对平台测控应答机以及星间链路收发信机的前返向通信功能,实现星地测控处理与星间测控的综合化管理,同时实现自主定轨与时间同步算法的运算处理。

(3) 若干台接口服务单元。

(4) 数据总线网络:包含1553B总线/同步串行口/异步串行口等。

采用这种配置的优点如下。

(1) 对整星公用的核心功能进行高度综合,形成既是综合电子分系统又是整星的核心控制管理单机,打破了分系统的限制,有利于整星信息的高度共享,也有利于实现整星级的自主健康管理。

(2) 将易于受任务需求变化影响的功能与卫星状态基本固定的功能进行有效分离,有利于实现北斗星座系统各类卫星综合电子分系统产品的一体化设计。

(3) 将卫星服务舱与载荷舱接口功能类设备进行整合,减轻了系统重量,减少了电缆网重量与设计复杂度。

(4) 通过功能分类,有利于应用标准接口,利于实现产品的标准化、模块化以及功能的可扩展。

5.6.3 综合电子分系统设计

5.6.3.1 设计原则

综合电子分系统是实现整星、星座内信息统一处理和共享的一体化电子系统,系统间采用标准接口,可兼顾现有需求和未来功能的扩展能力。

北斗卫星综合电子分系统设计时遵循以下原则。

(1) 继承性和先进性统一的原则:设计时将尽量继承经过飞行验证的成熟技术,并借鉴前期预研成果及其他相关型号的设计经验,确保产品设计可靠合理满足任务需求。

(2) 小型化原则:在保证可靠的基础上,从设备功能整合、元器件选用、专用集成电路(ASIC)、机壳材料选用及机壳设计、内外接插件选用等各方面采取综合措施,达到设备小型化的要求。

(3) 标准化原则:遵循卫星相关标准规范以及接口规范等方面的标准,确保实现设计的标准化。

(4) 产品化原则:考虑到未来发展的需要,应提高产品的适应能力,减小因任务需求变化而导致产品变化的可能性。

(5) 可靠性原则:为消除因为系统集成可能带来的潜在技术风险,必须在系统设计、单机产品及软件产品设计过程中贯彻可靠性原则。

5.6.3.2 系统工作模式

综合电子分系统的工作模式分为正常工作模式和应急工作模式两种。

1) 正常工作模式

综合电子分系统正常工作模式的定义为:综合电子分系统内各单机设备功能与性能均正常,在该工作模式下,CMU 中的 OBC 作为总线的总线控制器(BC)端,通过 1553B 总线及串行数据接口与星内各单机设备通信,从而完成卫星和星座所需的各项功能。

2) 应急工作模式

综合电子分系统应急工作模式的定义为:CMU 单机中 OBC 模块的主份与备份同时发生故障,CMU 进入应急模式,启动应急计算机(EC)模块作为 1553B 总线的远程终端(RT),完成对日定向的姿态控制任务;DPRU 接管总线控制权,成为 1553B 总线的 BC 端,在其控制下,完成基本的能源与热控管理。

5.6.3.3 遥测设计

1) 遥测体制和业务

北斗三号卫星采用高级在轨系统(AOS)遥测体制。AOS 空间链路协议提供 7 种业务,包括包业务、位流业务、虚拟信道访问(VCA)业务、虚拟信道帧(VCF)业务、主信道帧业务、插入业务、虚拟信道操作控制域(OCF)业务。根据导航卫星空间数据链路传输任务的特点,北斗三号卫星选用包业务、VCA 业务、VCF 业务和插入业务。

北斗三号卫星遥测 4 种业务的选择要求如下。

(1) 对于实时性要求不高的常规遥测数据和星间遥测数据,利用包业务对数据用户产生的各类数据进行传输,该业务传输的包有符合 CCSDS 标准的包版本号(PVN),不同版本的包可以共享一个虚拟信道,即将不同版本的包多路到一起形成数据流在虚拟信道上传输。

(2) 对于实时性要求高的重要遥测数据,要求将这些数据直接填充进虚拟信道访问业务数据单元(VCA_SDU)传送,整个过程通过 VCA 业务完成。

(3) 对于传输链路状态数据,在导航卫星 AOS 数据组织和传输中需要每帧进行判断,以确认遥测传输链路状态正常,采用插入业务进行数据传输。

(4) 对于大容量存储数据,数据业务提供者直接产生虚拟信道(VC)帧,利用 VCF 业务完成数据传输。

目前,导航卫星对 AOS 其他 3 种业务暂无需求,未来如有新的需求,可设计选用其他业务。

2) 业务数据单元

导航卫星 AOS 空间数据链路传输的具体业务数据单元包括以下部分。

(1) 源包:源包应该使用包业务在空间链路传输,使用该业务传输的源包必须有

CCSDS 授权的 PVN，为了从传输帧中提取源包，业务提供者必须知道源包长度域的位置和长度，源包是变长的、定界的、8 位比特对齐的数据单元。常规遥测数据和星间遥测数据以源包业务数据单元传输。

（2）VCA_SDU：VCA_SDU 应该使用 VCA 业务在空间链路传输。VCA_SDU 是定长的、8 位比特对齐的数据单元，业务提供者知道其格式，其长度由管理参数确定。重要遥测数据以 VCA_SDU 传输。

（3）插入业务数据单元（IN_SDU）：插入业务数据单元是周期性的、8 位比特对齐的定长的数据单元。传输链路状态数据以插入业务数据单元传输。

（4）AOS 传输帧：AOS 传输帧是 AOS 空间数据链路协议的定长协议数据单元，也可以用作虚拟信道帧业务数据单元。大容量存储数据源符合虚拟信道帧业务数据单元格式。

3）AOS 处理流程和数据格式

导航卫星 AOS 空间数据链路协议处理流程如图 5.51 所示，AOS 传输帧数据格式如图 5.52 所示，其中：

（1）数据源包括常规遥测数据、星间遥测数据、重要遥测数据、大容量存储数据、传输链路状态数据。

（2）常规遥测数据和星间遥测数据通过包业务形成 VC 帧并传输，重要遥测数据通过 VCA 业务形成 VCF 并传输，大容量存储数据通过 VCF 业务传输。

（3）所有 VCF 通过 AOS 遥测调度完成虚拟信道合路，虚拟信道合路是将不同的虚拟信道帧多路合在一起，在一个主信道上传输。

（4）传输链路状态数据通过插入业务传输。

（5）最终输出为 AOS 传输帧。

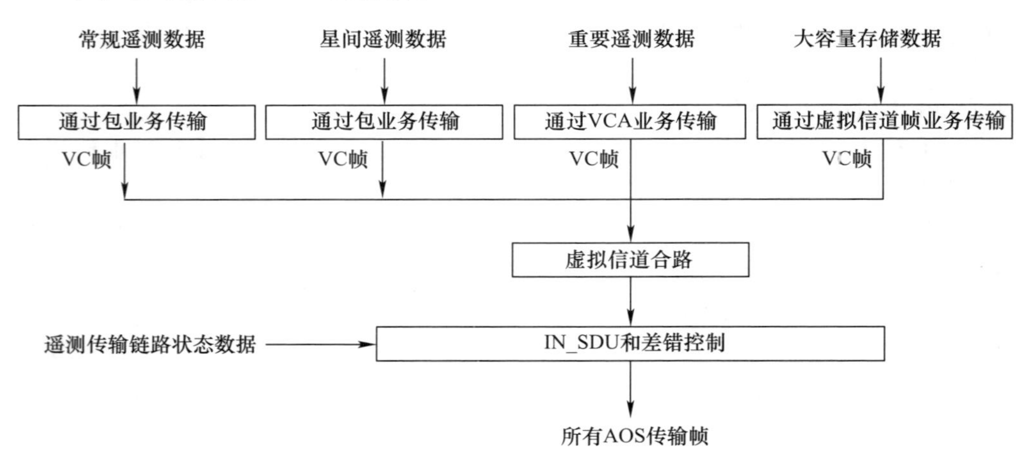

图 5.51　导航卫星 AOS 空间数据链路协议处理流程

考虑到星间链路和空间网络数据卫星传输的需求，在导航卫星数据域中，又采用

了空间包协议(SPP)。

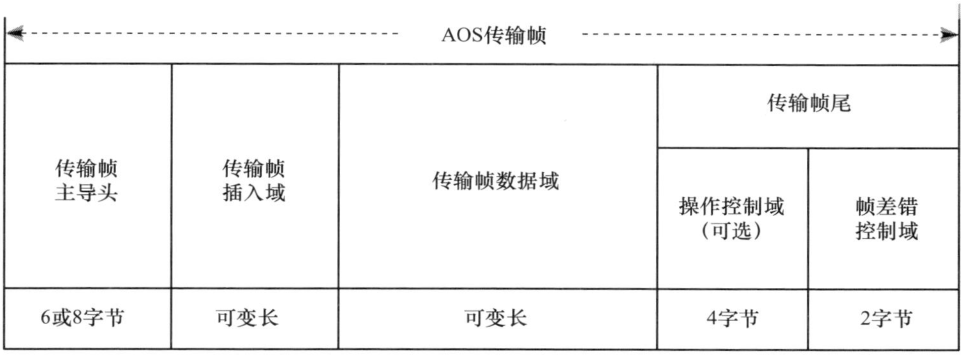

AOS传输帧				
传输帧主导头	传输帧插入域	传输帧数据域	传输帧尾	
			操作控制域(可选)	帧差错控制域
6或8字节	可变长	可变长	4字节	2字节

图5.52　导航卫星AOS传输帧数据格式

5.6.3.4　遥控设计

上行遥控指令包括直接开关指令(简称直接指令)和注入数据两大类。其中遥控数据的结构按照国军标《航天器测控和数据管理PCM遥控(GJB 1198.1A—2004)》的规定执行,如图5.53所示。

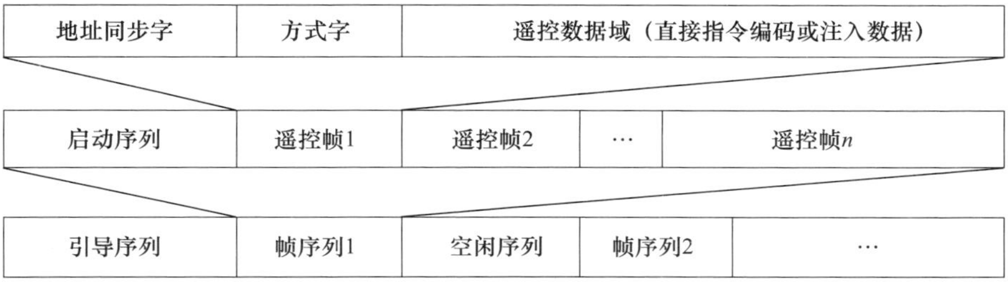

地址同步字	方式字	遥控数据域(直接指令编码或注入数据)		
启动序列	遥控帧1	遥控帧2	…	遥控帧n
引导序列	帧序列1	空闲序列	帧序列2	…

图5.53　遥控数据的结构

引导序列:引导序列采用1、0交替序列,其长度由指令生成文件确定。

启动序列:启动序列是用来表示遥控序列的开始,DPRU在收到符合启动序列的遥控数据后才开启遥控译码通道。

地址同步字:地址同步字是用于识别卫星和同步遥控译码器的16bit字,各地址同步字之间的最小码距为3。卫星允许使用的地址同步字可参见国军标GJB1198.1A—2004中的卫星地址同步字表。

方式字:方式字主要用于区别遥控帧类型,包括直接指令帧、注入数据帧、注入密钥帧以及注入数据帧不同长度等。

遥控数据域:遥控数据域内容为经过编码的直接指令或格式化的控制数据。对于直接离散指令,其编码长度为12字节。对于注入数据,遥控数据域内又包装了一层SPP。

5.6.3.5 卫星自主管理

导航卫星自主日常管理是综合电子分系统的主要功能与任务，主要包括遥测数据组织与调度、时标指令的管理、各分系统信息单元间的数据交互、计算机内务管理、热控自主管理、能源自主管理以及各部件或单机（如测控应答机、测控固态功率放大器、天线切换开关等）的自主管理。

1）热控自主管理

导航卫星热控在设计上采用大量的被动热控措施，利用热控部件、组件固有的物理性能来保证整星的温度要求，同时，还采用一些主动热控措施，以保证特殊的温度要求，提高热控分系统的适应能力。

卫星自控加热器采用简单的开/关控制调节规律，即当被控对象温度低于阈值温度下限时，热控软件发指令使加热器通电加热，当被控对象温度高于阈值温度上限时，热控软件发指令使加热器断电，如图 5. 54、图 5. 55 所示。

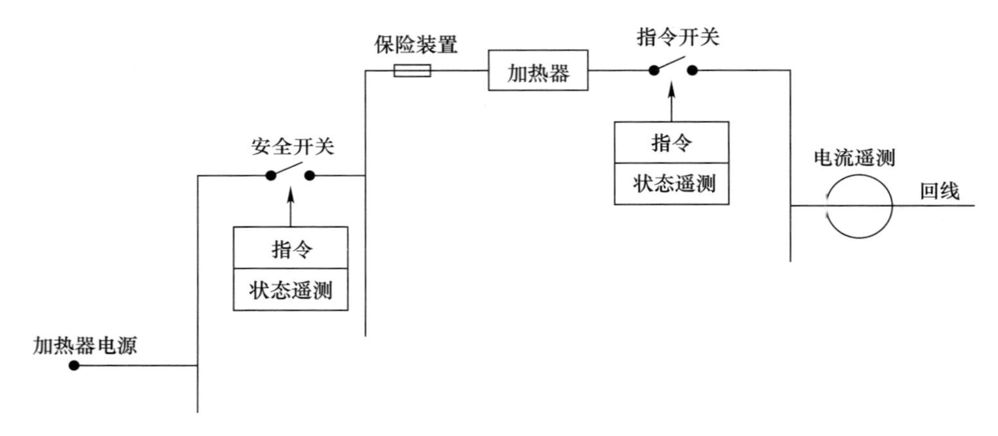

图 5. 54　自控加热回路结构示意图

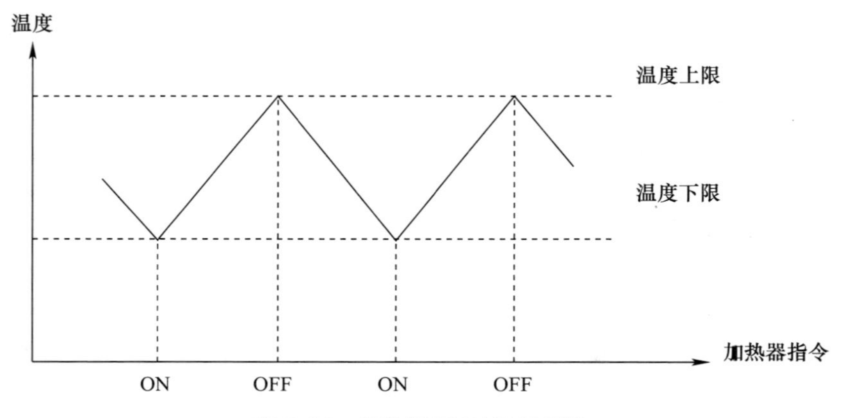

图 5. 55　加热器开/关控制规律

此外,热控功能的日常管理还包括控温阈值自主切换,加热回路控温模式的调整,主、备份加热回路使能/禁止控制设置等。

2)能源自主管理

能源日常管理主要负责蓄电池电量计算、蓄电池充电控制、蓄电池放电控制,同时,按照卫星系统用电负荷使用要求对蓄电池进行设置(针对不同的卫星在轨工况)和各类保护等。

北斗二号能源自主管理通过数管分系统实现,数管分系统对蓄电池组充电控制分为电子电量计和软件读表两种方式。两种控制方式如图5.56和图5.57所示。

北斗三号自主能源管理包括两种工作模式:长光照期模式和地影季模式,默认工作模式为地影季模式。

长光照期模式下完成电池管理单元(BMU)电压遥测健康性检查、蓄电池组均衡管理、蓄电池组半荷电态搁置、重要数据轮询和恢复,以及温度超限提示功能。

地影季模式完成蓄电池组的充电管理(含过充管理)、放电管理(含过放管理)、充放电量/荷电量计算、重要数据轮询和恢复,以及温度超限提示功能。

北斗三号卫星自主能源管理主流程如图5.58所示。

5.6.4 主要产品

5.6.4.1 中心管理单元

中心管理单元的基本组成包括计算机模块、应急处理模块、故障监视与重组模块、电源管理模块、I/O接口模块以及单机底板等部分。

中心管理单元的核心计算机模块包括主、备两个模块,采用冷备份工作模式,主要完成姿态与轨道控制计算和星务管理。中心管理单元中运行的软件具备在轨维护能力,可以对参数、功能模块和整个软件进行在轨重构。

故障监视与重组模块监视计算机中各个模块的健康状态,根据内置的仲裁逻辑,进行各个功能模块的切换,实现计算机内部的重组,还包含整星故障监测、重要数据保存和故障处理等功能。当主、备计算机均出现异常时,故障监视与重组模块将开启应急处理模块,由应急处理模块完成卫星对日定向姿态的建立,保障卫星的安全。

5.6.4.2 数据处理与路由单元(DPRU)

DPRU提供与星地、星间测控应答机的接口,实现星地测控与星间测控,以及自主运行管理功能。根据所承担的功能需求,DPRU的模块分为电源、遥控接口模块、遥控数据处理模块、计算机模块、低速合路模块、高速合路模块、星间链路处理模块。

按照功能划分,可将DPRU分为遥控单元(遥控接口模块、遥控数据处理模块)、中央处理单元(计算机模块、低速合路模块、高速合路模块、星间链路处理模块)和电源。在系统设计上,遥控单元的功能模块采用双机热备份的方式工作,其他功能模块采用双机冷备份的方式工作。

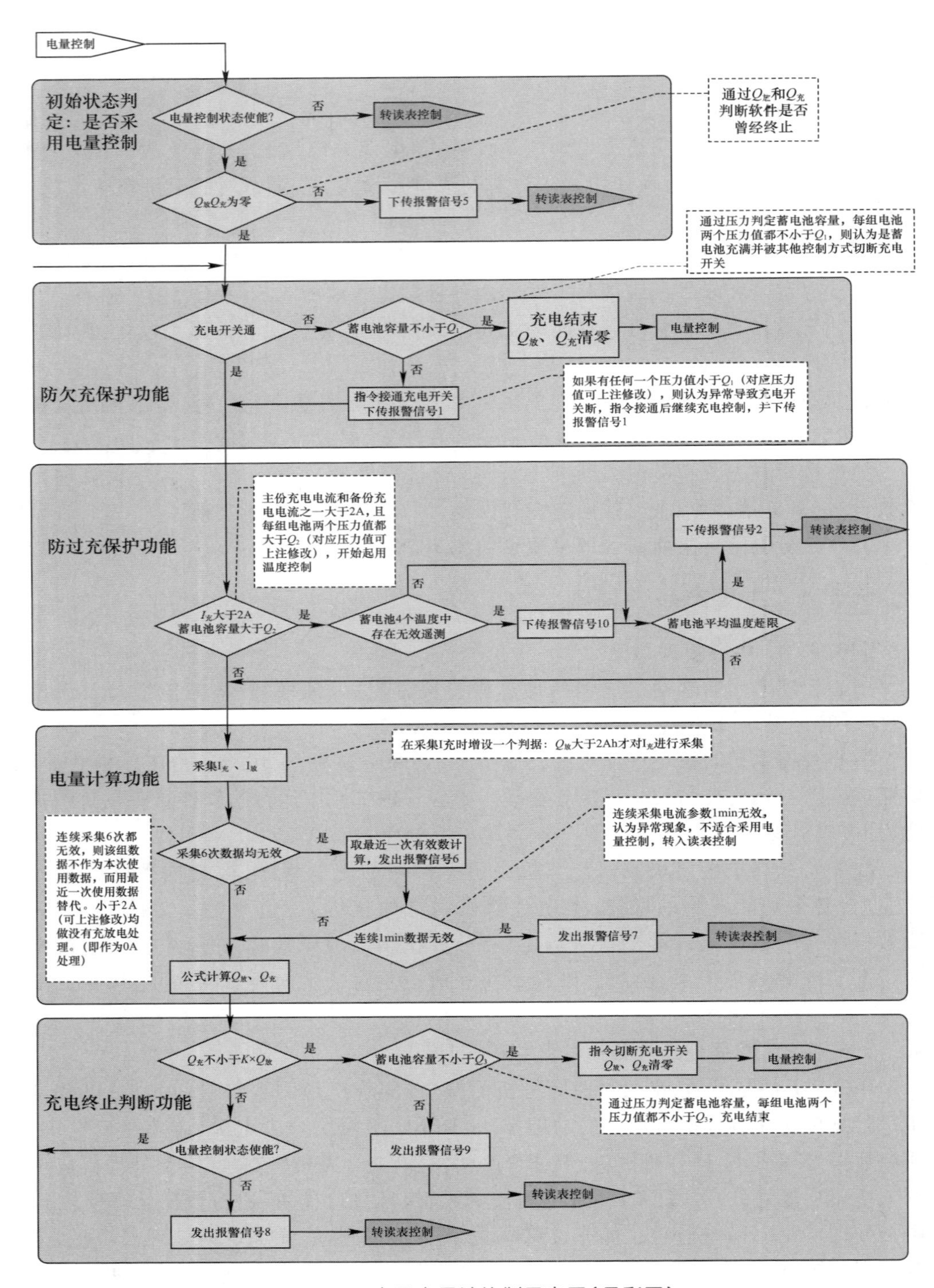

图 5.56 电子电量计控制示意图(见彩图)

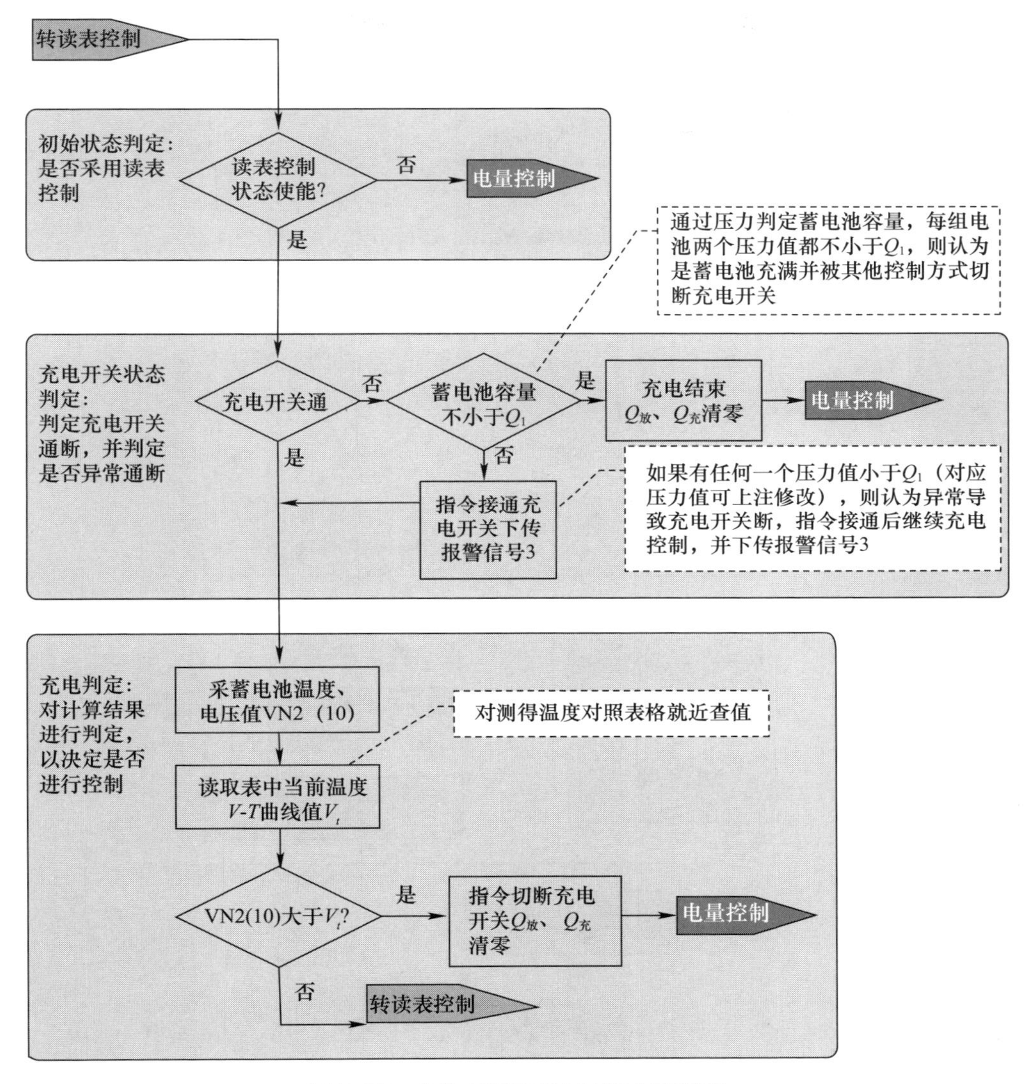

图5.57　软件读表控制示意图(见彩图)

1）遥控单元

DPRU的遥控功能分为遥控接口模块、遥控数据处理及驱动模块1、遥控数据处理模块2。

遥控接口模块完成遥控PCM数据的接收和优先级选择，将有效的PCM信号送遥控数据处理及驱动模块（主、备）进行译码处理，需要解密的指令完成解密功能。

遥控数据处理及驱动模块完成PCM遥控数据的指令检查和译码，将处理后的直接指令驱动后输出，对于注入数据送低速遥测接口模块。

遥控处理部分采用单独DC/DC以提高可靠性，处理和驱动部分均采用热备份工

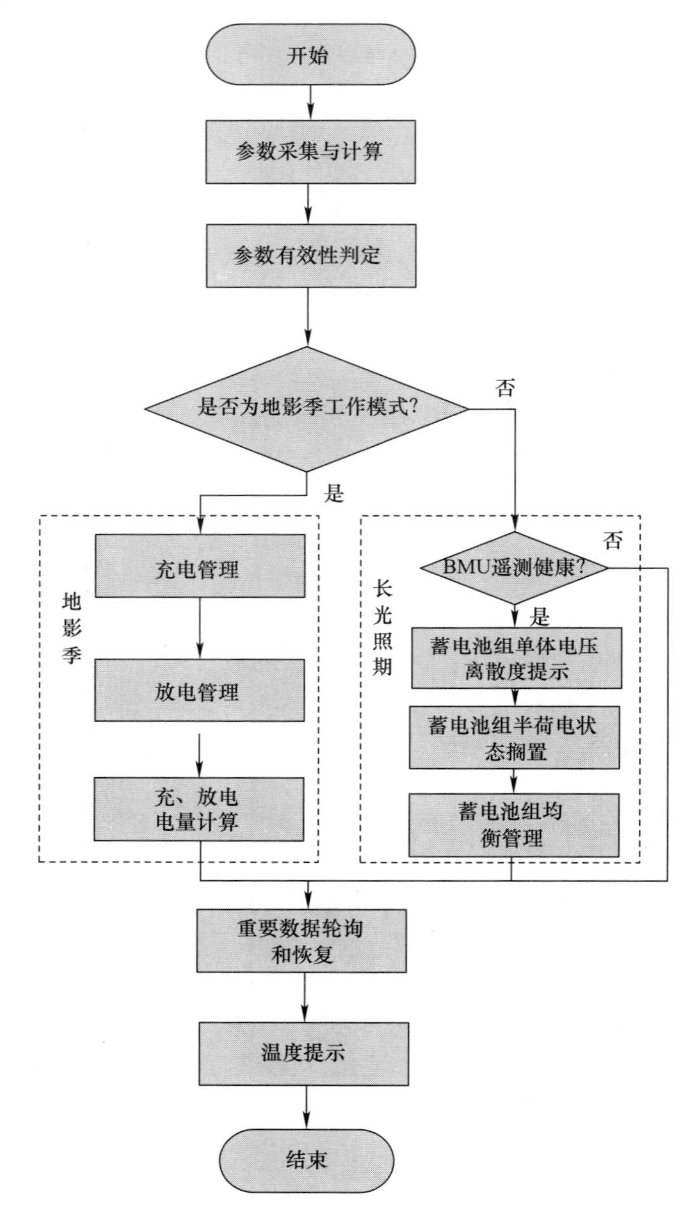

图 5.58　北斗三号卫星自主能源管理主流程

作方式,与传统遥控单元备份方式相同。

2）中央处理单元

处理器模块实现对外控制、数据管理功能,以及总线控制功能。处理器软件实现星间链路数据处理,提供星间链路计算能力,将接收的本星指令通过总线转发 CMU,并通过总线接收链路数据发送。

对于星地链路，处理器完成遥控注入数据处理和转发，以及遥测 PCM 数据处理。处理器模块采用冷备份方式，双机接口通过接口容错板实现隔离和切换。

星间链路模块接收星间链路收发终端的星间数据，按路由算法进行数据路由。星间链路模块采用冷备份方式，与处理器同时切换。星间链路模块同时完成星间数据的加解密处理，并完成下行遥测的加解密处理。

低速合路模块负责基准时间接口、与 CMU 双向同步串口、遥控注入数据和数字量的处理、低速遥测数据合路等功能。

高速合路模块负责下行高速遥测数据接的合路处理、载荷数据的存储等功能。

3）电源

电源模块将一次电源送至 DC/DC 进行转换，将二次电源为各模块配电。其中遥控需要单独电源，其余电路通过电源板上的继电器配电。电源板接收遥控单元产生的直接指令，同时将电源遥测送 ISU 采集。

5.6.4.3　接口服务单元

接口服务单元由几类标准模块构成，采用统一的机电热接口设计，根据卫星各舱段对应接口需求数量，配置相应的模块。主要模块包括：主控与总线通信模块、电源模块、加热器管理模块、遥测模块、指令模块、火工品管理模块、一次配电模块、接口模块等。主要完成如下功能。

（1）遥测功能：各设备模拟量、温度量、电阻量、双电平量以及串行数据遥测采集。

（2）遥控功能：各设备间接离散指令译码、驱动输出，包括离散指令以及串行数据指令译码、输出。

（3）热控管理功能：加热器电源、加热器回路控制，采集加热器开关通断状态，完成卫星正常情况下自主温度控制。

（4）火工品管理功能：太阳翼解锁、天线解锁、电爆阀起爆。

（5）配电功能：各设备配电、电源保护和回路电流测量功能。

（6）异步串口通信功能：提供 RS422 异步总线通信，实现与天线控制器的通信，用于传送天线的指向角度、转动速度等信息。

（7）配合 CMU 完成对本单元对象的自主管理功能。

5.7　测控分系统

5.7.1　测控分系统主要任务

卫星从发射到在轨寿命终结的全过程中，测控分系统作为卫星与地面测控站联系的主要通道，提供卫星与地面测控站之间的上行遥控通道和下行遥测通道，与地面测控系统相互配合，完成卫星的跟踪测轨任务。

卫星测控分系统主要任务如下。

(1) 接收地面测控站发送的上行载波信号,解调出遥控副载波信号或遥控数据送数管分系统(或综合电子分系统)。

(2) 接收数管分系统(或综合电子分系统)送来的遥测副载波信号或遥测数据并调制在下行载波信号上发送到地面测控站。

(3) 接收、转发测距信号,配合地面测控站完成对卫星的跟踪测轨。

(4) 为地面测控站提供跟踪信标。

5.7.2 测控分系统工作原理

5.7.2.1 系统工作流程

地面测控系统根据对卫星的控制要求生成遥控信号(含指令或注入数据),将遥控、测距等信号调制在上行载波上,形成上行测控信号。上行测控信号放大后通过地面天线发往卫星。

卫星测控天线接收来自地面的上行测控信号,送入应答机,应答机对上行测控信号进行解调,解调出遥控信号和测距信号,遥控信号送星上遥控终端进行处理、分发,测距信号和星上遥测终端送来的遥测数据对下行载波进行调制,形成下行测控信号,下行测控信号放大后通过星上测控天线发往地面。

地面站天线接收到下行测控信号,送入地面接收机。地面接收机对下行测控信号进行解调,解调出的测距信号送测距终端进行距离解算,解调出的遥测数据送遥测终端进行处理、显示,提取下行相干载波送测速终端进行速度解算。地面测控系统根据地面站测得的角度、径向距离、径向速度等计算出卫星的轨道根数。

星地测控系统工作主要分为以下几个步骤。

1) 截获、搜索

卫星发射时,卫星应答机已经开机工作,并连续发送下行测控信号,作为地面站跟踪信标。地面测控站按照卫星预报轨道截获目标,将天线波束对准卫星。

一般情况下,地面测控站按照卫星预报轨道设置一个或多个等待点,天线按设置在等待点附近小范围搜索。在规定时间内,如果第一等待点接收不到卫星下行射频信号,则转入下一等待点。

地面测控站主天线波束很窄,覆盖空域很小,为了可靠截获目标,有时需要配置宽波束引导天线来实现自引导。

2) 捕获

捕获包括卫星方位角度捕获、信号频率捕获、双向载波信号捕获和距离捕获等。

地面测控站完成对卫星目标的截获后,开始对应答机的下行信标进行捕获。地面测控站跟踪接收机为锁相相干接收方式,需要先完成下行载波捕获跟踪,才能解调出角误差信号,从而转入自动角跟踪。

频率捕获完成后,即可开始角度捕获,使天线波束中心准确对准目标。角度捕获

完成后，地面测控站转入自动角跟踪。只有当天线进入自动角跟踪状态时，所测的角度信息才是精确可用的。

地面测控站完成下行信标的捕获后，还应完成双向载波捕获和距离捕获。地面测控站接收到下行载波信号并锁定后，向卫星发送上行载波信号，卫星应答机接收上行载波信号并锁定，完成双向载波捕获。

双向载波捕获完成后，地面测控站开始向卫星发送测距信号并捕获卫星转发的测距信号，完成距离捕获。至此，地面测控系统进入全跟踪状态。

3）跟踪和数据处理

地面测控站进入全跟踪状态后便转入正常工作。天线自动跟踪卫星，距离、速度、角度等信息送中心计算机进行处理并显示；接收、解调出的卫星遥测数据送相应终端进行处理和显示；可通过上行通道向卫星发送指令数据。

5.7.2.2　测距、测速原理

卫星轨道测量是指通过无线电手段对卫星进行跟踪观测，完成卫星位置和速度等轨道参数的测量。卫星轨道测量包括对卫星与地面测量站之间的距离、速度、角度（方位角、俯仰角）等测量过程与测量数据信息。

根据卫星测控系统采用的是单站定轨还是多站定轨的方案不同，轨道测量任务可以由单个测量站完成，也可以由多个测量站组成测量系统完成。

采用单站测角与测距数据对卫星定轨的系统相对简单，但因采用了地面天线自动跟踪的两个角度（方位角、俯仰角）数据，对天线及角度自动跟踪系统有较高的精度要求。而采用间隔一定距离的多个测量站获取多个测距数据对卫星定轨时，因仅使用多站的距离数据而避开了对高精度角度数据的依赖，使天线及角度自动跟踪系统的精度要求降低，技术上易于获取高精度距离测量数据，从而容易实现高精度定轨。

1）测距原理

距离测量的基本原理是无线电波在空间以直线的恒定速度（近似于光速）传播，电磁波通过均匀介质时，瞬时相位随距离作线性变化，通过测量收、发信号的时延（或相位差），即可得到地面站与卫星之间的距离。

传统的连续波跟踪测量系统采用的测距体制有侧音、伪码、音码混合测距 3 种。

（1）侧音测距。

侧音测距系统中，测距信号由一系列正弦信号组成，称为侧音信号。用正弦波信号测距是以测量地面发送的正弦信号与卫星转发回来的正弦信号正向（或负向）过零相位点之间的相位差（时延差）来进行的。若只用一个侧音，其最大距离测量范围是该侧音的一个波长。侧音频率选择太低，会影响测距精度。

为了解决测距精度和无模糊距离的矛盾，采用侧音组合的方法。用做测距信号的侧音是按一定频率比组成的侧音组：最高侧音频率用来保证测距精度；最低侧音频率用来保证系统无模糊距离；中间配置的一组逐渐降低的相关匹配侧音用来侧音匹

配和解模糊。各侧音频率之比为整数。

侧音信号对载波一般采用调相(PM)体制。侧音信号频率一般较低,经载波调制后,从频谱上看侧音信号频率离载波太近,会影响载波信号的跟踪和低侧音信号的解调。因此,采用折叠音方式,避免过低频率侧音与载波之间相互影响,同时使测距信号集中在一个相对较窄的带宽内,使应答机易于实现测距信号的转发。

以USB为例,原始侧音有7个,频率依次为100kHz、20kHz、4kHz、800Hz、160Hz、32Hz、8Hz。其中100kHz侧音为主侧音,100kHz、20kHz侧音不折叠。取16kHz频率作为基准侧音,4kHz侧音由20kHz和16kHz取差得到;4kHz以下的侧音折叠到16kHz基准侧音上。这样,实发的侧音为100kHz、20kHz、16kHz、15.8kHz、15.16kHz、15.032kHz、15.008kHz。100kHz侧音最大无模糊距离为1500m(单程),8Hz侧音最大无模糊距离为18750km(单程)。

当星地空间距离超出最大无模糊距离时,需要地面测控站根据预计的卫星飞行轨道解模糊。

(2) 伪码测距。

相干伪码测距是以测量地面发送的伪码与卫星转发回来的伪码之间的相位差(时延差)来进行的。伪码测距的无模糊距离取决于伪码周期,测距精度取决于组成伪码序列的码元宽度,理论上的测距精度约为一个码元宽度的1/100。

(3) 音码混合测距。

音码混合测距体制使用侧音信号和伪码信号联合完成距离测量。高侧音满足测距精度的要求,伪码保证最大无模糊距离。

2) 测速原理

测速是指对卫星与地面站之间的径向相对速度进行测量。测速的基本原理是基于卫星运动产生的多普勒频移效应。当卫星向地面站接近时,信号频率变高;当卫星远离地面站时,信号频率变低。对卫星进行测速的过程就是地面站从接收的卫星下行载波信号中提取叠加的多普勒频率变化的过程。

传统的测速方式分为单向信标接收多普勒测速和双向载波多普勒测速。

单向信标接收多普勒测速过程为:卫星应答机发射标称频率已知的下行信号,地面站完成下行信号的接收,跟踪该下行信号的载波频率,锁相环实时提取出下行载波信号的多普勒频率,进而得到卫星的径向速度。单向测速的精度主要取决于卫星应答机下行载波频率的准确度和稳定度。

双向载波多普勒测速过程为:地面站向卫星发送上行信号,星上应答机接收上行信号并根据相干转发比完成下行载波信号的相干转发,地面站通过测量卫星转发的下行载波信号的多普勒频率变化计算卫星的径向速度。因为应答机转发的下行载波频率与地面站上行载波频率相参,因此应答机的本振频率漂移以及接收机参考振荡器的任何不稳定和偏移都不会对多普勒频率测量带来影响。

除上述测距、测速方式外,目前国际上还出现了许多新的测控体制,包括相干测

量体制和非相干测量体制,现重点介绍非相干测量体制。

非相干测量体制采用扩频伪码双向测伪距方式,测速通过卫星上行和下行两个单向载波伪多普勒测量实现。上、下行测距信号采用测量帧结构,上行测量帧用于解距离模糊,下行测量帧调制上行伪距、上行伪多普勒测量信息等。该测量体制测距精度取决于测距伪码码元宽度和信号能量,无模糊距离取决于上行帧周期。为实现测速,要求星上接收和发射信道时钟共源。

非相干测量过程为:地面站将上行测距信号发送到星上应答机;应答机对上行测距信号进行解扩、解调、帧同步,再利用自身形成的下行测距帧同步信号对上行测距信号进行采样,提取上行伪距、伪多普勒等信息,将这些采样信息实时放入下行测量帧送至地面站;地面站接收到下行测距信号后进行解扩、解调、帧同步,提取得到下行测距帧同步信号,再利用下行帧同步信号对自身形成的上行测距信号采样,提取下行伪距、伪多普勒值等信息;地面对卫星传送下来的上行伪距、伪多普勒测量与地面测得的下行伪距、伪多普勒测量进行计算,完成测距和测速。

目前,UCB、USB、相干扩频测控体制均采用相干测距方式,卫星上应答机将接收到的上行测距音或测距伪码直接转发回地面,或将自身产生的下行测距信号与接收的上行测距信号进行相干处理后发回地面。

非相干扩频测控体制的上行伪码及速率与下行伪码及速率不需要相干;上行测距帧速率与下行测距帧速率不需要相关。测距信号调制方式为PCM-CDMA-BPSK,单台应答机可以使用码分多址方式接收多个地面站发送的上行测距信号,并将各上行测距信号的伪距、伪多普勒等信息统一填充到一个下行测量信号中传输给各个地面站。因此,单台应答机可支持多站测距。

5.7.3　测控分系统组成

5.7.3.1　北斗一号卫星测控分系统

北斗一号卫星测控分系统由全向接收天线、输入滤波分路器、UCB应答机、切换开关、低功率放大器、高功率放大器、输出多工器、输出滤波合成器、全向发射天线、定向发射天线和高频电缆组成,北斗一号卫星测控分系统组成原理框图见图5.59。

其中,切换开关、高功率放大器、输出多工器和定向发射天线由测控分系统和有效载荷分系统共用。

北斗一号卫星测控频段选用C频段,使用了有效载荷的业务频段,可以和有效载荷分系统共用部分设备。这种设计选择,既可以降低卫星成本,又可以增加测控备份通道,提高测控分系统的可靠性。

为了保证卫星姿态异常时上行遥控正常工作,星上测控接收天线始终工作在全向状态。卫星下行测控通道分为全向通道和定向通道。卫星定点前,有效载荷不工作,高功率放大器由测控分系统使用,通过全向发射通道辐射下行信号。

北斗一号卫星定点后,测控使用的高功率放大器由有效载荷分系统使用,测控分

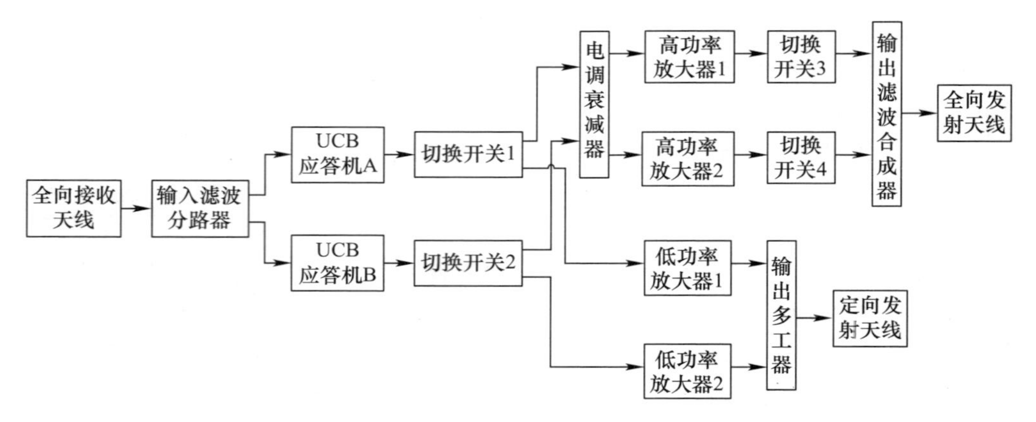

图 5.59 北斗一号卫星测控分系统组成原理框图

系统使用低功率放大器经定向天线辐射下行信号。

1）测控天线

根据卫星飞行程序的需要，不同阶段对天线方向图的要求不同。在发射阶段、转移轨道阶段、定点前的准同步轨道阶段和姿态异常时，需要全向的测控接收和发射天线；卫星定点后，下行使用定向发射天线。

2）输入滤波分路器

测控分系统工作在不同点频热备份，全向测控天线接收的不同点频上行信号由输入滤波分路器分路输出到两台应答机。

3）UCB 应答机

为了保证可靠性，卫星上测控分系统使用了不同频率点热备份工作的两台应答机，应答机使用 C 频段统一载波测控体制。

4）切换开关

在全向工作状态时，切换开关将应答机输出的下行信号接至高功率放大器和全向发射天线；在定向工作状态时，切换开关将应答机输出的下行信号接至低功率放大器和定向发射天线。

5）高功率放大器

高功率放大器在全向工作状态时由测控分系统使用；在定向工作状态时由有效载荷系统使用。

6）低功率放大器

低功率放大器工作在定向工作状态，输出至与有效载荷共有的输出多工器和定向发射天线。

7）输出滤波合成器

全向工作状态时，两台高功率放大器输出的下行信号由输出滤波合成器合成输出到全向发射天线。

5.7.3.2 北斗二号卫星测控分系统

北斗二号卫星系统采用GEO、MEO、IGSO卫星的混合星座。为了便于对星座进行测控管理,测控分系统使用S频段扩频测控体制。北斗二号卫星扩频应答机的使用在我国卫星上属于首次,考虑到测控分系统的可靠性,测控分系统同时使用了成熟的USB。

为了减小测控天线覆盖区对卫星发射窗口的影响,并提高卫星姿态异常情况下的测控能力,需要星上测控天线具有近全空间覆盖方向图。

北斗二号卫星测控分系统由全向接收天线、合成器、输入多工器、扩频应答机、测控固放、输出多工器、分路器、全向发射天线和高频电缆组成,北斗二号卫星测控分系统组成原理框图如图5.60所示。

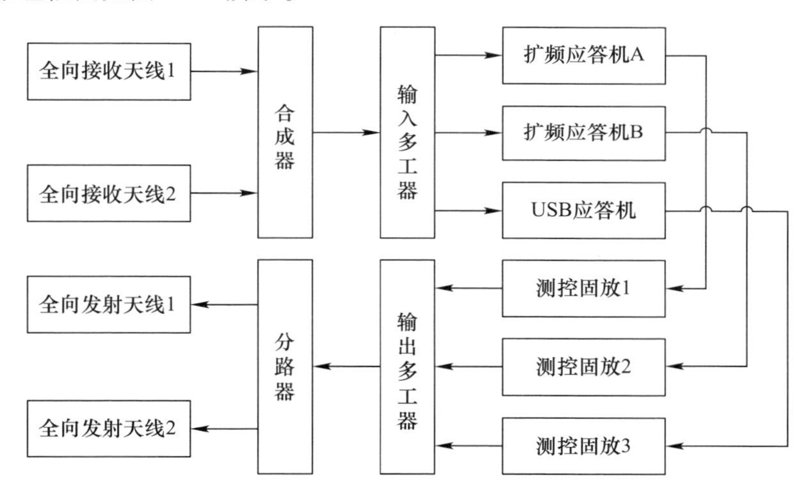

图5.60 北斗二号卫星测控分系统组成原理框图

1)测控天线、合成器、分路器

卫星发射、入轨及入轨后运行的全过程中,由地面测控站发来的上行测控信号始终使用全向接收天线进行接收,测控分系统的下行测控信号始终使用全向发射天线进行发送。

测控天线采用收、发分开的方案,全向接收天线1和全向发射天线1安装在卫星对地面,全向接收天线2和全向发射天线2安装在卫星背地面。全向接收天线1、全向接收天线2与合成器组合,全向发射天线1、全向发射天线2与分路器组合,实现近全空间覆盖方向图。

2)输入多工器

输入多工器将接收到的上行测控信号进行滤波分路,按频率分配给对应的应答机。

3)输出多工器

输出多工器将三台测控固放输出的下行测控信号进行滤波并合成为一路。

4）扩频应答机

测控分系统配置了两台使用相干扩频测控体制的扩频应答机和一台使用 USB 测控体制的 USB 应答机，三台应答机互为备份。三台应答机的接收机始终加电，热备份工作；发射机可根据情况，热备份或冷备份工作。

5）测控固放

测控固放将对应应答机输出的小功率下行载波信号进行功率放大。

5.7.3.3 北斗三号卫星测控分系统

北斗三号卫星测控系统设计上最大限度地继承了北斗二号测控系统，北斗三号卫星测控频段仍使用空间操作业务规定的 S 频段。测控体制使用非相干扩频测控体制、测控数传一体化体制。非相干扩频测控体制支持多站测距定轨，可以提高卫星的测轨精度。北斗三号卫星配置了星间链路、监视相机等设备，需要测控分系统提供高速数据上传、下传通道，测控数传一体化体制具备约 1Mbit/s 的数据传输能力。

北斗三号卫星测控分系统由全向测控天线、合成分路器、双工器、应答机、测控固放和高频电缆组成，北斗三号卫星测控分系统组成原理框图如图 5.61 所示。测控分系统包括多个完全独立的测控通道，没有共用环节，可以防止单点失效。

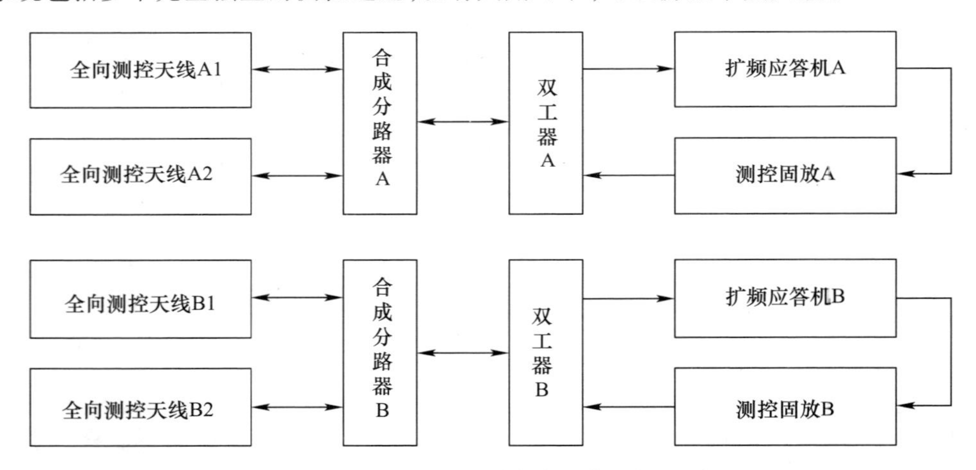

图 5.61　北斗三号卫星测控分系统组成原理框图

(1) 测控天线、合成分路器。

测控天线采用收、发共用的方案，全向测控天线 A1、B1 安装在卫星对地面，全向测控天线 A2、B2 安装在卫星背地面。全向测控天线 A1、A2 与合成分路器 A 组合，全向测控天线 B1、B2 与合成分路器 B 组合，实现近全空间覆盖方向图。

(2) 双工器。

输入多工器对上、下行测控信号进行滤波，并使上、下行测控信号良好隔离。

(3) 应答机。

测控分系统配置了扩频应答机，应答机互为备份，其应答机内的接收机始终加

电,热备份工作,发射机可根据情况,热备份或冷备份工作。

(4) 测控固放。

测控固放将应答机输出的小功率下行载波信号进行功率放大。

5.7.4 测控分系统设计

测控分系统的上下行通道是由地面站设备与星上设备共同组成的,因此进行星上测控分系统设计时(如信号频率选择、测控体制、链路设计等)都必须统一考虑和设计。星上测控分系统设计时需要考虑以下主要因素。

1) 测控频率选择

测控频率选择主要考虑以下原则。

(1) 符合国际、国内有关无线电频率划分的规定,测控频率一般应向国际电信联盟(ITU)、我国无线电频率管理委员会进行申报。

(2) 电波的传播特性,通过大气层的衰减、折射等能力。

(3) 根据系统所需要的测量精度和信息容量合理选择。

(4) 满足卫星自身电磁兼容性(EMC)要求,避免干扰。

(5) 考虑与运载火箭、邻近星、共轨星等的电磁兼容性。

(6) 继承性,考虑现有技术成熟度和现有星地情况。

2) 测控体制选择

测控体制的选择应能满足卫星测控任务的需要和地面测控网的技术支持能力,根据测控任务要求综合权衡成熟性、继承性、可靠性和安全性、经济性等因素。

使用新的测控体制时,必须进行充分的地面验证工作,必要时需要进行星地测控体制对接试验,验证星地测控接口的正确性、匹配性。一般应考虑采用成熟的测控体制作为备份。

3) 系统捕获时间

系统捕获时间指星地测控系统完成频率、数据、距离、速度、角度等捕获所需要的时间。导航卫星在主动段的部分跟踪弧段只有数百秒,需要尽快完成星地系统的双向捕获。

4) 测量误差

测量误差包括测角误差、测距误差和测速误差。各种误差通常由随机误差和系统误差两部分组成。随机误差以均方根表示,系统误差指修正后的残差。

5) 接收 G/T 值

G/T 值是天线有效接收增益与接收系统噪声温度之比。

根据卫星轨道、测控任务、地面测控站配置和技术指标、测控频率、测控体制、遥控误码率、测距精度等条件,进行卫星上行测控链路分析,合理选择、分配遥控调制度、上行测距音调制度、测控接收天线增益、上行通道损耗、应答机噪声系数等指标,确定测控分系统 G/T 值。

6）EIRP 值

EIRP 值是天线有效发射增益与发射功率之积。

根据卫星轨道、测控任务、地面测控站配置和技术指标、测控频率、测控体制、遥测误码率、测距精度等条件，进行下行测控链路分析，合理选择、分配遥测调制度、下行测距音转发调制度、测控放大器输出功率、测控发射天线增益、下行通道损耗等指标，确定测控分系统 EIRP。

7）接收机灵敏度

接收机灵敏度指接收机的捕获灵敏度、跟踪灵敏度和解调灵敏度。根据卫星飞行轨道、测控任务、地面测控站配置和技术指标、测控频率等条件，分析应答机输入端接收的最小功率电平；考虑一定余量后，确定应答机接收机灵敏度。

8）接收机动态范围

接收机动态范围是指接收机正常工作时输入端的最小电平和最大电平。

应答机接收机动态范围的确定需要考虑以下几个因素。

（1）卫星轨道变化引起的星地之间斜距变化，星地之间最大、最小斜距导致的空间损失的变化值。

（2）卫星姿态变化引起的测控天线覆盖区内的增益变化值。

（3）地面站发射功率的不稳定性。

应答机接收机动态范围应满足上述因素导致的应答机接收机输入端电平变化并有一定的余量。

9）接收机捕获范围、跟踪范围和跟踪速率

根据卫星飞行轨道、地面测控站配置、测控频率等条件，分析多普勒频移变化范围和变化率。

10）副载波频率及调制方式

采用 USB、UCB 时，需要选择遥控副载波、遥测副载波的频率和调制方式。

副载波频率及调制方式选择基本原则如下。

（1）基带信号谱线集中（所占带宽越小越好）。

（2）考虑各副载波不同调制方式所占用的带宽及功率效率。

（3）副载波频率不宜选得太高。

（4）各副载波的组合干扰应尽可能不落入各副载波的信息带内，尤其是不应落入高侧音窄带跟踪环带宽内。

（5）对于 FSK 和相移键控（PSK）副载波信道，要保证所选副载波频率和基带信号的码速率保持相干并成整数倍关系，利于相干解调。

11）副载波调制指数的选择

USB、UCB 的发射信号是一个正弦调相信号，它由若干个正弦副载波（可以调制信息）所调制，一般采用窄带（小调制角）的相位调制，以减小各调制副载波的交叉干扰。通道按频率方式分割，各副载波频率相互隔开一定间隔。

按最佳的功率比例,设计统一载波的调制信号,称为系统的功率分配。通常按各副载波检测门限分配功率,即分配的功率使各副载波通道同时达到门限,这样使得发射功率得到充分利用。

最佳功率分配原则如下。

(1) 全部副载波通道同时达到检测门限,以减低接收机的总功率要求。

(2) 使每一个副载波信号的一阶边带功率最大。

(3) 残留载波用于地面站捕获和跟踪用,其门限应高于其他副载波门限。

12) 测控天线覆盖区

为保证任何情况下卫星与地面之间测控无线链路的稳定可靠,一般要求卫星测控天线应有近全空间辐射方向图。

工程上对测控天线方向图空间覆盖的定义往往可用最小覆盖电平和盲区角域来限定。最小覆盖电平可根据信道链路计算确定,由此可确定测控天线的增益电平;盲区定义为小于最小覆盖电平的空间角域。

测控天线需要考虑以下因素。

(1) 根据卫星轨道、姿态、地球站布局、测控链路等限制条件确定天线方向图要求,为保证卫星姿态异常等情况下应急测控的需求,一般要求卫星测控天线的覆盖范围尽可能宽。

(2) 与安装空间的电磁兼容性:测控天线安装在卫星本体上,卫星本体及其上表面安装的其他设备、太阳翼等必然对测控天线的辐射性能产生影响,在计入这些条件后,测控天线仍能满足自身的各种要求,而且不对其他设备和系统产生不可接受的影响;如要求测控天线使用近全空间覆盖,需采用组阵天线。组阵天线需考虑同频、同旋向天线之间的干涉,确保组阵天线方向图满足卫星各阶段、各种姿态下测控任务的需求。

(3) 与安装空间的机械兼容性:测控天线应满足运载火箭整流罩对卫星可用空间包络的限制。

(4) 测控天线一般都安装在卫星外部,应适应卫星外部的空间环境。

13) 测控链路设计

测控链路设计要注意以下因素。

(1) 链路预算要根据卫星的可见弧段,在主动段、转移轨道段、工作轨道段分别计算上、下行链路的余量。

(2) 链路预算时,卫星测控天线增益一般取边缘处的最小值;在实际链路计算时可按照卫星在轨姿态,确定卫星测控天线指向与地面测控站的夹角,根据测控天线方向图结果确定增益值,进行实际的链路计算。

(3) 链路预算时,根据星地测控系统可以正常工作的卫星与地面站最大斜距进行计算;实际链路计算时,可根据卫星与地面站的实际斜距进行计算。

(4) 链路预算中需要考虑 3dB 的系统设计余量。

(5) 链路预算时,地面测控站天线口径不同,选取口径最小的进行计算;实际链路计算时,可根据某个地面测控站的实际天线口径进行计算。

(6) 应考虑卫星正常和异常情况下的姿态,确认测控链路可用。

14) 冗余设计

测控上行通道采取热备份的冗余形式,并采取一定的隔离措施,避免单点失效;上行遥控通道应防止某个通道故障阻塞其他遥控通道,如采取遥控优先级策略;测控下行通道可采取冷备份或者热备份的冗余形式。

5.7.5 主要产品

5.7.5.1 UCB 应答机

UCB 应答机由接收机和发射机组成,UCB 应答机组成原理框图如图 5.62 所示。

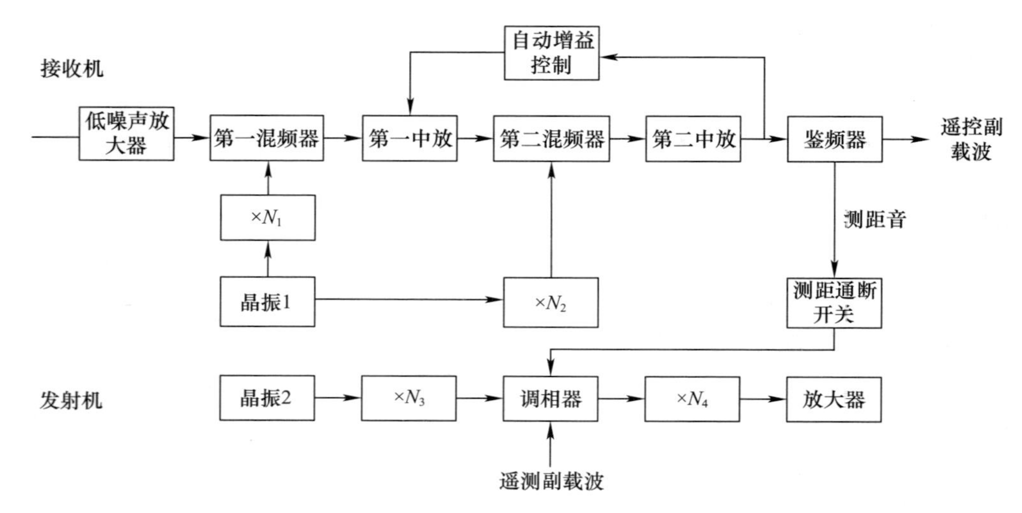

图 5.62 UCB 应答机组成原理框图

接收机由低噪声放大器、晶振、第一混频器、第一本振链、第一中放、第二混频器、第二本振链、第二中放、鉴频器、测距通断开关及自动增益控制等组成。

发射机由晶振、倍频链、调相器及放大器等组成。

接收机接收来自地面测控站的上行调频信号,经过放大、变频、鉴频等处理后,将解调出的遥控副载波信号输出到遥控设备,将解调出的测距音信号送到发射机进行转发。

发射机将转发的测距音信号和来自遥测设备的遥测副载波信号组合在一起,对下行载波进行相位调制。

在卫星工作过程中,发射机始终发送遥测副载波信号,而是否转发测距音信号则取决于接收机的工作状态和遥控指令对测距通断开关的控制。

UCB 应答机有 3 种工作模式,如表 5.14 所列。

表 5.14　UCB 应答机工作模式

工作模式	上行	下行
模式 1	无	遥测
模式 2	遥控	遥测
模式 3	测距	测距 + 遥测

模式 1 时,无上行载波信号,下行载波只调制遥测信号,地面测控系统只接收遥测。

模式 2 时,上行载波只调制遥控信号,下行载波只调制遥测信号,地面测控系统可发送指令、接收遥测。

模式 3 时,上行载波只调制测距音,下行载波同时调制遥测信号和转发的测距音,UCB 应答机一般处于测距通工作状态,地面测控系统可接收遥测、进行测距。

5.7.5.2　USB 应答机

USB 应答机由接收机和发射机组成,USB 应答机组成原理框图如图 5.63 所示。

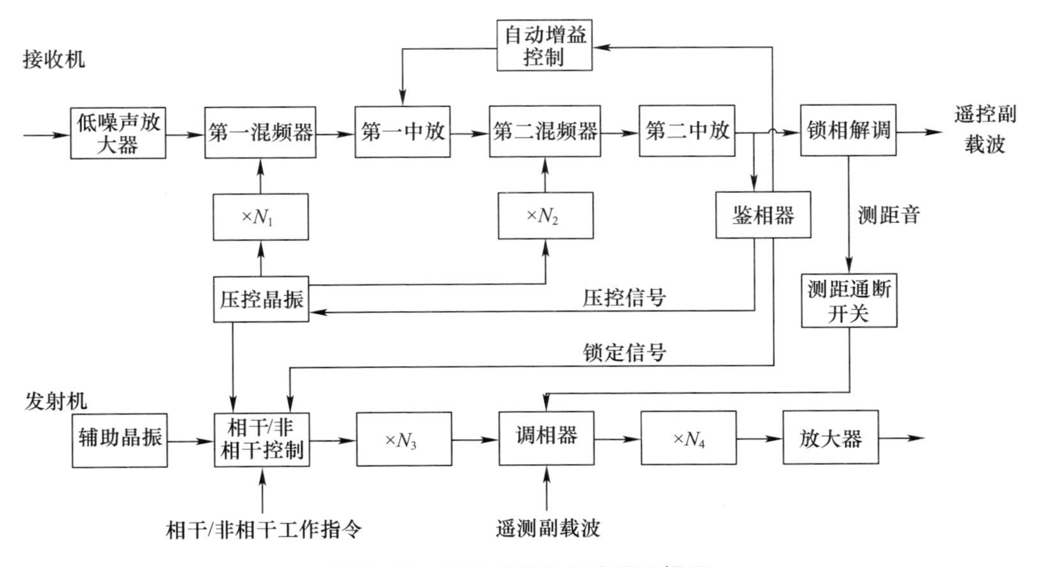

图 5.63　USB 应答机组成原理框图

接收机由低噪声放大器、压控晶振、第一混频器、第一本振链、第一中放、第二混频器、第二本振链、第二中放、鉴相器、锁相解调器、测距通断开关及自动增益控制等组成。

发射机由辅助晶振、相干/非相干控制开关、倍频链、调相器及放大器等组成。

接收机为二阶锁相环超外差接收机,它接收来自地面测控站的上行调相信号,经过放大、变频、鉴相等处理后,对上行载波进行捕获和跟踪,将相位解调出的遥控副载波信号输出到遥控设备,将相位解调出的测距音信号送到发射机进行转发。

发射机将转发的测距音信号和来自遥测设备的遥测副载波信号组合在一起,对下行载波进行相位调制。

在卫星工作过程中,发射机始终发送遥测副载波信号,而是否转发测距音信号则取决于接收机的锁定状态和遥控指令对测距音通断开关的控制。

下行载波的频率源既可以是接收机中的压控晶振,也可以是发射机中的辅助晶振。频率源的选择由接收机锁定信号和相干/非相干指令控制。

应答机接收到相干工作指令且接收机锁定时,则工作在相干模式下,选用接收机压控晶振输出的频率信号作为下行载波的频率源。其频率稳定度取决于地面测控站上行发射信号的情况,一般情况下频率稳定度可在 10^{-8} 以上。应答机接收到非相干工作指令或接收机未锁定时,则转入非相干模式工作,选用发射机辅助晶振输出的频率信号作为下行载波的频率源。辅助晶振的频率稳定度在 10^{-5} 量级。

USB 应答机有 4 种工作模式,如表 5.15 所列。

表 5.15　USB 应答机工作模式

工作模式	上行	下行
模式 1	无	遥测
模式 2	遥控	遥测
模式 3	测距	测距 + 遥测
模式 4	测距 + 遥控	测距 + 遥测

USB 应答机的前 3 种工作模式与 UCB 应答机相同。为模式 4 时,上行载波同时调制遥控信号和测距音,下行载波同时调制遥测信号和转发的测距音,USB 应答机处于相干、测距转发工作状态,地面测控系统可发送指令、接收遥测、进行测距、测速。

5.7.5.3　扩频应答机

北斗卫星的 UCB 应答机、USB 应答机为全模拟电路设计;扩频应答机为模拟电路 + 数字电路相结合的设计。

扩频应答机由接收通道、发射通道、数字基带组成,扩频应答机组成原理框图如图 5.64 所示。

接收通道由低噪声放大器、接收一混频、接收一中放、接收二混频、第二中放、接收本振链及自动增益控制等组成。接收通道对上行射频信号进行低噪声放大、下变频、中频信号放大和自动增益控制(AGC),将上行中频信号送至数字基带进行信号处理,接收通道采用二次变频的超外差接收机。

发射通道由发射一混频、发射二混频、发射本振链及发射放大器等组成。发射通道对数字基带输出的下行中频信号进行上变频和放大,形成下行射频信号,发射通道采用低本振、二次变频的方案。

数字基带由 FPGA、模数转换器、数模转换器、晶振、参数配置等组成,主要完成以下功能:接收上行中频信号,进行上行遥控扩频码和测距信号的捕获与跟踪,进行上行载波恢复与跟踪;将解扩、解调出的遥控数据送遥控设备;将来自遥测设备的遥

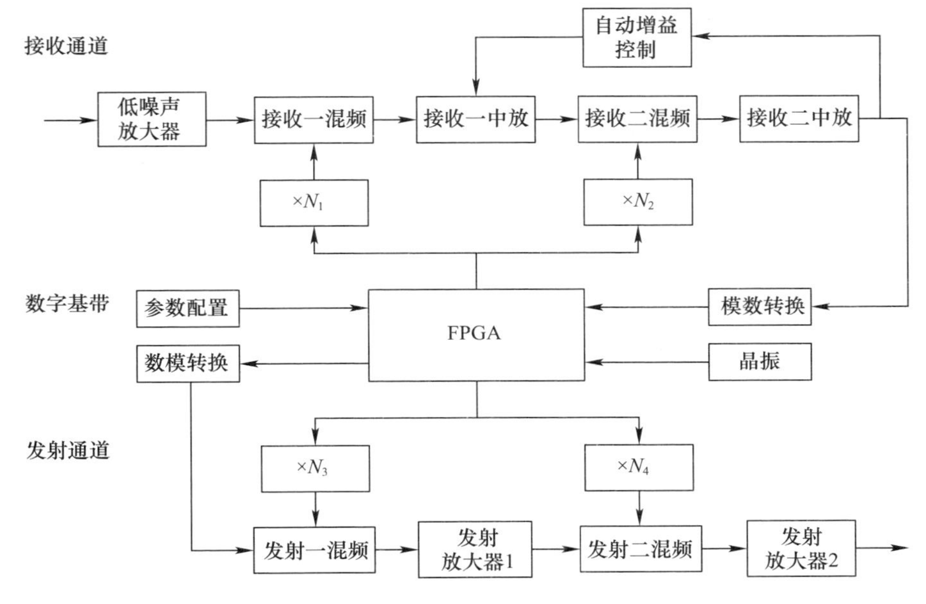

图 5.64　扩频应答机组成原理框图

测数据和下行测距信号进行扩频后对下行中频信号进行调制。

FPGA 是数字基带硬件平台的核心器件，扩频应答机主要功能均由它实现。由于静态随机存取存储器（SRAM）型 FPGA 易受空间单粒子效应影响，导致扩频应答机工作异常，目前逐渐使用专用集成电路（ASIC）替代 FPGA。

扩频应答机有 4 种工作模式，如表 5.16 所列。

表 5.16　扩频应答机工作模式

工作模式	上行	下行
模式 1	无	遥测 + 测距
模式 2	遥控	遥测 + 测距
模式 3	测距	遥测 + 测距
模式 4	遥控 + 测距	测距 + 遥测

模式 1 时，无上行信号，遥测数据和下行测距信号经扩频后对下行载波信号进行调制，地面测控系统可接收遥测。

模式 2 时，遥控数据经扩频后对上行载波信号进行调制，遥测数据和下行测距信号经扩频后对下行载波信号进行调制，地面测控系统可发送指令、接收遥测。

模式 3 时，上行测距信号经扩频后对上行载波信号进行调制，遥测数据和下行测距信号经扩频后对下行载波信号进行调制，地面测控系统可接收遥测，进行测距、测速。

模式 4 时，遥控数据和上行测距信号经扩频后对上行载波信号进行调制，遥测数据和下行测距信号经扩频后对下行载波信号进行调制，地面测控系统可发送指令、接收遥测,进行测距、测速。

5.7.5.4 测控固放

测控固放由电源模块、功率放大模块组成。

电源模块将一次电源转换为测控固放所需的二次电源,消除电压纹波,接收遥控指令控制母线电压的通断电,提供欠压保护功能,提供遥测参数。

功率放大模块组成原理框图如图5.65所示。功率放大模块将输入的射频信号进行4级放大,使其输出达到要求的功率电平值。电路中的衰减器和检波器使测控固放具备ALC功能,保证测控固放抗过激励能力,同时完成温度补偿。

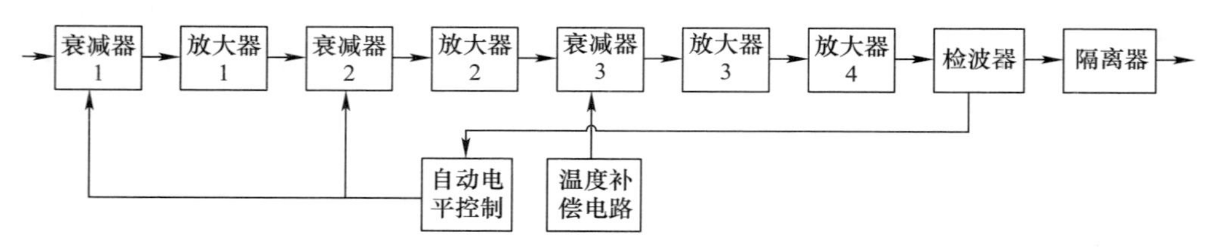

图5.65 功率放大模块组成原理框图

5.7.5.5 测控天线

为实现测控天线近全空间覆盖要求,采用两个单元天线组阵的方案。卫星测控天线由安装在卫星对地面、背地面的两副半球波束天线和合成器(或分路器)组成,合成器或分路器可采用四端口的平衡混合器,单元天线可采用四臂螺旋天线或圆锥螺旋天线。

测控天线典型方向图如图5.66所示。

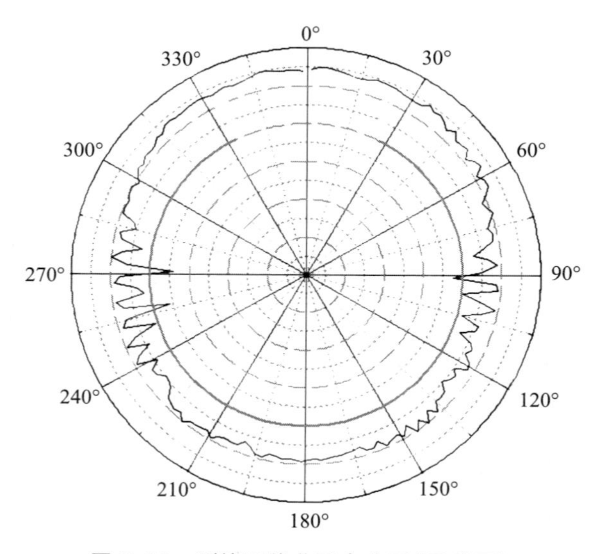

图5.66 测控天线典型方向图(见彩图)

参考文献

[1] FORTESCUE P,等. 卫星系统工程[M]. 李靖,等译. 北京:科学出版社,2014.
[2] 王希季,李大耀. 卫星设计学[M]. 上海:上海科学技术出版社,1997.
[3] 彭成荣. 卫星总体设计[M]. 北京:中国科学技术出版社,2011:171-175.
[4] 钱骥. 空间技术基础[M]. 北京:科学出版社,1984.
[5] 陈列民. 航天器结构与机构[M]. 北京,中国科学技术出版社,2005.
[6] 袁家军. 卫星结构设计与分析[M]. 北京,中国宇航出版社,2004.
[7] SARAFIN T P. Spacecraft structures and mechanisms - from concept to launch[M]. Dordrecht,The Netherlands:Kluwer Academic Publishers Group,1995.
[8] 侯增祺,胡金刚. 航天器热控制技术——原理及其应用[M]. 北京:中国科学技术出版社,2008.
[9] 闵桂荣,郭舜. 航天器热控制[M]. 北京:科学出版社,1998.
[10] 马士俊. 卫星电源技术[M]. 北京:宇航出版社,2001.
[11] 屠善澄. 卫星姿态动力学与控制[M]. 北京:中国宇航出版社,2001.
[12] 章仁为. 卫星轨道姿态动力学与控制[M]. 北京:北京航空航天大学出版社,1998.
[13] 谭维炽,顾莹琦. 空间数据系统[M]. 北京:中国科学技术出版社,2004.
[14] 陈宜元. 卫星无线电测控技术[M]. 北京:中国宇航出版社,2007.

第6章　北斗导航卫星有效载荷

导航卫星上直接向用户提供定位、测速、授时服务的产品设备称为导航卫星有效载荷，是导航卫星最关键的部分。导航卫星有效载荷相对于其他类卫星有效载荷具有高测量精度、高可靠性、高稳定性、高连续性信息生成与信号播发等特点。真正意义上具有实用效果的导航卫星有效载荷首次出现在美国的子午仪导航卫星上。

目前，国际上已建成或正在建设的全球卫星导航系统中，美国的GPS、欧盟的Galileo系统、俄罗斯的GLONASS和中国的BDS，卫星向地面用户提供的导航服务功能相似，只是在具体的信号体制、指标精度和特色服务方面有所差异，这些系统的导航卫星有效载荷的工作原理和总体设计也都是类似的。

导航卫星有效载荷的产品设备依靠卫星平台为其提供能源，建立与地面站的遥控、遥测联系。地面控制站发送遥控指令，通过卫星平台实现对有效载荷设备进行控制，有效载荷设备的工作情况由遥测数据通过卫星平台下传给地面控制站，地面控制站全面了解与控制有效载荷产品设备相关的工作情况。

本章首先简述北斗导航卫星有效载荷的发展，回顾北斗一号系统、北斗二号系统、北斗三号系统的不断演进过程，总结描述星载时频分系统、转发分系统、上行注入接收与测量分系统、导航信号生成分系统、完好性监测分系统、导航信号播发分系统、天线分系统等的工作原理、系统组成等内容。

值得注意的是，并不是所有的北斗导航卫星都具有以上功能和分系统，具体卫星上配置的有效载荷设备是根据工程大系统任务分析后确定的。不同类型导航卫星的有效载荷的配置可能不同。按照我国卫星导航领域发展战略和工程系统要求，北斗三号导航卫星上有效载荷设计具有较多的系统功能，包括基本载荷、增量载荷和搭载试验载荷，可实现多种业务服务。

6.1　北斗导航卫星有效载荷的发展

北斗导航卫星有效载荷作为导航卫星的核心组成部分，在实现定位、导航、授时等重要功能方面，完成了从北斗一号系统、北斗二号系统到北斗三号系统的一步步升级演进，从区域导航服务走向全球导航服务，系统定位精度、授时精度显著提高，为我国乃至全球提供了更为精准的服务。可以说，北斗系统的演进发展历史过程也是北斗导航卫星有效载荷发展的历史过程，两者密切相关。

6.1.1 北斗一号卫星有效载荷

北斗一号卫星导航系统是双星导航定位系统，是一个具有全天候、高精度、快速实时特点的区域范围卫星导航定位系统。在服务区内可为中低动态及静态用户提供快速定位、简短数字报文通信和授时服务。该系统由北斗试验卫星(两颗地球静止轨道工作卫星和一颗备份卫星)、地面应用系统及地面运控系统组成[1]。

北斗一号卫星有效载荷由天线分系统和转发分系统组成。天线分系统含S/L频段收发共用2.60m×2.44m圆极化可展开赋形抛物面天线和C频段收发共用1.05m×0.65m圆极化切割偏置椭圆抛物面天线；转发分系统由导航定位高增益L/C入站转发器、大功率C/S出站转发器、C/C站间时间同步转发器等部分组成。

北斗一号卫星有效载荷组成框图如图6.1所示。

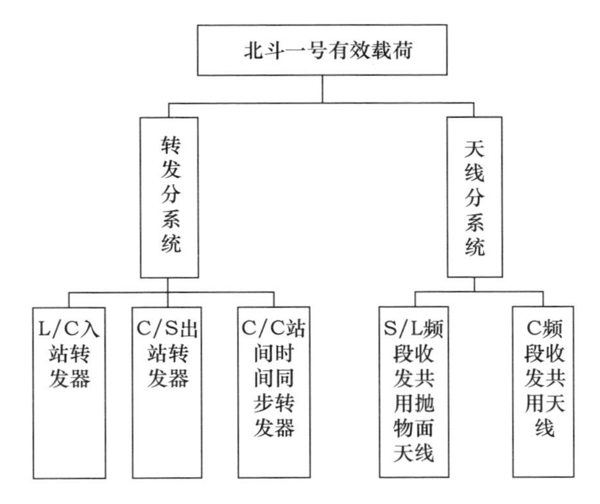

图6.1 北斗一号有效载荷组成框图

北斗一号卫星有效载荷具备3部分透明转发功能，可向用户提供有源定位服务(指RDSS)，其工作原理框图如图6.2所示。

1) L/C入站转发功能

其任务是转发用户发送到地面主控站的信息，包含两个接收通道：L/C1和L/C2通道。分别接收来自S/L频段天线东西波束的L频段用户信号，通过预选滤波、低噪声放大，变频至C频段后滤波，再由功率放大器放大后送至C频段天线发射，下传给地面站。

2) C/S出站转发功能

其任务是转发地面主控站发送到用户的信息，包含两个发射通道：C/S1和C/S2通道。通过接收来自C天线的C频段出站信号，进行预选滤波、低噪声放大，变频至

S 频段后滤波，再由功率放大器放大后送至 S/L 频段收发天线东西波束发射，下传给地面用户。

3）C/C 站间时间同步功能

其任务是提供地面系统控制中心与各监测站的站间时间同步和数据传输链路，各监测站将卫星健康状况、测距信息等通过 C 频段信号发出，卫星将 C 频段天线接收的上行信号通过变频放大后再由 C 频段天线发射，下传给地面系统控制中心。

地面系统控制中心也可通过 C/C 链路向监测站发送相关指令信息，通过双向时间比对，实现各监测站的时间与地面系统控制中心的时间保持一致。

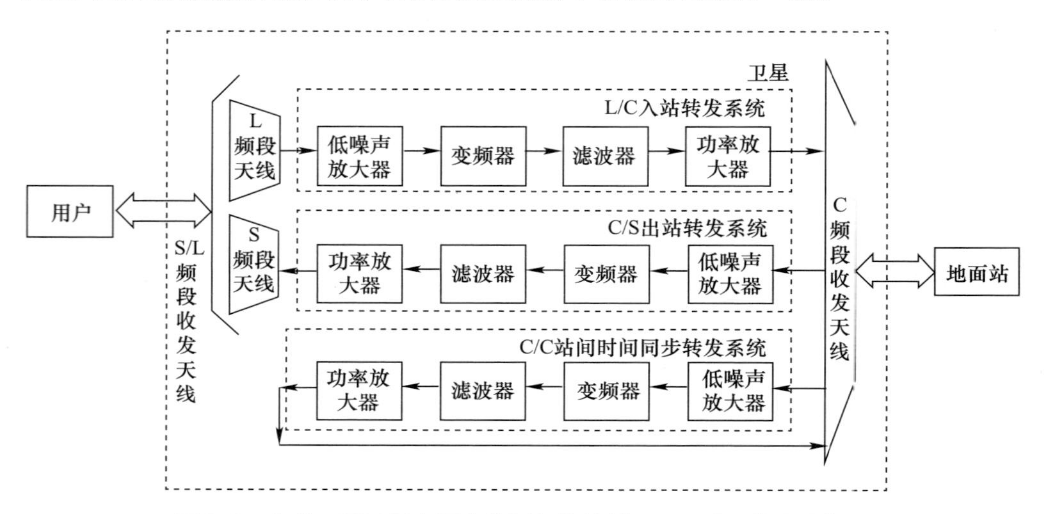

图 6.2　北斗一号卫星有源定位服务载荷(指 RDSS)工作原理框图

6.1.2　北斗二号卫星有效载荷

北斗二号卫星导航系统向地面提供无源导航服务和有源定位服务，有效载荷包括两大部分：RDSS 载荷和 RNSS 载荷。其中，RDSS 载荷与北斗一号卫星的 RDSS 载荷在工作原理和设计组成上相同。

北斗二号卫星按照轨道不同分为 IGSO 卫星、MEO 卫星和 GEO 卫星，其中 IGSO 卫星和 MEO 卫星有效载荷配置相同，配置 RNSS 载荷。GEO 卫星除配备 RNSS 载荷外，还配置了 RDSS 载荷。

IGSO 卫星和 MEO 卫星有效载荷由时频分系统、上行注入接收与测量分系统、导航信号生成分系统、导航信号播发分系统以及天线分系统组成[2]。GEO 卫星除了配置与 IGSO/MEO 卫星相同的分系统组成外，还包括转发分系统。

北斗二号卫星有效载荷系统组成框图如图 6.3 所示。

北斗二号卫星的 RNSS 载荷的工作原理框图如图 6.4 所示，可分为如下几部分。

1）星载时频分系统

星载时频分系统（有时也简称为时频系统）的功能是由多台星载原子钟输出高稳定度的10MHz频率信号，通过频率综合器产生星上北斗时（包括周计数、秒计数、1PPS（1秒脉冲）信号）和10.23MHz基准频率信号，分别提供给上行注入接收与测量分系统、导航信号生成分系统及导航信号播发分系统等。

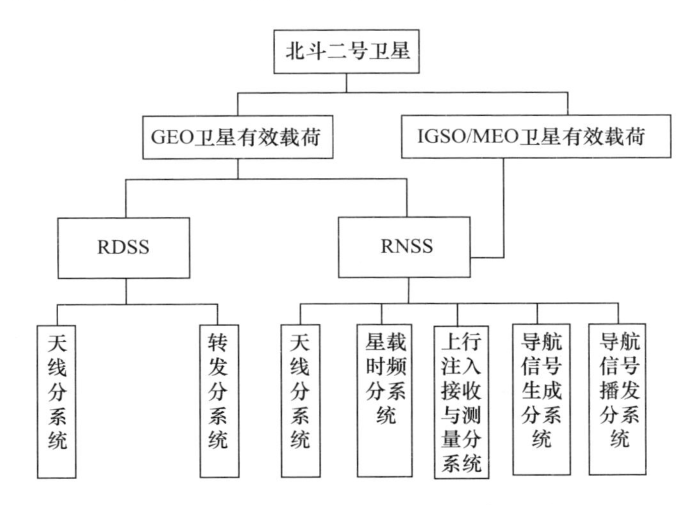

图6.3 北斗二号卫星有效载荷系统组成框图

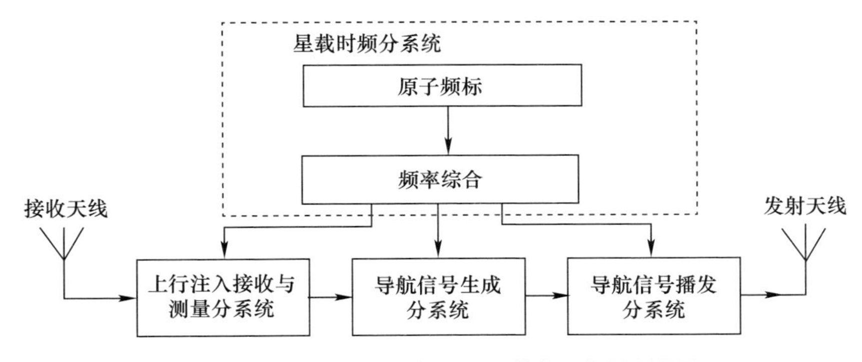

图6.4 北斗二号卫星的RNSS载荷工作原理框图

2）上行注入接收与测量分系统

北斗系统采用双向无线电测距体制。上行注入接收与测量分系统通过接收地面运控系统发送的上行注入信号，完成精密测距，并将测距信息通过导航信号生成与播发分系统，传回地面，以便地面系统进行双向测距获得星地钟差，地面系统可以通过指令进行卫星时间同步或校时。

上行注入信号是码分多址的直接序列扩频信号，包括星地测距信号和上行注入的导航电文信息，该信号经过空间路径传播后被天线接收，附加了信号多普勒频移、噪声、干扰等。星载上行注入接收链路从上行注入信号中提取出上行的时间序列和数据信息,依据这些信息实现测距功能。

为了保证和监测卫星上的精密测距性能,北斗卫星在上行注入与接收分系统中增加了零值监测通道,用以监测上行注入接收链路时延的稳定性。上行注入接收链路具备同时接收两路上行注入信号的能力。

3）导航信号生成分系统

导航信号生成分系统接收从上行注入接收与测量分系统解调出来的数据,包括星地测距数据和上行注入导航电文信息,通过解密、解包提取,分类存储上行信息,提取出卫星星历和钟差数据。

经过信息处理,按照空间信号接口控制文件(ICD)规定的电文格式要求,由下行基带信号形成模块接收时间单元的时间控制信号,通过导航信息处理功能模块生成导航信息流,加密和扩频后产生多路下行导航基带信号。

4）导航信号播发分系统

导航信号播发分系统将导航信号生成分系统产生的包含导航信息的多路基带信号调制在L频段的三个载波频率信号上,经过大功率放大器放大后送天线发射。北斗二号卫星导航信号的调制方式为BPSK和QPSK模式,可通过地面系统的遥控指令进行切换。

6.1.3 北斗三号卫星有效载荷

北斗三号卫星导航系统向地面提供无源导航服务和有源定位服务,有效载荷除包括RDSS和RNSS基本载荷外,还增加了一些试验或搭载的载荷,主要包括搜救载荷、短报文通信载荷、S导航试验载荷等[2]。

北斗三号的RDSS载荷与北斗一号、北斗二号的RDSS载荷在工作原理和设计组成上相同,但服务范围、天线尺寸、信号容量大大扩展。北斗三号卫星根据轨道也分为IGSO卫星、MEO卫星和GEO卫星,其有效载荷的组成与北斗二号系统基本一致。

与北斗二号不同的是在有效载荷导航信号生成与播发方面增加了完好性监测分系统;同时,根据卫星资源的余量和未来发展需求,配置了增量载荷部分。

北斗三号卫星有效载荷组成框图如图6.5所示。

在卫星有效载荷功能和性能指标方面,北斗三号相对于北斗二号卫星有很大的进步。服务范围从区域导航走向全球导航,导航性能、定位精度和授时精度有了更高的要求。

北斗三号卫星的RNSS载荷在工作原理上与北斗二号卫星是相同的,但为了达到更高的指标要求,对北斗三号卫星的RNSS载荷进行了更加优化的设计。主要改进如下。

(1）星载原子钟采用了各项指标更优的高精度铷钟、氢钟。

(2）具备时频基准信号主、备份平稳切换功能,实现卫星钟由工作主钟切换至热备钟过程的无缝和连续。

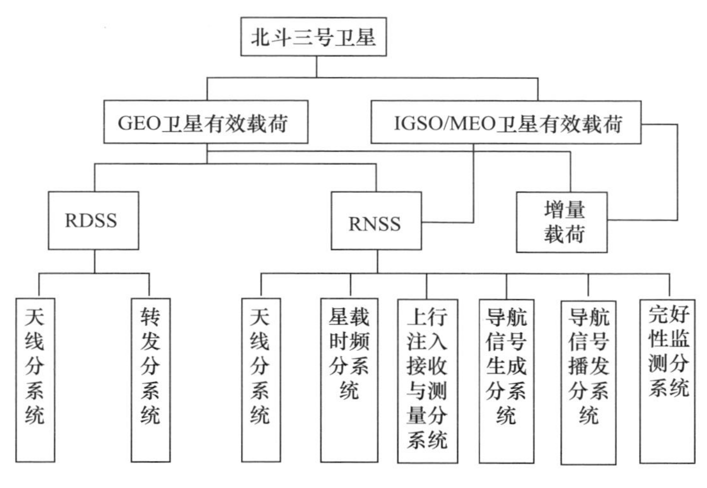

图6.5　北斗三号有效载荷组成框图

(3) 增加了导航信号完好性监测功能,从卫星钟、导航信号、导航数据三个层面对播发的导航信号工作情况进行监测和自主判断。

(4) 在L频段上行注入通道的基础上,采用S频段遥控通道与其实现互相备份。

(5) 增加卫星播发导航信号分量的数量,采用新型调制方式,引入导频信号,降低信息速率,增加卫星导航信号在轨重构功能,支持多种导航信号的在轨服务和试验验证。

(6) 利用有限脉冲(FIR)滤波器对导航下行信号参数进行优化,提升导航下行信号质量。

(7) 可选择地面注入的导航信息或卫星生成的自主导航信息,生成导航电文。

增量载荷配置的全球卫星搜救系统是一个全球公益性卫星遇险报警系统,可为航海、航空和陆地用户提供免费的遇险报警服务。

北斗三号卫星系统作为全球导航系统,在卫星上配置搭载搜救载荷,提高全球范围内的人身财产救援能力,树立我国履行国际人道主义救助相关公约责任义务的国际形象,支撑北斗系统的国际化发展,进一步提高了北斗系统在卫星导航领域的国际影响力和话语权。

卫星短报文系统在车辆交通运输、海洋渔业和航运安全、遇险搜救、灾害监测与预警、海上资源管理与保护、远程信息处理等领域有着广泛的需求和应用。在北斗卫星系统上设计配置具有报文通信功能的有效载荷,在四川汶川地震、青海玉树地震、甘肃舟曲特大山洪泥石流等重大自然灾害的抢险救灾中发挥了独特的关键作用;在南海渔业、舟山渔场等地,为作业船舶提供航行、作业、通信以及PNT服务;在远海岛礁建设、施工联系和应急救援等领域,短报文通信也发挥了重要的作用,但其服务范围只限制在我国及周边地区。

通过在北斗三号后续的MEO导航卫星上搭载全球短报文通信载荷,利用星间链路和星地链路,可实现全球范围用户终端和地面控制中心之间的双向报文通信。利用RNSS获取位置信息,通过新设计的全球短报文链路,可实现全球用户位置报告服务。

同时,为了开发新的导航信号频谱资源,北斗三号卫星系统开展了S频段信号导航载荷试验,导航信号采用QPSK调制方式,变频至S频段后,向用户播发。

6.2 星载时频分系统

时频分系统是卫星导航系统的核心[3],直接影响卫星导航定位授时的精度。卫星导航时频分系统主要包括系统时间的建立与保持、系统时间溯源、GNSS时差监测预报等内容。

系统时间的建立是卫星导航系统的核心技术;星上时间的产生与保持是在星上产生高精度的时间频率信号,并通过系统内时间同步将系统时间传递给用户,实现星上时间与地面系统时间的同步;系统时间的溯源实现了卫星导航系统时间与UTC的同步;GNSS时差监测预报则通过监测和评估各卫星导航系统之间的系统时间偏差,实现GNSS各系统时间之间的兼容与互操作。

系统时间包括地面产生的系统时间以及卫星上产生的系统时间。地面产生的系统时间经系统时间溯源比对链路,与UTC间接建立联系,实现北斗时与UTC的时间差连续监测和预报。星上原子钟和基准产生与保持单元产生的时间频率基准经过星地时间比对链路,测量出卫星与系统时间的钟差,通过上行电文,将钟差参数注入卫星,实现卫星时间与系统时间的同步。

北斗时(BDT)通过配置在中国科学院国家授时中心(NTSC)的北斗信号接收/发送设备,接收北斗系统播发的授时信号,并将BDT时间与UTC(NTSC)的时间进行比对,比对结果通过专用通信链路送回北斗系统的主控站。

图6.6是BDT与UTC(NTSC)及UTC的连接示意图。

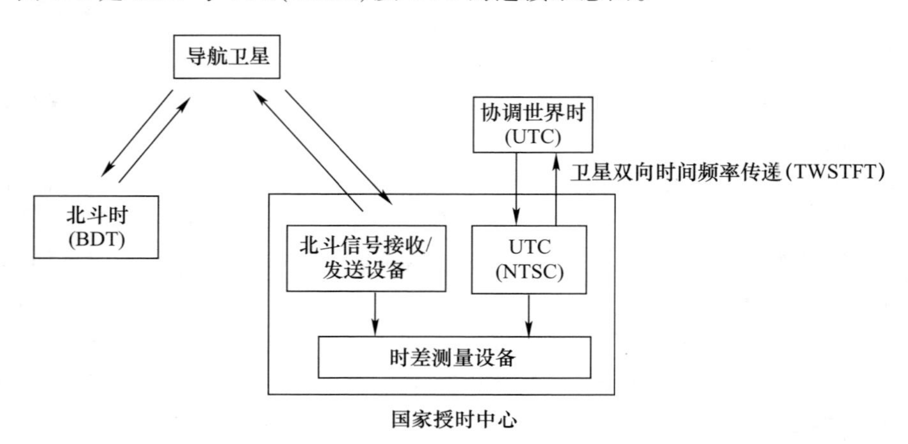

图6.6 北斗系统BDT与UTC(NTSC)及UTC的连接示意图

北斗导航卫星星载时频系统能够产生、保持和校准卫星的基准频率和基准时间,配合地面系统实现与地面基准时钟的时间频率同步,它是导航卫星有效载荷的重要组成部分,是星座系统协同工作的基础,也是导航卫星实现导航定位授时功能的基础[4]。

导航卫星时频基准来源于星上高精度原子钟,通过时频生成与保持系统实现频率转换、高精度测量和钟差参数调整等精密管控,为导航载荷提供性能优良、平稳可靠的基准时间频率信号。

北斗一号卫星导航系统没有独立的星载时频系统,它的星座时频信号系统在地面系统控制中心。北斗二号、北斗三号卫星导航系统具有独立的星载时频系统,卫星具有自己的时间基准。

6.2.1　工作原理

北斗系统星载时频分系统的组成框图如图6.7所示,主要由多台原子钟(有时也称为原子频标)、时频基准产生与保持单元和频标分配单元组成。

原子钟是卫星导航系统的核心部件,是实现高精度定位、测速和授时功能的基础,也是卫星导航系统自主运行的基石。原子钟的性能直接决定着卫星导航、定位和授时的精度,同时直接决定着系统的自主运行能力。

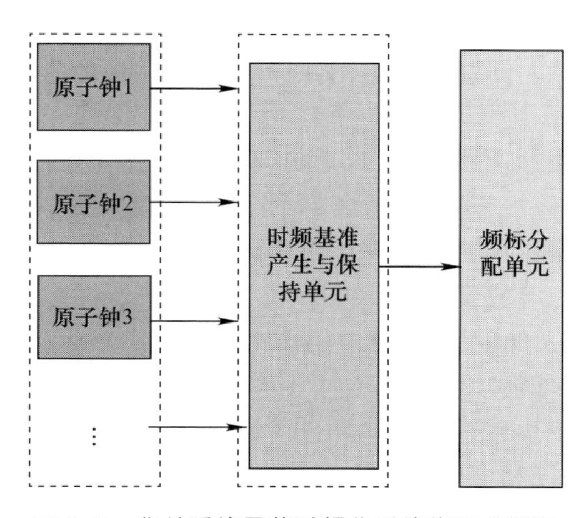

图6.7　北斗系统星载时频分系统的组成框图

时频基准产生与保持单元是导航卫星上10.23MHz基准频率产生与管理的核心部件。主要功能:①利用原子钟输出的10MHz频率信号产生导航载荷所需的10.23MHz基准频率信号;②对基准频率信号进行精密调控和冗余管理,精密调整信号的频率、相位、漂移率等参数,实现对原子钟的选择和输出;③对基准频率信号进行完好性监测,对故障原子钟进行报警和切换处理,避免卫星钟故障引起系统服务功能中断[5]。

频标分配单元将原子钟和基准频率信号分成多路，供时频分系统内部频率合成和星上其他设备使用。频标分配的关键是保证分配的频率和时间信号的功率、频率准确度与稳定度等指标稳定完好，尽可能少引入附加噪声，保证各路输出信号的一致性。

北斗系统星载时频分系统可实现以下功能。

1）星上频率和时间基准产生

星上频率基准是指原子钟产生的标准频率信号。星上频率基准通常由多台星载原子钟提供，其中一台作为工作主钟，其他作为备用钟。

导航卫星利用原子钟输出信号生成需要的基准频率及时间信号，基准频率由星载原子钟信号通过频率综合产生，生成的基准频率信号既继承了原子钟优良的中长期稳定度，又具有高稳晶振出色的短期稳定度。

星上时间基准是通过 1 秒脉冲（1PPS）信号定义的，1PPS 时间信号通常由基准频率信号直接分频得到，其性能与原子钟的性能一致。

2）卫星钟时频同步

导航卫星上时频基准的同步主要由时频基准产生与保持单元实现，它可以接收地面发送的钟差参数调整指令，利用相位微调器等实现钟差参数的调整。同时，在星上还可以实现主、备钟之间的同步，通过高精度频率测量和相位比对，得到星上工作主钟和备份钟的精密钟差，当测量比对的钟差结果达到设置的阈值时，使用相位微调器对备份原子钟产生的时间进行调整，实现备份钟与主钟的时间同步。

3）时频信号分配

时频信号分配主要由频标分配单元实现。时频信号分配包括 1PPS 信号的分配、原子钟频率信号的分配、星上基准频率信号的分配。通过信号的分配，产生多路低噪声功率稳定的信号供星上其他设备使用。在导航卫星有些特殊应用中，还需要保证分配的信号时延相等或具备可调整能力。

4）故障检测告警及修复

故障检测、告警及修复功能主要由时频基准产生与保持单元中设计的故障检测模块实现。故障检测模块通过预先设置卫星钟的故障模式和参数故障阈值，利用高精度测频测相技术，通过相应的检测算法，及时检测出卫星钟故障并报警。

当检测到卫星钟故障后，可以由星上设备自主处理，也可以由地面发送指令进行调整和补偿。

北斗系统星载时频分系统采用原子钟产生卫星有效载荷的高度精确稳定的 10MHz 统一频率源，并通过频率综合器产生 10.23MHz 卫星基准频率和卫星系统时间。这种方式可使卫星在接收到地面校准指令时，有效地进行卫星时间和基准频率的校正处理。

星载时频分系统原理框图如图 6.8 所示。

作为卫星时间基准频率的 10.23MHz 信号有两种输出形式，一种是低电压差分

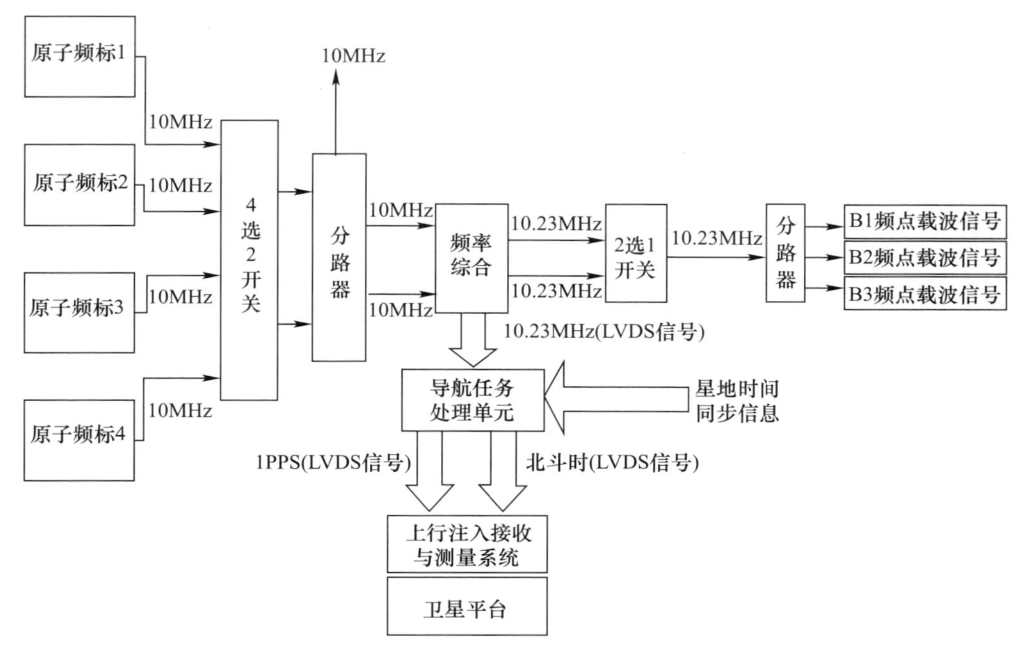

图6.8 星载时频分系统原理框图

信号(LVDS),一种是正弦波信号。10.23MHz的LVDS送导航任务处理单元,导航任务处理单元同时接收星地时间同步信息,经过处理后,得到1PPS信号以及北斗时,送上行注入接收与测量系统和卫星平台。10.23MHz的正弦信号通过分路倍频后,产生B1、B2、B3下行的载波信号。

北斗三号卫星的星载时频分系统在具备了北斗二号功能的基础上,设计配置了新型的高精度铷原子钟、新型的氢原子钟,在信号输出基准频率的相位一致性、稳定性、连续性上有了明显的提升,增加了卫星钟的平稳切换功能、软件在轨重构功能,抗空间环境的能力也进一步加强。

6.2.2 系统组成

北斗系统是我国独立自主研制建设的首个天基卫星导航和授时系统,北斗星载时频分系统伴随着北斗系统的建设,从无到有,逐渐成熟稳定,通过建立天基时间基准提供相应的基础服务[6]。

北斗一号卫星采用透明转发器,通过转发地面站和用户的信号完成定位和授时服务。星上频率信号采用统一频率源设计,通过铷钟和高稳晶振冗余配置实现。频率信号产生和分配设备提供北斗一号卫星上其他分系统所需频率信号,采用冗余配置。

北斗一号卫星星载时频分系统组成示意图如图6.9所示。

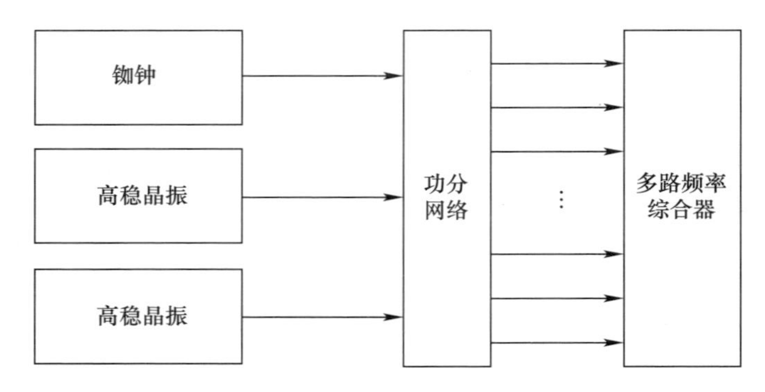

图 6.9 北斗一号卫星星载时频分系统组成示意图

北斗二号卫星时频分系统是我国第一代真正意义上的天基时频生成与保持设备,负责为北斗导航卫星有效载荷及星上其他设备提供稳定、连续的基准频率信号和系统时间,实现与系统地面基准时钟的时间同步。

北斗二号卫星星载时频分系统组成示意图如图 6.10 所示。

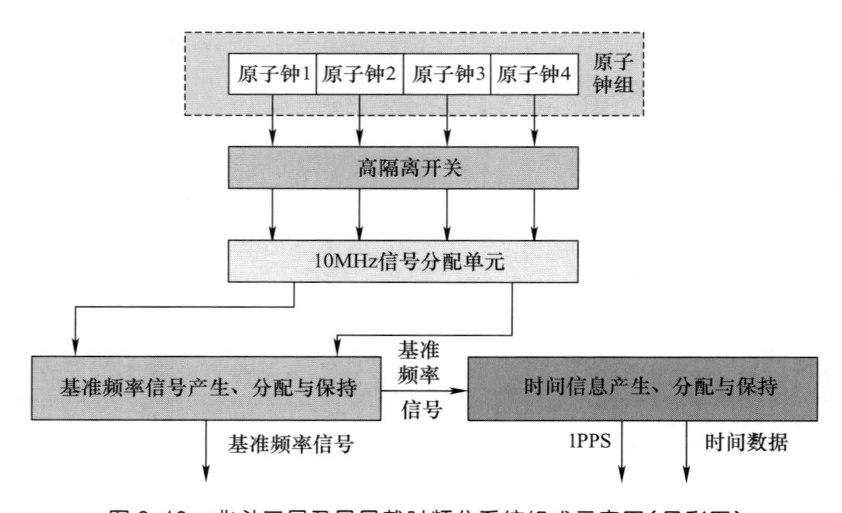

图 6.10 北斗二号卫星星载时频分系统组成示意图(见彩图)

北斗二号卫星星载时频分系统由 4 台原子钟、高隔离开关、基准频率合成器(见蓝框)、指令处理单元(见紫框)等组成。

北斗二号卫星时频生成与保持设备为基准频率合成器,该合成器接收两路铷原子钟的 10MHz 信号,利用两个频率综合电路分别生成主路和备路的 10.23MHz 信号,相位计测量两路 10.23MHz 信号的相位差,形成相应的遥测信息。

两路 10.23MHz 信号分别通过锁相环锁定两个标称值为 10.23MHz 的高稳压控晶体振荡器,两个晶体振荡器的输出信号由开关选择一路作为系统输出的频率基准。锁相环的特性决定了输出信号特性,既要求锁相环电路保持原子钟优良的长稳特性,

又要求其具有高稳晶振的短稳性能。两路锁相环互为备份结构,提高了系统的可靠性。

北斗二号卫星时频生成与保持设备原理如图 6.11 所示。

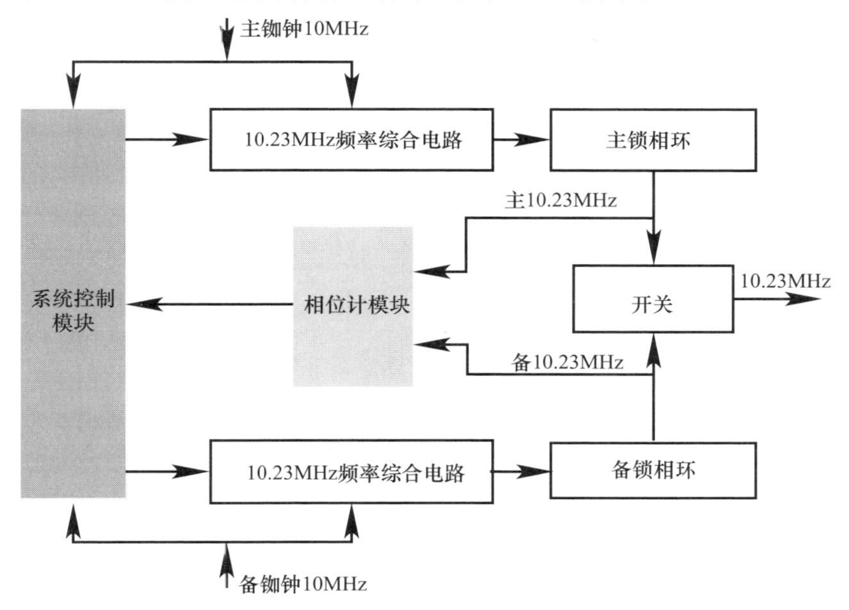

图 6.11　北斗二号卫星时频生成与保持设备原理图

北斗二号基准频率合成器在完成原子钟频率信号无损传递的同时,具备对基准时频信号精密管理的能力。通过地面发送指令的方式,可以对 10.23MHz 基准频率进行精密调整,频率控制精度优于 5×10^{-11}。同时,基准频率合成器具有卫星钟故障监测的功能,通过分别测量主、备路 10.23MHz 信号频率,得到两路基准频率的完好性信息,当系统判断工作钟发生故障时,可以将输出切换到热备钟。

北斗三号卫星的时频生成与保持设备,在北斗二号卫星的基础上进行了改进。通过选用指标更优的高稳晶振,调整硬件结构并优化软件设计,在 10.23MHz 信号稳定度和时频信号精密管理能力上有了大幅度提升。星载时频信号可以通过地面注入补偿参数,对 10.23MHz 的频率、相位和漂移率进行补偿,采用主、备钟跟踪技术,将热备支路 10.23MHz 信号的相位锁定在当前工作支路的 10.23MHz 上,当地面发送钟切换指令或卫星钟故障发生钟自主切换时,切换前后输出信号的频率和相位跳变可以控制在一定的范围内,可实现切换前后信号频率和相位连续平稳。

地面及在轨测试结果表明,北斗三号卫星钟切换前后相位跳变小于 100ps;钟差参数调整和完好性监测的精度也得到提升,主备钟相差的测量精度提高到了 2ps,频率调整精度优于 0.036μHz。

北斗三号卫星星载时频分系统工作原理示意图如图 6.12 所示。

表 6.1 给出了北斗二号和北斗三号部分时频生成与保持设备指标对比情况。

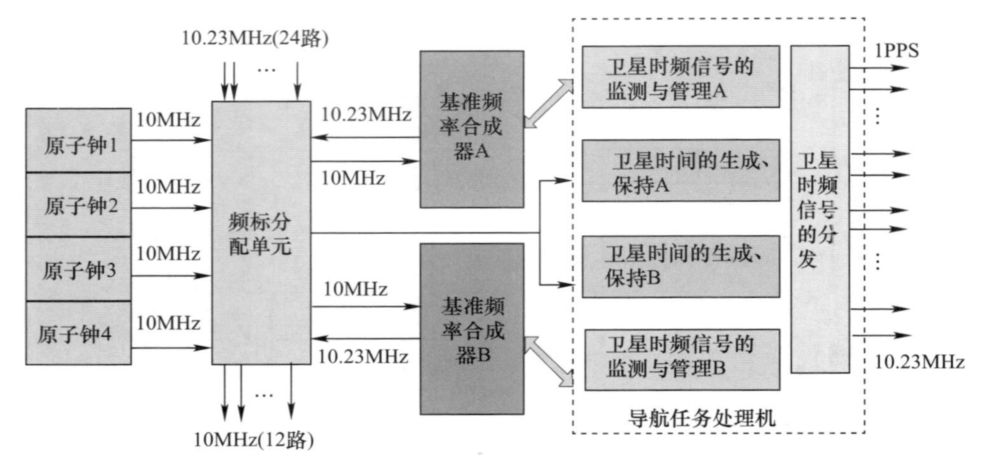

图 6.12　北斗三号卫星星载时频分系统工作原理示意图(见彩图)

表 6.1　北斗二号和北斗三号部分时频生成与保持设备指标对比

指标	北斗二号	北斗三号
漂移率补偿	无	有
平稳切换	无	有
频率调整精度	0.5mHz	0.036μHz
主、备钟相差测量精度	40ps	2ps
切换前后相位跳变	—	100ps
切换前后频率跳变	—	5×10^{-14}Hz

6.3 星载原子钟

星载原子钟是量子物理学与电子学高度结合的产物,是波谱与原子分子物理学科在工程技术应用领域的最突出成就之一。原子钟将原子或者离子内部稳定的能级间跃迁频率作为参考,通过锁定晶振或者激光器的频率,从而实现准确而稳定的频率信号生成与保持[7]。

原子钟的出现和技术进步,极大提高了时间频率测量的准确度和稳定度,在人类社会活动和日常生活中的许多重要领域,包括通信、电力、网络、交通、卫星导航等的运行工作中都发挥着重要甚至是不可替代的作用。在科学研究领域,某些物理常数的精确测量以及相对论理论的验证等,也需要高精度的时间频率标准。作为 7 个国际基本单位之一,时间(频率)是目前为止能够获得的最高测量精度的物理量。

星载原子钟是专门为卫星、空间站等空间飞行器设计的空间产品,其工作的基本原理与普通的非空间产品原子钟相同。从 20 世纪 50 年代起人们开始原子钟的原理样机的研制,它的诞生是计时仪器史上的一大革命。

根据量子力学理论，微观系统的物质（原子、电子等）能量遵循量子力学定律，原子内部运动的能量只能是某些固定的不连续的数值 $E_1, E_2, \cdots, E_n$，这种不连续的能量称为能级，如图 6.13 所示。

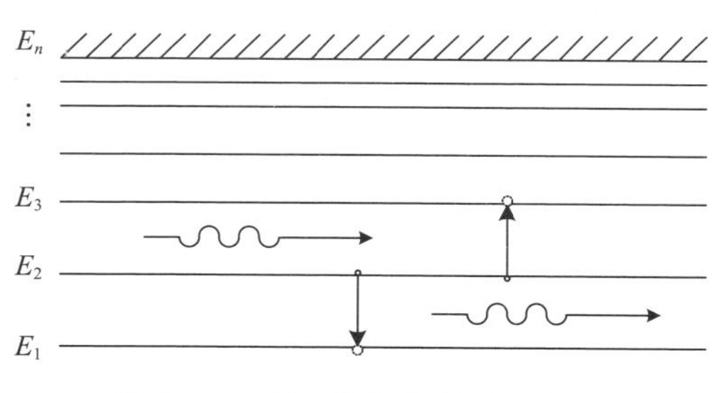

图 6.13 原子能级与跃迁示意图

每一种原子都有自己特定的能级，最低能级 E_1，具有最小能量，称为基态，其他能级称为激发态。原子从一个能级“跳跃”到另一个能级的过程称为“跃迁”。当原子从一个能级跃迁到另一个能级上时，它会以一个光子的形式辐射或吸收电磁能量，两个能级之间的跃迁与吸收或辐射的电磁波频率 ν 相关。

由式（6.1）可知，理论上如果知道两个能级的能量，就能得到一个稳定的频率。而大家都知道频率的倒数就是时间，则可以通过原子的能级跃迁得到稳定的时间基准。当然工程实现起来远没那么容易[8]。

$$\nu_{2-1} = (E_2 - E_1)/h \tag{6.1}$$

式中：$h \approx 6.6260755 \times 10^{-34}\,\mathrm{J \cdot s}$，为普朗克常数。

目前，最为成熟最常使用的星载原子钟主要为铷钟、氢钟、铯钟三种。

6.3.1 星载铷钟

星载原子钟要求频率稳定度高、体积小、重量轻、寿命长、可靠性高。铷原子钟长期稳定性和漂移性能相对较差，但具有较好的中短期稳定度，其产品较铯钟和氢钟结构简单、体积小、重量轻、功耗小，是卫星导航系统的首选星载原子钟产品。

我国从 20 世纪六七十年代开始铷钟的研制，在北斗系统重大专项的大力支持下，国产星载铷原子钟的研发技术取得了长足的进步，天稳可优于 1×10^{-13}，且性能稳定。

铷原子钟利用原子超精细结构跃迁具有非常稳定的跃迁频率这一特点，采用光抽运技术和频率综合技术获取高精度的时间频率，成就了“时间”成为现代科学技术中准确度最高的基本物理量。它是集光学、电学、原子物理学以及热学等多学科多技术的集合体[9]。其关键技术是光抽运技术，该技术是“态制备”的一种方法。所谓“态制备”就是改变铷原子在两个能级上的相对数目，以获得稳定跃迁频率。

铷钟的工作原理是利用 $^{87}\mathrm{Rb}$ 基态超精细能级 0—0 跃迁具有极窄的谱线和极稳定的中心频率的特性，通过铷原子光抽运系统和电子线路，对压控石英晶体振荡器的振荡频率进行自动控制，将量子跃迁频率的高稳定性和准确度传递给晶振，从而获得高稳定的晶振输出频率。目前星载铷原子钟通常采用被动型铷钟设计方案。

星载铷钟具体的电路设计方案原理框图如图 6.14 所示。

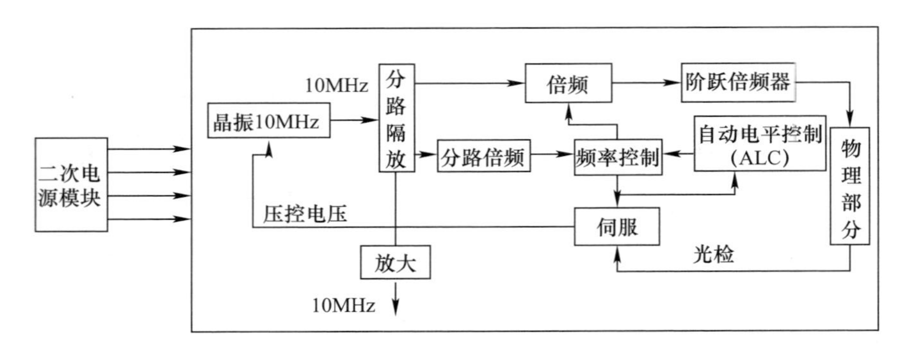

图 6.14　星载铷钟电路设计方案原理框图

具体工作机理为：遥控/遥测模块完成卫星对铷钟的控制和铷钟的状态监测。二次电源提供铷钟内部其他模块需要的供电电压。压控晶振提供的 10MHz 信号经分路隔放电路进行功分放大后分成 3 路，第 1 路送至倍频器，第 2 路送给频率控制电路，第 3 路送至 10MHz 输出放大电路进行放大输出；通过阶跃倍频器进行微波倍频、混频，产生原子基态超精细能级跃迁所需的调频信号，馈入物理部分内，激励 ^{87}Rb 原子基态超精细能级发生跃迁。物理部分通过检测跃迁信号得到光检输出，送至伺服电路，进行相敏检波，积分后得到误差信号，此误差信号就是晶振的压控电压；该压控电压对晶振频率纠偏，实现铷原子跃迁谱线对晶振频率的锁定，得到具有很高稳定度和准确度的 10MHz 频率信号。

星载铷钟由核心部分和外控温电路组成。其中核心部分由物理部分和电路部分组成，该部分是原子钟的主体，用来实现整个锁频环路。而外控温电路的作用是保证铷钟在星上有一个相对稳定的温度环境。

图 6.15 为北斗导航卫星星载铷钟外形图。

卫星舱内的环境温度水平因卫星平台的不同而有所变化，并且变化范围通常都较大，即使采取一些控温措施，也无法满足铷钟正常工作所要求的温度稳定度。因此，对于星载铷钟来说二次控温是非常重要的。也就是说当卫星舱内环境温度有一定变化时，对原子钟通过电加热的方法，采用闭环的控温电路将原子钟核心部件周围环境控制在特定稳定范围内，以保证原子钟的正常工作。

北斗二号导航卫星首次设计配置了具有完全自主知识产权的星载铷原子钟。这一时期的星载铷钟由中国空间技术研究院西安分院、中国航天科工集团二院 203 所和中科院武汉物理与数学研究所研制，物理部分由兰州空间技术物理研究所和中科院武汉物理与数学研究所研制。由于前期对星载原子钟的研制缺少可借鉴经验，铷钟物理部分和电路部分均采用当时最常用、最简单、最可靠的方案。兰州空间技术物

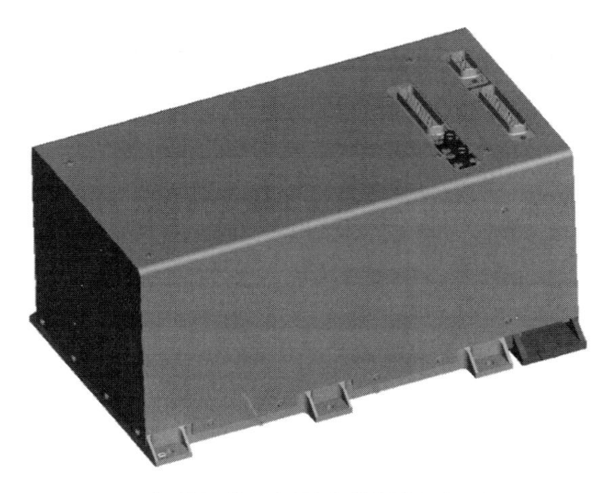

图6.15　北斗导航卫星星载铷钟外形图(见彩图)

理研究所物理部分选用的工作模式为两泡一控温(即灯泡、滤芯与吸收泡,整体控温),这个方案的缺点是对光频移抑制效果不明显,微波电路调试难度大。

北斗二号导航卫星星载铷钟物理部分结构见图6.16。

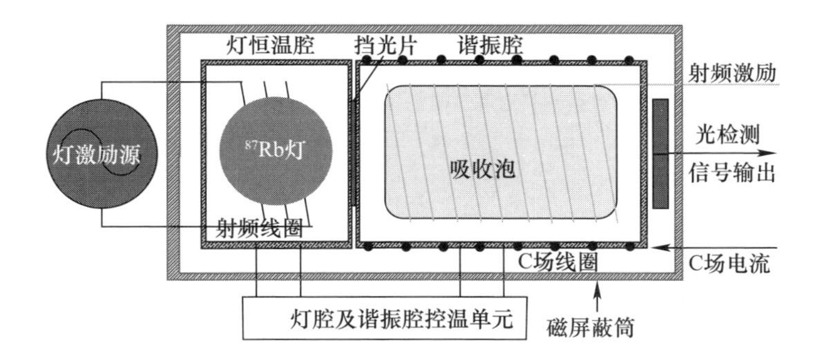

图6.16　北斗二号导航卫星星载铷原子钟物理部分结构框图(见彩图)

我国的新一代高精度星载铷钟的研究始于2011年,国家大力支持原子钟技术的发展,由北斗卫星导航重大专项推进了星载氢钟、星载铷钟产品的研制。星载铷钟技术指标较上一代有较大提高,综合指标已达到世界先进水平,主要体现在中长期频率稳定度、天漂移率以及温度系数等指标上,这一代原子钟全部配套在我国的北斗三号卫星和北斗二号备份卫星上。

为进一步提高星载铷钟的频率稳定度指标,新一代铷钟物理部分设计方案不同于前期,结构上采用三泡(即灯泡、滤光泡、吸收泡)多控温方式,这与世界上主流的星载铷钟设计方案一致。这一方案对提高物理部分光检信号的信噪比,减小光频移影响,改善漂移率指标,提高中长期频率稳定度作用明显。

新一代高精度铷钟物理部分框图见图6.17。

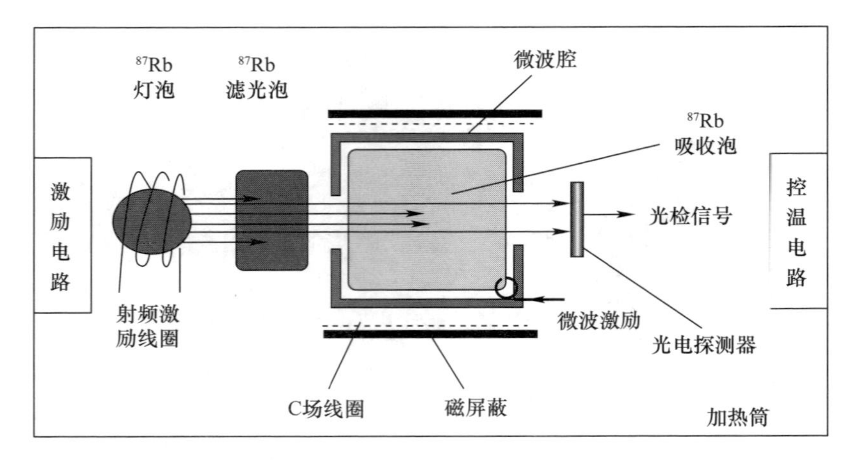

图 6.17 新一代高精度铷钟物理部分框图(见彩图)

新一代高精度星载铷原子钟物理部分设计以及电路部分设计解决了第一代产品对光频移抑制效果不明显的缺点,同时工作温度范围进一步展宽,寿命也提高 50%。相对于北斗二号国产星载铷钟,新一代高精度星载铷钟技术指标有显著提高。

图 6.18 是北斗三号高精度星载铷原子钟与北斗二号星载铷钟性能指标对比,可以明显看出,北斗三号高精度星载铷钟性能指标大幅提高。

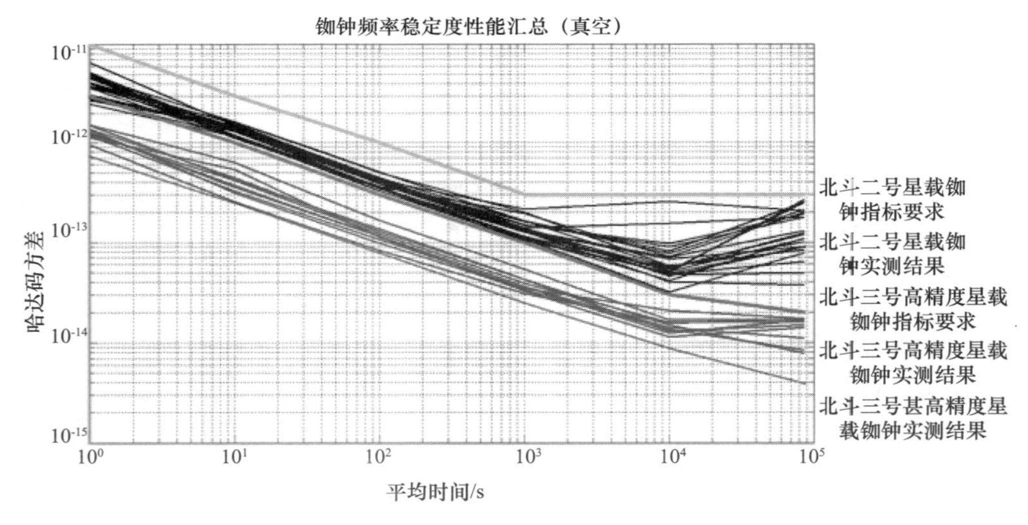

图 6.18 北斗三号高精度星载铷钟与北斗二号星载铷钟性能指标对比(见彩图)

6.3.2 星载氢钟

星载氢钟利用氢原子某一对能级的跃迁谱线对激励信号进行鉴频,再经锁频环路将激励信号频率锁定于跃迁谱线中心频率,是一种被动型原子频标。

星载氢钟主要由物理部分和电路部分两部分组成，整钟的作用是为卫星及地面设备提供一个高准确度、高稳定度的时间频率源。

氢钟的物理部分产生稳定度很高的量子跃迁频率信号，该量子跃迁频率信号作为鉴频器使用。电路部分通过调制和解调过程将10MHz晶振锁定在量子跃迁频率上，使晶振具有量子跃迁频率极佳的长期稳定度和中短期稳定度性能。10MHz输出的ms级稳定度和相位噪声由晶振决定，秒级以上稳定度及漂移率由量子跃迁频率稳定性决定。

氢钟的原理是用物理部分氢原子的跃迁频率控制晶体振荡器的频率f_q。为了消除物理部分内微波腔谐振频率f_c的变化（主要缘于腔温度的不稳定性）产生的牵引效应，需要用晶振频率f_q去控制腔频f_c，同时，微波腔还自设两级温控进行初步腔频稳定控制。

当物理部分的氢原子辐射能量小于微波腔的总能量损耗时，不能提供一个连续的辐射信号。这时，需要始终注入一个调相的激励信号，通过检测量子跃迁鉴频后的解调信号与调制信号的相位差，测量晶振频率f_q通过频率合成器合成的注入信号与量子鉴频器间的频差，将该误差信号积分反馈后就可将晶振锁定在量子跃迁频率上[8]。

星载氢钟原理如图6.19所示。

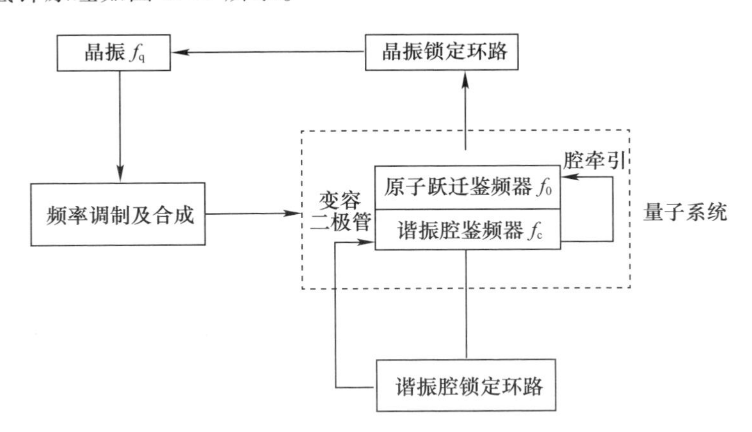

图6.19 星载氢钟原理框图

物理部分是利用氢原子受激辐射产生跃迁，形成稳定的跃迁增益及频率信号。当激励信号的频率扫过f_0（$f_0 = 1.420405751$GHz）时，引起$F=1$、$m=0$态氢原子至$F=0$、$m=0$态氢原子的受激辐射。

被动型氢钟的物理部分主要由氢源、提纯器、电离装置、选态器、磁屏蔽、微波腔和储存泡等组件组成，其结构如图6.20所示。

固态氢源内的氢气经过镍提纯器后，低气压氢气进入电离泡内。在电离电路产生的电磁场的作用下，电离泡内的氢气被电离成氢原子，这些氢原子通过准直器进入

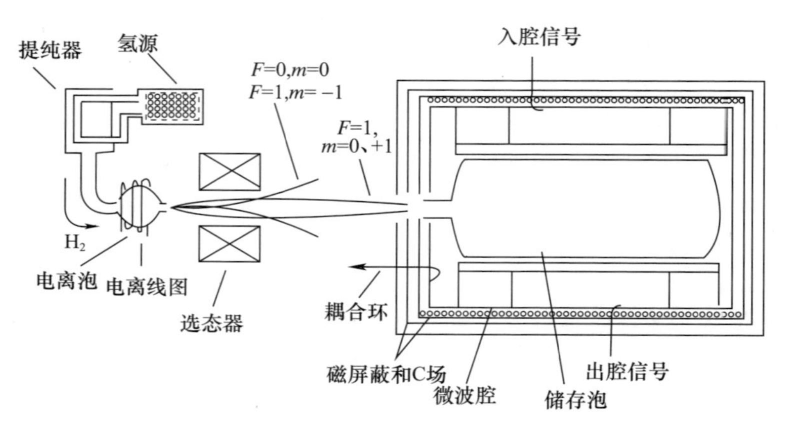

图 6.20 被动型氢钟的物理部分结构图

4 极磁选态器,在其中磁场的作用下,基态氢原子被分裂成 4 个能态的氢原子。

经过选态磁铁后,处于 $F=1$、$m=0$ 能态原子沿着低磁场强度轴线汇聚到储存泡内,储存泡的内部涂敷有高分子链聚合物薄膜(聚四氟乙丙烯)。由于内壁涂敷高分子聚合物,氢原子在储存泡内与泡壁多次碰撞后状态不会发生改变。氢原子在储存泡内的工作时间约 1s,在这 1s 的时间内氢原子与电磁场发生相互作用,使跃迁的线宽变窄。

储存泡放置于微波腔的中心位置,处于一个特定的均匀磁场中,为氢原子提供超精细能级跃迁的磁场环境和储能机构。包围微波腔外层的磁屏蔽用来减小外界磁场的影响,C 场线圈为储存泡的位置提供强度较小的均匀磁场,当微波腔注入激励信号频率扫过跃迁频率 v_0 时,信号幅度会得到放大,使出腔信号携带频差信息。

电路部分包括两个锁频环,一个负责将 10MHz 晶体振荡器锁定在氢脉冲上,另一个环路将腔频锁定在 10MHz 晶体振荡器的频率上。两个锁频环通过谐振腔鉴频器和脉冲鉴频器分别实现。

两个锁频环路使用的是同一个 12.5kHz 调相信号进行调相,该信号由 10MHz 基准信号分频 800 倍得到。在具体电路设计中,12.5kHz 信号还要经过一个选频放大器滤掉其谐波成分。

图 6.21 是北斗三号导航卫星上采用的星载氢钟外形图。

目前,北斗三号卫星配置的星载氢钟由中国科学院上海天文台和中国航天科工集团公司第 203 所分别研制。

6.3.3 星载铯钟

铯钟具有高频率准确度、良好的中长期频率稳定度和极低的频率漂移率的优点,常被用作一级频率信号标准。美国 GPS 和俄罗斯 GLONASS 均成功配置了星载铯钟,这些星载铯钟均为磁选态铯束钟。

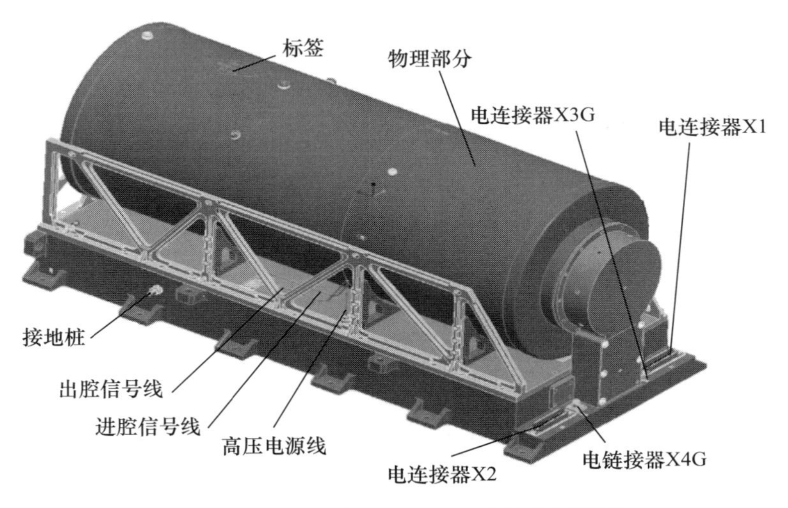

图6.21　北斗三号星载氢钟外形图(见彩图)

由于铯钟的频率漂移非常小,且具有优越的中长期频率稳定度,所以采用铯钟可减少星座组网时原子钟校时对星地通信容量的占用,降低卫星导航系统对地面站的依赖,对于保障导航卫星的自主运行具有重要意义。

近年来,我国多家单位共同开展高性能单束磁选态铯钟研制,工程产品指标要求已接近或达到美国5071A铯钟(标准管)水平,并在北斗三号卫星上进行搭载试验。

铯钟是利用铯原子的某一对能级的跃迁谱线对激励信号进行鉴频,再经锁频环路将激励信号频率锁定于跃迁谱线中心频率而成。

图6.22为铯钟的原理框图。

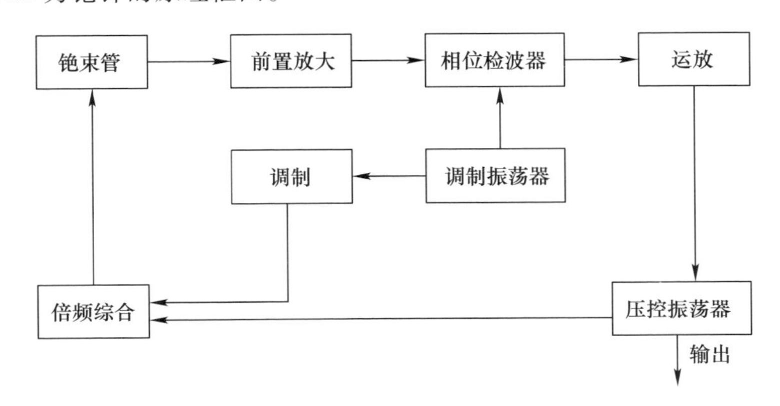

图6.22　铯钟原理框图

铯钟是一种被动型原子振荡器,主要由微波系统(包括晶体振荡器、倍频器、综合器、低频振荡器)、铯束管和伺服系统(包括前放、检相、运放等)组成。

压控晶振输出频率经倍频综合和低频调制,得到激励铯原子能级跃迁的微波信号,经铯束管的量子鉴频过程,从铯束管探测器输出端检出埋没在噪声之中微弱的误差信号,经伺服系统处理,再对晶振频率进行有效控制,将晶振频率锁定在铯原子跃迁频率上,这样晶振的输出信号就具备了铯原子跃迁的频率准确度和频率稳定度。

铯钟物理部分的共振频率决定于铯原子基态超精细能级之间的跃迁,此跃迁频率是非常稳定的,不易受外界环境的影响,温度系数、稳定度、老化率均较小,尤其是其漂移率极小,理论值为零。

图 6.23 为北斗三号导航卫星搭载铯钟的外形图。

图 6.23　北斗三号导航卫星搭载铯钟外形图(见彩图)

6.4　转发分系统

北斗一号卫星导航系统是一个具有全天候、高精度、快速实时特点的区域性导航定位系统,它采用的是双星定位原理,具有短数字报文通信与授时功能。转发分系统就是前面提到的 RDSS 载荷,它是北斗一号导航卫星有效载荷的重要组成部分。

我国北斗二号、北斗三号导航卫星系统的 GEO 卫星上,均提供 RDSS 服务,包含有转发分系统,其工作原理及设计与北斗一号系统的转发分系统基本相同。

6.4.1　系统组成

北斗一号卫星设计的转发分系统实际上是一种“透明转发”通道,对接收到的地面站或用户信息不进行任何处理,对接收到的信号(来自地面站或者地面用户)只进行低噪声放大、变频、功率放大,单纯完成转发任务。

北斗系统的导航信号转发分系统由 3 类转发器组成:L/C 入站转发器、C/S 出站转发器和 C/C 站间时间同步转发器。

L/C 入站转发器实现用户到地面主控站的入站信号的转发,用户通过 L 频段上行将入站信号发送给卫星,卫星将信号转为 C 频段下行发送给地面站,实现入站转发功能。

L/C 入站转发器组成框图如图 6.24 所示。

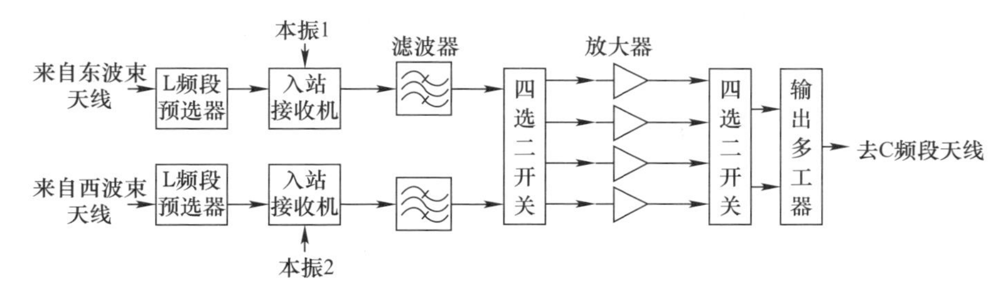

图 6.24 L/C 入站转发器组成框图

L/C 入站转发器的核心产品设备为入站接收机和固态放大器。入站接收机主要实现 L 频段的入站信号的低噪声接收,通过混频,将信号变频至 C 频段。固态放大器实现卫星下行信号功率放大的功能。固态放大器具有线性度好的优点,但是其输出功率受限,所以在输出功率要求不高的情况下,多使用固态放大器。

C/S 出站转发器实现地面主控站到用户的出站信号的转发:地面站通过 C 频段上行将出站信号发送给卫星,卫星将信号转为 S 频段下行发送给用户,实现出站功能。

C/S 出站转发器组成框图如图 6.25 所示。

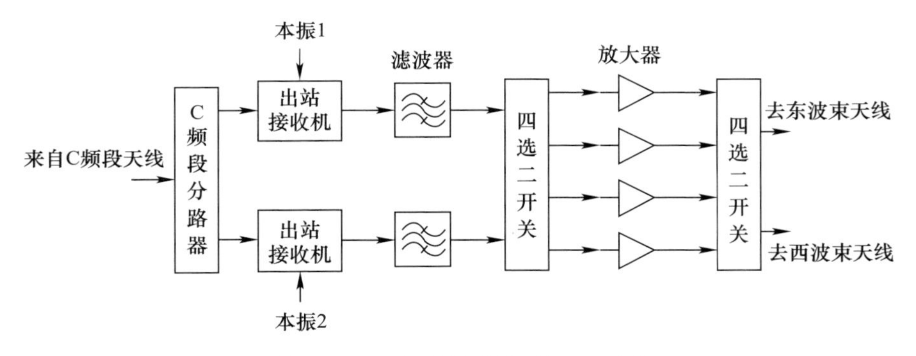

图 6.25 C/S 出站转发器组成框图

C/S 出站转发器的核心产品设备为出站接收机和行波管放大器。出站接收机主要实现 C 频段的微弱出站信号的低噪声接收,通过混频,将信号变频至 S 频段。行波管放大器实现卫星下行信号功率放大的功能。

卫星双向时间频率传递的基本原理是地面两个同步站均在本地同一钟面时刻向同一颗 GEO 卫星的 C 转发器发射信号,并接收对方发射经卫星转发的信号,测量出信号传播延迟,然后通过 GEO 数据传输链路发送给地面主控中心(MCC),计算两站的钟差。

卫星双向时间频率传递的工作原理示意图如图 6.26 所示。

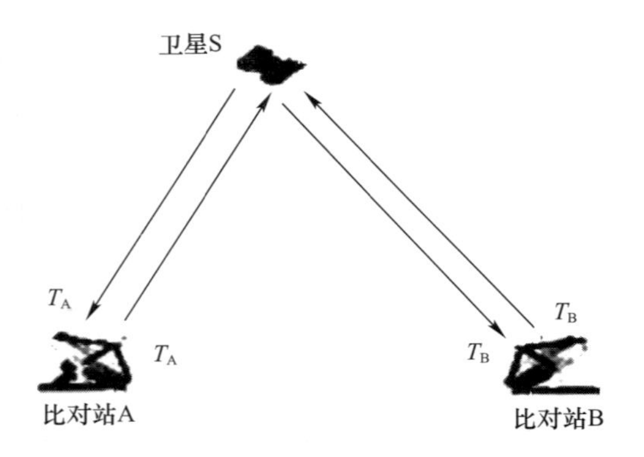

图 6.26　卫星双向时间频率传递的工作原理示意图

如图 6.26 所示,地面比对站 A、B 分别在各自钟面时 T_A 和 T_B 时刻互发信号,该信号也作为 A、B 两站时间计数器的开门信号,它们分别在坐标时 t_s 和 t_s' 时刻到达卫星,又经卫星转发分别被 B 站在自己钟面时 $T_{B'}$ 和 A 站在自己钟面时 $T_{A'}$ 时刻接收,并作为 B 站和 A 站时间计数器的关门信号,从而测得两个时延值 R_A、R_B。

根据卫星双向时间频率传递的基本原理,这两个时延值中包含:同步站的钟面时相对系统时的钟差、同步站的发射通道时延、同步站的接收通道时延、同步站到卫星的空间传播时延、卫星到同步站的空间传播时延、卫星转发器时延等。当卫星具有良好的轨道精度、各通道时延具有精确的地面测量值时,就可以精确解算出两地面站站间的时间同步误差。

北斗系统站间时间同步功能主要由 C/C 转发器实现站间时间同步/数据传输信号的转发。地面站 A 通过 C 上行将站间通信信号发送给卫星,卫星变频后由 C 下行发送给地面站 B,实现站间时间同步功能。

C/C 转发器组成框图如图 6.27 所示。

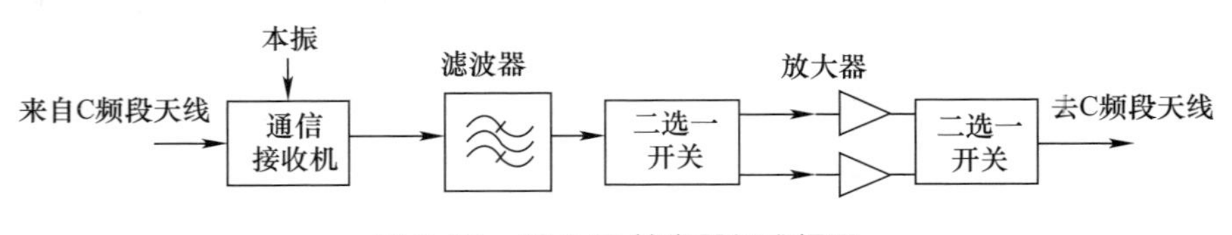

图 6.27　图 C/C 转发器组成框图

C/C 转发器的核心产品设备为通信接收机和固态放大器。通信接收机主要实现 C 频段的通信信号的低噪声接收,通过混频,将信号变频至 C 频段下行信号,由线性度较好的固态放大器放大输出。

北斗二号卫星转发分系统在服务功能上继承了北斗一号卫星转发分系统的设计。与北斗一号相比,在具体产品的设计上有以下几点不同。

(1) 北斗一号卫星转发分系统单独使用 12.16MHz 铷钟信号,北斗二号卫星转发分系统改为共用的 10MHz 高稳铷钟,增加低频频率综合器(频综),以获得

12.16MHz 的频率信号。

（2）北斗一号卫星转发分系统含两路 C/C 转发器，北斗二号卫星转发分系统改为一路 C/C 转发器。

（3）相对北斗一号卫星转发分系统，北斗二号卫星转发分系统增加了限幅器，以保证转发分系统原载荷的抗过激励能力。

（4）北斗一号卫星转发分系统使用的数据处理器承担有效载荷遥控指令和遥测参数的处理任务，在北斗二号卫星转发分系统中，数据处理器起到与导航任务处理单元进行通信，并执行业务遥控指令和提供遥测信息的作用，具有对部分工程遥控指令实现备份的功能。

（5）C/C 转发器中的参考频率源由原来的内置 10MHz 普通晶振改为外置高稳铷钟，以提高频率稳定度。

北斗三号卫星相对北斗二号卫星，RDSS 载荷服务能力进一步增强，并增加了点波束覆盖服务，服务区域扩展，通信能力增强，定位和位置报告的实现手段增多，并支持早期北斗一号系统、北斗二号系统 RDSS 用户的平稳过渡。具体表现如下。

（1）短报文通信在保留旧信号体制 120 个汉字短报文通信，以及点对点、兼收、通播模式的基础上，具备支持 1000 个汉字的较长报文的能力（高速模式），通信模式将增加组播方式。

（2）提高用户容量，降低用户机发射功率：用户容量较北斗二号提升约 10 倍。

（3）扩大了服务范围：固定点波束的服务范围得到扩大。同时，利用可动点波束，满足特定用户在更大覆盖区内的服务，扩大服务范围。

因此，北斗三号系统在转发分系统的具体设计方案上与北斗一号和北斗二号均不相同。

（1）L/C 入站转发器由北斗二号 2 路固定波束透明转发器变为 6 路固定波束透明转发器以及 1 路可动点波束 L/C 透明转发器。

北斗二号和北斗三号 L/C 入站转发器原理框图如图 6.28 和图 6.29 所示。

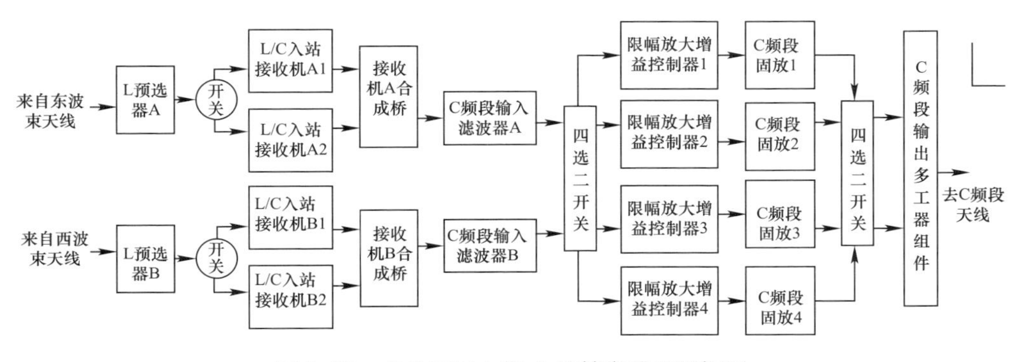

图 6.28　北斗二号 L/C 入站转发器原理框图

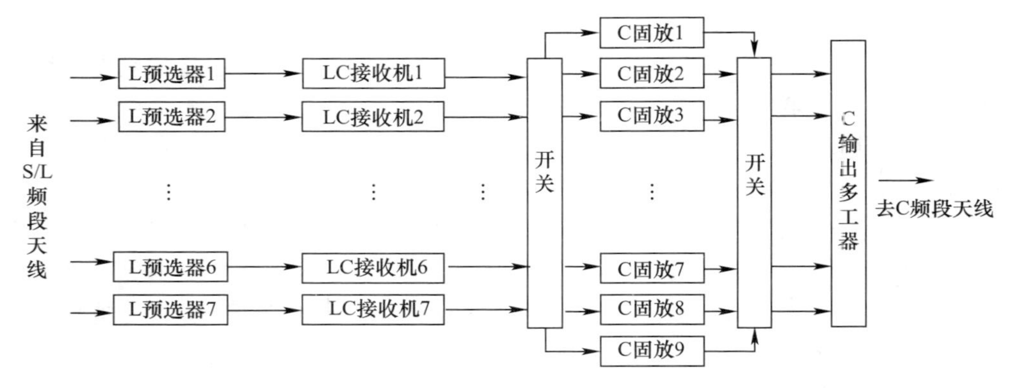

图 6.29 北斗三号 L/C 入站转发器原理框图

(2) C/S 出站转发器由北斗二号 2 路固定波束透明转发器变为 6 路固定波束透明转发器以及 1 路可动点波束 C/S 透明转发器。

北斗二号和北斗三号 C/S 出站转发器原理框图分别如图 6.30 和图 6.31 所示。

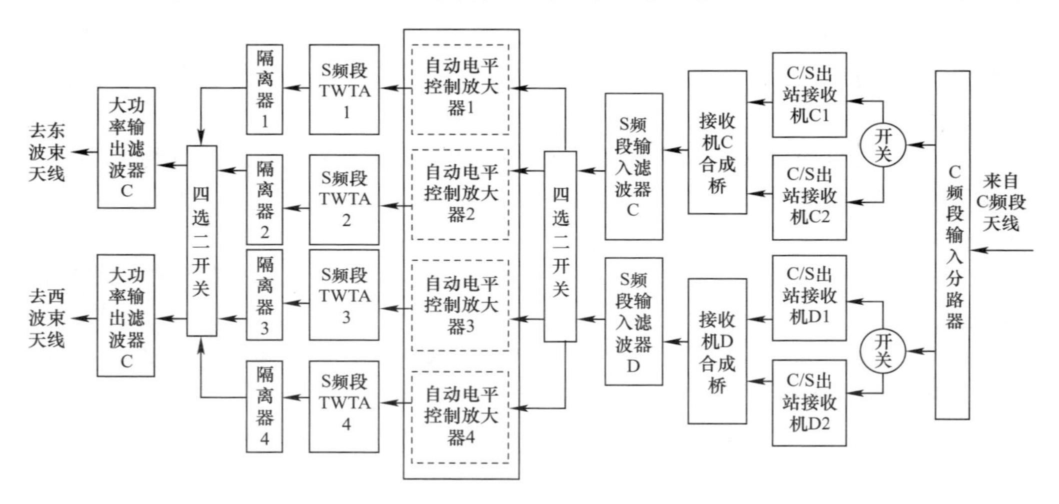

图 6.30 北斗二号 C/S 出站转发器框图

6.4.2 功率放大器

在北斗一号、北斗二号和北斗三号卫星系统的转发分系统中均需要功率放大器对送入天线的信号进行功率放大。采用的功率放大器主要为固态功率放大器和行波管放大器,其中 L/C 入站转发器采用 C 频段固态放大器,C/S 出站转发器采用 S 频段大功率线性化行波管放大器,C/C 转发器采用 C 频段固态放大器。

在北斗一号、北斗二号卫星系统中,功率放大器主要采用国外进口产品。北斗三号卫星系统立足自主可控,开展关键产品国产化攻关工作,同时启动可靠性专项工程,实现了功率放大器全部国产化的目标,其产品性能与引进的国外产品相当,部分

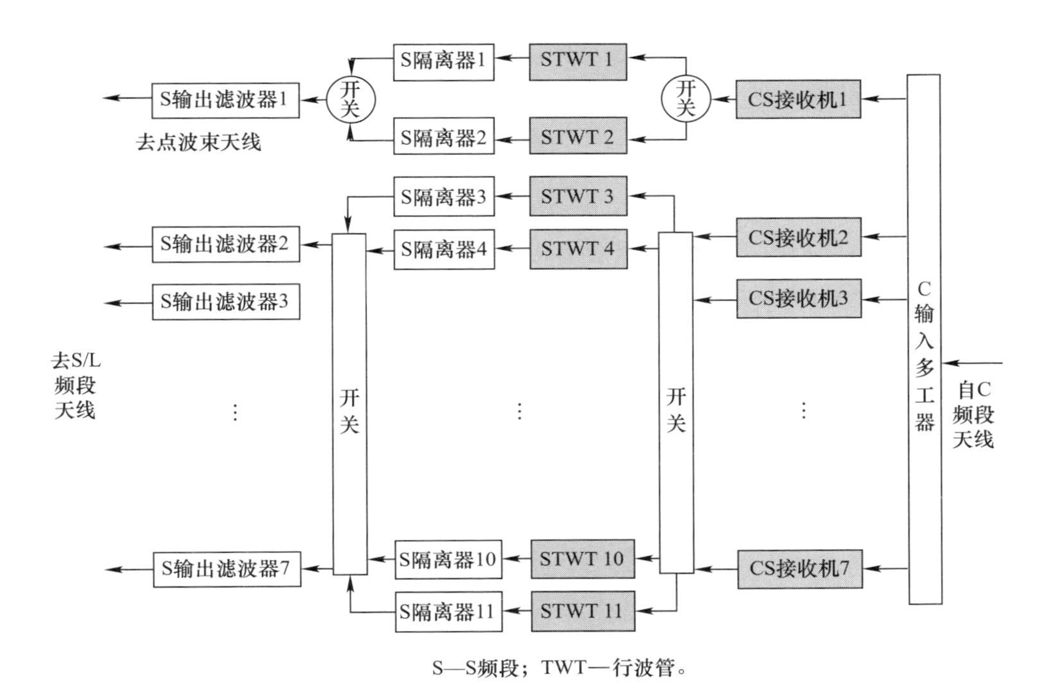

S—S频段；TWT—行波管。

图 6.31　北斗三号 C/S 出站转发器框图

指标优于国外产品。

6.4.2.1　C 频段固态放大器

C 频段固态功率放大器(SSPA)分别作为北斗卫星转发分系统 L/C 入站转发器及 C/C 转发器的功率放大部件,将信号放大至合适的电平后进行下行发射。

固态放大器由射频链路模块、二次电源模块、遥控遥测模块组成。

北斗卫星 C 频段固态放大器组成原理图如图 6.32 所示。

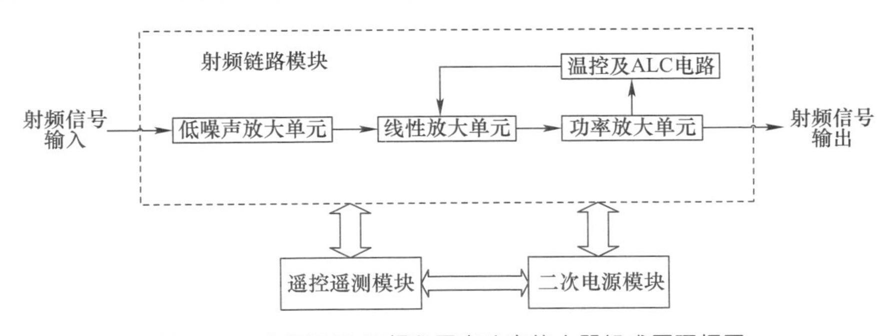

图 6.32　北斗卫星 C 频段固态功率放大器组成原理框图

二次电源模块将卫星母线电压变换成射频链路所需要的工作电压。

遥控遥测模块通过功率遥测、温度遥测和电流遥测电路对整机和各主要电参数进行监测,通过开、关控制电路对固放开机、关机的工作状态进行控制,并对异常状态进行必要的保护(包括欠压保护、过流保护、保险丝保护等),通过增益控制电路对固放整体增益进行控制。

射频链路模块包括低噪声放大单元、线性放大单元、功率放大单元、温控及自动电平控制(ALC)电路,通过多级放大器将输入的射频信号放大到规定的功率并输出,通过温控及 ALC 电路来保证所需温度范围内增益稳定以及过激励保护功能。

产品结构采用上下层盒体加盒盖的形式。考虑到固放散热要求,将电源单元和热耗较大的功率放大单元电路置于下盒体;由于上盒体射频电路增益较高,为保证固放不发生自激等现象,结构上采用隔墙将射频腔分隔为小的腔体,以减小射频信号的串扰。

国产 C 频段固态放大器外形图如图 6.33 所示。

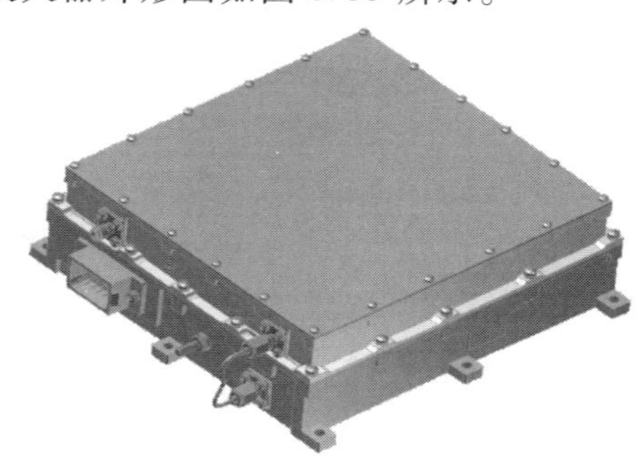

6.33　国产 C 频段固态放大器外形图

6.4.2.2　行波管放大器

行波管放大器(TWTA)由行波管电源(EPC)、通道放大器(CAMP)、行波管(TWT)、大功率隔离器等组成,其中 EPC 和 CAMP 组合在一起也称为多功能组件。

多功能组件用于给 TWT 供电,并提供行波管所需要的激励电平,与行波管集成为 TWTA,将小功率信号放大至合适的大功率信号,同时实现对 TWT 线性度的校正,具备固定增益模式(FGM)/自动电平控制(ALC)两种工作模式,具有多种遥控遥测功能及过激励保护功能。具有线性化器的通道放大器也称为线性化通道放大器(LCAMP)。

TWTA 组成框图如图 6.34 所示。

EPC 将卫星提供的一次直流电压变换为 TWT 及 LCAMP 所需要的电压。EPC 由低压模块、高压模块和阳极电压调节模块组成。

低压模块主要包括:输入滤波、升压/降压变换器、DC/AC 变换器、内部供电变换器、低压变换器、启动电源、遥控接口、遥测接口电路、控制电路。

高压模块主要包括灯丝变换电路、高压变压器、高压整流模块、螺压调节器、阴极滤波器。

阳极电压调节模块由阳极电压调节器构成。

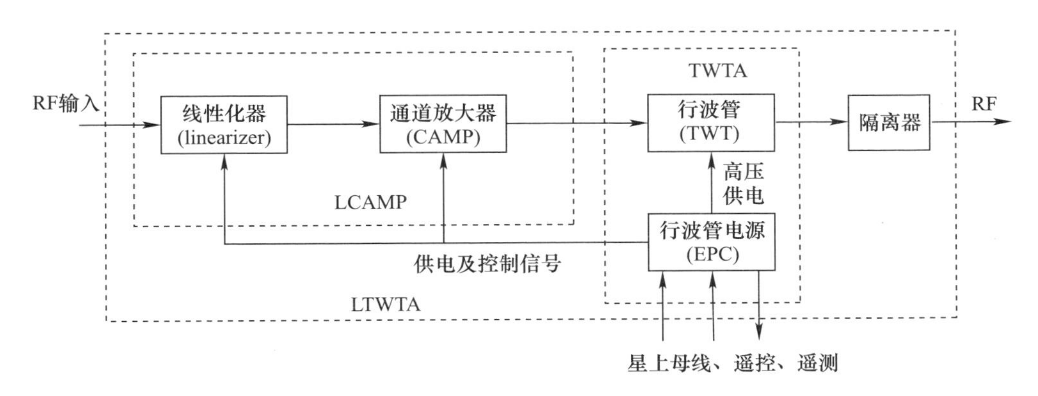

图6.34 TWTA组成框图

LCAMP由通道放大器和线性化器两部分组成，由EPC供电，实现对TWT线性度的校正和系统增益的控制。

TWT作为系统的末级功率放大器，由于具有高输出功率、高效率而被广泛使用。行波管主要由电子枪、聚焦系统、慢波系统、输入输出机构、收集级等部分组成。从电子枪发出的电子流，经过加速极电压的加速，进入慢波系统，与输入的电磁波行波电场相互作用，交换一部分能量，最后打在收集极上，被放大了的电磁波从慢波系统终端输出。

大功率隔离器位于行波管放大器后级，在系统中起改善端口匹配、隔离反射信号、保护前级等作用，具有低插入损耗、高功率容量和高微放电抑制能力等特点。

行波管放大器外形如图6.35所示。

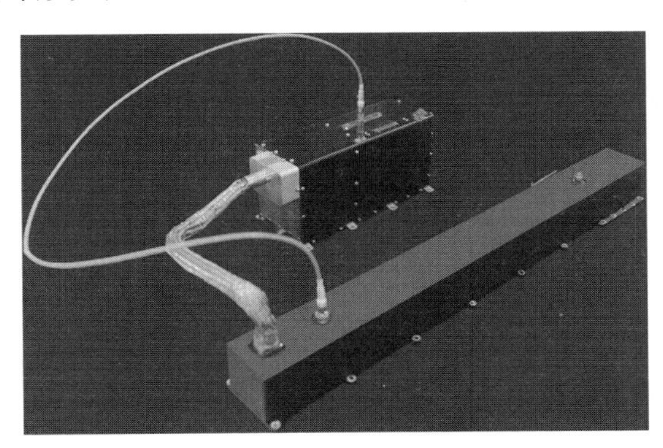

图6.35 行波管放大器整机照片(见彩图)

6.5 上行注入接收与测量分系统

导航卫星的上行注入接收与测量分系统的功能是接收地面系统发送的上行扩频信号，通过解扩、解调、译码等技术，将地面发送的广播星历、卫星钟差和卫星历书等导航电文传送给导航信号生成分系统。同时,北斗导航卫星还要求具有星地精密测距功能,以便地面系统进行双向比对,从而获得星地钟差。同时,地面可以通过指令进行卫星时间同步或校时。

上行注入信号被设计为码分多址的直接序列扩频信号。该信号经过空间路径传播被天线接收,引入了多普勒频移、噪声、干扰等。上行注入接收与测量分系统从上行注入信号中提取出地面运控系统发送的上行时间序列和数据信息,依据这些信息实现测距功能[10]。

6.5.1 工作原理

上行注入接收与测量分系统是实现星地双向时间比对、维持星地时间统一的重要系统。

北斗二号系统地面上行注入的信号为 L 频段,上行注入接收与测量分系统配置两个接收通道,通道 1 实现星地高精度测量与上注数据传输,通道 2 实现星地高精度测量,同时接收机设计有零值通道,进行零值校正。

通道 1 采用 QPSK 调制,具有 I 和 Q 两个支路,I 支路用于数传、调制上行注入信息,Q 支路用于测距、不调制任何信息。

上行注入接收与测量分系统的主要功能是实现卫星对地面发送的上行注入信号的接收,并完成上行注入信号的伪距测量和数据解调。上行注入接收与测量分系统的星上实现主要包括 L 注入天线、L 预选耦合器、上行注入接收机、上行注入测距终端、零值调制器等。其中:

L 注入天线用于接收地面运控系统发送的 L 上行注入信号,并将信号送 L 预选耦合器;L 预选耦合器对接收到的上行注入信号进行滤波后,送上行注入接收机;上行注入接收机对上行注入信号进行放大、下变频后,送上行注入测距终端;上行注入测距终端是上行注入接收与测量分系统中的核心环节,对接收到的上行注入信号进行解扩、解调等操作,完成卫星上行伪距测量,进行上行注入信息解调,并将上行伪距测量结果和解调出的信息序列送导航信号生成分系统,由导航信号生成分系统实现下行导航电文等信息的生成;零值调制器用于接收上行测距处理终端送来的基带信号,进行直接调制后产生零值监测信号,形成星上自环监测链路,实现对上行注入通道时延变化的在线零值监测。

按照北斗导航卫星上行注入接收系统的功能,将上行注入接收与测量分系统的工作流程划分为上行注入接收与测距工作流程以及零值监测工作流程。

1)上行注入接收与测距

上行注入接收单元将接收的注入信号及零值监测信号进行低噪声放大并变频至中频后,由上行测距处理单元进行干扰抑制、解扩、解调、译码、校验处理;利用基准频率和基准时间信号形成上行测距时间系统,以此实现精密测距及闭环零值监测;把确定时刻的测距值、零值监测值、上行数据及上行注入测距终端的工况信息形成串行数

据流,送给导航信号生成与播发分系统。

上行注入接收与测距功能的工作流程如下。

(1) 在卫星在轨工作期间,地面运控站按照规划发射 L 频段的导航上行注入信号。

(2) 星上上行注入接收与测量系统通过注入天线接收该信号,L 注入预选耦合器对注入信号进行滤波,与零值监测信号一起送注入接收机。

(3) 注入接收机中的注入接收单元对注入信号进行二次变频、放大。

(4) 注入接收机中的扩频测距处理单元根据卫星时间信息和轨道信息,搜索捕获注入信号,直到捕获到注入信号以后,进行解扩、解调、译码、校验,恢复出上行注入的导航信息,同时从接收的时帧信号中提取地面的时间序列,以卫星时间为基准进行测距。

2) 零值监测

零值监测的功能是监测星上注入接收链路时延的变化,用以提供地面对星上测距结果的修正。

零值注入信号由上行测距处理单元产生基带信号并完成扩频后,在零值调制器完成 BPSK 调制产生零值环路调制信号,该调制信号在进行衰减后通过耦合器进入卫星上行注入接收通道,使得该信号与注入信号同频且功率也相当,与上行注入信号一起经过注入接收单元、上行测距处理单元完成零值测距处理。

当上行注入通道随温度、上行信号幅度、元器件老化等因素发生变化时,可能会导致零值环路的时延发生变化。若零值环路中非注入通道的其他设备具有良好的时延特性,则零值环路时延的变化就反映了上行注入接收通道的时延变化情况,从而可以对上行测距值进行处理,以扣除通道时延的变化,达到提高测距精度的目的。

零值环路中非注入通道的其他设备称为附加零值设备,这些设备会引入监测中不期望的零值——附加时延零值,这些设备包括零值调制器、衰减器、电缆等。从测试零值减去附加零值,即上行注入接收通道实际的系统零值。

附加时延零值需要在卫星发射之前,在地面测试过程中得到,存储在地面主控站中作为修正量,修改星上零值监测状态实时测试的零值。

需要注意的是,附加零值的变化会成为测距误差,卫星在轨工作过程中无法对附加零值的变化进行修正,因此要求附加时延零值电路设计需具有高时延稳定性。

零值监测功能的工作流程如下。

(1) 注入接收机中的扩频测距处理单元以卫星时间为基准,产生零值监测基带信号,送入零值调制器。

(2) 零值调制器对零值监测基带信号进行微波直接调制,形成零值监测射频信号。

(3) L 注入预选耦合器耦合零值监测射频信号,送入注入接收主通道,与地面上行注入信号一起进行变频、放大。

(4) 经过注入接收单元的变频、放大,输出中频零值监测信号。

(5) 上行注入测距终端利用零值通道捕获、跟踪零值监测信号,并进行闭环零值的测量,测量结果通过总线送导航信号生成与播发系统,下传给地面系统进行处理。

6.5.2 系统组成

上行注入接收与测量分系统由 L 注入天线、L 注入预选耦合器、注入接收机等组成。

上行注入接收与测量分系统组成及原理框图如图 6.36 所示[11]。

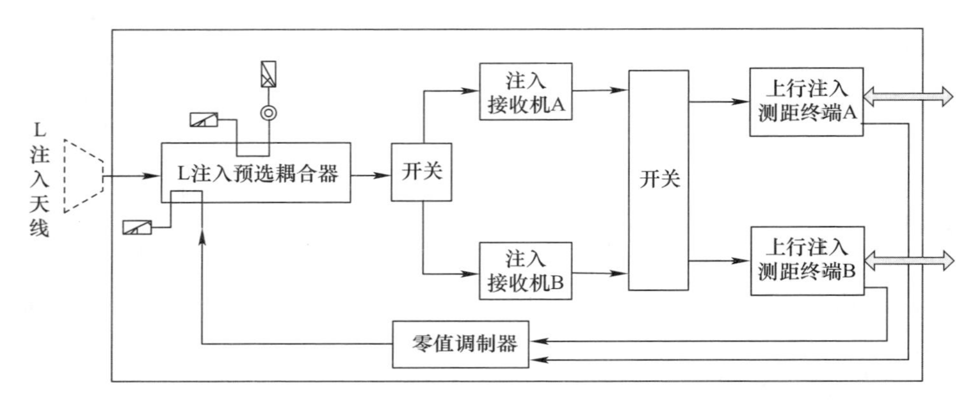

图 6.36 上行注入接收与测量分系统组成及原理框图(见彩图)

其中,上行注入天线采用覆球波束设计,可满足地面运控系统所有注入站的波束覆盖需求。

输入信号经预选耦合器后进入注入接收机,在注入接收机内完成低噪放、下变频、滤波、AGC 放大后以低中频形式进入上行注入测距终端,在上行注入测距终端内完成 A/D 采样、抗干扰处理、捕获、跟踪解调和精密测距,同时上行注入测距终端也发送零值测量数据给零值调制器,进行闭环时延监测。

L 注入预选耦合器处在上行注入的前端,其功能是从上行注入信号中选出带内有用信号,滤除带外噪声及干扰,保证注入接收机的正常工作。

注入接收机位于 L 注入预选耦合器及 L 注入切换开关之后,其功能是将接收的 L 频段注入信号及零值监测信号进行低噪声放大,最终输出模拟中频信号给上行注入测距终端进行处理。

注入接收机设计上具有 ALC 功能,以保证在有高于噪声电平输入信号电平或任意干扰信号电平时,输出总功率保持稳定,并提供 ALC 遥测以反映上行输入信号的强弱情况。

上行注入测距终端主要完成 2 个基本功能:一是接收地面发射的直接序列扩频调制信号,在低中频进行解扩、解调和测距,并把确定时刻的测距值(不含通道零值)和译码后得到的上行数据形成串行数据流送导航信号生成系统;二是在处理注入信号的同时完成在线零值监测。

上行注入测距终端内包含2个接收通道:通道1、2用于数据解调和测距,只下传通道1数据,零值通道用于卫星上行接收通道零值监测。通道1、2均具备Q支路测距能力。

零值调制器的功能是将上行注入测距终端送来的双极性基带数字信号分别进行微波直接BPSK调制,产生零值监测信号,从而对注入测距通道的时延变化进行在线零值监测。

6.6　导航信号生成分系统

导航信号生成分系统通过上行注入接收与测量分系统接收获取地面运控系统注入的导航电文参数,存储、处理生成导航电文,产生下行导航信号。

生成的导航信号包含射频、基带和信息3个层面内容:射频层面确定了导航信号的射频特性,包括导航信号载波中心频率、频点数量、信号发射带宽以及发射功率等;基带层面包括伪码设计、调制波形设计、子载波设计、导频分量设计、恒包络复用方式设计等,同时要考虑满足与其他GNSS兼容与互操作设计要求;信息层面关注导航数据电文的生成,包括电文内容设计、电文编排结构、电文编码方案以及信息数量的选取等。这3个层面都属于导航信号体制范畴[11]。

我国北斗系统RNSS服务的导航信号体制的设计从北斗二号系统开始启动,北斗二号系统导航信号体制如表6.2所列,可以看到,北斗二号区域信号同时具有原始GPS信号和现代化GNSS信号的特点,采用相对成熟的QPSK调制技术,B1I和B2I采用短码,未划分导频分量,设计思想类似C/A码。

北斗二号区域信号有3个频点,导航电文采用博斯-乔赫里-霍克文黑姆码(BCH)信道编码方式,并进行纽曼-霍夫曼编码(NH码)二次编码,体现了现代化GNSS信号的特征。

表6.2　北斗二号系统导航信号参数

信号	中心频率/MHz	调制方式	主码码型	主码码长	二次编码	码速率/(Mchip/s)	信息速率/(bit/s)	FEC
B1I	1561.098	QPSK(2)	Gold码	2046	20比特NH码	2.046	50	BCH(15,11,1)
B1Q			—	—	—	2.046	—	—
B2I	1207.140	QPSK	Gold码	2046	20比特NH码	2.046	50	BCH(15,11,1)
B2Q			—	—	—	10.23	—	—
B3I	1268.52	QPSK(10)	Gold码	10230	20比特NH码	10.23	50	BCH(15,11,1)
B3Q			—	—	—	10.23	—	—

在北斗二号系统建设的同时,北斗三号系统的信号也在设计中,并于2009年公布了信号基线,用于与国际上其他GNSS间的频率协调。该基线的提出参考了GPS

和 Galileo 信号体制成果，特别是 B1 和 B2 公开服务信号。与北斗二号相比，B1 频点中心频率调到 1575.42MHz，便于与 GPS、Galileo 系统互操作。

从 2010 年开始，我国成立了北斗系统全球信号体制设计团队，对北斗三号三个频点信号开展深入研究和设计。考虑到北斗二号在一定时期内还将继续提供服务，即由区域系统全面转到全球系统存在一定的过渡期，如何保证过渡期的导航信号平稳衔接是工程系统需要首先解决的问题。2011 年，经过多种方案讨论后确定，为实现用户平稳过渡，全球服务开放范围中继续保留 B1I、B3I 信号。

北斗三号系统在 B1 信号的设计上，为了统一标识，B1 公开服务和授权服务信号分别表示为 B1C 和 B1A。其中，B1C 采用了类似于复用二进制偏移载波（MBOC）调制方式。

在 B2 信号的设计方面，设计了多种方案，最终采用了类似于交替二进制偏移载波（AltBOC）的调制方式。

在 B3 信号设计上，在继续播发北斗二号系统 B3 信号的同时，增加 B3A 信号的播发。

2017 年，北斗三号全球系统导航信号体制基本确定。9 月初，中国卫星导航系统管理办公室发布《北斗卫星导航系统空间信号接口控制文件公开服务信号 B1C、B2a（测试版）》，北斗三号 B1C 和 B2a 的信号体制公布，B1C 采用 QMBOC 调制，B2a 采用 QPSK(10)调制。2017 年 12 月，正式版 ICD《北斗卫星导航系统空间信号接口控制文件公开服务信号 B2a(1.0 版)》和《北斗卫星导航系统空间信号接口控制文件公开服务信号 B1C(1.0 版)》发布，标志着北斗三号信号体制的正式确定。

北斗三号系统导航信号体制如表 6.3[12-15] 所列。

表 6.3　北斗三号系统导航信号体制参数

配置	信号分量	中心频率/MHz	调制方式	主码码型	主码码长	子码码长	码速率/(Mchip/s)	信息/符号速率/((bit/s)/(symble/s))	FEC
B1	B1I	1561.098	BPSK(2)	Gold 码	2046	20 比特 NH 码	2.046	50/50	BCH
	B1C_data	1575.42	BOC(1,1)	Weil	10230	1	1.023	50/100	BCH + LDPC
	B1C_pilot		QMBOC(6,1,4/33)	Weil	10230	1800	1.023	无	无
	B1A_data		—	—	—	—	2.046	—	—
	B1A_pilot			—	—	—	2.046	—	—
B2	B2a_data	1176.45	QPSK(10)	Gold	10230	5	10.23	100/200	LDPC
	B2a_pilot			Gold	10230	100	10.23	无	无
	B2b_data	1207.14	QPSK(10)	Gold	10230	—	10.23	—	—
	B2b_pilot			Gold	10230	—	10.23	无	无

（续）

配置	信号分量	中心频率/MHz	调制方式	主码码型	主码码长	子码码长	码速率/(Mchip/s)	信息/符号速率/((bit/s)/(symble/s))	FEC
B3	B3A	1268.52	—	—	—	—	10.23	—	—
	B3I		BPSK(10)	—	—	—	10.23	—	—
	B3Q		BPSK(10)	—	—	—	10.23	—	—

按此生成的导航信号向用户提供 RNSS 服务。同时导航信号生成分系统能够将载荷工况信息、观测数据等卫星业务遥测数据发送至综合电子，最终下传至地面。

导航信号生成分系统是导航卫星提供 RNSS 服务的源头，是整个导航卫星有效载荷的核心。

6.6.1　工作原理

导航信号生成方案包括模拟基带方案和数字中频方案。模拟基带方案中，当信号出现 I、Q 不平衡时，会导致导航信号出现严重的频谱泄露问题。因此，数字中频方案是导航信号生成的首选。数字中频方案中，波形的数字量化、数模转换、上变频、滤波、功率放大中的不理想因素都会对信号性能造成影响[16]。

数字中频部分将同一频点中的多路信号合并，合并后的信号经过同一个射频通道，完成混频、滤波和放大，可保证信号之间的时延稳定性，降低下行信号生成载荷的复杂度。

北斗导航载荷中导航信号生成过程如图 6.37 所示，由数字生成部分完成基带或者中频信号的产生，经上变频器或者调制器将基带信号或者中频信号变频到射频 L 频段，经滤波、放大器和三工器送到下行天线，播发到地面。

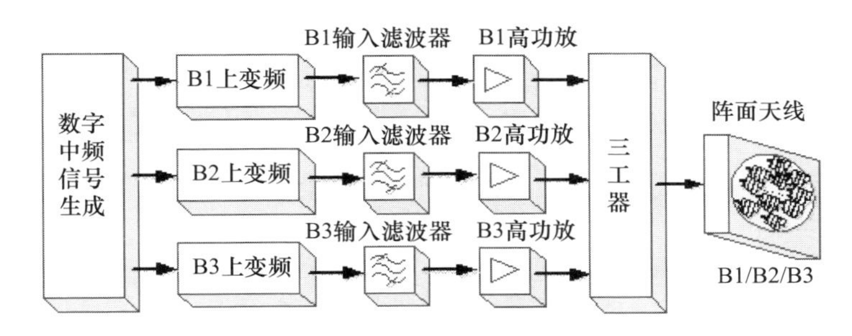

图 6.37　北斗导航载荷中导航信号生成过程

6.6.2　系统组成

导航信号生成分系统主要根据上行注入信息、测控链路注入信息等编排产生 3 个频段的导航电文，并对上述 3 个频段的导航电文进行数字调制，生成 3 路中频信号[16-17]。其中在数字调制中采用恒包络及预失真设计，以降低通道非线性对信号AM(调幅)/AM、AM/PM 的失真影响[18]。

图 6.38 给出了北斗三号卫星导航任务处理单元 B1 信号生成示意图。B1 频点各信号分量通过查找表生成 B1 基带信号的 I 和 Q 分量，经相同的数字低通滤波器滤除带外信号，以避免变频到中频时出现频谱混叠，滤波后的 I、Q 分量分别与正弦载波和余弦载波相乘，相减得到中频信号，再经预失真和数模转换器(DAC)，转换为模拟中频信号。

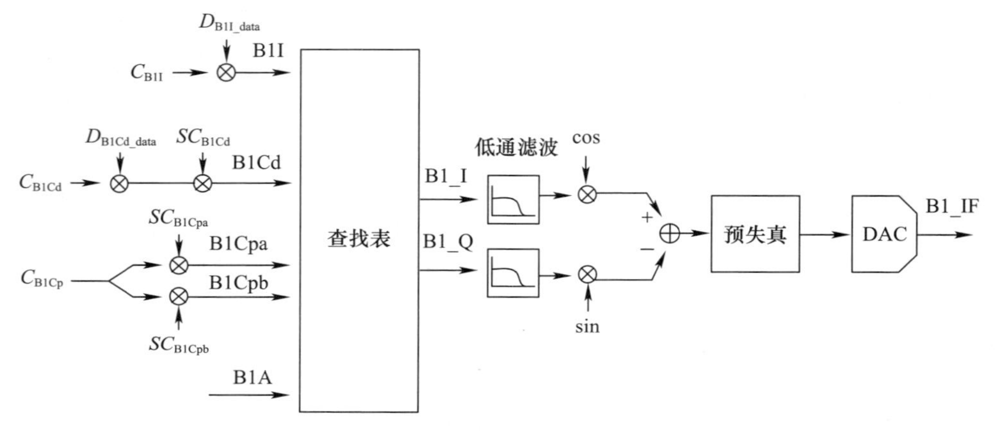

C_{B1I}— B1I伪码序列；D_{B1I_data}— B1I导航数据流；C_{B1Cd}— B1C数据分量伪码序列；
D_{B1Cd_data}— B1C导航数据流；SC_{B1Cd}— B1C数据分量子载波；C_{B1Cp}— B1C导频分量伪码序列；
SC_{B1Cpa}— B1C导频窄带分量子载波；SC_{B1Cpb}— B1C导频宽带分量子载波。

图 6.38　导航任务处理单元 B1 信号生成示意图

导航 B2、B3 信号的生成原理与过程和 B1 信号相同，导航任务处理单元分别生成 B1、B2、B3 导航信号后，送至导航信号完好性监测分系统和播发分系统。

为提高生成导航信号的连续性和可用性，还需要对产品与元器件进行抗空间单粒子效应方面的设计，包括采取软件三模冗余、定时刷新、故障检测与修复等措施。

6.7　完好性监测分系统

GNSS 除了要提供定位、导航与授时(PNT)服务以外，还必须保证导航信号服务的完好性，即当导航系统在某些预定操作时无法向用户提供承诺的服务信号时，具备及时发出有效告警的能力，保证用户不使用错误的导航信息。

卫星导航系统中定义的完好性是对系统所提供服务有效性的置信度的评价，对民航、自动驾驶等生命安全领域用户来说极其重要。一旦卫星导航系统服务信号的完好性缺失，使用该系统的生命安全领域用户可能会产生重大伤亡或财产损失事件。

随着 GNSS 的发展，卫星导航定位精度不断提升，特别是在星基增强等手段的支

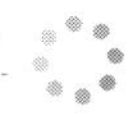

持下，以及随着以精密单点定位(PPP)为代表的新技术的出现，卫星导航动态定位精度可达厘米级，静态定位精度可达毫米级，已基本满足广大用户对导航精度的需求。

但是在一些特殊应用场合，如民航飞机精密进近、船舶进港、自动驾驶等，用户对导航系统服务信号的完好性要求极高。根据不同的应用，在卫星导航服务误差超出告警门限时，需要准确及时地发出告警信息[19]。

导航用户对完好性需求，大多数没有提出明确的量化要求。目前，只有民航对完好性提出了严格规范的性能指标要求，包括服务精度、连续性和可用性等方面性能需求。民航对卫星导航服务性能指标需求如表6.4所列。

表6.4 民航对卫星导航服务性能指标需求

<table>
<tr><td rowspan="3">飞行阶段</td><td colspan="2">精度(95%)</td><td colspan="4">完好性</td><td rowspan="3">连续性风险</td><td rowspan="3">可用性</td></tr>
<tr><td rowspan="2">水平</td><td rowspan="2">垂直</td><td colspan="2">告警限值</td><td rowspan="2">完好性风险</td><td rowspan="2">告警时间</td></tr>
<tr><td>水平</td><td>垂直</td></tr>
<tr><td>洋区航路</td><td>10或4n mile</td><td>N/A</td><td>N/A</td><td>N/A</td><td rowspan="3">$1\times10^{-7}/h$</td><td>N/A</td><td></td><td rowspan="6">0.99～0.99999</td></tr>
<tr><td>本土航路</td><td>2n mile</td><td>N/A</td><td>3704m</td><td>N/A</td><td>300s</td><td rowspan="2">$(1\times10^{-4}\sim1\times10^{-8})/h$</td></tr>
<tr><td>非精密进近(NPA)</td><td>220m</td><td>N/A</td><td>556m</td><td>N/A</td><td>10s</td></tr>
<tr><td>I类垂直引导进近(APV-I)</td><td>16m</td><td>20m</td><td>40m</td><td>50m</td><td rowspan="2">2×10^{-7}/每次进近</td><td>10s</td><td rowspan="3">$8\times10^{6}/15s$</td></tr>
<tr><td>APV-II</td><td>16m</td><td>8m</td><td>40m</td><td>20m</td><td>6s</td></tr>
<tr><td>I类精密进近(CAT I)</td><td>16m</td><td>6～4m</td><td>40m</td><td>15～10m</td><td>$2\times10^{-7}/150s$</td><td>6s</td></tr>
<tr><td colspan="9">注:N/A表示不适用</td></tr>
</table>

目前，GNSS本身只提供越洋到航路阶段的完好性服务，非精密进近和I类精密进近完好性服务由各个国家或地区进一步建设相应的星基增强系统(SBAS)提供，如美国的广域增强系统(WAAS)、俄罗斯的差分校正和监测系统(SDCM)、欧洲静地轨道卫星导航重叠服务(EGNOS)、日本的多功能卫星(星基)增强系统(MSAS)、印度的GPS辅助型地球静止轨道卫星增强导航(GAGAN)和北斗区域增强系统。

星基增强系统采用广域差分完好性监测技术，在实现广域差分技术的同时，利用所布设地面监测站的并行观测数据，进行卫星星历、钟差以及电离层格网改正数的完好性分析处理，得到相应的用户差分距离误差(UDRE)、格网点电离层垂直延迟改正数误差(GIVE)及补偿参数等完好性信息，随广域差分改正数一起播发给用户，用户在进行广域差分定位处理的同时，进行相应的完好性分析处理。

现代化GPS在导航电文中定义了GNSS卫星星历和钟差差分改正相应的完好性参数，用户差分距离精度(UDRA)及其变化率。广域差分完好性监测告警时间一般为6s，完好性风险概率$2\times10^{-7}/150s$，达到I类精密进近性能要求[20]。

实际上，从卫星导航系统发展路线来看，区域卫星导航系统可以是其发展全球卫星导航系统的第一步，主要为本国国土地区覆盖需求而建立，星基增强则是全球卫星导航系统的“增强”系统，主要进行导航服务精度增强和完好性增强。

接收机自主完好性监测（RAIM）技术是指用户接收机在利用所接收的多颗导航卫星观测量进行定位处理的同时，采用最小二乘或奇偶空间矢量算法对多星冗余观测量进行故障卫星的检测和分析处理，从而及时得到定位完好性结果。该技术虽然几乎不存在告警时延，但一般只能针对单个卫星发生较大故障进行监测，对于卫星导航信号性能小的变化或慢变难以进行完好性监测，一般只用于航路阶段。

用户接收机通过组合惯导或气压高度等辅助信息进行完好性监测处理卫星导航信号，又称辅助自主完好性监测（AAIM）技术。用户接收机引入星基增强系统信息，二者可实现优势互补，又称相对接收机自主完好性监测（RRAIM）技术。多卫星系统组合进行完好性监测处理又称先进接收机自主完好性监测（ARAIM）技术，完好性性能有望得到较大提高。

近年来，卫星自主完好性监测（SAIM）技术已经兴起，该技术是指在卫星上配置完好性监测接收机，直接对导航卫星播发的导航信号进行监测，一旦发现异常立即生成告警标志并向用户播发。卫星自主完好性监测的优势在于星上直接监测，避免了地面监测的时延，有利于缩短告警时间，是完好性监测体系的重要补充。

此外，由于各种因素的影响，我国卫星导航系统难以进行全球布站，北斗系统全球完好性的实施受到限制。单纯依靠境内监测站进行完好性监测告警时间非常长，将达几十分钟甚至数小时，很难满足生命安全领域用户对告警时间的需求。因此，北斗系统设计并具备导航任务与服务完好性监测服务是解决北斗系统监测站布局受限情况下，实现全球完好性服务的一条有益途径。目前北斗三号卫星导航系统在星上配置了卫星自主完好性监测载荷，可进一步提升系统完好性服务能力。

6.7.1 工作原理

星载完好性监测系统改变了由地面段和用户端进行卫星状态监测和误差估计的传统，在卫星上配置测量监测处理设备进行自身导航信号的完好性监测，使星座中的每颗卫星每时每刻都在监测状态之中。一旦卫星导航信号出现异常情况，排除监测接收机故障之后，它会在下一次信号更新时将告警信息及时注入卫星信号，向用户发出告警信号，从而使用户遭受由卫星异常引起的完好性风险大大降低。

目前北斗三号卫星上设计的卫星自主完好性监测系统的监测对象为卫星钟、导航信号、导航信息 3 方面。卫星配置专门的监测接收机接收下行导航信号，得到伪距、载波相位、监测相关值、信号功率等观测量，同时接收星上用于生成导航信号的时频信号，得到卫星钟相位跳变测量值和频率跳变测量值，然后通过处理综合得到信号完好性标志。对接收到的导航信号进行解调，对关键导航信息进行解析和处理，并监测导航信号的完好性，得到电文完好性标志。

与此同时，卫星将伪距、载波相位等观测量回传地面，地面系统可进行试验验证

或完好性监测性能评估。

图6.39为北斗三号卫星导航系统自主完好性监测总体方案示意图。

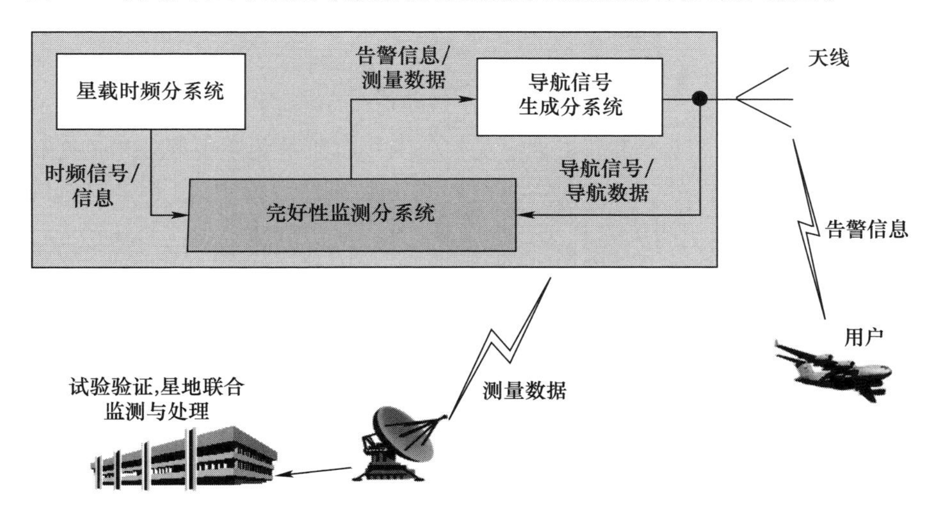

图6.39　北斗三号卫星导航系统自主完好性监测总体方案示意图

通过在星上搭载一个专门的接收机进行解扩解调处理,可以验证导航信号的一些基本质量与上下行数据的一致性。例如,信号码的相关峰畸变可以直接在星上监测,减轻用户与增强系统在这方面的投入。另外,也可以对一些观测量进行监测,包括信号C/No值、伪距观测量与载波相位观测量等,从而可以监测由于导航时钟或信号变形所产生的观测量异常。

相比于地面接收机,星载监测接收机具有以下特点。

(1)更高且更稳定的信噪比。由于接收机位于卫星上,信号的功率远大于噪声功率且不会随时间变化。

(2)由于SAIM接收机收发信号都在同一卫星上,所以不需要考虑电离层、对流层延迟等影响。

(3)由于SAIM接收机安装在卫星上,所以与普通接收机相比,不需要考虑多普勒频移的影响。

6.7.1.1　信号功率监测

信号功率监测主要针对由于导航信号生成电路中数字DA转换器或放大器异常等各种原因引起的导航信号功率的下降,使得用户接收机C/No降低的情况。在通常情况下,信号功率均值在一定范围内波动,通常小于0.5dB。

如果信号功率出现异常跳变,则将产生异常功率测量值,功率测量值可以由下式得到:

$$\mathrm{PW} = 10\lg 10^{(I^2+Q^2)} + \Delta\mathrm{PW} \tag{6.2}$$

式中:PW为信号功率;I为信号接收的同相支路相关值;Q为信号接收的正交支路相

关值;ΔPW 为一个常数,用于功率零值的校准。

如果功率产生异常跳变,则会立即被完好性监测电路监测,当功率跳变值超出预设的门限时将会产生告警信息。

6.7.1.2 信号时延监测

信号时延监测主要针对用户观测到的信号时延异常现象,原因是伪码异常跳变、指令异常或其他载荷故障产生。正常情况下监测接收机的伪距应服从均值变化在一定范围内波动的高斯分布。但是在实际设计和生成信号过程中,由于接收机的频率源与星钟不同源,伪距的测量值存在线性漂移,因此应在信号时延测量过程中进行钟差补偿。实际的信号时延测量值由式(6.3)得到:

$$\mathrm{TDelay} = \mathrm{PR} + \Delta T \tag{6.3}$$

式中:TDelay 为信号时延测量值;PR 为伪距测量值;ΔT 为钟差。

如果星上有效载荷产品出现异常,导致播发的导航信号时延发生变化,则 TDelay 将出现阶跃,当信号时延阶跃超过告警门限时立即产生告警信息。

6.7.1.3 信号相关峰监测

信号相关峰畸变是由于采用不同射频前端滤波和相关器间隔的接收机测量的伪距存在偏差所导致。据报道,最早的卫星导航信号相关峰畸变异常是在 GPS-PRN19 卫星观测到的。美国 Stanford 大学 GPS 实验室提出了用于信号质量监测(SQM)的 SQM2b 模型,针对 GPS C/A 码信号畸变进行了参数化建模,从而能够量化地进行分析研究[21]。

对于非相干延迟锁定环(DLL),码环鉴别误差可以表示为下式:

$$D(\varepsilon) = \frac{1}{2}(E^2 - L^2) = \frac{1}{2}[R(\varepsilon + \delta/2)^2 - R(\varepsilon - \delta/2)^2] \tag{6.4}$$

式中:$D(\varepsilon)$ 为码环鉴别误差;E 为超前相关值;L 为滞后相关值;ε 为码相位误差;δ 为相关器间隔。因此,相关峰的对称性直接影响不同相关器情况下的鉴别误差。

相关峰畸变监测可以采取两种方法。一是在伪距域进行导航信号监测,即采用多个接收通道,多个接收通道采用不同的相关器间隔得到多个伪距,然后监测其伪距的离散度;二是选定一组相关器用于接收机环路跟踪,其他多对监测相关器进行导航信号相关值的采集,通过监测相关器的对称性进行相关峰畸变监测。信号相关峰畸变监测一般也称为信号质量监测(SQM)。

通常,高精度用户会将导航信号载波相位测量值纳入导航解算的观测量范围,地面观测到的码/载波相位不一致问题大多由电离层引起。星上产生码/载波相位不一致也是可能的,这是因为虽然伪码与载波都是溯源到星载钟,但是由于生成伪码与载波相位的频率信号所经过的路径不同,某一路径设备产生异常,都将导致导航信号伪码与载波相位不一致。

导航信号码/载波相位不一致可能会有两种表现形式:一是码/载波发散,即伪距和载波相位测量值变化的趋势不一致,其差值呈线性变化,通常是由于生成伪码和载

波的时频信号异常引起；二是码/载波偏差，即伪码和载波之间的相位关系突然发生偏差。

6.7.1.4 卫星钟监测

导航卫星的卫星钟一般为铷钟或氢钟，自主完好性监测载荷的参考钟为高稳晶振。高稳晶振具有较好的短期稳定度，但是长期稳定度较星载钟要差。因此自主完好性监测一般只设计为进行卫星钟相位或频率跳变监测，而不进行长期的稳定度变化监测。星载钟长期稳定度的变化需要由地面监测评估系统根据长期观测给出。

设连续3个时刻的卫星钟与本地参考晶振的钟差分别为 t_k、t_{k-1} 和 t_{k-2}，其中 k 代表当前时刻，假定在当前时刻卫星钟产生了相位跳变 x。

为了去除由于卫星钟与本地参考频率的频偏引入的相位偏移，将相邻的测量值相减，如下两式所示：

$$\Delta T_1 = t_k + x - t_{k-1} = \Delta t_{f(k,k-1)} + x \tag{6.5}$$

$$\Delta T_2 = t_{k-1} - t_{k-2} = \Delta t_{f(k-1,k-2)} \tag{6.6}$$

式中：Δt_f 为由于卫星钟与本地参考晶振的频差引入的相位偏移。

由于卫星钟与本地参考频率的频偏引入的相位偏移在连续的3s内波动很小，可忽略不计，故可近似认为 $\Delta t_{f(k,k-1)}$ 与 $\Delta t_{f(k-1,k-2)}$ 相等。

将 ΔT_1 与 ΔT_2 相减，得到下式：

$$\Delta T_1 - \Delta T_2 = \Delta t_{f(k,k-1)} - \Delta t_{f(k-1,k-2)} + x = x \tag{6.7}$$

由式(6.7)可得，由于卫星钟与本地参考频率的频偏引入的相位偏移抵消，从而得到卫星钟相位跳变量 x。

卫星钟频率跳变的计算方法与相位跳变计算方法类似。

6.7.1.5 导航信息监测

导航信息监测主要进行导航电文误比特监测以及导航电文一致性比对。导航电文误比特监测主要针对星载产品中由于受到空间环境影响（特别是空间单粒子翻转或软件错误）导致的导航电文误比特。导航电文一致性比对主要是对最新地面上注的导航电文与正在播发的导航电文的一致性进行比对，对最新上注电文的正确性进行监测。

导航电文误比特监测：导航电文由于导航信号生成电路中器件单粒子效应等事件会发生“0”“1”翻转，一旦发生误比特将可能使用户接收到错误的导航电文。

导航电文信息由地面生成并通过上行注入链路注入导航卫星，由上行注入接收机接收注入信号解出电文发送给导航任务处理机，导航任务处理机接收并存储电文信息，并在指定的时间将电文下发。因此，导航电文误比特监测对从上行注入下发的所有环节均需要进行监测，一旦发现误比特事件发生将丢掉该包电文，并向地面系统告警。

导航电文一致性比对：星载上行注入接收机接收地面生成导航电文及后续处理、

存储过程中,由于某种原因会使导航电文内容出现错误,特别是若电文中与卫星轨道、时钟相关的关键参数出现错误,将使用户生成错误的定位信息。导航电文一致性比对是在最新的电文上注后,将当前导航电文的轨道、钟差等用于用户定位的关键信息与正在下发的导航电文进行一致性比对,如果新旧电文的轨道、钟差偏差(或误差)在一定范围之内,则判定注入电文正确;如果误差超出一定门限,则认定更新电文可能出现错误,并向地面系统进行告警。

6.7.2 系统组成

北斗三号卫星自主完好性监测的对象为卫星钟、导航信号、导航信息 3 个层面。卫星系统在轨自主进行快变故障的监测与告警,并在轨实时生成卫星钟监测数据、信号监测数据,综合处理并回传地面,支持地面系统综合监测及处理。

卫星自主完好性监测对象主要包括以下几种。

(1) 卫星钟:相位跳变、频率跳变。

(2) 导航信号:相关峰畸变、伪码与载波一致性变化、发射功率异常、时延异常变化。

(3) 导航信息:导航电文误比特、导航电文一致性比对。

卫星钟异常变化一般有 3 种形式,相位跳变、频率跳变、频率慢漂。目前,北斗三号系统自主完好性仅具备监测快变故障的功能,即相位跳变和频率跳变。

北斗三号卫星钟监测方案如图 6.40 所示。

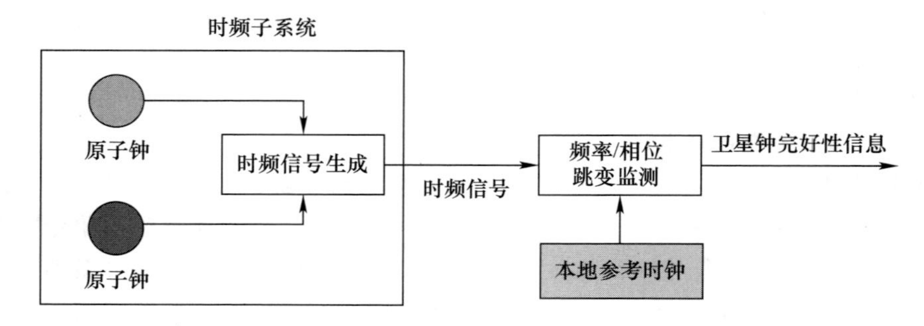

图 6.40 北斗三号卫星钟监测方案

导航信号监测单元利用本地参考时钟对导航 10.23MHz 基准信号频率即卫星钟信号进行相位与频率的快变故障监测,一旦测量得到的信号频率与相位跳变超过预设门限,则立即发出告警信息。

导航信号监测单元接收导航下行发射的导航信号进行监测,收集信号伪距、载波相位测量值、功率、相关值,卫星在轨对信号伪距、功率进行监测处理,同时将信号伪距、载波相位测量值、功率测量值、相关值测量值通过快变遥测通道回传地面,在地面进行分析处理。

北斗三号导航信号监测方案如图 6.41 所示。

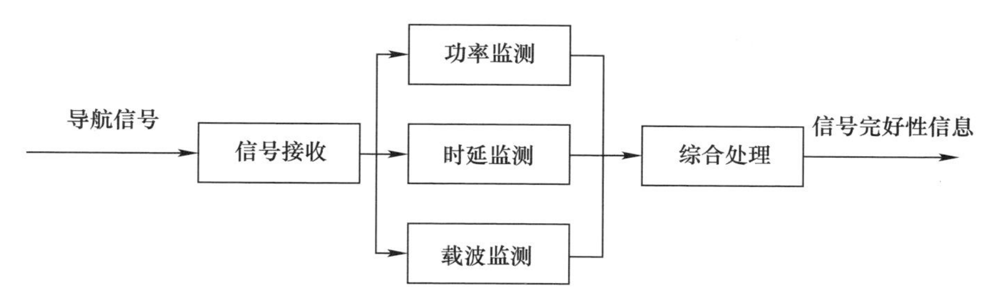

图6.41　北斗三号导航信号监测方案

导航数据监测周期性地对播发的导航电文进行校验，并通过错误检测与纠正(EDAC)的方式对1bit错误进行纠正。

导航卫星服务业务完好性告警方式包括信号告警和信息告警两种，可通过地面运控系统的上行运控指令进行切换。

(1) 信号告警：导航信号误差超过告警门限，卫星上导航任务处理机启动将伪码切换为系统定义的非标准码序列，中断导航信号服务。该状态可通过指令使能或禁止。

(2) 信息告警：当发现导航信号误差超过告警门限时，星上暂不对导航信号进行处理，而是将完好性信息通过导航电文播发，告知用户。

6.8　导航信号播发分系统

导航信号播发分系统主要完成的功能包括：接收导航任务处理分系统输出的中频信号，完成信号上变频、滤波、放大并由三工器输出给天线分系统，播发至地面。导航信号播发分系统除了满足导航信号质量对带内特性的要求，还需要满足系统邻带干扰的抑制要求。

6.8.1　工作原理

导航信号播发分系统是将导航信号生成分系统生成的导航基带信号，进行上变频至射频信号，再经过行波管放大器或固态放大器把信号功率放大，之后射频信号经过输出三工器，至发射天线发播给用户。

导航信号播发分系统工作原理框图如图6.42所示。

从系统工作原理框图可以看出，导航信号播发分系统与之前介绍过的转发分系统的工作原理是相似的。不同之处在于信号的输入源不同，上变频的频段不同。

导航信号播发的功率电平直接影响用户接收的性能。为了保障用户在任何地点、任何时间接收到的不同卫星发射功率电平相近并且稳定，同时使用户接收机工作在合适的接收机动态范围内，卫星系统均采用“马鞍形”覆球波束的天线设计。

图6.43是北斗二号GEO卫星B1天线波束仿真方向图。

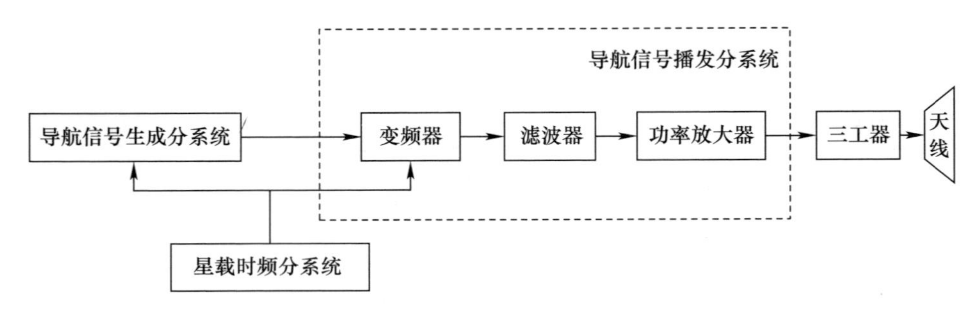

图 6.42 导航信号播发分系统工作原理框图

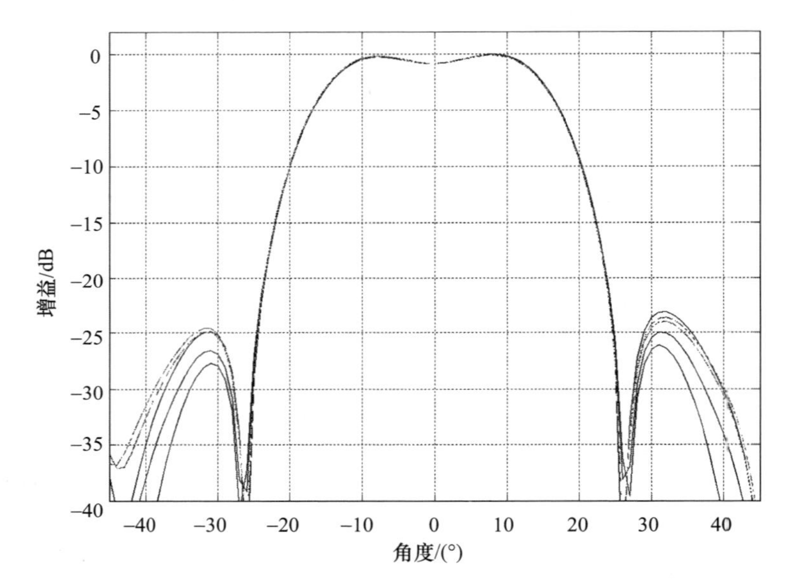

图 6.43 北斗二号 GEO 卫星 B1 天线波束仿真方向图

进行“马鞍形”覆球波束的导航天线设计时,需要特别关注天线在星下点和地球边缘的增益差。为了保证用户的接收性能,工程产品设计实现时一般要求信号波束宽度略微宽于理论上的设计值。

导航信号播发分系统的合路器(即三工器)主要完成信号滤波、合路任务。滤波是为了满足系统带外辐射要求,合路器是将导航卫星需要播发的 3 个频点信号合路以进入天线。三工器由三个通道滤波器和公共杆以及检测口、输出口组成,信号由行波管放大器进入输出三工器后,传输到天线辐射出去。

在卫星导航信号的实现过程中,必须采用合适的滤波器,保护各频点的导航信号质量,又不影响其他系统和用户的信号。滤波器的设计上,要求信号频带尽量“宽”,带内响应幅度尽量“平”,相位尽量“线性”,带外抑制尽量“陡”。

导航信号播发分系统功率放大器主要有两种结构:一种为行波管放大器(TWTA),另一种为固态功率放大器(SSPA)。为了使大功率放大器具有稳定的输出功率,且适

应放大器输入导航信号可能的电平变化，功率放大器均采用自动电平控制（ALC）技术，保证输出信号的稳定性。在放大器设计的过程中，需要关注功率放大器工作在饱和点附近的产品特性，包括非线性、幅频响应、相频响应。

导航信号播发分系统的变频器包含本振链路和变频单元。本振链路实现信号基准频率到本振频率的变换，变频单元实现中频信号的频率搬移。

为保证功率放大器有效进行功率放大同时抑制本振和镜像，需要在变频器之后加入输入滤波器，该滤波器需要尽可能小地影响导航信号本身恒包络特性。变频器需要在一个部件中完成3个频点的频率准确转换，需要精确设计避免本振泄漏进入信号带内。信号的频率特性包括信号带宽、带内频率特性、带外频率特性。

6.8.2　系统组成

导航信号播发分系统由L变频调制器、输入滤波器、行波管放大器、三工器等组成，见图6.44。

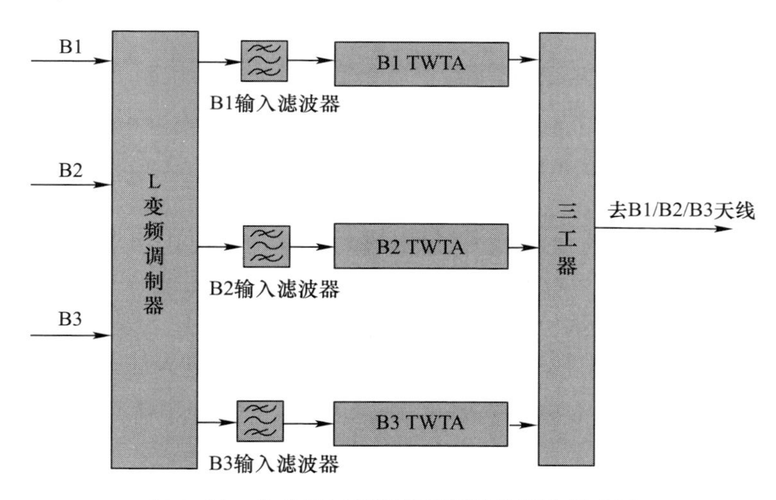

图6.44　北斗三号导航信号播发分系统组成图

L变频调制器将数字开关矩阵送来的低中频信号进行上变频调制处理。L变频调制器主要由变频器、调制器、本振链路和电源4部分组成。变频器由射频放大器、混频器以及中频放大器组成，其功能是将3路中频信号放大到合适的电平，再上变频到L频段输出，同时起到降低整机噪声系数并为整机提供一定增益的作用。

3路L频段输入滤波器完成对调制信号的滤波，然后送后续电路进行放大。

调制信号的放大由L频段行波管电源（EPC）及增益控制器、L频段行波管共同实现，这两台设备与环形器及负载在系统中整体2:1冷备份，其中北斗系统星上L频段行波管放大器功率输出能力为B1频点150W，B2频点130W、B3频点130W。

增益控制器具有通道放大、自动电平控制和1dB步进控制功能（控制范围10dB），包括固定增益模式（FGM）和自动电平控制（ALC）工作模式。固定增益模式和自动电平控制工作模式的选择由地面指令控制。在固定增益模式下,增益挡位由地面控制;在自动电平控制模式下,保证输入信号电平在一定范围内变化时输出信号电平不变,同时保证下行信号总输出功率保持不变。依据产品可靠性和安全性设计规范,L 频段 EPC 及增益控制器还具有自动重启功能。

经过行波管放大器放大后,下行导航播发信号进入三工器,在三工器内完成三个频点信号的合路、滤波,最后传输到天线并被辐射出去。

6.9 天线分系统

天线是具备电磁波与导波信号相互转换功能的设备,是把电磁导波能量按其要求转换成空间电磁波,实现对电磁波信号的接收和辐射[22]。

天线分系统是卫星有效载荷的重要组成部分,任何卫星都离不开天线分系统,天线分系统就像是卫星的眼睛、耳朵和嘴巴。由于卫星平台和有效载荷的形式不同,卫星上安装的天线也多种多样。

不同于地面的天线产品,卫星天线产品在设计上存在特殊性,除了需要考虑卫星任务的电性能特性要求外,还需要特别对力学环境、失重环境、真空环境、空间温度变化、空间辐照环境、光压、可靠性等进行设计,充分关注天线分系统及星载产品的体积、重量、功耗等约束条件。

同时,根据系统要求和任务的不同,不同卫星对天线的具体性能指标要求也不同。北斗导航卫星由于需要提供导航、定位、测距等业务,因此对导航卫星天线提出了相位中心精度及天线时延稳定度等特殊要求。

随着导航卫星全球组网服务业务区域的不同,导航卫星天线按照波束覆盖要求又分为全球覆盖波束天线、全球等 EIRP 波束天线、区域覆盖波束天线和点波束天线等。

6.9.1 系统组成

6.9.1.1 北斗一号卫星天线分系统

北斗一号卫星系统采用双星定位原理,主要实现卫星有源定位业务(即 RDSS)的接收与发送,由于用户的收发能力有限,所以需要卫星提供较高 EIRP。

北斗一号天线分系统采用了大型可展开高增益 S/L 频段抛物面天线和中等增益的 C 频段天线[23]。按照任务要求,天线分系统在 S、L、C 三个频段上实现对中国国土及周边有关陆海区域的多个波束覆盖。单颗卫星的天线分系统在电气上由一副 S/L 收发双频共用的大型可展开反射面天线和一副 C 频段圆极化固定反射面天线组成。

北斗一号卫星天线分系统具体组成见图 6.45。

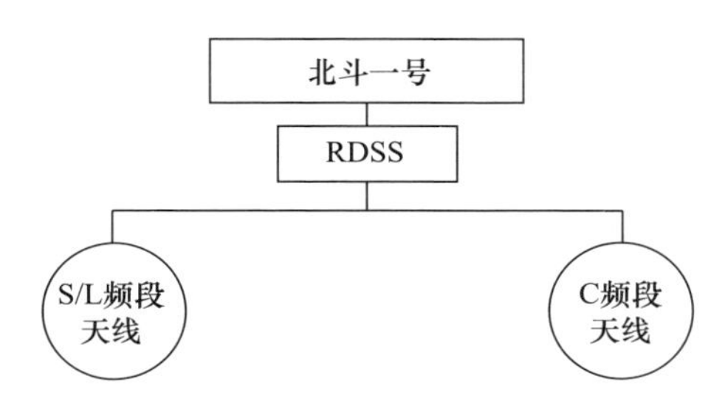

图6.45　北斗一号卫星天线分系统组成图

6.9.1.2　北斗二号卫星天线分系统

北斗二号卫星天线分系统主要实现有效载荷的两大服务，包括无源定位（即RNSS）和有源定位（即RDSS）。北斗二号卫星天线分系统对应分为两类天线：RNSS天线，包括L频段注入天线和B1/B2/B3天线；RDSS天线，由S/L频段和C频段天线组成。

L频段注入天线用于接收L频段地面上行注入信号，B1/B2/B3天线用于发射星上B1、B2、B3导航信号给地面用户。S/L频段和C频段天线继承北斗一号服务能力，用于星地通信和站间通信等有源定位服务。

北斗二号卫星天线分系统具体组成见图6.46。

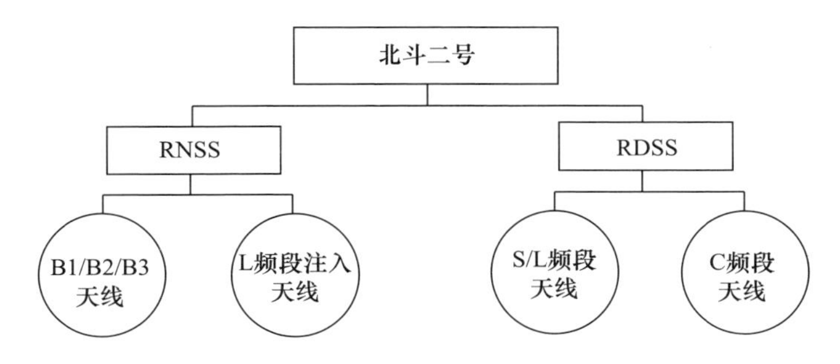

图6.46　北斗二号卫星天线分系统组成

6.9.1.3　北斗三号卫星天线分系统

随着用户需求的增加和卫星平台能力的提升，北斗三号卫星平台（特别是GEO卫星和IGSO卫星）需安装更多的载荷。

北斗三号卫星在实现有效载荷的RNSS和RDSS服务的基础上，又增加了星间链路载荷和增量载荷。因此，北斗三号卫星天线分系统组成、功能上也较北斗一号和北斗二号种类更加丰富、功能更加复杂。

北斗三号卫星天线分系统RNSS天线包括L频段注入天线、B1/B2/B3天线和S频段导航天线；RDSS天线由S/L频段天线和C频段天线组成。为了实现星间链路业务，增加了相控阵天线，相控阵天线的详细介绍见本书第7章内容。

北斗三号卫星为了实现全球报文通信和全球搜救业务，增加了报文天线和搜救天线；为了完成对地链路信号的大容量播发与接收，增加了 Ka 频段对地天线；为了监测电磁环境对北斗三号有效载荷业务的干扰，增加了电磁环境监测天线，用于接收进入导航卫星指定频段的有意和无意干扰信号。

北斗三号卫星天线分系统具体组成见图 6.47。

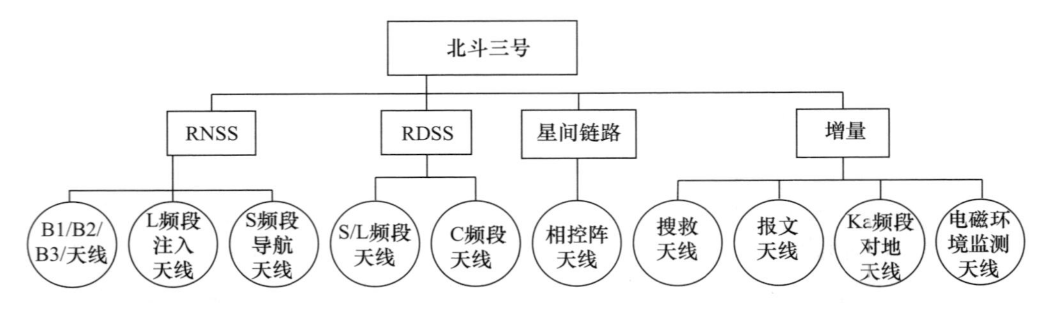

图 6.47　北斗三号卫星天线分系统组成

6.9.2　工作原理

北斗一号卫星完成 RDSS，地面定位用户发来的 L 频段信号被 S/L 频段反射面天线接收后，进入 S/L 馈源组件的两个 L 频段波束通道中的一个，通过低耗电缆经 L 频段方同轴耦合器组件进入 L/C 入站转发器，变频至 C 频段放大，由 C 频段天线的下行通道发射至地面主控站。

与此同时，地面主控站上行 C 频段信号被 C 频段天线接收，通过低耗电缆进入 C/S 出站转发器，放大、变频至 S 频段，经行波管放大器放大后由 S 频段方同轴耦合器组件送至 S/L 频段天线的两个 S 波束通道之一，发射至地面移动用户。

天线分系统除接收发射传输定位信号外，C 频段天线还兼有卫星定点后的遥测信号发射功能。遥测信号由测控应答机提供，并从全向测控天线切换至 C 频段天线下行通道，向地面发射至地面测控中心。除此之外，C 频段天线还兼有一路通信转发器通信信号的收发任务。C 频段天线所收发的定位、遥测及通信信号的分离由输出、输入多工器完成。

为了提高天线的增益，S/L 天线设计采用大型可展开高增益抛物面天线。由于 S/L 频段反射面天线面积较大，为使天线能承受发射时的载荷，天线必须采用可展开方式。在卫星发射、地面运输和进行力学试验时，S/L 反射器通过锁紧释放装置和天线主支撑结构连接，此时天线处于折叠状态。当卫星到达预定工作轨道后，需要将天线展开时，星上火工品管理器通过接收地面遥控指令，使锁紧释放装置解锁，S/L 反射器被释放后，天线展开机构将 S/L 反射器展开，并由展开定位机构将其锁定在要求的位置上。S/L 频段天线展开到位后，经过卫星变轨、定点捕获，姿态调整完毕，天线各波束按预定的指向覆盖服务区。

北斗二号卫星有效载荷业务包括 RDSS 和 RNSS，其中 RDSS 与北斗一号相同，天

线分系统主要由 S/L 频段天线和 C 频段天线构成。

S/L 频段天线具有在 S、L 两个频段上形成赋形圆极化波束的功能。

S 频段两个右旋圆极化波束覆盖大部分服务区，与另一颗卫星的两个 S 波束互补覆盖全部服务区，并有一定重叠，它们发射来自 C/S 出站转发器的下行信号至地面定位用户。

L 频段两个左旋圆极化波束覆盖全部服务区，它们与另一颗卫星的两个 L 波束重复覆盖全部服务区，共同接收来自地面定位用户的上行信号，送至 L/C 入站转发器。

C 频段喇叭天线的上下行均为以国土覆盖为主的圆极化波束。主要功能是发射来自 L/C 转发器转发的 C 频段与定位相关下行的入站信号至地面中心站，同时接收来自地面中心站的定位相关信号并将其馈入 C/S 出站转发器；其次，具有在卫星定点后向地面测控中心发射卫星遥测信号的功能。

北斗二号卫星 RNSS 天线业务由于需要提供全球波束覆盖的高精度测量数据，对天线的相位中心精度和时延稳定度提出了较高的要求。

北斗二号 RNSS 天线分系统主要包括 L 注入天线和 L 频段阵面天线。其中 L 注入天线具有形成覆盖全球的左旋圆极化波束的功能，它接收地面站发送的上行注入导航信号传输给上行注入接收与测量分系统。L 频段阵面天线由 B1/B2/B3 天线阵面、B1/B2/B3 三工器、B3 大功率开关、B1/B2 馈电网络、B3 平时/战时馈电网络、高频电缆组成，其主要功能是实现对导航信号的播发。

L 注入天线为圆极化空气微带喇叭形式的全球覆盖波束天线，由空气微带辐射器、极化电桥、圆锥波纹喇叭及安装支架组成，在喇叭口径处加扼流槽形成波纹喇叭，从而减小侧向和后向辐射，降低旁瓣和后瓣，扼流槽的采用可以提高带内相位中心的稳定性。

北斗二号卫星 L 频段注入天线示意图如图 6.48 所示。

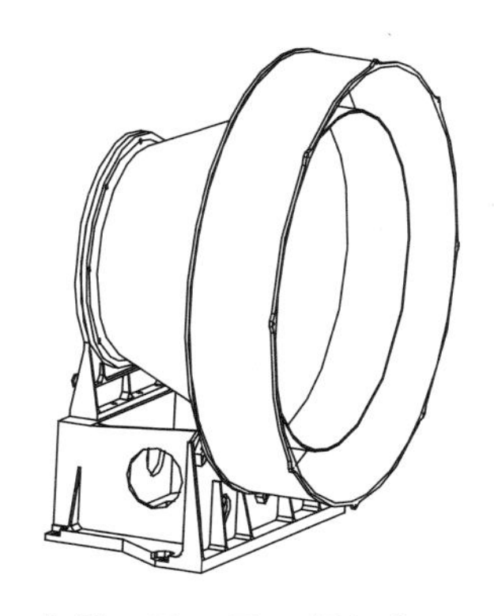

图 6.48　北斗二号卫星 L 频段注入天线示意图

北斗三号卫星有效载荷包括 RNSS、RDSS 以及增量载荷等，因此天线的种类众多，天线分系统也相对复杂。

北斗三号卫星RNSS中L频段注入天线完全继承北斗二号设计，在北斗二号的基础上对电性能指标提出了更高的要求。同时，对天线的体积、重量等也提出了限制要求。其主要功能为接收L频段上行注入信号，送至上行注入接收与测量分系统。

为了实现B1/B2/B3载荷较高的EIRP需求，对天线增益也相应提出了很高要求。在有效提高B1/B2/B3天线阵面增益的同时，为了减少路径损耗，并降低天线的重量，对B1/B2/B3天线采用一体化设计方案。导航信号分别经过B1、B2、B3行波管放大滤波后，通过三工器将B1、B2、B3三个频段的射频信号合成后进入天线，天线采用三频共用平面阵列天线，利用一体化设计技术达到相应性能要求，经辐射器将射频信号向地球辐射。

北斗三号B1/B2/B3天线由B1/B2/B3馈电网络和螺旋天线阵面组成，继承天线阵面与馈电网络一体化设计，B1、B2、B3共用螺旋单元平面直射阵列都采用集中行波管放大器馈电；B1、B2、B3信号通过三工器实现合而为一，馈电网络采用B1/B2/B3三频共用固定赋形波束网络，为地球匹配波束。

北斗三号卫星MEO卫星B1/B2/B3天线示意图如图6.49所示。

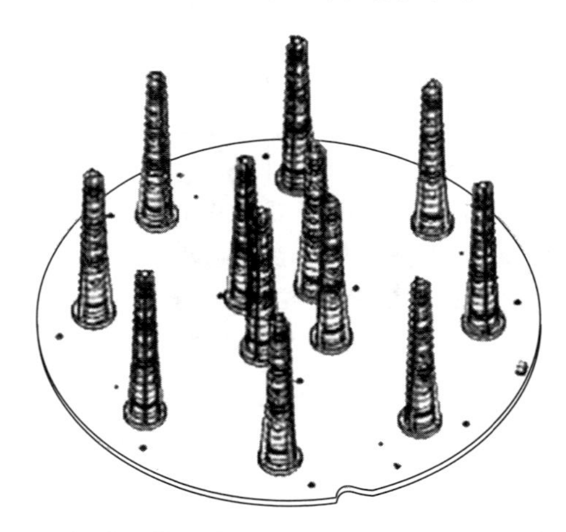

图6.49　北斗三号卫星MEO卫星B1/B2/B3天线示意图

除了L频段导航播发体制外，北斗三号还开展了S频段的导航信号播发体制的试验验证。北斗三号的S频段导航天线用于发射S导航信号，实现S频段下行导航信号的播发功能。S频段导航天线是我国首个通过弹簧驱动力实现在轨一次性展开的天线。

具体天线展开及收拢状态见图6.50。

北斗三号天线分系统还配置一个在轨可展开偏馈式构架天线，主要由构架反射器、多级展开装置、扫描机构和馈源组件组成。该天线安装在卫星平台的舱板上，反射器组件和馈源组件各自独立与卫星平台连接，反射器组件通过安装板与卫星舱板

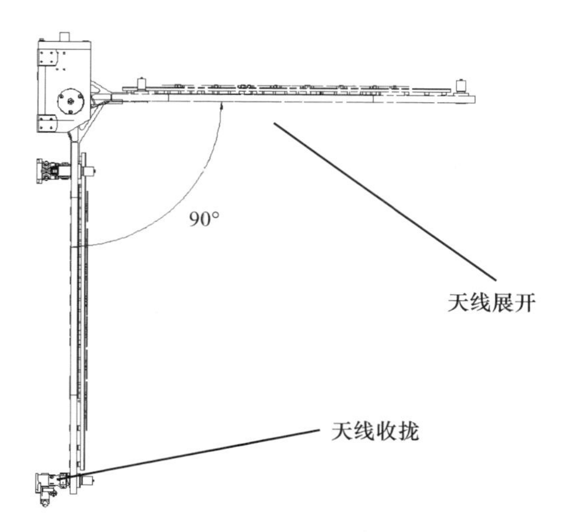

图6.50 北斗三号卫星S频段导航天线展开及收拢状态示意图

的底部连接，馈源组件通过馈源支撑塔与卫星平台舱板的上部连接，天线在发射时处于收拢状态，入轨后展开至工作状态，实现对某一区域的导航信号转发与发播。

北斗三号卫星通过S/L频段天线和C频段天线实现RDSS，S/L频段天线和C频段天线的工作原理与北斗二号相同，S/L频段天线采取可展开单偏置构架反射面形成服务区波束覆盖。反射器在轨展开和长期工作时所需的安装角度依靠三轴指向机构实现，以达到满足要求的服务区覆盖。通过三轴指向机构，可进行覆盖区微调或者波束覆盖区域的在轨调整。

北斗三号C频段天线的工作模式与北斗二号卫星C频段天线相同，主要完成站间时间同步与通信，同时具备进行RDSS载荷与中心控制站之间通信、短报文通信功能等。

6.9.3 S/L频段和C频段天线

S/L频段和C频段天线是北斗导航卫星天线分系统的典型产品，它的设计发展反映出我国星载天线产品的技术渐进的过程。

北斗一号卫星S/L频段天线和C频段天线电气上由S/L频段天线和C频段天线组成，结构上为一体化设计。

北斗一号卫星S/L频段天线和C频段天线均为切割偏置椭圆抛物面天线形式。天线反射器均采用碳纤维-铝蜂窝层压板结构，其中C频段天线采用单个双频双极化喇叭馈源照射一个椭圆口径抛物面，形成椭圆波束，单个波束覆盖我国大部分地面监测站。

S/L频段天线通过S/L多波束馈源照射反射器产生两个S波束和两个L波束，其中单颗卫星S频段天线两个波束覆盖一半中国国土，L频段天线两个波束覆盖全部中国国土。

北斗一号卫星 S/L 频段天线和 C 频段天线示意图见图 6.51。

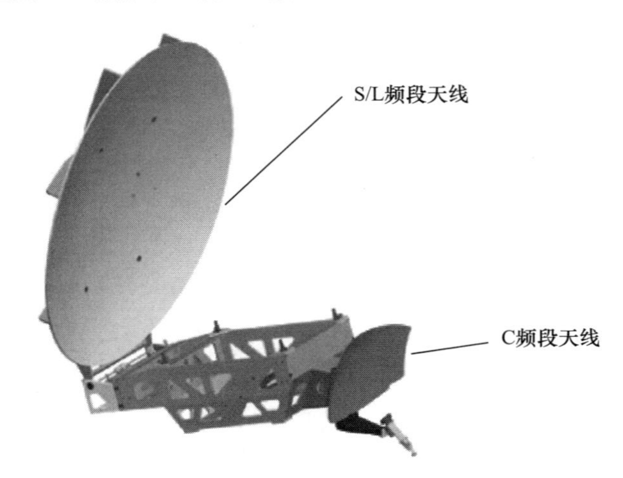

图 6.51 北斗一号卫星 S/L 频段天线和 C 频段天线示意图(见彩图)

北斗二号卫星 S/L 频段天线和 C 频段天线与北斗一号卫星上的产品原理类似，在结构上采用一体化设计方案。其中 S/L 频段天线反射面几何参数与北斗一号相同,投影口径 2.6m × 2.44m,接近卫星整流罩最大包络。由于北斗二号卫星及有效载荷系统产品数量增加,所以提出了天线产品减重的明确要求。

同时,为了减小 S/L 频段反射面天线的重量、降低 S/L 频段天线质心位置以及减少太阳光压影响,S/L 频段天线反射器设计采用网孔单层结构三维编织物(TWF)的轻型反射面,材料为碳纤维织物复合材料(图 6.52)。编织整体成形后反射面中间的孔为正六边形,反射器采用单层 TWF,曲面刚度极低,需要通过合理的布置背筋保持反射器的刚度。采用复合材料三维编制纤维结构实现可展开网孔反射面天线产品减重 35%,同时减小了太阳光压的影响。

图 6.52 北斗二号 S/L 频段天线网孔单层结构反射面材料

北斗二号 S/L 频段天线和 C 频段天线示意图见图 6.53,研制过程中实物照片见图 6.54。

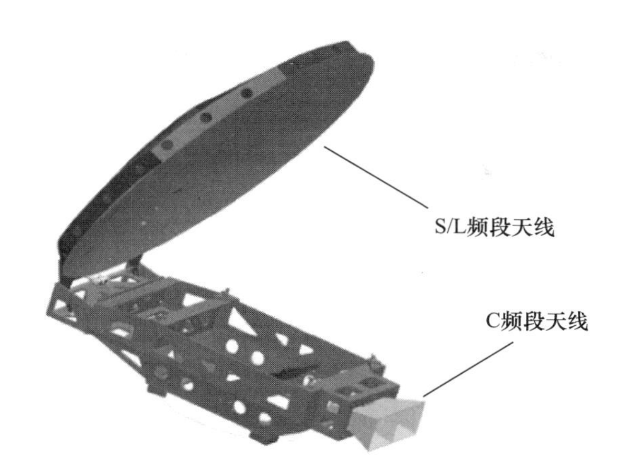

图 6.53　北斗二号 S/L 频段天线和 C 频段天线示意图(见彩图)

图 6.54　北斗二号 S/L 频段和 C 频段天线实物照片(见彩图)

北斗三号卫星通过 S/L 频段天线和 C 频段天线实现 RDSS,S/L 频段天线和 C 频段天线的工作原理与北斗二号相同,对 S 波束和 L 波束的增益提出了更高的指标要求。与北斗一号和北斗二号不同的是 S/L 频段天线和 C 频段天线未采用一体化设计方案。

北斗三号卫星 S/L 频段天线采取 4.2m 可展开单偏置构架反射面,形成 6 + 6 多波束覆盖,即 6 个 S 波束和 6 个 L 波束。S/L 频段天线主要由构架反射器、多级展开装置、扫描机构和馈源组件组成,天线在发射时处于收拢状态,入轨后展开至工作状态。S/L 频段天线构架反射面收纳比高,结构形式灵活,可以适应平台限制的偏馈方式布局。反射器在轨展开和工作时所需的角度依靠三轴指向机构实现。

北斗三号 S/L 频段天线示意图见图 6.55,研制过程中的实物照片见图 6.56。

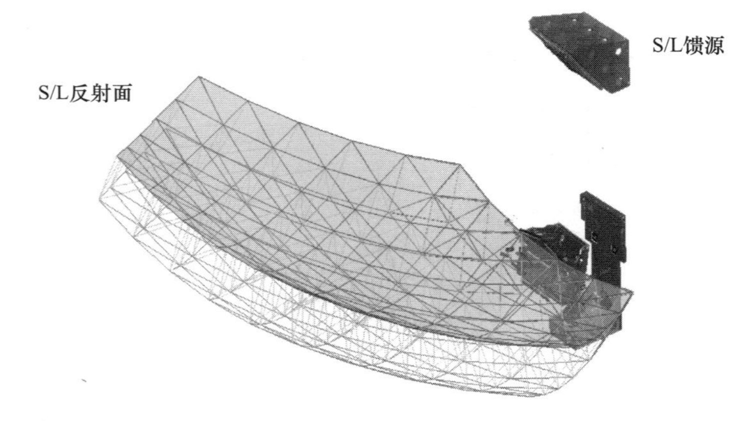

图 6.55　北斗三号卫星 S/L 频段天线示意图(见彩图)

图 6.56　北斗三号卫星 S/L 频段天线实物照片(见彩图)

北斗三号 C 频段天线的工作模式与北斗二号卫星 C 频段天线相同,主要具备站间时间同步与通信功能,同时具备进行 RDSS 载荷与中心控制站之间通信、短报文通信等功能。

由于时间同步与通信和短报文通信所占用的带宽要求较宽,北斗三号 C 频段天线在电气上采用两组二元喇叭阵来实现,4 个喇叭天线在结构上进行一体化设计,从整个方案来说,C 频段天线为一体化设计的两组二元喇叭阵天线,也可以称为四元喇叭阵天线。

北斗三号卫星 C 频段天线示意图见图 6.57。

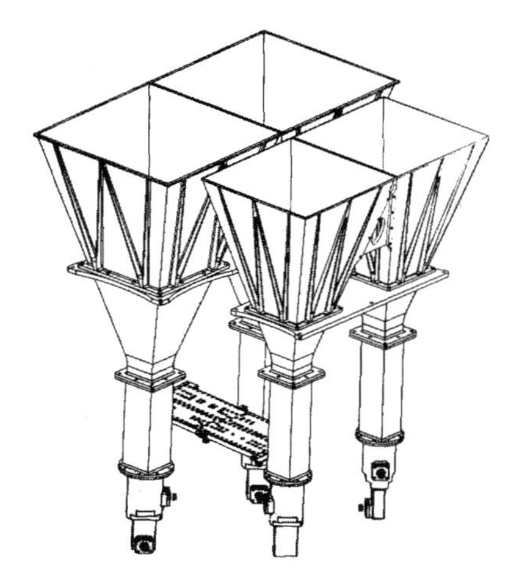

图6.57　北斗三号卫星C频段天线示意图

6.10　国际海事搜救载荷

全球卫星搜救系统(国际上常称为COSPAS-SARSAT)是由美国、俄罗斯、法国和加拿大联合开发的全球公益性卫星遇险报警系统,可为航海、航空和陆地用户提供免费的遇险报警服务,是国际海事组织(IMO)推行的全球海上遇险与安全系统(GMDSS)的重要组成部分。

在国际搜救卫星组织的推动下,从2000年开始,在GPS、GLONASS、Galileo系统上搭载搜救载荷,形成中圆地球轨道卫星搜救(MEOSAR)系统,可以实现更高的定位精度、更短的等待时间,以及全球覆盖能力。国际搜救卫星组织已将中轨卫星搜救系统作为未来发展方向,并计划逐步替代低地球轨道卫星搜救(LEOSAR)系统和地球静止轨道卫星搜救(GEOSAR)系统[24]。

全球卫星搜救系统主要由用户信标机、星上系统、地面站、任务控制中心(MCC)和地面搜救协调中心(RCC)组成。用户遇险时,用户信标机发出求救信号,星上系统将接收到信标信号转发至地面站,地面站完成对信标信号的检测、信标信息提取和信标机定位,并将结果报送至任务控制中心和地面搜救中心,依据接收的遇险目标位置和遇险信息展开搜救工作。

我国是《国际海上人命安全公约》和《国际海上搜寻救助公约》的缔约国,也是国际搜救卫星组织和国际电信联盟的成员国。在北斗系统MEO卫星上搭载搜救载荷,重点覆盖亚太地区并兼顾全球,以保障海上生命财产安全为宗旨,以提高搜救效率为目的,提供我国北斗系统的实时高精度遇险报警服务,并与其他中轨卫星搜救系统(SAR/GPS、SAR/Galileo、SAR/GLONASS)共同组成全球中轨卫星搜救系统,对于加快北斗产业化、国际化进程具有重要意义。

北斗卫星搜救系统包括卫星搜救载荷、地面处理系统、搜救载荷监控系统、返向链路系统、多源警情信息融合系统、搜救信标等。

通过与国际搜救卫星组织等开展国际合作，推动北斗卫星搜救系统加入全球卫星搜救系统，开展北斗搜救系统应用推广研究，可为全球用户提供实时高精度的遇险报警服务。

北斗卫星搜救系统总体方案框图见图 6.58。

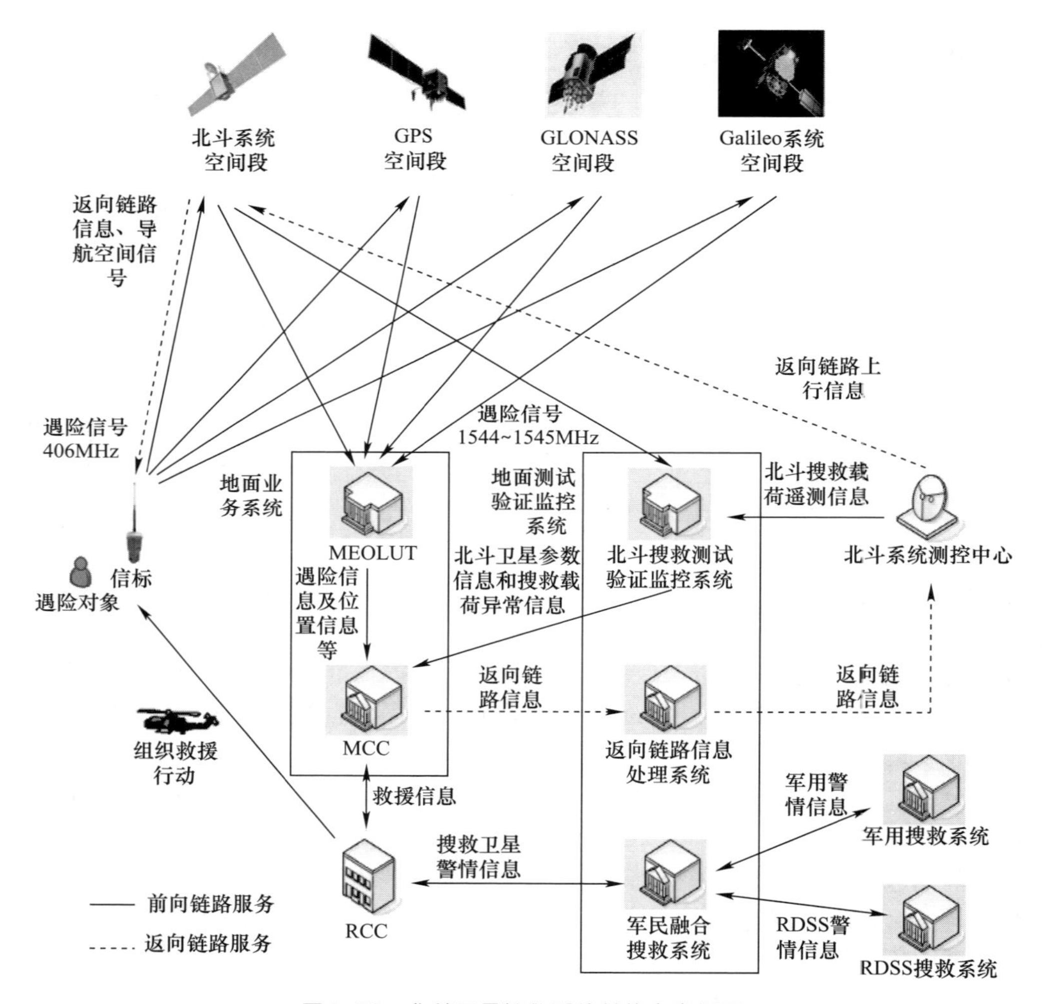

图 6.58 北斗卫星搜救系统总体方案框图

6.10.1 工作原理

北斗导航卫星搜救载荷的任务是接收地面发射的 UHF 频段遇险信标信号，通过放大和滤波后变频至 L 频段，发射到地面站接收。

搜救载荷主要实现两个方面的功能:一是转发用户遇险求救信号,实现信号的接收、干扰滤波处理和发射;二是支持地面系统对遇险用户的定位,要求具有准确稳定的变频频率、确定的卫星位置[25]。

北斗导航卫星搜救载荷实现方案如图6.59所示。

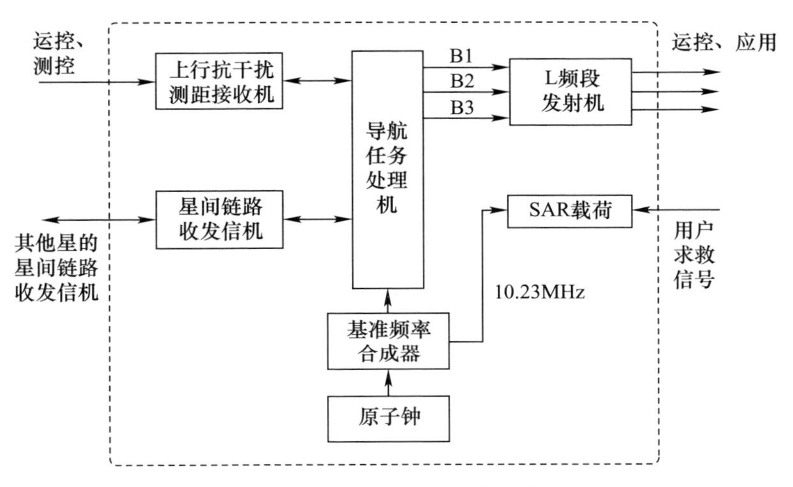

图6.59　北斗导航卫星搜救载荷实现方案

6.10.2　系统组成

星上搜救载荷包括搜救天线和搜救转发器两部分,作为搜救系统链路中的重要组成部分,搜救转发器完成搜救信标信号的星上透明转发。

搜救转发器接收信号中心频率为406.05MHz,发射信号中心频率为1544.21MHz,工作带宽有90kHz和50kHz两种模式。搜救转发器由UHF输入滤波器、UHF接收变频器、搜救固放、EPC&TM/TC、输出滤波器组成。

北斗导航卫星搜救载荷组成框图见图6.60。

搜救及报文天线接收来自地面用户示位标(用户机)的406.05MHz遇险信号,经UHF输入滤波器进行预选滤波后,送给UHF接收变频器进行低噪声接收,下变频至较低的中频频率后进行窄带滤波,然后再上变频到L频段,送至搜救固放进行功率放大,L输出滤波器进行带外抑制,最终通过搜救及报文发射天线向地面站进行发射。

UHF接收变频器由接收机、变频器、本振链路和电源电路等部分组成。接收机和变频器具有变频功能,接收机实现将406.05MHz的信号变频至63.5MHz并进行窄带滤波、温补、放大等操作;变频器将63.5MHz信号变频至1544.21MHz,满足搜救系统中发射信号的频率要求。

搜救固放是将小功率信号放大至需要的功率电平输出,同时可接收多路遥控指令,并具有多路遥测功能及过激励保护功能,能够在FGM和ALC两种模式下切换,

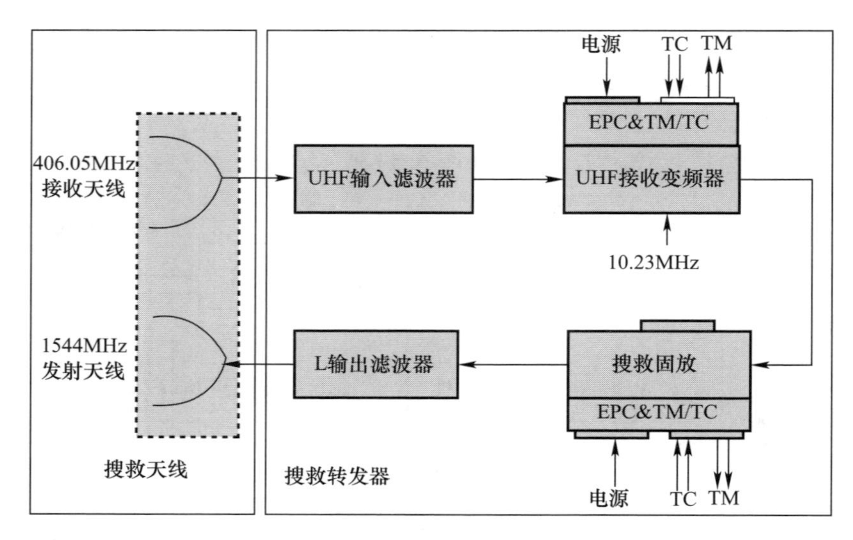

图 6.60 北斗导航卫星搜救载荷组成框图

具有较好的线性度。

搜救及报文天线采用一体化设计，主要功能是接收地面 UHF 频段上行搜救信标信号，向地面发射经过搜救转发器放大、滤波和变频后的 L 频段下行搜救信号，并接收地面 L 频段上行报文通信信号。

6.11 全球短报文载荷

北斗系统是国际上首个集导航定位、授时和报文通信为一体的卫星导航系统，相对于美国 GPS 和俄罗斯 GLONASS 具有短报文通信等功能，方便位置报告及导航信息的交换，解决了复杂环境下的通信问题。对于人烟稀少的山区、牧区，既无光纤通路，也无移动或联通等公网信号时，具有重要的意义，应用效果显著。

不受地域限制的北斗短报文通信功能很好地解决了通信需求。北斗卫星系统具备双向通信功能，该系统在短报文通信上有 3 个优点：

(1) 具有双向数字报文通信能力，大大简化了指挥调度和信息数据之间的互通。

(2) 可进行多点对多点、一点对多点的信息传输，便于调度与控制，为系统平台提供了极大的便利。

(3) 实现了实时传输，各项指令通过卫星转发传输，信号传输不受地域和空间限制，可以随时机动通信，这种通信方式的优势在于可以为处理突发事件赢得宝贵时间。

通过在北斗三号系统中部分 MEO 导航卫星上搭载全球短报文载荷，利用星间链路和星地链路可实现用户终端和地面控制中心之间的双向报文通信。利用 RNSS 获取位置信息，通过全球短报文通信链路，即可实现用户位置报告服务。

卫星短报文通信系统作为其他卫星通信系统的补充，在车辆交通运输、海洋渔业和航运安全、遇险搜救、灾害监测与预警、海上资源管理与保护、远程信息处理等领域有着广泛的应用。

6.11.1　工作原理

通过在北斗三号部分 MEO 卫星上搭载全球短报文载荷，形成对全球用户的接入覆盖。用户接收机通过 RNSS 无源定位获得自己的位置信息。

搭载全球短报文载荷的 MEO 卫星接收地面或空中用户机发射的上行信号，获取用户位置信息，并将位置信息发送给星上综合电子分系统。综合电子分系统将信息转发，利用卫星下行的遥测信号通道将信息下传给中心站，或者利用星间链路构建“多跳”传输路径，将位置信息回传至我国境内地面站上空可视的卫星，可视卫星将信息下传至境内地面系统中心站，最终实现全球范围内用户信息回传报告，实现报文通信和位置报告。

同时，卫星通过接收地面运控系统注入的返向电文、业务遥控等信息，传递给星上导航任务处理机后，并经上变频、功率放大后，通过 L 频段天线发射的 B2b 信号实现返向信号播发。若目标卫星境内不可见，则由接入卫星经星间链路传递给目标卫星后，经 B2b 信号播发给地面或空中用户。

6.11.2　系统组成

全球短报文载荷由报文通信接收机和搜救及报文天线、天线展开控制器组成。报文天线接收用户发射的 L 频点上行信号，报文通信接收机进行捕获、跟踪、解扩、解调后，将信息按照约定的协议通过星上总线发往综合电子分系统，由测控通道下发后，地面站接收入站信息；出站信息由地面站发送，由星上上行注入接收与测量分系统接收后，传给导航信号生成分系统，将出站信息编排入电文，再由导航信号播发分系统经天线下发后，由地面用户接收。报文通信接收机具备一定的抗干扰能力。

北斗三号卫星全球短报文载荷原理框图见图 6.61。

全球短报文通信接收机采用集成化、小型化设计思想，实现了报文通信信号的接收处理、回执信息生成、业务遥控遥测接收和发送、在轨重构及数据打包传输和接收。

全球短报文接收机外形见图 6.62。

全球短报文通信天线实现地面 L 频段上行信号的接收。一种典型的报文通信天线可由 7 个辐射单元、反射板及馈电网络构成，其中馈电网络外导体上表面构成反射板。

一种典型的应用在北斗三号 MEO 卫星上的报文通信天线外形见图 6.63。

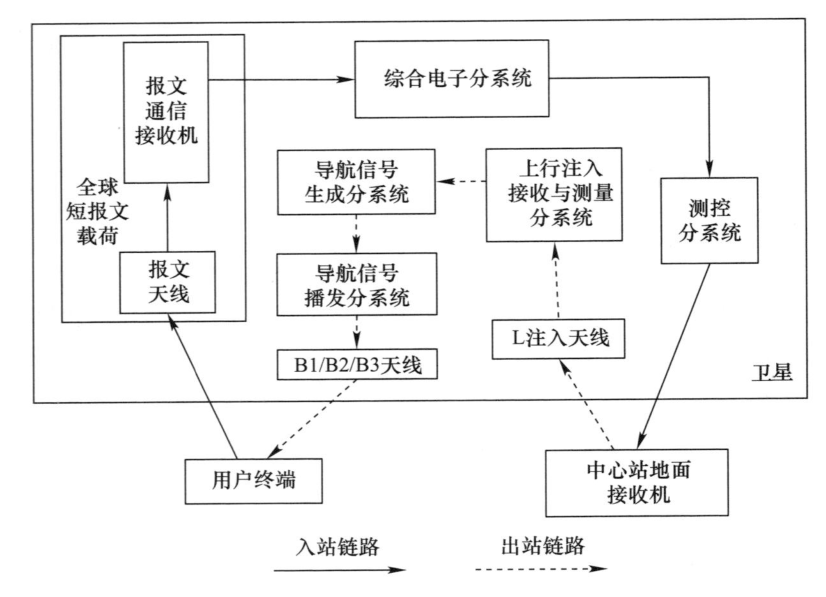

图 6.61　北斗三号卫星全球短报文载荷原理框图

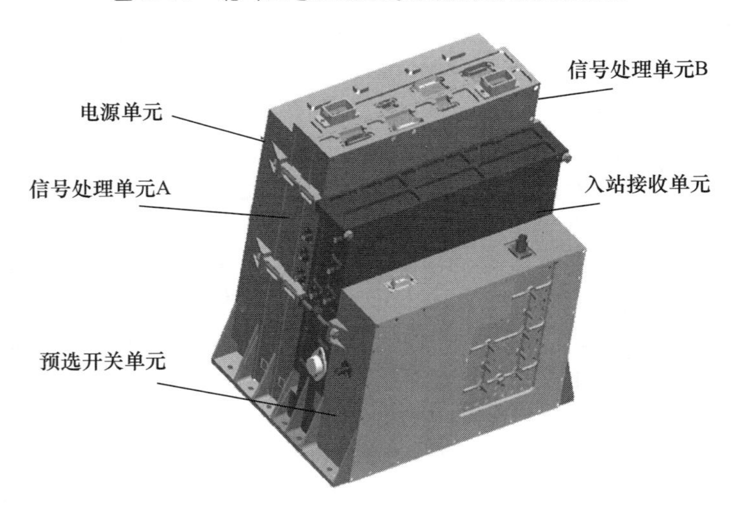

图 6.62　全球短报文接收机外形图(见彩图)

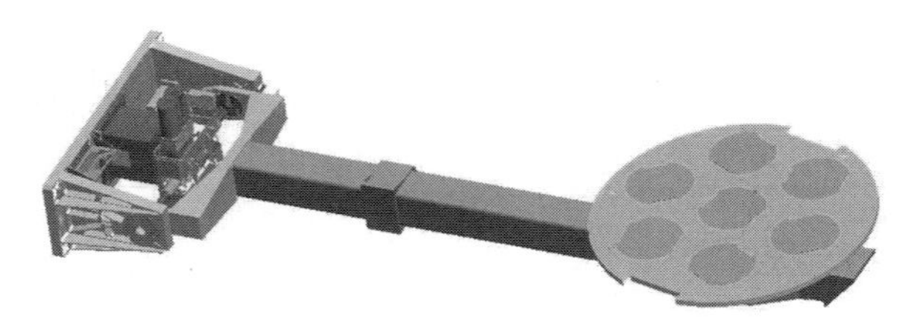

图 6.63　一种典型的报文通信天线外形图(见彩图)

参考文献

[1] 袁建平,罗建军,岳晓奎,等. 卫星导航原理与应用[M]. 北京:中国宇航出版社,2009.

[2] 谢军,王海红,李鹏,等. 卫星导航技术[M]. 北京:北京理工大学出版社,2018.

[3] KAPLAN E D, HEGARTY C J. GPS 原理及应用[M]. 寇艳红,译. 北京:电子工业出版社,2007.

[4] 闫建花,董哲,李硕,等. 国外主要卫星导航时频系统比较研究[C]//2011 年全国时间频率学术会议论文集. 北京:2011.

[5] 李孝辉,卢晓春,等. 卫星导航系统时间基础[M]. 北京:科学出版社,2011.

[6] 米红,谢军,宋志强,等. 北斗星载时间频率系统发展综述[J]. 导航定位学报,2014,2(2):1-5.

[7] VANIER J, AUDOIN C. The quantum physics of atomic frequency standards volume 1[M]. Bristol and Philadelphia:Adam Hilger,1989.

[8] 王义道,王庆吉,傅济时. 量子频标原理[M]. 北京:科学出版社,1986.

[9] 顾亚楠,陈忠贵,帅平. 国外导航卫星星载原子钟技术发展概况[J]. 国际太空,2008,10:12-16.

[10] PARKINSON B W, ENGE P, AXELRAD P, et al. Global positioning system:theory and applications[M]. Washington,DC:American Institute of Aeronautics and Astronautics,1996.

[11] 谭述森,周兵,郭盛桃,等. 中国全球卫星导航信号基本框架设计[J]. 中国空间科学技术,2008(4):9-14.

[12] 中国卫星导航系统管理办公室. 北斗卫星导航系统空间信号接口控制文件公开服务信号(2.1 版)[R/OL]. (2016-11). http://www.beidou.gov.cn/xt/gfxz.

[13] 中国卫星导航系统管理办公室. 北斗卫星导航系统空间信号接口控制文件公开服务信号 B1C(1.0 版)[R/OL]. (2017-12). http://www.beidou.gov.cn/xt/gfxz.

[14] 中国卫星导航系统管理办公室. 北斗卫星导航系统空间信号接口控制文件公开服务信号 B2a(1.0 版)[R/OL]. (2017-12). http://www.beidou.gov.cn/xt/gfxz.

[15] 中国卫星导航系统管理办公室. 北斗卫星导航系统空间信号接口控制文件公开服务信号 B3I(1.0 版)[R/OL]. (2018-02). http://www.beidou.gov.cn/xt/gfxz.

[16] RAPISARDA M, ANGELETTI P, CASINI E. A simulation framework for the assessment of navigation payload non-idealities[C]//2nd Workshop on GNSS Signals & Signal Processing,2007:24-25.

[17] CHEN Yibo, KOU Yanhong, ZHANG Zhengwen. Analog distortion of wideband signal in satellite navigation payload[C]//The 3rd China Satellite Navigation Conference. Berlin: Springer 2012:89-100.

[18] 周鸿伟,魏蛟龙,张小清,等. 导航卫星有效载荷非理想特性研究[J]. 华中科技大学学报(自然科学版),2014,42(7):118-123.

[19] ENGE P, et al. Local Area Augmentation of GPS for the precision approach of aircraft[C]//Proceedings of the IEEE,1999,87(1),Piscataway,NJ:111-132.

[20] COMGANANDETAL T M. GPS risk assessment study:final report[R]. JHC/APL. VS-99-007,

1999.
[21] PHELTS R E. Multicorrelator techniques for robust mitigation of threats to GPS signal quality [M]. USA:Stanford University,2001.
[22] 陈道明,李力田,汪一飞. 通信卫星有效载荷技术[M]. 北京:宇航出版社,2001.
[23] 徐福祥. 卫星工程[M]. 北京:中国宇航出版社,2002.
[24] 曾晖,林墨,李瑞,等. 全球卫星搜索与救援系统的现状与未来[J]. 航天器工程.2007,16(5):80-84.
[25] 庞佑军. 基于北斗卫星导航的搜救系统原理与构型[J]. 航天电子技术.2013,44(4):7-13.

第7章　北斗星间链路系统

星间链路(Inter-Satellite Link 或 Crosslink)是指卫星与卫星之间的链路,也可以扩展为航天器与航天器之间的链路。星间链路可执行星间通信、数据传输、星间测距和星间测控等功能。

不同的空间系统,星间链路的作用不同。通信卫星星座的星间链路可以减小星地跳数和通信延迟,遥感观测编队系统的星间链路可以增大虚拟相机口径以提高分辨率;中继卫星系统的星间链路可以增加用户星的测控弧段;另外,还有一些科学研究使用的星间链路。星间链路使多颗卫星形成有机整体,扩展了单星的工作能力。

导航卫星星间链路是指通过在导航卫星上配置无线电或激光测量通信设备,实现卫星之间的伪距测量、时差测量与双向通信。通过星间链路,导航卫星形成了一个真正的星座系统,具有显著的网络属性。与其他空间系统的星间链路相比,导航卫星星间链路更注重星间测量功能,星座内链路多、网络结构复杂。

星间链路已经成为未来全球卫星导航系统的基本技术特征和技术制高点,世界主要卫星导航系统均发展星间链路实现全球服务,并提升系统性能。北斗全球系统星间链路不仅是实现全球服务和提升系统性能的重要手段,同时也是支撑系统自主运行与实现自主导航能力的关键。

本章首先对星间链路任务与功能、链路网络结构、星间测量与通信体制等内容进行了介绍。之后,对北斗三号卫星星间链路系统进行阐述,包括系统组成、工作模式等。

7.1　星间链路任务与功能

北斗三号卫星系统上配置的星间链路负责提供星间测距、星间数据传输以及网络路由等功能;支持地面系统进行星地星间联合精密定轨与精密时间同步,支持地面系统进行运控、测控在轨管理,支持导航星座系统自主导航等任务[1]。

北斗三号卫星星间链路的主要功能如下。

(1) 星间测量,支持星间距离和时间的双向比对测量。

(2) 星地精密定轨与时间同步,支持高精度星座自主导航功能。

(3) 星间数据传输与网络路由,支持星座运控信息、测控信息注入中继与下传。

（4）实现星间天线指地时的对地测量，可利用测控上注信息，完成天线指向和链路通信功能。

（5）通过星间/星地测量、数据交换处理，由星座自主管理实现导航系统稳定运行。通过星间链路，支持锚固站式星座自主导航；通过星间链路，支持星座完全自主导航。

（6）具备通道时延测量功能，通过时延校正通道，完成星间链路收发通道在轨时延测量功能。

（7）具备软件重构功能；支持星间网络协议与信息处理软件的在轨重构；支持天线指向计算软件的在轨重构；支持自主导航软件的在轨重构。

（8）具备地面在轨管理的功能。

北斗三号卫星通过试验卫星在轨技术试验与验证评估，确定了正式组网卫星技术状态。正式组网卫星研制过程中，突破了基于 Ka 频段相控阵时分体制的相控阵天线 Ka 频段星间高精度测量、复杂路由规划、相控阵天线高密度热控等关键技术，可通过星间测量信息自主计算并修正卫星的轨道位置和时钟信息，实现混合星座星星地联合精密定轨。

北斗三号卫星在轨测试表明：采用星间链路后，MEO 卫星的轨道预报精度从 0.4m 提升到 0.15m，钟差预报误差从 3ns 减小到 1ns。

7.2 链路网络结构

星间链路网络结构设计主要研究卫星节点间的相互关系，包括卫星节点间链路建立的可行性、链路建立的稳定性等内容。星间链路网络结构与卫星星座构型紧密相关，它的设计受限于具体的星座方案，其优化也离不开具体的卫星分布情况[2]。

当然，在卫星星座的设计中也需要考虑星间链路建立的情况，并将其作为星座优化的一个重要方面。

北斗全球系统空间段中：3 颗 GEO 卫星分别定点在东经 80°、110.5°和 140°；3 颗 IGSO 卫星星下点轨迹重合，轨道倾角 55°，交点经度为东经 118°，相位差 120°；MEO 星座构型为 Walker24/3/1，轨道高度 21528km，倾角 55°，24 颗 MEO 卫星分布在 3 个轨道面上，每个轨道面的 8 颗卫星按相位差 45°配置。

北斗系统星间链路不但可实现同一轨道面内 MEO 卫星之间以及不同轨道面内 MEO 卫星之间的建链，而且能实现 MEO 卫星与 GEO 卫星和 IGSO 卫星的建链。

北斗全球卫星导航系统星座构型如图 7.1 所示。

考虑到大气电离层对 Ka 频段无线电信号的影响，在对星间链路的天线及链路进行指标分配设计时，需要规避影响建链的地球表面上空 1000km 内区域。对高度为 21528km 的 MEO 卫星而言，需要扣除以地球为中心的 ±15°锥形区域；对于 GEO/IGSO 卫星而言，需要扣除以地球为中心的 ±10°锥形区域。

在北斗系统MEO卫星星间链路设计中,采用一致性原则和对称性原则。一致性原则,即MEO卫星的建链规则具有一致性,不考虑MEO卫星编号的差异,各MEO卫星的建链方式是相同的;对称性原则,即同一颗MEO卫星两条同轨链路具有对称性。

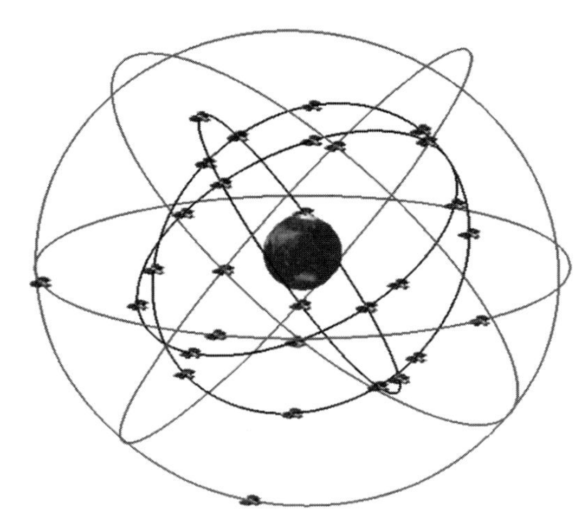

图7.1 北斗全球卫星导航系统星座构型(见彩图)

图7.2是北斗全球卫星导航系统的MEO 24/3/1星座轨道平面图,图中示出各轨道面卫星的相对位置关系。

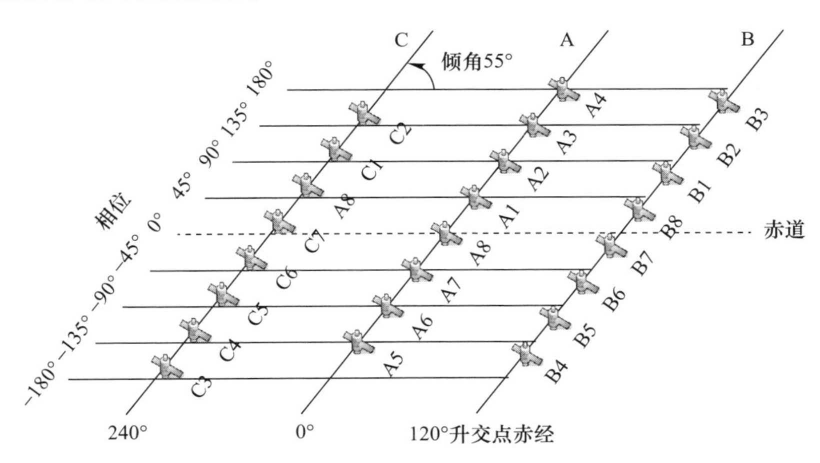

图7.2 北斗全球卫星导航系统MEO 24/3/1星座轨道平面图

分析表明,在一个MEO卫星轨道周期内,有14颗MEO卫星与卫星A1之间始终互相可见,可建立持续的星间链路,这一结论对于所有24颗MEO卫星都是成立的。

北斗全球卫星导航系统MEO卫星星间链路可选的固定链路拓扑如表7.1所列。表中,"0"表示对应行与列卫星之间没有建立星间链路,"1"表示对应行与列卫星之间建立有星间链路。

表 7.1 北斗全球系统 MEO 卫星星间链路可选择的固定链路拓扑表

SV	A1	A2	A3	A4	A5	A6	A7	A8	B1	B2	B3	B4	B5	B6	B7	B8	C1	C2	C3	C4	C5	C6	C7	C8
A1	0	1	1	1	0	1	1	1	1	0	0	1	1	0	0	1	0	0	1	1	0	0	1	1
A2	1	0	1	1	1	0	1	1	1	1	0	0	1	1	0	0	1	0	0	1	1	0	0	1
A3	1	1	0	1	1	1	0	1	0	1	1	0	0	1	1	0	1	1	0	0	1	1	0	0
A4	1	1	1	0	1	1	1	0	0	0	1	1	0	0	1	1	0	1	1	0	0	1	1	0
A5	0	1	1	1	0	1	1	1	1	0	0	1	1	0	0	1	0	0	1	1	0	0	1	1
A6	1	0	1	1	1	0	1	1	1	1	0	0	1	1	0	0	1	0	0	1	1	0	0	1
A7	1	1	0	1	1	1	0	1	0	1	1	0	0	1	1	0	1	1	0	0	1	1	0	0
A8	1	1	1	0	1	1	1	0	0	0	1	1	0	0	1	1	0	1	1	0	0	1	1	0
B1	1	1	0	0	1	1	0	0	0	1	1	1	0	1	1	1	1	0	0	1	1	0	0	1
B2	0	1	1	0	0	1	1	0	1	0	1	1	1	0	1	1	1	1	0	0	1	1	0	0
B3	0	0	1	1	0	0	1	1	1	1	0	1	1	1	0	1	0	1	1	0	0	1	1	0
B4	1	0	0	1	1	0	0	1	1	1	1	0	1	1	1	0	0	0	1	1	0	0	1	1
B5	1	1	0	0	1	1	0	0	0	1	1	1	0	1	1	1	1	0	0	1	1	0	0	1
B6	0	1	1	0	0	1	1	0	1	0	1	1	1	0	1	1	1	1	0	0	1	1	0	0
B7	0	0	1	1	0	0	1	1	1	1	0	1	1	1	0	1	0	1	1	0	0	1	1	0
B8	1	0	0	1	1	0	0	1	1	1	1	0	1	1	1	0	0	0	1	1	0	0	1	1
C1	0	1	1	0	0	1	1	0	1	1	0	0	1	1	0	0	0	1	1	1	0	1	1	1
C2	0	0	1	1	0	0	1	1	0	1	1	0	0	1	1	0	1	0	1	1	1	0	1	1
C3	1	0	0	1	1	0	0	1	0	0	1	1	0	0	1	1	1	1	0	1	1	1	0	1
C4	1	1	0	0	1	1	0	0	1	0	0	1	1	0	0	1	1	1	1	0	1	1	1	0
C5	0	1	1	0	0	1	1	0	1	1	0	0	1	1	0	0	0	1	1	1	0	1	1	1
C6	0	0	1	1	0	0	1	1	0	1	1	0	0	1	1	0	1	0	1	1	1	0	1	1
C7	1	0	0	1	1	0	0	1	0	0	1	1	0	0	1	1	1	1	0	1	1	1	0	1
C8	1	1	0	0	1	1	0	0	1	0	0	1	1	0	0	1	1	1	1	0	1	1	1	0

对上述可选择的 MEO 卫星固定链路表进行分析研究,可归纳出如下规律。

(1) MEO 同轨道面内的可选固定链路情况。每一颗 MEO 卫星除卫星自身和地球背面的一颗对称卫星外,均能够与同轨道面内的其余 6 颗 MEO 卫星建立固定链路。

(2) MEO 异轨道面可选固定链路情况。某轨道面内任意一颗 MEO 卫星(例如 A1)能够与其相邻轨道面上前后两个相位上的 2 颗 MEO 卫星(例如 B 轨道面上的 B1、B8 或 C 轨道面上的 C7、C8)建立固定链路,同时也能够与这 2 颗卫星(B1、B8 或 C7、C8)在其轨道面内(B 或 C 轨道面)的对称轨位上的两颗 MEO 卫星(B4、B5 或

C3、C4)建立固定链路,如图7.3所示。图中C7卫星是C轨道面内A1卫星的后相位卫星,C8是C轨道面内A1卫星的前相位卫星,C3与C7相对地球对称,C4与C8相对地球对称。B轨道面内的4颗可选固定链路卫星的分析与此类似。

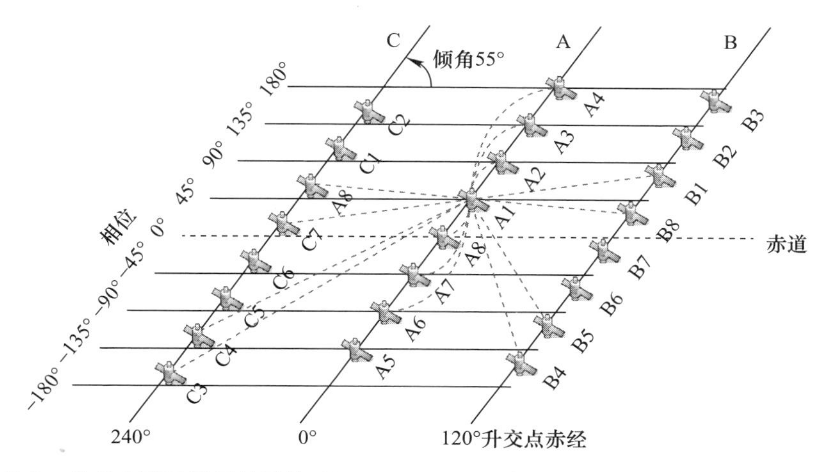

图7.3 北斗全球卫星导航系统 Walker 24/3/1 星座 A1 卫星可选固定链路(见彩图)

北斗全球卫星导航系统星间链路网络特点:①所有卫星(包括GEO、IGSO和MEO卫星)均按预定轨道周期性运动;②卫星之间采用无线的点到点方式通信。

以下给出一种可供选择的设计方案。

北斗全球卫星星座中GEO、MEO、IGSO卫星可构成多层卫星网络,其每一层都可形成一个完整的网络,独立完成通信和测量任务。

由于GEO卫星只在赤道上方的地球同步轨道上运行,利用星间链路将相邻卫星连接起来形成单环结构是一个理所当然的选择。但是,单环结构存在以下缺点:GEO卫星的通信距离很长,沿单环结构逐跳传输会增大信号的传输延迟;同时,单环结构不存在冗余链路,网络的健壮性比较差。因此,在非相邻卫星之间适当增加一定数量的弦状链路可改善单环结构的平均传输延迟及健壮性。

MEO采用Walker星座,同一个轨道内的相邻卫星之间以及相邻轨道上位置接近的卫星之间存在永久链路,利用这些永久链路建立卫星间的连接,形成如图7.4所示的2D-环绕结构,称为曼哈顿结构。

从整个系统的应用需求进行分析,不同层次的网络之间既要有一定的连接度,但又不宜太多。连接度太小,网络的可靠性较差;连接度太大,网络会变得很复杂,给网络路由和拓扑管理都带来很大资源开销。

为减小不同层次网络之间的耦合度和在空间均衡分布层间连接,将地球表面按照经度方向划分成2个不重叠的区域,同一层网络中位于同一个区域上方的卫星属于同一个管理簇,每个簇设置某一卫星作为层间通信节点,负责与上层及下层网络连接。这样,整个混合星座中卫星不同层次的网络仅在层间通信节点处存在连接,层间网络状态收集及跨层路由均在这些节点完成。从而将系统层间拓扑设计转化为每一层中层间通信节点的确定，通过节点间建立星间链路来完成整个系统层间拓扑的构造。

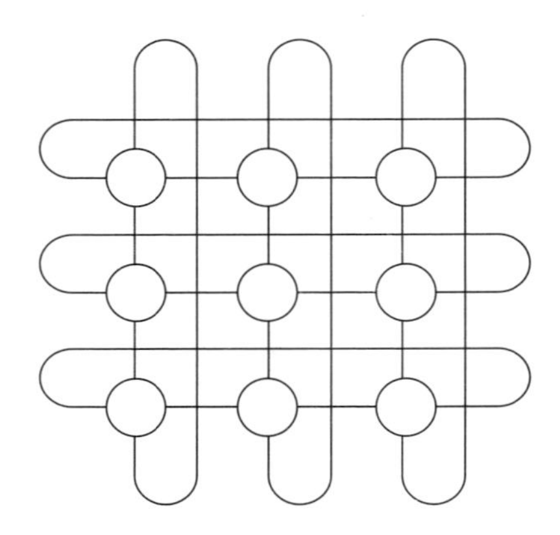

图 7.4　层内 2D-环绕结构示意图

考虑到网络节点负载均衡、冗余备份及平稳切换的需要，每个簇都分别与其他两层网络的对应簇建立连接，整个网络就形成了一个具有适度连接的二层立体网络。

星座中不同层次的网络层间星间链路拓扑示意图如图 7.5 所示。

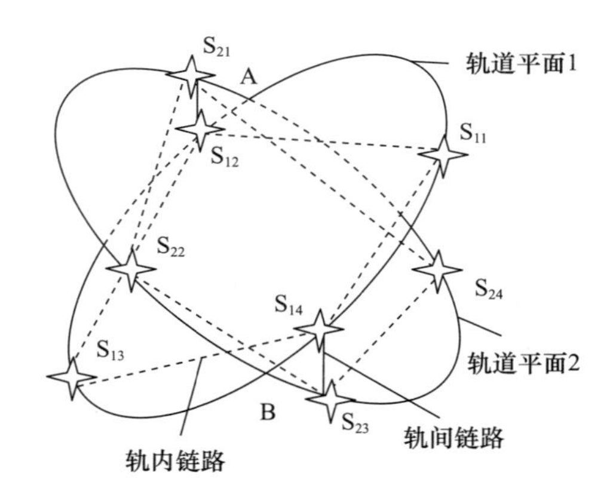

图 7.5　星座中不同层次的网络层间星间链路拓扑图

7.3　星间测量与通信体制

7.3.1　频率设计

星间链路设计选用的无线电信号频率需符合国际电信联盟(ITU)关于频率划分

和使用的相关规定。在此基础上,还需综合考虑各频段信号的技术特点以及星载产品可获得性,最终设计优选合适的信号频率。

根据ITU的无线电信号频率划分规定,相关星间链路业务(ISS)信号频段划分情况如表7.2所列,其中共用业务表示此频段除分配给星间链路之外还分配给其他用途的业务,适用区域表示该信号对应业务的适用区域。

表7.2　ISS频段划分

<table>
<tr><th>频段/GHz</th><th>共用业务</th><th>适用区域</th></tr>
<tr><td>UHF</td><td></td><td></td></tr>
<tr><td>S/C</td><td></td><td></td></tr>
<tr><td>22.55~23.55</td><td>固定、移动</td><td>所有</td></tr>
<tr><td rowspan="3">24.45~24.65</td><td>固定</td><td>1</td></tr>
<tr><td>无线电导航</td><td>2</td></tr>
<tr><td>固定、移动、无线电导航</td><td>3</td></tr>
<tr><td rowspan="3">24.65~24.75</td><td>固定</td><td>1</td></tr>
<tr><td>卫星无线电导航(地对空)</td><td>2</td></tr>
<tr><td>固定、移动</td><td>3</td></tr>
<tr><td rowspan="2">25.25~25.5</td><td>固定、移动</td><td rowspan="2">所有</td></tr>
<tr><td>卫星标准频率与时间信号(地对空)</td></tr>
<tr><td rowspan="2">25.5~27</td><td>卫星地球探测(空对地)、固定、移动、空间研究(空对地)</td><td rowspan="2">所有</td></tr>
<tr><td>卫星标准频率与时间信号(地对空)</td></tr>
<tr><td rowspan="2">27~27.5</td><td>固定、移动</td><td>1</td></tr>
<tr><td>固定、卫星固定(地对空)、移动</td><td>2,3</td></tr>
<tr><td>54.25~55.78</td><td>卫星地球探测(被动式)、空间研究(被动式)</td><td rowspan="13">所有</td></tr>
<tr><td>32.3~33</td><td>固定、无线电导航</td></tr>
<tr><td>55.78~55.9</td><td>卫星地球探测(被动式)、固定、移动、空间研究(被动式)</td></tr>
<tr><td>55.9~57</td><td>卫星地球探测(被动式)、固定、移动、空间研究(被动式)</td></tr>
<tr><td>57~58.2</td><td>卫星地球探测(被动式)、固定、移动、空间研究(被动式)</td></tr>
<tr><td>59~59.3</td><td>卫星地球探测(被动式)、固定、移动、无线电定位、空间研究(被动式)</td></tr>
<tr><td>59.3~64</td><td>固定、移动、无线电定位</td></tr>
<tr><td>64~65</td><td>固定、移动(除航空移动)</td></tr>
<tr><td>65~66</td><td>卫星地球探测、固定、移动(除航空移动)、空间研究</td></tr>
<tr><td>66~71</td><td>移动、卫星移动、无线电导航、卫星无线电导航</td></tr>
<tr><td>116~119.98</td><td>卫星地球探测(被动式)、空间研究(被动式)</td></tr>
<tr><td>119.98~122.25</td><td>卫星地球探测(被动式)、空间研究(被动式)</td></tr>
<tr><td>122.25~123</td><td>固定、移动、业务</td></tr>
</table>

（续）

频段/GHz	共用业务	适用区域
130～134	卫星地球探测（主动式）、固定、移动、射电天文	所有
167～174.5	固定、卫星固定（空对地）、移动	
174.5～174.8	固定、移动	
174.8～182	卫星地球探测（被动式）、空间研究（被动式）	
185～190	卫星地球探测（被动式）、空间研究（被动式）	
191.8～200	固定、移动、移动卫星、无线电导航、卫星无线电导航	

无线电信号频率分配中，全球范围被分成3个区域，如图7.6所示（该图在170°处展开）。2区被界定在B和C之间；1区被界定在A和B之间，同时包含连接A、C那条横向曲线的北部地区；3区被界定在A、C和横向曲线的南部地区。

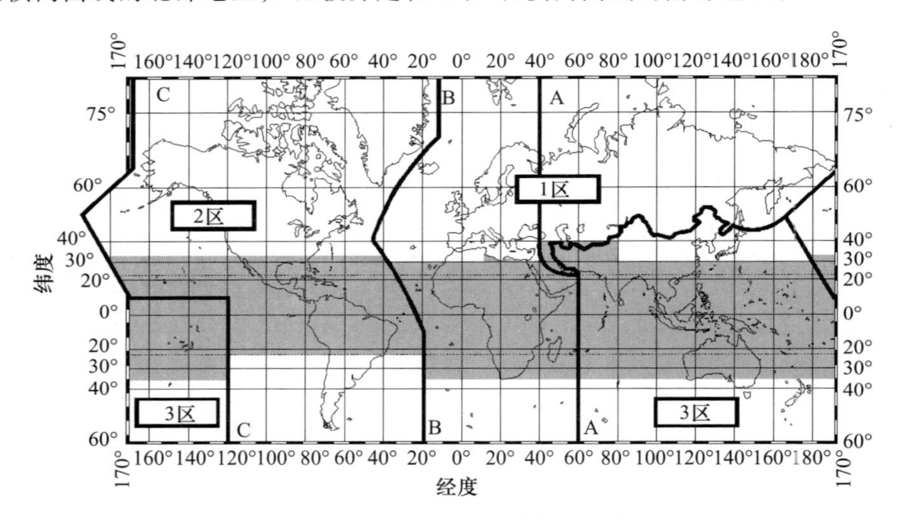

图7.6 全球3个区域的划分界线

按照表7.2所列，目前ITU分配给星间链路业务的无线电信号频率主要集中在25GHz上下（K/Ka频段附近）、60GHz上下（V频段附近）以及100GHz更高的频段。

（1）UHF频段400.15～401MHz，410～420MHz。

（2）S频段2.025～2.11GHz，2.20～2.29GHz。

（3）C频段5.01～5.03GHz。

（4）Ka频段（含表中K频段）22.55～23.55GHz，24.45～24.75GHz，25.25～27.5GHz，32～33GHz。

（5）V频段54.25～58.2GHz和59～71GHz均分配给星间使用。

（6）毫米波频段116～123GHz，130～134GHz，167～182GHz，185～190GHz和191.8～200GHz均分配给星间使用。

从星载天线产品技术成熟度来看，UHF频段的频率较低，天线产品开发较早，最

为成熟,国内外众多卫星上均有应用。目前美国 GPS 在轨卫星采用的就是 UHF 频段的星间链路天线。Ka 频段天线产品在国内外卫星上已经采用,我国通信卫星已采用 Ka 频段可移点波束天线方案,波束增益达到 40dB,控制方式采用开环和闭环两种,设计寿命 12 年。V 频段星间链路天线在美国铱星系统已经采用。另外,激光星间链路也是国内外研究的热点。

从抗干扰能力的角度来看,UHF 频段的天线波束较宽,易于受到空间中其他飞行器和地面发送来的干扰信号的影响。V 频段的天线波束窄,具有较强的抗干扰能力。从信号大气衰减的角度,Ka 频段和 V 频段的无线电信号受大气衰减严重,尤其是 25GHz 和 60GHz 等信号频率处是衰减的峰值,因此这些频率处信号可以有效避免来自地球上的无线电的同频干扰,而 UHF 频段信号则没有这个优点。激光链路由于具有极优的指向性,可实现对地面无线电干扰的免疫。

从卫星在轨管理控制措施的角度来看,采用 UHF 频段的天线最简单,无需任何控制措施;Ka 频段天线比较复杂,需要一定的控制措施解决天线指向问题,鉴于星间链路存在周期性,可以用程序进行控制;激光与 V 频段最复杂,需要精确的天线指向,适宜于相对静止的两颗卫星之间使用。

从信号可用带宽资源的角度来看,激光信号可供选择的带宽最宽,其次是 V 频段和 Ka 频段,分配给星间链路业务的带宽分别约有 15GHz 和 5GHz,而 UHF 频段带宽较窄且本身没有分配给星间链路业务的可用频段,如果使用必须考虑对其他卫星和地面的干扰以及来自于地面和其他卫星的干扰。

表 7.3 列出了北斗系统星间链路可选无线电信号频段的比较。

表 7.3　北斗系统星间链路可选无线电信号频段比较

频段	技术成熟度	抗干扰能力	控制措施	可用带宽
UHF 频段	成熟	弱	简单	窄
Ka 频段	成熟	强	复杂	约 5GHz
V 频段	不成熟	强	最复杂	约 15GHz
激光	不成熟	强	复杂	100GHz 以上

经过综合分析,北斗全球卫星导航系统星间链路信号频率确定选择 Ka 频段。

7.3.2　星间测量体制

卫星导航系统要求星间链路同时具备星间测量和数据通信的能力,测量和通信一体化是导航卫星星间链路的重要技术特点。

本节将进行星间测量的原理和方法研究,给出星间测距与时间同步的理论与算法,推导并构造出统一形式的星间双向测距与时间同步控制算法,并进行深入的星间链路误差分析。

星间双向通信/测距与时间同步方法描述如下。

(1) 两星之间的数据交互与基线测量在单载波统一信道内综合实现,不额外配置专用基线测量设备,任意两卫星间通信/基线测量过程对其他节点透明。

(2) 两星相互独立地向对方发送结构相同的测距帧,卫星本地时钟、发射信号载波频率由本地频率综合器产生,不与对方相参,双方无信号频率、相位关系约束。

(3) 两星分别于本地传输帧同步码前沿发送时刻提取本地伪距,并将其嵌入本地测距帧向对方发送。

(4) 卫星在取样时刻提取的本地伪距,包含此时刻两卫星之间的几何距离和本地钟面时偏差,二者需通过算法实现解耦。

(5) 两星各自独立地利用本地伪距和接收到对方经测距帧发来的伪距,通过计算获得星间距离值和时间同步误差(两本地钟差),进行时间同步调整。

7.3.2.1 星间测距与时间同步理论

星间距离测量和钟差测量采用双向非相干信息帧扩频测量体制,具体原理和时序关系如图 7.7 所示。

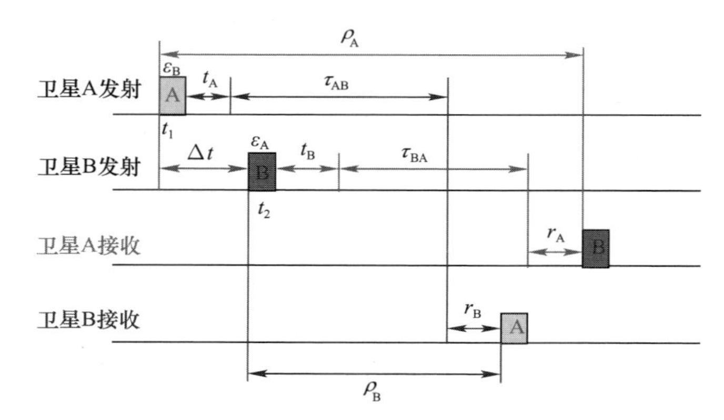

图 7.7　双向非相干信息帧测距、测钟差的原理及时序关系(见彩图)

在图 7.7 中,卫星 A 和卫星 B 分别以自身时钟为基准,在各自的分配时隙内发射测距信号。

由于卫星 A 和卫星 B 双方时间不一致,双方发送的测距信息帧之间存在时间差 Δt,假设卫星 A,通过捕获跟踪卫星 B 发射的测距信号可以得到传输时延 ρ_A,该时延除了包括卫星 B 与卫星 A 天线间的电磁波传播时延 τ_{BA} 外,还包括卫星 B 的发射设备时延 t_B、卫星 A 的接收设备时延 r_A 和卫星 B 与卫星 A 间的钟差 Δt,以及测量误差 ε_A,其关系为

$$\rho_A = \Delta t + t_B + \tau_{BA} + r_A + \varepsilon_A \tag{7.1}$$

同理,卫星 B 可以测量得到时延 ρ_B,其时间关系:

$$\rho_B = (-\Delta t) + t_A + \tau_{AB} + r_B + \varepsilon_B \tag{7.2}$$

若把测距帧看作卫星 A、卫星 B 之间的一把电波尺,则传输帧的历元就是电波尺刻度,能测量出两卫星某一瞬间的几何距离。与常规的静态条件下测量两物体之间

距离的不同之处在于两卫星之间、卫星和电波尺之间存在相互运动。

此时需要一个理想的“采样快门”来同时提取某一瞬间的电波尺在卫星 A 和卫星 B 的刻度，计算出两颗卫星在某一惯性参考系/UTC 系统中的几何距离。

定义某一惯性参考系及时间系统（UTC），令卫星 A、B 各自采样时刻对应为 t_1、t_2，定义两个卫星终端的采样时间间隔为 $\Delta t = t_2 - t_1$。

在卫星 A、B 的接收解扩/解调单元的载波跟踪环路、码跟踪环路对接收信号良好锁定、位同步帧同步条件下，各自独立地提取当前时刻接收到的对方传输帧历元计数值和对方帧同步码前沿发送时刻，计算出采样时刻对应对方传输帧到达历元时，如图 7.8 所示。

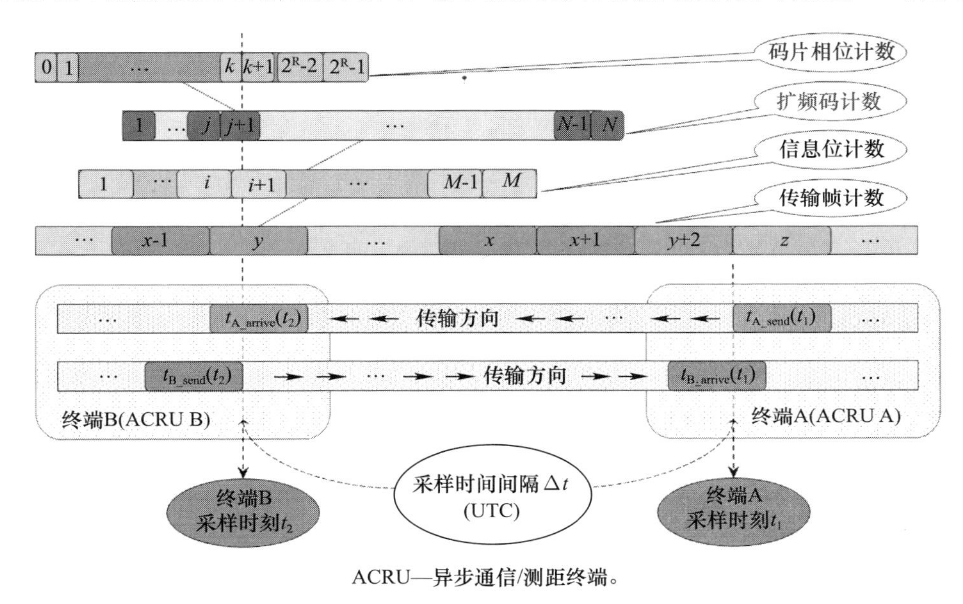

ACRU—异步通信/测距终端。

图 7.8　卫星 A、B 之间伪距测量原理及时序关系（见彩图）

t_1、t_2：卫星 A、B 的本地理想采样时刻（UTC）。

$t_{A\_send}(t_1)$、$t_{B\_send}(t_2)$：t_1、t_2时刻被卫星 A、B 采样的本地传输帧发送历元时（帧同步码前沿）。

$t_{B\_arrive}(t_1)$、$t_{A\_arrive}(t_2)$：t_1、t_2时刻被卫星 A、B 采样的对方传输帧到达历元时。

i：采样时刻提取的传输帧信息位计数，取值范围是 $0 \sim M-1$ 的整数。

j：采样时刻提取的传输帧扩频码整数码片计数，取值范围是 $0 \sim N-1$ 的整数。

k：采样时刻提取的传输帧扩频码片小数码片计数，取值范围是 $0 \sim 2^R - 1$ 的整数。

Δt：UTC 系统下卫星 A、B 的采样时间间隔，定义：$\Delta t = t_2 - t_1$。

式（7.3）、式（7.4）给出实际星上终端获得的本地伪距 $\rho_A(t_1)$、$\rho_B(t_2)$：

$$\begin{cases} \rho_A(t_1) = t_{A\_send}(t_1) - t_{B\_arrive}(t_1) + \varepsilon_A \\ \rho_B(t_2) = t_{B\_send}(t_2) - t_{A\_arrive}(t_2) + \varepsilon_B \end{cases} \tag{7.3}$$

式中

$$\begin{cases} t_{A\_send}(t_1) = t_{A\_ASM-send} \\ t_{B\_arrive}(t_1) = t_{B\_ASM-arrive} + [i_{B\_arrive}(t_1) \cdot N + j_{B\_arrive}(t_1) + k_{B\_arrive}(t_1)/2^R]/f_{code} \\ t_{B\_send}(t_2) = t_{B\_ASM-send} \\ t_{A\_arrive}(t_2) = t_{A\_ASM-arrive} + [i_{A\_arrive}(t_2) \cdot N + j_{A\_arrive}(t_2) + k_{A\_arrive}(t_2)/2^R]/f_{code} \end{cases} \tag{7.4}$$

(式7.4)中等式右方的各参数由卫星A、B的本地测量获得并与对方卫星共享，参数说明如下。

$i_{B\_arrive}(t_1)$、$j_{B\_arrive}(t_1)$、$k_{B_arrive}(t_1)$分别为t_1时刻被卫星A采样的卫星B测距帧到达历元的信息位计数、整码片计数和小数码片计数(两者相加即为码相位)。

$t_{B_ASM-arrive}$为t_1时刻卫星A接收到的当前卫星B测距帧勤务段中嵌入的本帧同步码前沿采样的卫星B本地钟面时。

$t_{A_ASM-send}$为t_1时刻卫星A发出的本地测距帧同步码前沿采样的本地钟面时。

$i_{A\_arrive}(t_2)$、$j_{A\_arrive}(t_2)$、$k_{A_arrive}(t_2)$分别为t_2时刻被卫星B采样的卫星A传输帧到达历元的信息位计数、整码片计数和小数码片计数(两者相加即码相位)。

$t_{A_ASM-arrive}$为t_2时刻卫星B接收到的当前卫星A传输帧勤务段中嵌入的本帧同步码前沿采样的卫星A本地钟面时。

$t_{B_ASM-send}$为t_2时刻卫星B发出的本地传输帧同步码前沿采样的本地钟面时。

f_{code}为卫星A、B的扩频码时钟(由本地时频基准产生)频率标称值。

7.3.2.2 星间测距误差分析

星间测距误差包括:组合零值、相对运动误差、热噪声误差等。

1) 组合零值

组合零值是指进行星间测量的两个星载设备由于发射和接收处理所引起的设备固有延迟,包括卫星A的发射延迟、卫星B的接收延迟、卫星B的发射延迟和卫星A的接收延迟,这些延迟以组合的形式影响星间测距结果。组合零值可以事先由地面进行精确的校准,注入给星载设备。

但是,组合零值受多种因素的影响,包括设备温度变化、元器件老化等,会引起通道零值的漂移。因此,为了保证系统高精度的星间测量和时间同步,必须对星载无线电设备,特别是对星间链路的天线、射频前端、中频自动增益控制器、滤波器和放大器等进行严格的温度控制,并根据实际情况对测量数据进行温度补偿。

2) 相对运动误差 $\Delta\tau$

在惯性坐标系下,卫星是连续高速运动的,因此,在进行双向测量时需要进行相对运动效应的分析,如图7.9所示。

假设卫星A发出测距信标信号时,卫星A、B之间的距离为R_2;卫星B发出测距信标信号时,卫星A、B之间的距离为R_1,且两星的时间同步误差为Δt,卫星A、B在其连线上的径向速度分别为rv_A、rv_B,根据刚体运动学理论,可以得到

$$\begin{cases}\int_0^{\tau(t_1)} rv_A(t)\mathrm{d}t + c\cdot\tau(t_1) = R_1 \\ \int_0^{\tau(t_2)} rv_B(t)\mathrm{d}t + c\cdot\tau(t_2) = R_2 \\ R_2 - R_1 = \int_{t_1}^{t_2}(rv_A + rv_B)\mathrm{d}t \\ rv_A = v_A\cdot\cos\theta_A, rv_B = v_B\cdot\cos\theta_B\end{cases} \tag{7.5}$$

式中：c 为光速。

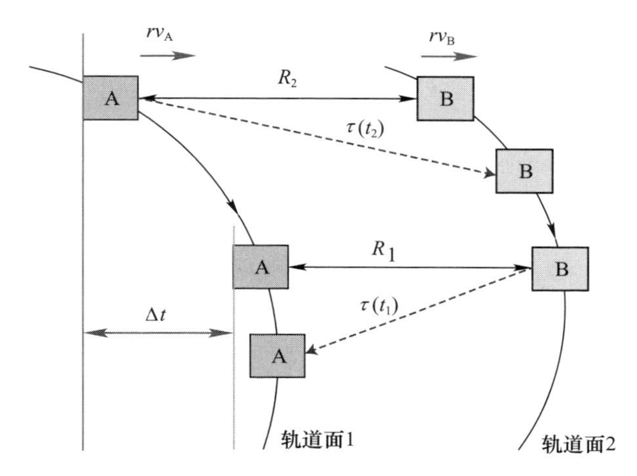

图 7.9　卫星 A、B 相对运动对双向测量的影响示意图（见彩图）

由导航星座空间参数可知，卫星的径向速度变化相对缓慢，在测量时间内可假定其为匀速运动，简化公式（7.5）得到

$$\Delta\tau = 0.5[\tau(t_2) - \tau(t_1)] = 0.5\left[\frac{R_1 + \Delta t(rv_A + rv_B)}{c + rv_B} - \frac{R_1}{c + rv_A}\right] \tag{7.6}$$

将式（7.6）代入式（7.3）可推导出最终测量公式，如下：

$$\begin{cases}\Delta t\left[1 - \frac{0.5(rv_A + rv_B)}{c + rv_B}\right] = 0.5[\rho_A(t_1) - \rho_B(t_2) - 2\Delta t_{AB\_send}(t_2) + \tau_{delay-}] + R_1\cdot c' \\ R_1 = \left\{0.5\left[\rho_A(t_1) + \rho_B(t_2) - \tau_{delay+} - \frac{\Delta t(rv_A + rv_B)}{c + rv_B}\right]\right\}c''\end{cases} \tag{7.7}$$

式中

$$c' = 0.5\left(\frac{1}{c + rv_B} - \frac{1}{c + rv_B}\right) = \frac{0.5(rv_A - rv_B)}{c^2 + c(rv_A + rv_B) + rv_A\cdot rv_B}$$

$$c'' = \frac{c^2 + c(rv_A + rv_B) + rv_A\cdot rv_B}{c + 0.5(rv_A + rv_B)}$$

由式（7.7）可以得到，双向测距和时间同步误差与测量时刻卫星的径向速度和两星的几何距离有关。

从测量结果可以得出,星间距离和相对速度带来的误差在百米量级,钟差测量误差在几百纳秒量级,这对于星间精密测量来说是不可容忍的。因此,需要通过修正算法来消除动态条件下星间双向测距体制测量方法的误差。

3）热噪声误差

伪距观测量是从伪码跟踪环路中提取的,因此环路的热噪声误差和动态应力误差直接影响到伪距测量的误差。

伪码跟踪环路总的跟踪误差(1σ)为

$$\sigma_{\mathrm{DLL}} = \sigma_{\mathrm{tDLL}} + \frac{\theta_{\mathrm{e}}}{3} \tag{7.8}$$

式中:σ_{tDLL}为热噪声引起的跟踪误差(m);θ_{e} 为卫星间相对运动引起的动态应力误差(m)。

热噪声引起的跟踪误差为

$$\sigma_{\mathrm{tDLL}} = \frac{1}{f_{\mathrm{code}}}\sqrt{\frac{2d^2 B_{\mathrm{L}}}{CN_0}\left(2(1-d) + \frac{4d}{T \cdot CN_0}\right)} \tag{7.9}$$

式中:B_{L} 为环路等效噪声带宽(Hz);d 为相关间距;CN_0 为载噪比;T 为预检测积分时间;f_{code}为伪码速率。

对于二阶跟踪环,动态应力引起的跟踪误差为

$$\theta_{\mathrm{e}} = \frac{\mathrm{d}R^2/\mathrm{d}t^2}{\omega_{\mathrm{n}}^2} = 0.2809\,\frac{\mathrm{d}R^2/\mathrm{d}t^2}{B_{\mathrm{L}}^2} \tag{7.10}$$

式中:$\mathrm{d}R^2/\mathrm{d}t^2$ 为航天器相对径向加速度;ω_{n} 为载波环自然谐振频率,$\omega_{\mathrm{n}} = B_{\mathrm{L}}/0.53$。由于载波伪码相参,一般采用载波辅助码环来消除绝大部分动态,因此,该误差可以忽略不计。

7.3.2.3 星间距离精密测量的星载实现

精密测距技术包含星间天线相位中心到卫星质心之间距离的归算、天线相位中心及其稳定性、设备时延及其稳定性、测距精度和星间链路/RNSS 时延归算等 5 个技术环节。

1）星间天线相位中心到卫星质心之间距离的归算

星间链路直接测量的距离可以等效为星间天线相位中心之间的距离,在定轨应用时需转换为卫星质心之间的距离。根据实际经验,归算精度一般优于 3cm。

2）天线相位中心及其稳定性

天线相位中心及其稳定性将直接影响测距精度。采用地面精确标定以及时延稳定性设计降低其影响,标定精度优于 2cm,稳定性优于 3cm/天。

3）设备时延及其稳定性

时延稳定性一般采用在线监测的办法进行实时估计和校准。通过系统设计,实现对设备时延及其稳定性的自闭环时延监测。在具体设计时:一方面星间链路的发

射链路中相关设备可采用宽带设计，以提高时延稳定性；另一方面可在系统中设计在线时延监测功能模块，进行星间测量自校准，实现设备时延稳定性优于0.3ns/天。

4）测距精度

星间链路的测距精度与等效带宽、载噪比和环路参数相关，在限定带宽内通过采用高效测距波形、尽可能提高载噪比、降低环路动态等措施，缩小环路带宽，提高测距精度。

5）星间链路/RNSS时延归算

北斗导航卫星目前的时空参考点定义为B3频点的电子相位中心。因此，混合星座中卫星之间测距值应进行星间链路/RNSS时延归算，归算精度优于1ns。

7.3.3　信号体制

对于星间链路来说，由于无线电波信号主要在自由空间传播，基本不穿越大气层和电离层，信道参数比较稳定，信道的主要干扰是加性高斯白噪声。另外，星间链路载荷设备一般为窄带系统，为了有效利用卫星功率，信号通道功率放大器一般工作在饱和非线性状态。因此星间链路中，对信号的调制宜选用对非线性不敏感的具有恒定包络的调制方式，如BPSK、QPSK等。

在给定信噪比条件下，适当采用信道编码技术可以有效降低星间数据传输的误码率。CCSDS推荐的编码方式有：卷积码、里德-索洛门（RS）码、并行级联卷积码（Turbo码）和低密度奇偶校验（LDPC）码[3]。对这些编码方法的选用需根据信道带宽和期望获得的编码增益决定。

一般来说，卷积码对抗随机噪声引起的误码更有效，RS码对抗突发干扰误码更有效，如果需要比单独使用卷积码或RS码更大的编码增益，则可以使用将卷积码作为内码、RS码作为外码的级联码；而Turbo码、LDPC码在允许使用的环境中可以获得比级联码更大的编码增益。

在相对位置固定的同轨卫星之间，通过采用最小均方（LMS）误差自适应波束形成算法，可以很好地实现对3个期望方向信号的接收，并且对干扰方向的信号具有较好的抑制能力。因此，同轨卫星之间可采用空分多址（SDMA）方式进行多址连接，并共用一个扩频码。

异轨卫星之间在采用空分多址方式建立通信连接时，天线波束方向图中旁瓣值较高，不同方向的到达信号会对期望方向信号产生较大的干扰，若采用LMS算法进行多波束自适应形成，则算法的运算量非常大并且系统结构复杂。

因此，在建立异轨卫星之间的星间多址通信时，通常考虑采用以下两种方案：采用空分多址，每副侧向天线只与1颗异轨卫星建立通信连接，波束之间不存在相互干扰；采用空分多址与码分多址相结合的复合多址方式，两幅侧向天线产生多个窄波束实现指向范围的波束覆盖，并采用不同的扩频码与覆盖范围内的卫星进行多址通信。

北斗系统星间链路在测量和通信信道上均采用直接序列扩频体制,扩频码速率为10.23Mchip/s。扩频码采用基于 m 序列截断生成的周期长码结构,每颗卫星分配不同的扩频码。

7.4 星间链路信息协议

导航卫星星间链路具有典型的网络特性。为降低星座网络的设计复杂度,大多数网络用分层方式构建。各个网络的分层数、层名称、每一层的功能和内容都不尽相同,但每层的目的都是为高层提供服务,同时屏蔽低层的具体实现细节[4]。

根据北斗导航星座网络的特点,对其分层结构进行了简化,网络协议栈分为物理层、链路层、网络层、传输层和应用层5部分,为全球导航系统提供测量和通信服务。

北斗系统星间链路5层协议每层功能定义见表7.4和图7.10。

表7.4 星间网络分层协议及功能

分层协议	主要功能
应用层	星地联合定轨与时间同步应用
	自主导航与时间基准维持应用
	运控信息分发与回传应用
	遥控遥测分发与回传应用
	其他应用
传输层	信息可靠传输、虚拟信道及服务质量
网络层	路由机制与策略、数据的转发
链路层	识别网络协议,管理数据链路通信,进行差错控制和流控制; 多址接入机制,控制节点对共享信道的访问,管理网络无线资源
物理层	频率、调制、扩频、编码等

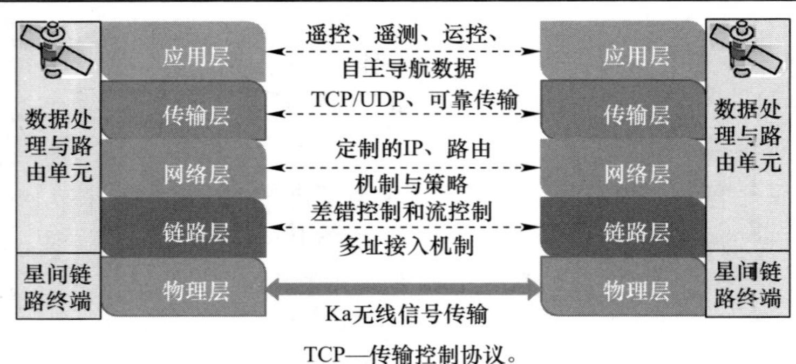

TCP—传输控制协议。

图7.10 星间链路5层协议及其功能实现(见彩图)

物理层协议由星间链路终端设备实现,完成信号的跟踪捕获、扩频解扩、调制解调等物理层的传输。

链路层、传输层、网络层和应用层协议由星上数据处理与路由单元(DPRU)完成,实现同步与信道编码、数据管理、差错控制和流控制、网络资源调度、信息可靠传输控制、星间路由转发、应用层数据打包等任务。

应用层协议由数据处理与路由单元进行处理,将解析出来的数据分别发送给用户使用。若是本星的运控、测控数据,则发送给卫星载荷、平台执行;若是自主导航相关数据,则在自主运行单元内的自主导航软件进行相关计算;若是需要通过星间链路转发的数据,则通过星间链路转发至目的卫星,这些数据主要包括运控、测控、自主导航产生的数据以及星间测量值。

星间网络信息传输要求星间链路路由具有定向传输能力,支持地面运控和测控上下行业务数据的星间中继,以及星座自主导航信息的星间交互。

除此之外,为保证星间通信传输时延约束,应尽可能在最短时间内完成信息传输,以最小时延为目标进行路由设计。

北斗系统星间链路用于信息中继,主要解决境外卫星与境内地面站的运控和测控信息传递问题。按照信息传输方向,分为上行信息注入及分发,下行信息中继和传输两类。通过星上配置的S、L信号对地链路,境内所有的MEO卫星可直接与地面通信,境外所有MEO卫星通过星间链路中继至境内卫星实现信息快速传输。而卫星本身星间信息交互为端到端传输模式,路由设计遵照以下原则。

(1)地面控制支配原则:星间链路的中继和路由策略由地面系统进行规划和控制,每个传输节点的状态对地面站是完全透明和可复现的,从而提高系统可靠性,最大限度降低卫星设计要求。

(2)境外卫星规划原则:导航星座全球组网后存在境内可视卫星群和境外不可视卫星群,境内卫星群直接与地面站通过星地链路建立通信传输渠道,境外卫星群需要通过星间链路中继信息,因此星间链路的上下行信息中继路由策略主要针对境外卫星群开展。

(3)基于拓扑规划原则:链路网络中继和路由策略必须满足基于固定链路拓扑模式的约束,以保证计算结果的唯一性和简便性,拓扑和路由匹配计算,二者同时切换。

(4)传输时延最短原则:链路网络中继和路由策略要以信息在最短时间内到达为原则。

星间链路网络传输层提供的服务需保证可靠传输。服务分为无确认服务(即UDP服务)和有确认服务(即TCP服务)。无确认服务对于每一次传输,不确保一定能够传递到目的地;有确认服务对于每一次传输,确保能够传递到目的地。

北斗全球星座星间链路信息传输的业务包括运控信息星星地传输业务、测控信息星星地传输业务、自主导航信息星间传输业务。其中,运控信息、测控信息星星地传输业务又可分为上行业务和下行业务。

运控和测控上行信息关系到系统业务运行及卫星平台的工作状态,因此其传输层协议适合采用传输控制协议(TCP);运控和测控下行业务(即遥测业务)为连续数据流,且信息内容持续地更新,适合采用用户数据报协议(UDP)。星间链路数据传输服务见表7.5所列。

表7.5 星间链路数据传输服务

数据业务类型	数据特点	传输层协议	备注
运控上行数据	运控上行数据关系到导航系统业务运行,需可靠传输	TCP	
测控上行数据	测控上行数据关系到卫星平台工作状态,需可靠传输	TCP	
遥测数据	遥测数据为连续数据流,且信息内容持续地更新	UDP	
自主导航数据	星间自用数据,更新周期最短为5min	UDP	

北斗系统星间链路可支持的信息服务还包括:联合定轨与时间同步、境外卫星业务上注分发、自主导航、境外卫星遥测遥控等。

1)联合定轨与时间同步

全球系统星间星地联合定轨与时间同步设计包括轨道钟差一体化和轨道钟差分离处理两种方案。

轨道钟差一体化联合解算方案:利用星地和星间的伪距观测量,同时估计卫星轨道参数以及所有地面站、卫星相对参考钟的相对钟差,这种方案的特点是同时获得对轨道和钟差的最优估计,并据此对轨道和钟差进行预报。

轨道钟差分离解算方案的基本路线是将轨道和钟差分离处理。在全球系统星地和星间链路测量观测条件下,利用可视卫星的L频段星地上下行数据实时完成星地时间比对,计算各卫星相对于主控站的钟差值;利用不可视卫星的星间链路双向观测数据实时完成星间时间比对,计算各卫星之间的相对钟差、不可视卫星与主控站的钟差;最后将各类钟差结果输出作为定轨解算约束,完成星地星间观测条件下卫星轨道确定。

2)境外卫星业务上注分发

境外卫星业务上注分发,主要指通过星间链路将导航参数分发到境外卫星。上行注入信息通过节点卫星,由星间链路分发到境外卫星。信息包括基本导航星历、全球基本完好性慢变信息、载荷控制指令和自主运行辅助信息等。

3)自主导航

自主导航可分为地面锚固站支持自主导航和完全自主导航两种模式。

在常规运行期间,利用星间测量值,卫星和地面锚固站在后台运行自主导航算法,进行卫星轨道和钟差计算,生成自主导航星历但并不直接在卫星上播发,通过星间链路将计算结果发回到主控站进行精度比对。卫星导航任务处理单元正常发播地面运控上注的星历信息。

当地面运控导航星历更新期限超过3天,且长时间没有更新时,或者星上接收到地面星间链路运行管理中心发出的自主导航切换指令,卫星进入自主导航模式。

北斗全球系统在论证与设计过程中,对自主导航任务进行了深入研究。明确了当

系统中卫星与地面锚固站进行双向测量时，进入有锚固站支持自主导航模式，反之则进入完全自主导航模式。在这两种模式下，卫星均播发自主导航星历。

4）境外卫星遥控遥测

由地面测控中心生成遥控指令和数据，通过建立的星地S链路发送至可视接入卫星，并通过星间链路分发至目的卫星。应急情况下也可以由星地Ka链路直接发送至可视卫星，通过星间链路分发至目的卫星。

卫星产生的遥测数据可以直接通过星地S链路发送至测控系统地面站或通过节点卫星中转至地面可视节点卫星，再传至地面。应急情况下也可以通过与可视卫星建立的Ka星地链路，直接发送至地面。

7.5　北斗星间链路组成

北斗三号卫星系统星间链路设计采用Ka频段相控阵技术，时分半双工体制。星上接收和发射信号采用相同的中心频点，接收和发射分时工作且有一定的保护时隙。按照卫星星座在轨工作状态，星上相控阵链路根据一定的路由规划、建链策略建立周期变化的星间链路，完成相互间的数据传输和精密测距。

7.5.1　系统组成

北斗三号卫星星间链路系统由Ka频段相控阵天线（包括电源）、星间收发信机，以及运行在卫星平台数据处理与路由单元中的星间网络协议与信息处理软件、相控阵天线指向及辅助捕获信息计算软件等组成。

北斗星间链路系统组成框图如图7.11所示。

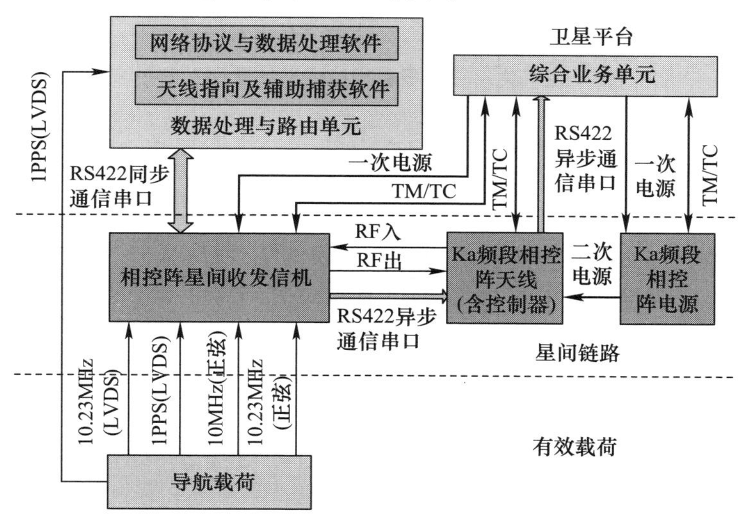

图7.11　北斗星间链路系统组成框图（见彩图）

相控阵星间链路的建立过程包括相控阵天线指向控制和星间收发信机对星间链路信号的成功捕获两个关键环节。相控阵天线指向通过运行于卫星平台数据处理与路由单元中的相控阵天线指向计算软件来控制。相控阵天线指向计算软件根据本星和建链目标卫星的星历数据、本星的三维姿态数据，计算卫星相控阵天线的指向角度，并按照一定的频度通过星间收发信机发送给相控阵天线内置的控制单元，控制单元接收指向角度信息后将其转化成相控阵天线各个单元的幅度和相位信息，完成对相控阵天线的指向控制。

7.5.2 相控阵天线

北斗三号卫星星间链路的相控阵天线为收发共用天线，收发分时工作。

相控阵天线包括一体化阵面、多通道 T/R 模块、网络模块、预放模块、波束控制器、热控组件、低频电缆网与 RF 连接组件等。从在轨工作可靠性角度考虑，整机采用冗余和备份合一的设计，分别对预放模块中放大部分、波束控制器等采用冷备份设计方案，T/R 模块和辐射单元等采用冗余备份设计方案。

北斗三号星载相控阵天线典型外形图如图 7.12 所示。

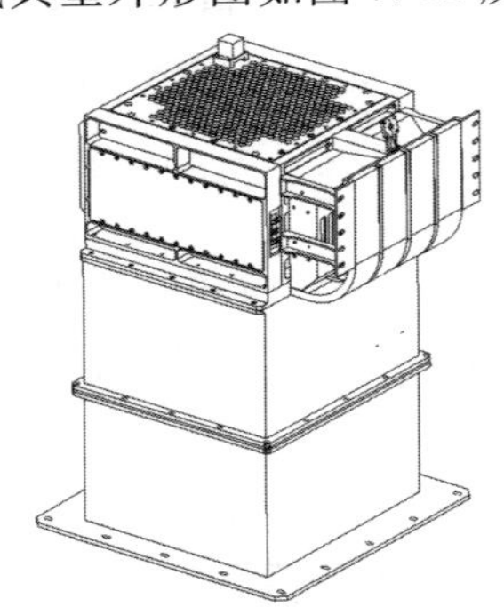

图 7.12　北斗三号星载相控阵天线典型外形图

其中：一体化阵面包括多个辐射单元；T/R 模块包括收发放大、移相衰减、RF 功分、串并转换等电路；网络模块包括 RF 功分电源开关、TR 组件电源开关、波控配电板等组件；预放模块包括 RF 功分、滤波、收发通道放大、工作模式切换等电路；波束控制器包括波束指向校正处理、温度采集和幅相调整、电压分配、数据分配和传输、遥测等电路；热控组件主要由 L 形热管构成；低频电缆网、RF 连接组件实现对外接口与整机互连。

7.5.3 星间收发信机

北斗三号星间收发信机通过星间伪距与多普勒预报信息（指到达时间（TOA）信息）实现对星间链路信号的捕获和跟踪，TOA 信息由运行于卫星平台数据处理与路由单元（DPRU）中的辅助捕获信息计算软件计算完成，为星间收发信机提供建链的

两颗卫星之间的伪距预报值、星间相对速度、星间相对加速度。

星间收发信机对接收信号进行下变频、解扩解调，再进行信道译码，并将译码后得到的星间转发信息发送给卫星平台数据处理与路由单元，在数据处理与路由单元中对该信息进行解析、处理和路由。同时，星间收发信机利用测距支路完成星间伪距测量，并将该测量数据发送给卫星平台数据处理与路由单元，数据处理与路由单元将星间转发解析数据和星间伪距测量值作为自主定轨和时间同步算法的输入。星间收发信机将来自数据处理与路由单元的星间转发帧和自主生成的星间测距帧，进行编码、扩频、QPSK 调制、上变频形成星间链路射频信号，输出至相控阵天线，在发射时隙发送给建链目标卫星。

7.5.4　北斗星间链路工作模式

北斗三号星间链路在轨工作时有多种工作模式：日常工作状态、标校状态、单载波模式、幅相校正模式、通道延时校正模式、误码率模式等。

1）日常工作状态

该工作模式是卫星主要工作模式，星间链路工作在测量通信模式，为卫星的在轨初始默认状态。此时，星间链路所有单机处于开机状态，所有软件开启并处于正常工作模式，实现星间精密测距和星间数据传输，支持精密定轨与时间同步，支持测控/运控上行注入及本星遥测的星间转发，完成自主导航计算等各项工作。

2）标校状态

星间链路工作在标校状态时，所有单机处于开机状态，所有分系统软件处于开启状态，标校状态下各种工作模式星间链路正常测量通信会出现中断的可能。该工作状态主要在卫星入网前测试、卫星在网工作状态自检及卫星故障离网后故障排查等场景中使用。

3）单载波模式

用于星间链路在轨测试，链路对地指向时完成发射信号 EIRP 测试，在轨可通过指令触发。此模式下星间链路的正常工作中断，相控阵天线正常工作、相控阵星间收发信机处于单载波工作模式。

4）幅相校正模式

用于在轨相控阵天线工作状态自检，通过指令触发，完成发射幅相校正或接收幅相校正。此模式下星间链路的正常工作中断，相控阵天线、相控阵星间收发信机均处于幅相校正工作模式。

5）通道延时校正模式

用于星间链路时延自校，在轨通过指令触发，完成相控阵信机收发自闭环，相控阵链路发射通道、接收通道时延自校。其中信机收发自闭环长期开启，不影响星间链路正常工作，相控阵链路发射通道、接收通道时延自校时星间链路工作中断，相控阵星间收发信机、相控阵天线均处于通道时延校正工作模式。

6）误码率模式

用于星间链路通信性能评估，在轨通过指令触发，该工作模式下，链路通信内容为固定信息，因此链路通信中断，不影响星间测量工作，相控阵天线工作于正常模式，相控阵星间收发信机工作于误码率模式。

参考文献

[1] 谭述森. 卫星导航定位工程[M]. 2版. 北京：国防工业出版社，2010.
[2] 张军. 天基移动通信网络[M]. 北京：国防工业出版社，2011.
[3] 张庆君，郭坚，董光亮. 空间数据系统[M]. 2版. 北京：中国科学技术出版社，2016.
[4] TANENBAUM A S，WETHERALL D J. 计算机网络：第5版[M]. 严伟，潘爱民，译. 北京：清华大学出版社，2012.

第8章　导航卫星的发展及关键技术

经过20多年的努力,我国卫星导航技术和北斗系统建设取得了辉煌成就。北斗一号卫星系统使中国成为世界上第三个拥有自主卫星导航系统的国家。北斗二号卫星系统稳定运行,在交通运输、基础测绘与工程建设、农林牧渔、环境监测与防灾减灾、国防建设、智慧城市与大众应用等领域得到了普遍应用,在我国关键重要的基础设施和武器装备等方面,已成为替代GPS、GLONASS等国外卫星导航系统的前提基础和重要支撑,取得了显著的社会、经济和军事效益。北斗三号系统按照工程建设目标快速组网,2020年完成了全球系统建设,保证北斗系统提供精度更高、范围更广、服务更好的多功能服务。

卫星导航系统作为现代大国的标准配置,已经成为国民经济发展的催化剂,是现代战争中武器作战效能提升的倍增器。随着用户需求、技术水平、系统功能的提高,系统服务将持续发展并不断升级,以卫星导航系统为核心构建的天基时空基准网络将作为国家基础设施,必将在国家发展和国防建设中发挥重要作用。

按照"研发一代、改进一代、部署一代"的方针,卫星导航系统每代之间的时间间隔大约为10年至15年。纵观40多年来,国内国际导航卫星的技术水平,可以看出导航卫星正在朝着高可靠、高安全、自主运行、多功能和高性能的方向发展。

目前,我们在稳步建设北斗三号全球卫星导航系统的过程中,务必针对未来卫星导航技术的发展和使用需求的增加,做好卫星导航系统的规划,加强导航卫星关键技术的研究。

本章首先研究并提出了我国导航卫星的发展目标,按照"更精的基准,更广的范围,更强的能力,更智的服务"要求,该目标将成为国家北斗综合PNT体系的基础与核心;之后,从导航卫星系统级关键技术、卫星平台技术、导航有效载荷技术和导航卫星星间链路技术等方面提出了需要关注的关键技术。

8.1　导航卫星的发展目标

卫星导航系统作为国家的重大空间基础设施,未来发展将以建设国家时空基准网和导航信息服务网为目标,以体系化、网络化、智能化为主要特征,突破高精度的天基时空基准自主维持和传递、导航位置服务与通信服务融合、X射线脉冲星导航等关键技术，建成基准统一、覆盖无缝、安全可信、高效便捷的国家综合 PNT 体系，服务我国的航天强国建设。

从用户使用角度来看，要实现任意地点、任意时间、任意环境下，用户可靠获得期望精度的位置、导航、时间等信息，获得更准确、更便利、更及时的服务。

从国家和社会角度来看，就是要建设安全可靠、可承受的效费比、用户服务性能连续稳健的基础设施。

导航卫星作为整个系统中的核心部分，将支撑构建天地一体化时空基准网络体系，提供高性能、高可靠的导航定位授时等业务服务，实现星座自主连续稳定运行和智能管理，建立基于高中低多轨道星座组成的天基导航系统，提升卫星寻航的抗干扰能力。

同时，随着北斗全球系统的运行资源和我国天地一体化时空基准网络体系的发展与应用，我们需要研发面向云服务的星载信息互联平台，实现空间网络资源的共享，打造天地一体化的位置、时间、信息云的服务网络，实现导航信息的多元接入、可靠获取、安全共享、按需推送，为天基时空基准的自主维护和导航信息的海量应用提供支撑。

从现在开始到 2035 年，我们将围绕导航卫星的发展目标，建设可独立运行的天基时空基准，提高导航卫星与系统在干扰环境下的服务能力，构建天地一体化时空基准网络体系和导航卫星云计算信息服务体系。

8.1.1 建设可独立运行的天基时空基准

建设可独立运行的天基时空基准，就是要通过导航卫星配置更高性能指标的增强型铷钟、汞离子钟和冷原子锶光钟（长期稳定度 10^{-18}）等产品，在混合星座构型中建立高精度空间原子钟组，提升空间星座时频信号的精度。

以北斗星座为中心网络，利用空间原子时算法及飞秒光频梳测量等技术，形成可独立运行的天基时间基准；综合利用星间测量 + 脉冲星差分测量、高精度定向恒星观测 + 星地测量等技术，进一步研究自主导航算法，实现空间基准自主建立，支持星座长期自主运行（180 天以上）。

8.1.2 提高干扰环境下的导航服务能力

提高导航卫星与系统在干扰环境下的导航服务能力，就是要通过在导航卫星上采取新的抗干扰技术，播发星基增强信号和精密定位信号，提升城市峡谷区域及高纬度地区（含两极）范围内用户对卫星导航信号的接收性能，提升导航服务的完好性与精度。

同时，通过研究利用低轨卫星配置相关的导航服务有效载荷产品，播发卫星导航系统的功率增强信号，形成对于中、高轨卫星导航定位授时服务能力与性能的增强和备份。

要进一步研究新型导航信号体制，更加关注用户的服务性能、服务安全性、服务兼容性和服务便利性，创新研究设计适用于干扰环境下的卫星导航信号体制，研究设计适用于与移动通信信号相兼容的卫星导航信号体制。在保证用户便捷使用的前提下，进一步提升卫星播发导航信号的抗干扰和防欺骗能力。

8.1.3　构建天地一体化时空基准网络体系

构建天地一体化时空基准网络体系，进一步研究GEO、IGSO和MEO混合星座的特征，通过在导航卫星上研发配置空间路由器，建立标准的、可扩展的适合导航定位授时服务的空间网络协议规范，形成多个分布式计算中心、导航信息数据中心，支持大于百兆量级速率数据信息安全高速接入，按需为各类用户提供导航信息服务。

在现阶段北斗三号系统中MEO卫星配置的400bit/s信息速率的全球短报文等业务数据的试验验证基础上，需进一步围绕导航信号不同的使用需求，研究改进星地收发信号体制，使用户终端的发射功率进一步降低（初步目标由10W降低至1W），实现天地一体化的导航信息服务。

8.1.4　云计算信息服务

强大的空间信息数据处理能力是未来实现天基时空基准自主建立与维持、导航信号质量智能维持、导航信号稳定服务、空间网络自主管理等任务功能的重要基础。同时，强大的空间信息数据处理能力可为各类用户（包括大众用户、高精度需求用户、授权用户、关键基础设施用户等）提供更好的空间位置与时间信息的计算和推送服务。

在未来的北斗卫星中，天基云计算平台将包含星载计算模块、大容量存储单元、高速总线网络、星载路由器、时频生成与传递模块等，可支持星内多任务的迁移和统一调度，提高系统的可靠性和可扩展性，提升导航卫星智能化水平。

平台配备的星载公用计算模块和大容量存储模块，具备海量信息的智能存储和处理能力，可实现星座拓扑、网络路由、时间信息、自主健康等各种智能管理，并可为用户提供天基导航信息云存储和云计算服务。

同时，形成的云计算平台可作为泛在的空间网络共享资源池，实现空间网络计算、存储、应用等资源的共享和按需配置。

设想中的导航卫星云计算信息服务体系架构图如图8.1所示。

8.1.5　下一代卫星导航系统

我国下一代的卫星导航系统可由中高轨北斗系统、拉格朗日卫星导航补充系统、低轨卫星导航增强与备份系统等融合组成。

其中，卫星导航系统可与脉冲星导航系统、地基增强系统、陆基导航系统、水下导航系统、室内导航系统、MicroPNT等多系统并行发展，构成国家北斗综合PNT体系。

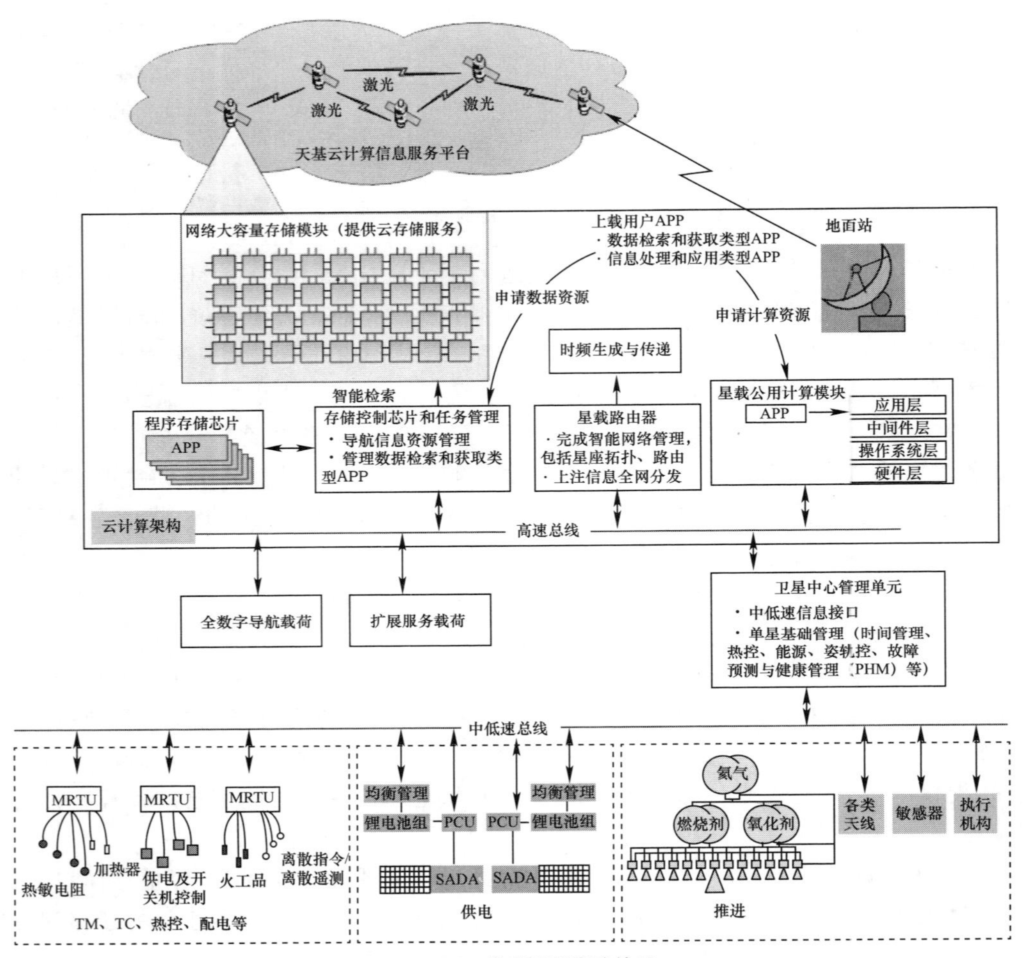

MRTU—微型远程终端单元。

图 8.1　设想的导航卫星云计算信息服务体系架构图(见彩图)

卫星导航系统与国家综合 PNT 体系设想图如图 8.2 所示。

中高轨北斗系统将得到进一步完善和提高,实现对地面、近地空间范围内用户的导航服务,同时具备为更大范围空间域提供服务的能力;低轨卫星导航增强系统作为北斗系统的增强和备份系统,可为地面、几十千米高度以下空间范围的用户提供高精度导航服务。

下一代北斗系统依然保持混合星座构成,作为性能先进、功能全面、安全可靠的时空基准网络和导航信息服务网络的核心和基石,实现由地面时空基准向天地一体化时空基准转变,由地面维护向自主运行维护转变,由单一的定位授时服务向按需提供导航信息服务转变。同时具备如下技术特征。

(1) 全空域的高性能导航服务。

（2）高自主的星座长期稳定运行。

（3）卓越的系统安全与抗干扰、防欺骗能力。

（4）基于全球网络的特色服务。

（5）高效便捷的运行管理。

（6）国家综合 PNT 体系与天基信息服务体系的核心支撑。

脉冲星导航系统将实现对深空服务用户的导航服务，拉格朗日卫星导航系统作为北斗系统的补充系统，完成地月空间范围内的导航定位授时服务。

室内及遮挡区域、卫星导航信号受严重干扰复杂环境区域的用户，将以地基增强、移动网络等系统保证导航应用。

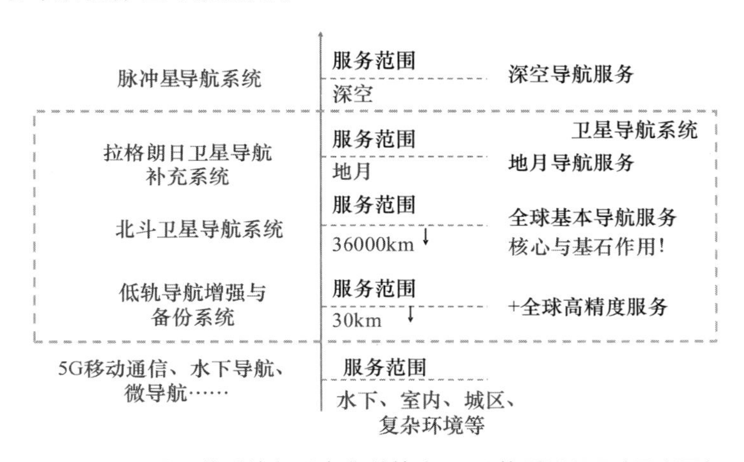

图 8.2　卫星导航系统与国家北斗综合 PNT 体系设想图(见彩图)

8.2　系统级关键技术

卫星导航技术的发展是卫星导航工程进步和建设的重要支撑。卫星导航系统在不断提高服务范围、服务功能与性能指标的基础上，极大促进了相关技术的发展。同时，新兴技术的研究和应用也将推动卫星导航系统，特别是导航卫星系统与产品发生革命性的变化和进步。

当代科学技术的进步和发展趋势，特别是微电子技术、量子技术、移动通信技术、大数据、人工智能等领域的技术进步，必将促进导航卫星系统技术的创新，影响未来卫星导航系统的能力和水平。

以下几个方面的导航卫星系统级关键技术值得关注，需加强研究。

8.2.1　导航通信融合技术

现实空间和社会中，任何一个物体或载体（包括人）都不仅仅是一个用户终端或者服务源。可以预见，未来空间中的卫星数量会快速大量增加，空间的某一卫星系统也将不再是较单一的导航卫星系统、遥感卫星系统或者通信卫星系统,而更多的是一类多功能融合系统,可以实现导航、定位、授时、监测、遥控、搜救、通信等多样功能,实现卫星信息获取、信息传输与提供基准等目的。

当前,卫星导航系统的应用日益广泛。同时,地面移动互联网和物联网的研究和应用正深刻地改变人类的生活。智慧城市、无人驾驶等应用对通信、导航都提出了新的需求。

在导航卫星系统任务和技术体系设计时,需要充分研究卫星导航技术体制和通信技术体制的各自优势,在现有国际电信联盟(ITU)规则下,充分利用导航信号高精度测量和通信信号高数据传输的不同频率资源和信号特征能力,统筹优化各种用户需求、信号体制、信号频率、传播与覆盖特性等,最大限度地满足用户的全面需求。

导航服务与通信专用业务的技术融合和互连互通,必将成为下一代导航卫星的技术发展趋势。

8.2.2 中高轨及深空卫星导航技术

现代社会,高轨道卫星在通信、导航、气象、预警等方面正发挥着越来越重要的作用。以往的高轨道卫星发射过程中,均需要依赖地面测控站和远洋测量船的支持,对有限的地面测控资源提出了较多的任务执行与调度方面的要求。

卫星导航系统的建设发展和应用,特别是卫星导航系统应用在低轨道卫星发射任务的成功案例,使得国内外航天空间研究机构充分意识到利用卫星导航系统为中高轨航天器提供测控与导航服务的可能性。通过卫星导航系统,实现对中高轨及深空卫星的特定任务过程或全过程的导航服务能力,可以大大缓解地面测量站和远洋测量船的工作负担,并进一步拓展和发掘卫星导航的潜在服务能力。

同时,随着人类对太空认识的加深,世界各国都加快了深空探测的脚步,当前及未来人类飞行任务不断向外层空间拓展,所研究的任务范围也越来越广泛,包括地球任务、月球任务、火星任务等太阳系范围任务以及太阳系范围之外更远太空中的航天任务。为此,针对中高轨道卫星,乃至深空探测器的导航需求日益突出,这些因素都使得卫星导航在中高轨及深空航天任务中的应用研究极具价值。

随着人类探索宇宙步伐的迈进,卫星导航系统技术和服务范畴必将逐步延伸。

GNSS 空间服务区域(SSV)议题在联合国全球卫星导航系统国际委员会(ICG)平台中最初出现于 2010 年的 ICG-5 大会,由美方专家以发布参考文件的方式提出,并在其后 2011 年 ICG-6B 组会议上作了正式报告。

在美国国家航天航空局(NASA)的报告中阐述了其对 SSV 的定义,并且对美国 GPS 的 SSV 服务性能进行了介绍,倡议 GNSS 发布各自 SSV 服务性能参数,完善 GNSS 空间服务标准,从而增强导航卫星系统为中高轨空间服务能力。欧洲与日本于 2012 年 ICG-7B 组会议上响应了美国的倡导,由 ESA 和日本宇宙航空研究开发机构(JAXA)分别介绍了 Galileo 系统和 QZSS 的 SSV 性能,中国与俄罗斯自 2013 年

ICG-8 开始参与 ICG 的该议题的讨论，积极开展 GLONASS 和 BDS 的 SSV 性能研究工作。

2018 年 11 月，联合国全球导航卫星系统国际委员会 ICG-13 大会在我国西安召开。会上，中国代表团就深空范围的卫星导航服务提交了议题报告，大会通过并发布了《全球导航卫星系统空间服务区域（GNSS SSV）互操作手册》。

可以预见，随着全球导航卫星系统 SSV 服务性能指标体系的完备和中高轨 GNSS 终端接收机的发展，全球卫星导航系统将在不远的将来为中高轨及近地空间飞行器提供广泛的导航和授时服务。

中高轨及深空卫星导航技术作为关键技术，在研究过程中务必关注 GNSS 国际互操作技术，需要各国 GNSS 在时间基准、空间坐标、信号体制、卫星轨道等多方面协调沟通，发挥多个 GNSS 的能力，共同实现卫星导航技术覆盖区域的扩展。

8.2.3　X 射线脉冲星导航应用技术

脉冲星是大质量恒星演化、塌缩、超新星爆发的遗迹，是一种具有超高温、超高压、超高密度、超强磁场、超强电场和超强引力场等极端物理条件的天体，其典型半径为 10km，而质量却与太阳相当，核心密度达到 $1012kg/cm^3$。脉冲星是高速旋转的中子星，具有极其稳定的周期性，尤其是毫秒脉冲星的周期稳定度可达到 10^{-19} ~ 10^{-21}s/s，被誉为自然界最稳定的时钟。

脉冲星时间尺度的优势在于具有长期的时间稳定性，其稳定度比目前最稳定的实验室氢原子钟高 4 个量级。通过建立空间观测平台，长期观测脉冲星辐射的射电信号，可以建立长期稳定的脉冲星时间基准系统，服务于国防、科研和国民经济建设。

以脉冲星辐射的 X 射线信号作为天然信号信标，航天器能够自主地确定位置、速度、时间和姿态等导航参数。因此，X 射线脉冲星被称为宇宙中的灯塔，可为近地轨道、深空探测和星际飞行器提供稳定的自主导航信息服务。X 射线脉冲星导航具有极其重要的工程应用价值和科学研究意义，日益成为国内外研究的热点领域，倍受各航天大国的关注。

2004 年，美国国防高级研究计划局（DARPA）提出“X 射线导航与自主定位（XNAV）”计划，2011 年美国国家航空航天局（NASA）戈达德空间飞行器飞行中心联合美国大学空间研究协会（USRA）提出“中子星内部结构探测器（NICER）”技术演示增强任务——“空间站 X 射线计时与导航技术试验（SEXTANT）”。此外，欧洲空间局、俄罗斯、德国、英国、日本、印度和伊朗等国家和组织也相继开展 X 射线脉冲星导航相关技术研究和地面验证。

自 2005 年以来，中国相关研究单位持续开展了脉冲星导航系统理论和方法研究，并在关键技术方面取得了突破性进展，研制了多种类型的 X 射线探测器样机及产品、地面试验系统和脉冲星导航专用试验卫星。2016 年 11 月，由中国空间技术研究院研制的首颗脉冲星试验卫星（XPNAV-1）发射升空，并成功接收到了脉冲星信号。此次发射任务为我国建立精确的脉冲星导航数据库奠定了基础,并在此基础上开展脉冲星导航的工程应用,为实现下一步航天器自主导航迈出了可喜的一步。可以预见,随着卫星观测X射线光子数据的积累,必将推进我国脉冲星寻航系统技术的快速发展。

基于X射线脉冲星的导航卫星自主导航不存在星座整体旋转误差累积问题,能够实现已有卫星导航星座长时间高精度自主运行,符合近地轨道航天器无缝高精度自主导航应用发展方向。X射线脉冲星适用于整个太阳系和恒星际空间的导航应用,通过测量脉冲星辐射的X射线光子到达时间,可以确定深空探测及星际飞行器相对于太阳系质心的导航参数。

基于X射线脉冲星的导航技术的发展和应用,可为实现深空与星际航天器长时间、高精度自主运行提供保障。

实现脉冲星导航应用,首先必须研究解决脉冲星探测、星际航图构建、大尺度导航等问题。针对脉冲星导航的工程实现和应用,需要开展X射线探测器技术、时间系统保持技术、自主导航算法与容错处理技术、脉冲星导航数据库技术、时空基准的建立和维持技术、脉冲到达时间转换技术等关键技术的攻关研究。

8.2.4 低轨卫星导航增强技术

相对于目前广泛设计和采用的中高轨卫星导航系统,低轨星座系统配置卫星导航增强有效载荷产品可以大大提高导航系统的信号可用性,增加用户卫星观测数量。尤其是在树林、高山峡谷及城市等地形复杂区域,能够有效补充现有GNSS卫星的导航信号覆盖范围,改善系统的空间定位几何构型。

低轨卫星相对地面用户运动速度较快,有利于辅助用户快速锁定导航信号,使用户导航初始化时间缩短到1min内,实现高精度快速定位;另外,低轨卫星相对高轨卫星具有信号传输路径衰减小、落地功率高,不易受干扰的优势,有利于室内复杂环境下用户的使用,可弥补目前中高轨的卫星导航系统固有的导航信号弱、抗干扰能力差、首次定位时间长等缺点。

近年来,低轨卫星移动通信技术蓬勃发展,国内外多个百星以上卫星构成的星座系统正在设计和研发。可以预见,未来几年内将有数万颗卫星发射升空。采用通信信号与导航信号融合技术的低轨卫星,可实现集成通信与导航服务功能,并与当前的GNSS兼容,将极大地改善目前GNSS导航无线电信号固有的“脆弱性”。

低轨卫星配置导航服务增强系统的技术路线包括导航信号增强、导航信息增强等方面,增强的目标包括服务的精度、服务的完好性、信号的安全性和个体用户需要改进的性能等。

低轨卫星构成的全球增强与备份系统既可播发已有系统的导航信号,又可播发独特设计的导航信号,还可以播发导航辅助增强信息。

从系统体系和任务性质上,导航卫星系统与低轨通信卫星融合是最优方案,即用

户在采用低轨卫星通信的同时完成导航定位功能,用户终端不额外增加系统开销。因此,导航通信一体化信号体制设计是卫星导航与卫星通信融合的重要技术途径。

导航信号增强是指通过提高 GNSS 卫星播发的导航信号,增加空间可用导航信号源,提升所播发导航信号的功率,使用户接收信号的连续性和可用性得到改善,降低 DOP 值,提高其服务的性能与完好性。

导航信息增强是指围绕 GNSS 用户服务精度增强,运用差分原理进行导航信息的误差修正,播发导航信号的辅助信息、辅助电文等;通过运用卫星导航系统完好性监测原理,进行导航信息完好性处理,采用有效运行的告警技术,实现对用户导航服务业务的完好性增强。

在研究低轨卫星导航增强技术时,高精度低轨时空基准的建立与维持是低轨卫星播发导航信号需解决的首要问题,是低轨卫星实现导航增强与备份的关键。

在实际工程建设中,卫星上导航增强载荷大量配置在各类低轨卫星平台上的前提条件是其产品体积、重量、功耗小,导航增强载荷设备的增加不影响原来卫星的功能任务。因此,必须研究并实现导航增强载荷产品的小型化、轻量化、低功耗技术。

随着技术和体制的不断进步与融合,低轨卫星导航增强系统将逐步从单一导航服务的增强系统发展为天基导航服务的备份系统。

8.2.5　高度自主的导航星座长期运行技术

导航星座自主导航是指星座卫星在长时间得不到地面运控与测控系统支持的情况下,通过卫星钟的维持和星间链路双向测量、数据交换以及星载处理器的滤波处理,不断修正地面站注入的卫星长期预报星历及时钟参数,并自主生成导航电文和维持星座基本构形,满足用户导航定位应用需求的实现过程。

采用导航卫星星座自主导航技术,能够有效地减少地面运控与测控站的布设数量,减少地面站至卫星的信息注入次数,降低系统运行维持费用,实时监测卫星导航信号信息的完好性,增强系统的生存能力。

高度自主的导航星座长期运行技术要重点关注脱离地面运控系统后,惯性空间坐标与地心固连坐标之间高精度转换技术和导航星座对空间电离层参数自主修正技术,以及导航星座自主维持的时间基准与地面 UTC 偏差控制技术。

星间测量与通信链路是卫星自主导航的核心技术,建设星间链路实现导航星座高度自主长期运行已经成为未来导航卫星系统的发展趋势之一。

8.2.6　多源信息融合技术

多源信息融合是一种针对多传感器或者多信源系统进行信息处理的过程。它将从多个信息源获得的测量信息进行处理,并采用信息关联、信息集成及滤波等处理手段,实现目标状态以及其他特征估计精度的提高。多源信息融合技术具备精度高、容错性好、信息获取成本低,以及可以实现信息互补等优点,该方法已经广泛应用于国民经济、工业建设、交通运输、金融等领域，发挥了重要的作用。

多信息源数据融合与单源数据相比，多信息源数据融合技术具有增强系统的生存能力，扩展系统服务时间和空间覆盖范围、提高可信度、降低信息模糊度，可改进接收探测性能、提高精度，同时具有应用终端可降低成本、小型化、低功耗等优点。

当前，已有的各种导航技术和产品各有特色。卫星导航系统的服务范围广，定位精度通常可达 5 ~ 10m，采用多频差分技术后的精密定位结果可达厘米级，基本满足了国民经济建设和人们日常生活所需。但是，在军事应用、地理测绘等领域，仍然要求具备更高精度的测量手段。

惯导技术所产生的导航信号连续性好，而且信号噪声低，数据更新率高，短期精度和稳定性好；气压计能提供较卫星导航精度更高的高度信息；景象/地形匹配技术能获得与用户目标的匹配信息；脉冲星、星敏等天文导航手段在高轨、深空等区域能提供航天器更精确的方向、时间信息；地磁/重力的导航手段则在水下、地下能够提供卫星导航不能给予的位置信息；在室内，地面无线通信网、无线局域网等也能提供定位手段。

通过多种具有导航功能的信息源、传感器和敏感器的重新组合配置，以及采用相应滤波算法，导航服务信息的应用，可实现由单系统导航定位授时服务向“多源导航服务”的发展，为用户提供各种环境下导航定位与授时服务，满足不断变化的使用需求与环境变化的要求。

导航服务信息系统和架构上实现融合有 3 个层次的定义，分别是业务融合、技术融合、网络融合。业务融合的目标是在网络互通的基础上共享服务业务系统，通过统一的业务系统为最终用户提供统一的导航定位业务体验，使用户可通过其终端接入不同的服务网络，访问与接收同样的业务服务，实现统一数据库管理等功能，并尽可能实现导航定位业务的统一开发、统一控制。

技术融合，是在技术层面充分利用各个导航定位设备在不同环境中存在的互补性特征，弥补其他导航传感系统在底层技术上存在的问题与差异，实现多个导航定位传感技术融合和效能发挥，为用户提供更可靠更高品质的服务。

网络融合需要运营商共享网络资源，诸如移动通信网和无线局域网，移动终端可以在两种网络间无缝切换，获取必要的测距、数据等信息。

多源信息融合关键技术主要包含可用于导航服务的数据转换、数据关联、融合算法等，其中融合算法是多源信息融合中的核心技术。

8.3 卫星平台技术

8.3.1 自主健康管理技术

导航卫星是卫星导航系统的核心部分，是系统提供卫星导航定位、授时服务的基

础保障。导航卫星的安全稳定运行,能否及时发现故障、处理故障、自主管理是提升卫星导航系统可用性、连续性、稳定性的重要基石。

由于导航卫星数量多,网络路由节点数量多,网络协议复杂,卫星健康管理依靠地面管控人员手动、单星管控的传统方法变得难以适用。系统建设和运行管理过程中,不仅需要对单个卫星健康进行管理,还需要对星座的整体性能进行评估,对卫星网络的运行状态进行监视、管理。结合系统的网络属性开展故障管理和健康状态评估等工作,对于提高卫星导航系统的好用、易用水平意义重大。

卫星自主健康管理是以卫星故障诊断技术为基础,但不等同于故障诊断,它先通过故障诊断和故障的早期预报,分析预测故障的发生和发展趋势,对整个卫星系统状态进行评估,再通过健康管理系统进行决策,及时诊断和隔离已发生故障设备,给出系统重构对策,自主采取处理措施,最大限度地减小已有故障对整个卫星系统造成的影响。卫星自主健康管理技术除了保障卫星安全可靠的运行外,对于减少地面测控人员的工作量以及卫星发射运行成本都具有重要意义。

导航卫星自主健康管理技术通常包括:导航卫星自主健康管理系统设计与体系结构、导航卫星自主故障诊断、故障预报以及故障恢复等相关技术。

随着人工神经网络(ANN)技术的发展,基于认知技术的导航卫星自主管理技术也逐步进入人们的视野。该技术以人脑的工作模式和机理为参考,对于星座中的每一颗卫星,通过自身监测信息和星间链路交互信息,对卫星全部测量参数、状态数据和关联信息进行处理和存储,对外界和周围环境信息作适当的处理和存储,并做出决策或反映,可以有效提升系统内多颗导航卫星的“行为效果反馈”能力。

8.3.2 软件定义卫星技术

全球卫星导航系统一般由30颗左右的工作卫星组成,降低成本、延长寿命是卫星导航系统维持与发展的重要保证。然而,导航卫星工作寿命的延长又产生了新的问题——空间星座功能与性能升级、系统换代周期过长,难以满足用户需求与系统任务不断变化的要求。

随着星载硬件水平的提高和软件无线电技术的发展,软件定义卫星以其灵活性、可重构、易维护等特点逐渐受到人们的关注,并已成为后续发展的热门方向。

软件定义无线电是指一种可重新编程或重新配置的无线电系统,在不需要改变产品硬件的条件下,可以灵活更改软件来实现不同的通信方式,被广泛应用在通信、导航、广播、测控以及雷达等无线电领域。

目前,北斗三号卫星上部分产品设备基于CPU、DSP和FPGA已实现了参数、功能模块的软件重构,并开展了一系列在轨试验验证,对于其关键技术、需要研究的问题有了一定的经验,获得了较好的效果。

随着软件定义卫星在轨可重构技术不断成熟和完善,导航卫星产品的功能与性能实现在轨可维护,可进一步提升导航卫星产品及整个系统本身的维修性和可靠性。

通过卫星产品数字化、软件定义等技术，可对导航卫星上行注入、测量处理、下行信号生成、星地协议、星间通信、路由规划等功能模块的数字信号处理部分进行一体化集成设计，直接数字生成和采样射频信号，实现导航卫星的在轨赋能和升级，可极大提高导航卫星的扩展能力，并为拓展其他载荷配置留有空间。

8.3.3 高集成度模块化卫星技术

发展高集成度模块化卫星技术，降低卫星系统的复杂度，优化卫星研制周期和控制卫星成本等是卫星平台下一步必须解决的问题。

卫星平台中各系统与各功能模块在研制过程中遵守统一的接口标准，包括无线网络协议、能量交换接口、信息交换接口，以及在轨可重组利用的设备机械接口。每个系统中的模块，在研制中只要符合接口标准的要求就可以接入系统，利用完善的模块级测试减少系统级测试时间。

高集成度模块可定义为目前整体式卫星的某一分系统的研制。模块可以进行独立研制，彼此互不干扰，采用并行工程的流程管理方法，可大大加快卫星系统的研制进度。

卫星在轨工作后，利用故障快速诊断及隔离技术，可防止故障模块的故障传递，通过卫星在轨拆卸和重组技术替换故障失效模块，延长卫星寿命。

研究与发展高集成度模块化卫星技术，可首先开展空间高效能源、先进推进产品等技术的研究与验证工作，进一步提高卫星产品集成度和能源效率是实现模块化的基础。

8.3.4 高比能量电源技术

高比能量的电源技术是指通过采用更高比能量的发电储能装置、电源控制及转换设备提升电源系统的比能量。其技术内容包括：高效太阳电池技术、轻量化太阳翼技术、高比能量二次电池技术、新型电源控制器等。

高效太阳电池技术是基于未来多结太阳电池技术的发展，其光电转换效率有望进一步提高，进而减小太阳电池阵面积，减少卫星质量。而储能技术方面，在现有锂离子蓄电池的基础上，需要进一步研发更高比能量的二次电池化学体系，进一步提升其比能量。电源控制装置方面，采用新型拓扑结构，通过拓扑共用、提升转换效率、电路集成及轻小型化等技术手段，将大幅减轻电源控制装置的重量。

需要解决的技术难点主要包括：多结太阳电池技术、高比能量长寿命二次电池的实现、新型高转换效率高比能量电源拓扑的研究、功率电子器件的轻小型化技术等。

8.3.5 未来控制与推进技术

未来导航卫星的控制和推进技术发展与卫星平台的发展紧密结合，以卫星载荷需求为牵引，向着高智能、小型化方向发展。

导航卫星的控制与推进技术需要关注以下几个主要方面:新型测量敏感器技术、高智能卫星姿态轨道自主控制技术、基于星座的自主轨道控制技术、高效自主轨道机动控制技术、主动轨道机动与轨道静默备份技术、先进化学推进技术和高性能电推进技术等。

8.4 导航有效载荷技术

8.4.1 高精度星载原子钟技术

随着下一代卫星导航系统对时频基准精度的要求不断提高,已在轨应用的星载铷原子钟、铯原子钟和被动型氢原子钟的性能逐渐接近各自产品的技术、工艺极限和量子特征极限,其性能进一步提升的潜力有限。

进入21世纪,伴随激光抽运、激光冷却、射频及光场囚禁、数字伺服、低噪声高稳定频率合成等新技术、新方法的发展和应用,极大推动了新型原子钟的发展,逐步研发出一批有望应用于星载的新型微波原子钟和光钟。为满足下一代卫星导航系统对时频基准更高的精度要求,必须加快新一代新型原子钟的研制工作。

汞离子微波钟具有质量数大(199原子质量单位(amu))、基态超精细能级分裂大(40.5GHz)、跃迁Q值高(1012)、对磁场和温度不敏感等特点。美国喷气推进实验室已完成热离子钟工程样机研制,天稳定度和漂移率同时进入2×10^{-16}量级。冷汞离子微波钟以线形离子阱中离子的囚禁和激光冷却为基础,相干时间更长,且无一阶多普勒频移、器壁碰撞频移以及腔牵引效应,预期长期频率稳定度及漂移率均优于10^{-16},将在天基时间基准星座建设、深空探测与单向导航中发挥重要作用。

与传统的星载铯束原子钟相比,冷原子喷泉工作模式使原子和微波相互作用时间延长了两个数量级。然而,在地面喷泉钟运行过程中,由于重力作用,原子和微波腔两次作用时间间隔一般在1s左右,鉴频谱线宽度限制在1Hz左右,冷原子喷泉钟的准确度和稳定度很难进一步提高。而在空间微重力的条件下,激光冷却的超冷原子和微波腔相互作用时间可以提高一个数量级,从而使原子钟的精度相应地提高。目前,空间冷原子钟设计精度能达到10^{-17}量级,欧洲空间局和美国航空航天局都在积极开展空间冷原子钟研究工作。

脉冲激光抽运原子钟采用高抽运效率的稳频激光技术,同时结合精密电子脉冲控制技术以及钟跃迁Ramsey共振技术,可实现优越的性能指标,同时兼具体积小、重量轻、可靠性高、易于工程化实现的优点,是一种极具星载潜力的新型原子钟。

空间冷原子钟技术的关注重点是空间环境适应性和导航卫星空间应用的长寿命、高可靠技术。同时,由于空间冷原子钟精度的提高,需要更高精度的授时技术、校时技术和传递技术,以确保卫星导航系统空间段时频信号精度。

8.4.2 新型导航信号体制

全球卫星导航信号设计必须遵循相关的约束条件，具备国际可协调性。

面对卫星导航系统日益紧张的信号频率资源，未来的导航信号应该具备适应服务类型多、精度高、信号健壮性强、抗干扰能力强的能力，同时应具有兼容性和可扩展性，实现多任务融合与任务拓展的需求。

新型导航信号设计可以借鉴地面移动通信网络理论，研究新型调制方式在卫星导航领域的应用可能性，研究适应多种不同用户需求的新型导航信号体制，重点关注消费类用户低功耗需求和高效频谱利用率的新型信号设计研究。

8.4.3 数字化载荷技术

数字化载荷技术与产品是未来导航卫星载荷的重要发展趋势。基于大规模的数字化集成电路，应用软件无线电等技术，通过基带和射频导航信号的直接数字化处理，动态实现星上资源配置，充分实现导航卫星载荷多种服务功能与业务，具备更为灵活、更精准的软件化控制能力。

同时，通过数字化、软件定义技术可进一步提高导航卫星性能，提高卫星载荷产品的集成度、灵活性和可靠性，实现星上载荷软硬件资源共享，降低星上功耗、体积、重量和成本。

发展先进载荷重构技术，在导航卫星的接收与发射的信号通道中，使宽带、高速的 A/D 和 D/A 变换器件尽量靠近射频前端，与高速 DSP 配合实现中频、基带，甚至射频的直接处理，全部采用数字信号处理方式实现软件控制，设计规范统一的信息流、频率流、时间流、信号流等流程，保证功能和性能更具灵活性、健壮性和可重构性。

在大规模采用软件无线电及数字化处理的基础上，导航卫星有效载荷还需要具备重构与自适应调整能力。在不对授权用户产生有害干扰的前提下，提高系统的工作效率和可靠性。

8.4.4 大功率宽频带精密天线技术

在高精密导航服务和增量业务的推动下，导航卫星天线系统将朝着任务多样化、功能模块化、高指向精度和准确相位中心、宽频带、在轨可重构等方向发展，为下一代导航卫星及导航星座实现导航、通信、广播等多业务融合提供基础。

导航卫星天线作为核心载荷产品，对空间导航应用的影响十分关键。首先，在卫星导航信号可见性层面上，需要研究卫星复杂平台布局下的导航天线增益和相位精确仿真和测试评估技术，为提供用户应用奠定数据基础。

导航卫星天线关键技术主要包括宽频带精密导航天线技术、导航天线信号质量评估技术、波束在轨可重构技术、大容量高精度天线技术和复合载荷天线技术等。

在导航卫星播发导航信号质量层面上，需要研究在满足信号可见性的基础上，星

载天线旁瓣区在工作频带内的幅频、相频和群时延特性，建立相位动态修正模型。针对大角度时的星载天线信号相位跳动等信息进行分析，评估其对用户终端测距误差的影响。

全球导航卫星系统为了进一步升级精密导航服务，对导航天线的大功率容量、增益、轴比以及稳定准确的相位中心等特性提出了严格的要求。此外，导航天线幅频与相频线性失真会对播发的导航信号质量波形形成扰动，影响用户相干处理的结果。因此，需要研究在无线状态下，卫星播发导航信号质量的评估方法，并突破复杂电磁环境下的天线相位中心高精度测量，以及信号幅频、相频模型精确提取等技术，最大程度满足用户更高精度等级使用场景下精密导航与定位测量需求。

随着全球导航卫星系统的建成，在满足地面用户全球覆盖的基础上，卫星天线主瓣边缘和旁瓣在地球覆球区之外也可提供导航信号。因此，目前已明确提出了空间导航服务域应用的概念，通过多星覆盖，满足中高轨卫星，甚至深空飞行器的导航信号可见性，并为其提供导航服务。

在系统信号高增益覆盖的基础上，对导航卫星天线提出在轨可重构功能，即通过自适应波束赋形，实现播发信号波束指向和形状及功率动态调配等功能，提升战场态势感知和机动能力，在满足平时服务波束性能基本不变的基础上，实现区域信号功率增强。

由于全球导航卫星系统的星座化特点，卫星具有轨道资源丰富、全球覆盖等优点，在基本导航卫星天线上可进一步研究通过增频或增波束的技术，实现卫星载荷业务功能的倍增，且发挥具有较低成本的优点。

利用导航天线进行复合载荷功能设计，将极大提升卫星有效载荷工作能力，并可为卫星综合业务的开发奠定基础。

8.5　导航卫星星间链路技术

星间链路为导航星座自主运行、星座测控、星地联合定轨等功能的实现提供了可能，随着多系统多功能任务融合的发展需要，导航卫星星间链路的作用越来越彰显。激光通信、V 频段通信、量子通信等新技术的发展，给星间链路的实现提供了诸多的技术途径。

目前，激光技术具有系统尺寸、质量和功耗低，抗电磁干扰能力、保密性强等特点，成为未来一段时间内星间链路选用的重点。采用高速和精确指向的激光星间链路，卫星将提供更高速率的星间链路网络，实现大容量的星间信息传输，为系统功能拓展提供了广阔的空间。

为了保证导航星座自主稳定运行，在现有星间链路基础上，还将建立大容量的星地链路，为星地时间同步、抗干扰数据传输等业务提供基础。因此需要研制多重扫描、窄波束超低旁瓣对地可动点波束天线，实现星座内、星地间高安全和大容量信息的传输能力,构建高速星间星地信号信息网络。

此外,先进星间链路技术还要重点关注高精度测量和大容量传输技术,以及面向应用的高精度频率传递技术。特别是在采用激光技术实现星间链路时,需要将激光频率与导航卫星时间基准建立起同步关系,飞秒光梳技术是未来配置激光星间链路的导航卫星上需要采用的技术。

同时,需要加强对于星间链路的相关路由协议与规划、信号测量控制、信息传输与应用、多波束天线的关键技术研究,开展基于北斗星间链路的全球用户按需随遇接入技术的试验验证,提升北斗系统星间链路扩展服务性能,发挥系统的更大效能。

缩 略 语

1PPS	1 Pulse per Second	1 秒脉冲
A/D	Analog to Digital	模数(转换)
AAIM	Auxiliary Autonomous Integrity Monitoring	辅助自主完好性监测
ACE-BOC	Asymmetric Constant Envelope-BOC	非对称恒包络 BOC
ACRU	Asynchronous Communication & Ranging Unit	异步通信/测距终端
AGC	Automatic Gain Control	自动增益控制
AIT	Assembly Integration and Test	总装集成测试
ALC	Automatic Level Control	自动电平控制
AltBOC	Alternate Binary Offset Carrier	交替二进制偏移载波
AM	Amplitude Modulation	调幅
AMS	Asynchronous Message Service	异步消息业务
ANN	Artificial Neural Networks	人工神经网络
AOCC	Attitude and Orbit Control Computer	姿态与轨道控制计算机
AOS	Advanced Orbiting System	高级在轨系统
APID	Application Process Identifier	应用进程标识符
APP	Application	手机应用程序
APS	Active Pixel Sensor	有源像素图像传感器
APV	Approach with Vertical Guidance	垂直引导进近
ARAIM	Advanced Receiver Autonomous Integrity Monitoring	先进接收机自主完好性监测
ARNS	Aeronautical Radio Navigation Service	航空无线电导航业务
AS	Anti-Spoofing	反欺骗
ASIC	Application Specific Integrated Circuit	专用集成电路
ASS	Analog Sun Sensor	模拟太阳敏感器
AT	Atomic Time	原子时
AU	Astronomical Unit	天文单位
BC	Bus Controller	总线控制器
BCH	Boss Chaudhuri-Hocquenghem	博斯-乔赫里-霍克文黑姆码
BDCS	BeiDou Coordinate System	北斗坐标系
BDS	BeiDou Navigation Satellite System	北斗卫星导航系统

BDT	BDS Time	北斗时
BIH	Bureau International de I' Heure	国际时间局
BIPM	Bureau International des Poids et Mesures	国际计量局
BMU	Battery Manage Unit	电池管理单元
BOC	Binary Offset Carrier	二进制偏移载波
BP	Bundle Protocol	束层协议
BPSK	Binary Phase-Shift Keying	二进制相移键控
C&DH	Command and Data Handling	数据管理
CAMP	Channel Amplifier	通道放大器
CAN	Controller Area Network	控制器局域网络
CAT Ⅰ	Category Ⅰ of Precision Approach	Ⅰ类精密进近
CCD	Charge-Coupled Device	电荷耦合元件
CCSDS	Consultative Committee for Space Data Systems	空间数据系统咨询委员会
CDMA	Code Division Multiple Access	码分多址
CFDP	CCSDS File Delivery Protocol	CCSDS 文件传输协议
CGCS2000	China Geodetic Coordinate System 2000	2000 中国大地坐标系
CGPM	Conférence Générale des Poids et Mesures	国际计量大会
CMU	Central Management Unit	中心管理单元
CPS	Control Subsystem Power Supply	电源接口
CPU	Central Processing Unit	中央处理器
CS	Commercial Service	商业服务
D/A	Digital to Analog	数模(转换)
DAC	Digital to Analog Converter	数模转换器
DARPA	Defense Advanced Research Project Agency	美国国防高级研究计划局
DC	Direct Current	直流
DLL	Delay Lock Loop	延迟锁定环
DOP	Dilution of Precision	精度衰减因子
DPRU	Data Process Route Unit	数据处理与路由单元
DSP	Digital Signal Processing	数字信号处理
DSS	Digital Sun Sensor	数字太阳敏感器
EAL	Echelle Atomique Libre	自由原子时
EC	Emergency Computer	应急计算机
ECEF	Earth Centered Earth Fixed	地心地固
ECSS	European Cooperation on Space Standardization	欧空局标准
ECU	Emergency Control Unit	应急控制单元
EDAC	Error Detection and Correction	错误检测与纠正

EGNOS	European Geostationary Navigation Overlay Service	欧洲静地轨道卫星导航重叠服务
EIRP	Effective Isotropic Radiated Power	等效全向辐射功率
EMC	Electromagnetic Compatibility	电磁兼容性
EMP	Electromagnetic Pulse	电磁脉冲
EPC	Electrical Power Conditioner	(电子电源调节器)行波管电源
ES	Earth Sensor	地球敏感器
ESA	European Space Agency	欧洲空间局
FDIR	Fault Detection Isolation and Reconfiguration	故障检测、隔离与重构
FDMA	Frequency Division Multiple Access	频分多址
FEC	Forward Error Correction	前向纠错
FGM	Fixed Gain Mode	固定增益模式
FIR	Finite Impulse Response	有限脉冲
FM	Flight Model	飞行设计模型
FMEA	Failure Mode and Effects Analysis	失效模式影响分析
FOC	Full Operational Capability	完全运行能力
FOG	Fiber-Optic Gyroscope	光纤陀螺
FPGA	Field-Programmable Gate Array	现场可编程门阵列
FSK	Frequency Shift Keying	频移键控
GAGAN	GPS-Aided GEO Augmented Navigation	GPS 辅助型地球静止轨道卫星增强导航
GDOP	Geometric Dilution of Precision	几何精度衰减因子
GEO	Geostationary Earth Orbit	地球静止轨道
GEOSAR	Geostationary Earth Orbit Search and Rescue	地球静止轨道卫星搜救
GIOVE	Galileo In-Orbit Validation Element	伽利略在轨验证单元
GIS	Geographic Information System	地理信息系统
GIVE	Grid Point Ionospheric Vertical Delay Error	格网点电离层垂直延迟改正数误差
GLONASS	Global Navigation Satellite System	(俄罗斯)全球卫星导航系统
GLONASST	GLONASS Time	GLONASS 时
GMDSS	Global Maritime Distress and Safety System	全球海上遇险与安全系统
GNSS	Global Navigation Satellite System	全球卫星导航系统
GNSST	Global Navigation Satellite System Time	GNSS 时
GPS	Global Positioning System	(美国)全球定位系统
GPST	GPS Time	GPS 时

GSO	Geosynchronous Orbit	地球同步轨道
GST	Galileo System Time	Galileo 系统时
HDOP	Horizontal Dilution of Precision	水平精度衰减因子
HEO	Highly Eccentric Orbit	大偏心率轨道/大椭圆轨道
HF	High Frequency	高频
IADC	Inter-Agency Space Debris Coordination Committee	国际机构间空间碎片协调委员会
ICAO	International Civil Aviation Organization	国际民航组织
ICD	Interface Control Document	接口控制文件
ICG	International Committee on GNSS	全球卫星导航系统国际委员会
ID	Identification	身份识别
IERS	International Earth Rotation Service	国际地球自转服务
IGSO	Inclined Geosynchronous Orbit	倾斜地球同步轨道
IMO	International Maritime Organization	国际海事组织
IN_SDU	In Service Data Unit	插入业务数据单元
INS	Inertial Navigation System	惯性导航系统
IOV	In Orbit Validation	在轨验证
IP	Internet Protocol	互联网协议
IPoC	IP over CCSDS	CCSDS 网际协议
IRES	Infrared Earth Sensor	红外地球敏感器
IRNSS	Indian Regional Navigation Satellite System	印度区域卫星导航系统
ISS	Inter-Satellite Service	星间(链路)业务
ISU	Integrated Services Unit	综合业务单元
ITRF	International Terrestrial Reference Frame	国际地球参考框架
ITU	International Telecommunication Union	国际电信联盟
JAXA	Japan Aerospace Exploration Agency	日本宇宙航空研究开发机构
LCAMP	Linearization Channel Amplifier	线性化通道放大器
LDPC	Low Density Parity Check(Code)	低密度奇偶校验(码)
LEO	Low Earth Orbit	低地球轨道
LEOSAR	Low Earth Orbit Search and Rescue	低地球轨道卫星搜救
LMS	Least Mean Square	最小均方(误差)
LTP	Licklider Transmission Protocol	利克里德传输协议
LUT	Local User Terminal	本地用户终端
LVDS	Low-Voltage Differential Signaling	低电压差分信号

MBOC	Multiplexed Binary Offset Carrier	复用二进制偏移载波
MCC	Master Control Center	主控中心
	Mission Control Center	任务控制中心
MEMS	Micro-Electro-Mechanical System	微机电系统
MEO	Medium Earth Orbit	中圆地球轨道
MEOSAR	Medium Earth Orbit Search and Rescue	中圆地球轨道卫星搜救
MOSFET	Metal-Oxide-Semiconductor Field Effect Transistor	金属-氧化物半导体场效应晶体管
MRE	Monitoring and Reconfiguration Electrocircuit	监视与重组电路
MRTU	Micro Remote Terminal Unit	微型远程终端单元
MSAS	Multi-Functional Satellite Augmentation System	多功能卫星(星基)增强系统
MSS	Mobile Satellite Service	移动卫星业务
MT	Magnetic Torquer	磁力矩器
MTE	Magnetic Torquer Electronic	磁力矩器线路
NASA	National Aeronautics and Space Administration	美国国家航空航天局
NCO	Numerically Controlled Oscillator	数字控制振荡器
NH	Neumann-Hoffman(Code)	纽曼-霍夫曼(编码)
NICER	Neutron Star Interior Composition Explorer	中子星内部结构探测器
NMOS	N-Metal-Oxide-Semiconductor	N 型金属氧化物半导体
NPA	Non-Precision Approach	非精密进近
NSGU	Navigation Signal Generate Unit	导航信号生成单元
NTSC	National Time Service Center	中国科学院国家授时中心
OBC	On Board Computer	星载计算机
OBDH	On Board Data Handling	星上数据管理(处理)
OBDM	On Board Data Management	星上数据管理(北斗)
OCF	Operate Channel Field	信道操作控制域
OS	Open Service	开放服务
OSR	Optical Solar Reflector	光学太阳反射镜
PCM	Pulse Code Modulation	脉冲编码调制
PCU	Power Control Unit	电源控制器
PDA	Personal Digital Assistant	个人手持终端
PDOP	Position Dilution of Precision	位置精度衰减因子
PFM	Proto-Flight Model	飞行设计原型机
PHM	Prognostic Health Management	故障预测与健康管理
PID	Proportion Integration Differentiation	比例积分微分

PIM	Passive Inter Modulation	无源互调
PM	Phase Modulation	调相
PNT	Positioning,Navigation and Timing	定位、导航与授时
PPP	Precise Point Positioning	精密单点定位
PPS	Precise Positioning Service	精密定位服务
PRN	Pseudo Random Noise	伪随机噪声
PRS	Public Regulated Service	公共管制服务
PSK	Phase Shift Keying	相移键控
PUS	Packet Utilization Standard	包应用标准
PVN	Package Version Number	包版本号
PZ-90	Parametry Zelmy-90	PZ-90(坐标系)
QMBOC	Quadrature Multiplexed BOC	正交复用 BOC
QPSK	Quadrature Phase Shift Keying	正交相移键控
QZS	Quasi-Zenith Satellite	准天顶卫星
QZSS	Quasi-Zenith Satellite System	准天顶卫星系统
RAIM	Receiver Autonomous Integrity Monitoring	接收机自主完好性监测
RCC	Rescue Coordinating Center	搜救协调中心
RDM	Radiation Design Margin	辐射设计余量
RDSS	Radio Determination Satellite Service	卫星无线电测定业务
RF	Radio Frequency	射频
RIGA	Rate Integrating Gyroscope Assembly	陀螺组件
RNSS	Radio Navigation Satellite Service	卫星无线电导航业务
RRAIM	Relative Receiver Autonomous Integrity Monitoring	相对接收机自主完好性监测
RS	Restricted Service	授权服务
	Reed-Solomon(codes)	里德-索洛门(码)
RSS	Residual Sum of Squares	残差平方和
RT	Remote Terminal	远程终端
RTK	Real Time Kinematic	实时动态
RTU	Remote Terminal Unit	远置单元
RW	Reaction Wheel	反作用轮
S3R	Sequential Switching Shunt Regulation	顺序开关分流器
SA	Selective Availability	选择可用性
SADA	Solar Array Drive Assembly	太阳帆板驱动机构
SAIM	Satellite Autonomous Integrity Monitoring	卫星自主完好性监测
SAR	Search and Rescue	搜索与救援

SBAS	Satellite Based Augmentation Systems	星基增强系统
SCPS-TP	Space Communication Protocol Standard - Transmission Protocol	空间通信协议规范传输协议
SDCM	System of Differential Correction and Monitoring	(俄罗斯的)差分校正和监测系统
SDMA	Space Division Mutiple Access	空分多址
SDU	Service Data Unit	业务数据单元
SEXTANT	Station Explorer for X - Ray Timing and Navigation Technology	空间站 X 射线计时与导航技术试验
SI	Le Système International d'Unités	国际单位制
SOL	Safety of Life	生命安全
SPP	Space Packet Protocol	空间包协议
SPS	Standard Positioning Service	标准定位服务
SQM	Signal Quality Monitor	信号质量监测
SRAM	Static Random Access Memory	静态随机存取存储器
SRS	Shock Response Spectra	冲击响应谱
SSE	Sun Sensor Electrocircuit	太阳敏感器处理线路
SSPA	Solid State Power Amplifier	固态功率放大器
SSV	Space Service Volume	空间服务区域
STS	Star Sensor	星敏感器
SU	Soviet Union	苏联
TAI	International Atomic Time(英)/Temps Atomique International(法)	国际原子时
TC	Telecommand	遥控
TCP	Transmission Control Protocol	传输控制协议
TCU	Telecommand Unit	遥控单元
TDMA	Time Division Multiple Access	时分多址
TDOP	Time Dilution of Precision	时间精度衰减因子
TM	Telemetry	遥测
TOA	Time of Arrival	到达时间
TT&C	Telemetry, Track and Command	遥测、跟踪和遥控
TTE	Time Triggered Ethernet	时间触发以太网
TWF	Triaxial Woven Fabric	三维编制物
TWSTFT	Two-Way Satellite Time and Frequency Transfer	卫星双向时间频率传递
TWT	Traveling Wave Tube	行波管

TWTA	Traveling Wave Tube Amplifier	行波管放大器
UCB	Unified C-Band	C 频段统一载波测控体制
UDP	User Datagram Protocol	用户数据报协议
UDRA	User Differential Range Accuracy	用户差分距离精度
UDRE	User Differential Range Error	用户差分距离误差
UERE	User Equivalent Range Error	用户等效测距误差
UHF	Ultra High Frequency	特高频
UPSE	Unified Propulsion System Electronics	推进线路盒
URA	User Range Accuracy	用户测距精度
URE	User Range Error	用户测距误差
USB	Unified S-Band	S 频段统一载波测控体制
USNO	United States Naval Observatory	美国海军天文台
USRA	Universities Space Research Association	美国大学空间研究协会
UTC	Coordinated Universal Time	协调世界时
VC	Virtual Channel	虚拟信道
VCA	Virtual Channel Access	虚拟信道访问
VCF	Virtual Channel Frame	虚拟信道帧
VDOP	Vertical Dilution of Precision	垂直精度衰减因子
VHF	Very High Frequency	甚高频
VM	Vector Modulation	矢量调制
WAAS	Wide Area Augmentation System	广域增强系统
WDE	Wheel Driver Equipment	反作用轮驱动线路盒
WGS-84	World Geodetic System 1984	1984 世界大地坐标系
XNAV	X-ray Navigation	X 射线导航与自主定位